天然气管道离心压缩机组运检维技术丛书

天然气管道离心压缩机组控制技术与实践

国家管网集团西部管道公司 编

石油工业出版社

内 容 提 要

《天然气管道离心压缩机组运检维技术丛书》分为机械、电气、控制三个分册,本书为控制分册《天然气管道离心压缩机组控制技术与实践》,分7章介绍了燃驱离心压缩机组控制系统关键维检修技术及实践案例。第一章介绍燃驱离心压缩机组机工作原理及控制系统;第二章说明燃驱离心压缩机组控制系统硬件;第三章重点描述燃驱离心压缩机组控制系统软件;第四章着重介绍燃驱离心压缩机控制逻辑理论知识;第五章结合实践案例,重点讲述2种燃驱机组的启停顺序控制、燃烧控制、防喘控制、负荷分配、VIGV控制、保护控制和辅助系统控制等方面知识;第六章梳理燃驱离心压缩机组控制系统硬件集成设计、接地系统设计、通信系统设计、供电系统设计和上位机系统设计等方面的系统集成设计内容;第七章介绍燃驱离心压缩机控制系统的维护知识。

本书可供天然气管道输送领域管理及技术人员,以及石油院校相关专业师生参考阅读。

图书在版编目(CIP)数据

天然气管道离心压缩机组控制技术与实践／国家管网集团西部管道公司编．—北京:石油工业出版社,2024.2
(天然气管道离心压缩机组运检维技术丛书)
ISBN 978-7-5183-6524-1

Ⅰ.①天… Ⅱ.①国… Ⅲ.①天然气-管道-离心压缩机组-控制技术 Ⅳ.①TE354.3-52

中国国家版本馆CIP数据核字(2023)第217879号

出版发行:石油工业出版社
　　　　(北京安定门外安华里2区1号　100011)
　　　网　址:www.petropub.com
　　　编辑部:(010)64523736　图书营销中心:(010)64523633
经　销:全国新华书店
印　刷:北京九州迅驰传媒文化有限公司

2024年2月第1版　2025年4月第3次印刷
787×1092毫米　开本:1/16　印张:29.25
字数:744千字

定价:80.00元
(如出现印装质量问题,我社图书营销中心负责调换)
版权所有,翻印必究

《天然气管道离心压缩机组运检维技术丛书》
编委会

主　　任：赵赏鑫　冯庆善
副 主 任：张　平　肖　连　崔锦红　蒋金生
　　　　　朱喜平
委　　员：庞贵良　付明福　魏　磊　陈继斌
　　　　　金建国　黄一勇　宋　飞

《天然气管道离心压缩机组控制技术与实践》
编写组

主　　编：冯庆善
副 主 编：肖　连　朱喜平　黄一勇　宋　飞
编　　者：王　辉　魏国富　王冠霖　蔡兴龙
　　　　　李　平　黄　辉　邓丹辉　王世颖
　　　　　康　彪　蒋　森　程鹏辉　马立峰
　　　　　刘飞宇　刘　雷　刘　鑫　司泽昕
　　　　　杨绪龙　刘　岩　王子聪　颜项波
　　　　　冯　军　黄忠胜　李星星　袁博峰
　　　　　杨　坤　赵　云　章　波　闫　峰
　　　　　谭　兴　刘君涛　尹　铭

总　序

党的十八大以来，以习近平同志为核心的党中央在深刻洞悉发展新阶段的基本特征、科学把握中国特色社会主义的本质要求和发展方向、不断深化对经济社会发展规律认识的基础上，提出创新、协调、绿色、开放、共享的新发展理念，指明了我国实现更高质量、更有效率、更加公平、更可持续发展的科学路径。经济高质量增长必然依赖清洁能源的供给，尤其是在"双碳"发展战略下，天然气作为现代主体清洁能源之一，在城镇生活、工业燃料、燃气发电、交通运输等领域的应用将持续加快推进，综合考虑我国资源禀赋、碳中和等因素，我国的天然气消费量在2035年前后将超过$6000\times10^8 m^3$，占一次能源消费比重的15%。在习近平总书记的心中，"能源的饭碗"分量很重，提出了"四个革命一个合作"能源安全新战略，党中央、国务院高度重视油气体制改革，2019年12月9日，国家管网公司正式挂牌成立，短短三年多时间实现了高质量组建、运营和发展，加快形成"全国一张网"，开发全产业链市场，油气基础设施投资和建设迎来新一轮高峰，天然气管道行业也迎来了蓬勃发展的黄金期。

西部管道公司所运营的管道地处国内油气保供的上游、资源引进的"咽喉"，外连中亚、贯通东西、辐射全国，天然气配送至国内的二分之一区域，约占全国消费总量的20%，是我国陆上能源战略大通道。西部管道公司10000km天然气管道上，散布着154套大功率离心压缩机组，源源不断为管道天然气提供不竭动力，保障天然气输送到千家万户。压缩机组就是天然气管道的"心脏"，包括燃气轮机、大功率变频驱动系统和离心式压缩机等重要组成部分，其安全性、可靠性和高效性就是"国之大者"，重要性不言而喻。

时值西部管道公司成立20周年之际，压缩机组无故障运行时间向着13000h迈进，我很高兴看到，西部管道公司干部员工在总结多年压缩机组运检维经验的基础上，形成了这套《天然气管道离心压缩机组运检维技术丛书》，这套丛书内容涵盖了压缩机组管理、控制、机械等三大领域，公司员工能够不断深入分析运维中出现的各类问题，将理论与实践紧密结合，总结提炼压缩机组运检维技术的各个环节，本书案例翔实、阐述清晰、分析透彻，是行业机械工程师、动力工程师必备的手册，也是管道企业管理人员的使用参考书，同时也为在校本科生、研究生的专业学习提供指导。

新征程时不我待，新使命催人奋进。通过这套丛书的精心编撰，更多的西部管道基层员工默默的奉献其聪明才智，其一如既往的无私的奉献精神更加难能可贵。我相信，这套丛书的出版对于推动管道离心压缩机组技术发展，以及我国天然气管网安全平稳高效运行发挥重要的促进作用。

中国工程院院士 张来斌

前　言

国家管网集团西部管道公司(简称"西部管道")置身"丝绸之路经济带"核心区域，地处西部油气能源战略大通道，运营管理着158台套压缩机组，保障压缩机组平稳安全高效运行，是西部管道全体将士的不懈追求。西部管道技术人员在压缩机组控制系统维护检修技术方面始终坚持学习、消化、吸收和创新，在自主运维、国产化维修和替代、优化升级改造等方面积累了一定的经验。为了做好传承创新，特编写《天然气管道离心压缩机组控制技术与实践》，供大家学习和参考。离心压缩机组包括电力驱动(电驱型)和燃气轮机驱动(燃驱型)两种类型，燃驱型压缩机组以其效率高、能量利用率高、能适应大功率场景、能适应各种复杂环境等优点，广泛应用于天然气管道输送领域。故本书主要围绕燃驱型离心压缩机组的控制技术与实践进行书写。

燃驱离心压缩机组作为长输天然气管线的核心设备之一，涉及多学科、多领域和多系统的复杂旋转机械，设计和制造难度极高，是能源动力装备领域的高端产品。机组控制系统是机组的核心和大脑，燃驱离心压缩机组控制系统尤为复杂。一般而言，机组控制系统的主要功能是按照调度指令，随时控制压缩机出口压力，使天然气按需增压，平稳供压，满足用户需求；提供机组阀门的控制和安全监视，各参数不超过安全极限值，确保人机安全，同时提供与机组有关仪表的指示；在机组整个工作范围内，控制系统应能保证机组的被控制量按预先设定的规律变化，使机组安全、可靠、稳定地工作，并获得最佳性能；存储和记录机组运行的重要参数，为分析运行质量和视情维修提供依据。机组控制系统一般包括主控制系统、紧急停机系统、振动监测系统、超速保护系统、现场仪表、操作员工作站、工程师工作站和数据通信接口设备等，燃驱机组控制系统还包括火气和消防等系统。

《天然气管道离心压缩机组控制技术与实践》共分为七章内容，主要以长输天然气管道在役的 GE 燃驱离心压缩机组和西门子燃驱离心压缩机组控制系统为主，介绍了燃驱离心压缩机组控制系统关键维检修技术及实践案例。第 1 章介绍燃驱离心压缩机组的工作原理及控制系统；第 2 章从燃机 PLC 简介、测量仪表、执行元件和第三方控制板等方面介绍燃驱离心压缩机组控制系统硬件；第 3 章重点讲述燃驱离心压缩机组控制系统软件，包含了 4 种燃机控制系统 PLC 编程软件、2 种上位机软件和常用控制系统通信协议；第 4 章介绍了燃驱离心压缩机控制逻辑理论知识；第 5 章结合实践案例，重点讲述了 2 种燃驱机组的启停顺序控制、燃烧控制、防喘控制、负荷分配、VIGV 控制、保护控制和辅助系统控制等方面知识，以及系统优化、改造及故障排查处理案例；第 6 章梳理了燃驱离心压缩机组控制系统硬件集成设计、接地系统设计、通信系统设计、供电系统设计和上位机系统设计等方面的系统集成设计内容；第 7 章介绍了燃驱离心压缩机组控制系统的维护知识。本书可作为长输天然气管道行业控制系统运维人员手边的宝典，也可作为在校学生走向实践工作的指导书。

　　本书编写期间，得到了国家管网集团西部管道公司各级领导和广大技术人员的大力支持和帮助，参考了业内领域专家、学者等的著作、成果和建议，在此一并表示衷心感谢！

　　本书涉及内容较多，融合了大量的现场实践经验，鉴于水平有限，难免存在疏漏和不足之处，敬请广大读者提出宝贵意见，以便不断改进完善。

编者
2023 年 5 月

目 录

第1章 概论 (001)
1.1 燃驱离心压缩机组组成 (002)
1.1.1 燃气轮机基本组成 (002)
1.1.2 离心压缩机组基本组成 (004)
1.2 西部管道在用燃驱离心压缩机组控制系统概况 (006)
1.2.1 RR 燃驱离心压缩机组燃机控制系统 (007)
1.2.2 GE 燃驱离心压缩机组控制系统 (010)
1.3 燃驱压缩机组自动控制原理简介 (014)
1.3.1 自动控制原理简介 (014)
1.3.2 燃气轮机自动控制系统现状及趋势 (022)

第2章 燃驱离心压缩机组控制系统硬件 (031)
2.1 燃驱离心压缩机组控制系统 PLC (032)
2.1.1 AB ControlLogix 系统 (032)
2.1.2 GE Mark VIe 系统 (035)
2.2 燃驱离心压缩机组控制系统测量仪表 (062)
2.2.1 温度测量仪表 (062)
2.2.2 压力测量仪表 (069)
2.2.3 转速测量仪表 (072)
2.2.4 液位测量仪表 (074)
2.2.5 流量测量仪表 (078)
2.2.6 振动检测仪表 (085)
2.2.7 线性可变差动变压器 (087)
2.2.8 旋转可变差动变压器 (088)
2.3 燃驱离心压缩机组控制系统执行元件 (088)
2.3.1 电动执行机构 (088)
2.3.2 气动执行机构 (091)
2.3.3 电磁阀 (092)
2.3.4 防喘阀 (093)
2.3.5 燃料气计量阀 (098)
2.3.6 VIGV 伺服控制器 (118)
2.3.7 MOOG 设置 (118)

2.3.8 MOOG 校准 ………………………………………………………………… (118)
第3章 燃驱离心压缩机组控制系统软件 ……………………………………………… (121)
3.1 编程软件 ………………………………………………………………………… (122)
3.1.1 Toolbox 编程组态软件 …………………………………………………… (122)
3.1.2 RSLogix5000 编程组态软件 ……………………………………………… (138)
3.2 上位机软件 ……………………………………………………………………… (157)
3.2.1 Cimplicity 软件 …………………………………………………………… (157)
3.2.2 Intouch 软件 ……………………………………………………………… (164)
3.3 通信协议 ………………………………………………………………………… (173)
3.3.1 EtherNet/IP 协议 ………………………………………………………… (173)
3.3.2 EGD 协议 ………………………………………………………………… (174)
3.3.3 CIP 协议 …………………………………………………………………… (176)
3.3.4 DeviceNet 协议 …………………………………………………………… (177)
3.3.5 Modbus 协议 ……………………………………………………………… (179)
3.3.6 PROFIBUS 协议 …………………………………………………………… (181)
第4章 燃驱离心压缩机组控制系统控制操作 ………………………………………… (185)
4.1 启停顺序控制 …………………………………………………………………… (186)
4.1.1 LM2500+机组启停顺序控制 ……………………………………………… (186)
4.1.2 RB211 机组启停顺序控制 ………………………………………………… (200)
4.2 核心控制 ………………………………………………………………………… (203)
4.2.1 燃烧控制 …………………………………………………………………… (203)
4.2.2 防喘控制 …………………………………………………………………… (223)
4.2.3 负荷分配 …………………………………………………………………… (237)
4.2.4 进口可转导叶控制 ………………………………………………………… (258)
4.3 保护控制 ………………………………………………………………………… (275)
4.3.1 火气保护系统控制 ………………………………………………………… (275)
4.3.2 超速保护控制 ……………………………………………………………… (280)
4.3.3 振动监视及保护 …………………………………………………………… (287)
4.4 辅助系统及控制 ………………………………………………………………… (304)
4.4.1 润滑油系统 ………………………………………………………………… (304)
4.4.2 空气系统 …………………………………………………………………… (334)
4.4.3 干气密封 …………………………………………………………………… (342)
第5章 燃驱离心压缩机组控制系统优化改造典型案例 ……………………………… (347)
5.1 燃料控制程序优化案例 ………………………………………………………… (348)
5.1.1 GE 燃驱机组 GS16 燃调阀替换 3103 燃调阀改造案例 ………………… (348)
5.1.2 西气东输一线 RR 机组燃调阀替换改造案例 …………………………… (360)
5.2 燃驱离心压缩机组现场防喘测试及优化案例 ………………………………… (367)

    5.2.1　RR燃驱离心压缩机组现场喘振测试优化案例…………………………（367）
    5.2.2　RF3BB36压缩机防喘阀频繁波动故障分析及解决案例………………（373）
  5.3　GE燃驱离心压缩机组负荷分配控制系统优化案例…………………………（377）
    5.3.1　背景介绍…………………………………………………………………（377）
    5.3.2　霍尔果斯首站压缩机组负荷分配控制现状及原理……………………（377）
    5.3.3　进站流量负荷分配控制原理……………………………………………（377）
    5.3.4　SCADA系统优化改造……………………………………………………（379）
    5.3.5　案例总结…………………………………………………………………（383）
  5.4　VIGV控制故障处理案例…………………………………………………………（383）
    5.4.1　西气东输一线鄯善压气站GE2#机组VSV故障处理案例……………（383）
    5.4.2　西气东输一线红柳RR 3#燃驱机组RVDT控制器故障停机处理案例…（389）
  5.5　RR燃驱离心压缩机组火气系统优化改造案例………………………………（394）
    5.5.1　背景介绍…………………………………………………………………（394）
    5.5.2　程序修改…………………………………………………………………（394）
    5.5.3　测试验证…………………………………………………………………（397）
  5.6　燃驱离心压缩机组振动监视系统优化改造案例……………………………（398）
    5.6.1　问题现象…………………………………………………………………（398）
    5.6.2　问题分析…………………………………………………………………（398）
    5.6.3　优化改造建议及内容……………………………………………………（398）

第6章　燃驱离心压缩机组控制系统集成设计…………………………………………（403）
  6.1　硬件集成设计……………………………………………………………………（404）
    6.1.1　机组控制系统机柜集成设计准备………………………………………（404）
    6.1.2　机柜设计要求……………………………………………………………（404）
    6.1.3　机柜集成基本要求………………………………………………………（405）
    6.1.4　机柜元器件选型要求……………………………………………………（408）
    6.1.5　机柜集成标识设计原则…………………………………………………（409）
  6.2　接地系统设计……………………………………………………………………（410）
    6.2.1　接地基础知识……………………………………………………………（410）
    6.2.2　仪表控制系统接地分类…………………………………………………（412）
    6.2.3　控制系统接地系统组成…………………………………………………（412）
    6.2.4　控制系统接地方法………………………………………………………（413）
    6.2.5　接地系统连接……………………………………………………………（418）
    6.2.6　接地材料的选择…………………………………………………………（419）
  6.3　供电系统设计……………………………………………………………………（423）
    6.3.1　压缩机组控制系统负荷等级与电源类型………………………………（423）
    6.3.2　压缩机组控制系统电源质量与容量……………………………………（423）
    6.3.3　控制系统电源的配置要求………………………………………………（424）

  6.3.4 供电系统的设计原则 ……………………………………………………………（424）
  6.3.5 供电系统的配电 …………………………………………………………………（424）
  6.3.6 供电系统的设计条件 ……………………………………………………………（425）
  6.3.7 电源、装置的选择 ………………………………………………………………（425）
  6.3.8 供电器材的选择 …………………………………………………………………（426）
  6.3.9 供电系统的配线 …………………………………………………………………（427）
 6.4 上位机系统设计 …………………………………………………………………………（428）
  6.4.1 燃驱离心压缩机组上位机系统基本要求 ………………………………………（428）
  6.4.2 开发上位机 HMI 界面一般可采用两种方法 ……………………………………（428）
  6.4.3 燃驱压缩机组上位机系统组成 …………………………………………………（429）
  6.4.4 上位机系统通信网络系统 ………………………………………………………（429）
  6.4.5 上位机系统开发基本要求 ………………………………………………………（429）
  6.4.6 上位机软件要求 …………………………………………………………………（430）
  6.4.7 HMI 界面风格设计 ………………………………………………………………（430）
  6.4.8 上位机服务器 ……………………………………………………………………（431）
  6.4.9 上位机系统数据库要求 …………………………………………………………（431）
第 7 章 燃驱离心压缩机组控制系统维护 ……………………………………………………（433）
 7.1 压缩机组控制系统维护检修 ……………………………………………………………（434）
  7.1.1 机组维护检修级别 ………………………………………………………………（434）
  7.1.2 RR 燃驱机组控制系统维护检修 …………………………………………………（434）
  7.1.3 GE 燃驱机组控制系统维护检修 …………………………………………………（438）
 7.2 Mark VIe 系统维护 ………………………………………………………………………（442）
  7.2.1 系统检查 …………………………………………………………………………（442）
  7.2.2 警报综述 …………………………………………………………………………（443）
  7.2.3 以太网交换机诊断 ………………………………………………………………（443）
  7.2.4 控制器发光二极管快速参考 ……………………………………………………（444）
  7.2.5 VSV 行程校验方法 ………………………………………………………………（445）
  7.2.6 GE 机组控制系统上下电风险及正确程序 ………………………………………（447）
 7.3 AB ControlLogix5000 系统运行维护 ……………………………………………………（448）
  7.3.1 维护周期 …………………………………………………………………………（448）
  7.3.2 系统常见操作 ……………………………………………………………………（449）
  7.3.3 VIGV 校验 …………………………………………………………………………（450）

参考文献 …………………………………………………………………………………………（453）

第 1 章
概论

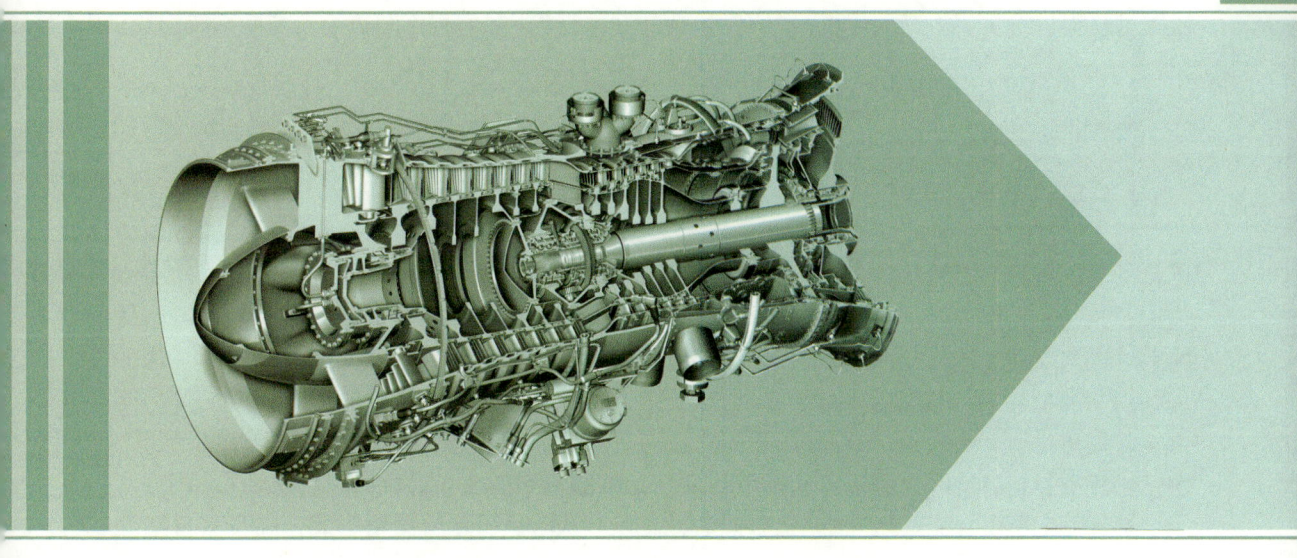

天然气管道离心压缩机组安装于长输管道沿线压气站场(首站、中间站、联络站和末站),用于提高长输管道天然气压力,补充天然气沿管道输送、分输后消耗的能量,其驱动机分为电动机和燃气轮机两类。电力驱动压缩机组通常简称电驱型机组,主要由高压变频器、高压电动机、离心压缩机(也可在高压电动机和压缩机间设有增速齿轮箱)和附属系统组成;燃气轮机驱动压缩机组简称为燃驱型压缩机组,主要由燃气发生器、动力涡轮、离心压缩机和附属系统组成。

本章主要介绍比较常用的燃驱型离心压缩机组的工作原理,对电驱型压缩机组不做重点介绍。

1.1 燃驱离心压缩机组组成

长输管道压缩机组是一种叶轮机械,它以连续流动的流体为工质、以叶片为主要工作元件,实现工作元件与工质之间能量转换。是安装于压气站场,用于提高天然气长输管道压力、补充天然气沿管道输送消耗的能量而设置的增压设备,其动力源分为电力(电机)和燃气轮机两类。其中电驱型压缩机组主要由高压变频电机和离心压缩机及其附属系统组成,燃驱型压缩机组主要由燃气轮机(燃气发生器和动力涡轮)和离心压缩机组及辅助系统组成。

1.1.1 燃气轮机基本组成

燃气轮机由燃气发生器和动力涡轮组成。

1.1.1.1 燃气发生器

燃气发生器是一种高速旋转的叶轮机械,以连续流动的气体作为工作介质,通过加注燃料,将燃料的热能转变为高温高压燃气的动能,带动叶轮高速旋转,产生输出功的动力装置。其基本工作过程是:压气机(压缩机)连续地从大气中吸入空气并将其压缩,压缩后的空气进入燃烧室,与喷入的燃料混合后燃烧,成为高温燃气(烟气),随即流入燃气透平(涡轮)中膨胀做功,推动透平叶轮带着压气机叶轮一起旋转;加热后的高温燃气的做功能力显著提高,因而燃气透平在带动压气机的同时,还有余功作为燃气轮机的输出机械功。燃气轮机由静止启动时,需要启动机带着旋转,待加速到能独立运行后,启动机才脱开。

燃气发生器由轴流式压气机(也有离心式的)、燃烧室和高压涡轮构成,并带有自动控制系统和其他辅助系统,其中:

压气机是由高压涡轮驱动压缩空气,将机械功在其中变成不断流动着的气体的势能(压头)或为燃气轮机中增加工质压力的一个部件。

燃烧室将燃料的化学能变成燃烧产物的热能的燃料燃烧设备,其作用是将压气机排出的工质气体变成高温燃气,实现热功转换。

高压涡轮是将燃烧产物(热燃气)在其中不断膨胀,将工质热能转化成旋转轴的机械功的机械。

燃气发生器辅助系统一般由润滑油系统、燃料气系统、液压起动系统、冷却及密封系统、控制及保护系统、水洗系统、通风系统、消防系统和进气系统组成。各辅助系统的主要功能如下:

润滑油系统：用于润滑和冷却燃气发生器转子轴承、附属齿轮箱。还可用于 VSV 系统，提供 VSV 系统动作用油。

燃料气系统：用于消除降低气体热值的固体或液体杂质，提供燃烧时气体所需压力和温度条件。

液压起动系统：用于机组点火前，为燃气发生器压气机吹扫、运行、检修和测试等提供动力。

冷却及密封系统：用于为压气机运行过程中轴承、高压涡轮、高压涡轮提供冷却和密封用气，也有一部分用于进气系统防冰使用。

控制及保护系统：通过对运行时的温度、振动、压力和转速等运行参数的采集、计算，提供给燃机正常运行的控制变量，以及运行安全报警、联锁停机等保护功能。

水洗系统：当压气机运行效率降低时，对压气机内部喷入含有清洗剂的水溶液完成浸泡、清洁和烘干等过程，清除压气机叶片上的积垢等异物。

通风系统：主要功能为燃机箱体内部提供冷却及通风功能，用于燃机表面冷却、可燃气体吹扫等。

消防系统：紧急情况下为燃机箱体内部着火提供紧急灭火功能，主要由火焰检测器、温升传感器和二氧化碳等组成。

进气系统：为燃气发生器提供清洁干净、安全的空气，提供压缩、燃烧和冷却等方面的洁净空气。

1.1.1.2 动力涡轮

动力涡轮从燃气发生器排出的热燃气摄取能量，从而驱动动力涡轮上连接各种设备(压缩机和发动机等)等，将热功转化为旋转的机械能。

动力涡轮一般由转子组件、流通组件、支撑组件、轴承箱组件、附属系统和监测监视系统组成，各组件主要功能如下。

转子组件：包括一个长钢轴，带有止推环、螺旋齿轮和两级涡轮盘。转子组件将燃气发生器产生的燃气热能和速度能变换为旋转的机械能。动力涡轮设计成悬臂转子，转子的气动总成设在轴端部的轴颈轴承之间，它是悬空的。

流通组件：每级动力涡轮由涡轮叶轮和静子叶片组成，涡轮叶轮包括轮盘和涡轮叶片。热燃气从燃气发生器中排出，通过一级导向叶片将热燃气以最佳角度和速度冲击一级涡轮叶片，然后经过同样的过程，导入二级涡轮叶片，在热燃气通过涡轮叶片总成而导致压力下降的过程中，能量被提取出来，输出机械功，驱动压缩机组做功。通过二级涡轮后热燃气的压力只比大气压力略高，再被导入排气段(排气扩压器)被热回收系统利用或通过烟道直接排入大气中。

支撑组件：用于承载动力涡轮、燃气发生器质量，调整安装位置。

轴承箱组件：轴承箱用铸铁制成，内装有涡轮轴、径向轴承、止推轴承、振动传感器和润滑油管路。整个壳体悬垂在后支架上，沿支架中心水平放置，朝向涡轮的进气端。

附属系统：动力涡轮的附属系统有冷却封严系统和润滑油系统，主要功能是轮缘冷却、油气封严及轴承润滑，其密封形式主要有级间密封、叶顶蜂窝密封等。

监测监视系统：动力涡轮上装有轴位置与振动、轴承瓦块温度、速度监测和超速保护系统等一些监视监测设备,通过监测装置上发出的信号来保证设备正常运转及安全保护。

1.1.2 离心压缩机组基本组成

离心压缩机是一种叶轮旋转机械,一般为单轴多级式,气体由吸气口进入,通过各级旋转叶轮对气体做功,提高气体的压力、温度和速度后,进入扩压器,从而提高气体的压力。它以连续流动的天然气流体为工质、以叶片为主要工作元件,实现工作元件与工质之间的能量转换,实现将机械能转换成流体动能、势能的目的。

离心压缩机由压缩机主机部件及其附属系统组成。压缩机主机部件包括静子部件和转子部件,转子部件由一些可以转动的零部件组成,如转子轴、轴承、叶轮、推力盘和平衡鼓等;静子部件由不能转动的零部件组成,如壳体、机匣、隔膜板、流道和扩压器等。

1.1.2.1 主机部件

1) 壳体

离心式压缩机的壳体结构主要有水平剖分型和垂直剖分型两种。水平剖分型的壳体分为上、下两半,出口压力一般低于7.85MPa,是用途最广泛的一种结构。垂直剖分型也称筒型,壳体是圆柱形整体,两端采用封头。这种结构最适用于压缩高压力、低分子质量、易泄漏的气体,能承受较高的压力。

国家管网集团西部管道公司的天然气管道压缩机壳体为筒形缸体,两端端盖用连接螺栓与筒形缸体联成一个整体。隔板与转子组装后,用专用工具送入筒形缸体。隔板为水平剖分,隔板与隔板由连接螺栓联成一个整体。检修时需打开端盖,将转子和隔板同时由筒形缸体拉出,以便进一步分解检修。

2) 转子

转子是离心式压缩机的关键部件,通过高速旋转对气体介质做功,使气体获得压力和速度能。转子由主轴、套在轴上的叶轮、平衡盘和推力盘等部件组成。

转子是高速旋转组件,必须有防松的技术措施,以免运行中产生松脱、位移,造成摩擦、撞击等事故,转子组装时要按照 API 617 相关要求进行严格的动平衡试验,以免消除由不平衡引起的严重事故。

转子上各个零件用热套法与主轴联成一体,以保证在高速旋转时不至松脱。为了更可靠起见,叶轮、平衡盘和联轴器等大零件还往往用键或销钉与轴固定,以传递扭矩和防止松动。转子上各零部件的轴向位置靠轴肩(有时还有衬套)来定位,转子上各部件轴向固定,一般是把两个半环放入轴槽中,然后被具有过盈的热套卡环夹紧。

3) 叶轮

离心式压缩机叶轮又称工作轮,是使气体提高能量的唯一元件。叶轮按其整体结构可分为开式、半开式和闭式三种,压缩机中实际应用的是半开式和闭式两种。叶轮随叶片出口角 β_2 的不同,可分为前向叶轮(不采用)、径向叶轮和后向叶轮。管道离心压缩机叶轮均为后向闭式叶轮。

4) 主轴

主轴的作用就是支撑安装其上的旋转零件(叶轮、平衡鼓等)及传递扭矩。设计轴确定尺寸时,不仅要考虑轴的强度问题,而且要仔细计算轴的临界转速。

5) 平衡盘、推力盘

由于离心式压缩机每级叶轮两侧的气体作用力不一致，就会使转子受到指向低压端（叶轮进口）的轴向力，这个轴向力会使转子向一端窜动，对压缩机的正常运转不利，甚至使转子与机壳碰撞，发生事故。平衡盘就是利用进出口两侧气体的压力差来平衡轴向力的零件，它能平衡掉大部分的轴向力，剩余的轴向力需要止推轴承来承受。推力盘固定在主轴上，是止推轴承的一部分，剩余的轴向力通过油膜作用在止推轴承上，同时也确定了转子与固定元件的位置。

6) 定子

定子是压缩机的固定元件，由扩压器、弯道、回流器、涡壳及机壳组成。扩压器设置在叶轮后，流通面积逐渐扩大，用以把从叶轮出来的具有较大动能的气流减速，并转化为压力能，以提高气体压力。弯道用以使气流转弯进入回流器，回流器用以使气流按所需方向均匀进入下一级，涡壳用以汇集扩压器后或叶轮后面的气体，并将其引出压缩机。

7) 轴封

在离心式压缩机的各级之间和主轴穿过机壳处，为了防止泄漏，需安装轴封装置。轴封形式有迷宫密封、浮环密封和干气密封等。

迷宫密封是在密封元体上嵌入（铸入）或用堵缝线固定多圈翅片，构成迷宫衬垫。通过齿与齿间形成一系列截流间隙与膨胀空腔，密封介质在通过曲折迷宫间隙时产生节流效应，从而达到阻漏的目的。迷宫密封主要用在压缩机的级间密封和干气密封的内部密封上。

浮环密封又称油膜密封，它是利用浮环与转动件之间压力较高的油膜阻止介质外漏，在离心式压缩机中主要用于支撑轴承润滑油的密封，它具有摩擦小、安全、自动对中以及漏油量少等优点，特别适用于大压差、高转速的离心式压缩机。

干气密封是一种新型非接触式机械密封，与接触式机械密封相比，具有泄漏量少、摩擦磨损小、寿命长、能耗低、操作简单可靠、维修量低、被密封的流体不受油污染等特点。干气密封可以实现密封介质的零逸出，从而避免对环境和工艺产品的污染，对工艺气体无污染，密封辅助系统大大简化，运行维护费用显著下降。干气密封主要用在工艺气的外部密封上。

8) 支撑轴承（又称径向轴承）、止推轴承

离心压缩机径向轴承为多油楔、压力润滑的可倾瓦块式轴承，压力油径向进入，通过小孔润滑等距离分布在轴径圆周上的瓦块和支撑块，然后侧向排出。瓦块为钢制，内表面衬有巴氏合金。

止推轴承又被称为双端面止推轴承，包括主推力轴承和副推力轴承，主推力轴承用来平衡残余轴向力，副推力轴承用来承受压缩机启动时由于气流的冲击作用产生的反向推力。止推轴承一般安装在压缩机的吸入侧。

由于平衡盘只平衡部分轴向力，其余轴向力通过推力盘传给止推轴承上的推力块，实现力的平衡。

1.1.2.2 附属系统

离心式压缩机的附属系统主要有润滑油系统、干气密封气系统和其他辅助系统。

(1) 润滑油系统：主要由油箱、油过滤器、油冷却器、安全阀、单向控制阀、油泵、驱动机和压力表等组成。

（2）干气密封气系统：主要由过滤器、加热器、安全阀、止回阀、增压泵及相应的电动机（或气动泵）、管路和接头等组成。

（3）其他辅助系统：如联轴器、轴向位移、振动监测仪表、油雾分离器和高位油箱等。

1.2 西部管道在用燃驱离心压缩机组控制系统概况

燃驱离心压缩机组作为长输天然气管道的核心设备，具有效率高、污染程度低、机动性好、起动快、投产周期短、维护方便、自动化程度高等优点，在我国的西气东输一线、西气东输二线、西气东输三线和涩宁兰线等管道工程中，大量采用了美国通用电气公司（GE 公司）PGT25 工业燃气轮机加意大利通用—新比隆 PCL800 离心式管道压缩机（简称 GE 机组）、西门子公司（原罗尔斯罗伊斯股份有限公司）的 RB211 燃气轮机加 RF3BB36 离心式管道压缩机（简称 RR 机组），以及索拉公司工业燃气轮机加 MAN 离心压缩机。燃驱离心压缩机组控制系统是机组的核心和大脑，一般而言，机组控制系统的主要功能是按照调度指令，随时控制压缩机出口压力，使天然气按需增压，平稳供压，满足用户需求；提供机组阀门的控制和安全监视，各参数不超过安全极限值，确保人机安全，同时提供与机组有关仪表的指示；在机组整个工作范围内，控制系统应能保证机组的被控制量按预先设定的规律变化，使机组安全、可靠、稳定地工作，并获得最佳性能；存储和记录机组运行的重要参数，为分析运行质量和视情维修提供依据。机组控制系统一般包括主控制系统、紧急停机系统、振动监测系统、超速保护系统、现场仪表、操作员工作站、工程师工作站和数据通信接口设备等，燃驱离心压缩机组控制系统还包括火气系统和消防系统等，能实现对燃压机组的自动控制、自动监视和安全保护，具有自动检查启动条件、启动后按顺序控制、清吹、点火、加速、暖机、加载、额定工况下运行、减速、正常和故障停机等，有对设备及人员进行安全保护等功能。GE 公司采用其自有的 Mark VIe 系统；RR 机组、索拉燃驱离心压缩机组则采用罗克韦尔公司的 AB 系列，均为进口产品。

GE 燃驱离心压缩机组主控制系统采用 GE 公司的 SPEEDTRONIC Mark VIe。西气东输一线 GE 燃驱离心压缩机组经过升级改造后紧急停机系统及火气系统升级为 Mark VIeS，西气东输二线 GE 燃驱离心压缩机组紧急停机、火气系统及消防系统采用德国 HIMatrix PLC，西气东输三线 GE 燃驱离心压缩机组的紧急停机系统采用 Mark VIeS，火气系统仍然采用 HIMatrix PLC。所有 GE 机组的振动监测系统均采用本特利 3500 系统，除了监测轴承振动和轴位移以外，有的还监测轴承温度，西气东输二线、西气东输三线机组本特利 3500 系统另外设置了超速保护框架。

RR 燃驱离心压缩机组控制系统采用 AB 公司的 RSlogix5000 作为主控制系统，紧急停机系统也采用同型号的 RSlogix5000，火气系统和消防系统均采用迪创 EQP 系统，振动监测系统采用本特利 3500 系统，使用 AB 公司的超速保护系统（XM220 及 XM442）。

索拉燃驱离心压缩机组控制系统采用 AB 公司的 RSlogix5000 作为主控制系统，紧急停机系统采用后备硬件紧急停机的方式，火气系统和消防系统均采用迪创 EQP 系统，振动监测系统采用本特利 1701 系统。

燃驱压缩机组控制系统主要由硬件、软件和算法组成，如图 1.2.1 所示。

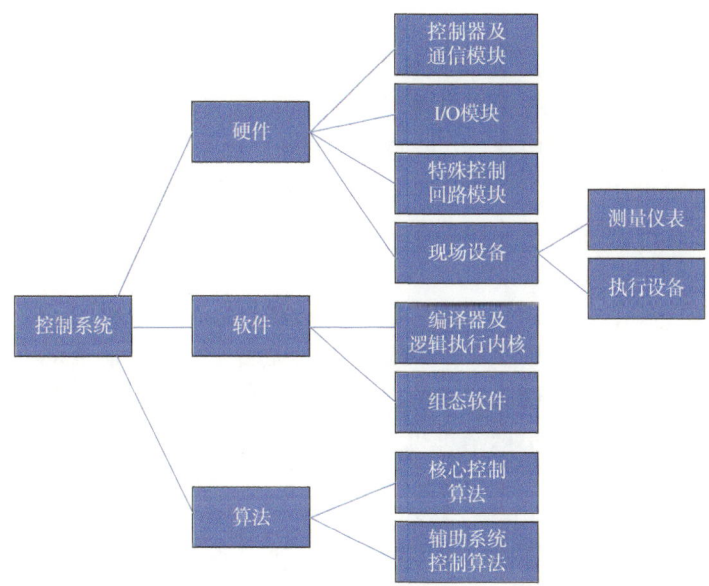

图1.2.1　燃驱压缩机组控制系统主要组成

1.2.1　RR燃驱离心压缩机组燃机控制系统

1.2.1.1　RR燃驱离心压缩机组控制系统组成

RR燃驱离心压缩机组控制系统包含燃机控制系统（ECS）、顺控系统（PCS）、紧急停车系统（SIS）、振动检测系统、消防系统、超速保护系统、ESD安全继电器、MOOG伺服控制器和DS2000XP等专用控制板卡（图1.2.2）。

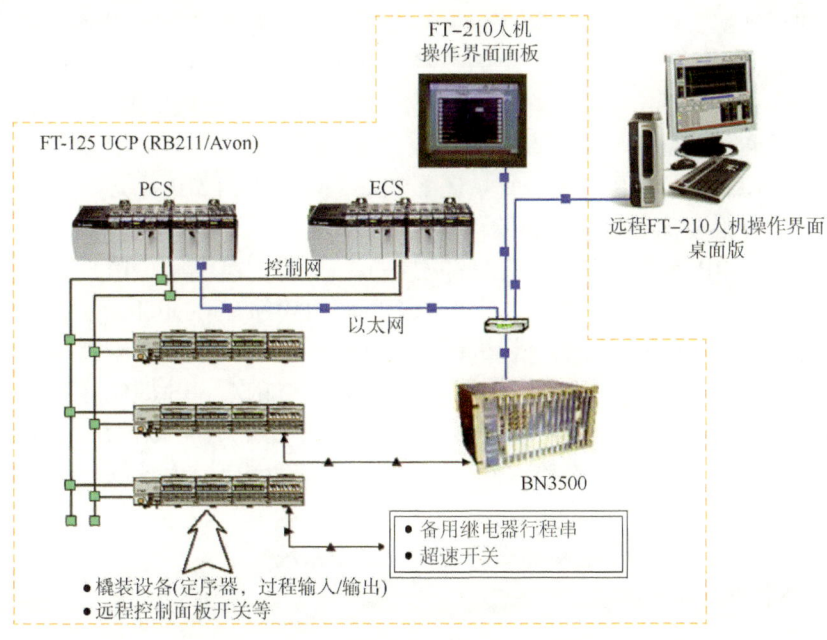

图1.2.2　RR燃驱离心压缩机组控制系统

1.2.1.2 RR 燃驱离心压缩机组 PLC 控制系统

RR 燃驱离心压缩机组 PLC 控制系统主要由五部分构成：一是冗余的机组控制系统（UCP）；二是燃机控制系统（ECS）；三是安全保护控制系统（UPP）；四是振动监控系统；五是可燃气体和火灾检测及二氧化碳灭火系统。UCP、UPP、ECS 三个系统采用的均是罗克韦尔公司生产的 ControlLogix PLC。ControlLogix 是罗克韦尔公司在 1998 年推出 AB 系列的模块化 PLC，是目前世界上最具有竞争力的控制系统之一，它将顺序控制、过程控制、传动控制及运动控制、通信、I/O 技术集成在一个平台上，可以为各种工业应用提供强有力的支持，适用于各种场合，最大的特点是可以使用网络将其相互连接，各个控制站之间能够按照客户的要求进行信息的交换。Controllogix 可以提供完善的控制器的冗余功能，采用热备的方式构建控制器，两个控制器框架采用完全相同的配置，它们之间使用同步电缆连接，不仅控制器可以采用热备，通信网络也可以采用相似的方式进行热备，除以上的部分可以热备外，控制器的电源也可以进行热备，这样大大提高了控制器的运行的可靠性。RR 机组 UCP 控制器即采用了热备冗余模式。振动监控系统是由本特利公司生产的 BN3500 振动监控系统，并配备了一台振动数据服务器，用于记录机组所有的振动数据。振动监控系统与其他系统能过以太网进行通信，进行信息的交换。可燃气体和火灾检测系统，以及二氧化碳灭火系统是由 DETECTION 公司生产的，这是一套专用的 PLC 系统，通过以太网与其他系统进行通信，进行信息的交换。站控 SCADA 系统与 RR 机组控制系统通过以太网进行通信，读取机组数据，并发送相关指令。

1.2.1.3 RR 燃驱离心压缩机组监控系统 FT210

FT210 是 RR 燃驱离心压缩机组利用 InTouch 软件开发的机组监控界面。InTouch 是美国 Wonderware 公司开发的世界上第一个集成的、基于组件的 MMI 系统——FactorySuite 2000 中的一个核心组件。它具有世界领先的 HMI（人机操作界面）和面向对象的图形开发环境，便于高效、快捷地配置用户的应用程序。它在报警和历史趋势方面的功能，极大地方便了对系统的监控。FT210 系统将两台机组的监控界面统一为一个程序文件，即 FT210 系统可任意访问任一台机组。设定了两级权限：操作员和管理员。在操作员权限下，只能进行界面的切换，查看和部分功能使用。在管理员权限下，可以关闭、最小化监控界面、可以使用所有的功能按钮。为了应用方便，每站还配备了一套中文 FT210 系统。

1.2.1.4 RR 燃驱离心压缩机组编程系统 FT310

每座压气站的 RR 燃驱离心压缩机组都配备了一台笔记本电脑，用于联机调试 PLC 程序，被称为 FT310。在 FT310 系统中，安装的主要应用软件有 ControlLogix PLC 的编程软件 RSLOGIX5000，通信软件 RSLINX，ControlNet 网络组态和诊断软件 RSNetWork，可燃气体和火灾监控系统 S3 等。需要注意的是，RSLOGIX5000、RSLINX、RSNetWork 软件都配置有各自的软件狗，即 KEY。必须将 KEY 安装在硬盘上以后，软件才可以使用（为避免系统崩溃或重做系统导致 KEY 丢失，一般将 KEY 安装在非系统盘内）。而 S3 系统则配置了硬狗，只有将硬狗安装在 FT310 上以后，S3 系统才可以联机。

1.2.1.5 RR 燃驱离心压缩机组现场控制设备子系统

（1）GG 燃料气控制系统；

（2）GG 液压启动系统；

（3）GG 滑油系统；

(4) GG 进口空气系统；
(5) 压缩机和 PT 润滑系统；
(6) 压缩机干气密封系统；
(7) 防喘控制系统(防喘阀)；
(8) CO_2 系统(可燃气体和火灾监控)；
(9) 阀门控制(压缩机加载、进口、出口、放空阀)；
(10) 温度(TC/RTD)、速度、振动监控；
(11) 电动机控制中心。

1.2.1.6 西气东输二线 RR 燃驱离心压缩机组控制系统

西气东输二线 RR 燃驱离心压缩机组主控制系统由 PCS、ECS 和 SIS 等三个不同功能控制器机架和 I/O 机架组成，其中 PCS 控制器使用单独控制网连接 7 个 I/O 机架和 EQP 控制器，如图 1.2.3 所示。ECS CPU 机架、SIS CPU 机架与相应 I/O 机架和 PCS CPU 机架单独组成另一个控制网(图 1.2.4)。

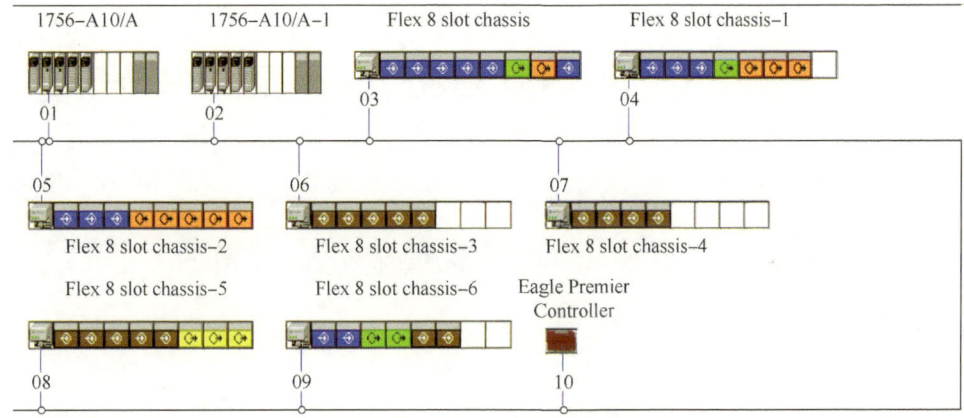

图 1.2.3　PCS 系统网络架构

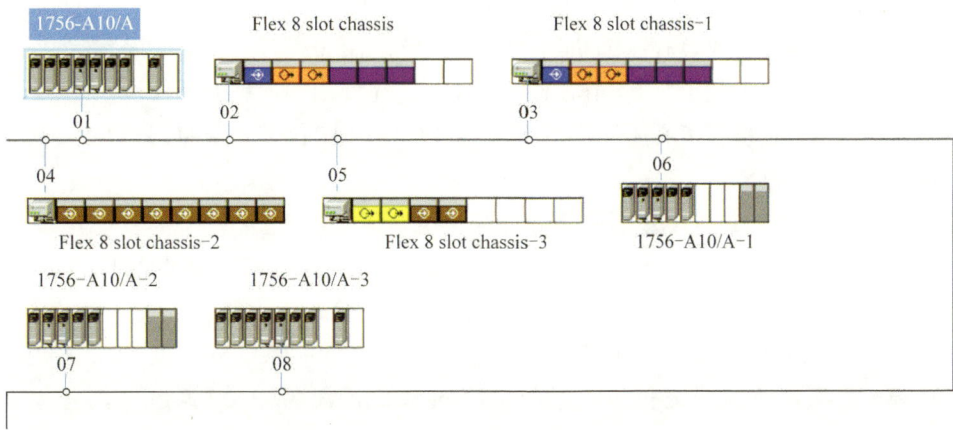

图 1.2.4　ECS 系统网络架构

1.2.1.7 西气东输一线 RR 燃驱离心压缩机组控制系统

西气东输一线 RR 燃驱离心压缩机主控制系统由 UCP、ECS 和 UPP 等三个不同功能控制器机架和 I/O 机架组成，三个 CPU 和 I/O 模块共同组态到一个控制网中，火气系统单独设置（图 1.2.5）。

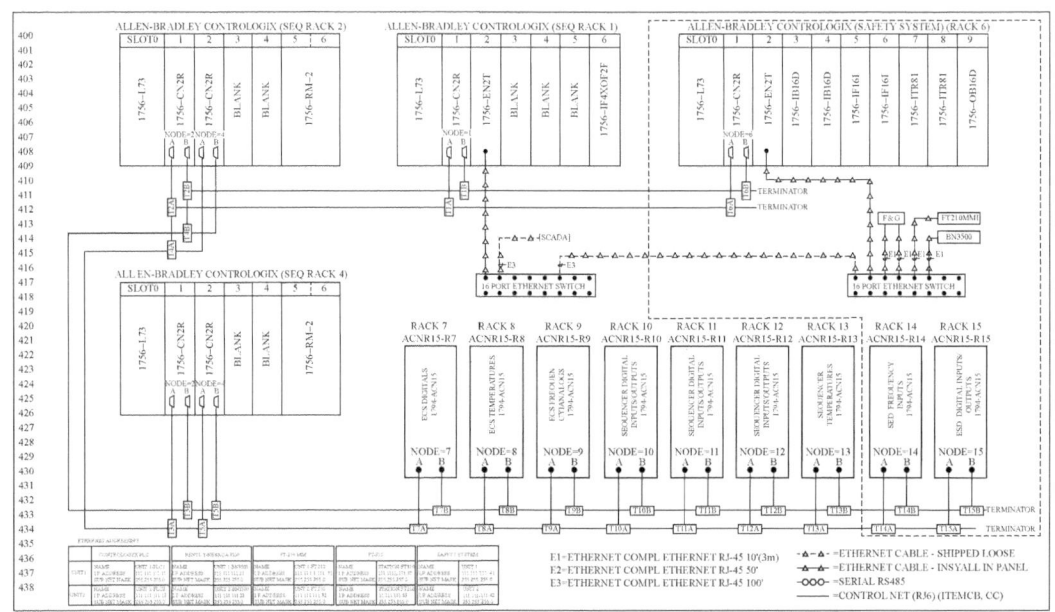

图 1.2.5 西气东输一线 RR 燃驱离心压缩机组控制系统架构图

1.2.2 GE 燃驱离心压缩机组控制系统

1.2.2.1 GE 燃驱离心压缩机组控制系统组成

西气东输一线 GE 燃驱离心压缩机组主控制系统使用 Mark VIe，火气系统及 ESD 系统使用 GE FANUC PLC9070 系列（目前西气东输一线机组控制系统正在升级改造，柳园站已经完成，将 GE FANUC PLC9070 系列升级为 Mark VIeS）。

西气东输二线 GE 燃驱离心压缩机组主控制系统使用 Mark VIe，火气系统及 ESD 系统使用 HIMA PLC，分为 FF PLC 及 SAFE PLC，此外，还使用了远程 I/O 模块：MTL8000。

西气东输三线 GE 燃驱离心压缩机组主控制系统使用 Mark VIe 及 Mark VIeS，火气系统使用 HIMA SILworX PLC。

1.2.2.2 西气东输二线 GE 燃驱离心机组主控制柜

UCP1 控制柜和 UCP2 控制柜是控制系统最主要的设备。UCP1 控制柜内主要有 Mark VIe I/O 端子板，安全系统 CPU 及 I/O 模块、GT 辅助系统 I/O 模块、以太网交换器和浪涌保护器及接线端子板等。UCP2 控制柜内主要装有：Mark VIe 系统双余度 CPU 主控制器及各种 I/O 模块、振动监控系统和转速保护系统的 Bently Vevada3500 系统及消防灭火系统 CPU 及 I/O 模块及灭火系统面板、过程辅助系统 I/O 模块及以太网交换器和集线器、PROFIBUS 网关、浪涌保护器、隔离器、电源等，中间柜内装有 1 个冷却风扇，UCP2 控制柜左起第一门前面板上有消防系统显示灯和钥匙开关、消声按钮和复位按钮。中间柜面板上有两个应急停机开关。右柜面板上安装有显示器和键盘。

以下介绍 UCP1 控制柜和 UCP2 控制柜主要组件的基本功能及面板上的标识等：UCP1 控制柜位于 GT 箱体前端的外侧，通过网络线或电缆线与 UCP2 控制柜等连接。UCP2 控制柜的左柜前面板，有消防系统指示灯和开关按钮；中柜前面板，有泄压应急停机按钮和增压应急停机按钮；右柜前面板上有监视器和键盘；各面板上下各有 1 个防尘过滤器（图 1.2.6）。UCP2 控制柜左柜内部有 HIMA F35、以太网交换器、MTL8000、继电器输出模块和电源等；右柜内部组件主要是 BN3500 振动监控器、BN3500 超速监控器、以太网交换器等（图 1.2.7）。

图 1.2.6 UCP2 控制柜中间柜内部组件、分布图

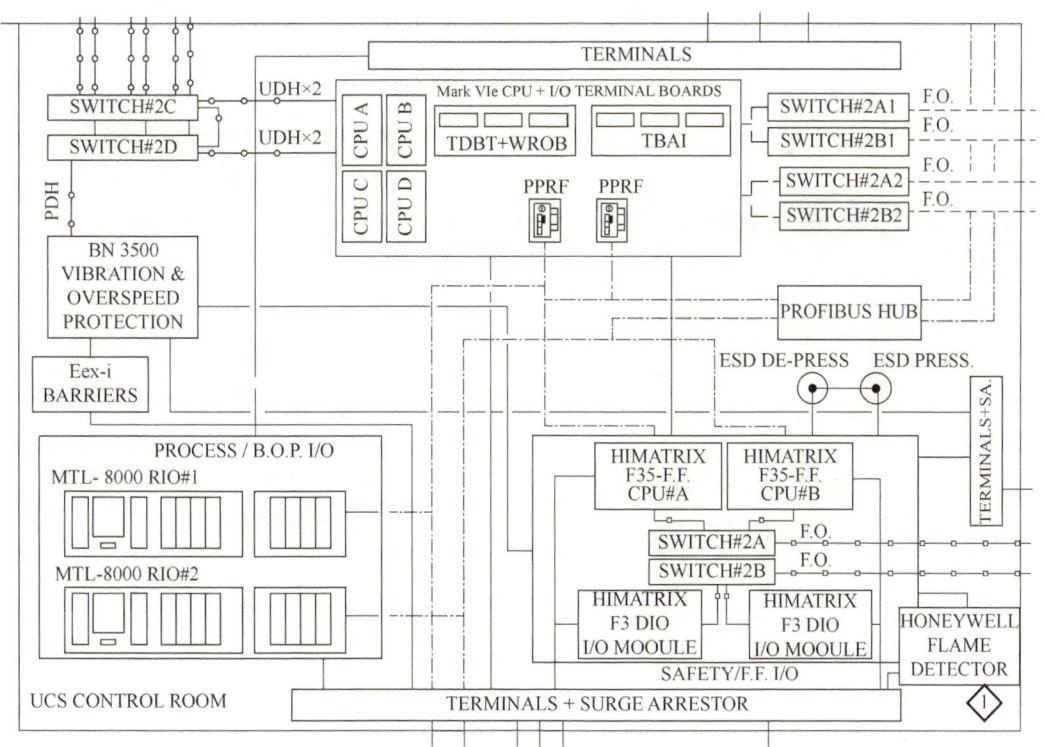

图 1.2.7 UCP2 控制柜方框图

中间柜内部主要是核心机 CPU 和程序 CPU、以太网交换器、电源分配器、I/O 端子板及 I/O 包、浪涌保护器和电源等。这里是 Mark VIe 控制系统最主要的控制设备所在。

1.2.2.3 Mark VIe 双余度网络化主处理器系统

该系统包括 2 个核心机的 UCSA-HIA-CPU 控制器及 2 个程序 CPU，以及多个 I/O 端子板、I/O 包和 I/O 网络 I/ONET 等。I/O 网络是遵守 IEEE802.3 协议的速率为 100MB/s 的全双工以太网网络。在 Mark VIe 中，称为 I/ONET，而 I/O 模块有 3 个基本部件：终端板，终端块及 I/O 包。

CPU 板上有 6 个 JR-45 插孔，孔左有线路正常和信号有效的 LED 指示灯，6 个插孔的中间有 6 个 LED 指示灯，分别是 POWER、BOOT、ON LINE、FLASH、DC、DIAG。绿灯亮表示电源、导入、在线、闪存、直流、诊断等正常。

Mark VIe 的主处理器 UCSA 的特征如下。

（1）为双余度组态：（2CORE+2SEQ），其中核心机 CPU 卡用于 GT 相关逻辑编程，其采样周期或逻辑完成时间为 10ms；程序 CPU 卡用于其他逻辑编程，其采样周期或逻辑完成时间为 40ms。

（2）CPU 的主频为 667MHz。

（3）有 5 个以太网接口，其中 3 个用于与内部 I/ONET 通信，2 个用于与 HMI 之间的通信；通过 I/ONET 与 I/O 包实现通信。

（4）有一个 RS232 串联口，用于组态。

（5）有可移动的闪存卡，用于组态、网络设定、编程等。

（6）采用高可靠性实时多任务工业用 QNX 操作系统。

1.2.2.4 Mark VIe 的 I/O 模块(包)和端子板

在主控制柜中，Mark VIe 的 I/O 模块有很多种，它们的任务不仅要把离散信号和模拟信号变换成数字信号，而且还要把数字信号变换成上网(I/ONET)信号，也有反之。其品种繁多，有模拟量输入/输出模块、伺服输出模块、离散输入模块、离散输出模块、串联通信模块和电源分配模块等(图 1.2.8)。

UCP1/UCP2 方框图中模块代号名称为：

PPRF：Mark VIe PROFIBUS 总线模块。

TBAI：Mark VIe 4~20mA 模拟量 I/O 模块。

TSVC：Mark VIe 伺服和 LVTD 指令输出模块。

TREA+WREA：保护有关信号（NGG 输入、用户的停机数字输入、双余度控制的停机数字输出）的模块。

图 1.2.8　UCP2 控制柜柜内的 I/O 端子板和 I/O 模块图

TDBT：Mark VIe 数字式 I/O 模块。

SCLS/SCLT：Mark VIe 核心机模拟 I/O 模块。

WRCB：Mark VIe 数字输出扩展板。

WSVO：Mark VIe 伺服驱动模块。

UCSA：Mark VIe 的 CPU 模块。

PPRA：涡轮应急保护模块。

PROFIBUS：PROCESS FIELD BUS 工艺现场总线。

PROFIBUS 是面向现场及车间级的数字化通信网络，PROFIBUS 集线器是由多个总线通道和多路收/发逻辑电路组成，每个总线通道由 PROFIBUS 的端口 RS485 驱动、隔离和检测电路组成。PROFIBUS 集线器可以改变总线网络拓扑结构、实现树形或混合型网络结构，可以增加网段数量、实现级联、延长通信距离、增加站点数和进行信号变换等。

1.2.2.5 HIMA 组件

UCP 中采用了两种类型的 HIMA 组件，一种是 F35 CPU，另一种是 F3 DIO，共计 10 多种 HIMatrix 组件用来作消防系统 CPU 和安全系统 CPU。上述组件还有各种 DI/O 模块、AI/O 模块等，CPU 模块内有双 CPU、DI、DO 和通信等，有 4 个以太网接口，如图 1.2.9 所示。

1) 控制器 F35 装置

(1) 24 路数字信号输入、8 路数字信号输出；

(2) 2 路计数器、8 路模拟信号输入；

(3) 4 个以太网接口、集成开关；

(4) 3 路现场总线连接器。

2) 遥控 I/O 装置 F3DIO16/801

(1) 16 路数字信号输入；

(2) 16 路单极/8 路双极数字输出信号；

(3) 2 路脉冲信号输出；

(4) 2 个以太网接口，集成开关。

图 1.2.9 HIMA F35 面板

图 1.2.10 MTL8000 组件

1.2.2.6 MTL8000 组件

GE 燃驱离心压缩机组的 UCP 中，采用了 10 多块 MTL8000 组件及各种 I/O 模块，例如模拟量输入输出模块、电源模块和网关等。它是一个多路输入输出模块，最多有 16 路，结构紧凑，安装方便，是 GE 燃驱离心压缩机组新选用的组件（图 1.2.10）。

1.2.2.7 多余度结构

多余度结构是机组控制系统的特点，以双余度、三余度为最多，Mark VIe CPU、安全系统 CPU、消防系统 CPU、各 I/O 模块等，大都采用双余度，举例如下。

(1) 双余度输入选择：两个传感器到两个端子板和两个控制器，如图 1.2.11 所示。

(2) 双余度输出选择：两路输出到三个 I/O 包，如图 1.2.12 所示。

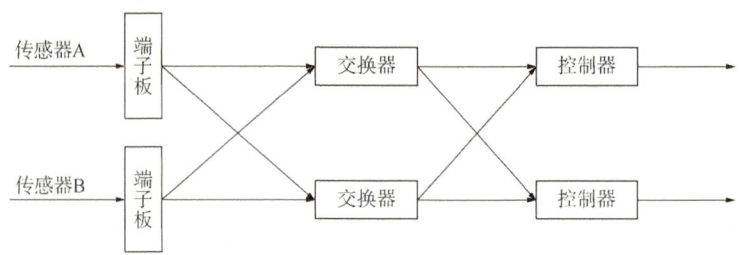

图 1.2.11 双余度输入选择示意图

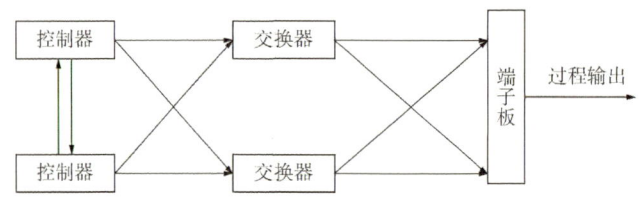

图 1.2.12 双余度输出选择示意图

1.3 燃驱压缩机组自动控制原理简介

1.3.1 自动控制原理简介

1.3.1.1 概述

自动控制(也称自动调节),这个概念应用十分广泛,在日常生活和各个技术领域的方方面面都会随处遇到。例如,人体的温度在正常情况下一般总是保持在36.8℃左右,偏差不超过0.2℃,也就是说,在正常情况下,人体内的温度控制系统总会根据外界与内部的条件变化,控制人体自身发出的热量和散热量,从而使体温保持为常值。

在分析自动控制系统时,经常用一些专用的术语,下面结合图 1.3.1 所示的典型的自动控制系统组成框图来进行简单的说明。

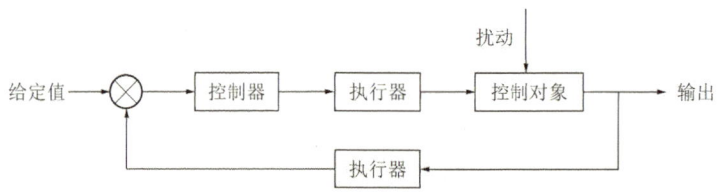

图 1.3.1 典型自动控制系统组成框图

被控量:指自动控制系统中被控制的物理量,在燃气轮机控制系统中可以选择为转速、温度、压力和机组公率。

给定值:指根据运行要求被控量必须保持的数值。例如在燃气轮机转速控制系统中,要求在不同负荷下保持一定的转速,如 3000r/min 不变。

给定值的方式可以多种形式给出，如果给定值等于常数，则该系统称为定值控制系统；如果给定值是已知的时间函数，则该系统称为程序（或顺序）控制系统；如果给定值是另一个变量的函数，则该系统称为随动控制系统。

控制器：据被控量与给定值之间的偏差，按照预定的控制规律给出可调量（控制中介）的指令的环节，常见的应用于燃气轮机自动控制系统的控制器参见下面的介绍。

执行器：据控制器给出的指令改变被控制对象的可调量的机构，如燃料阀门开度等。

传感器：是能感受到被测量的信息，并能将感受到的信息，按一定规律变换成为电信号或其他所需形式的信息输出，在自动控制系统中主要构成反馈回路。

扰动：主要指引起被控量变化的各种外界因素，例如负荷变化，大气条件变化。

反馈：指将输出量的一部分信号返回到输入端，反馈的结果有利于加强输入信号时则称为正反馈，反之称为负反馈，在机组控制系统中常采用负反馈。在较复杂的控制系统中，为了增加系统的稳定性，协调各环节的工作，可以环绕某些环节而构成局部的反馈。

闭环与开环系统：系统的被控量和输入之间存在着反馈回路的系统称之为闭环系统。图1.3.1所示系统就是闭环系统，因为系统的输出量（如转速等）反馈到系统的输入端，系统根据给定值与实际值之间的偏差来进行控制。由于存在着反馈回路，只要实际输出量不等于给定值，控制动作将始终存在，直到给定值与实际输出量基本相等为止。因此，这种系统对由于外部干扰和内部组成环节参数的变化的影响有抑制作用。但是，由于闭环系统容易引起过调，从而使系统长时期来回摆动，因此设计闭环控制系统时必须充分考虑系统的稳定性。

如果被调量并未以任何形式反馈到输入端，则称这种系统为开环系统。开环系统比较简单，但精度不高。

1.3.1.2 常规控制器介绍

近年来，随着自动控制技术的发展和控制设备的通用化，在燃气轮机装置中经常采用不同的控制器，以便改善控制系统的过渡过程性能。这些控制器结构形式多样，在此不一一进行介绍，下面仅就部分常规的控制器进行简单介绍。

1) 比例控制器

它是最简单的控制器，控制器的输出与输入存在如下关系：

$$x_2(t) = Kx_1(t) \tag{1.3.1}$$

进行拉氏变换后为

$$X_2(s) = KX_1(s) \tag{1.3.2}$$

传递函数为

$$W(s) = \frac{X_2(s)}{X_1(s)} = K \tag{1.3.3}$$

比例控制器简称P控制。输入量$x_1(t)$为一阶跃信号时，输出量$x_2(t)$的变化规律如图1.3.2(b)中的曲线所示，P控制的特点是扰动变化后，控制系统最终不能完全消除被控制参数与给定值之间的偏差，属有差控制。

2）积分控制器

它是自动控制系统经常采用的控制器，控制器的输出是输入量对时间的积分。即

$$x_2(t) = K\int_0^t x_1(t)\mathrm{d}t \tag{1.3.4}$$

两边进行拉氏变换并整理后可得

$$W(s) = \frac{X_2(s)}{X_1(s)} = \frac{K}{s} \tag{1.3.5}$$

积分控制器简称 I（积分）控制。输入量 $x_1(t)$ 为一阶跃信号时，输出量 $x_2(t)$ 的变化规律如图 1.3.2(c) 中的曲线所示。由图可知，积分控制的输出随着时间而逐渐增大，直至达到某个极限位置或是饱和状态，只要偏差存在，可调量便不断改变，若要使积分控制的输出不再变化，则输入必须为零。从而有可能最终消除偏差。这类控制属无差控制。

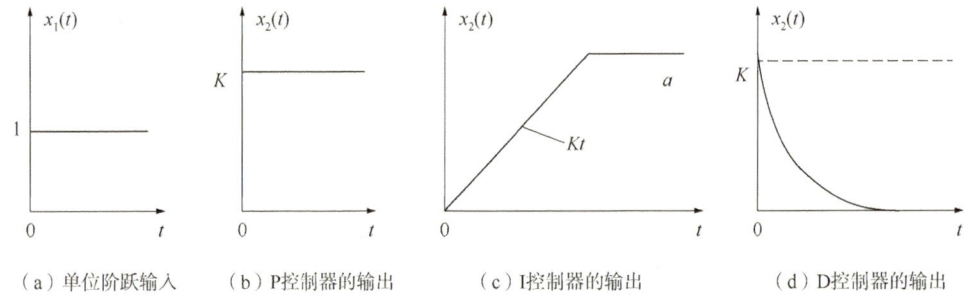

（a）单位阶跃输入　（b）P控制器的输出　（c）I控制器的输出　（d）D控制器的输出

图 1.3.2　当输入量 $x_1(t)$ 为一阶跃函数时三种简单控制器的输出

3）微分控制器

控制器的输出是输入量对时间的微分。即

$$x_2(t) = K\frac{\mathrm{d}x_1(t)}{\mathrm{d}t} \tag{1.3.6}$$

两边进行拉氏变换并整理后可得

$$W(s) = \frac{X_2(s)}{X_1(s)} = Ks \tag{1.3.7}$$

微分控制器简称 D（微分）控制，输入量 $x_1(t)$ 为一阶跃信号时，输出量 $x_2(t)$ 的变化规律如图 1.3.2(d) 中的曲线所示，微分控制具有对控制参数的预测作用，可以改善动态性能，但不单独使用。此外，由于稳态时，微分信号为零，所以微分控制作用不影响稳态偏差。

4）组合控制器

除了以上介绍的典型简单控制器外，自动控制系统中，应用较多的是上述控制器的组合形式。例如比例—积分控制器（PI 控制器）、比例—微分（PD 控制器）和比例—积分—微分控制器（PID 控制器）。

(1) 比例—积分控制器(PI)。

这种控制器实际上就是比例与积分控制器的并联。它的输出信号和输入信号的关系为

$$x_2(t) = K\left[x_1(t) + \frac{1}{T_1}\int x_1(t)\,dt\right] \tag{1.3.8}$$

两边进行拉氏变换并整理后可得

$$W(s) = \frac{X_2(s)}{X_1(s)} = K\left(1 + \frac{1}{T_1 s}\right) \tag{1.3.9}$$

当输入量 $x_1(t)$ 为一阶跃信号时，输出量 $x_2(t)$ 的变化规律如图1.3.3(b)中的曲线所示。从图中可以看出，只要输入信号不等于零，其输出信号将不断增大，直至无限。当输入量变为零时，输出量才停止变化，称为积分保持。应用这种控制器可以消除静差。

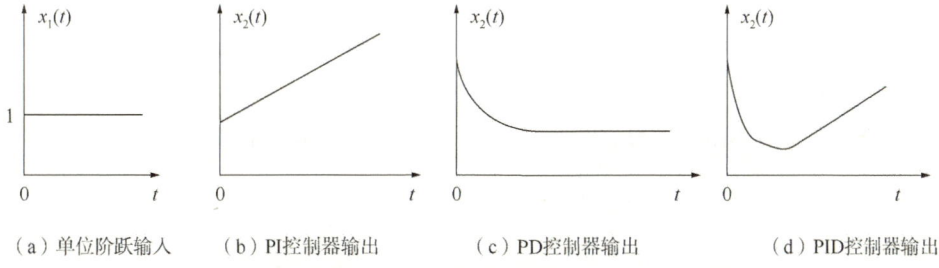

（a）单位阶跃输入　　（b）PI控制器输出　　（c）PD控制器输出　　（d）PID控制器输出

图1.3.3　当输入量 $x_1(t)$ 为一阶跃函数时三种组合控制器的输出

(2) 比例—微分控制器(PD)。

该控制器实际是比例与微分控制器的并联。它的输出信号与输入信号的关系为

$$x_2(t) = K\left[x_1(t) + T_D \frac{dx_1(t)}{dt}\right] \tag{1.3.10}$$

两边进行拉氏变换并整理后可得

$$W(s) = \frac{X_2(s)}{X_1(s)} = K(1 + T_D s) \tag{1.3.11}$$

当输入量 $x_1(t)$ 为一阶跃信号时，输出量 $x_2(t)$ 的变化规律如图1.3.3(c)中的曲线所示。从图中可以看出，在信号刚输入时，由于微分作用，其输出信号很大，以后逐渐趋向某一常数。

(3) 比例—积分—微分控制器(PID)。

该控制器是P、I和D三种控制作用的线性叠加的通用控制。它的输出信号与输入信号的关系为

$$x_2(t) = K\left[x_1(t) + \frac{1}{T_1}\int x_1(t)\,dt + T_D \frac{dx_1(t)}{dt}\right] \tag{1.3.12}$$

两边进行拉氏变换并整理后可得

$$W(s)=\frac{X_2(s)}{X_1(s)}=K\left(1+\frac{1}{T_1s}+T_Ds\right) \quad (1.3.13)$$

当输入量 $x_1(t)$ 为一阶跃信号时,输出量 $x_2(t)$ 的变化规律如图1.3.3(d)中的曲线所示。从图中可以看出,控制过程的初期D的作用最强,中期P起主导作用,I在后期起决定的作用,最后消除稳态偏差(所以凡含有I的控制系统均为无差控制)。

采用PID控制器能保证很好的控制品质,在扰动初期控制动作快,使被调参数超调量小,同时又能使系统稳态偏差为零。

1.3.1.3 离散控制基础

只要有一个信号是离散变量的控制系统,就称为离散控制系统,因此,使用数字计算机在线控制的系统都是离散系统,借助离散信号的数学基础,应用Z变换,可以像连续系统一样进行控制系统的分析与研究,下面进行简单介绍。

1) 离散信号

从数字机存储器读取的信号,或者使用离散测量装置的瞬时采样,都会产生离散信号。离散信号分为整量化和非整量化。图1.3.4展示了连续信号、非整量化离散信号和整量化离散信号之间的区别。离散信号只在 $t=kT$ 处有值,整量化离散信号是非整量化离散信号取整后所得。

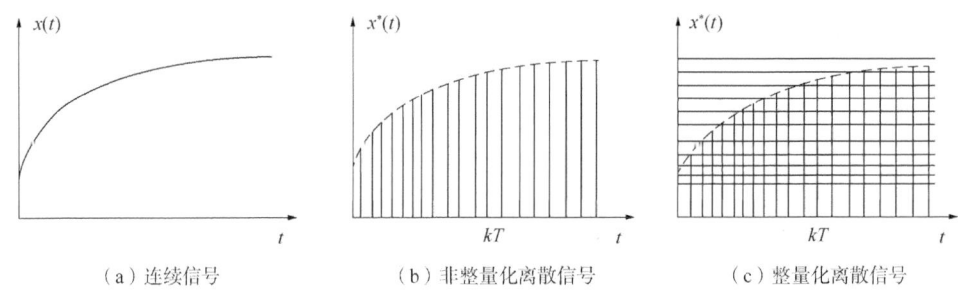

图1.3.4 连续信号与离散信号示意图

使用转换器可以进行信号间的相互转换。常见的转换器有:
(1) 采样器:将连续信号变成离散信号。
(2) 保持器:离散信号变成连续信号。
(3) 模拟/数字转换器:将连续信号转换为整量化离散信号。
(4) 数字/模拟转换器:将整量化离散信号转换为连续信号。

最简单的保持器是零阶保持器,其传递函数为

$$G_h(s)=\frac{1-e^{Ts}}{s} \quad (1.3.14)$$

它将离散信号变换成梯形的连续信号。零阶保持器将瞬时脉冲信号(输入)转变为方波信号(输出),即

$$xk(kT+1)=x(xT) \quad 0 \leqslant t \leqslant T \quad (1.3.15)$$

式中 T ——采样周期。

采样器的输入是连续信号，输出为脉冲序列，可以表示为

$$x'(t) = x(t)\delta_T(t) \tag{1.3.16}$$

其中，δ_T 为单位脉冲序列，即

$$\delta_T(t) = \sum_{k=0}^{\infty} \delta(t-kT) \tag{1.3.17}$$

所以

$$x'(t) = x(t)\sum_{k=0}^{\infty} \delta(t-kT) = \sum_{k=0}^{\infty} x(kT)\delta(t-kT) \tag{1.3.18}$$

采样器每隔周期为 T 的时间采样，在这些采样点上，得到脉冲函数，其他时间均为零。显然，采样时间越短，保持器保持后越逼近输入的连续信号。为了能够不失真地恢复到连续信号，可以证明，采样频率 f_s 必须大于连续过程的最高频率 f_{cmax} 的 2 倍，即

$$f_s \geqslant 2f_{cmax} \tag{1.3.19}$$

2) Z 变换

对离散信号 $x^*(t)$ 进行拉氏变换，记作：

$$X^*(s) = L[x^*(t)] = \sum_{k=0}^{\infty} x(kT)e^{-kTs} \tag{1.3.20}$$

引入变量 $z = e^{Ts}$，可使式(1.3.20)简化为

$$X(z) = X^*(s) = \sum_{k=0}^{\infty} x(kT)e^{-kTs} = \sum_{k=0}^{\infty} x(kT)z^{-k} \tag{1.3.21}$$

上述变量称为 Z 变换。

可以看出，其实质是离散系统的拉氏变换，引入新的变量

$$z = e^{Ts} \text{ 或 } s = \frac{1}{T}\ln z$$

所得到的记为

$$Z[x^*(t)] = \sum_{k=0}^{\infty} x(kT)z^{-k} \tag{1.3.22}$$

Z 变换和拉普拉斯变换一样，也有自己的运算定理，具体如下所述：

(1) 初值定理：

$$x(0) = \lim_{z \to \infty} X(z) \tag{1.3.23}$$

(2) 终值定理：

$$x(\infty) = \lim_{z \to 1} [(z-1) \cdot X(z)] \tag{1.3.24}$$

(3)超前定理：

$$Z\{x[(k+1)T]\} = z \cdot X(z) - z \cdot x(0) \tag{1.3.25}$$

$$Z\{x[(k+m)T]\} = z^m X(z) - z^m X(0) - \cdots - zx[(m-1)T] \tag{1.3.26}$$

(4)延迟定理：

$$Z\{x[(k-1)T]\} = z^{-1}X(z) \tag{1.3.27}$$

3) 离散系统 Z 传递函数

由前面介绍可知，对连续系统而言，当系统的所有初始条件均为零时，系统的传递函数等于输出量的拉氏变换与输入量的拉氏变换之比。同样，当输入量是脉冲序列时，输出量的 Z 变换与输入量的 Z 变换之比，称为系统的脉冲传递函数，或 Z 传递函数。

因为初始条件为零，则有：

$$\begin{cases} Z\{x[(k+1)T]\} = zX(z) \\ Z\{x[(k+2)T]\} = z^2 X(z) \\ \vdots \\ Z\{x[(k+m)T]\} = z^m X(z) \end{cases} \tag{1.3.28}$$

连续传递函数对应微分方程，同样，脉冲传递函数对应差分方程，应用关系式(1.3.28)可以方便地推出任意系统的 Z 传递函数。

1.3.1.4 典型数字式控制器

当应用数字计算机控制系统时，相应的控制器就是数字式控制器。下面简单介绍两个典型的数字式控制器。

1) 数字式 PI 控制器

由 PI 控制器的连续系统的输入输出关系可以推出数字式 PI 控制器满足的差分方程：

$$x_2(nT) = K\left\{x_1(nT) + \frac{1}{T_1}\sum_{k=0}^{n}[x_1(kT)T]\right\} \tag{1.3.29}$$

写成增量形式为

$$x_2(nT) - x_2[(n-1)T] = K\left\{[x_1(nT) - x_1[(n-1)T]] + \frac{T}{T_1}x_1(nT)\right\} \tag{1.3.30}$$

对式(1.3.30)进行 Z 变换可得

$$D(z) = \frac{X_2(z)}{X_1(z)} = \frac{K\left(1 + \frac{T}{T_1}\right) - Kz^{-1}}{1 - z^{-1}} \tag{1.3.31}$$

式(1.3.31)即为数字式 PI 控制器的传递函数。

2) 数字式 PID 控制器

由 PID 控制器的连续系统的输入输出关系可以数字式 PID 控制器满足的差分方程：

$$x_2(nT) = K\left\{x_1(nT) + \frac{1}{T_1}\sum_{k=0}^{n}[x_1(kT)T] + T_D\frac{x_1(nT)-x_1[(n-1)T]}{T}\right\} \quad (1.3.32)$$

写成增量形式为

$$x_2(nT) - x_2[(n-1)T] = Ax_1(nT) + Bx_1[(n-1)T] + Cx_1[(n-2)T] \quad (1.3.33)$$

其中

$$A = K\left(1 + \frac{T}{T_1} + \frac{T_D}{T}\right)$$

$$B = -K\left(1 + \frac{2T_D}{T}\right)$$

$$C = K\frac{T_D}{T}$$

对式(1.3.31)进行 Z 变换得

$$D(z) = \frac{X_2(z)}{X_1(z)} = \frac{A + Bz^{-1} + Cz^{-2}}{1 - z^{-1}} \quad (1.3.34)$$

式(1.3.34)即为数字式 PID 控制器的传递函数。

1.3.1.5 逻辑控制

除了连续控制(对燃烧室的燃料流量控制)以外，燃气轮机在运行时还必须对各种情况进行逻辑分析，判断和控制。所谓逻辑分析指仅考虑"是"("1")或"非"("0")两种可能性的一种数学定义。例如，在燃气轮机的起动过程中，当转速到达点火转速时，并且其他一些条件已经满足(如清吹时间已经完成等)后，则会发出点火逻辑命令，一方面接通火花塞打火，另一方面给出点火燃料流量，然后控制系统判断点火是否成功，如果点换成功则燃气轮机进行暖机运行，否则切断燃料流量，这些分析，判断与采取的措施都是由事先安排好的逻辑来完成的。逻辑控制在总的系统控制中占有相当重要的地位，有些控制系统(电梯的控制系统等)甚至完全由逻辑控制构成。

逻辑变量的运算遵循逻辑代数运算规律。下面进行简单介绍：

假定 A，B，C 均为逻辑变量，$\bar{A}$，$\bar{B}$，$\bar{C}$ 均为相应逻辑变量的"非"。

1) 变量与常量的运算关系

$$A + 0 = A$$

$$A + 1 = 1$$

$$A + \bar{A} = 1$$

$$A \cdot 1 = A$$

$$A \cdot 0 = 0$$

$$A \cdot \bar{A} = 0$$

2) 与普通代数相似的运算规律交换律

$$A+B=B+A$$

$$A \cdot B = B \cdot A$$

结合律:

$$(A+B)+C=A+(B+C)$$

$$(A \cdot B) \cdot C = A \cdot (B \cdot C)$$

分配律:

$$A \cdot (B+C) = A \cdot B + A \cdot C$$

$$(A+B) \cdot C = A \cdot C + B \cdot C$$

3) 逻辑代数的特殊运算规律同一律

同一律:

$$A+A=A$$

$$A \cdot A = A$$

反演律:

$$\overline{A+B} = \bar{A} \cdot \bar{B}$$

$$\overline{A \cdot B} = \bar{A} + \bar{B}$$

否定律:

$$\bar{\bar{A}} = A$$

4) 等式的运算规则

代入准则:在任何一个逻辑等式中,如果将等式两边所有出现某一变量 A 的地方都代之以一个函数 Z,则等式仍然成立。

例如:已知 $\overline{A \cdot B} = \bar{A} + \bar{B}$,如果将 $Z = A \cdot C$ 代替等式中的 A,则等式仍然成立。亦即:

$$\overline{A \cdot B \cdot C} = \overline{A \cdot C} + \bar{B} = \bar{A} + \bar{B} + \bar{C}$$

反演准则:对于任意一个函数表达式 Z,如果将 Z 中所有的"·"替换成"+";所有的"+"替换成"·";所有的"0"替换为"1";所有的"1"替换为"0";所有的原变量替换为反变量;所有的反变量替换为原变量;那么所得到的逻辑函数表达式就是逻辑函数 Z 的反函数 $\bar{Z}$,以上举例可以看出, Z 和 $\bar{Z}$ 是互为对偶的。如果两个逻辑表达式相等,那么它们的对偶式也一定相等,这就是对偶准则。

1.3.2 燃气轮机自动控制系统现状及趋势

燃气轮机的控制任务和控制原则方案的特点是既与所带的负荷性质有关,同时又与燃气轮机自身的特性有很大的依赖性。作为一个完整的动力装置,当扰动发生后,燃气轮机只能通过对整个系统的控制,例如改变燃烧室燃料流量,依靠动力装置各组成部件(压气机、燃烧室、透平等)参数之间的机械、气动联系而改变包括带动负荷的透平在内的所有部分的运行工况。此外,燃气轮机的各个组成部件都有自己的允许工况范围,在运行过程中必须将工况变化控制在允许的范围之内,例如要求控制压气机在不喘振的范围,控制高温燃气通道内不超温等。显然,这些允许范围和它们自身的特性密切相关。另一方面,由于不同类型的燃气轮机(单轴、双轴、分轴等)的特性有着显著的差异,所以相应的控制任务与控制原则方案也会有着显著的不同。

1.3.2.1 燃气轮机控制系统硬件及结构

由于国外天然气加工处理起步早,工艺生产技术比较成熟,因而相应的控制技术也较早地采用了先进的控制系统,而且具有操作简单,控制设备数量少,自动化程度高,一次投资成本低,维护费用低等特点。国外燃气轮机大多为燃气轮机原厂自己配套控制系统。控制器多选用 AB 公司的 PLC、Micronet 和 Mark VIe 等。从硬件设备上,国外硬件设备,包括 PLC 控制器、超速保护器、伺服控制器和安全保护装置等,具有成熟的厂家供货商和供货产业链,国外各个厂家之间存在较好的合作关系。

我国天然气处理加工起步较晚,和国外存在较大的差距。因而机组控制技术方面也存在较大的差距,几乎完全依赖于进口设备。由于设备、程序等的垄断和保密性,造成可靠性差,操作麻烦,故障率高,机组关断次数多,同时系统维护不便,检修困难,维修工作量也大。而且经过长时间的运行,控制系统的各种元器件出现不同程度的老化,降低了控制系统的可靠性,导致机组的控制系统出现不正常的控制故障,故障率高而且排除故障比较困难,无法满足机组连续稳定工作的要求,影响了机组的正常运行,甚至损坏过机组,造成了很大的损失。这种控制系统缺点较多,正逐步淘汰。

燃气轮机具有响应快的特点,尤其航空发动机,从点火到启动完成时间最快仅为 5s,这个过程中转速有几千转甚至几万转,燃烧温度一秒增加超过 100℃,工况也发生剧烈变化,参数响应快,且精度要求高,这是其他设备都很难遇到的情况。

为了满足燃气轮机控制的需求,控制器的响应速度要求很高,一般的 PLC 或者 DCS 很难满足控制器的响应时间要求,这个响应时间包括:I/O 采集和输出时间、程序执行时间的总周期。而伺服系统和阀门系统等具有更高的时间响应要求,从而保证总体的响应特性。

燃气轮机的排气温度表征燃气轮机的负荷状态和健康状态。排气温度的高低直接反应燃气轮机的输出功率,因此,对温度的响应时间至关重要,如果温度响应至几秒,就完全失去了温度保护的作用。所以,精度高、响应快、可靠性高,就成为燃气轮机控制器性能要求的主要特点。

总线性能标志着一个 PLC 的技术水平,也是制约 PLC 性能的重要指标,掌握快速、稳定、可靠的总线技术才能使得 PLC 产品在市场上占有一席之地。比如国际行业中最先进的总线技术有 ControlNet 总线和 Profibus 总线,ControlNet 总线的通信速率为 5Mbps,Profibus 总线的通信速率为 12Mbps。这就使得具有 ControlNet 总线的罗克韦尔 PLC(AB),和具有 Profibus 总线的西门子 PLC 引领世界 PLC 行业的前沿技术,并具有绝对性的市场占有率。

按照自动控制系统功能来划分，燃气轮机自动控制系统主要是由以下三大部分组成：主控系统、顺控系统和保护系统（含消防保护系统、振动保护系统、超速保护系统、后备安全链等），如图1.3.5至图1.3.7所示。

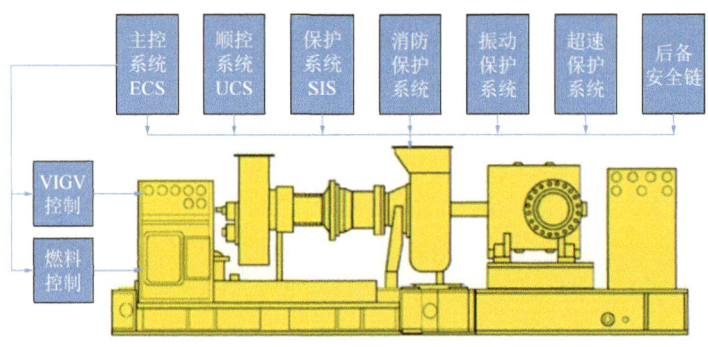

图1.3.5　RR燃驱压缩机组硬件结构

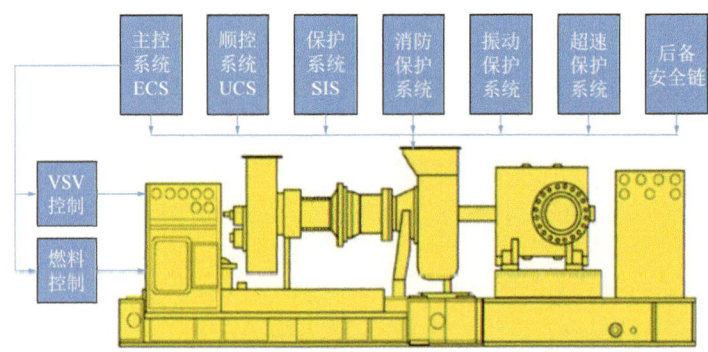

图1.3.6　GE燃驱压缩机组硬件结构

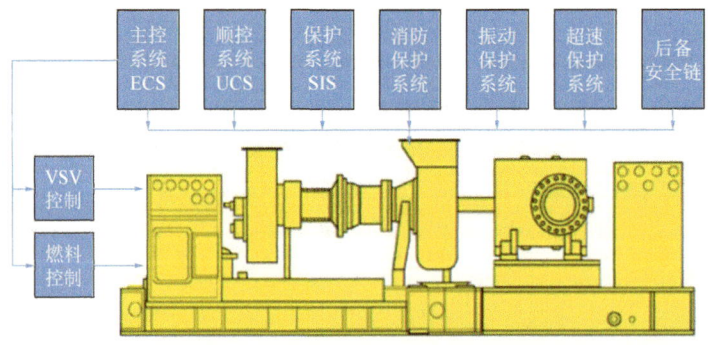

图1.3.7　索拉燃驱压缩机组硬件结构

控制器上的关键部件是处理器，由于我国处理器起步较晚，技术上被国外封锁，不允许进口生产设备。因此我国CPU处理器产业发展严重受到制约。

1.3.2.2　燃气轮机控制系统软件

编译器和逻辑执行内核主要有美国体系、德国体系和印度体系。德国的工业编译器发展最为成熟，比如德国的 3S、德国的 Codesys、德国的 Infoteam 和德国的 KW。目前国内的分布式控制系统(Distributed Control System，DCS)厂商大多选用德国产品。美国的编译器不如德国的先进，但是各个厂家也有自己的编译器，这些编译器仅仅自己使用。比如 GE 公司的 TOOLBOX，罗克韦尔公司的 RSLOGIX。印度软件业发达，印度的编译器支持定制开发，也有国内厂家选择。

国内的 DCS 控制器生产厂家几乎全部选用上述软件产品，再购买国外的处理器，让编译器厂家帮助移植程序，从而快速构建产品。各家产品在性能上几乎没有差异性，差异性在于总线技术和 I/O 模块的设计。DCS 厂家无法得到全部代码，只能得到程序接口，自己开发通信驱动。

1.3.2.3　燃气轮机控制算法

燃气轮机和航改型发动机被誉为制造业皇冠上的明珠，代表了制造业的尖端技术。我国通过引进吸收的，市场换技术的方式获取燃气轮机制造技术，但热部件的制造技术和燃气轮机控制技术，是两项不转让技术。燃机热部件制造技术代表着制造业的尖端技术，而燃机控制技术代表着燃气轮机理论研究的先进性。

燃气轮机是压气机和涡轮的联合工作，这就存在前后性能匹配的问题，压气机喘振、热悬挂、空燃比匹配、初温超温等因素致使燃气轮机存在诸多风险因素，一旦出问题就会造成重大经济损失。

燃气轮机工作期间，涡轮叶片要工作在极高的温度下，这个温度超越了金属熔化的极限，同时还要承受巨大的应力和离心力。为了让涡轮叶片承受高温工作，把压气机的空气引入叶片中，从叶片尖端的孔流出从而冷却涡轮叶片。如果冷却空气一旦出现问题，就会造成叶片损伤，出现严重事故。从而必须保证压气机不能出现喘振的问题。而航空发动机为了降低设备质量，提高能源密度，充分压榨其性能，必须极端地利用压气机的工作区域，从而使得其启动过程中沿着压气机喘振线边界工作，甚至短暂进入喘振区域，这就很容易造成启动时候的机组炸机。

涡轮叶片为了能够承受高温，在冷却的同时，还要有陶瓷涂层，陶瓷的膨胀系数与金属叶片的膨胀系数不同，因此，如果火焰直接灼烧叶片，造成剧烈温度变化，膨胀系数的不同会造成陶瓷涂层的龟裂，从而失去保护作用而损坏机组(图 1.3.8)。

如果控制系统的响应存在问题，火焰经常拉长冲击叶片，或者启动超温等因素，会造成陶瓷涂层的热腐蚀，形成白色粉末，从而失去陶瓷涂层的保护作用，被称为热腐蚀。燃料的

图 1.3.8　烧蚀的透平叶片

功率冲击、燃烧室燃烧不均匀等诸如此类因素，都会使燃气轮机存在不安全隐患。因为燃气轮机工作原理的特殊性，一旦出现问题都是毁灭性的结果。燃气轮机的性能受到诸多因素的影响，随着环境温度、大气湿度、大气压力、燃料热值、进气系统和燃机性能变化等因素，都会造成机组性能曲线发生改变，从而导致启动困难，并存在较大风险性。

燃气轮机控制算法的发展有如下几个阶段。

1) 第一阶段

燃气轮机和航空发动机，早期均为人工控制，熟练工种直接手动推油门，根据发动机温度、转速、声音等因素判断给油量。燃气轮机能否顺利启动、是否会出现风险，完全取决于人的经验。从而早期的燃气轮机是通过在实验台上人工推油门启动的，并把燃料量和燃气轮机转速的关系分段记录下来。然后用 PLC 控制器模拟人工推油门的方式，测量燃气轮机的实际转速，并根据数据表，一个转速一个燃料量给定，从而启动燃气轮机。

这样启动的好处就是可以把技术工人的经验转变为稳定的程序，从而可以向优秀的技术工人那样把燃气轮机成功启动起来，不再依赖于工人技术的差异性，任何人都可以操控燃气轮机启动。

但这样启动也存在严重问题，燃气轮机的转速越高，本应该减少给油量，但却因为燃料与转速的正比关系而增加给油量，给油量越多就会超速、超温，从而进入恶性循环，烧毁机组。燃机转速掉转时本应该增加燃料，反而减少燃料，使得更加掉转，造成启动失败。

2) 第二阶段

为了解决上述问题，优化改进燃气轮机启动的成功率，降低启动风险，在不同的环境因素下，测定七条燃气轮机启动曲线，根据不同的环境因素和工况，选定不同的燃料启动曲线，这样就大大提高了启动成功率。由于环境因素很难直接量化，限于燃气轮机运行工人的技术水平，很难测定到不同环境下的启动曲线。不得不根据一条曲线去折算不同环境下的曲线，由于理论的缺失，也造成了折算曲线的不可靠。

3) 第三阶段

为了解决燃气轮机转速越超速给油量越大，从而造成炸机的问题，把"转速—燃料曲线"，改为"时间—燃料曲线"。依然是依据高水平的技术工人在试验台上推油门，根据时间秒数，逐一记录每一个时间点下的燃料量。并把这个时间燃料曲线记录下来再写入 PLC 程序中，从而模拟技术工人的机组启动。这样可避免超速和掉转恶性调节出现事故的问题，具有更高的启动成功率。但是，这种启动方法依然存在环境因素变化以后，燃料量不再适合燃机工况的问题，从而造成启动失败。同时也带来了新的严重风险。

燃气轮机的启动和运行是建立在燃料、转速正比例关系基础上的。也就是说燃气轮机里面永远是以空气过剩为前提的。但是，如果按照"时间—燃料曲线"的关系进行单一的燃料爬升，一旦启动机功率不足，就会出现燃料过量而转速过低的问题。燃气轮机的转速过低，就意味着压气机的转速低，从而进气量过低。这时候机组会因为燃料过剩、空气不足进入富燃料区域，使得燃料与转速出现反比例关系，也就是说燃料越量越是增加，燃机的转速越低，而燃烧温度越高，从而引发热悬挂，烧毁机组。

4) 第四个阶段

总结上述经验，根据不同的环境温度，设定多条燃料曲线，再结合启动时候的环境温度，PLC 程序自动选定燃料曲线。这种启动方式极大地提升了启动成功率，减少了事故率。

长输管线的大多数燃气轮机（RR SGT 系列、俄罗斯燃气轮机等），都是采用这种燃料控制方式，这种方式的广泛应用足见其改进效果显著。虽然已经具备很好的现场使用的通用性，但是仍然有点火成功率低，启动成功率低的问题，有的成功率甚至不足10%，每次启动机组都要折腾一两天。运行人员不得不重复地不断修改启动参数，摸索适合当时环境的启动规律。

无论是前面的哪一个阶段，都有一个共同的严重问题，那就是每个时间点或每个转速点对应的燃料流量很难准确计量，阀门本身计量不准确，流量计计量时间滞后，燃料的温度、热值、湿度和压力变化都会造成燃料计量的不准确。大多数厂家根据经验，直接给定阀门的开度，认定为一个开度就是对应一定的燃料功率，这种对应关系显然是有很大偏差的，燃料计量误差会甚至超过30%，更不适用于各种环境。

目前第四阶段的开环时间—燃料曲线，再加上大气温度修正，是国外大多厂家选用的燃料规律控制方式。也代表了世界燃机控制技术水平。

在燃气轮机负荷运行阶段，机组采用多PID调节，PID参数难以获取，动态响应慢，稳态波动大。作为世界总装机容量最大的RR燃气轮机，其SGT系列采用的AB公司的PLC控制器，启动采用开环控制方式。允许最终用户自行调整点火燃料阀门开度，点火后从当前点火开度按照时间爬升，至机组启动完成。

这种启动方式存在诸多弊病，首先点火必须具有过量的燃料量才更容易点燃，连续点火失败会使得用户不断加大燃料量，存在爆燃的危险。其次，燃料量并非点火失败的唯一问题。点火后就需要进行燃料爬升，在过量的燃料基础上再爬升，使得启动温度过高，最大承受温度为560℃的燃气轮机，要在600℃以上才能启动。虽然短期内看不到问题，但长此以往会出现严重的叶片热腐蚀问题，严重影响机组寿命。

过高的温度使得燃烧室压力升高，压气机负荷量增加，更容易出现喘振和热悬挂等。造成燃气轮机爆炸。

从国外燃气轮机厂家的主流控制方法来看，时间—燃料曲线开环启动控制，外加大气温度修正，多PID协作运行调节，是主要的燃气轮机控制方法，代表着国家燃气轮机控制的先进水平。

2019年，玉门站$2^\#$RR RB211机组上进行了燃气轮机控制逻辑的国产化改造，至今运行稳定可靠。从燃气轮机性能和极限参数角度出发，获取了一种不依赖于环境，不依赖于经验的控制方法。可以在各种因素工况下，自动寻找最优的燃料量，使得启动成功率达到100%。

1.3.2.4 燃气轮机顺控系统设计

1）顺控系统功能及组成

燃气轮机顺序控制系统是联系机组的主机、辅机、各辅助系统和自动控制系统各部分协调动作的开环控制系统，它可以完成以下功能：

正常启动程序；

特殊启动程序；

怠速；

自动带载运行；

正常停机程序；

紧急故障停机程序；
启动过程故障停机程序；
故障保护程序；
进入正常过程控制与调节的程序。
顺序控制系统工作的原则是：条件原则，时间原则，条件、时间相结合原则。
进行顺序控制的手段有五大类：
测量信号传感器；
控制电器；
逻辑电路单元；
电力拖动控制电器设备；
电磁阀门。
测量信号传感器包括限位开关、压力接点开关和温度接点开关等。
控制电器包括手动按钮、控制选择开关、继电器、灯光文字信号牌、电铃和蜂鸣器等。
逻辑电路单元包括各种与非、或非逻辑电路、继电器驱动器、延时电路单元等。它的重要特点是逻辑电平范围广，抗干扰能力强，运行可靠，动作准确，通用性强。
电力拖动控制电气设备包括各种交直流电动机的拖动电器开关控制柜。
电磁阀门包括控制各种辅助系统所用的阀门，如液压油管路、控制油管路、冷却水管路和天然气管路等。这些电磁阀门可以执行各种程序动作，控制各自管路系统的不同工作状态。

2）顺控系统实现方式

顺序控制使用"模式"的概念，把机组的启动顺序组编到一系列模式（或进程）中。这些模式定义了燃气轮机启动的每一个进展阶段，也定义了相关阶段的任何要考虑的特殊因素和事项。每一个模式都分配一个顺序号，供控制器内的逻辑使用。控制过程中的任一时刻，燃气轮机机组只能在对应的其中某一个模式下运行。从当前所处的某模式进入到下一个模式是由控制器中的顺序逻辑（一个或一系列条件）来决定的，进入某模式就会发出该模式所设定的动作，以确保通过模式进行有条理的顺序控制并且在设备故障的情况下发出恰当动作，保证燃气轮机、发电机和各辅助设备的安全协调运行。

以西部管道玉门压气站机组为例，设置了21个顺控模式，见表1.3.1。

表1.3.1 顺序控制模式配置表

模式号	描述
SP01	Enclosure Pressurized/箱体升压
SP02	Enclosure Purged/箱体清吹
SP03	Buffer Air SystemSequence Progress/干气密封系统准备启动
SP04	Main Lube Oil SystemSequence Progress/主润滑油系统准备启动
SP05	Unit Piping Purge/系统管路清吹
SP06	Compr Purge/压缩机清吹
SP07	Compr Pressurized/压缩机升压
SP08	Position Valves for Running/压缩机阀门准备启动

续表

模式号	描述
SP09	GG Lube Oil SystemSequence Progress/燃机润滑油系统准备启动
SP10	Hydraulic Starter Sequence Progress/液压启动机开始暖机
SP11	GG Lube Oil Actuator in Pre-Wet/燃机润滑油三通阀准备启动
SP12	GG to Purge Speed/燃机加速到清吹转速
SP13	GG Purge Sequence/燃机开始清吹
SP14	GG Ignition Detected/燃机开始点火
SP15	GG N2 Pullaway/燃机加速
SP16	GG Starter Cut/启动机准备脱扣
SP17	GG to Idle Speed/燃机加速到慢车转速
SP18	PT Breakaway/动力涡轮准备破转
SP19	PT Warmup/动力涡轮暖机
SP20	PTAcceleration/动力涡轮加速
3SCMP	Starting Sequence Complete/启动程序完成

不同的模式有不同的进入方式，进入之后有相应的动作，模式定义清楚后，可以清晰逻辑关系，避免编程错误。

1.3.2.5 燃气轮机主控系统设计

燃气轮机主控制系统是对燃气轮机工作过程的状态进行控制和调节的系统。它是对燃气轮机工作过程中一系列特定参量实现恒值闭环自动调节的系统，如排气温度闭环控制、燃气轮机转速闭环控制、加速度闭环控制和功率闭环控制等。主控制系统是现代燃气轮机自动控制的重要核心。

燃气轮机的主控制系统要根据工作过程控制的实现要求来组成。当今较为先进的燃气轮机主控制系统的基本设计思路有两种：一种是多通道低选，另一种是多回路作用叠加。

1.3.2.6 燃气轮机保护系统设计

燃气轮机的安全保护系统是一个完全独立的系统。它有自己的检测元件、放大元件与执行电路。安全保护系统是多通道检测，并判断故障情况的多重保护系统。保护的步骤分为故障报警与遮断停机两项。

故障报警和遮断停机都可以通过光字通告牌显示。当控制系统检测到故障后，经过逻辑单元来控制光字通告牌闪烁，同时报警铃响。铃声可以手动停止，但光字牌继续闪烁，需待故障状态消除后，闪烁灯光才会熄灭，恢复到正常状态。

紧急停机是在燃气轮机发生超速、超温、过度振动、或熄火以及其他系统故障等，并高于某一允许值时，发出停机信号。于是，各相关阀门自动关闭，切断燃油或燃气，使机组迅速停机。

第 2 章
燃驱离心压缩机组控制系统硬件

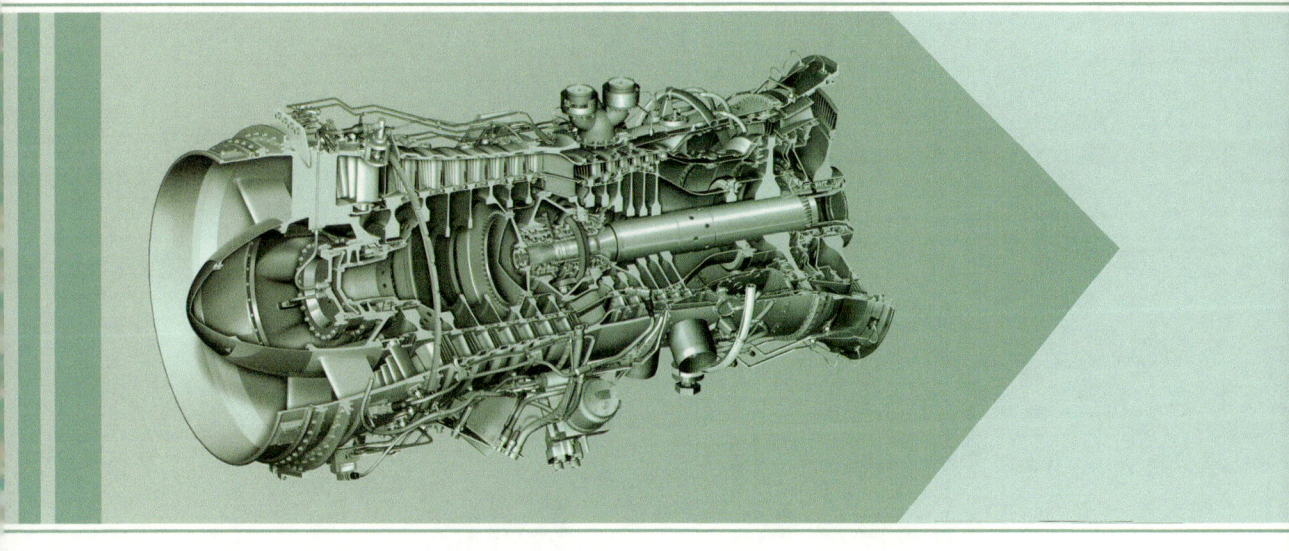

2.1 燃驱离心压缩机组控制系统 PLC

2.1.1 AB ControlLogix 系统

ControlLogix 系统是罗克韦尔公司在 1998 年推出 AB 系列的模块化 PLC，是目前世界上最具有竞争力的控制系统之一，它将顺序控制、过程控制、传动控制及运动控制、通信、I/O 技术集成在一个平台上，可以为各种工业应用提供强有力的支持，适用于各种场合，最大的特点是可以使用网络将其相互连接，各个控制站之间能够按照客户的要求进行信息的交换，目前占主导地位的主要是 1756-L6X 控制器和 1756-L7X 控制器。

ControlLogix 系统可以提供完善的控制器的冗余功能，采用热备的方式构建控制器，两个控制器框架采用完全相同的配置，它们之间使用同步电缆连接，不仅控制器可以采用热备，通信网络也可以采用相似的方式进行热备，除以上的部分可以热备外，控制器的电源也可以进行热备，这样大大提高了控制器的运行的可靠性。西气东输一线西门子机组 UCP 控制器即采用了热备冗余模式，西气东输二线和西气东输三线的 PCS、SIS、ECS 控制器均为热备冗余。典型配置如图 2.1.1 所示，其中本地机架采用 1756 系列，远程机架采用 1794 系列。

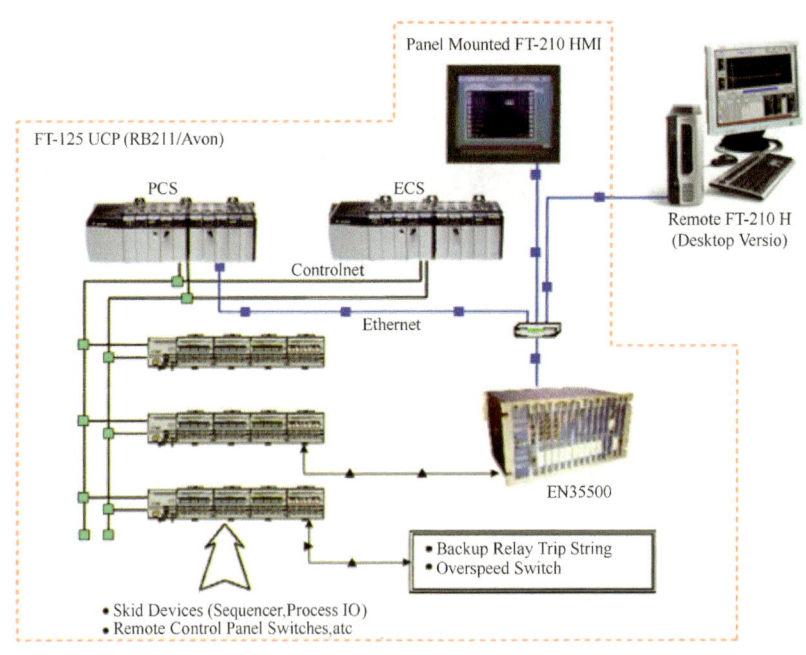

图 2.1.1　西门子机组 AB 控制系统典型架构

2.1.1.1 框架

ControlLogix 框架有 4 槽、7 槽、10 槽、13 槽和 17 槽 5 种形式，并且对控制器所处位没有要求。

框架的背板在模块之间提供了高速的通信通道。背板上多个控制器可相互通信,自通过背板完成不同网络间的路由,以达到网络之间的无缝集成。

2.1.1.2 电源

1756 框架上的电源模块直接给框架的背板提供 1.2V、3.3V、5V 和 24V 的直流电源。电源模块有标准电源模块(1756-PA72、1756-PB72、1756-PA75、1756-PB75、1756-PC75 和 1756-PH75)和冗余电源模块(1756-PA75R 和 1756-PB75R)。

当电源模块的供电电压降到极限电压以下时,每个交流输入电源模块都在背板上发出关机信号。当电压回升到极限电压以上时,关机信号消失。

2.1.1.3 输入/输出模块

输入/输出模块分为数字量输入/输出模块和模拟量输入/输出模块两大类,其中数字量输入/输出模块用来接收和采集现场设备的输入信号,包括按钮、选择开关、行程开关、继电器触点、接近开关、光电开关和数字拨码开关等数字量输入信号,以及用来对各执行机构进行控制的输出信号,包括向接触器、电磁阀、指示灯和开关等输出的数字量输出信号。模拟量输入/输出模块能直接接收和输出模拟量信号。

输入/输出模块通常采用滤波器、光耦合器或隔离脉冲变压器将来自现场的输入信号或驱动现场设备的输出信号与 CPU 隔离,以防止外来干扰引起的误动作或故障。

(1) ControlLoigx 的数字量输入/输出模块。

ControlLogix 提供了种类丰富的数字量输入和输出模块,以适应各种场合的要求。这些数字量 I/O 模块提供如下的功能:

① 多种电压规格接口;
② 隔离型模块和非隔离型模块;
③ 通道的故障诊断;
④ 可选直接连接方式或者框架优化的连接方式;
⑤ 可选支持现场诊断能力的模块。

输入模块原理如图 2.1.2 所示。

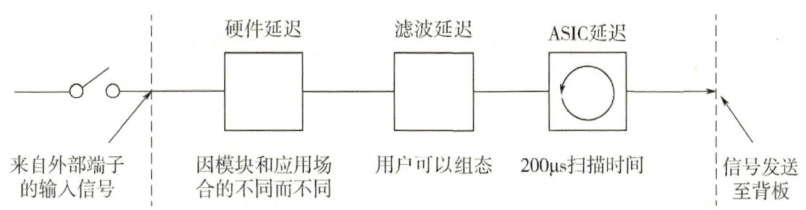

图 2.1.2 输入模块原理

输出模块原理如图 2.1.3 所示。

1756 系列的 I/O 模块有可拆卸的端子块,这使得接线极为方便,为了防止误操作,端子块设有引导插口和锁销。模块的前部还有诊断指示灯,可以精确到位级,如图 2.1.4 所示。

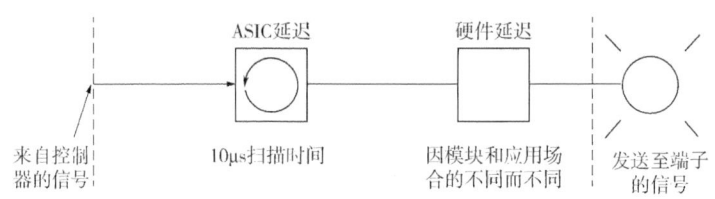

图 2.1.3　输出模块原理

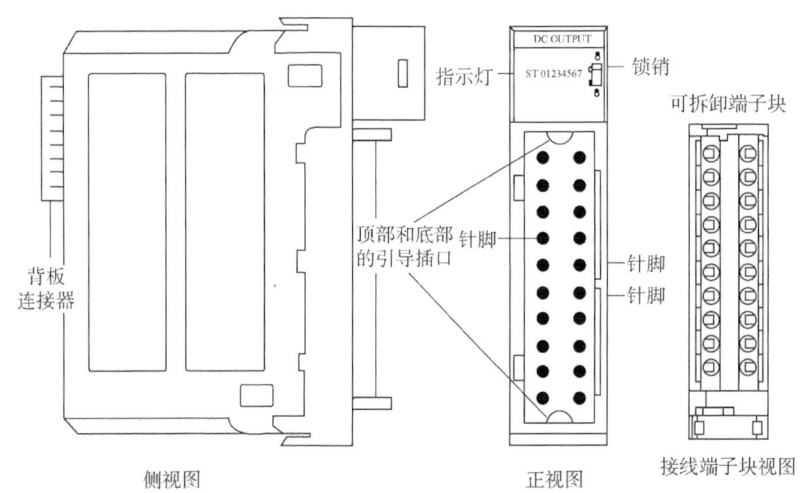

图 2.1.4　1756 I/O 模块外部视图

（2）模拟量输入/输出模块。

模块量输入/输出模块基本原理：用来接收和采集由电位器、测速发电机和各种变送器等送来的连续变化的模拟量输入信号，以及向调节阀、调速装置输出模拟量的输出信号。模拟量输入模块将各种满足国际电工委员会（International Electrotechnical Commission，简称 IEC）标准的直流信号（4~20mA、1~5V、-10~+10V、0~10V）转换成 8 位、10 位、12 位或 16 位的二进制数字信号送给 CPU 进行处理，模拟量输出模块将 CPU 的二进制信号转换成满足 IEC 标准的直流信号，提供给执行机构。

① 模拟量输入模块：每一路输入端子都有电压输入和电流输入两种，用户可以通过拨码开关、跳线来选择输入方式。主要实现将模拟量输入信号通过 A-D 转换器转换为二进制数字量的功能。

② 模拟量输出模块：每一路输出端子都有电压输出和电流输出两种，用户可以通过拨码开关、跳线选择输出方式。主要通过 D-A 转换器完成二进制数字量转换为模拟量的功能，并最终将模拟量信号输出到端子上。

③ ControlLoigx 的模拟量输入/输出模块支持以下功能：

板载数据报警；

工程单位标定；

实时通道采样；

IEEE32 位浮点或者 16 位整型数据格式。

模拟量信号的输入与输出通过通道来实现。使用时由单端型和差动型两种接法，可查阅模块手册。

(3) 以太网通信模块。

通信模块可以将控制器模块连接到不同网络。以太网通信模块使用 EtherNet/IP 工业网络协议，通过以太网交换机实现与其他网络设备互联，能够同时支持 10M 和 100M 以太网设备。

使用前通过 BOOTP 扫描模块并设置 IP。

(4) 控制网通信模块。

ControlLogix 控制系统的 ControlNet 网络通信是通过 1756-CNB 或者 1756-CNBR、1756-CN2、1794-ACNR 模块等控制网通信通信模块实现的，可满足大吞吐量数据的实时控制要求。

(5) 设备网通信模块。

DeviceNet(设备网)是一种基于 CAN 的通信技术，主要用于控制器和现场设备的连接，可满足不同供货商同类部件的可互换性，如燃调阀控制器。在 ControlLogix 控制系统中，该网络使用 1756-DNB 模块对设备网络进行监视和控制。

2.1.2 GE Mark VIe 系统

西气东输一线、西气东输二线和西气东输三线部分燃驱压缩机组采用了 GE 公司开发的以 Mark VIe 系统为中心的多余度、网络化的控制系统。Mark VIe 控制系统具有极强的可扩展性，具有容错、综合诊断、远程 I/O、在线模块修复等特点，可将故障识别到具体的点，降低了平均修复时间。同时，Mark VIe 系统可以灵活配置，从现场一次仪表到系统电源、输入/输出(I/O)包、路由器、控制器，都可以使用各种冗余组合。Mark VIe 控制系统通常由控制器、I/O 网络和 I/O 包 3 部分组成，如图 2.1.5 所示。

2.1.2.1 控制器

Mark VIe 控制器是一个运行应用程序代码的单板。控制器通过板载 I/O 网络接口与 I/O 组件通信。

在传统控制器中 I/O 位于背板上，而与之不同的是，Mark VIe 控制器通常不作为任何应用 I/O 的主机。另外，全部 I/O 网络都与每一个为其提供所有冗余输入数据的控制器相联接。这种硬件结构和软件结构确保了即使在控制器关机维修的情况下也绝不会有一个应用输入点数据被丢失。

在 TMR 系统中，控制器分别被指定为 R 型，S 型和 T 型。R 型和 S 型处于双系统中，而 T 型处于单系统中。每个控制器都拥有一个 I/O 网络(IONet)。R 型控制器通过"R 型输入输出网"向某个 I/O 模块发送输出结果，S 型控制器通过"S 型输入输出网"向某个 I/O 模块发送输出结果，T 型控制器通过"T 型输入输出网"向某个 I/O 模块发送输出结果。

在正常运行过程中，每个控制器负责接收来自所有网络上的 I/O 模块的输入信息，随机表决 TMR 输入，在没有表决的情况下计算包括感应器选择在内的应用算法，在自身的网

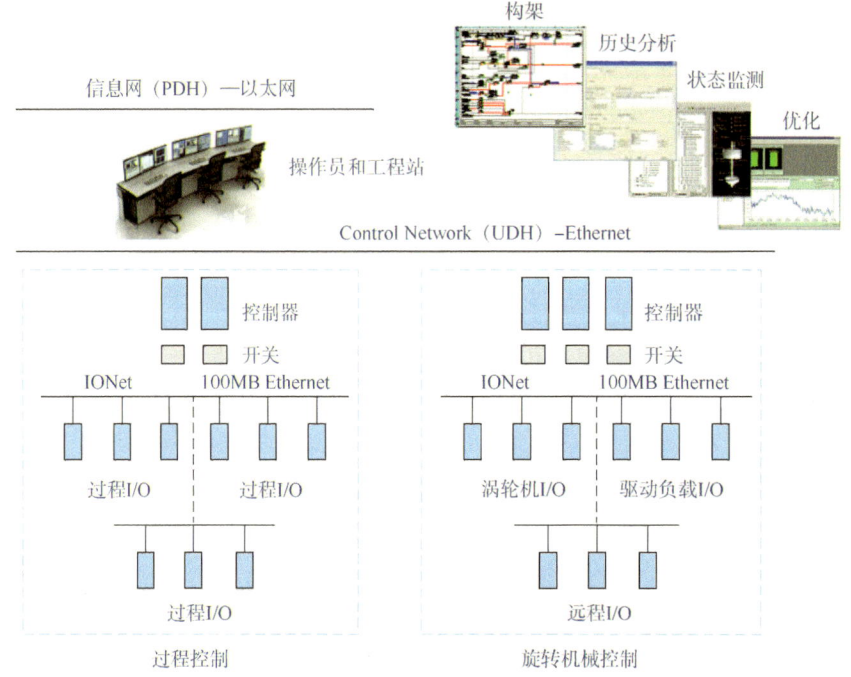

图 2.1.5 Mark VIe 控制系统

络上向 I/O 模块发送输出结果，最后通过在控制器之间发送同步数据完成任务。这一时间线被称为帧。

通信端口提供与 I/O、操作员以及工程界面的连接，即：

（1）针对 UDH 的 Ethernet® 连接，实现与人机界面以及其他控制设备的通信。

（2）针对 R 型，S 型和 T 型的 I/O 网络的以太网连接。

（3）针对采用 COM1 端口设置 RS-232C 连接。

注意：I/O 网络属于专用的特殊目的的以太网，仅支持 I/O 模块和控制器。

2.1.2.2 I/O 网络(IONet)

I/O 网络是 IEEE802.3 100Mbit 全双工以太网网络。在 Mark VIe 控制系统中，这些网络被称为 IONet。每个 IONet 上的全部业务量都是确定性的 UDP/IP 数据包，不使用 TCP/IP。每个网络（红色，蓝色，黑色）都是一个独立的 IP 子网。

这些网络是全开关式全双工网络，防止了在非开关式以太网网络上可能会发生的碰撞。这些开关也可以在临界输入扫描的过程中提供数据缓冲和数据流控制。使用针对精准时钟同步协议的 IEEE1588 标准来同步帧和时间，控制器以及 I/O 模块。这种同步提供了网络上的高水平业务流控制。

2.1.2.3 I/O 模块

Mark VIe I/O 模块包含三个基本部分：接线端子板，接线盒和 I/O 组件。如图 2.1.6 所示接线端子板安装在机柜上，它主要包括两种类型：S 型和 T 型。S 型板为每个 I/O 点提供一套螺钉并允许单个的 I/O 组件调整和数据化信号。通过使用一个、两个或三个板，该接线端子板可用于单工、双工和专用三模冗余(TMR)输入。T 型 TMR 板通常将输入信息分为三个独立的 I/O 包。一般情况下，T 型板硬件通过这三个 I/O 包表决输出结果。

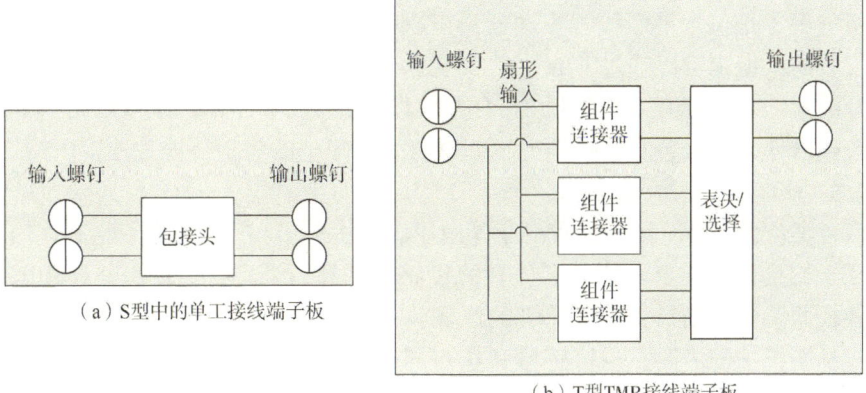

（a）S 型中的单工接线端子板

（b）T 型 TMR 接线端子板

图 2.1.6　S 型和 T 型接线端子板

2.1.2.4　接线盒

信号流始于一个与接线端子板上的接线盒相连的感应器。共有两种类型的板(图 2.1.7)。

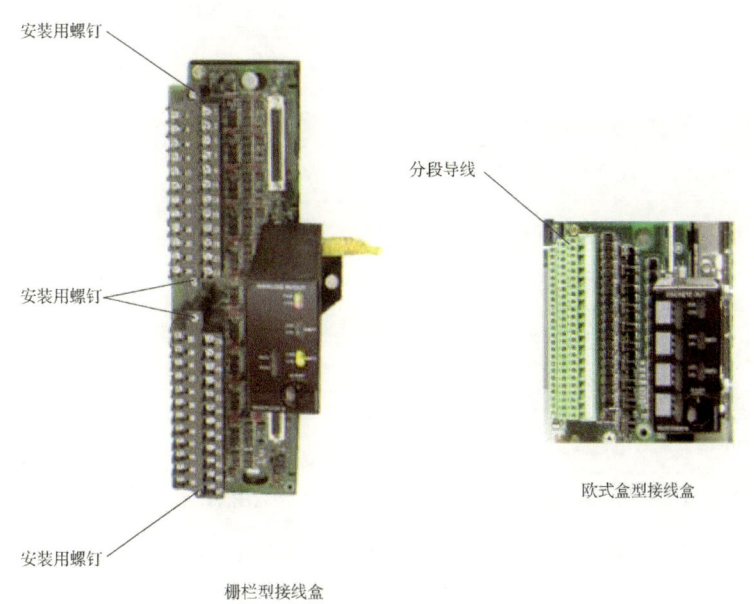

栅栏型接线盒

欧式盒型接线盒

图 2.1.7　I/O 组件的栅栏型及欧式盒型接线盒

T 型接线端子板包含两个 24 点栅栏型可拆除接线盒。每个点可接收两个 3.0mm (0.12in)(#12AWG)线，且每个点都有 300V 的绝缘，可采用铲形或环形接线片。另外，也为终端裸线提供了紧固夹。螺钉间距为中心之间最小 9.53mm(0.375in)。

S 型接线端子板支持双工系统和双冗余系统的一个 I/O 包。它们是 T 型板的一半大小，并且是标准基座安装，但是仍可以是 DIN 滑轨安装。提供两种版本的接线端子板，一个版本具有固定的欧式盒型可拆除分线盒，第二个版本具有可拆除盒型分线盒。S 型板的分线盒可连接一条2.05mm(#12AWG)的电线或者两个两条1.63mm(#14AWG)的电线,各自在每个点上都有300V的绝缘层。螺钉间距为中心之间最小5.08mm(0.2in)。

宽窄不同的板被安排在允许从顶部和(或)底部电缆入口接入的高低水平布线的垂直立柱中。宽板的例子是包含带螺线管驱动器熔丝保护电路的磁性继电器的板。T型板通常是基于标准安装的,但也可以通过DIN滑轨安装。

每个分线盒的左边都有一个护板条。它可以连接至一个金属基座以取得迅速接地,或者也可以铰接以使每个板各自的接地电线能够与一个集中的机柜接地片连接。

2.1.2.5 I/O类型

共有两种类型的I/O。其中,通用I/O用于涡轮机应用和进程控制(表2.1.1),涡轮机专用I/O用于将接口引导至涡轮机上特有的传感器和执行器(表2.2.2)。这样就减少或取消了插入式仪器。作为结果,在最关键的区域许多潜在的单点故障即被排除,提高运行可靠性并减少长期维护的需要。与传感器和执行器的直接接口也使诊断功能能够直接讯问设备装置以达到最大的有效性。这一数据被用来分析设备装置和系统性能。

表2.1.1 通用I/O板参数

常规用途	板	冗余包/板
24个DI(125VDC,整体绝缘)	TBCIH1	1或2或3
24个DI(24VDC,整体绝缘)	TBCIH2	1或2或3
24个DI(48VDC,整体绝缘)	TBCIH3	1或2或3
24个DI(115V/230VAC,125VDC,单点绝缘),1ms SOE	TICIH1	1或3
24个DI(24VDC,单点绝缘)	TICIH2	1或2或3
24个DI(24VDC,整体绝缘)	STCIH1	1
12个"C"型机械继电器 w/6电磁阀,线圈诊断	TRLYH1B	1或3
12个"C"型机械继电器 w/6电磁阀,电压诊断,125VDC	TRLYH1C	1或3
12个"C"型机械继电器 w/6电磁阀,电压诊断,24VDC	TRLYH2C	1或3
6个"A"型螺线管机械继电器,电磁阀阻抗诊断	TRLYH1D	1或3
12个"A"型固态继电器/输入115VAC	TRLYH1E	1或3
12个"A"型固态继电器/输入24VDC	TRLYH2E	1或3
12个"A"型固态继电器/输入125VDC	TRLYH3E	1或3
36个机械继电器,12套,每套选择3个,"A"型WPDF选项添加12个带有保险丝的电路	TRLYH1F	3
36个机械继电器,12套,每套选择3个,"B"型WPDF选项添加12个带有保险丝的电路	TRLYH2F	3

续表

常规用途	板	冗余包/板
10个AI(V/I输入)和2个AO(4~20/0~200mA)	TBAIH1	1或3
10个AI(V/I输入)和2个AO(4~20/0~200mA)	STAI	1
16个AO(4~20mA输出),每个I/O包有8个	TBAOH1	2
8个AO(4~20mA输出)	STAO	1
12个热耦合装置	TBTCH1B	1或2或3
24个热耦合装置(每I/O包有12个)	TBTCH1C	1或2
12个热耦合装置	STTC	1
16个RTD3线/RTD(每I/O包有8个),常规扫描	TRTDH1D	1或2
16个RTD3线/RTD(每I/O包有8个),快速扫描	TRTDH2D	1或2
8个RTD3线/RTD,扫描	SRTO	1
6个串行端口,用于I/O驱动RS-232C,RS422,RS485	PSCAH1	1
HART®通信10/2模拟I/O	SHRAH1A	1
PROFIBUS-DP主控通信	SPIDH1A	1

注:DC为直流,AC为交流。

表2.1.2 涡轮机专用I/O板参数

常规用途	板	冗余包/板
混合型I/O:4速输入/包,同步,轴电压	TTURH1C	1或3
速度输入,脱扣输出	TRPA	3
主脱扣-燃气	TRPG	3(通过PTUR)
主脱扣-大型蒸汽	TRPL	3(通过PTUR)
主脱扣-蒸汽	TRPS	3(通过PTUR)
备份脱扣-燃气	TREG	3(通过PTUR)
备份脱扣-大型蒸汽	TREL	3(通过PTUR)
备份脱扣-蒸汽	TRES	3(通过PTUR)
混合型I/O:4速输入,备份同步检查,脱扣接点	PPRO	1
2个伺服信道:最多3个线圈,4个LVDT/通道	TSVCH1	1
8个振动(震动、近似、加速),4个位置,1个参考探头	TVBAH1	1或2

2.1.2.6 电源

Mark VIe控制系统被设计用来运行于灵活的模块化的电源选择基础上。配电模块(PDM)支持许多冗余组合下的115/230V交流,以24V和125V直流电源。所采用的电源被转换成28V直流电源,以供I/O组件作业。控制器可以通过28V直流电源、交流电源或直接24V直流电池运行。

PDM 系统可以分成两个区别甚大的类别：核心配电系统和分支电路元件。核心配电系统与 PPDA I/O 包共享其布线特征以完成系统反馈。它们是机柜或机柜系列的主要的电源管理。分支电路元件接收核心输入并将其分散成单独的电路供机柜内使用。它们不是 PPDA 系统反馈的一部分。分支电路有其自身的反馈机制（图 2.1.8）。组成 PDM 的所有的核心部件和分支电路元件并不需要在每个系统上都使用。

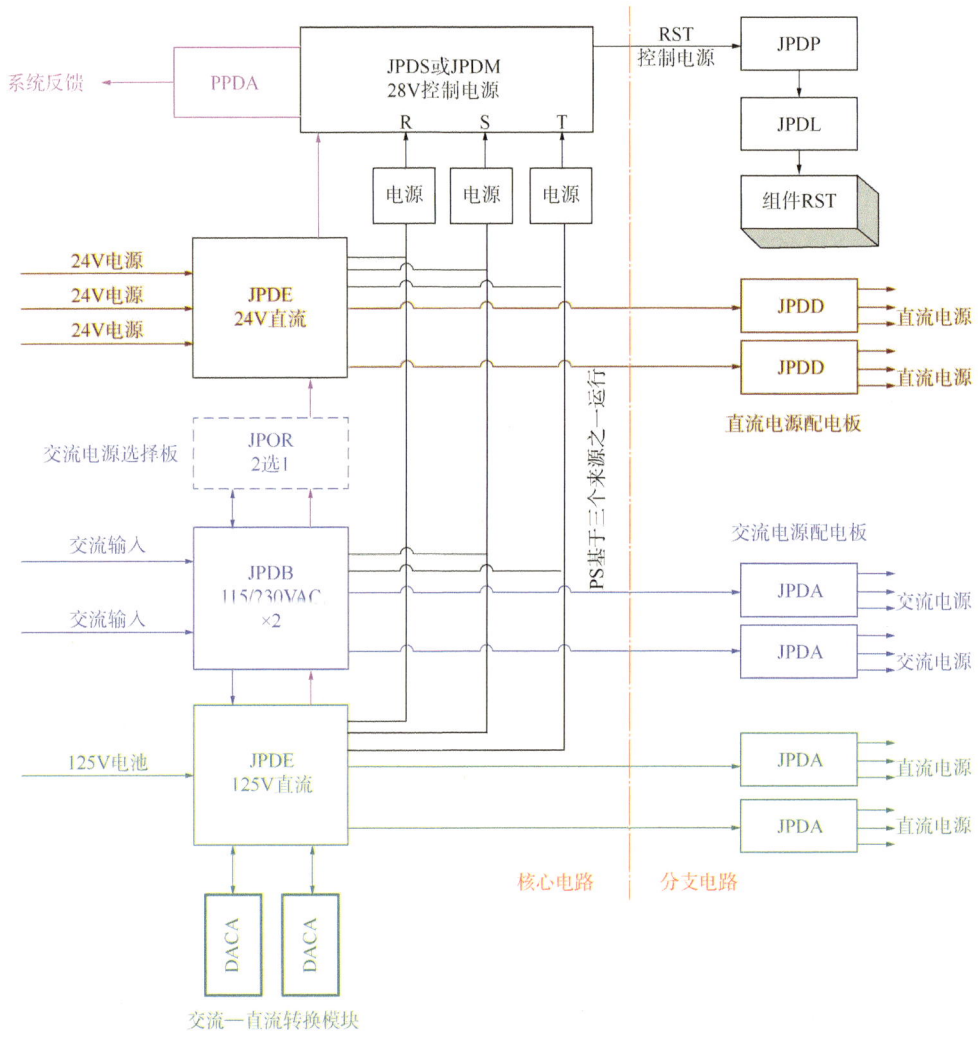

图 2.1.8　Mark VIe PDM 组件

2.1.2.7　通信

1）机组级数据高速网络（UDH）

UDH 与 Mark VIe 控制器相连，并与 HMI 或 HMI/数据服务器通信。网络媒介是 UTP 或光纤以太网。冗余电缆的使用为可选，在提供冗余电缆的情况下，如果有一条电缆发生故障，单元运行依然能够继续进行。双路电缆网络中依旧包含一个逻辑网络。与厂级数据高速网络（PDH）相类似，UDH 可以拥有冗余、单独供电的网络开关，以及光纤通信。UDH 通信数据可复制给三个控制器。UDH 通信装置负责传递 UDH 数据。

2) 厂级数据高速网络(PDH)

PDH 将 CIMPLICITY 人机界面数据服务器和远程操作站、打印机、历史记录系统及其他用户计算机连接起来。PDH 没有与 Mark VIe 控制系统直接相连,后者通过 TCP/IP 协议以 10/100Mbps 速率运行的 UTP 或光纤以太网进行通信。

一些系统需要冗余电缆,这些系统都是单一逻辑网的组成部分,其硬件由两个冗余以太网交换机组成,并带有可选性光纤输出,旨在实现较长距离的传输,例如传送到中央控制室。在小型的系统上,只要 UDH 中没有对等的控制设备,那么 PDH 和 UDH 在物理意义上可以是同一个网络。

3) 输入输出网(IONet)

控制器和 I/O 组件之间的通信是通过内部输入输出网(IONet)实现的。IONet 是一个可应用于单工,双工和三工配置的 100MB 以太网网络,采用 EGD 和其他协议进行通信。I/O 组件将其输入信息多点传送到控制器。控制器再在每帧中把输出发送到 I/O 组件(图 2.1.9)。

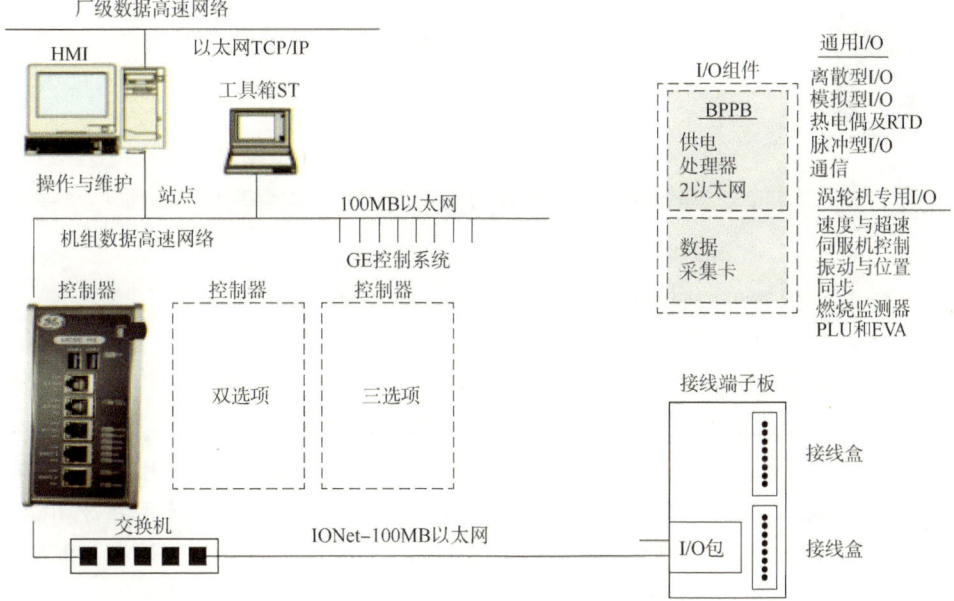

图 2.1.9 机组控制系统网络结构示意图

4) 人机界面(HMI)

HMI 通常是一台运行 Windows® 操作系统的、安装有数据高速网络通信驱动程序和 CIMPLICITY® 操作显示软件的计算机。操作员通过实时图形化显示发送命令,并在 CIMPLICITY 图形化显示上查看实时涡轮机数据及报警。通过工具箱 ST 软件可实行 I/O 诊断和系统配置。人机界面可配置装有各种工具和实用程序的服务器或浏览器。

人机界面可与一个数据高速网络连接,也可通过冗余网络接口板将人机界面同两个数据高速网络相连接,以增加可靠性。人机界面可以安装在机柜、控制台或桌面上。

5）服务器

CIMPLICITY 服务器在 UDH 上收集数据，并通过 PDH 与浏览器通信。可采用多个服务器，以实现冗余功能。

6）连接至集散控制系统（DCS）

外部通信连接提供了与工厂集散控制系统（DCS）通信的手段。这样 DCS 操作员能实时访问 Mark VIe 数据，并将离散和模拟命令发送至 Mark VIe 控制系统（图 2.1.10）。

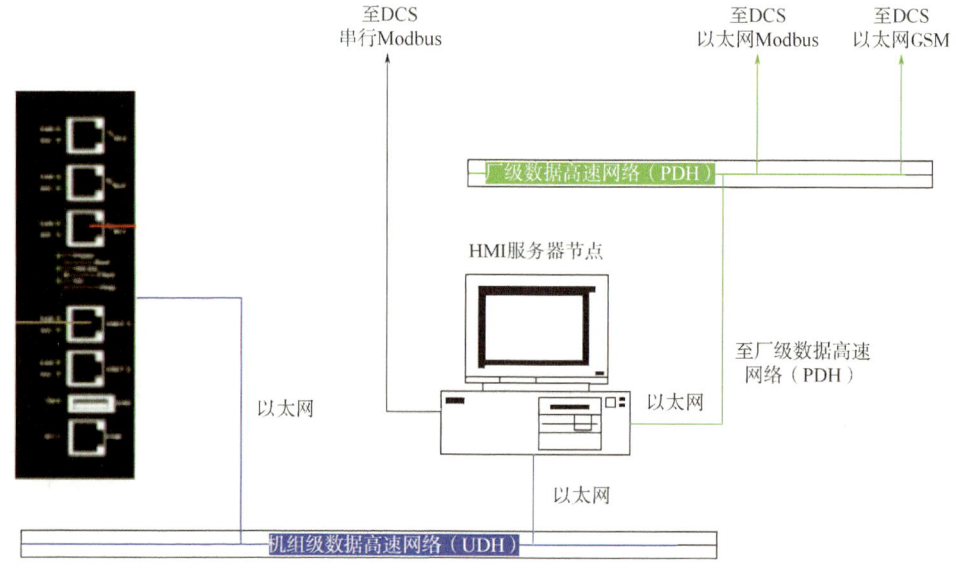

图 2.1.10　Mark VIe 控制系统与 DCS 连接示意图

Mark VIe 控制系统可以通过以下三种方式与厂级 DCS 连接。

（1）从 HMI 服务器 RS-232C 端口或从可选的专用网关控制器连接至 DCS 的串行 Modbus 副控连接。

（2）采用 Modbus 副控端，基于 TCP/IP 协议的高速 100MB 以太网连接。

（3）借助 TCP/IP 协议通过一个称为 GEDS 标准消信（GSM）的应用层来实现的高速 100MB 以太网连接。GSM 支持涡轮控制命令、Mark VIe 数据和警报、警报静音功能、逻辑事件，以及 1ms 分辨率的事件记录输入顺序。Modbus 被广泛应用于 DCS 连接，但是以太网 GSM 的优势在于其集成度更紧凑一些。

2.1.2.8　冗余选项

Mark VIe 控制提供可伸缩冗余水平。基本系统是一个单一（单工）控制器，拥有单工 I/O 和一个网络。双工系统有两个控制器，单数或扇形 TMR I/O 以及双路网络，提供附加的可靠性和在线修复选项。TMR 系统有三个控制器：单数或扇形 TMR I/O，三个网络，以及控制器之间的状态选举，提供最大程度的故障检测和可用性。

1）单工控制器

单工控制结构包含一个通过以太网网络（IONet）与以太网接口连接的控制器。控制器没有冗余机制，不能对重要功能部件进行联机维修，但是可以联机更换不重复的 I/O（即 I/O 的缺失不会使进程停止的情况）。

每个 I/O 组件都在主要网络内帧开始阶段发送一个输入数据包。控制器会读取所有 I/O 组件的输入，执行应用程序代码，并为所有 I/O 模块发送包含输出的广播输出包数据包。图 2.1.11 中显示了典型的单工控制器结构。

2) 双工控制器

双工控制结构包含两个控制器、两个 IONet，以及单一的或扇形的 TMR I/O 模块。图 2.1.12 中显示的是一个双工 Mark VIe 控制系统。

Mark VIe 双工控制结构的可靠性要极大地优越于单个控制器。所有的网络和控制器组件都是冗余的，并且可以联机维修。为了提升可靠性，可以对相关的 I/O 功能进行组合，使其满足"I/O"选项一节所描述的可靠性要求。

在双工 Mark VIe 控制系统中，两个控制器都从两个网络的 I/O 模块上接收输入信息，并通过各自的 IONet 持续地传送输出数据。如果一个控制器或网络组件发生故障，那么系统不需要进行故障检测，也不会在一段时间以后出现无法继续操作的情况。

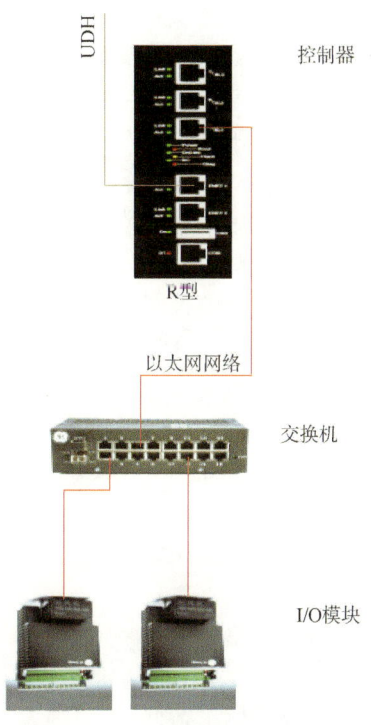

图 2.1.11 单工控制器结构

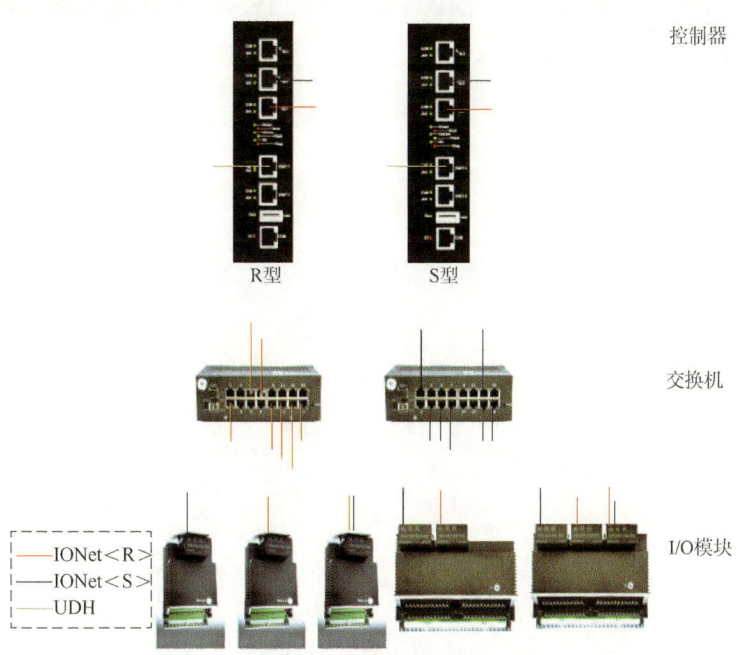

图 2.1.12 双工控制器结构

Mark VIe 控制器或组件在系统启动时会接收两个网络中的数据。发送第一个有效数据包的通道成为首选的网络。只要数据到达该通道，组件或控制器便会使用该数据。如果首选通道在某帧内没有传送数据,那么只要另外一个通道的数据有效,该通道就会成为首选信道。这样就防止了指定的 I/O 组件或控制器在两个数据源之间摇摆不定。这意味着不同的 I/O 组件或控制器可能会有单独的首选数据源,而如果任何组件发生故障时,上述情况仍然有可能出现。

在一个双工控制系统中,每个控制器中的应用软件试图产生同样的结果。在应用软件经多次迭代后,由于数学运算中的舍入以及不同的操作历史(电源恢复),内部数据值有可能会发生一些变化。为了让数据收敛,指定的控制器会接收内部数据(状态)变量,并将其发送到为指定的控制器进行操作。这个过程称之为状态交换。

(1) 双工 I/O 选项。

在一个双工系统中,操作者可以更改 I/O 可靠性等级,以便满足特定 I/O 应用的需要。并非所有的 I/O 都必须是双重冗余形式的。

(2) 单包双网 I/O 模块(SPDN)。

I/O 选项 A 使用一个单包双网 I/O 模块。这种配置通常用于不重要的单传感器 I/O。单传感器与单个的采集电子集合相连接,后者又与两个网络相接。

单个数据采集;

冗余网络。

I/O 组件在帧的起始位置在两个网络同时发送输入数据,并在帧的结尾处从两个控制器同时接收输出数据。

(3) 双重单包单网 I/O 模块(2SPSN)。

I/O 选项 B 采用两个单包和一个网络 I/O 模块。这个配置通常用于多个传感器监控相同的进程点的输入。两个传感器与两个独立的 I/O 模块相连接。

冗余感应器;

冗余数据采集;

冗余网络;

在线维修。

I/O 组件在帧的起始位置在单一的网络内发送输入数据,并在帧的结尾处从两个控制器分别接收输出数据。

(4) 双包双网 I/O 模块(DPDN)。

I/O 选项 C 是一种仅针对输入的特殊情况,它采用一个双包和双网络模块。可以通过两个包扩展扇出的输入终端板,以便为一套输入提供冗余的数据采集功能。

冗余数据采集;

冗余网络;

在线维修。

每个 I/O 组件在帧的起始位置传递一个单独网络上的输入数据。

(5) 三包双网 I/O 模块(TPDN)。

I/O 选项 D 是一种主要针对输出的特殊情况,但也可应用于输入。TMR I/O 模块的特殊输出表决/驱动特征可应用于一个双工控制系统中。来自这些模块发的输入数据在控制器中被表决。

冗余数据采集;

硬件中的输出表决;

冗余网络；

在线维修。

I/O 组件中的两个域单独的网络连接，传送输入数据并接收来自单独控制器的输出数据。而第三个 I/O 组件与两个网络连接。这个组件负责传递两个网络上的输入数据并接收来自两个控制器的输出数据。

3) 三工控制器(TMR)

三工控制结构包含三个控制器、三个 IONet，以及单一的或扇出的 TMR I/O 模块。图 2.1.13 中显示的是一个 TMR Mark VIe 控制系统。

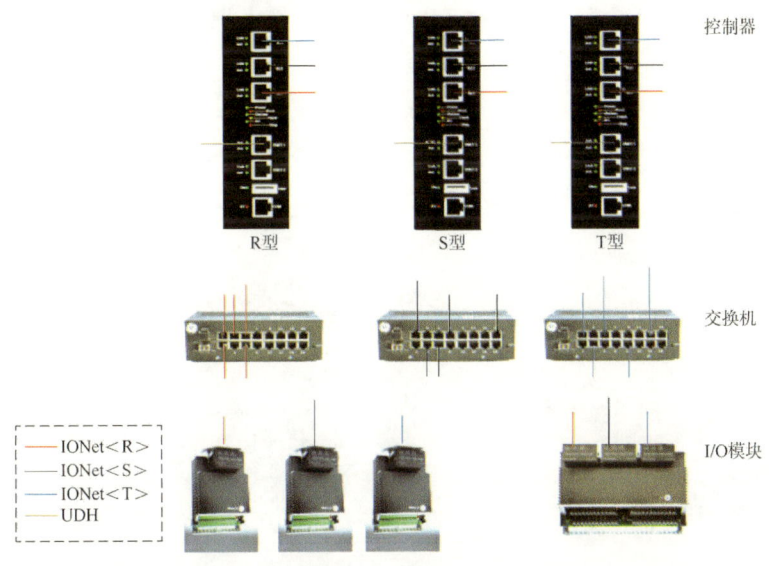

图 2.1.13　三工控制器

由于其提高了的故障检测能力，TMR Mark VIe 控制结构的可靠性(可用性)大大优于双工控制器。除了所有这些双重冗余特征之外，TMR 控制器还向所有 TMR I/O 模块提供三个独立的输出，并且控制器之间的状态变量是基于表决形式而非阻塞形式。

在 TMR Mark VIe 控制系统中，三个控制器都从所有网络的 I/O 模块接收输入信息，并通过各自的 IONet 持续地传送输出数据。如果某个控制器或网络组件发生故障时，那么系统不需要进行故障检测，也不会在一段时间以后出现无法继续操作的情况。

所有控制器都在发送输出包以后发送状态变量的副本。每个控制器接收三套状态变量，并对数据进行表决，以获得下一轮运行周期的数值。

在一个 TMR 系统中，操作者可以更改 I/O 可靠性等级，以满足特定 I/O 应用的需求。并非所有 I/O 都必须是双重冗余形式的。可以选择单包双网络 I/O、双重单包双网络 I/O、双包双网络 I/O 或三包双网络 I/O。每个 I/O 组件都与一个单独的网络连接，每个包都在这个网络中发送输入数据并接收输出数据。

2.1.2.9　I/O 包硬件介绍

1) PAIC 模拟输入/输出

PAIC I/O 模块组在一个或者两个 I/O Ethernet ®和一个模拟输入端子板间提供电气接口。该模块组包括一块与所有 Mark VIe 分配式 I/O 模块组相同的处理器板和一块特定模拟输入功能的采集板。该模块组能处理最多10个模拟输入，前8个可以组态为±5V或者±10V电压输入，或者0~20mA电流输入。后两个可以组态为±1mA或者0~20mA电流输入。用于电路回路输入的负载终端电阻位于端子板上，这个电阻端的电压被PAIC感测。PAICH1也支持2个0~20mA电流回路输出。PAICH2包括额外的硬件支持在第一个输出上的0~200mA电流。通过两个RJ45以太网连接器和一个三针电源输入将输入接到模块组。通过一个与相关的端子板直接连接的DC-37针连接器连接输出。通过LED灯提供可视的诊断，通过一个红外的端口提供本地诊断串行通信(图2.1.14)。

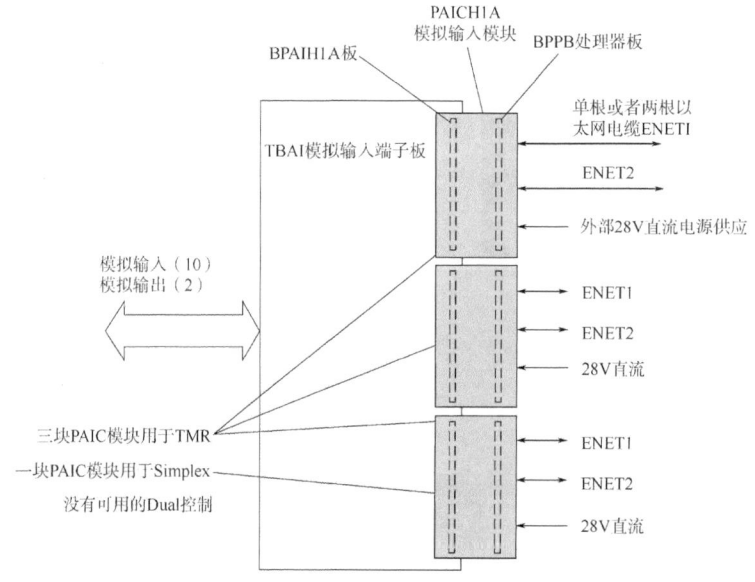

图2.1.14　PAIC模拟输入/输出

（1）模拟输入硬件。

PAIC从端子板接受输入电压信号用于所有10个输入通道。该模拟输入部分包括一个模拟多路复用器、几个增益和换算选择和一个16位A/D转换器(DAC)，如图2.1.15所示。

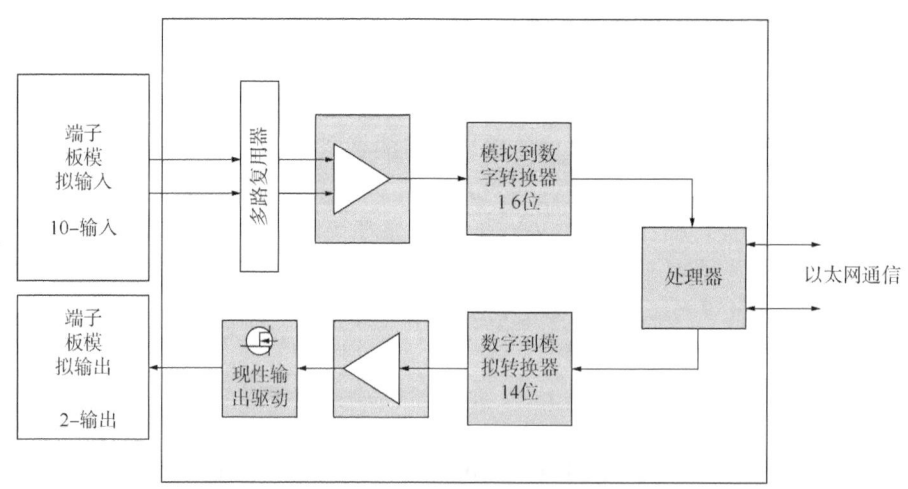

图2.1.15　模拟输入模块

根据输入组态，这些输入能被单个地组态为±5V或者±10V级的信号。当组态用于电流输入产生一个20mA的5V信号时，该端子板提供一个250Ω的承载电阻。

(2) 模拟输出硬件。

PAIC包括两个0~20mA模拟输出、兼容18V、运行Simplex或者TRM模块。一个14位数字模拟转换器(DAC)将电流参考送到电流调整器，该电流调整器感应PAIC模块组合端子板上的电流。在TMR模块，在各个PAIC中的三个电流调整器之间共享控制的电流负载(图2.1.16)。用于各个输出的模拟输入状态包括：

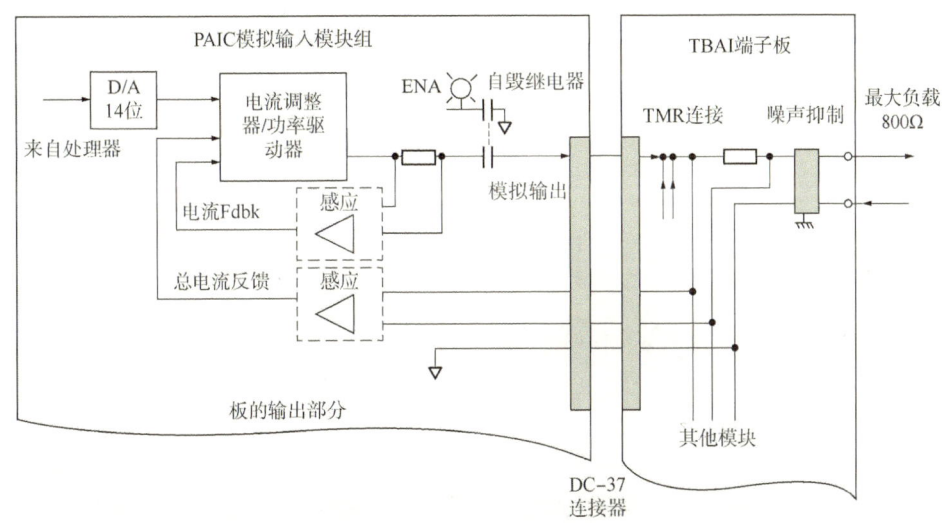

图2.1.16 模拟输出模块

电流参考电压；

个体的电流(PAIC内取得的输出电流)；

总电流(从端子板感应的电流，在TMR模块的总电流)。

各个模拟输出电路也包括一个常开的机械继电器以使能或者禁止输出的操作。该继电器用于去掉TMR系统中错误的输出，允许两个PAICs来建立正确输出，不会有来自错误电路的干扰。当自毁继电器失电，该继电器将禁止模拟量输出到用户负载上。

2) TBAI 模拟输入/输出

该模拟输入端子板提供10路模拟输入和两路输出。该10路模拟输入可以使用两线、三线、四线或者外部供电的传送器(图2.1.17、图2.1.18)。该模拟输出能设置为0~20mA或0~200mA电流。输入和输出有噪声抑制电路以保护浪涌和高频噪声。

在TBAI上有三个DC-37针的连接器用于到I/O处理器的连接。连接可以是Simplex形式在单个连接器(JR1)上，或者使用三个连接器的TMR形式。在TMR应用中，该输入信号分头接到三个连接器用于R型、S型和T型控制。TMR输出通过结合三个连接的输出驱动器的电流，用在TBAI上的测量分流器决定总的电流。然后TBAI将该电流信号送到电子装置用于调整到指令的设定点。在Mark VIeS系统中，PAIC板与TBAI一起工作。支持Simplex和TMR系统。可以连接一或两个TBAI到PAIC。在TMR系统中，TBAI用电缆连接到三块 PAIC 板。

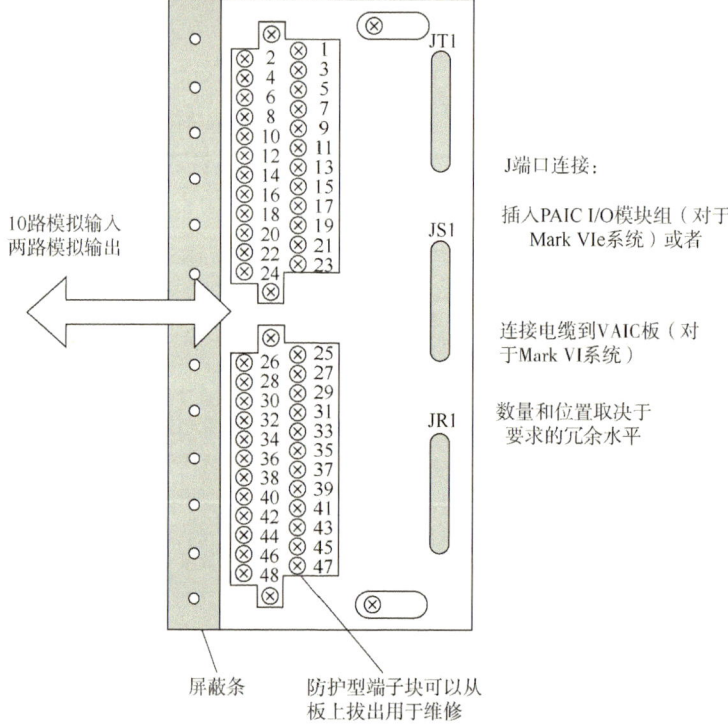

图 2.1.17　TBAI 输入端子板

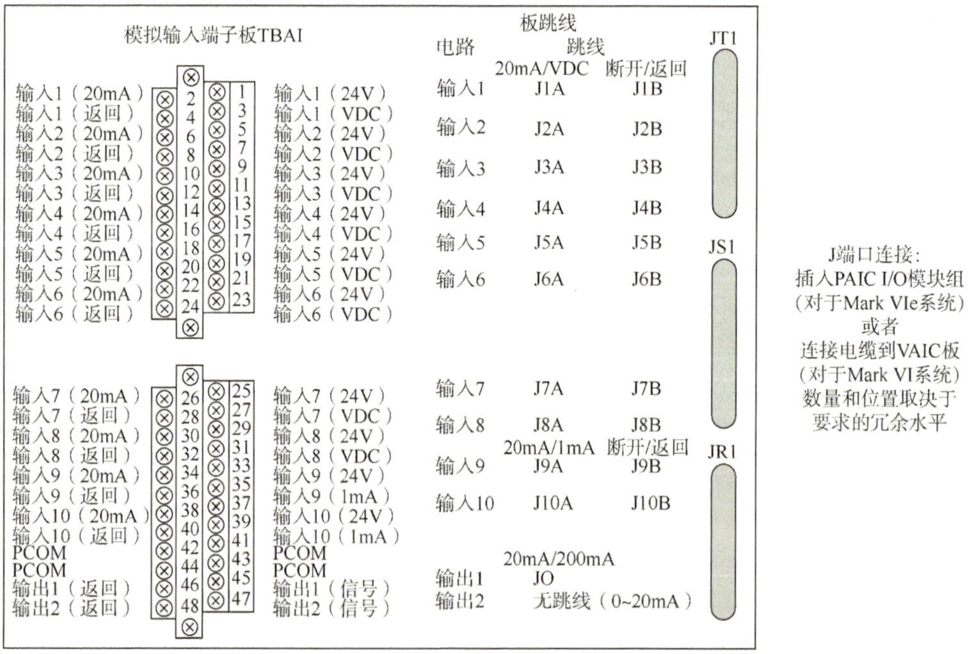

图 2.1.18　TBAI 输入端子板接线方式

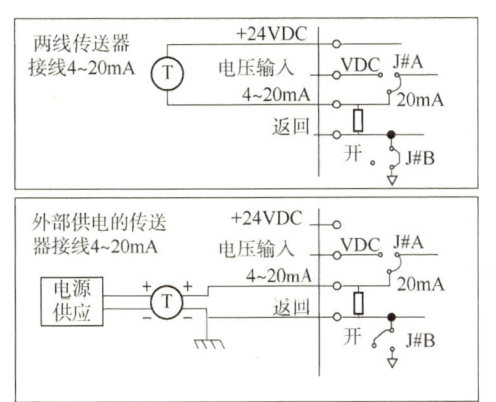
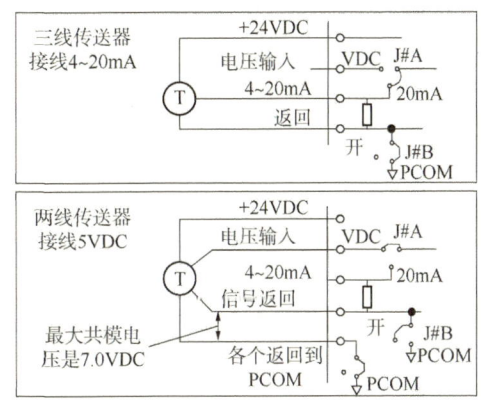

图 2.1.18 TBAI 输入端子板接线方式(续图)

TBAI 端子板接线在端子板上为所有的传感器提供了 24V 直流电源。使用跳线可选择电流或电压输入。两个模拟输出电路中的一个是 4~20mA，其他可用跳线配置成 4~20mA 或者 0~200mA。相同的端子板可以用于 TMR 应用。传送器或传感器可以由控制系统的 24V 直流电源提供电源，或者可以独立提供电源。端子板跳线 J#A、J#B 和 JO 设定电压和电流输入的类型，以及选择电流输出的类型(图 2.1.19)。各个输出由诊断监控，如果一个故障不能被来自处理器的指令清除，在 I/O 控制器中的一个自毁继电器会断开对应的输出。

3) PDIA 离散输入

PDIA I/O 模块组在一个或者两个 I/O 以太网与一个离散输入端子块间提供电气接口。该模块组包括一块处理器板(它与所有 Mark VIe TM 分配式 I/O 模块组一样)，包括一块具有特定离散输入功能的采集板。此模块组接受最多 24 个接点输入和特定的端子板的反馈电流信号，PDIA 接受三种不同的电压级别(TBCIH1 型、H2 型和 H3 型端子块)。可用接带电压传感(TICI 型板)的独立的离散 I/O 输入板。到该模块的系统输入是通过两个 RJ45 以太网连接器一个 3 针电源输入连接的。离散信号输入是通过一个直接连接到相关的端子板的 DC-37 针连接器连接的。通过 LED 指示灯提供可视化诊断，通过一个红外接口可以实现本地诊断的串行通信。PDIAH1A 与 5 种类型的离散接点输入端子板兼容，包括 TBCI 板、TICI 板、STCI 板，但不包括 DIN 导轨安装的 DTCI 板，如图 2.1.20 所示。

4) STCI 端子板

STCI 端子板是一块紧凑的触点输入端子板，设计采用 DIN 导轨或者平面安装。STCI 端子板接受 24 个触点输入，这些触点输入由一个外部电源提供的额定 24V、48V 和 125V 直流激励。触点输入有噪声抑制以防止浪涌和高频噪声。该 STCI 端子板与 Mark VIe 系统一起工作。在 Mark VIe 系统中，PDIA I/O 模块组与 STCI 端子板一起工作。此 I/O 模块组插入到 D 型连接器，通过以太网于控制器通信，仅支持单模块系统(图 2.1.21)。

5) PDIO 离散输入/输出

(1) 触点输入信号。

PDIO 离散输入/输出采集板提供第二段信号调节和电平转换以接口端子板输入到此控制逻辑。在端子板上提供初始信号调节。该离散输入采集的输入电路是一个带可变门限的比较器。每个输入均通过一个光电耦合器和一个隔离电源供应与控制逻辑隔离。输入之间是不

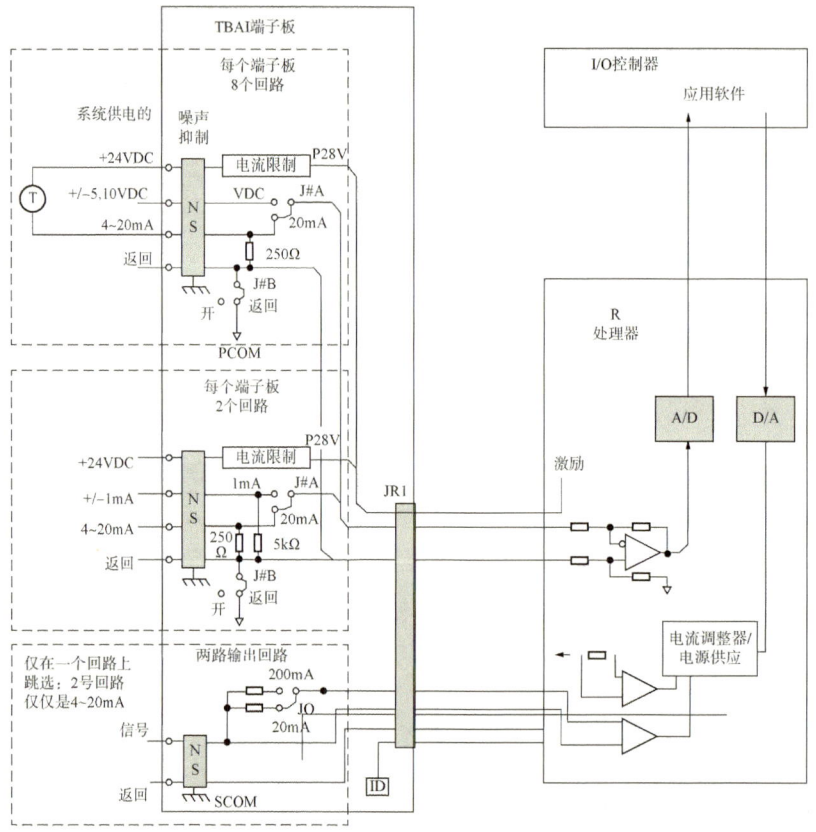

图 2.1.19 TBAI 输入端子板电路原理

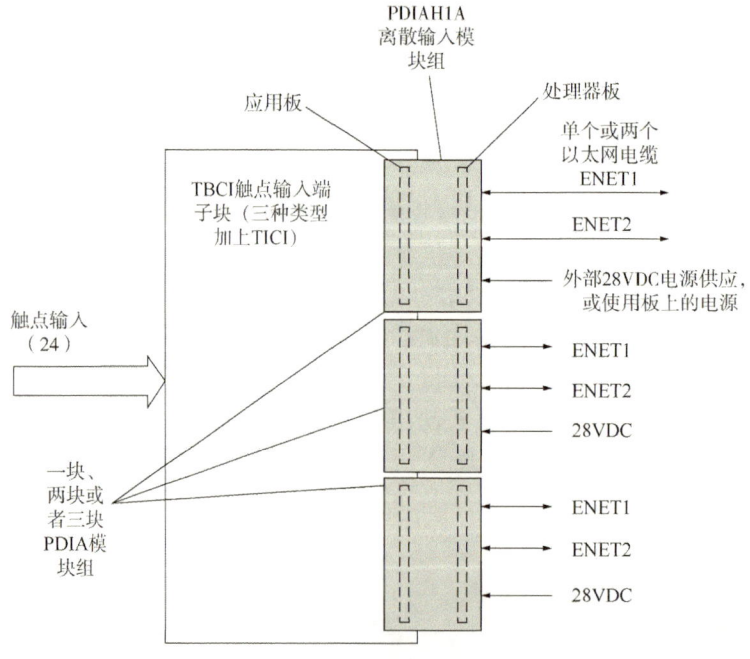

图 2.1.20 PDIA 输入端子板

隔离的。24个输入，每个输入都有滤波、滞后和一个黄色指示灯，黄色指示灯在拾起一个输入时指示，当该输入被退出时黄色指示灯关闭。这些黄色指示灯在PDIO模块组左侧的底部(图2.1.22)。

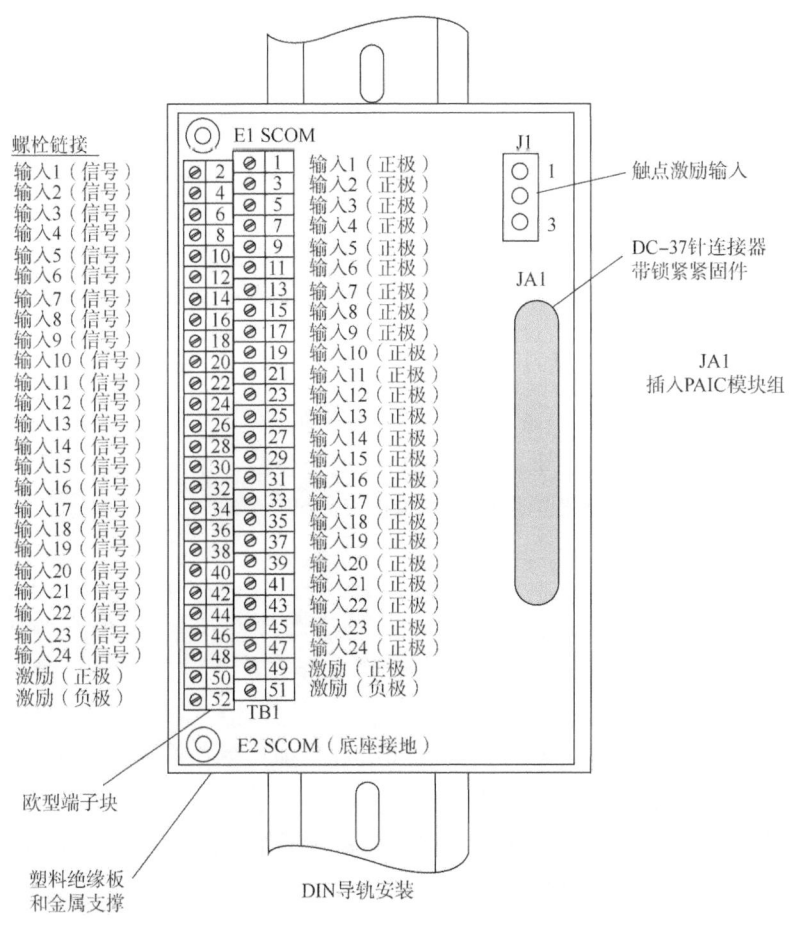

图2.1.21　STCI输入端子板

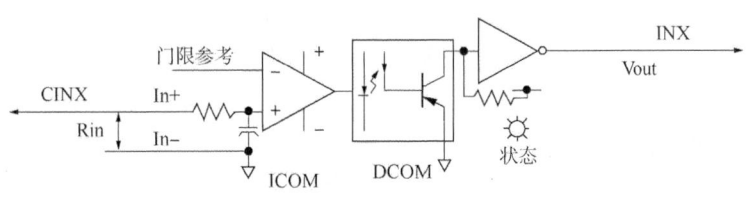

图2.1.22　触点输入信号

（2）可变输入门限。

可变输入门限来自触点湿电压输入端子。在多数应用中它的电压定到提供50%的输入门限。如果触点湿电压跌落到零，该输入门限电压被钳位到13%。如果触点湿电压跌落到额定电压的40%以下，欠电压探测器告知该情况得到控制。控制模块组提供了特殊测试模式来强制该输入。每隔4s，给可变输入门限先发高脉冲然后发低脉冲，检查光电耦合器的

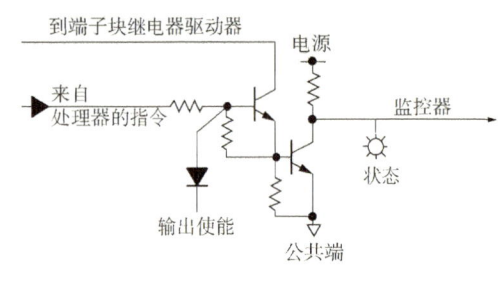

图 2.1.23　继电器指令信号

响应。没有响应的输入则会报警。

（3）继电器指令信号。

PDIO 继电器指令信号是信号调节的第一段和电平转换以将端子板输出接到控制逻辑。每个输出是一个开集极晶体管电路，它有一个电流监控器，在该输出被拾起并连接到负载时感应。当一个输出被拾起并连接到端子板时，该状态指示灯和监控输出指示（图 2.1.23）。

（4）输出使能。

在电源打开时，各种内部自检完成前所有的输出都被去能。一条使能线反映了用于操作的所有要求的条件的状态。该功能提供了一个独立于指令的方法以保证继电器在电源上电和初始化时保持退出状态。

（5）监控器输入/控制。

有 15 个逆变电平转换监控器输入电路。在一块典型的端子板上，12 个用语继电器触点反馈，其他三个用于保险状态。也提供从控制到端子板的一条逆变电平转换线，用于状态反馈多路控制，允许该模块组接受来自端子板的 2 组 15 个信号。

（6）事件顺序。

当信号改变时，所有的输入和输出可以被单独组态来生成 SOE 记录。当输出指令被捕获，且控制器通过以太网收到一个改变指令时，输入硬件以 1000Hz 的频率被扫描用于 SOE 时间戳。

（7）电源管理。

PDIO 离散输入/输出包括 28V 输入电路的电源管理。该管理功能提供软启动以控制在通电时的电流冲击。在通电后，该电路提供一个快速的电流限制功能以防止一块模块组或者端子板的故障影响到 28V 电源系统。当电源存在并工作正常时，绿色的 PWR 指示灯将点亮。如果电流限制功能动作，该指示灯在问题清除前都会熄灭。

6）TDBT 触点输入/继电器输出端子板

TDBT 触点输入/继电器输出端子板是一块 TMR 触点输入/输出端子板，采用 DIN-导轨或平面安装设计，接受 24 组隔离的触点输入，这些输入由一个外部电源提供额定 24V、48V 或者 125V 直流湿电压。TDBT 触点输入有噪声抑制以防止浪涌和高频噪声。TDBT 板提供 12 个 Form-C 型继电器输出，接受不同的选项卡以扩展继电器功能。在 Mark VIe 系统中，该 PDIO I/O 模块组与 TDBT 一起工作。三块 I/O 模块组插入到 D 型连接器并通过以太网与控制器通信。提供了用于 PDIO 的三个连接点。对于双控制器，在 TDBT 连接器 JR1 上的 PDIO 应当被网络连接到 R 型控制器，JS1 上的 PDIO 连接到 S 型控制器，JT1 上的 PDIO 连接到 R 型和 S 型控制器。对于 TMR 控制器，为各个 PDIO 提供了一个网络连接通向各个控制器。TDBT 不能与单个 PDIO I/O 模块搭配使用。

7）TRLYH1B 带线圈感应继电器输出

TRLYH1B 装有 12 个插入式磁继电器。前 6 个插入式磁继电器电路可用跳线配置成干触点 C 型输出，也可以配置成驱动外部电磁阀，用来提供标准的 125V 直流或者 115/230V

交流电源、或者可选择的 24V 直流电源，并带独立的跳线选择保险和板载以抑制用于现场的电磁线圈电源。接下来的 5 个插入式磁继电器(顺号为 7~11)是无电源的隔离 C 型触点。第 12 个插入式磁继电器是一个隔离的 C 型触点，用于特殊应用如用于点火变压器。在 Mark VI 系统中，TRLY 由 VCCC 控制板或者 VCRC 板控制通过带模块插头的电缆将端子板与安装了 I/O 板的 VME 机架连接。支持单模块和 TMR 系统。插头 JA1 用在单模块系统上，插头 JR1、JS1 和 JT1 用于 TMR 系统。在 Mark VIe 系统中，PDOA I/O 模块组与 TRLY 板一起工作。PDOA 模块组插入到端子板上的 DC-37 针连接器。支持 JA1 上的单个 PDOA 或者 JR1、JS1 和 JT1 上的三个 PDOA(图 2.1.24、图 2.1.25)。

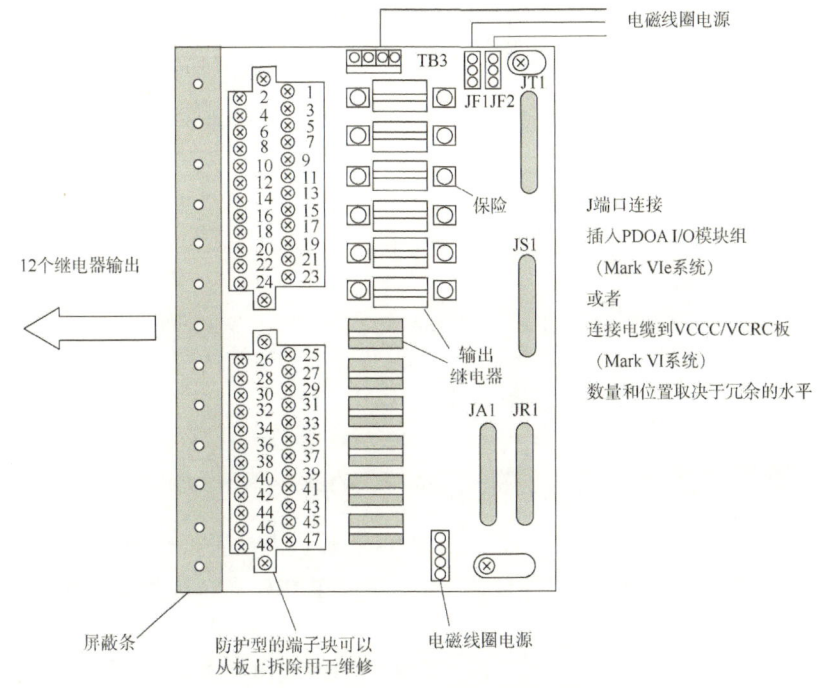

图 2.1.24　TRLY1B 继电器输出端子板

8) PPRF PROFIBUS 主网关

PPRF 是 GE 公司开发的 Mark VIe 系列 PROFIBUS 主站网关 I/O 模块。它是 PROFIBUS DPV0、1 类主站，可将 I/O 以太网上的 Mark VIe 控制器映射到 PROFIBUS 从站设备的 I/O。该模块包括由所有 Mark VIe 分布式 I/O 模块共享的处理器板和配备 Hilscher GmbH 提供的 COM-C PROFIBUS 通信模块的采集载板。COM-C 模块通过 DE-9D-sub 插座连接器提供 PROFIBUS RS-485 接口。它充当 PROFIBUS DP 主站，支持多达 125 个从站，具有 244 字节的输入和输出，每个从站的传输速率范围为 9.6kbps 至 12Mbps，如图 2.1.26 所示。

PPRF 支持下面的冗余选择：

单个 I/O 模块组带单个 I/O 以太网连接(无冗余)；

单个 I/O 模块组带两个 I/O 以太网连接；

热备份 I/O 模块组带两个 I/O 以太网连接。

PPRF 保证以 40ms 的帧频速率处理 500 个输入和 500 个输出、半个布尔和半个模拟。

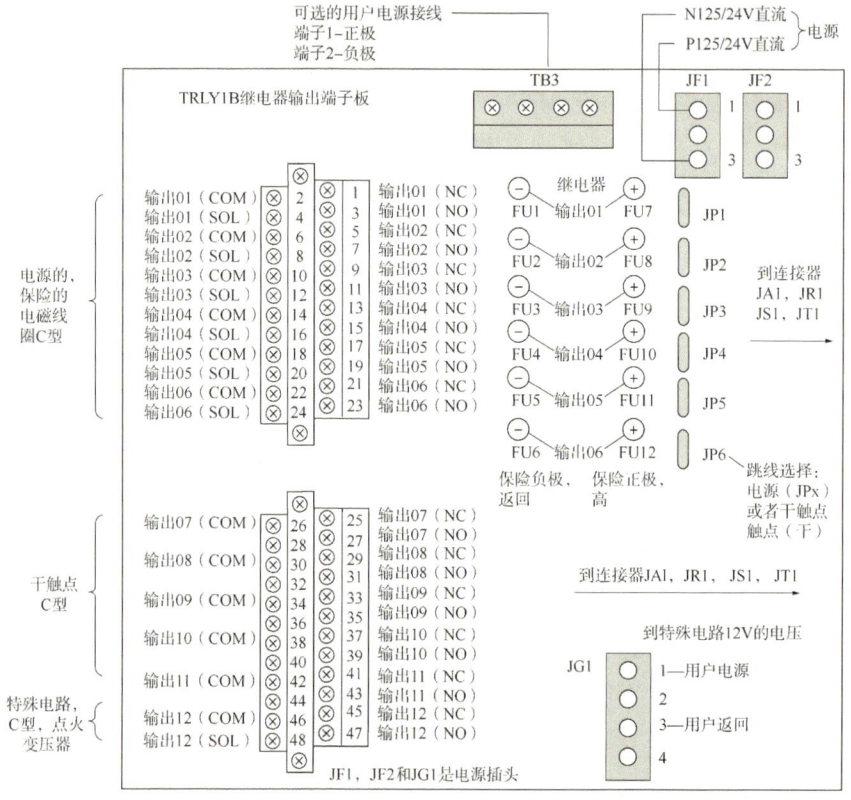

图 2.1.25 TRLYH1B 端子板接线

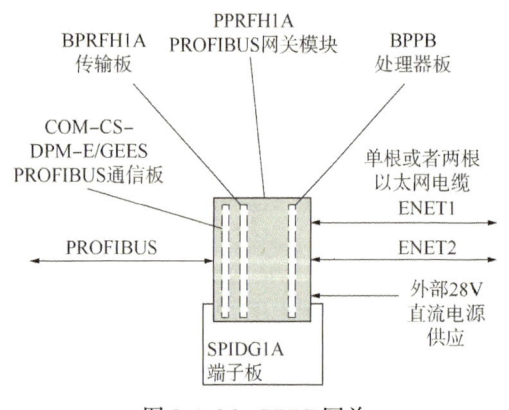

图 2.1.26 PPRF 网关

I/O 点数量上放置架构的限制。

9) PPRO 涡轮机保护模块组

PPRO 涡轮机保护模块组紧急保护 I/O 模块组 PPRO 和相关的端子板，是一个独立的后备超速保护系统。该超速保护系统带一个发电机与动力总线同步的后备检查，同时也为主控制提供一个独立的看门狗功能。典型的保护系统由三块 TMR 的 PPRO I/O 模块组组成，安装到一个分开的单模块保护（SPRO）端子板。一根两端带 DC-37 针的电缆将各个 SPRO 连接到指派的紧急触发板。常用的紧急触发端子板主要有以下四种。

（1）TREG：燃气涡轮机紧急触发端子板。

（2）TREL：大型汽轮级紧急触发端子板。

（3）TRES：小型、中型涡轮机紧急触发端子板。

（4）TREA：涡轮机紧急触发端子板。

一个可选的安排是将三块 PPRO I/O 模块组直接放在 TREA 上用于单板的 TMR 保护系统。

Mark VIe™的设计带有主保护和备份保护的触发系统,这两种触发系统在端子板级互相配合。主保护与涡轮机主I/O模块组、PTUR一起被提供,操作一块主触发板(TRPG,TRPL,TRPS,TRPA)。备份保护与PPRO I/O模块组一起被提供,操作一块备份的触发板(TREG,TREL,TRES,TREA)。

PPRO涡轮机保护模块组接受3个速度信号(基本的超速、加速、减速)和一个硬件执行的超速。该模块组监控主控制的运行,并通过监控主速度将其作为正常运行的标志。PPRO通过一组综合的反馈信号检测选择的触发板的状态和运行。如果检测到一个问题,PPRO将触发在触发板上的备份触发继电器,激活在主控制上的一个触发。该模块组是完全独立的,不受主控制操作的影响。

在主控制和紧急触发端子板间可以最多连接3个触发线圈。在板间连接一个电磁线圈隔离在电磁线圈两侧的电源,以及电磁线圈电压的可视性作为系统反馈。主控制/紧急触发板TRPG/TREG,TRPL/TREL和TRPS/TRES被设计成对,使用在板间的接线用于系统连接。TRPA和TREA的设计没有成对要求,被彼此独立使用。当TRPA和TREA成对时,它们执行与其他板相同的功能。

图2.1.27显示TTUR和PPRO处理器板如何在涡轮机保护中共享。使用在TRPG或者TREG上的继电器,任何一个能独立的触发该涡轮机。

10) TREA涡轮机紧急触发端子板

TREAH1A涡轮机紧急触发端子板与PPRO涡轮机I/O模块组一起工作,并作为Mark VIe系统的一部分(图2.1.28)。输入和输出如下:

(1) 通过2个24点可插入的防护型端子块(H1A,H2A)或者48点可插入的欧型端子块(H3A,H4A)提供用户输入端子。

(2) 9个无源的脉冲率装置(每X,Y,X段3个)感应一个齿轮来测量涡轮机的速度。

(3) 跳线块,它使能一组三个速度输入到所有三块PPRO I/O模块组的翼型连接。

(4) 2个24V直流(H1A,H3A)或者125V直流(H2A,H4A)TMR表决的输出触点来触发系统。

(5) 4个24V125V直流电压检测电路用于监控触发串。

(6) 板连接器用于可选的特征扩展。

(7) 对于TMR系统,信号分头接到JX1,JY1和JZ1DC-62的PPRO连接器。

11) TREG涡轮机紧急触发

TREG提供电源到3个紧急触发电磁线圈,由I/O控制器控制。最多2个触发电磁线圈可以在TREG和TRPG端子板间连接。TREG提供直流电源的正极到电磁线圈,TRPG提供负极。该I/O控制器提供紧急超速保护、紧急停止功能,控制在TREG上的12个继电器,其中9个形成3×3组来表决输入,控制这3个触发电磁线圈。

有如下几个板型:

(1) H1A型不在用于新的生产,被H1B替换。

(2) H1B是用于125Vdc应用的主要版本。来自JX1,JY1和JZ1连接器的控制电源二极管组合的以在该板上建立冗余的电源,用于状态反馈电路给弱励磁继电器提供电源。对于触发继电器电路,保持电源的分离。

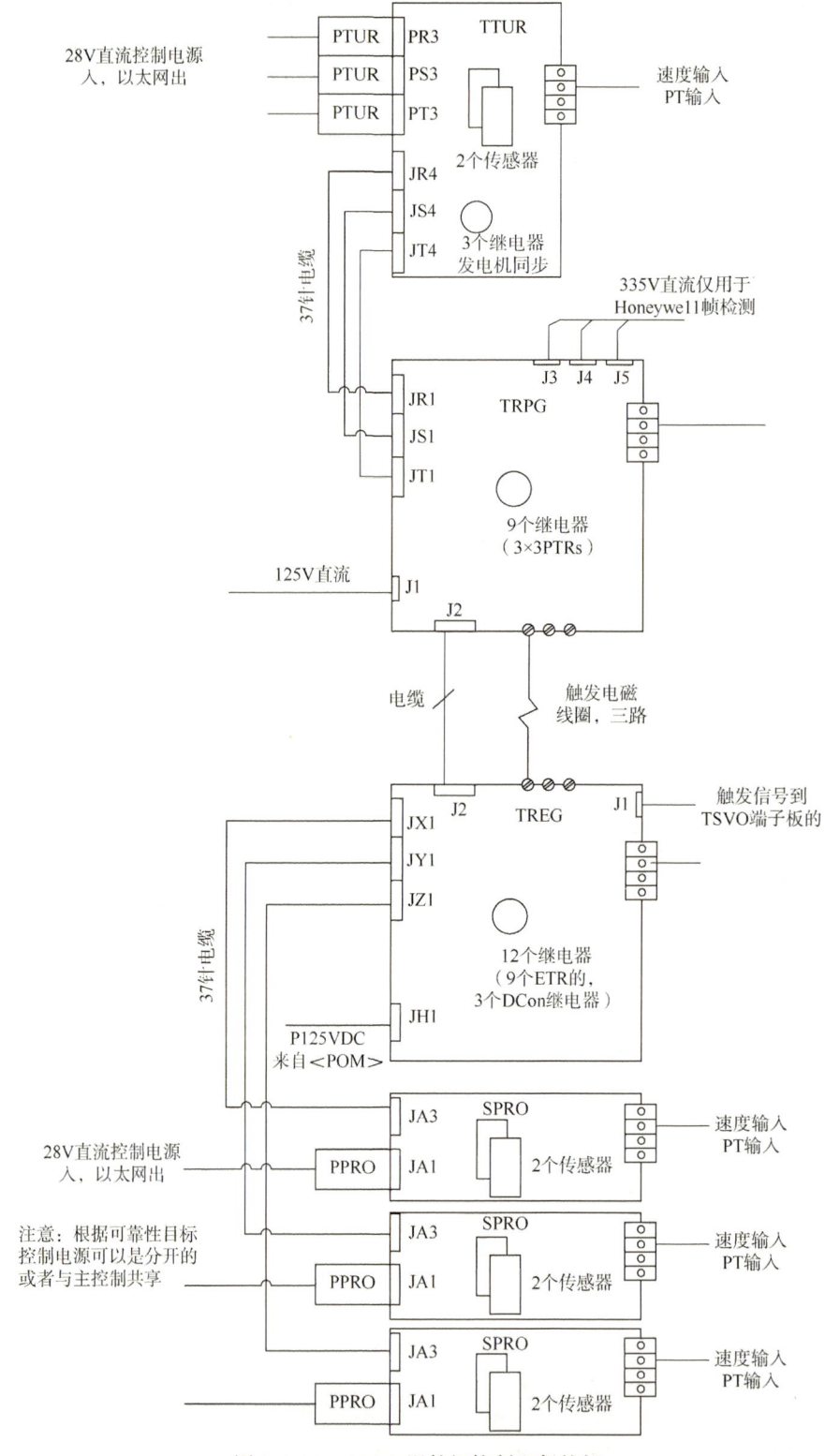

图 2.1.27 PPRO 涡轮机控制和保护板

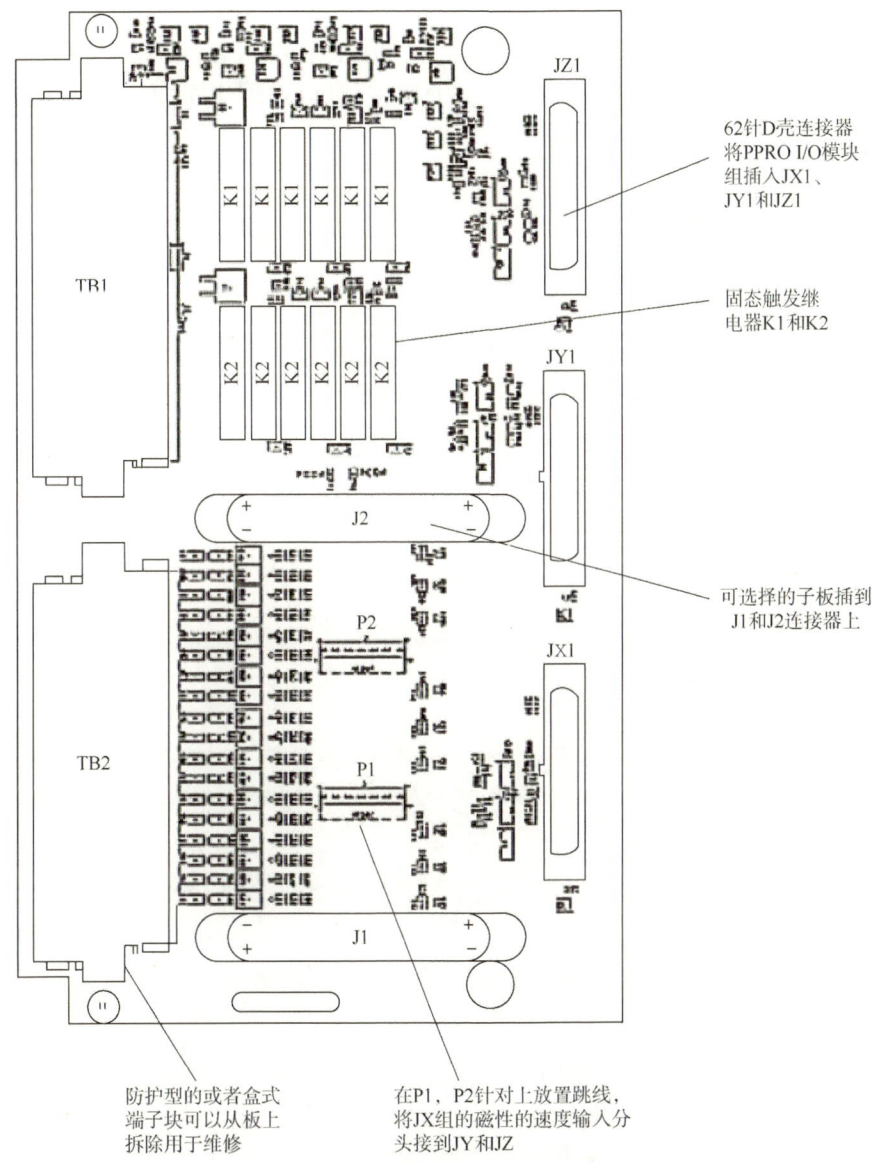

图 2.1.28 TREAH1A 涡轮机端子板

(3) H2B 用于 24V 直流应用。所有其他的特征与 H1B 相同。

(4) H3B 是 H1B 的特殊版本,用于带冗余 TREG 板的系统。反馈电路和弱励磁继电器的电源仅由 JX1 连接器提供。

(5) H4B 是 H1B 的特殊版本,用于带冗余 TREG 板的系统。反馈电路和弱励磁继电器的电源仅由 JY1 连接器提供。

(6) H5B 是 H1B 的特殊版本,用于带冗余 TREG 板的系统。反馈电路和弱励磁继电器的电源仅由 JZ1 连接器提供。

在冗余的 TREG 应用中,一般可以看到一块 H3B 和一块 H4B 一起使用。用正确的板型对系统维修是重要的,以保持控制电源分离地进入这些系统的设计。

在 Mark VI 系统中，VPRO 模块与 TREG 端子板一起工作。带模块式插头的电缆将 TREG 连接到 VPRO 模块。在 Mark VIe 系统中，SPRO 上的 PPRO 模块组控制 TREG 端子板。该 PPRO I/O 模块组插入到在 SPRO 上的 D 型连接器。带模块式插头的电缆将 TREG 连接到 SPRO 板（图 2.1.29）。

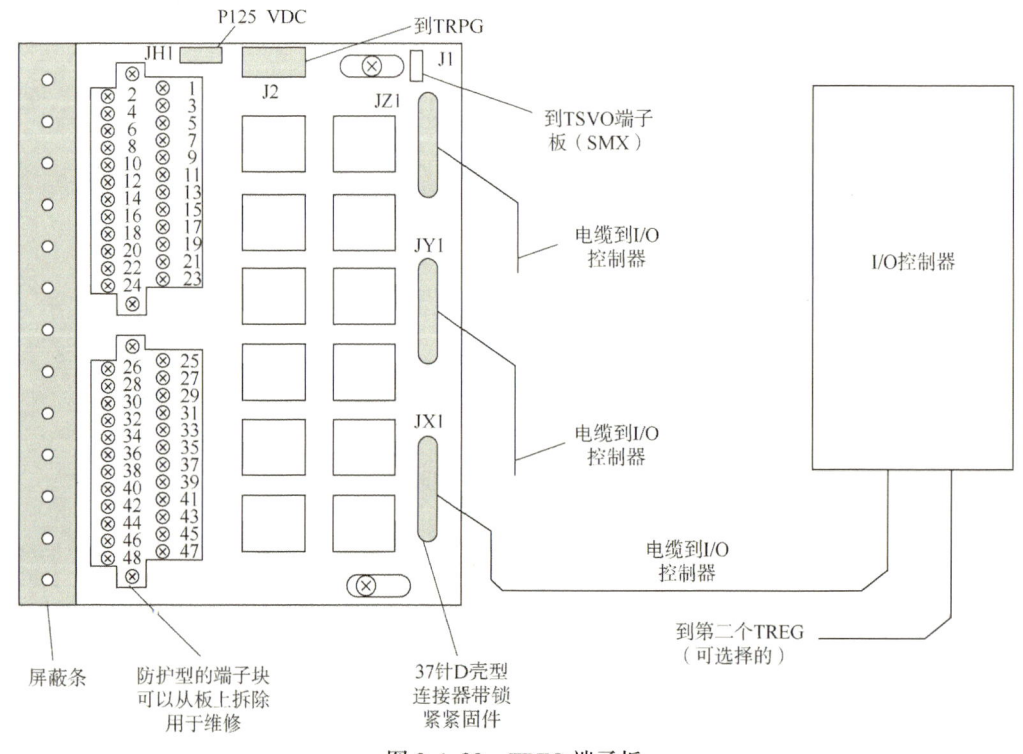

图 2.1.29　TREG 端子板

12）PRTD RTD 输入板

PRTD RTD 输入板在一个或者两个 I/O Ethernet®网络和一个 RTD 输入端子板间提供电气接口。该模块组包括一个与所有 Mark VIe 分配式 I/O 模块组相同的处理器板和一块特定热电偶输入功能的采集板。该 I/O 模块组能最多处理 8 个 RTD 输入，以及在 TRTD 端子板上的 16 个 RTD 输入（图 2.1.30）。需要注意的是，该 PRTD 模块组仅支持单模块运行。到该模块组的输入是通过一个与关联的端子板连接器连接的 DC-37 针连接器和一个 3 针电源输入连接的。输出是通过 2 个 RJ45 以太网连接器连接的。通过指示 LED 灯提供可视的诊断，通过一个红外端口进行本地诊断串行通信是可能的。

PRTD 输入板接受来自 RTD 端子板的 8 个 3 线 RTD 输入。

模块组提供一个 10mA 的多路重复使用的（不连续的）激励电流到各个 RTD，它能是接地的或者不接地的。8 个 RTD 能位于离涡轮机 I/O 电柜最远 300m 的地方，最大 15Ω 的双向电缆电阻。

在模块组中的 A/D 转换器采用与电源系统频率相关的时间采样间隔采样各个信号和激励电流，正常模式扫描每秒 4 次，快速模式扫描每秒 25 次。用于 RTD 类型选择的线性化由

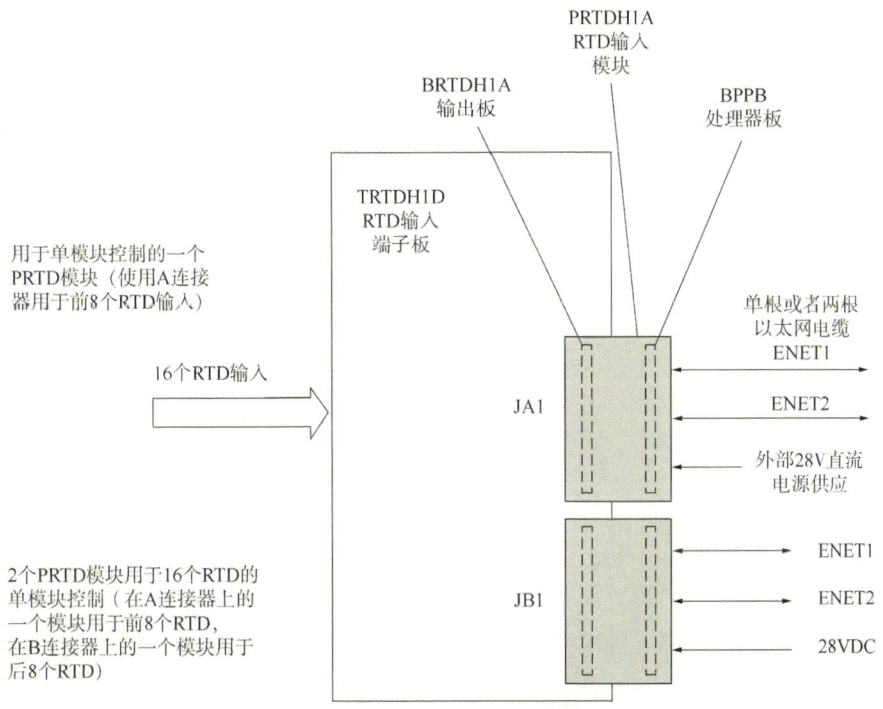

图 2.1.30　PRTD 模块线路图

处理器在软件中执行。RTD 断开和短路通过超出范围值检测。如果 RTD 超出硬件限制范围，那么在输入扫描时将被移除，为了防止对其他输入通道的不利影响。修好的通道被自动在 20s 内重新安装，或者可以被手动重新安装。

13) PSVO 伺服控制

PSVO I/O 模块组在一个或者两个 I/O Ethernet®网络和一个 TSVO 伺服端子板间提供电气接口。PSVO I/O 模块组包括一个与所有 Mark VIe 分配式 I/O 模块组相同的处理器板和一块特定伺服功能的 I/O 板。该模块组使用邻近的 WSVO 伺服驱动器模块来处理 2 个伺服阀位置回路，带有对 5 个伺服阀门输出电流的选择，直流电流从 10~120mA。PSVO I/O 模块组提供 LVDT 激励，接受 8 个 LVDT 反馈和来自燃油流量计的 2 个脉冲率输入(图 2.1.31)。

到 PSVO I/O 模块组的输入是通过 2 个 RJ45 以太网连接器连接的，28V 直流电源从端子板供应。输出是通过一个直接与关联的端子板连接器连接的 DC-62 针连接器连接的。通过指示 LED 灯提供可视的诊断，通过一个红外端口进行本地诊断串行通信是可能的。

PSVOH1A 与伺服端子板 TSVCH1A 是兼容的，但不与 DIN 导轨安装的 DSVO 板或者 TSVOH1B 板兼容。

14) TSVC 伺服端子板

TSVC 伺服端子板连接到 2 个操作蒸汽或燃油阀门的电液伺服阀。使用线性微分变压器(LVDT)阀门位置被测量。TSVC 伺服端子板特别为 PSVO I/O 模块组和 WSVO 伺服驱动器设计，不为 VSVO 处理器工作。TSVC 伺服端子板支持单模块、双模块和 TMR 控制。3 个 28V 直流电源供应模块通过插头 J28 进入。插头 JD1 或者插头 JD2 是用于来自保护模块的一个外部触发(图 2.1.32)。

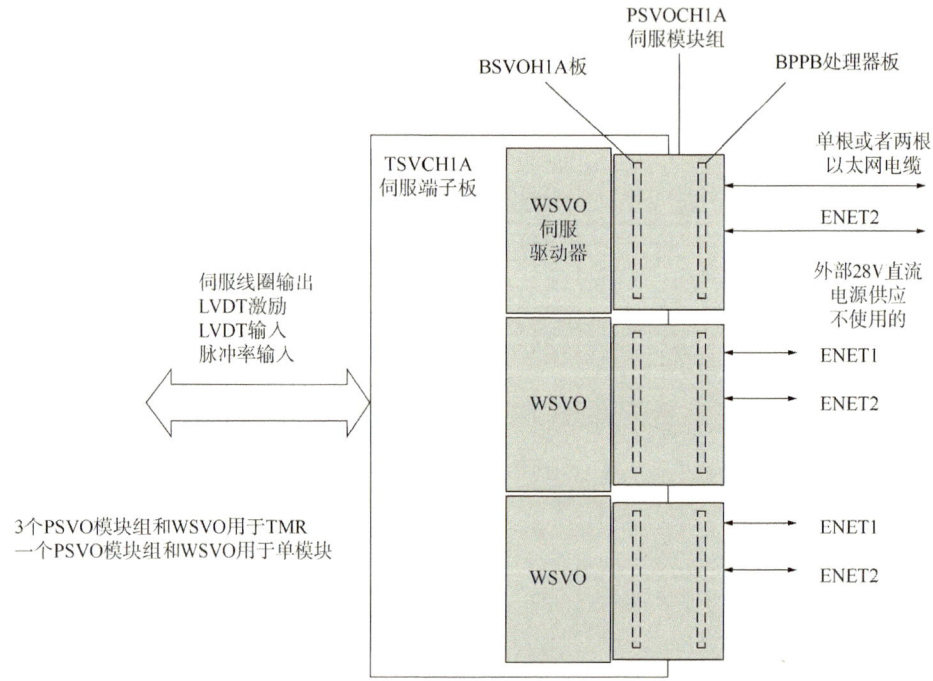

图 2.1.31　伺服模块组件

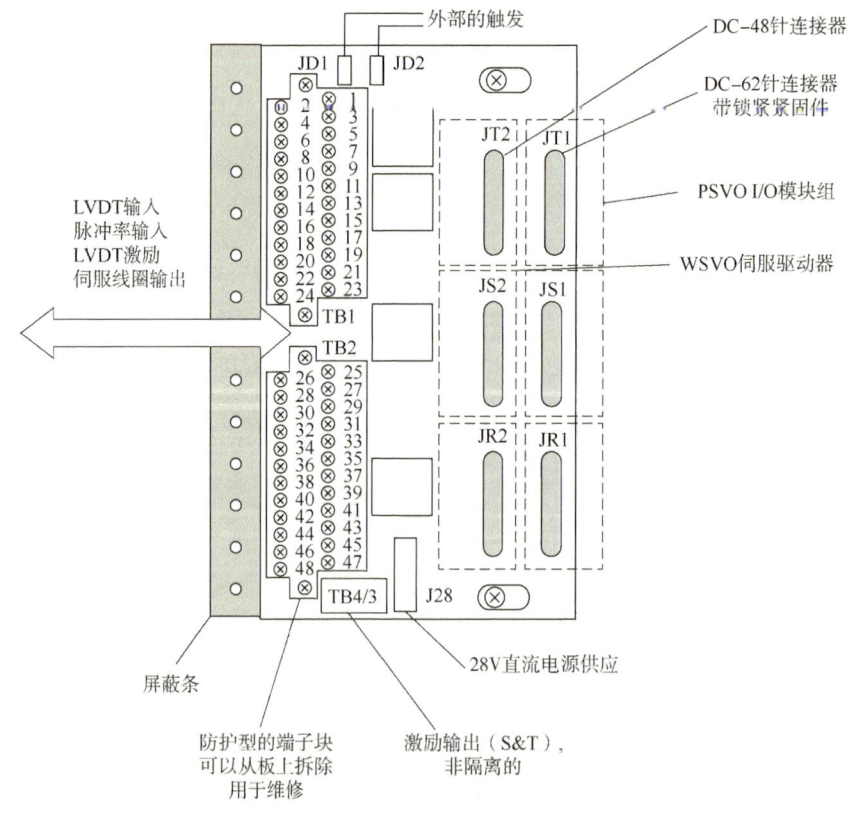

图 2.1.32　TSVC 伺服端子板

传感器和伺服阀门被直接接线到 2 块 I/O 端子块。每个模块用 2 颗螺栓固定，有 24 个端子，接受最大#12AWG 接线。固定在底座接地的屏蔽端子条位于各个端子块的最左边。外部触发的接线被插入到 JD1 或者 JD2(图 2.1.33)。

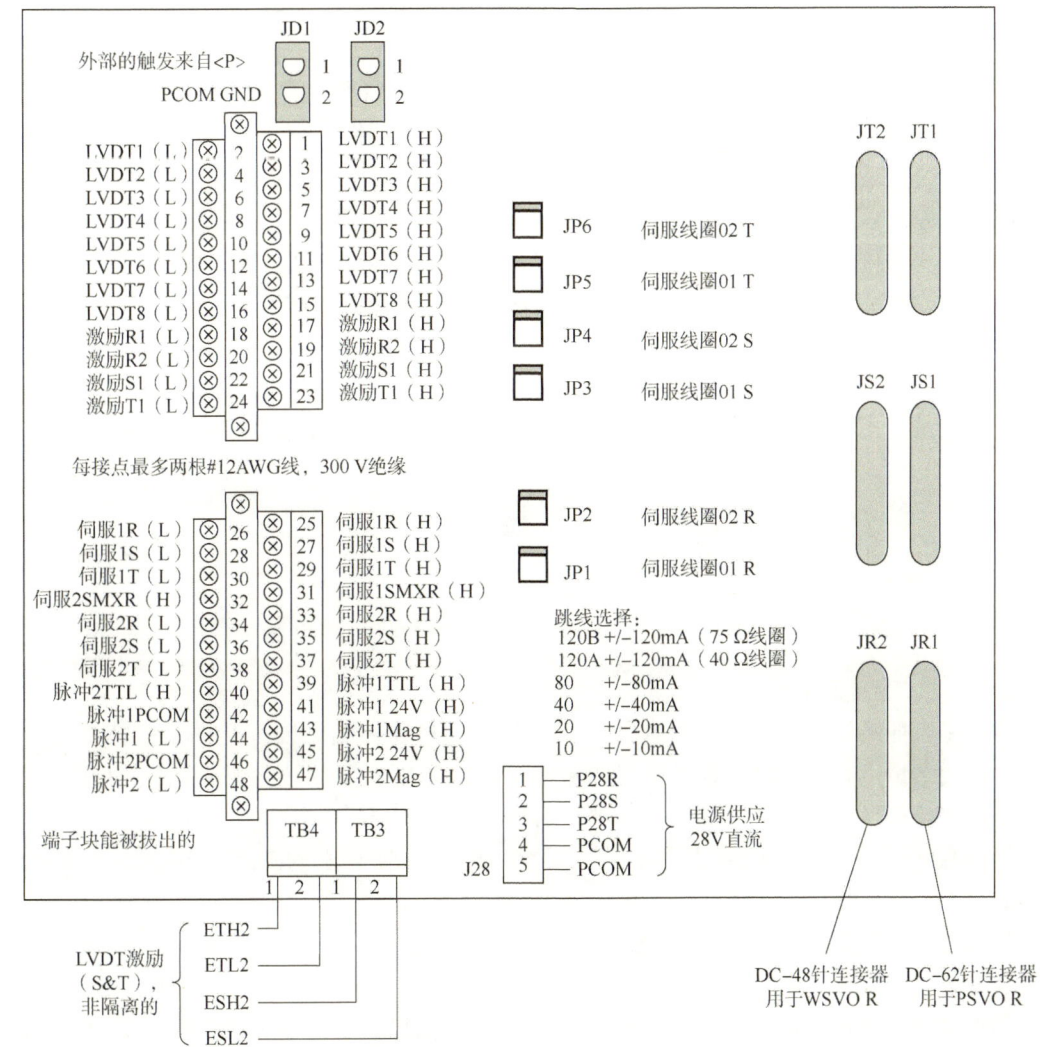

图 2.1.33　伺服/LVDT 端子板接线

在 TMR 组态中各个伺服输出能有 3 个线圈。各个线圈电流的规范是跳线选择的，使用 JP1、3、5 用于伺服 1，JP2、4、6 用于伺服 2。

用于 R 板，S 板和 T 板功能的 3 块 28V 直流电源模块被连接到 J28。2 个用于 S 板和 T 板的非隔离的 LVDT 激励源被接线到端子块 TB3 和 TB4。

用于 PSVO I/O 模块组的 3 个 J1 连接器是<R>，<S>和<T>。它们插入到带锁紧紧固件的 DC-37 针连接器，用螺栓连接到一个侧面的支架将模块组固定在原位。

用于 WSVO 伺服驱动器的 3 个 J2 连接器是 R，S 和 T。各个 WSVO 用 4 个螺栓固定。WSVO 伺服驱动器和 PSVO I/O 模块组按一套固定，如果诊断指示一个伺服问题它们应当被替换。

PSVO 模块组和 WSVO 驱动器能在装置运行时被替换，通过使用相应的手动使能开关 SW1、或 SW2、或 SW3 从失败的通道移除电源。到各个通道的电源被在端子板上的 LED 灯和在各个固态电源开关上的 LED 灯指示。

TSVC 伺服端子板提供 2 个通道，由双方向的伺服电流输出、LVDT 位置反馈和脉冲率流输入组成。它提供激励，最多接受 8 个 LVDT 阀门位置输入。对于各个伺服控制回路，有 1 个、2 个、3 个或者 4 个 LVDT 的选择。2 个脉冲速率输入用于燃气涡轮机燃油流量测量。

各个伺服输出配置了一个单独的自毁继电器，由固件控制，当断电时它将 PSVO 输出信号与信号公共端短路，当一个手动复位控制发出后恢复到额定的限制。并诊断监控各个伺服电压、电流和自毁继电器的输出状态。

在单模块应用中，伺服输出通道能驱动单线圈或者双线圈伺服，在 TRM 应用中能驱动 2 线圈或者 3 线圈伺服。2 线圈的 TMR 应用是用于 200 号液压传动系统，2 个控制模块各驱动一个线圈，第 3 个控制模块组没有伺服线圈连接。最大 15Ω 双向电缆电阻的电缆长度最长为 300m(984ft)。因为有许多类型的伺服线圈，所以多种双向电流源是可以选择跳线的。需要注意的是，主系统和紧急超速系统将触发独立于该电路的液压触发电磁线圈。

2.2 燃驱离心压缩机组控制系统测量仪表

2.2.1 温度测量仪表

2.2.1.1 温度测量的基本概念

温度是表征物体冷热程度的物理量。温度只能通过物体随温度变化的某些特性来间接测量，而用来量度物体温度数值的标尺叫温标。它规定了温度的读数起点(零点)和测量温度的基本单位。目前国际上用得较多的温标有华氏温标、摄氏温标、热力学温标。

摄氏温度(℃)规定：在标准大气压下，冰的熔点为 0℃，水的沸点为 100℃，中间划分 100 等分，每等分为 1 摄氏度，符号为℃。

华氏温标(℉)规定：在标准大气压下，冰的熔点为 32℉，水的沸点为 212℉，中间划分 180 等分，每等分为 1 华氏度，符号为℉。

热力学温标又称开尔文温标，或称绝对温标，它规定分子运动停止时的温度为绝对零度，记符号为 K。

常用温度换算关系如下：

$$T/℉ = t/℃ \times 1.8 + 32 \quad (2.2.1)$$

$$T/K = t/℃ + 273.15 \quad (2.2.2)$$

例如：

$$0℃ = 273.15K = 32℉$$

$$1℃ = 273.15 + 1 = 274.15K = 1.8 \times 1 + 32 = 33.8℉$$

在工业生产中，使用最多的测温元件是热电阻和热电偶，热电阻一般用来测量 300℃ 以下的低温，热电偶用来测量高温，例如 GG 的燃烧室温度通常在 600℃ 以上，使用热电偶进行测温。

2.2.1.2 热电阻

1) 热电阻简介

热电阻(thermal resistor)是中低温区最常用的一种温度检测器,简称 RTD。热电阻测温是基于金属导体的电阻值随温度的增加而增加这一特性来进行温度测量的。它的主要特点是测量精度高,性能稳定。其中铂热电阻的测量精确度是最高的,它不仅广泛应用于工业测温,而且被制成标准的基准仪。热电阻大都由纯金属材料制成,应用最多的是铂和铜,此外,已开始采用镍、锰和铑等材料制造热电阻。金属热电阻常用的感温材料种类较多,最常用的是铂丝。工业测量用金属热电阻材料除铂丝外,还有铜、镍、铁、铁—镍等(图 2.2.1)。

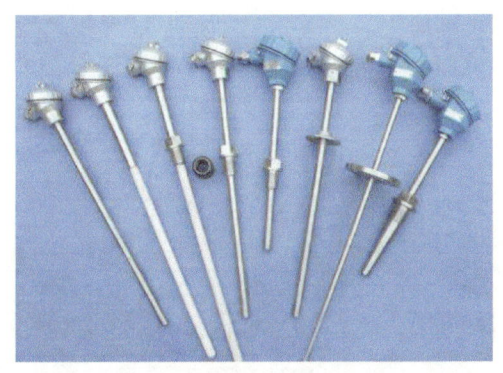
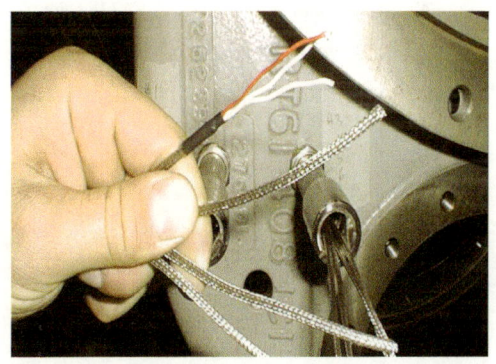

图 2.2.1 金属热电阻材料

2) 热电阻测温原理

热电阻通常需要把电阻信号通过引线传递到计算机控制装置或者其他二次仪表上。热电阻的测温原理与热电偶的测温原理不同的是,热电阻是基于电阻的热效应进行温度测量的,即电阻体的阻值随温度的变化而变化的特性。因此,只要测量出感温热电阻的阻值变化,就可以测量出温度。主要有金属热电阻和半导体热敏电阻两类。

金属热电阻的电阻值和温度一般可以用以下近似关系式表示,即

$$R_t = R_{t_0}[1+\alpha(t-t_0)] \qquad (2.2.3)$$

式中 R_t——温度 t 时的阻值;

R_{t_0}——温度 t_0(通常 $t_0 = 0℃$)时对应电阻值;

α——温度系数。

半导体热敏电阻的阻值和温度关系为

$$R_t = Ae^{B/t} \qquad (2.2.4)$$

式中 R_t——温度为 t 时的阻值;

A、B——取决于半导体材料的结构的常数。

相比较而言,热敏电阻的温度系数更大,常温下的电阻值更高(通常在数千欧以上),但互换性较差,非线性严重,测温范围只有 $-50 \sim 300℃$,大量用于家电和汽车用温度检测和控制。金属热电阻一般适用于 $-200 \sim 500℃$ 范围内的温度测量,其特点是测量准确、稳定

性好、性能可靠，在程控制中的应用极其广泛。

工业上常用金属热电阻从电阻随温度的变化来看，大部分金属导体都有这个性质，但并不是都能用作测温热电阻，作为热电阻的金属材料一般要求：尽可能大而且稳定的温度系数、电阻率要大(在同样灵敏度下减小传感器的尺寸)、在使用的温度范围内具有稳定的化学物理性能、材料的复制性好、电阻值随温度变化要有间值函数关系(最好呈线性关系)。

3) 热电阻分类

常用的普通工业型热电阻主要有铂热电阻和铜热电阻。

铂热电阻：广泛用来测量(-200~850)℃范围内的温度。在少数情况下，低温可测至-1000℃，高温可测至1000℃。其物理、化学性能稳定，复现性好，但价格昂贵。铂热电阻与温度是近似线性关系。其分度号主要有Pt10和Pt100。

铜热电阻：广泛用来测量(-50~150)℃范围内的温度。其优点是高纯铜丝容易获得，价格便宜，互换性好，但易于氧化。铜热电阻与温度呈线性关系。其分度号主要有Cu50和Cu100。

现场常用Pt100铂电阻，其分度见表2.2.1。

表 2.2.1 Pt100 铂热电阻分度表

温度/℃	电阻值/Ω									
	0℃	1℃	2℃	3℃	4℃	5℃	6℃	7℃	8℃	9℃
0	100.00	100.39	100.78	101.17	101.56	101.95	102.34	102.73	103.13	103.51
10	103.90	104.29	104.68	105.07	105.46	105.85	106.24	106.63	107.02	107.40
20	107.79	108.81	108.57	108.96	109.35	109.73	110.12	110.51	110.90	111.28
30	111.67	112.06	112.45	112.83	113.22	113.61	113.99	114.38	114.77	115.15
100	138.50	138.88	139.26	139.64	140.02	140.39	140.77	141.15	141.53	141.91

4) 热电阻的接线方式

热电阻的接线主要有三种方式。

二线制：在热电阻的两端各连接一根导线来引出电阻信号的方式叫二线制。这种引线方法很简单，但由于连接导线必然存在引线电阻r，r大小与导线的材质和长度的因素有关，因此这种引线方式只适用于测量精度较低的场合(图2.2.2)。

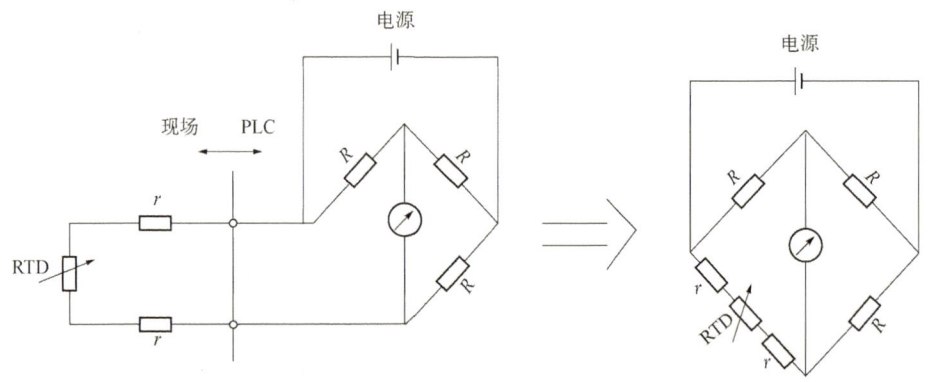

图 2.2.2 二线制接线方式

三线制：在热电阻的根部的一端连接一根引线，另一端连接两根引线的方式称为三线制，这种方式通常与电桥配套使用，可以较好地消除引线电阻的影响，是工业过程控制中最常用的。采用三线制是为了消除连接导线电阻引起的测量误差。这是因为测量热电阻的电路一般是不平衡电桥。热电阻作为电桥的一个桥臂电阻，其连接导线（从热电阻到中控室）也成为桥臂电阻的一部分，这一部分电阻是未知的且随环境温度变化，造成测量误差。采用三线制，将导线一根接到电桥的电源端，其余两根分别接到热电阻所在的桥臂及与其相邻的桥臂上，这样消除了导线线路电阻带来的测量误差。由于分母中 r 相对于整个电路来说很小，可以忽略不计（图2.2.3）。对三线制和两线制热电阻，不难发现在计算得到的二线制接法中分子多了导线的电阻，因此在实际测量热电阻的温度时就会将导线的电阻计算在内，故而对实际的结果造成误差。所以在实际应用中，三线制热电阻比二线制更加精准，应用也更加广泛。

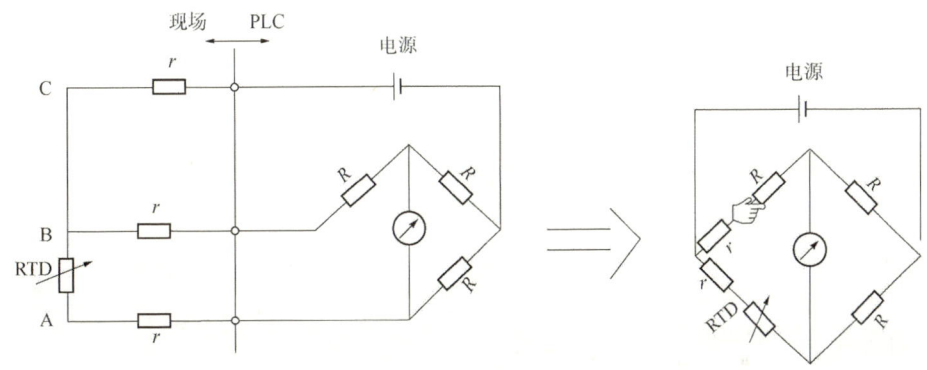

图 2.2.3　三线制接线方式

四线制：在热电阻的根部两端各连接两根导线的方式称为四线制，其中两根引线为热电阻提供恒定电流 I，把 R 转换成电压信号 U，再通过另两根引线把 U 引至二次仪表。可见这种引线方式可完全消除引线的电阻影响，主要用于高精度的温度检测。四线制不仅可消除引出线电阻的影响，还可消除连接导线间接触电阻及其阻值变化的影响，多用于标准铂热电阻的引出线上。

5）热电阻的安装要求

对热电阻的安装，应注意有利于测温准确、安全可靠和维修方便，而且不影响设备运行和生产操作。要满足以上要求，在选择对热电阻的安装部位和插入深度时要注意以下几点（图2.2.4）：

（1）为了使热电阻的测量端与被测介质之间有充分的热交换，应合理选择测点位置，尽量避免在阀门，弯头及管道和设备的死角附近装设热电阻。

（2）带有保护套管的热电阻有传热和散热损失，为了减少测量误差，热电偶和热电阻应该有足够的插入深度：

① 对于测量管道中心流体温度的热电阻，一般都应将其测量端插入到管道中心处（垂直安装或倾斜安装）。如被测流体的管道直径是200mm，那热电阻插入深度应选择100mm。

② 对于高温高压和高速流体的温度测量（主蒸汽温度），为了减小保护套对流体的阻力

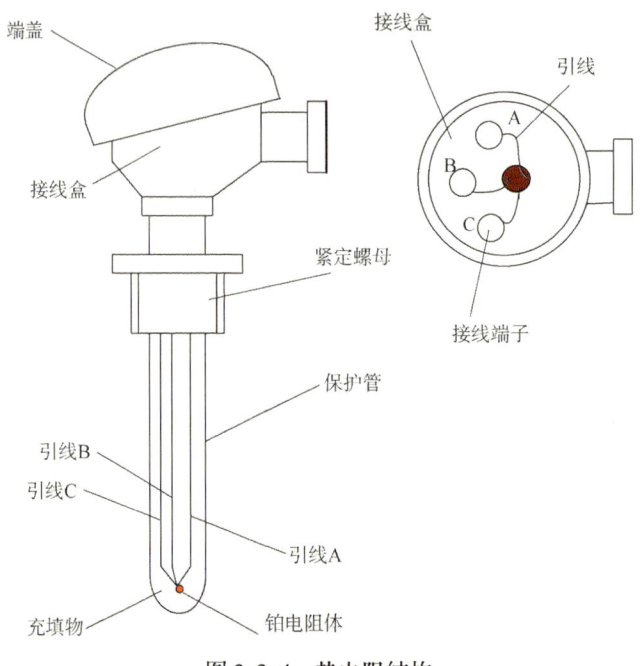

图 2.2.4 热电阻结构

和防止保护套在流体作用下发生断裂,可采取保护管浅插方式或采用热套式热电阻。浅插式的热电阻保护套管,其插入主蒸汽管道的深度应不小于75mm;热套式热电阻的标准插入深度为100mm。

③ 假如需要测量是烟道内烟气的温度,尽管烟道直径为4m,热电阻插入深度1m即可。

④ 当测量原件插入深度超过1m时,应尽可能垂直安装,或加装支撑架和保护套管。

2.2.1.3 热电偶

1) 热电偶简介

热电偶(thermocouple)是温度测量仪表中常用的测温元件,它直接测量温度,并把温度信号转换成热电动势信号,通过电气仪表(二次仪表)转换成被测介质的温度。各种热电偶的外形常因需要而极不相同,但是它们的基本结构却大致相同,通常由热电极、绝缘套保护管和接线盒等主要部分组成,通常和显示仪表、记录仪表及电子调节器配套使用。在温度测量中,热电偶的应用极为广泛,它具有结构简单、制造方便、测量范围广、精度高、惯性小和输出信号便于远传等许多优点。另外,由于热电偶是一种有源传感器,测量时不需外加电源,使用十分方便,所以常被用作测量炉子、管道内的气体或液体的温度及固体的表面温度。热电偶传感器如图2.2.5所示。

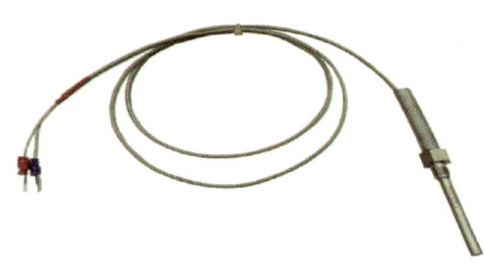

图 2.2.5 热电偶传感器

2) 热电偶测温原理

当有两种不同的导体或半导体 A 和 B 组成一个回路，其两端相互连接时，只要两结点处的温度不同，一端温度为 T，称为工作端或热端，另一端温度为 T_0，称为自由端(也称参考端)或冷端，回路中将产生一个电动势，该电动势的方向和大小与导体的材料及两接点的温度有关。这种现象称为"热电效应"，两种导体组成的回路称为"热电偶"，这两种导体称为"热电极"，产生的电动势则称为"热电动势"。热电动势由两部分电动势组成，一部分是两种导体的接触电动势，另一部分是单一导体的温差电动势。热电偶回路中热电动势的大小，只与组成热电偶的导体材料和两接点的温度有关，而与热电偶的形状尺寸无关。当热电偶两电极材料固定后，热电动势便是两接点温度 t 和 t_0 的函数差，因为冷端 t_0 恒定，热电偶产生的热电动势只随热端(测量端)温度的变化而变化，即一定的热电动势对应着一定的温度。只要用测量热电动势的方法就可达到测温的目的。原理图如图 2.2.6 所示。

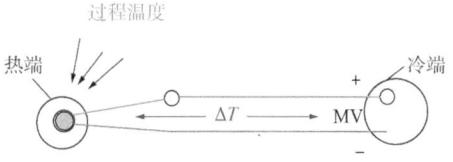

图 2.2.6 热电偶原理图

在热电偶回路中接入第三种金属材料时，只要该材料两个接点的温度相同，热电偶所产生的热电势将保持不变，即不受第三种金属接入回路中的影响。因此，在热电偶测温时，可接入测量仪表，测得热电动势后，即可知道被测介质的温度。热电偶测量温度时要求其冷端(测量端为热端，通过引线与测量电路连接的端称为冷端)的温度保持不变，其热电势大小才与测量温度呈一定的比例关系。若测量时，冷端的(环境)温度变化，将严重影响测量的准确性。在冷端采取一定措施补偿由于冷端温度变化造成的影响称为热电偶的冷端补偿正常。与测量仪表连接用专用补偿导线。

热电偶冷端补偿计算方法有以下两种。

(1) 从毫伏到温度：测量冷端温度，换算为对应毫伏值，与热电偶的毫伏值相加，换算出温度。

(2) 从温度到毫伏：测量出实际温度与冷端温度，分别换算为毫伏值，相减后得出毫伏值，即得温度。

3) 热端的结构

两电极材料热端连接点的连接方法有双绞、对接焊和堆焊等方式，示意图如图 2.2.7 所示。热端可与传感器的铠装(护套)接地或不接地。对双元件热电偶(两个热电偶在一个铠装里)，其元件可隔离或连接(不隔离)，如图 2.2.8 所示。

4) 热电偶常见种类

常用热电偶可分为标准热电偶和非标准热电偶两大类。所谓标准热电偶指国家标准规定了其热电势与温度的关系、允许误差、并有统一的标准分度表的热电偶，它有与其配套的显示仪表可供选用。非标准化热电偶在使用范围或数量级上均不及标准化热电偶，一般也没有统一的分度表，主要用于某些特殊场合的测量。中国从 1988 年 1 月 1 日起，热电偶和热电阻全部按 IEC 国际标准生产，并指定 S，B，E，K，R，J，T 七种标准化热电偶为中国统一设计型热电偶，各类型热电偶性能参数见表 2.2.2，各类型热电偶热电势与温度曲线如图 2.2.9 所示。

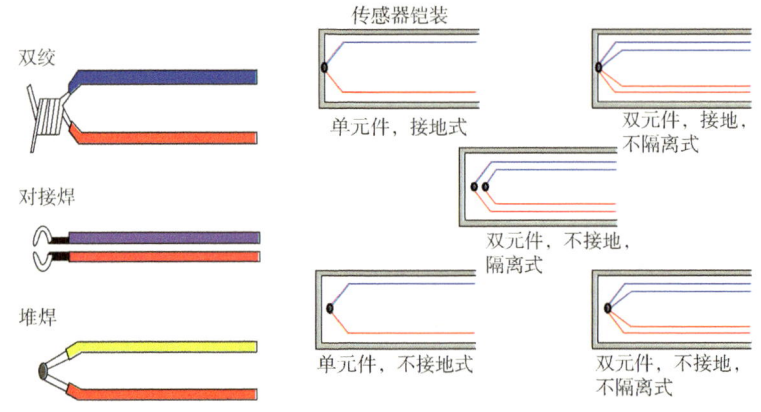

图 2.2.7　热端连接点连接方法　　图 2.2.8　热端接地及隔离方式

表 2.2.2　热电偶性能参数表

热电偶分度号	热电极材料（正极）	热电极材料（负极）	测温范围/℃	优点
S	铂铑 10	纯铂	−50~1540	可测量高温，适用于工业或实验室，热电势输出低（不是很敏感），价格贵
R	铂铑 13	纯铂	−50~1540	
B	铂铑 30	铂铑 6	38~1800	
K	镍铬	镍硅	0~1150	线性最好
T	纯铜	铜镍	−180~371	抗潮气腐蚀能力好
J	铁	铜镍	0~760	最经济
E	镍铬	铜镍	0~900	敏感性最好

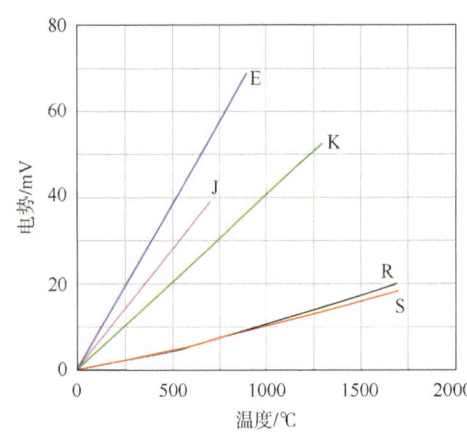

图 2.2.9　各类型热电偶的热电势与温度曲线

5）冷端补偿和补偿导线

由于在冷端被测量的电压与热端和冷端之间的温度差成正比，因此在电压信号可转换成温度读数之前，必须知道冷端的温度。由于热电偶的材料一般都比较贵重（特别是采用贵金属时），而测温点到仪表的距离都很远，为了节省热电偶材料，降低成本，通常采用补偿导线把热电偶的冷端（自由端）延伸到温度比较稳定的控制室内，连接到仪表端子上。必须指出，热电偶补偿导线的作用只起延伸热电极，使热电偶的冷端移动到控制室的仪表端子上，它本身并不能消除冷端温度变化对测温的影响，不起补偿作用。因此，还需采用其他修正方法来补偿冷端温度 $t_0 \neq 0℃$ 时对测温的影响。在使用热电偶补偿导线时必须注意型号相配，极性不能接错，补偿导线与热电偶连接端的温度差不能超过 100℃，补偿导线错误接线示意图如

图2.2.10所示。

6) 热套管

热套管是一个保护传感器的装置，以抗过程流量、压力、振动和腐蚀，使用热套管后无需停车即可取出传感器，但响应时间减慢（最多5倍）。

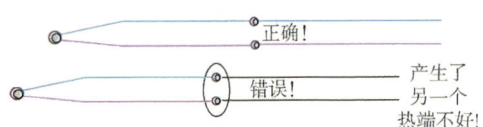

图2.2.10 补偿导线错误接线示意图

为了用于不同的腐蚀性环境，且为了满足不同温度和压力极限要求，热套管的材质有不用的类型。热套管存在某些条件下会损坏，流体在热套管周围流动形成涡流，涡流以某一特定频率从一侧变到另一侧，该特定频率与许多参数有关，如果那个频率恰巧与热套管的固有频率相同，热套管就会折断。防止热套管损坏需要从热套管的型式、热套管材料、热套管尺寸、流体流速、过程压力、流体比容和过程温度等各方面去综合考虑。

2.2.2 压力测量仪表

2.2.2.1 压力及压力测量仪表

压力（实际是压强）：指物体所受的压力与受力面积之比，压强越大，压力的作用效果越明显。压强的计算公式：$p=F/S$（p小写，大写为功率）。压强基本单位是帕斯卡，Pa。

现场常用压力单位换算：

$$1\text{MPa} = 10\text{bar} = 1000\text{kPa} = 145.0377439\text{psi};$$
$$1\text{mmH}_2\text{O} = 9.80665\text{Pa}。$$

现场常用测量压力表有：压力表（表压）、差压表、绝压表。

(1) 绝压表：以"0"作为参考压力的差压（0指真空）。

(2) 差压表：两个相关压力的差值，反映高压侧与低压侧的压力差值。

(3) 压力表（表压）：以环境大气压力作为参考的差压。

压力表通常指就地显示仪表，变送器具备变送功能，将现场测量值通过4~20mA信号（或总线协议，如HART、FF总线、Profibus总线等）远传至PLC，经过数据处理，HMI显示。变送器如果配备有LCD屏同样可以现场显示。

压力变送器：测量容器内介质与大气压压差（表压表）或测量容器内介质与真空状态压差（绝压）（图2.2.11）。

差压变送器：测量高压侧与低压侧压力差。差压变送器有高压、低压两个取压口，压力表只有一个取压口（图2.2.12）。

差压表与压力表现场应用更为广泛，现场大多是差压表与压力表，绝压表也有一定的应用。

差压表比较高压侧引压管与低压侧引压管压力差，结果为压差。压力表比较引压管与大气压力压力差，测量结果为表压；绝压表比较引压管与内部真空基准模块压力差，测量结果为绝压。

2.2.2.2 压力(差压)传感器

1) 电容式传感器工作原理

差动平板电容器有3个极板，中间1个电极板为活动电极板，两端为固定电极板，电容变化量与活动电极的位移成正比，当位移较小时，近似满足线性关系，差动电容的变化量与输入差压成线性关系，变送器基本不受温度影响。差分电容由电子电路转换为与电容的介电常数无关的毫伏信号，进入后面的放大及信号处理板(图2.2.13)。

图2.2.11　压力变送器实物图

图2.2.12　差压变送器实物图

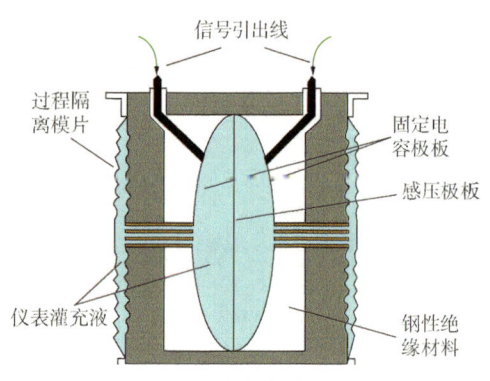

图2.2.13　电容式传感器内部结构

固定电容极板和位于中间的感压极板组成两个电容室，过程压力通过导压灌充液/硅油传导至感压极板，感压极板产生与压力基本成正比的位移，该位移使两电容室的差分电容值改变，差分电容由电子电路转换为与电容的介电常数无关的毫伏信号，进入后面的放大及信号处理板。

2) 硅可变电阻式传感器工作原理

应变片吸附在基体材料上，金属电阻应变片的应变电阻随机械形变而产生阻值变化的现象，俗称为电阻应变效应。通常情况下，是将应变片采用特殊的粘和剂紧密地粘合在产生力学应变基体上，随着基体受力发生应力变化后，电阻应变片也一起产生形变，使应变片的阻值发生改变，从而使加在电阻上的电压发生变化。这种应变片在受力时产生的阻值变化较小，一般这种应变片都组成应变电桥，并通过后续的仪表放大器进行放大，再传输给处理电路(通常是 A/D 转换和 CPU)显示或执行机构。用于表压及绝压测量，传感器表面生成集成化的惠斯登电桥，压力作用使于传感器表面产生形变，该形变引起可变电阻桥臂的失衡，电桥的失衡电流经放大处理(图2.2.14)。处理后的信号经 A/D 转换送往微处理器进行量化，量化数据经 D/A 电路转换为 4~20mA。

2.2.2.3　压力(差压)变送器电子电路及工作原理

压力变送器一般是由传感器、微处理器、存储器及模数和数模转换器组成(图2.2.15)。传感器用来检测被测量的信号，其所用材料因厂家而异。微处理器是智能变送器的核心，负责对数据的综合运算处理，如对检测信号线性化、量程重调、函数运算、

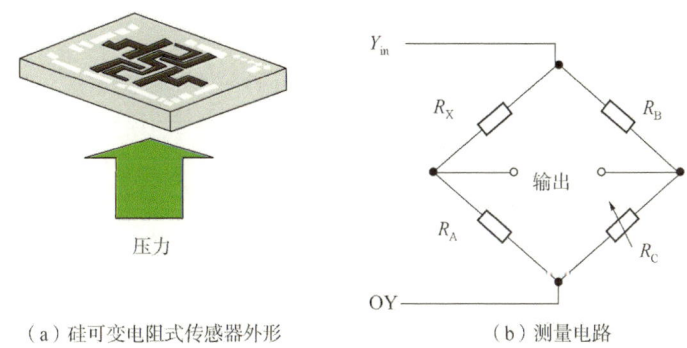

(a) 硅可变电阻式传感器外形　　　　(b) 测量电路

图 2.2.14　硅可变电阻式传感器

工作单位换算及诊断与通信功能。存储器用来存储供微处理器调用的各种常数、程序及变送器的组态等，一般都是可擦写的。模数、数模转换器是将模拟信号与数字信号进行相互转换，传感器的检测信号到微处理器须用模数转换器，微处理器输出 4~20mA 信号须用数模转换器。智能变送器需要输出一路数字信号与 DCS 进行通信，并附有一智能现场通信器（SFC）或称手操器来与变送器通信。此外，智能变送器备有后备电源，以免停电时存储器内数据丢失。智能电子板板部分包括：微电脑控制器及外围电路组成，完成压力信号到 4~20mA 直流的转换。

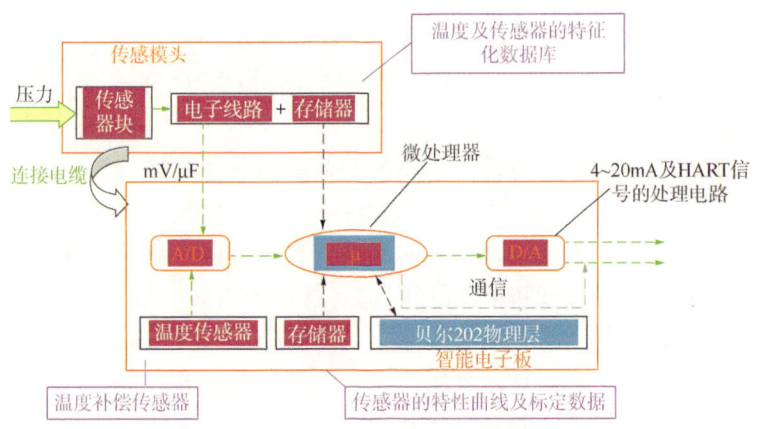

图 2.2.15　压力变送器组成及电路

2.2.2.4　压力变送器接线方式

压力变送器接线方式有两线制、三线制、四线制，电流型变送器将物理量转换成 4~20mA 电流输出，需要 2 根电源线，2 根信号线，总共需要 4 根线，称之为四线制变送器；电流输出与电源共用负极线，总共需要 3 根线，称之为三线制仪表；变送器在电路中相当于一个特殊的负载，特殊之处在于变送器的耗电电流在 4~20mA 之间根据传感器输出而变化，显示仪表只需要串联在电路中，这种仪表称之为两线制仪表。由于工业电流环标准下限为 4mA，因此只要在量程范围内，变送器至少保持 4mA 供电，这使得两线制仪表设计成为可能，工程中由于两线制仪表可以节省大量的线缆，从而节省施工布线等成本，两线制仪表应用越来越广泛。

变送器的传统输出直流电信号有0~5V、0~10V、1~5V、0~20mA、4~20mA等，目前最广泛采用的是4~20mA电流传输模拟量信号。采用此电流信号的原因是该电流信号不容易受干扰，且电流源内阻无穷大，导线内阻串联在回路中不影响精度，在普通双绞线可以传输数百米。上限20mA是因为防爆要求，20mA的电流通断引起火花的能量不足以引燃瓦斯，下线不取0mA是为了能检测断线；回路正常工作时电流不会低于4mA，线路断路故障时，电流降为0，常取2mA作为回路断线报警值。

2.2.3 转速测量仪表

转速传感器是将旋转物体的转速转换为电量输出的传感器。转速传感器属于间接式测量装置，可用机械、电气、磁、光和混合式等方法制造。按信号形式的不同，转速传感器可分为模拟式和数字式。

2.2.3.1 转速传感器的类型及工作原理

转速传感器大致分为电涡流式、磁电式、霍尔式和磁阻式四种类型。其中，磁电式转速传感器是被动式转速传感器，又称无源转速传感器；相对应的，电涡流式、霍尔式和磁阻式转速传感器是主动式转速传感器，也称有源转速传感器，有一个电源电路为传感器提供外部电压供电，在外部供电无法提供时，主动式转速传感器将无转速信号产生。

转速信号的采集过程实际上可以看作是对旋转件的测速过程。转速测量常用的电涡流式和磁电式等也曾应用于汽车轮速信号的测量。相比较而言，电涡流式转速传感器工作可靠，信号强，容易实现转速测量，价格适中，受环境因素（温度、水、油污、各种粉尘等）的影响较小，基于以上优点，电涡流式转速传感器在转速信号的采集中应用广泛。

2.2.3.2 电涡流式转速传感器

电涡流测速传感器系统中的前置器中高频振荡电流通过延伸电缆流入探头线圈，在探头头部的线圈中产生交变的磁场。当被测金属体靠近这一磁场，则在此金属表面产生感应电流，与此同时该电涡流场也产生一个方向与头部线圈方向相反的交变磁场，由于其反作用，使头部线圈高频电流的幅度和相位得到改变（线圈的有效阻抗），这一变化与金属体磁导率、电导率、线圈的几何形状、几何尺寸、电流频率，以及头部线圈到金属导体表面的距离等参数有关。通常假定金属导体材质均匀且性能是线性和各向同性，则线圈和金属导体系统的物理性质可由金属导体的电导率 6、磁导率 ξ、尺寸因子 τ、头部体线圈与金属导体表面的距离 D、电流强度 I 和频率 ω 参数来描述。则线圈特征阻抗可用 $Z = F(\tau, \xi, 6, D, I, \omega)$ 函数来表示。通常能做到控制 $\tau, \xi, 6, I, \omega$ 这几个参数在一定范围内不变，则线圈的特征阻抗 Z 就成为距离 D 的单值函数，虽然它整个函数是一非线性的，其函数特征为"S"形曲线，但可以选取它近似为线性的一段。于此，通过前置器电子线路的处理，将线圈阻抗 Z 的变化，即头部体线圈与金属导体的距离 D 的变化转化成电压或电流的变化，输出信号的大小随探头到被测体表面之间的间距而变化，电涡流测速传感器就是根据这一原理实现对金属物体的位移、振动等参数的测量。

2.2.3.3 磁电式转速传感器

磁电式转速传感器采用磁电感应原理实现测速，当齿轮旋转时，通过传感器线圈的磁力线发生变化，在传感器线圈中产生周期性的电压，其幅度与转速有关，转速越高输出电压越高，输出频率与转速成正比。磁电式转速传感器的线圈采用特殊结构，抗干扰能力增强，获得广泛应用。该传感器输出信号强，抗干扰性能好，不需要供电，安装使用方便。磁电式转速传感器的结构如图 2.2.16 所示，是由永久磁铁、线圈、磁盘等组成。在磁盘上加工有齿形凸起，磁盘装在被测转轴上，与转轴一起旋转。当转轴旋转时，磁盘的凹凸齿形将引起磁盘与永久磁铁间气隙大小的变化，从而使永久磁铁组成的磁路中磁通量随之发生变化。有磁路通过的感应线圈，当磁通量发生突变时，会感应出一定幅度的脉冲电势，其频率为：$f=ZN/60$，其中 Z 为齿轮的齿数，N 为齿轮每分钟的转数。

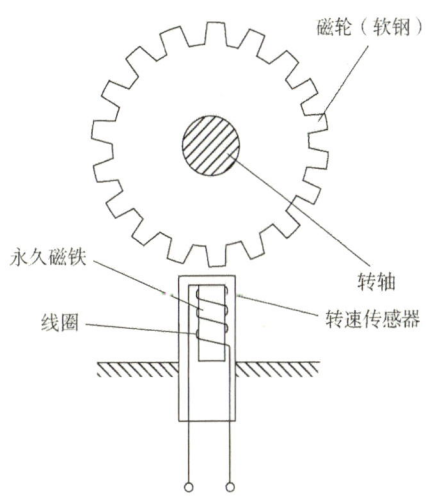

图 2.2.16 磁电式转速传感器结构

2.2.3.4 霍尔式转速传感器

霍尔式转速传感器属于霍尔式传感器，是利用霍尔效应的原理制成的，利用霍尔效应使位移带动霍尔元件在磁场中运动产生霍尔电势，即把位移信号转换成电势变化信号的传感器。霍尔式转速传感器属于霍尔式传感器，是利用霍尔效应的原理制成的，利用霍尔效应使位移带动霍尔元件在磁场中运动产生霍尔电热，即把位移信号转换成电热变化信号的传感器。

霍尔效应式转速传感器是小型封闭式转速传感器。通过联轴节与被测轴连接，当转轴旋转时，将转角转换成电脉冲信号，供二次仪表使用。该传感器具有体积小，结构简单，无触点，启动力矩小等特点，使用寿命长，可靠性高，频率特性好，并可进行连续测量。

霍尔转速传感器是一种小型封闭式传感器，具有性能稳定、功耗小、抗干扰能力强、使用温度范围宽等优点。其原理是当磁力线穿过传感器上感应元件时产生霍尔电势经过霍尔芯片的放大整形后，成为电信号供二次仪表使用。使用时，只要在旋转物体上粘一块小磁钢，传感器固定在离磁钢一定距离内，对准磁钢 S 极即可进行测量。

2.2.3.5 磁阻式转速传感器

磁阻式转速传感器利用了磁阻效应来测量旋转物体的转速。它是有一个磁性转子和一个固定的磁阻传感器组成。当转子旋转时，它会产生一个磁场，这个磁场会随着转子的旋转而发生变化，磁阻传感器位于转子的一侧，它可以检测磁场的变化，并转化为电信号输出。

2.2.3.6 转速信号的处理

转速信号采集后，还需要进行限幅、滤波等信号处理，从而使主机能够使用更稳定有效的转速信息。

1) 转速信号类型

采集后转速输出信号类型主要有被动式转速传感器的输出波形和主动式转速传感器的输出波形。被动式转速传感器的输出波形，这是一种类似于正弦波的波形，其频率、幅值的变化与气隙(传感器测试端外表面与靶目标间的距离)和编码器的旋转频率有关。主动式转速传感器的输出波形,一般采用电涡流式或霍尔元件或磁阻元件,输出高低电流交替进行的方波信号。一般来说,在传感器允许的气息范围内,方波信号的参数是基本一致的,或者说是有效的。参数主要包括高电流、低电流和占空比 t/T(一般为 50%),参数有效体现在数值处于一定区间内,这主要是由芯片性能确定,一般要求处于 11.5~16.8mA 和 5.7~9.6mA,占空比为 30%~70%。输出参数稳定有效,与转速传感器相连接的处理单元才能有效识别出转速。

2) 转速信号处理

当转速传感器在主机安装固定好后,转速信号的影响因素主要包括因振荡导致的气隙变化和齿圈的表面整洁度。另外,转速信号随旋转件转速的输出信号,应是便于主机接收和处理的方波信号,也就是转速传感器需要对输入信号(根据前面所述转速信号采集方式的不同,输入信号应包括模拟信号和数字信号)进行波形调制、稳压、滤波以及智能式的补偿调节等,要提高转速测量的精度和准确性,转速信号处理电路应具有的功能包括:

(1) 正弦波信号转换为同频率的方波信号(相对于被动式转速传感器);
(2) 抑制噪声干扰;
(3) 降低气隙变化对转速信号的影响。

2.2.4 液位测量仪表

2.2.4.1 液位测量基本概念

液位测量是确定基准点(通常是储存容器的基准面)与液体表面或固料顶部之间的线性垂直距离。准确控制在罐里、反应器或其他容器里的液位或干性物料位在许多过程应用场合中很重要。为达到优良控制,精确测量是必不可少的环节。

2.2.4.2 液位技术的分类

为了将一般特性加以分类,液位测量设备可组成为下列四类:

(1) 手动/机械式:手动式或机械式测量设备没有电子输出信号。操作员用此类设备得到的是容器内物料量的直观指示。这类液位测量设备的实例有观察玻璃液位计或杆状计量系统。这些测量设备是低成本的,没有自动化的。

(2) 电动机械式:电动机械式类测量设备是机械组合件配备能产生用于控制的电子输出信号的若干运动的零部件。与手动式或机械式测量设备不同,电动机械式测量设备可自动化远程读数。同时,具有运动零部件的测量设备往往有较高的维修要求。电动机械式测量设备暴露于黏性的、黏稠的或腐蚀性液体中时,测量设备的机械部分易发生结垢(运动零部件变脏)与腐蚀,这就需要频繁的清洗或修理。属本类液位测量设备的一个例子便是浮筒(标)式液位计。

(3) 电子接触式:电子接触式类里的测量设备没有运动零部件。虽然它们不能免除被测物料涂敷其上或腐蚀问题,但电子接触式测量设备往往更为坚固耐用,因而比电动机械式测量设备需要较少的维修。属本类液位测量设备的例子便是电容探头与基于压力的液位变送器。

(4) 电子非接触式：电子非接触式类测量设备可提供先进的液位测量技术并在任何时候无需接触产品物料。因为它们没有运动零部件，也没有与产品物料直接接触，所以其维修量是最小的。电子非接触式测量设备比其他液位测量设备更易于安装，因为储存容器一般不需要被排空或被填满。属此类的液位测量设备的实例是雷达测量设备。

2.2.4.3 多种液位测量技术

常用的液位测量技术有差压液位计、音叉液位开关、浮子液位计、浸入式液位计、电容式液位计、超声波液位计、雷达液位计、放射性液位计、伺服液位计、磁翻板液位计和静压液位计等，如图 2.2.17 所示。

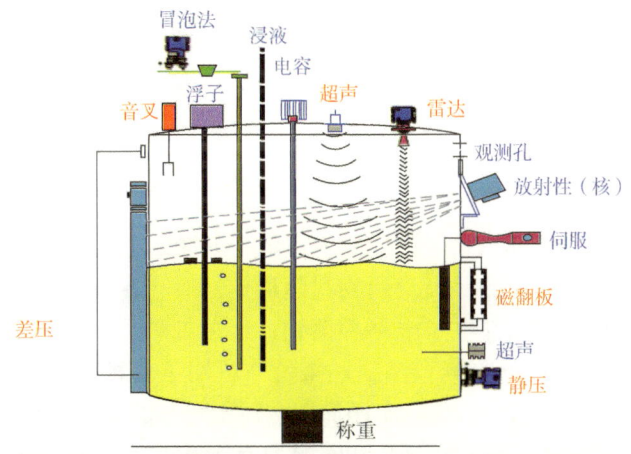

图 2.2.17 各类型液位计在液位测量中的应用示意图

2.2.4.4 超声波液位计基本原理

超声波液位计是由微处理器控制的数字液位仪表。在测量中超声波脉冲由传感器(换能器)发出，声波经液体表面反射后被同一传感器接收或超声波接收器，通过压电晶体或磁致伸缩器件转换成电信号，并由声波的发射和接收之间的时间来计算传感器到被测液体表面的距离，原理图如图 2.2.18 所示。由于采用非接触的测量，被测介质几乎不受限制，可广泛用于各种液体和固体物料高度的测量。超声波液位计由三部分组成：超声波换能器、处理单元、输出单元。量程范围为 0~50m，多种形式可选，适合各种腐蚀性、化工

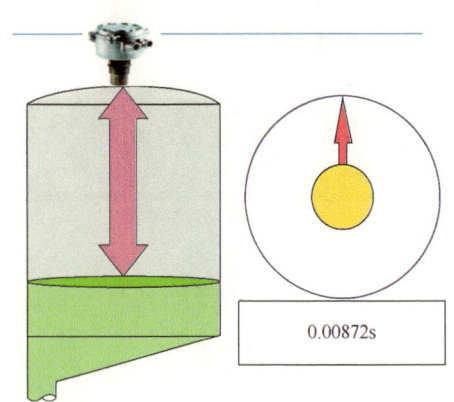

图 2.2.18 超声波液位计测量原理图

类场合，精度高，远传信号输出，PLC 系统监控。超声波物位计工作原理是由超声波换能器(探头)发出高频脉冲声波遇到被测物位(物料)表面被反射折回，反射回波被换能器接收转换成电信号。声波的传播时间与声波的发出到物体表面的距离成正比，声波传输距离 S 与声速 C 和声传输时间 T 的关系可用公式表示：$S=C\times T/2$。由于发射的超声波脉冲有一定的宽度，使得距离换能器较近的小段区域内的反射波与发射波重叠，无法识别，不能测量

其距离值。这个区域称为测量盲区。盲区的大小与超声波物位计的型号有关。探头部分发射出超声波,然后被液面反射,探头部分再接收,探头到液(物)面的距离和超声波经过的时间成比例:

$$距离(m) = 时间 \times 声速/2(m)$$

声速的温度补偿公式:环境声速 = 331.5 + 0.6 × 温度。

2.2.4.5 导波雷达液位计

导波雷达液位计是依据时域反射原理(TDR)为基础的雷达液位计,雷达液位计的电磁脉冲以光速沿钢缆或探棒传播,当遇到被测介质表面时,雷达液位计的部分脉冲被反射形成回波并沿相同路径返回到脉冲发射装置,发射装置与被测介质表面的距离同脉冲在其间的传播时间成正比,经计算得出液位高度。导波雷达微波脉冲沿导波杆传播,脉冲在到达不同介电常数的介质表面(液面)时,一部分能量将反射返回雷达头,空高(液面上方) = 脉冲传播速度 × 消耗的时间/2。

2.2.4.6 音叉液位计

音叉液位计是一种采用音叉原理设计的液点液位开关工具,其开关的工作原理是通过压电晶体的谐振来引起其振动的。当受到物料阻尼作用时,振幅急剧降低且频率和相位发生明显变化,这些变化会被内部电子电路检测到,经过处理后,转换成开关信号输出。该产品可以对料罐的高低位进行监测、控制和报警,适用于各种液体、粉末、颗粒状固体。

图 2.2.19 音叉液位计

它实用简单、运行可靠、适应性强基本上是免维护的、音叉和输出均有工作状态,均用发光二极管指示,可依据习惯调整状态指示。所有类型均有高或低故障报警模式和可选择的仪表开关灵敏度。测量原理:使用压电晶体以音叉的固有频率对音叉进行振动。对于这种频率的变化,可进行连续监控。当产品用于低报警用途时,容器内的液体向下排放流经音叉,引起固有频率的变化,这一变化被电子元件检测,从而切换输出状态。当用于高报警用途时,容器内的液体上升并与音叉接触,又可切换输出状态。音叉液位计实物图如图 2.2.19 所示。

2.2.4.7 磁浮液位计

以磁性浮子为感应元件,并通过磁性浮子与显示色条中磁性体的耦合作用,反映被测液位或界面的测量仪表。和被测容器形成连通器,保证被测量容器与测量管体间的液位相等。当液位计测量管中的浮子随被测液位变化时,浮子中的磁性体与显示条上显示色标中的磁性体作用,使其翻转,红色表示有液,白色表示无液,以达到就地准确显示液位的目的。用户还可根据工程需要,配合磁控液位计使用,可就地数字显示,或输出 4~20mA 的标准远传电信号,以配合记录仪表,或工业过程控制的需要。也可以配合磁性控制开关或接近开关使用,对液位监控报警或对进液出液设备进行控制。磁浮液位计如图2.2.20所示。

2.2.4.8 压力式液位计

压力式液位计是一种测量液位的压力传感器，包括静压液位计、液位变送器、液位传感器、水位传感器和压力变送器等，是基于所测液体静压与该液体的高度成比例的原理，采用国外先进的隔离型扩散硅敏感元件或陶瓷电容压力敏感传感器，将静压转换为电信号，再经过温度补偿和线性修正，转化成标准电信号（一般为4~20mA/1~5V直流）。压力式液位计适用于石油化工、冶金、电力、制药、供排水、环保等系统和行业的各种介质的液位测量。精巧的结构，简单的调校和灵活的安装方式为用户轻松地使用提供了方便。压力式液位计采用静压测量原理，当液位变送器投入到被测液体中某一深度时，传感器迎液面受到压力的同时，通过导气不锈钢将液体的压力引入到传感器的正压腔，再将液面上的大气压 p_o 与传感器的负压腔相连，以抵消传感器背面的 p_o，使传感器测得压力为：$\rho \cdot g \cdot H$，通过测取压力 p，可以得到液位深度。其公式为

$$p = \rho \cdot g \cdot H + p_o$$

图2.2.20 磁浮液位计

式中　p——变送器迎液面所受压力；
　　　ρ——被测液体密度；
　　　g——当地重力加速度；
　　　p_o——液面上大气压；
　　　H——变送器投入液体的深度。

2.2.4.9 雷达液位计

雷达液位计属于通用型雷达液位计，它基于时间行程原理的测量仪表，雷达波以光速运行，运行时间可以通过电子部件被转换成物位信号。探头发出高频脉冲在空间以光速传播，当脉冲遇到物料表面时反射回来被仪表内的接收器接收，并将距离信号转化为物位信号。雷达液位计发射能量很低的极短的微波脉冲通过天线系统发射并接收。雷达波以光速运行。运行时间可以通过电子部件被转换成物位信号。一种特殊的时间延伸方法可以确保极短时间内稳定和精确的测量。即使工况比较复杂的情况下，存在虚假回波，用最新的微处理技术和调试软件也可以准确地分析出物位的回波。不同天线类型雷达液位计如图2.2.21所示。

（1）输入：天线接收反射的微波脉冲并将其传输给电子线路，微处理器对此信号进行处理，识别出微脉冲在物料表面所产生的回波。正确的回波信号识别由智能软件完成，精度可达到毫米级。距离物料表面的距离 D 与脉冲的时间行程 T 成正比：

$$D = C \times T/2$$

式中　C——光速。

因空罐的距离 E 已知，则物位 L 为

$$L = E - D$$

(a) 抛物面天线　　　　(b) 锥形天线　　　　(c) 导波管专用阵列天线

图 2.2.21　不同天线类型雷达液位计

(2) 输出：通过输入空罐高度 E(=零点)，满罐高度 F(=满量程)及一些应用参数来设定，应用参数将自动使仪表适应测量环境。对应于 4~20mA 输出。

智能雷达物位计适用于对液体、浆料及颗粒料的物位进行非接触式连续测量，适用于温度和压力变化大；有惰性气体及挥发存在的场合。

采用微波脉冲的测量方法，并可在工业频率波段范围内正常工作。波束能量较低，可安装于各种金属、非金属容器或管道内，对人体及环境均无伤害。

2.2.5　流量测量仪表

2.2.5.1　流量测量仪表简介

流量计英文名称是 flowmeter，指示被测流量和(或)在选定的时间间隔内流体总量的仪表。流量计又分为差压式流量计、转子流量计、节流式流量计、细缝流量计、容积流量计、电磁流量计和超声波流量计等。按介质分为液体流量计和气体流量计两类。

工程上常用单位为 m^3/h，它可分为瞬时流量(FlowRate)和累计流量(TotalFlow)，瞬时流量即单位时间内过封闭管道或明渠有效截面的量，流过的物质可以是气体、液体、固体；累计流量即为在某一段时间间隔内(一天、一周、一月、一年)流体流过封闭管道或明渠有效截面的累计量。通过瞬时流量对时间积分亦可求得累计流量，所以瞬时流量计和累计流量计之间也可以相互转化。

2.2.5.2　流量公式

流量公式是用来计算通过管道流体流量的数学关系式。流量公式由相互关系的流体性质、环境条件、管道几何尺寸与条件等三个变量组成。

密度、相对密度、黏度、流体类型和流量分布等流体性质经常用于过程工业，既是作为流量公式中的变量又分别用来评价与预测过程效率与安全。

密度(ρ)，一个最常用的度量之一，是每单位体积流体的质量。一般来说，密度与压力成正比，而与温度成反比。

相对密度(G)是流体的密度对一种参考流体的密度之比值。液体与气体相对密度的定义不同。液体的相对密度是在流动条件下过程液体的密度对在基础条件[60°F(16℃)]下水的密度之比值。气体的相对密度是过程气体的分子量对空气分子量之比值。因为气体的分子量并不随压力或温度变化，故气体的相对密度保持恒定。

黏度可被认为是流体的厚度。黏度是流体倾向于抵抗剪切力或抵抗流动的一个度量，流体密度越高，则剪切流体需要的力就越大，流体流动的速率也越慢。用来表示黏度的典型单位是毫帕·秒(mPa·s)。

2.2.5.3 雷诺数

雷诺根据实验结果指出，水流流动型态由下列因素决定：(1)流速。流速小时容易出现层流，流速大时则发生紊流。(2)管道直径。在其他条件不变的情况下，管道直径小易发生层流，直径大易发生紊流。(3)黏滞性。黏滞性大的水体易发生层流，黏滞性小的水体易发生紊流。

雷诺把这几个因素综合在一起，得出：$Re=\rho vd/r$ 式中；Re 为雷诺数，ρ 为流体密度，d 为管道直径，v 为管道中平均流速，r 为液体的动力黏度。

由于雷诺数表示流量流束的特征，当确定一个特定流量计是否适合于某个应用场合时，该数很有用。雷诺数在预测流速分布图时尤其有用：

(1) 层流时，$Re<2000$；

(2) 过渡流时，$2000 \leqslant Re \leqslant 4000$；

(3) 湍流时，$Re>4000$。

2.2.5.4 流量计技术规格

在选择流量计时，需从以下三个参数考虑流量计的技术规格。

(1) 精度：精度是一个给定的测量符合被测数量真实值的程度。

(2) 可调范围(大小量程比)：可调范围或大小量程比是流量计能维持测量精度前提下最大与最小值流量大小之比。例如，若一个流量计将从100立方米/时(m^3/h)测量10∶1量程比的流量，则该流量计可精确地测量 $10\sim100m^3/h$ 大小的流量

(3) 重复性：重复性是流量计每次测量某个流量时提供同一个测量值的能力。高度重复性并不确保精度。取决于应用场合，流量计的重复性可能比精度更重要。例如，在一个流量控制回路中，若一个流量计给出一个稳定的重复性的读数，则该测量的真实精度未必重要。

2.2.5.5 孔板流量计

孔板是一个放置在流体流量通路中具有锐边开孔(锐孔)的薄圆片。当流体通过孔板时，流体的速度增加，而压力减少，这就产生了压力降，原理示意图如图2.2.22所示。通过测量孔板前高压取压嘴的压力及孔板后低压取压嘴的压力，可确定该压力降的数值。压力降一般用差压或多变量变送器测量，孔板及流量计如图2.2.23所示。

2.2.5.6 阿牛巴流量计

阿牛巴(Annubars®)流量计的设计形式是在整个管线的直径范围内包含若干测量孔，属于差压式流量计，是采用高低压的差压测量原理测量流体上游的动压力与下游的静压力之间形成的压差，从而达到测量流量的目的。测量管道直径在 DN30~DN12000 之间。阿牛巴流量计主要用于工业过程中各种能源如液体、燃料气、蒸气和气体的测量，具有较高的稳定性和重复性。阿牛巴流量计的永久压力损失仅占差压的2%~15%，而一般孔板的永久损

失却要占差压的40%~80%，可知阿牛巴流量计的永久压损比孔板的压损要小得多，随着管径的增大，阿牛巴流量计永久压损可忽略不计。阿牛巴流量计示意图及实物图分别如图2.2.24和图2.2.25所示。

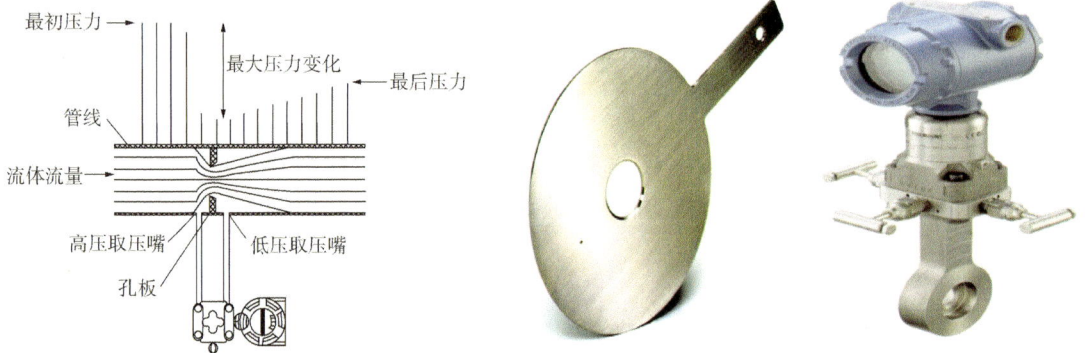

图2.2.22　孔板流量计原理图　　　　图2.2.23　孔板及孔板流量计实物图

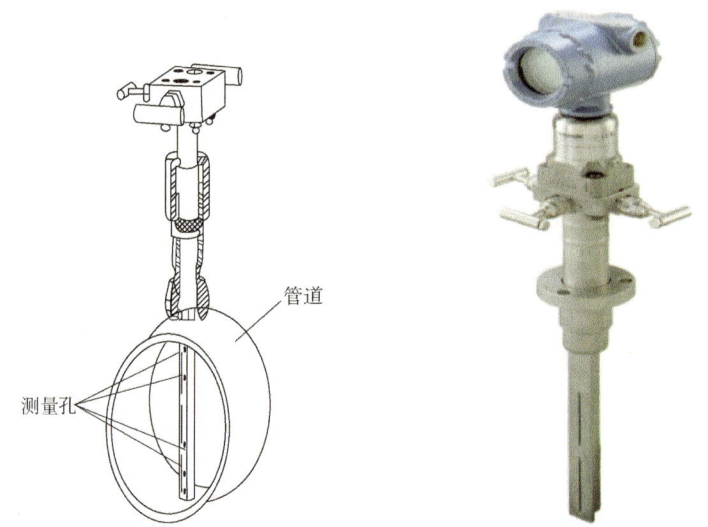

图2.2.24　阿牛巴流量计示意图　　　图2.2.25　阿牛巴流量计实物图

2.2.5.7　楔形流量计

楔形流量计是一种新型节流差压式流量测量仪表，它可以在高黏度、低雷诺数流体情况下进行高精度的流量测量，在流速较低、流量小、管径大的流量测量场合有无可比拟的优势和不可替代的作用。它的测量元件及取压装置结构特殊流体通过时不形成滞留或堵塞，压力损失较小，是在雷诺数较低的情况下进行高精度流量测量的理想选择。流体通过楔形流量计时，由于楔块的节流作用，在其上游、下游侧产生了一个与流量值成平方关系的差压，将此差压从楔块两侧取压口引出，送至差压变送器转变为电信号输出，再经专用智能流量积算仪运算后，即可获知流量值。楔形流量计原理图和实物图分别如图2.2.26和图2.2.27所示。

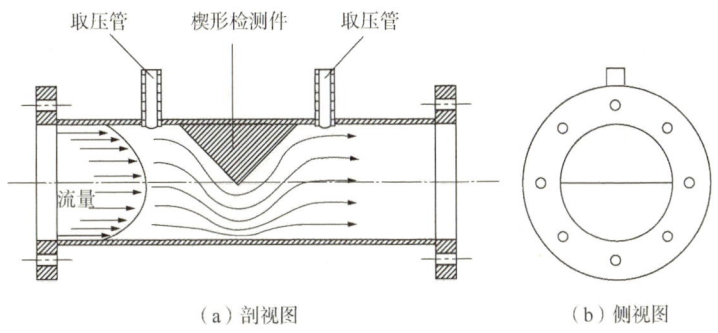

图 2.2.26 楔形流量计原理图

2.2.5.8 文丘里管流量计

文丘里管流量计由三个主要部分组成：(1)渐缩入口锥形管。该渐缩入口锥形管逐渐减少其管直径，并产生压力降，一个高压取压嘴定位于该入口锥形管的起始点。(2)喉部管段。入口锥形管在喉部结束，低压取压嘴定位于此处，在喉部流体速度既不增加也不减少。(3)渐扩出口锥形管。出口锥形管的横截面积增加，这使流体能够恢复到非常靠近它的原来压力。出口锥形管也消除气穴，并使摩擦损失最小。文丘里管流量计实物图和示意图如图 2.2.28 所示。

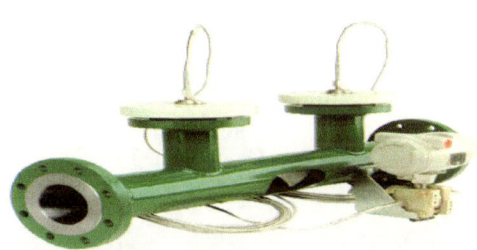

图 2.2.27 楔形流量计实物图

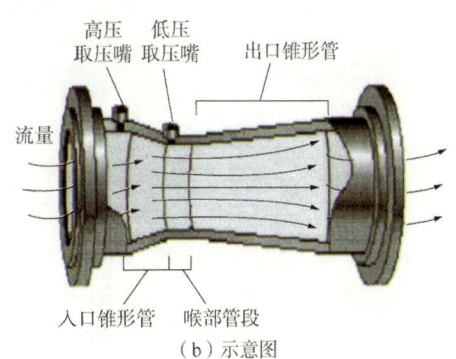

图 2.2.28 文丘里管流量计实物图和示意图

2.2.5.9 涡街流量计

涡街流量计是根据卡门(Karman)涡街原理研究生产的测量气体、蒸汽或液体的体积流量、标况的体积流量或质量流量的体积流量计。流体交替地在旋涡发生体两侧分离，产生旋涡后在旋涡发生体后端形成了一个交替的压力差，交替的旋涡频率和流体的流速成线性关系。涡街流量计原理图和实物图分别如图 2.2.29 和图 2.2.30 所示。

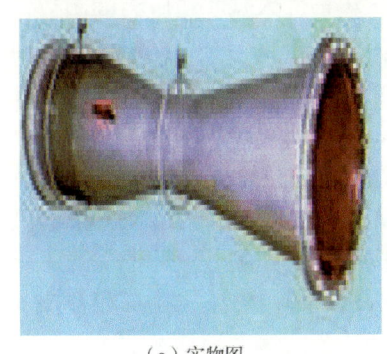

图 2.2.29 涡街流量计原理图

2.2.5.10 电磁流量计

电磁流量计是应用电磁感应原理,根据导电流体通过外加磁场时感生的电动势来测量导电流体流量的一种仪器。由 $E=kBDV$ 可知,体积流量 V 与感应电动势 E 和测量管内径 D 成线性关系,与磁场的磁感应强度 B 成反比,与其他物理参数无关。这就是电磁流量计的测量原理。电磁流量计的结构主要由磁路系统、测量导管、电极、外壳、衬里和转换器等部分组成。电磁流量计原理图如图 2.2.31 所示。

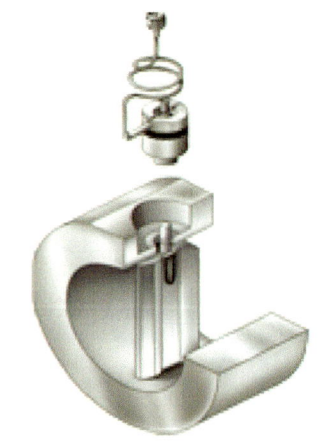

图 2.2.30 涡街流量计实物图

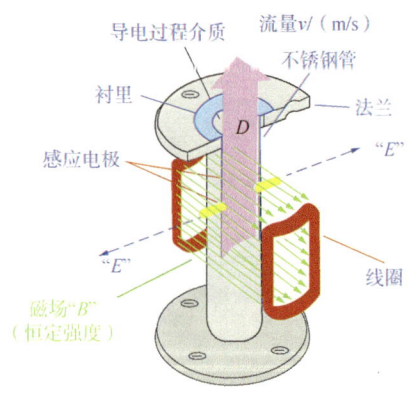

图 2.2.31 电磁流量计原理图

2.2.5.11 质量流量计

流体的体积是流体温度和压力的函数,是一个因变量,而流体的质量是一个不随时间、空间温度、压力的变化而变化的量。孔板流量计、涡轮流量计、转子流量计和超声波流量计等的流量测量值是流体的体积流量。采用上述流量计仅仅测得流体的体积流量往往不能满足人们的要求,通常还需要设法获得流体的质量流量。以前只能在测量流体的温度、压力、密度和体积等参数后,通过修正、换算和补偿等方法间接地得到流体的质量。这种测量方法,中间环节多,质量流量测量的准确度难以得到保证和提高。

流体在旋转的管内流动时会对管壁产生一个力,它是科里奥利在 1832 年研究轮机时发现的,简称科氏力。质量流量计以科氏力为基础,在传感器内部有两根平行的流量管,中部装有驱动线圈,两端装有检测线圈,变送器提供的激励电压加到驱动线圈上时,振动管作往复周质量流量计期振动,工业过程的流体介质流经传感器的振动管,就会在振管上产生科氏力效应,使两根振管扭转振动,安装在振管两端的检测线圈将产生相位不同的两组信号,这两个信号的相位差与流经传感器的流体质量流量成比例关系。计算机解算出流经振管的质量流量。不同的介质流经传感器时,振管的主振频率不同,据此解算出介质密度。安装在传感器振管上的铂电阻可间接测量介质的温度。质量流量计原理图如图 2.2.32 所示。

热式质量流量计的基本原理是利用外部热源对管道内的被测流体加热，热能随流体一起流动，通过测量因流体流动而造成的热量（温度）变化来反映出流体的质量流量。原理如图 2.2.33 所示。当流体成分确定时，流体的定压比热为已知常数。若保持加热功率恒定，则测出温差便可求出质量流量；若采用恒定温差法，即保持两点温差不变，则通过测量加热的功率也可以求出质量流量。由于恒定温差法较为简单、易实现，所以实际应用较多。这种流量计多用于较大气体流量的测量。为避免测温和加热元件因与被测流体直接接触而被流体玷污和腐蚀，可采用非接触式测量方法，即将加热器和测温元件安装在薄壁管外部，而流体由薄壁管内部通过。非接触式测量方法，适用于小口径管道的微小流量测量。当用于大流量测量时，可采用分流的方法，即仅测量分流部分流量，再求得总流量，以扩大量程范围。

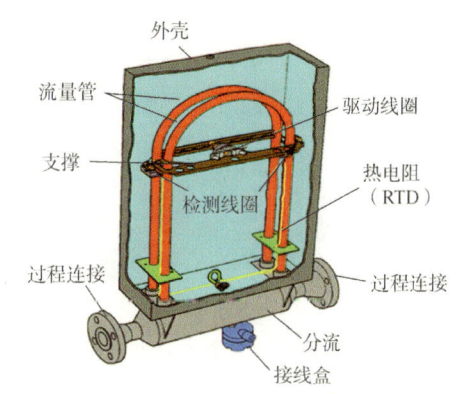

图 2.2.32 质量流量计原理图

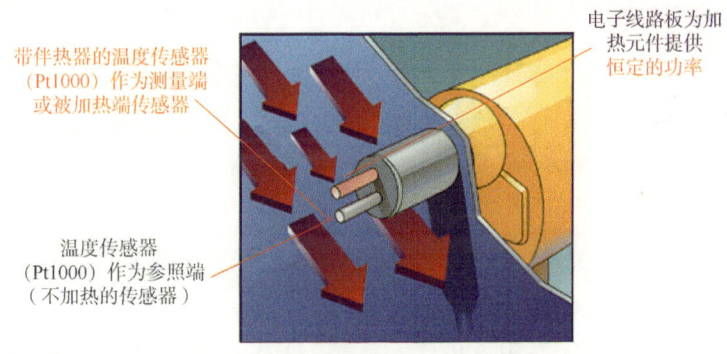

图 2.2.33 热式质量流量计原理图

2.2.5.12 超声波流量计

超声波流量计通过测量声音穿过沿管道流动的流体的速度来确定流量。来自压电转换器的脉冲声波以声速穿过流动的流体传播，并提供此流体有关速度的指示。目前采用传播时间和多普勒效应两个不同的方法来测量此速度。

基于传播时间的超声波流量计的工作原理是，当把超声波顺着流量的方向发射时，超声波的速度将增加，而当顶着流量方向发射时，超声波的速度将减少，其时间差与流量成正比。

基于多普勒效应的超声波流量计原理是根据流体的速度，该声波频率或增加或减少。

超声波流量计一般由超声波换能器、电子线路及流量显示和累积系统三部分组成。超声波发射换能器将电能转换为超声波能量，并将其发射到被测流体中，接收器接收到的超声波信号，经电子线路放大并转换为代表流量的电信号供给显示和积算仪表进行显示和积算。这样就实现了流量的检测和显示。按安装方式分为插入式超声流量计、管段式超声流量计、外夹式超声流量计和便携式超声流量计等。超声波流量计信号通道示意图如图 2.2.34 所示，超声波流量计实物图如图 2.2.35 所示，超声波流量计典型仪表安装图如图 2.2.36 所示。

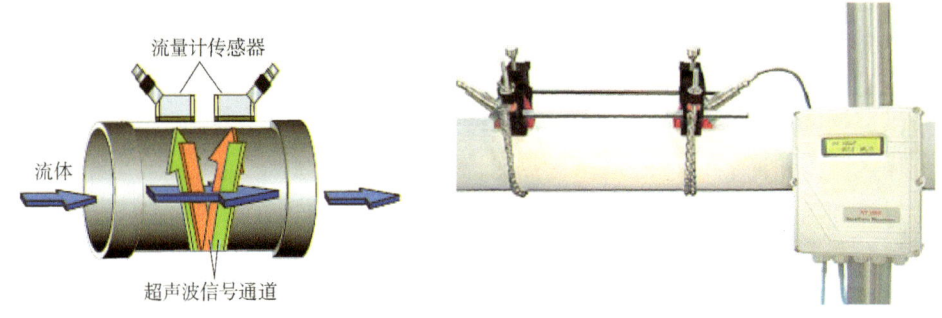

图 2.2.34　超声波流量计信号通道示意图　　图 2.2.35　超声波流量计实物图

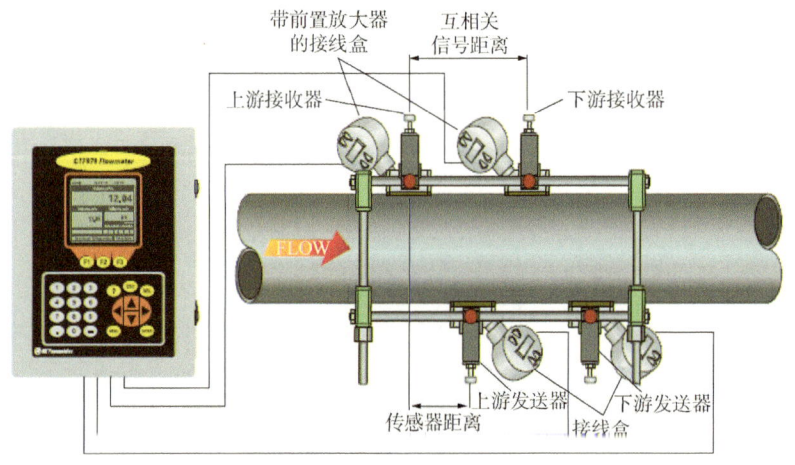

图 2.2.36　超声波流量计典型仪表安装示意图

2.2.5.13　转子流量计

转子流量计，也称为可变面积流量计，是个必须垂直安装的锥形的玻璃、塑料或金属管在管内的浮子（转子），为响应流体流量大小而上升。因为流量计的管子是成圆锥形的，故在管底部，或狭小端的压力高于管顶部压力。浮子停留在浮子上、下表面之间的差压与浮子的质量相平衡的地方。流量可由刻在透明管子上的刻度直接读取，或用电子技术检测。转子流量计由两个部件组成，转子流量计一件是从下向上逐渐扩大的锥形管；转子流量计另一件是置于锥形管中且可以沿管的中心线上下自由移动的转子。转子流量计当测量流体的流量时，被测流体从锥形管下端流入，流体的流动冲击着转子，并对它产生一个作用力（这个力的大小随流量大小而变化）；当流量足够大时，所产生的作用力将转子托起，并使之升高。同时，被测流体流经转子与锥形管壁间的环形断面，这时作用在转子上的力有三个：流体对转子的动压力、转子在流体中的浮力和转子自身的重力。流量计垂直安装时，转子重心与锥管管轴会相重合，作用在转子上的三个力都沿平行于管轴的方向。当这三个力达到平衡时，转子就平稳地浮在锥管内某一位置上。对于给定的转子流量计，转子大小和形状已经确定，因此它在流体中的浮力和自身重力都是已知常量，唯有流体对浮子的动压力是随来流流速的大小而变化的。因此当来流流速变大或变小时，转子将作向上或向下的移动，相应位置的流动截面积也发生变化，直到流速变成平衡时对应的速度，转子就在新的位置上稳定。对于一台给定的转子流量计，转子在锥管中的位置与流体流经锥管的流量的大小成一一对应关系。转子流量计示意图和实物图分别如图2.2.37和图2.2.38所示。

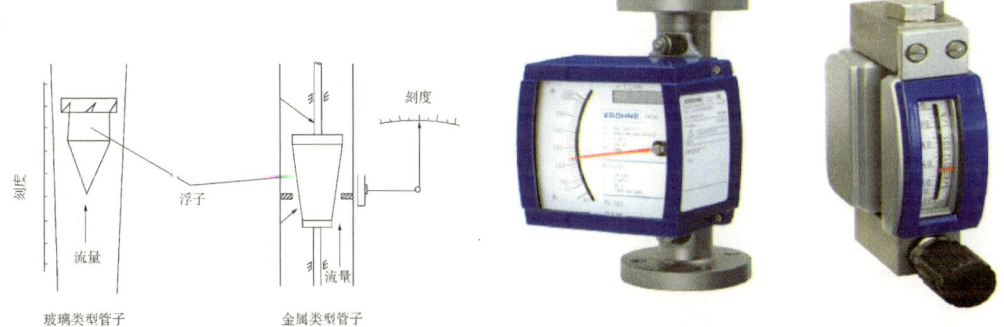

图2.2.37　转子流量计示意图　　　　　　图2.2.38　转子流量计实物图

2.2.6　振动检测仪表

2.2.6.1　振动传感器基本概念

机械振动指物体围绕其平衡位置附近来回摆动并随时间变化的一种运动。机械振动通常以其幅值、周期（频率）和相位来描述。

振动的基本参量：幅值、周期（频率）和相位。

幅值：表示物体动态运动或振动的幅度，它是机械振动强度的标志，也是机器振动严重程度的一个重要指标。振幅的大小可以表示为峰-峰值（P-P）、单峰值（O-P）、有效值（RMS）或平均值（Average）。峰-峰值等于正峰和负峰之间的最大偏差值，峰值等于峰-峰值的1/2。

周期：物体完成一个完整的振动所需要的时间，以 T_0 表示。单位一般用"秒"表示。

频率：指振动物体在单位时间（1秒）内所产生振动的次数，即Hz，以 f_0 表示。振动频率可采用赫兹（Hz）、周/分钟、转/分钟等度量单位，或以相对于转速频率的倍数为度量单位，如一倍频（1X）、二倍频（2X）、半频（0.5X）等。

相位：指旋转机械测量中某一瞬间机器的选频振动信号（如基频）与轴上某一固定标志（如键相）之间的相位差。相位可用来描述某一特定时刻机器转子的位置，相位不仅反映了不平衡分量的相对位置，在动平衡中必不可少，而且在故障诊断中也能发挥重要作用。

2.2.6.2　振动传感器原理

法拉第电磁感应原理：块状金属导体置于变化的磁场中或在磁场中作切割磁力线运动时，导体内将产生呈涡旋状的感应电流，此电流叫做电涡流，这种现象称为电涡流效应。根据电涡流效应制成的传感器称为电涡流式传感器（图2.2.39、图2.2.40）。

当传感器与被测物体表面间隙较小时，电涡流较强，阻抗较大，传感器最终的输出电压的绝对值变小；

当传感器与被测物体表面间隙较大时，电涡流较弱，阻抗较小，传感器最终的输出电压的绝对值变大；

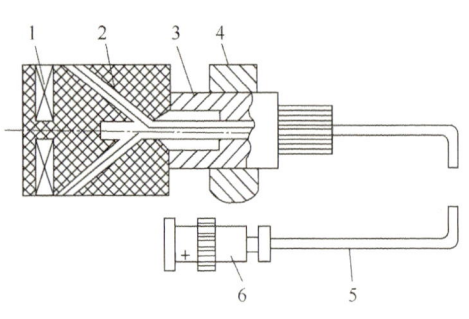

图 2.2.39 电涡流传感器结构图
1—线圈；2—框架；3—框架衬套；4—支座；
5—电缆；6—插头

因此，电涡流的强弱与间隙的大小成正比，传感器的输出与位移量成正比。

2.2.6.3 电涡流振动传感器的组成及型号

电涡流振动传感器一般由探头、延长电缆和前置器等几部分组成。

常见的本特利(Bently Nevada)电涡流振动传感器型号有(图 2.2.41)：

(1) 8mm 电涡流传感器：供电范围为 -17.5V~-26V 直流；2mm 的测量线性范围；7.874V/mm 的灵敏系数；推荐最小测量面直径尺寸为 15.2mm；8mm 电涡流传感器常见测量轴振动、轴位移、键相、偏心、转速、零转速和超速等。

(2) 11mm 电涡流传感器：供电范围为 -17.5V~26V 直流；4mm 的测量线性范围；3.94V/mm 的灵敏系数；常应用于轴向位移的测量；推荐最小测量面直径尺寸为 30.5mm。

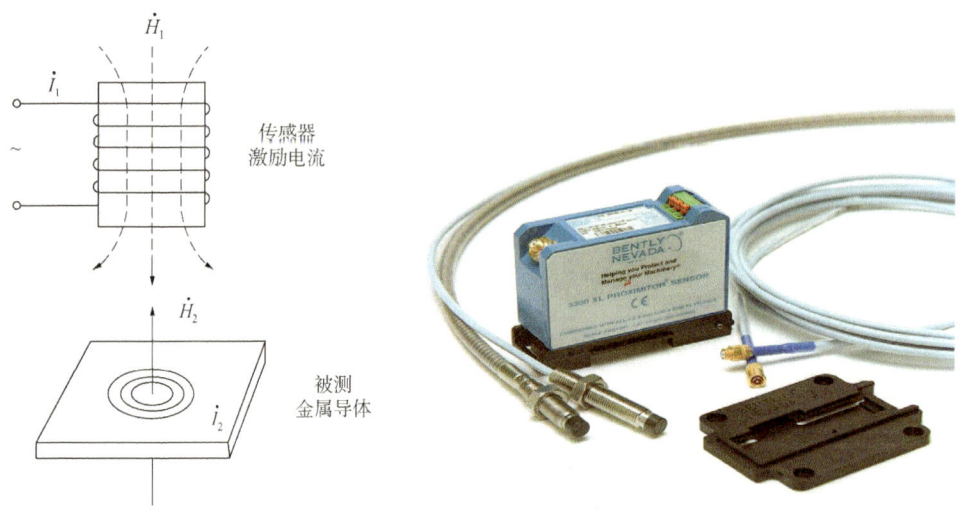

图 2.2.40 电涡流传感器原理图　　2.2.41 本特利(Bently Nevada)传感器

(3) 25mm 电涡流传感器：供电范围为 -17.5V~-26V 直流；12.7mm 的测量线性范围；0.787V/mm 的灵敏系数；常应用于汽轮机的胀差测量；推荐最小测量面直径尺寸为 61mm。

(4) 50mm 电涡流传感器：供电范围为 -17.5V~-26V 直流；27.9mm 的测量线性范围；0.394V/mm 的灵敏系数；常应用于大型汽轮机的胀差测量；推荐最小测量面直径尺寸为 102mm。

2.2.6.4 电涡流传感器的安装方式

电气方式：利用万用表的直流读数进行安装，使用3500框架或外部恒流源对传感器供电，使用万用表连接到前置器端子上，调整探头与被测面的间隙直至万用表显示出推荐的直流电压，固定传感器（图2.2.42）。

机械方式：利用塞尺等工具进行安装，常应用于转速类传感器的安装，安装间隙可以通过推荐的安装电压与传感器灵敏系数间的关系计算得到，使用塞尺确定间隙，固定传感器（图2.2.43）。

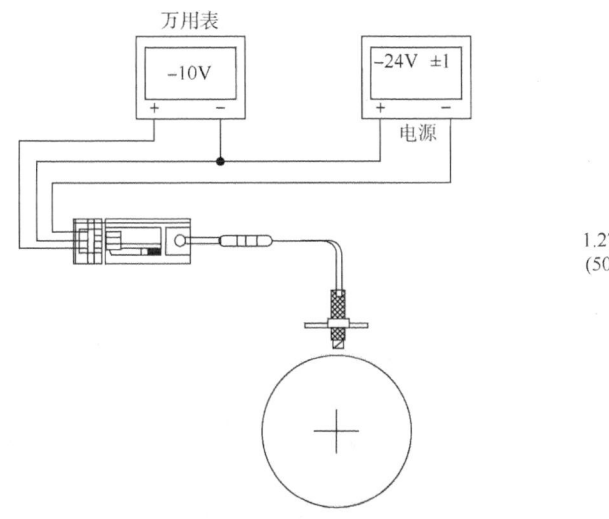

图2.2.42 电涡流传感器安装方式

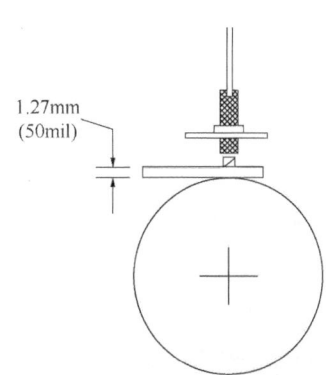

图2.2.43 用塞尺确定间隙

机械方式间隙的距离：8mm传感器灵敏系数为7.87V/mm，每变化7.87V电压即变化1mm的距离，换算后：$\Delta 1V \rightarrow \Delta 0.127mm$。

测量面的尺寸会影响涡流传感器系统的灵敏系数，故在进行传感器安装前先确定被测量面的尺寸是否符合安装的规范。

前置放大器高频振荡器向传感器头部线圈供给一个高频电流，线圈所产生的交变磁场在具有铁磁性能的被测物体的表面就会产生电涡流，由该电涡流所产生的磁场在方向上与传感器的磁场相反，因而对传感器具有阻抗。当传感器与被测物体的表面间隙较小的时候，电涡流也较强，阻抗较大，传感器最终的输出电压变小；当传感器与被测物体的表面间隙变大的时候，电涡流会变弱，阻抗变小，传感器最终的输出电压变大。涡流的强弱与间隙的大小成正比，因而，传感器的输出与振动位移成正比。

2.2.7 线性可变差动变压器

LVDT（Linear Variable Differential Transformer）是线性可变差动变压器缩写，属于直线位移传感器。由一个初级线圈、两个次级线圈、铁芯、线圈骨架和外壳等部件组成。初级线圈和次级线圈分布在线圈骨架上，线圈内部有一个可自由移动的杆状铁芯。当铁芯处于中间位置时，两个次级线圈产生的感应电动势相等，这样输出电压为零；当铁芯在线圈内部移动并偏离中心位置时，两个线圈产生的感应电动势不等，有电压输出，其电压大小取决于位移量的大小。为了提高传感器的灵敏度、改善传感器的线性度、增大传感器的线性范围，设计时将两个线圈反串相接、两个次级线圈的电压极性相反，LVDT 输出的电压是两个次级线圈的电压之差，这个输出的电压值与铁芯的位移量成线性关系。LVDT 的工作电路称为调节电路或信号调节器。一个典型的调节电路应包括稳压电路、正弦波发生器、解调器和一个放大器。

正弦波发生器应具有恒定的幅度和频率，且不受时间和温度的影响。正弦可用文氏电桥产生，或用方波、阶梯波经滤波产生，或用其他合适的方法产生。

解调器可以是一个简单的二极管结构，当 LVDT 次级线圈的交流输出大于 1VF.S 时，使用简单二极管解调器；如果信号幅度低于此值，由于两个二极管正向电压的差异，会存在温度敏感问题，但对较大的信号电压，二极管误差的影响并不明显。也可以用同步解调器，在同步解调器中，两个场效应管交替地开关，其定时与为初级供电的正弦波同步。在初级与解调器开关间所需相移量取决于 LVDT 指标和 LVDT 与信号调节器间的导线长度。

2.2.8　旋转可变差动变压器

RVDT(Rotary Variable Differential Transformer)是旋转可变差动变压器缩写，属于角位移传感器。它采用与 LVDT 相同的差动变压器式原理，即把机械部件的旋转传递到角位移传感器的轴上，带动与之相连的扰流片/铁心，改变线圈中的感应电压/电感量，输出与旋转角度成比例的电压/电流信号。

RVDT 非接触设计，具有无限分辨率、使用寿命长，精度高的特点，可实现 360°转动测量，广泛应用于球阀阀位、液压泵、叉车、机器人、风机等设备的传动和反馈控制。

2.3　燃驱离心压缩机组控制系统执行元件

2.3.1　电动执行机构

2.3.1.1　电动执行机构简介

基本的执行机构用于把阀门驱动至全开或全关的位置。用于控制阀的执行机构能够精确的使阀门走到任何位置。尽管大部分执行机构都是用于开关阀门，但是如今执行机构的设计远远超出了简单的开关功能，它们包含了位置感应装置、力矩感应装置、电极保护装置、逻辑控制装置和数字通信模块及 PID 控制模块等，而这些装置全部安装在一个紧凑的外壳内。

某些特殊阀门要求在特殊情况下紧急打开或关闭，阀门执行机构能阻止危险进一步扩散同时将工厂损失减至最少。对一些高压大口径的阀门，所需的执行机构输出力矩非常大，这时所需执行机构必须提高机械效率并使用高输出的电机，这样才能平稳地操作大口径阀门。对于一些小扭矩的阀门，精小型的电动阀门也应用而生，相比普通型具有质量轻、结构紧凑和功能齐全等优点。

2.3.1.2 执行机构分类

电动执行机构有两种类型，一般分为部分回转电动执行机构(Part-Turn Electric Valve Actuator)和多回转电动执行机构(MultI-Turn Electric Valve Actuator)。前者主要控制需要部分回转的阀门，例如：球阀、蝶阀等，后者需要多圈数旋转的阀门，例如闸阀等。

电力驱动的多回转式执行机构是最常用、最可靠的执行机构类型之一。使用单相或三相电动机驱动齿轮或蜗轮蜗杆最后驱动阀杆螺母，阀杆螺母使阀杆产生运动使阀门打开或关闭。多回转式电动执行机构可以快速驱动大尺寸阀门。为了保护阀门不受损坏，安装在在阀门行程的终点的限位开关会切断电机电源，同时当安全力矩被超过时，力矩感应装置也会切断电机电源，位置开关用于指示阀门的开关状态，安装离合器装置的手轮机构可在电源故障时手动操作阀门。

这种类型执行机构的主要优点是所有部件都安装在一个壳体内，在这个防水、防尘、防爆的外壳内集成了所有基本及先进的功能。主要缺点是，当电源故障时，阀门只能保持在原位，只有使用备用电源系统，阀门才能实现故障安全位置(故障开或故障关)。

2.3.1.3 结构原理

由于现场压缩机组一般采用的电工执行机构品牌多为罗托克(rotork)。下面对罗托克品牌的电动执行机构作主要介绍。

罗托克电动执行机构外部主要结构图如图2.3.1所示，其内部主要结构如图2.3.2所示。

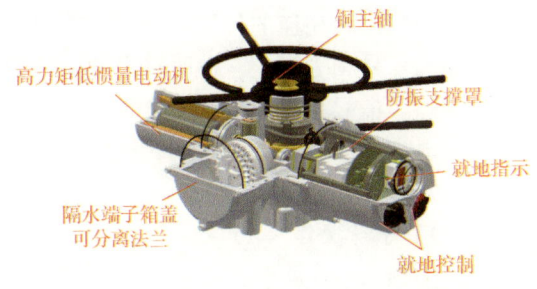
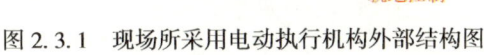
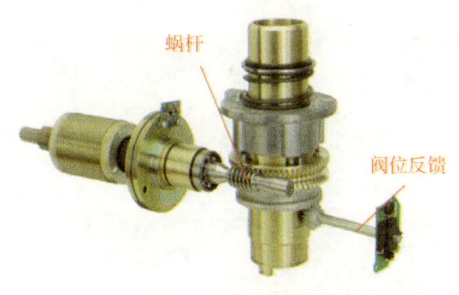

图2.3.1 现场所采用电动执行机构外部结构图　　图2.3.2 执行机构内部具体结构图

罗托克电动执行机构的主要工作原理为由单相或三相电动机驱动，通过蜗轮蜗杆减速，使齿轮与主轴连接带动主轴轴转动。在该减速箱中，具有手动和自动切换机构。当切换手柄处于手动位置时，操作手轮，通过离合器带动空心输出轴转动。当电动操作执行机构时，手动和自动切换机构自动回落，离合器和蜗轮相啮合，由电动机驱动空心输出轴。同时在电动机驱动蜗杆轴上装有力矩传感器；在空心输出轴上通过伞齿轮啮合将行程传输到位置传感器上。

图2.3.3为罗托克电动执行机构的主要控制原理，其中遥控器可远程对执行机构的上面板进行远程组态及调试(设置扭矩等相关参数)，如图2.3.4所示。执行机构可利用霍尔效应传感器直接感知阀杆的纵向或旋转轴，通过阀位处理器处理后反馈至微处理器确认目前阀门位置。压力传感器可经扭矩处理器处理后反馈至微处理器判断是否存在过扭矩或者其他异常现象。

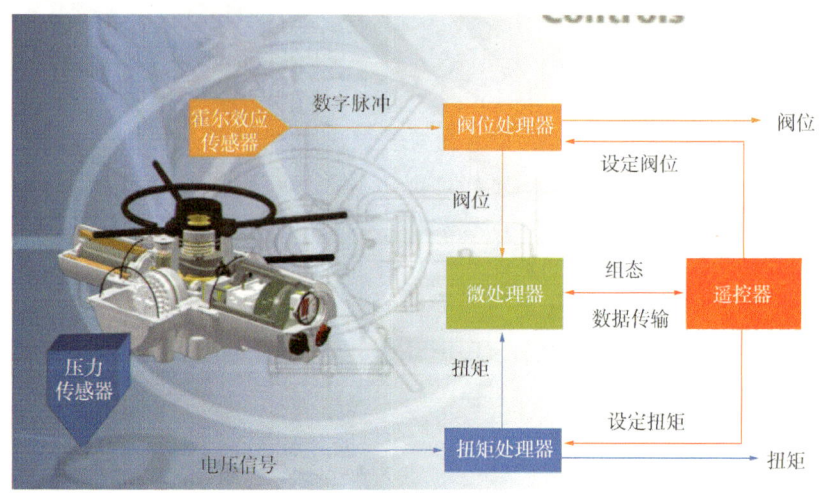

图 2.3.3 执行机构的主要控制原理

罗托克电动执行器的工作过程是内置伺服放大器将由控制器来的输入信号与位置反馈信号进行比较，当无信号输入时，由于位置反馈信号也为零，放大器无输出，电机不转；

图 2.3.4 远程遥控对执行机构进行组态

如有信号输入，且与反馈信号比较产生偏差，使放大器有足够的输出功率，驱动伺服电动机，经减速后使减速器的输出轴转动，直到与输出轴相连的位置发送器的输出电流与输入信号相等为止，此时输出轴就稳定在与该输入信号相对应的转角位置上。实现了输入电流信号与输出转角的转换。

2.3.1.4 操作与维护

1）手动操作

如图 2.3.5 所示，压下手动/自动手柄，使其处于手动位置。旋转手轮以挂上离合器，此时松开手柄，手柄将自动弹回初始位置，手轮将保持啮合状态，直到执行器被电动操作，手轮将自动脱离，回到电机驱动状态。如果需要，可用一个带 6.5mm 铁钩的挂锁将离合器锁定在任何状态。

2）电动操作

如图 2.3.6 所示，选择现场/停止/远程操作红色选择器可选择现场或远程两种操作，每种状态都可用一个带 6.5mm 铁钩的挂锁锁定。当选择器锁定在就地或远程位置时，停止功能仍然有效。选择器也可锁定在停止状态，以防止现场或远程的电动操作。

（1）现场控制。

顺时针旋转红色选择器旋钮至现场位置（local），相邻的黑色旋钮可分别转至开和关的位置。逆时针旋转红色旋钮则停止运行。

（2）远程控制。

逆时针旋转红色选择器旋钮至远程位置（remote），远程控制只能用于开和关，此时顺时针旋转红色旋钮仍可使执行器停止运行。

图 2.3.5 压下手轮

图 2.3.6 选择按钮

2.3.2 气动执行机构

2.3.2.1 启动执行机构简介

执行机构按照驱动能源形式分为气动、电动和液动三大类，它们各有特点，适用于不同的场合。气动执行机构是执行机构中的一种类别，俗称气动执行器。气动执行器以无油压缩空气为动力，驱动阀门或挡板动作。主要有以下几种类型：气动调节阀、电磁阀、电信号气动长行程执行机构。根据作用方式又可以分为单作用和双作用两种类型：执行器的开关动作都通过气源来驱动执行，叫作 DOUBLE ACTING(双作用)。SPRING RETURN(单作用)的开关动作只有开动作是气源驱动，而关动作是弹簧复位。每个执行机构都可以很容易的实现单双作用的互换，即双作用改成单作用，就是向执行机构内部添加弹簧即可，反之亦然。天然气长输管线的离心式压缩机组中多采用单作用气动执行机构，控制方便、结实耐用。

气动执行器的执行机构和调节机构是统一的整体，其执行机构有薄膜式、活塞式、拨叉式和齿轮齿条式。活塞式行程长，适用于要求有较大推力的场合；而薄膜式行程较小，只能直接带动阀杆。拨叉式气动执行器具有扭矩大、空间小、扭矩曲线更符合阀门的扭矩曲线等特点，但是不很美观；常用在大扭矩的阀门上。齿轮齿条式气动执行机构有结构简单，动作平稳可靠，并且安全防爆等优点，在压缩机组燃料气管线、工艺气管线、干气密封供气管线和增压橇管路等多处关键位置有较为广泛的应用。

2.3.2.2 工作原理说明

当压缩空气从 A 管嘴进入时，气体推动双活塞向两端(缸盖端)直线运动，活塞上的齿条带动旋转轴上的齿轮逆时针方向转动 90°，阀门即被打开。此时气动执行阀两端的气体随 B 管嘴排出。反之，当压缩空气从 B 管嘴进入气动执行器的两端时，气体推动双塞向中间直线运动，活塞上的齿条带动旋转轴上的齿轮顺时针方向转动 90°，阀门即被关闭。此时气动执行器中间的气体随 A 管嘴排出。以上为标准型的传动原理。根据用户需求，气动执行器可装置成与标准型相反的传动原理，即选准轴顺时针方向转动为开启阀门，逆时针方向转动为关闭阀门。单作用(弹簧复位型)气动执行器 A 管嘴为进气口，B 管嘴为排气孔(B 管嘴应安装消声器)。A 管嘴进气为开启阀门，断气时靠弹簧力关闭阀门。

如图2.3.7所示，双作用气动执行机构，当压缩空气有A口输入，使左右活塞向相反方向运动，输出轴逆时针方向运转，两活塞侧面的空气由B口排出。

当压缩空气有B口输入，使左右活塞向中心移动，输出轴顺时针方向转动，两活塞中间的空气由A口排出。

如图2.3.8所示，单作用气动执行机构，当压缩空气有A口输入，压缩弹簧，使左右活塞向相反方向运动，输出轴逆时针方向转动，两活塞侧面空气由B口排出。

当活塞内部失气时，由于弹簧的作用使两活塞向中心移动，输出轴顺时针方向转动，空气由A口排出。

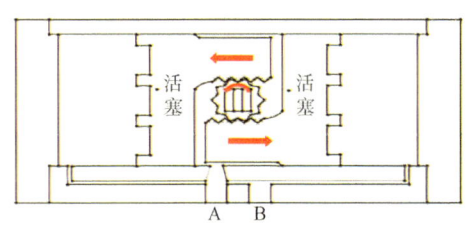
图2.3.7 双作用气动执行机构内部结构

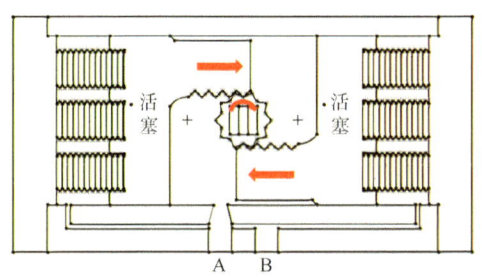
图2.3.8 单作用气动执行机构内部结构

2.3.3 电磁阀

2.3.3.1 电磁阀简介

电磁阀（Solenoid valve）是用电磁控制的工业设备，是用来控制流体的自动化基础元件，属于执行器，并不限于液压、气动。用在工业控制系统中调整介质的方向、流量、速度和其他的参数。电磁阀可以配合不同的电路来实现预期的控制，而控制的精度和灵活性都能够保证。电磁阀有很多种，不同的电磁阀在控制系统的不同位置发挥作用，最常用的是单向阀、安全阀、方向控制阀和速度调节阀等。

2.3.3.2 工作原理

电磁阀里有密闭的腔，在不同位置开有通孔，每个孔连接不同的油管，腔中间是活塞，两面是两块电磁铁，哪面的磁铁线圈通电阀体就会被吸引到哪边，通过控制阀体的移动来开启或关闭不同的排油孔，而进油孔是常开的，液压油就会进入不同的排油管，然后通过油的压力来推动油缸的活塞，活塞又带动活塞杆，活塞杆带动机械装置。这样通过控制电磁铁的电流通断就控制了机械运动。

2.3.3.3 电磁阀分类

电磁阀从原理上分为三大类。

1）直动式电磁阀

原理：通电时，电磁线圈产生电磁力把关闭件从阀座上提起，阀门打开；断电时，电磁力消失，弹簧把关闭件压在阀座上，阀门关闭。

特点：在真空、负压、零压时能正常工作，但通径一般不超过25mm。

2）分步直动式电磁阀

原理：它是一种直动和先导式相结合的原理，当入口与出口没有压差时，通电后，电磁力直接把先导小阀和主阀关闭件依次向上提起，阀门打开。当入口与出口达到启动压差时，通电后，电磁力先导小阀，主阀下腔压力上升，上腔压力下降，从而利用压差把主阀向上推开；断电时，先导阀利用弹簧力或介质压力推动关闭件，向下移动，使阀门关闭。

特点：在零压差或真空、高压时亦能可动作，但功率较大，要求必须水平安装。

3）先导式电磁阀

原理：通电时，电磁力把先导孔打开，上腔室压力迅速下降，在关闭件周围形成上低下高的压差，流体压力推动关闭件向上移动，阀门打开；断电时，弹簧力把先导孔关闭，入口压力通过旁通孔迅速腔室在关阀件周围形成上低上高的压差，流体压力推动关闭件向下移动，关闭阀门。

特点：流体压力范围上限较高，可任意安装（需定制）但必须满足流体压差条件。

电磁阀从阀结构和材料上的不同与原理上的区别，分为六个分支小类：直动膜片结构、分步直动膜片结构、先导膜片结构、直动活塞结构、分步直动活塞结构和先导活塞结构。

电磁阀按照功能分类：水用电磁阀、蒸汽电磁阀、制冷电磁阀、低温电磁阀、燃气电磁阀、消防电磁阀、氨用电磁阀、气体电磁阀、液体电磁阀、微型电磁阀、脉冲电磁阀、液压电磁阀、常开电磁阀、油用电磁阀、直流电磁阀、高压电磁阀、防爆电磁阀等。

2.3.4 防喘阀

2.3.4.1 防喘振阀技术原理和系统组成

管道离心压缩机使用最普遍的防喘振装置是防喘振阀，通过防喘振阀调节压缩机的介质流量和介质压力，让压缩机流量处于稳定的工作状态。因此，防喘振阀也是流量调节阀，一般采用气动执行机构和相应的控制系统。西气东输天然气管线常用的压缩机组防喘振阀主要有两种，一种是 FISHER EWT(657) 气动调节阀，一种是 MOKVELD RZD RDX1 型气动调节阀。

FISHER EWT(657) 气动调节阀系统组成如图 2.3.9 所示。

FISHER EWT(657) 指直行程正作用式阀门。系统在正常的工作状态下，三通电磁阀正常励磁带电，当控制信号增加时，定位器的输出压力增加，通过三通电磁阀作用于气动放大器 2625 的控制口，气动放大器 2625 的输出压力 p_2 增加，作用于执行机构的膜头，此时，膜头压力增加，执行机构推动阀门向下运行；当控制信号减小，定位器的输出压力减小，通过三通电磁阀作用于气动放大器 2625 的控制口，气动放大器 2625 的输出压力 p_2 减小，执行机构膜头的压力减小，执行机构在弹簧力的作用下，带动阀门向上运行。当三通电磁阀断电，三通电磁阀切断并卸掉气动放大器 2625 的控制口压力，气动放大器 2625 没有输出，两个三通电磁阀同时排气，阀门快速打开。

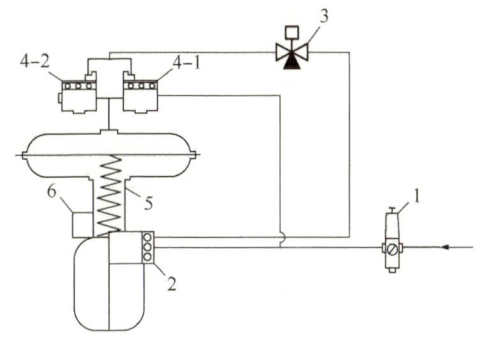

图 2.3.9 FISHER 防喘阀控制原理图
1—减压阀；2—阀门控制器（定位器）；3—三通电磁阀；
4-1—气动放大器 2625；4-2—气动放大器 2625；
5—气动执行机构；6—阀位变送器

MOKVELD RZD RDX1 型气动调节阀系统组

成如图2.3.10所示。

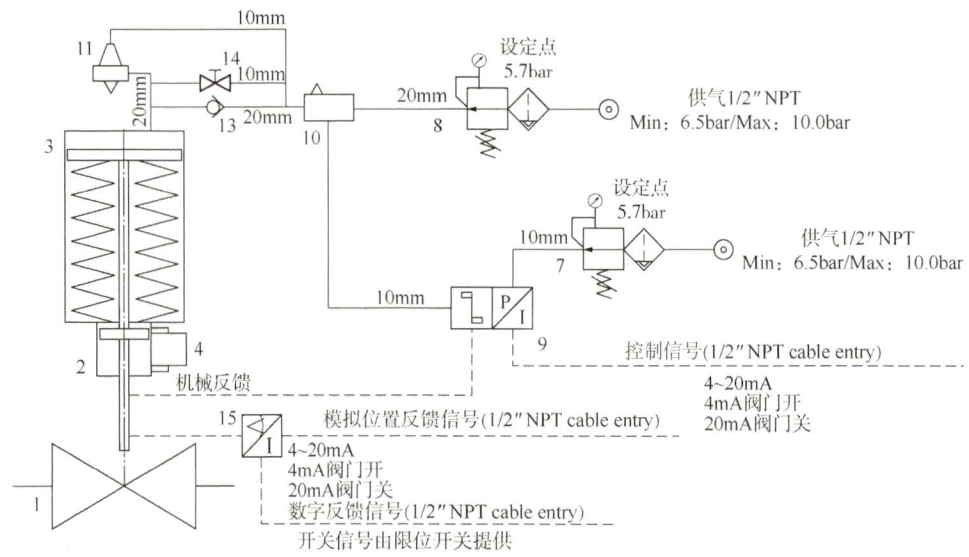

图2.3.10 MOKVELD RZD RDX1型气动调节阀控制原理图
1—阀门；2—液压缸；3—气动执行器；4—液压元件；7、8—过滤器/调压器；
9—定位器；10—体积放大器；11—排气增压装置；13—单向阀；14—针型；15—位置变送器

当定位器9给出增大阀门开度命令，即体积放大器的输入信号减小时，体积放大器10的膜片开始移动打开排气端口，使体积放大器出口的压力降低直到输入信号和出口的压差返回到放大器的死区极限值之内。当旁通阀两端的压差达到排气增压装置的开阀设定值时，排气增压装置开始排气泄压，旁通阀两端压差越大，排气增压装置打开得就越大。经过体积放大器的排气和增压装置的排气后，气缸内压力迅速降低，弹簧伸长使执行元件向上移动带动阀门向开启方向运动。

2.3.4.2 防喘阀基本结构

防喘阀的阀芯一般均采用笼式阀芯，也称套筒阀芯，其最突出的特点是密封面和节流面分开，使用寿命比单阀座长，阀芯具有压力平衡孔，所以稳定性好，可以承受比较大的压差，具有降压降噪的作用。MOKVELD防喘阀的阀芯如图2.3.11所示，FISHER防喘阀的阀芯如图2.3.12所示。

防喘阀的执行机构一般均选用气动执行机构，但两种阀门的执行机构传动方式有较大差异。FISHER防喘阀气动执行机构如图2.3.13所示，是由膜头和弹簧驱动阀杆，阀杆直接驱动阀芯。MOKVELD防喘阀气动执行机构如图2.3.14所示，由气缸和弹簧阀杆，阀杆驱动阀芯活塞的45°啮齿，从而驱动阀芯。

2.3.4.3 防喘阀的特点

1) MOKVELD防喘阀的特点

（1）介质的轴流性。

由于采用轴向对称流道，完全避免了间接流和流向不必要的改变，最大限度地提高了单位直径上的流通能力，大大降低了噪声和紊流的形成。

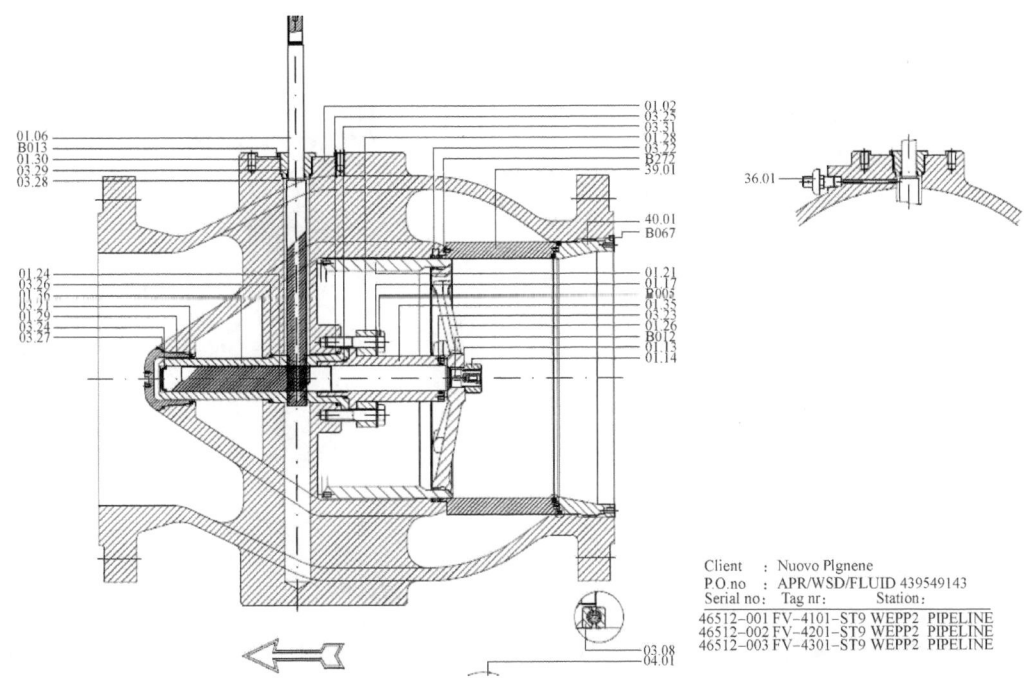

图 2.3.11 MOKVELD 防喘阀部件示意图

(2) 零泄漏级密封。

密封系统采用自紧式压力设计，阀门的密封由两个密封环组成，并由一根弹簧预紧，这种特殊的设计可以使阀门在关闭时，密封圈在上游流体压力下被压紧，从而达到非常好的密封效果。

(3) 压力平衡。

活塞的端面上均匀分布着孔洞，以使活塞内外压力平衡，左右运动时与阀门两端的压力无关，使用扭矩较小的执行机构就能达到快动的目的。

(4) 执行机构。

在阀芯活塞上有活塞杆，活塞杆上有 45°的啮齿，活塞杆由有相同啮齿的阀杆操作。阀杆和活塞垂直正交，当阀杆向上移动时，阀门开启，反之，阀门关闭。

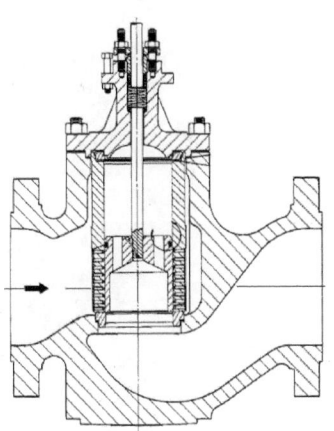

图 2.3.12 FISHER 防喘阀部件示意图

2) FISHER 防喘阀的特点

(1) 阀杆环保级密封。

阀杆填料函密封使用 ENVIRO-SEAL 专利，可为阀杆提供出色的密封性能，防止危险介质泄漏。ENVIRO-SEAL 填料函系统使用动载压紧的 PTFE 或石墨填料，减小了对填料函的维修次数。

(2) 降噪。

在大流速和高压降产生的噪声中使用专利阀笼设计，使噪声降至 18dB 以下。

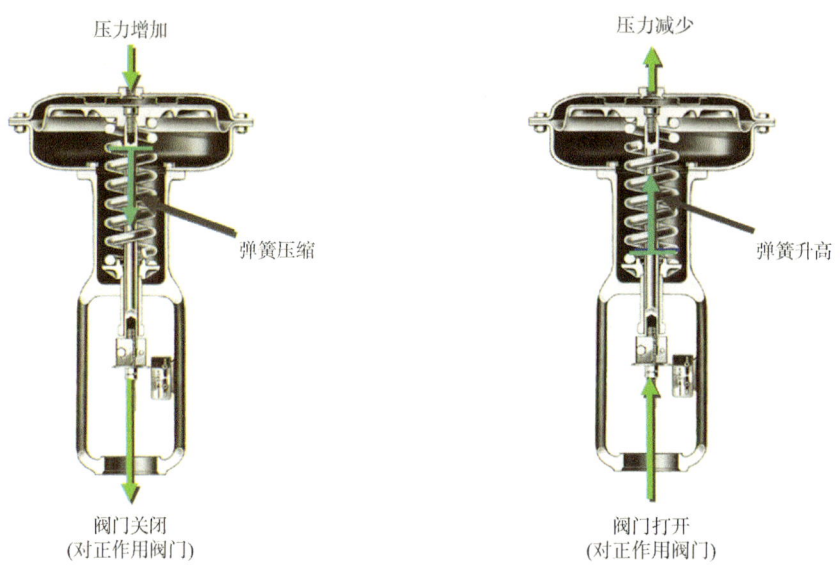

图 2.3.13　FISHER 防喘阀执行机构

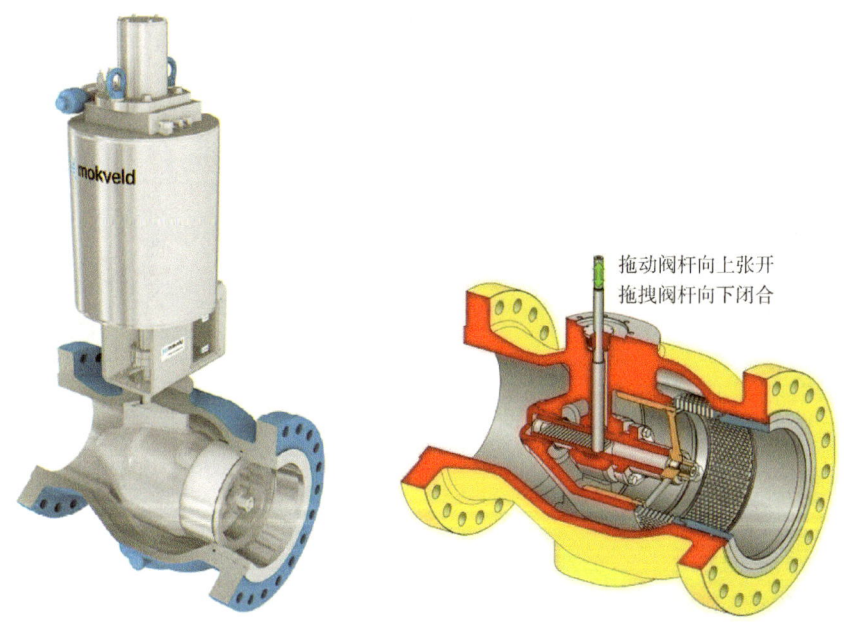

图 2.3.14　MOKVELD 防喘阀执行机构

(3) 更高的压力、温度级别。

阀体设计符合更高的 ANSI 等级,阀体的特大强度是阀门可以用在压力和温度超过 ASME B16.34 标准等级的场合。

(4) 高性能阀芯密封。

阀芯密封在 593℃ 是可达到 V 级泄漏等级。

(5) 可用于酸性气体工况。

特殊内件材料和螺栓材料符合美国腐蚀工程师协会(NACE)MR0175 的建议。在采购的制造过程中进行了严格的材质检验,不需要再进行额外的测试和检验。

2.3.4.4 防喘阀行程校验

防喘阀行程校验步骤如下:

(1)将12mA信号源连接到数字式阀门控制器上,把HART475连接到数字式阀门控制器上并将它开启。按HART通信器上的>>>键,选择Instrument Mode。如果Instrument Mode不是Out Of Service,则从Instrument Mode菜单里选择Out Of Service,并按ENTER。从Protection菜单里选择None(无),然后通过Setup(设置)→BasIc setup(基本设置)→Auto setup(自动设置)→Setup wizard(设置向导)。

(2)按照提示设定Instrument Mode(仪表模式)、Control Mode(控制模式)、Pressure Unit(压力单位)、Max Supply Pressure(最大气源压力)、Actuator Type(执行机构类型)、Feedback Connection(反馈连接)、Tvl Sensor MotIon(行程传感器旋转方向)、Valve Style(阀门类型)。

(3)从Online菜单中选择Basic Setup、Auto Setup和Auto CalIb Travel,或在菜单Setup & Diag下选择Calibrate和Auto CalIb Travel,然后按照HART475上的提示,进行行程自动校验。自动校验是自动进行的,对于DVC6010型阀门控制器,其自动校验流程是:Setup&Diag→Calibrate→AUTO CalIb Travel→Default→OK。当CalIbrate(校验)菜单出现时,校验就完成了。把仪表恢复到In Service(投用状态),并检验行程是否正确地跟随电流源。

2.3.4.5 阀位变送器校验

防喘阀反馈偏差超过5%时,对位置变送器进行校验。对于QUARTZ位置反馈器,检验步骤如下:

(1)使用HART通信器对阀门行程进行校验,确定定位器命令与阀门实际行程一致。

(2)检查连接插头为顺时针操作。

(3)将阀门至于全开位,断开电源,将欧姆表连接电位器的"red"与"white"端。

(4)松开底部的锁紧螺栓,旋转联轴器直到欧姆表显示在$400\sim600\Omega$之间。

(5)断开欧姆表。

(6)将FLUKE754电流档两笔串接到阀位反馈器的1#端子上(红表笔正极接蓝线,黑表笔负极接端子上),调试阀位反馈信号。

(7)调整"ZERO"电位计,直到有4mA输出,如图2.3.15所示。

(8)将阀门至于全关位,调整"SPAN"电位计,直到有20mA输出。

2.3.4.6 主要控制附件介绍与调试

1)气动放大器2625

(1)气动放大器的作用原理:

确保压力$p_0=p_2$时,使通过p_2的流量大大增加,从而达到满足控制气源流量的要求。当$p_0=0$时,p_1-p_2不通,p_2的压力可通过排

图2.3.15 调整零点和线性输出电流

气孔排出。如图 2.3.16 所示。

（2）气动放大器的安装要求：

① 阀体上的流线标记应与控制气体流向一致。

② 安装气动放大器的管路应有足够的强度，确保其安装稳固。

（3）气动放大器调试：

① 如图 2.3.17 所示，其上的增益调节螺钉是唯一的调节点。

② 松开锁紧螺母；调节增益调节螺钉，顺时针调节，增益增加，流量放大倍数增加，稳定性下降。反之，增益减少，流量放大倍数降低，稳定性增加；FISHER 防喘振阀的气动放大器 2625 标准调节要求：将增益调节螺钉完全旋入后再回 1～1/2 圈，然后并紧锁紧螺母。

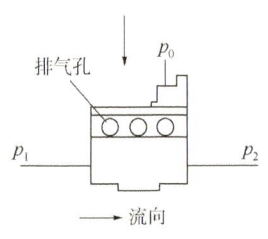

图 2.3.16 气动放大器 2625 原理图

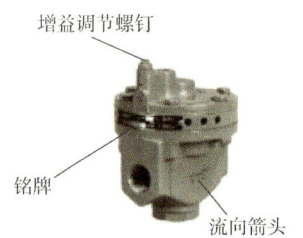

图 2.3.17 气动放大器 2625 外观结构

2）三通电磁阀

三通电磁阀的作用及正确接口：

（1）三通电磁阀的作用

实现防喘阀电磁阀失电快开的功能。失电后切断气路，同时将阀后的输出口与大气接通。

（2）正确的气路接口

三通电磁阀有 3 个气路接口，标识为 1、2、3。通常其气路接法为：3 进 2 出 1 排空。即 3 口接气源进口，2 接到输出口，1 口不接，为排空口。

2.3.4.7 阀门调试

维检修作业完成后，从上位机对阀门进行全行程校验，用专用手操器对 DVC6010 进行校验。检查就地阀位指示与站控阀位显示是否一致，检查阀门与管道连接处是否有泄漏，检查是否有气体、液体或润滑油从过压阀中泄漏；检查阀门开关过程有无卡塞等异常现象。若检修过程中对活塞裙和阀笼进行了打磨处理，则在压缩机充压后利用内漏检测仪等途径检查防喘阀在全关位时的泄漏情况。

2.3.5 燃料气计量阀

2.3.5.1 GS16 燃料气计量阀

1）简介

燃料气计量阀作为机组控制系统的重要部件，其参与机组点火、加速到运行的整个控制过程。该阀由 24VDC 电机驱动，带有内置电子阀位控制器。阀位由 4～20mA 电流输入进行控制,4mA 输入电流对应 0% 阀位,20mA 输入电流对应 100% 阀位。

阀位变送器反馈 4~20mA 电流信号指示阀门开度,4mA 输出电流对应 0% 阀位,20mA 输出电流对应 100% 阀位。4~20mA 标准信号与 0%~100% 阀位按线性比例对应。

2) 燃调阀控制原理

当燃气轮机在某一工况下运行时,其所需要的天然气质量流量值是固定的。在燃气轮机启动过程中,为了使燃气发生器能够正常启动,必须按照燃料供应曲线精准控制燃调阀给机组提供相应的燃料供应量。通过测量燃料系统相关参数(燃料调节阀阀前压力、燃料调节阀阀后压力和燃气供气温度等),再结合燃料调节阀阀组特性相关系数:燃料组分、阀门通流特性计算公式(一般由阀体供货厂家提供)、阀门有效面积开度对应曲线等,就可以得到对应此工况条件下的燃料调节阀的开度值。

GE 机组燃调阀开度有效面积—流通气体质量流量计算公式如下:

临界压力比:

$$R_7 = \left(\frac{2}{1+K}\right)^{\frac{K}{K-1}} \tag{2.3.1}$$

如果 $\frac{p_2}{p_1} \geqslant R_7$ 对有效面积计算如下:

$$ACd = \frac{W_f}{3955.289 \cdot p_1 \cdot \sqrt{\left[\frac{K \cdot S_G}{(K-1) \cdot T \cdot Z}\right] \cdot \left[\left(\frac{p_2}{p_1}\right)^{\frac{2}{K}} - \left(\frac{p_2}{p_1}\right)^{\frac{1+K}{K}}\right]}} \tag{2.3.2}$$

如果 $\frac{p_2}{p_1} < R_7$ 对有效面积计算如下:

$$ACd = \frac{W_f}{3955.289 \cdot p_1 \cdot \sqrt{\left[\frac{K \cdot S_G}{(K-1) \cdot T \cdot Z}\right] \cdot \left[R_7^{\frac{2}{K}} - R_7^{\frac{1+K}{K}}\right]}} \tag{2.3.3}$$

式中 ACd——阀门开度有效面积,in^2;

W_f——质量流量,lb/h;

R_7——临界压比;

p_1——燃调阀阀前压力;

p_2——燃调阀发后压力;

K——比热(常值 1.3);

S_G——天然气气体相对密度;

T——燃料气供气温度(绝对温度);

Z——天然气气体压缩系数。

通过式(2.3.1)至式(2.3.3),可以计算得出计量阀对应的阀门有效面积。阀门有效面积与阀门开度,以及阀门前后压比的对应关系,见表 2.3.1:

表 2.3.1　阀门有效面积与阀门开度，以及阀前后压比对应表

% travel	Driver mA	Valve Angle	Pressure Ratio (p_2/p_1)									
			0.05	0.15	0.25	0.35	0.45	0.55	0.65	0.75	0.85	0.95
1.67	4.27	1	0.002419	0.002148	0.002037	0.001683	0.001265	0.001097	0.00096	0.000911	0.000876	0.000827
5.00	4.80	3	0.007874	0.007177	0.008865	0.008648	0.006242	0.005892	0.005581	0.005399	0.005279	0.005182
8.33	5.33	5	0.01716	0.016504	0.016258	0.015983	0.015555	0.014843	0.014199	0.013758	0.013448	0.013292
11.67	5.87	7	0.031216	0.031003	0.030646	0.030225	0.02947	0.028172	0.025994	0.026115	0.025485	0.025177
15.00	6.40	9	0.051115	0.050983	0.050221	0.049317	0.048579	0.046731	0.044881	0.042712	0.041596	0.040822
18.33	6.93	11	0.074025	0.074026	0.073605	0.073406	0.071848	0.068822	0.055682	0.063897	0.062307	0.050108
21.67	7.47	13	0.102508	0.102508	0.101761	0.101079	0.099502	0.095418	0.091588	0.088779	0.088813	0.083901
25.00	8.00	15	0.134842	0.134842	0.134809	0.133707	0.131335	0.125792	0.120882	0.117057	0.114711	0.112719
28.33	8.53	17	0.172125	0.172125	0.171827	0.170514	0.155923	0.160766	0.154513	0.150548	0.147051	0.144979
31.67	9.07	19	0.213751	0.213751	0.213219	0.212483	0.208023	0.199812	0.192582	0.186929	0.184052	0.182352
35.00	9.60	21	0.25926	0.25926	0.25926	0.0257323	0.251594	0.242773	0.23535	0.229494	0.225456	0.223829
38.33	10.13	23	0.306389	0.306389	0.308389	0.305598	0.299747	0.289763	0.281592	0.275951	0.27245	0.271474
41.67	10.67	25	0.360525	0.350525	0.360525	0.358722	0.352119	0.340966	0.33228	0.328254	0.32492	0.325606
45.00	11.20	27	0.41418	0.41418	0.41418	0.41418	0.407467	0.396576	0.385056	0.384244	0.382409	0.393905
48.33	11.73	29	0.471722	0.471722	0.471722	0.471722	0.467555	0.454539	0.448994	0.444711	0.445984	0.448668
51.67	12.27	31	0.529984	0.529984	0.529984	0.529984	0.529984	0.516409	0.511364	0.514637	0.516962	0.521363
55.00	12.80	33	0.598056	0.598056	0.598056	0.590056	0.598058	0.58592	0.581764	0.588404	0.59174	0.58875
58.33	13.33	35	0.671635	0.671635	0.671635	0.571535	0.571535	0.553707	0.661849	0.666392	0.576142	0.587348
61.67	13.87	37	0.741153	0.741153	0.741153	0.741153	0.741153	0.741153	0.743053	0.744899	0.760309	0.770029
65.00	14.40	39	0.82314	0.82314	0.82314	0.82314	0.82314	0.82314	0.827088	0.842855	0.857134	0.87362
68.33	14.93	41	0.92638	0.92638	0.92638	0.92638	0.92638	0.92638	0.92638	0.92638	0.948472	0.96654
71.67	15.47	43	1.043737	1.043737	1.043737	1.043737	1.043737	1.043737	1.043737	1.043737	1.043737	1.062126
75.00	16.00	45	1.142775	1.142775	1.142775	1.142775	1.142775	1.142776	1.142775	1.142775	1.142775	1.166762
78.33	16.53	47	1.231553	1.261553	1.261553	1.231553	1.261553	1.261553	1.261553	1.261553	1.261553	1.261553
81.67	17.07	49	1.380397	1.380397	1.380397	1.380397	1.380397	1.360597	1.380397	1.380397	1.380397	1.380397
85.00	17.60	51	1.478962	1.478962	1.478962	1.478962	1.478962	1.478962	1.479952	1.478952	1.478962	1.478962
88.33	18.13	53	1.617188	1.617188	1.617188	1.617188	1.6177188	1.617188	1.617188	1.617188	1.617188	1.617188
91.67	18.67	55	1.717185	1.717185	1.717185	1.717185	1.717185	1.717185	1.717185	1.717185	1.717185	1.717185
95.00	19.20	57	1.883471	1.883471	1.883471	1.883471	1.883471	1.883471	1.883471	1.883471	1.883471	1.883471
98.33	19.73	59	1.983762	1.983762	1.983762	1.983762	1.983762	1.983762	1.983762	1.983762	1.083782	1.983762

换算成燃调阀前后压差、控制命令及实际位置关系如图 2.3.18 所示。

在 Toolbox 里写入燃调阀的有效面积 $X(EFA(in^2))$ 与阀前后压比（GP2_GP1）、计量阀阀位 $Z(POS(PCT))$ 三维对照表，如图 2.3.19 所示。

其中，表格的横坐标为燃调阀阀后压力 GP2SEL 与燃调阀阀前压力 GP1SEL 的比值；表格的纵坐标为燃料阀有效面积计算值 EFA，其意可以表征阀组的通流量。

图 2.3.20 为 Toolbox 燃调阀程序算法，EfaCalc 功能块为燃调阀开度有效面积—流通气体质量流量计算公式。其中：

Choke 为阀流经气体流速在超音速状态；

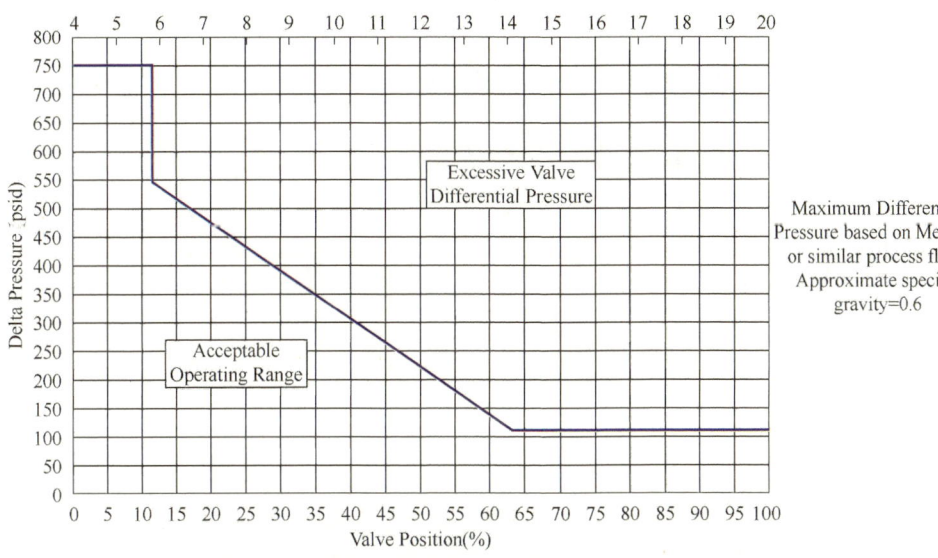

图 2.3.18　燃调阀前后压差、控制命令及实际位置关系

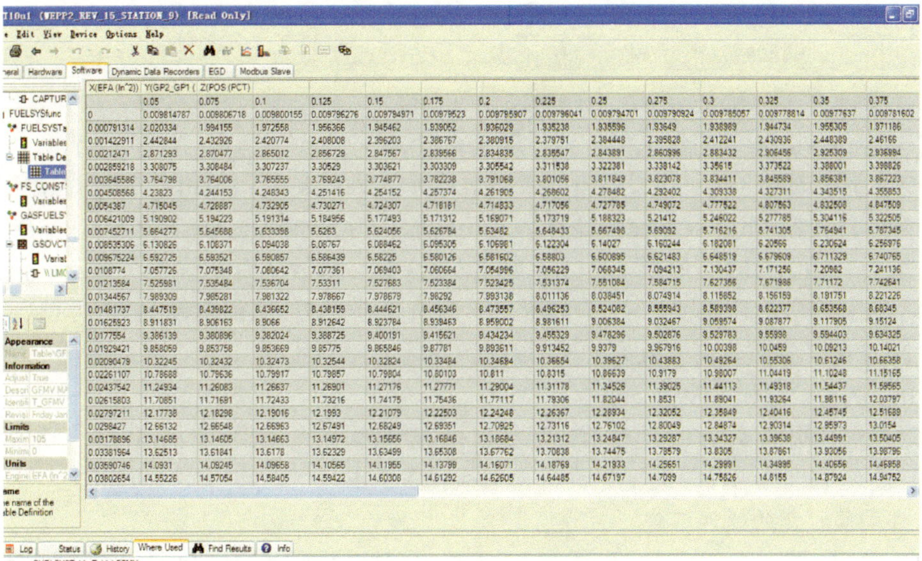

图 2.3.19　Toolbox 里写入燃调阀参数对照表

Crit_Pr_RatIo 为临界压比；

EFA_Inch2 为阀门开度有效面积(in^2) ACd；

Press_RatIo 为压比 p_2/p_1；

WEG_pph=S_WFGMVDMD 为对应燃料气质量流量 W_f(lb/h)；

GP1_psia=GP1SEL 为对应燃调阀阀前压力 p_1；

GP2_psia=GP2SEL 为对应燃调阀阀前压力 p_2；

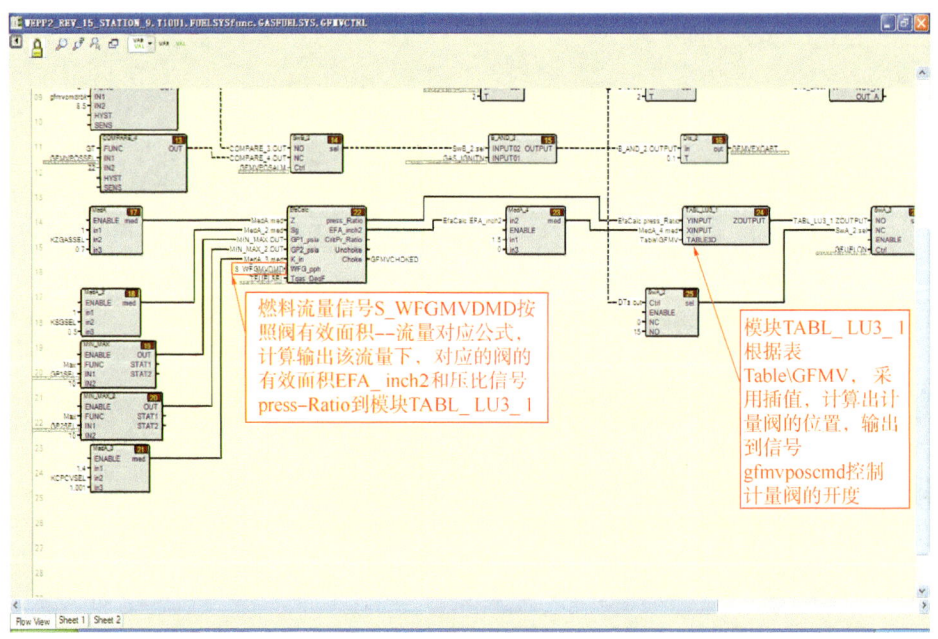

图 2.3.20　燃调阀开度在 Toolbox 中的计算过程

K_In = KCPCVSEL = 1.3 为对应比热 K；

KSGSEL = 0.585 为对应天然气气体比重 S_G；

Tgas_DegF = TFUEL_SEL 为对应燃料气供气温度 T；

KZGASSEL = 0.96 为对应天然气气体压缩系数 Z。

控制系统根据燃气轮机燃料质量流量需求计算结果 S_WFGMVDMD，通过燃调阀阀门开度—有效面积—流通气体质量流量计算公式，阀前压力 GP1SEL、阀后压力 GP2SEL、燃料气供应温度 TFUEL_SEL、燃料气压缩系数 KZGASSEL（常数，典型值为 0.96，取值范围为 0.7~1）、燃料气气体比重 KSGSEL（常数，典型值为 0.585，取值范围为 0.5~1）、燃料气比热 KCPCVSEL（常数，典型值为 1.3，取值范围为 1.001~1.4）等 7 个参数变量，计算得到燃调阀开度的有效面积 EFA_Inch2。

当燃调阀开阀信号 GFUEL_ON 激活为 1，且燃料阀在自动模式时，程序自动通过查燃料阀组特性表 Table\GFMV 得到燃料气调节阀位置请求。

3) 燃调阀控制的硬件回路

燃调阀的控制信号有阀门控制命令 gfmvcmd、阀故障复位信号 30GC-1、来自阀门控制器故障信号 86GC-4 和来自阀门控制器的位置反馈信 96GC-1。

Mark VIe 到阀门的控制和复位信号通过 PCLA 和 PDIO 块卡输出到阀门控制器，如图 2.3.21、图 2.3.22 所示。

阀门控制器通过 T10 控制器 PCLA 和 PPRA 板卡将阀门当前位置和故障信号输出到 Mark VIe，如图 2.3.23、图 2.3.24 所示。

现场接线如图 2.3.25、图 2.3.26 所示。

阀门供电如图 2.3.27 所示。

第 2 章 | 燃驱离心压缩机组控制系统硬件

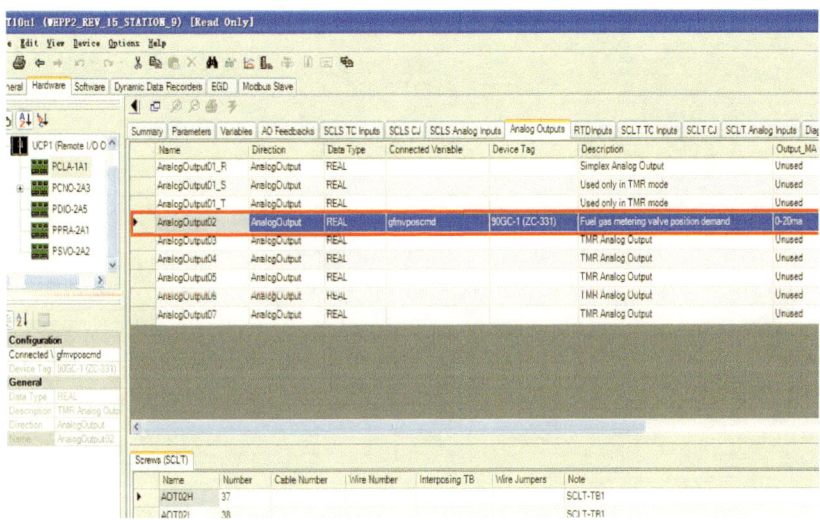

图 2.3.21　阀位置控制信号

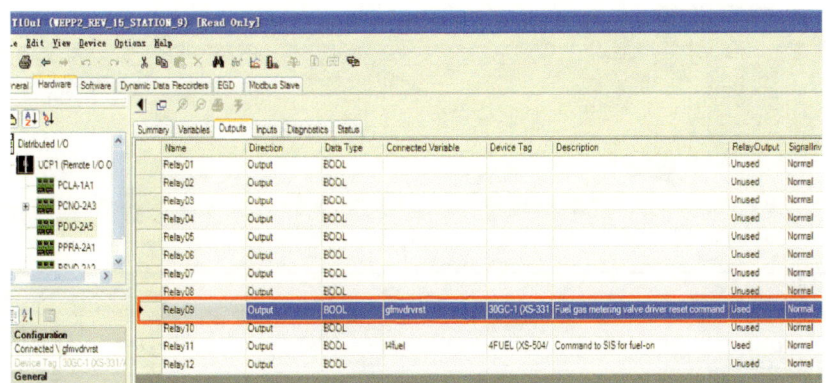

图 2.3.22　阀复位信号 30GC-1

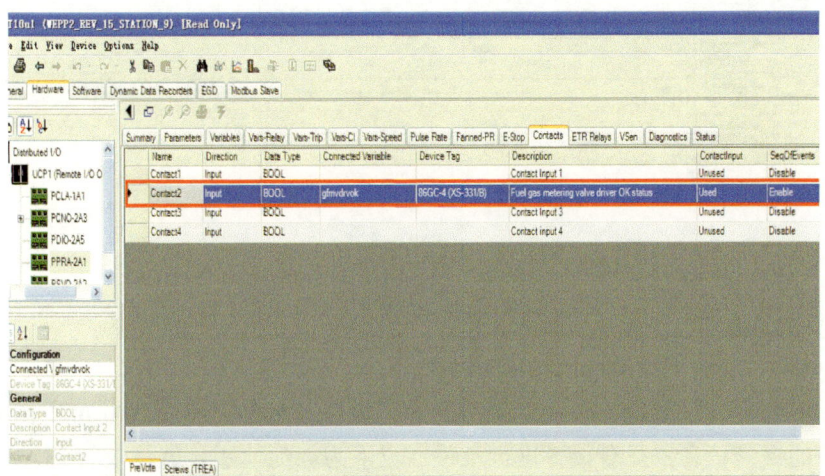

图 2.3.23　来自阀门控制器故障信号 86GC-4

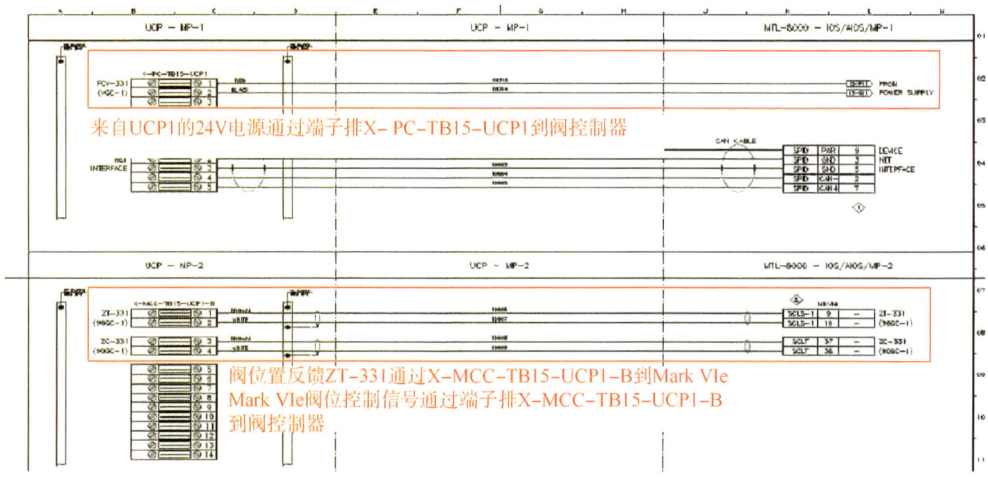

图 2.3.24　来自阀门控制器位置反馈信号 96GC-1

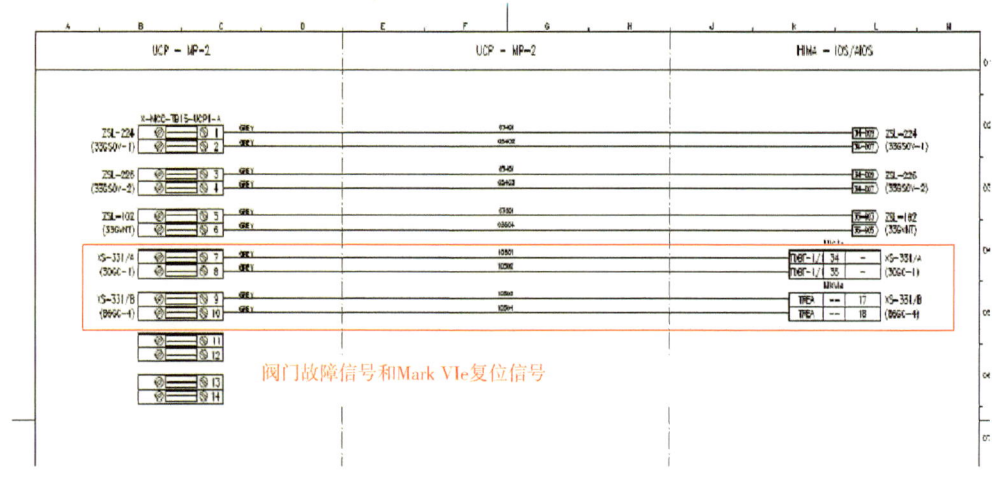

图 2.3.25　现场接线 1

图 2.3.26　现场接线 2

阀门接线如图 2.3.28 所示。

4）配置软件 VPC SERVICE TOOL 的使用

VPC SERVICE TOOL 软件主要是用于燃料气计量阀的故障分析，其可以用来查看计量阀发生故障的报警信息，并对报警进行复位。以下为如何使用该软件查看 FCV-331 阀门的报警信息。

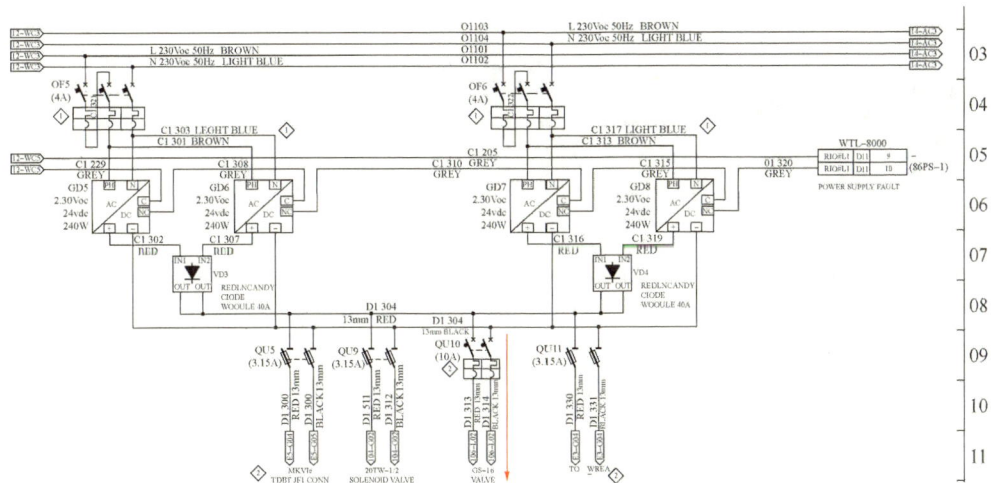

图 2.3.27 阀门供电线路

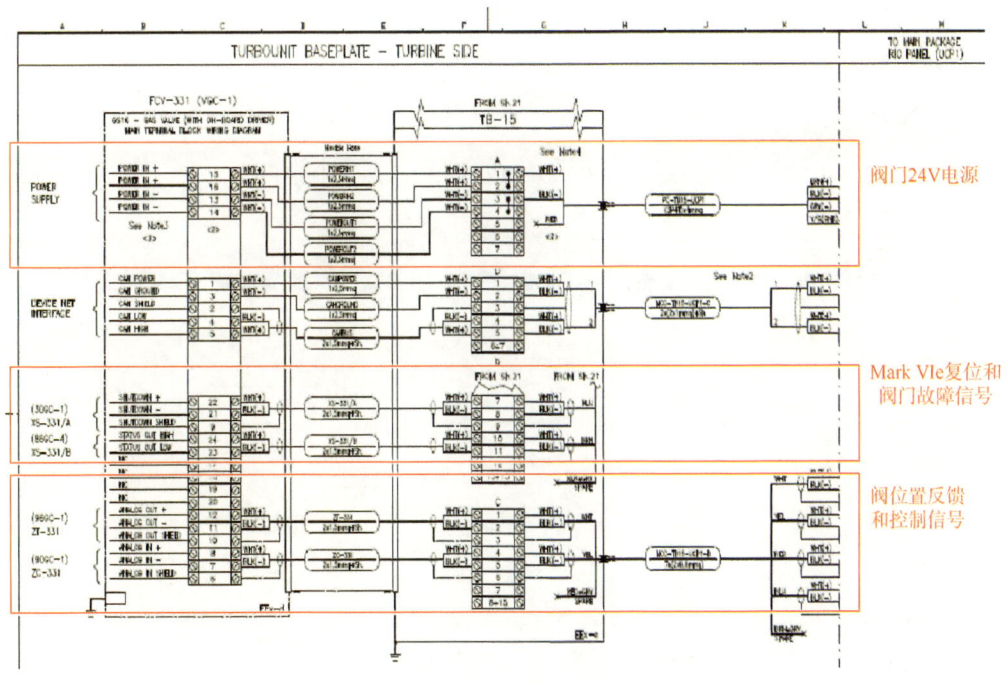

图 2.3.28 阀门接线

打开桌面 WOODWORD 上的 VPC SERVICE TOOL 软件，如图 2.3.29 所示。

进入软件后选择串口线的端口，进入软件主界面，主界面有 Overview、Alarms、Shutdowns、Internal Shutdown、Identification，如图 2.3.30 所示。

查看 Alarms 界面，如图 2.3.31 所示。

查看 Shutdowns 界面，如图 2.3.32 所示。

查看 Internal shutdowns 界面，如图 2.3.33 所示。

查看 Identification 界面，如图 2.3.34 所示。

图 2.3.29　VPC SERVICE TOOL 软件打开途径

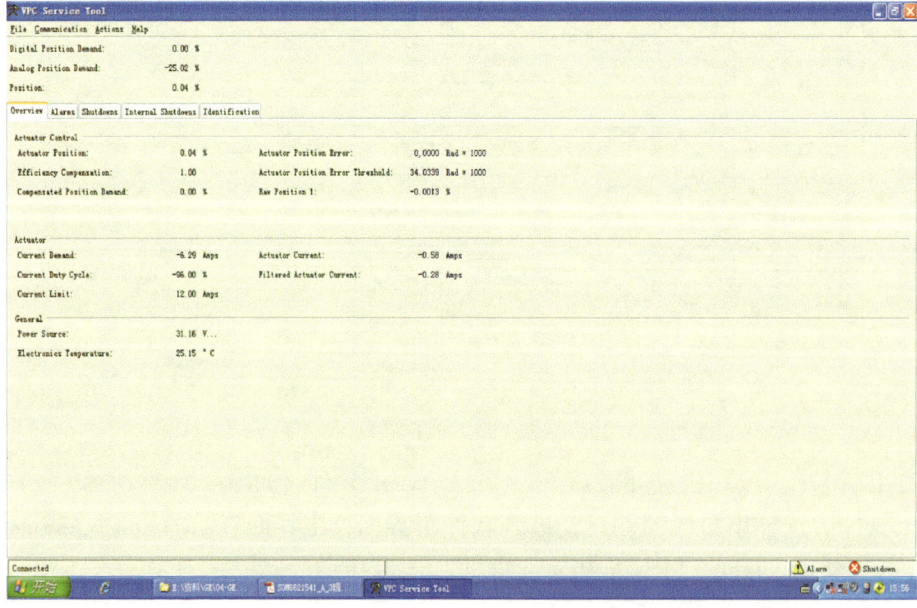

图 2.3.30　软件主界面

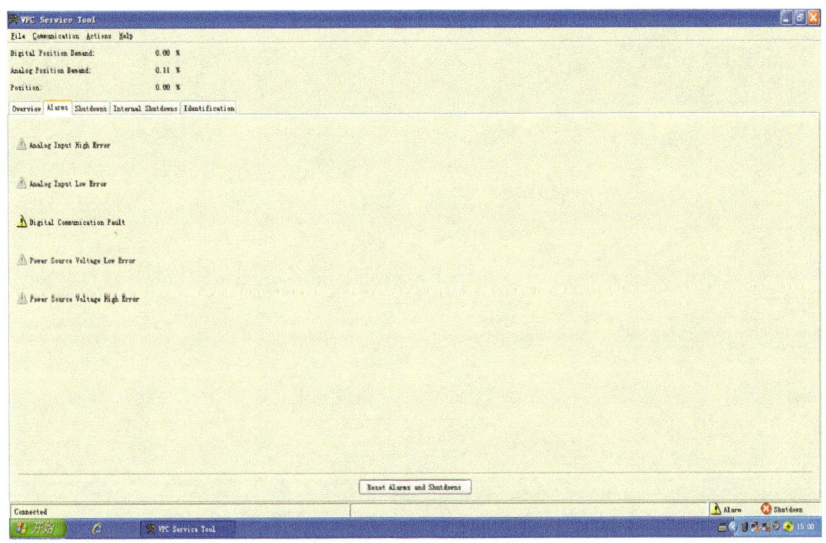

图 2.3.31　Alarms 界面

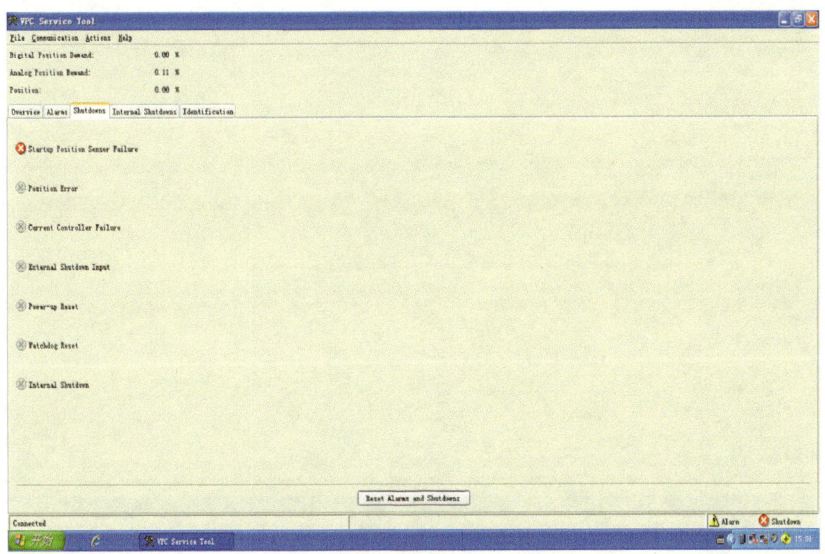

图 2.3.32　Shutdowns 界面

5) 故障状态和控制按钮

VPC 服务工具的每个显示屏幕的顶部都有 5 个 GS16 阀的通用状态 LED 指示，还有 2 个控制按钮可随时用于停机(Shutdown)和复位(Reset Control)(图 2.3.35)。

在服务工具每个页面的顶部都有故障状态 LED 指示灯，这些故障状态指示灯用于提醒用户 GS16 已检测到诊断状态，可通过服务工具屏幕导航页面查看的诊断状态。

Alarm(报警)：在检测到报警的情况下，允许 GS16 维持运行。

Shutdown(停机)：阀门移动至 0% 位置，并可能会关闭原动机。

Position Control Shutdown(位置控制停机)：发生诊断情况，需要 GS16 停机，驱动器将尝试使用电流控制关闭阀门。

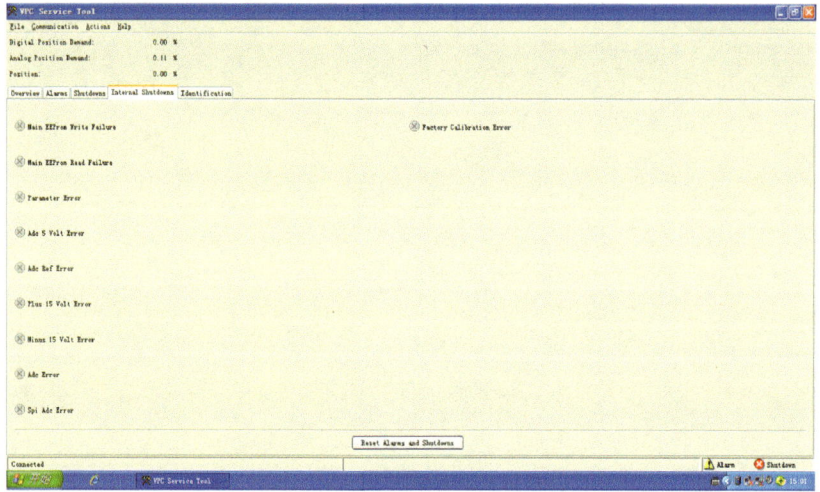

图 2.3.33　Internal shutdowns 界面

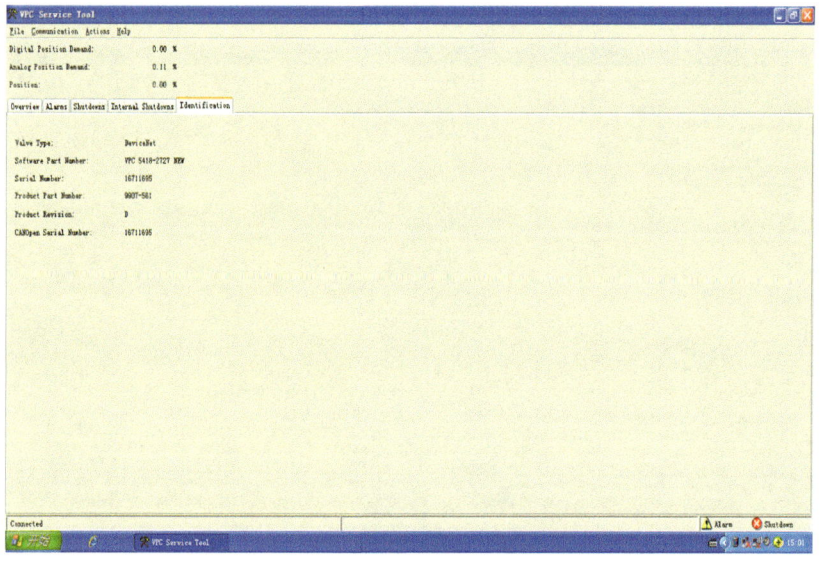

图 2.3.34　Identification 界面

图 2.3.35　故障状态及控制按钮

System Shutdown(系统停机)：发生诊断情况，需要位置和电流控制停机，驱动器将尝试使用固定电压关闭阀门。

Power-up Reset(上电复位)：GS16 断电后再次上电。

Shutdown Button(停机按钮)：驱动器将阀门移动到 0% 位置，停机(Shutdown)LED 将点亮。

Reset Control Button(复位控制按钮):该按钮将复位 GS16,如果诊断条件不再存在,则将清除所有诊断标志。

6) 手动控制屏

在初次调试期间或进行故障排除时,使用"手动控制"屏幕来确认 GS16 的运行。该屏幕还可以用来监视系统响应位置设定值变化、阀门位置、电机电流水平和阀门标识识别的能力(图 2.3.36)。

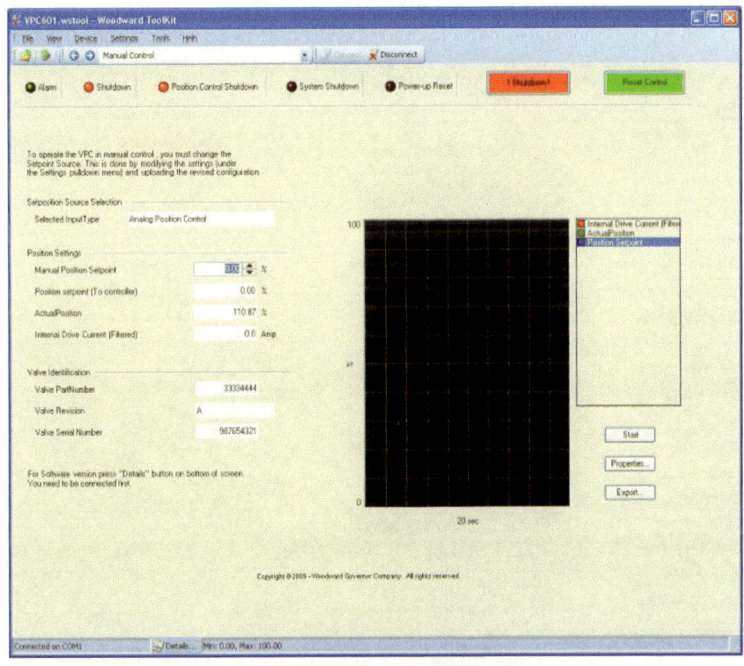

图 2.3.36 手动控制屏

Setpoint Source Selection(设定值源选择):所选输入字段上显示的源表示处于手动控制激活模式的通信源,可选择的输入类型源有:Analog Position Control mode(模拟位置控制模式)、Manual PosItIon Control mode(手动位置控制模式)、CANopen Position Control mode(CANopen 位置控制模式)、DeviceNet Position Control mode(DeviceNet 位置控制模式)和Function Generator Position Control mode(函数发生器位置控制模式),可以使用 VPC 服务工具设置编辑器来更改选定的输入类型源。

Position Settings(位置设置):VPC 可以配置为基于服务工具的设定点来定位阀门,要为此操作配置 VPC,必须使用服务工具设置编辑器将输入源设置为"手动输入",在手动调整后,可以使用设置编辑器将驱动程序置于正常操作模式,通过从"设置编辑器工具"的主菜单中选择"文件",然后选择"保存",可以将编辑的文件保存到文件中以供重复使用。

Trend Chart(趋势图):趋势图显示时变位置、设定点、实际位置和滤波后的电机驱动电流,按下"开始"按钮开始趋势处理。按"停止"按钮将冻结当前显示的值,再次按"开始"按钮将删除上一次记录并重新启动趋势处理,按属性按钮打开趋势属性窗口,从该窗口可以修改趋势屏幕属性,如趋势时间跨度、采样率和 Y 轴缩放,可以通过按"导出"按钮将自定义趋势值导出并保存为逗号分隔值文件(*.csv)或网页文件(*.htm),此文件可以在电子表格或数学分析软件包中打开,用于数据的后处理和进一步分析。

7) 过程故障和状态概述

The Process Fault&Status OvervIew(过程故障和状态概述)屏幕为过程故障和状态标志的整个范围及其各自的状态概览,红色 LED 表示故障。如果发生电源重置或模拟量输入错误,GS16 将处于停机模式,如果 LED 指示灯为绿色,则过程故障或状态标志指示未检测到故障,并且 GS16 已准备好运行,过程故障和状态标志根据其功能进行分组(图 2.3.37)。

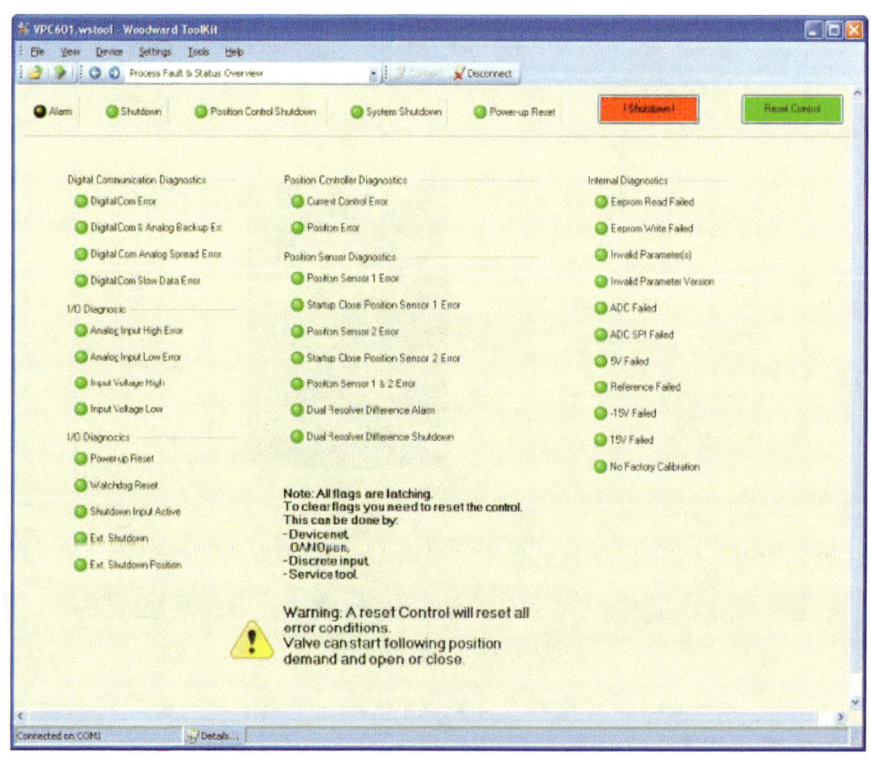

图 2.3.37 过程故障和状态概述

8) 过程故障和状态配置概述

此界面为流程故障和状态标志配置的概览。两个 LED 指示灯描述每个过程故障或状态标志的配置,"过程故障和状态配置概览"上出现的标志与"过程故障和状态概览"屏幕上出现的标志顺序相同(图 2.3.38)。

左侧的绿色 LED 指示灯点亮表示该标志已启用,如果未点亮,表示禁用该标志,右侧的黄色 LED 指示灯表示过程故障或状态标志配置为报警。这意味着,如果存在过程故障,驱动器将不会由于发生故障而停机,如果为红色,则过程故障和状态标志配置为停机,此配置下的故障将迫使 GS16 停机。

9) 设定值源选择和控制操作摘要

GS16 可以使用不同的设定值信号类型来操作,设定值源选择页面提供当前选择了哪个设定点源及所选源的当前设定点设置的概述(图 2.3.39)。

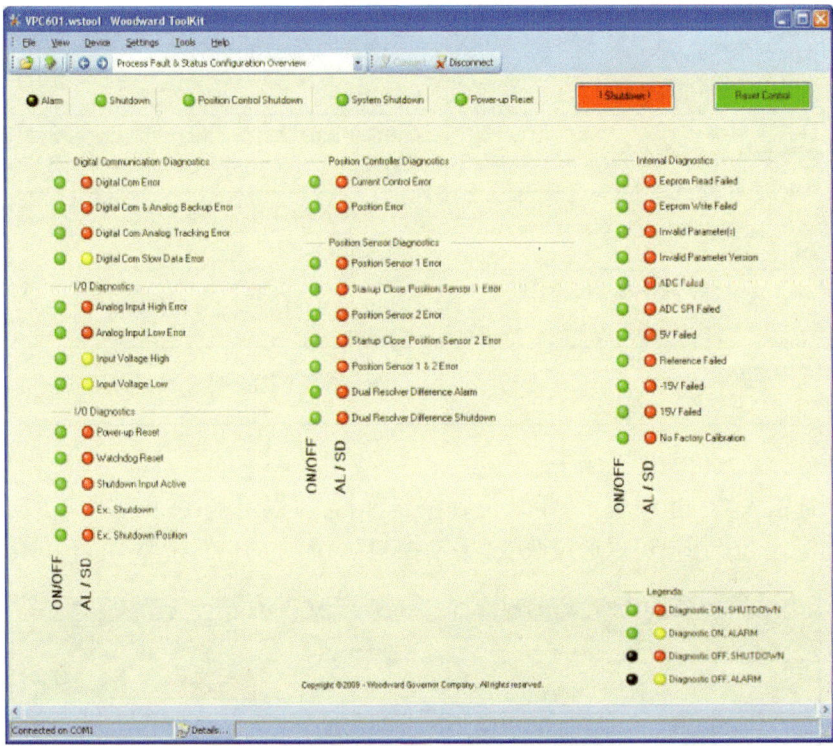

图 2.3.38　过程故障和状态配置概述

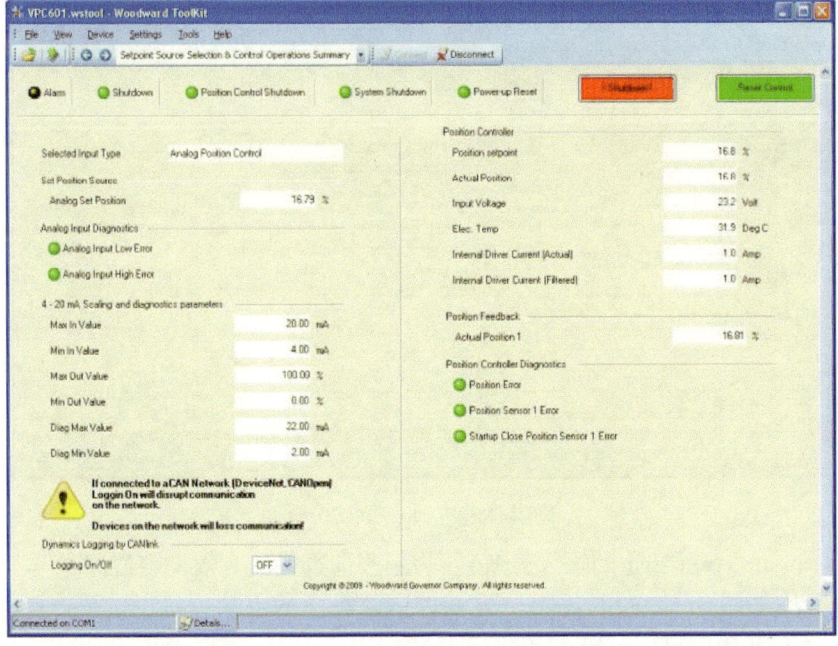

图 2.3.39　设定值源选择屏幕

GS16 上可用的设定点源见表 2.3.2。

表 2.3.2　GS16 可用设定点源表

Selected Input Source(选择输入源)	Setpoint Signal Type(设定值信号类型)
Analog Position Control(模拟量位置控制)	4～20mA
Manual Position Control(手动位置控制)	内部生成的设定值，用户可以从"手动控制"页面进行配置
CANopen Position Control(CANopen 位置控制)	使用 CAN 端口的 CANopen 基本协议，可选使用模拟量指令备份
DeviceNet Position Control(DeviceNet 位置控制)基于 DeviceNet 协议	使用 CAN 端口，可选使用模拟量指令备份
Function Generator Position Control(函数发生器位置控制)	内置函数发生器模式

10) 手动位置控制设定点源

当在所选输入类型上设置了"手动位置控制"时，可以将 GS16 配置为"手动控制"操作模式，在此模式下，用户可以通过改变"手动控制"页面上的位置来驱动阀门(图 2.3.40)。

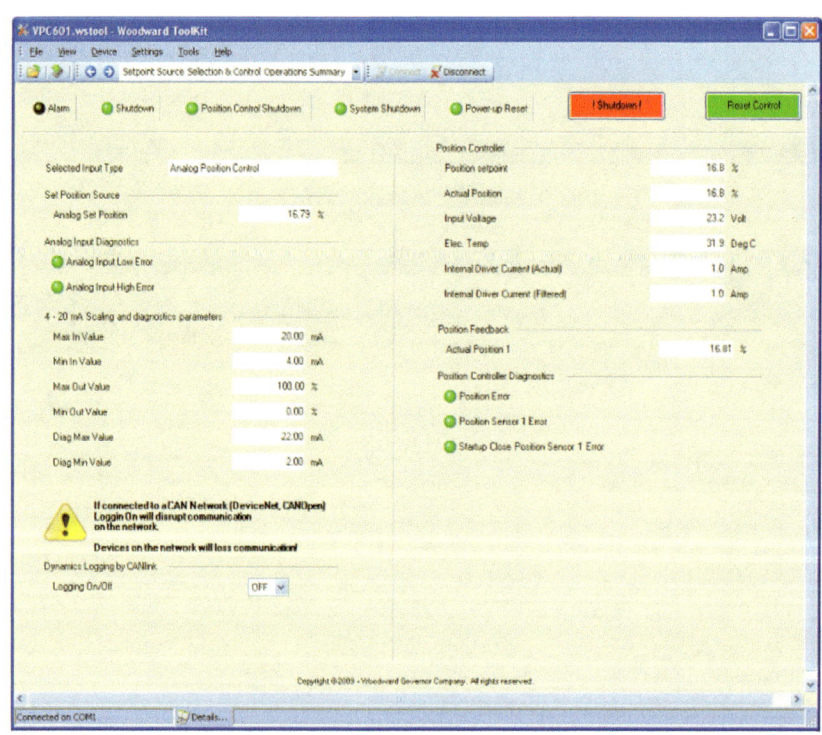

图 2.3.40　手动位置控制

Selected Input Type(选定的输入类型)：表示当前选择的有效设定值源。

Set Position Source(设置位置源)：表示以当前激活的手动位置设定值产生的位置(%)的百分比形式显示实际设置位置。

Position Controller(位置控制器)：此部分显示了控制器的位置设定值和实际阀门位置(%)、控制器的内部输入电压(V)、驱动器内部电子温度(℃)以及驱动器驱动电流(mA)。

Position Feedback(位置反馈)：位置反馈是阀门的实际位置。位置反馈显示为旋转变压器的电子转幅的百分比(%)。

Position Controller Diagnostic(位置控制器诊断)：此部分显示位置控制器的状态。存在三种可能的位置错误：位置错误、位置传感器 1 错误和启动—关闭位置传感器 1 错误。当 LED 点亮为红色时，表示位置控制器发生错误。

11) 执行器校准

VPC 执行器校准页面提供了执行器位置的概述，单位置反馈执行器的显示如图 2.3.41 所示。

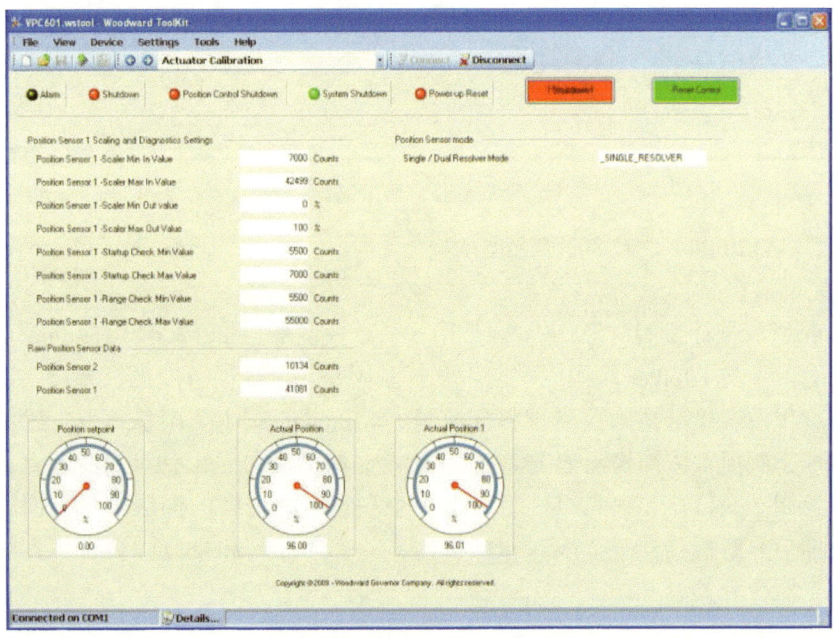

图 2.3.41　单位置反馈屏幕

Single Resolver Actuator(单位置反馈)：单位置反馈执行器屏幕显示"位置标定和诊断设置""原始位置传感器数据"和"位置传感器模式"。

Position Sensor 1 Scaling and Diagnostic Settings(位置传感器 1)：标定和诊断设置此部分显示以数字计数形式显示 GS16 旋转变压器的出厂校准值。旋转变压器的最小计数和最大计数表示 GS16 执行机构位置 0~100%标度。

Raw Position Sensor Data(原始位置传感器数据)：此部分以计数形式显示位置 1 和位置 2 的原始数据，提供了三个数字图形仪表，以显示设定位置和实际位置。

Position Sensor Mode(位置传感器模式)：此部分显示 GS16 处于单位置反馈模式还是双位置反馈模式。

12) 输出配置

输出配置页面显示 GS16 的模拟输出配置(图 2.3.42)，输出页面提供两种输出模式：离散输出状态和模拟输出设置，这些输出可以配置为停机(Shutdown)、内部停机(Internal shutdown)或不停机(Not shutdown)。

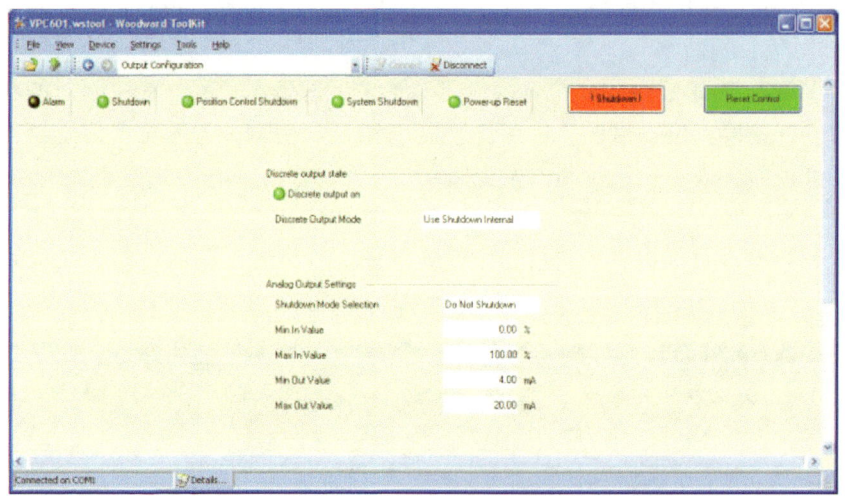

图 2.3.42　输出配置

2.3.5.2　Whittaker 燃料气计量阀维护

1) 燃调阀简介

Whittaker 燃料气计量阀(图 2.3.43)是由 SAVC 控制器(图 2.3.44)、Kollmorgen 执行器(银色执行机构)及 Whittaker 阀构成。燃料气计量阀是一个线性可变的柱塞阀,在燃气透平发动机的燃料气系统里可精确控制燃料气流量。Whittaker 阀主要由执行器、压力平衡阀和约克组件构成,阀门本体结构图如图 2.3.45 所示。阀的动作是由到其自身包含的电机执行器的命令来控制。执行器和约克组件组成了一个高速、高精度的伺服电机,伺服电机包含一个位置反馈信号解析器,一个滚珠螺杆机构,一个释放阀和复位弹簧机构,一个可视阀位窗口和一个阀位开关。

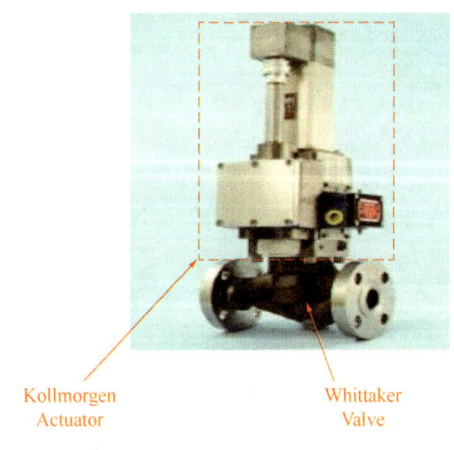

图 2.3.43　燃料气计量阀

图 2.3.44　SAVC EMV 控制器

2) 机构描述

如图 2.3.45 所示,Whittaker 阀主要由执行器、压力平衡阀和约克组件构成。阀的动作是由到其自身包含的电机执行器的命令来控制。执行器和约克组件组成了一个高速、高精度的伺服电机，伺服电机包含一个位置反馈信号解析器，一个滚珠螺杆机构，一个释放阀和复位弹簧机构，一个可视阀位窗口和一个阀位开关。

如图 2.3.46 所示，阀体由执行器及阀组成。燃料气由带压力平衡的柱塞控制，柱塞通过调整其在阀座内的位置来线性控制燃料气的流量。执行机构高的线性位置精度可以提供非常高的流量控制精度。为了控制阀开启，三相电源的三相电极相应（相位 1-2-3）转动来驱动电机向阀开的方向运动。阀关动作亦然（相位 1-3-2）。电机直接驱动执行器的滚珠螺杆以 10∶1 的比例速度降率输出，电机每 10 转使滚珠螺杆上升或下降 1in。电机继续运动，直到电机电源被外部控制回路切断。解析器持续提供一个精确的阀位信号给外部控制设备。当阀位不在全关位置，阀位关的限位开关的常开触点就处在开位置。当阀位处在全关位置，阀位关的限位开关的常开触点就处在关位置。自动温度调节装置可以避免过热或过电流。假如跳机触发，在经过一段足够长的冷却阶段后，自动温度调节装置会自动复位。当阀的电源丢失或执行机构故障，阀的执行机构被设计成在弹簧力的作用下自动处于关闭状态。

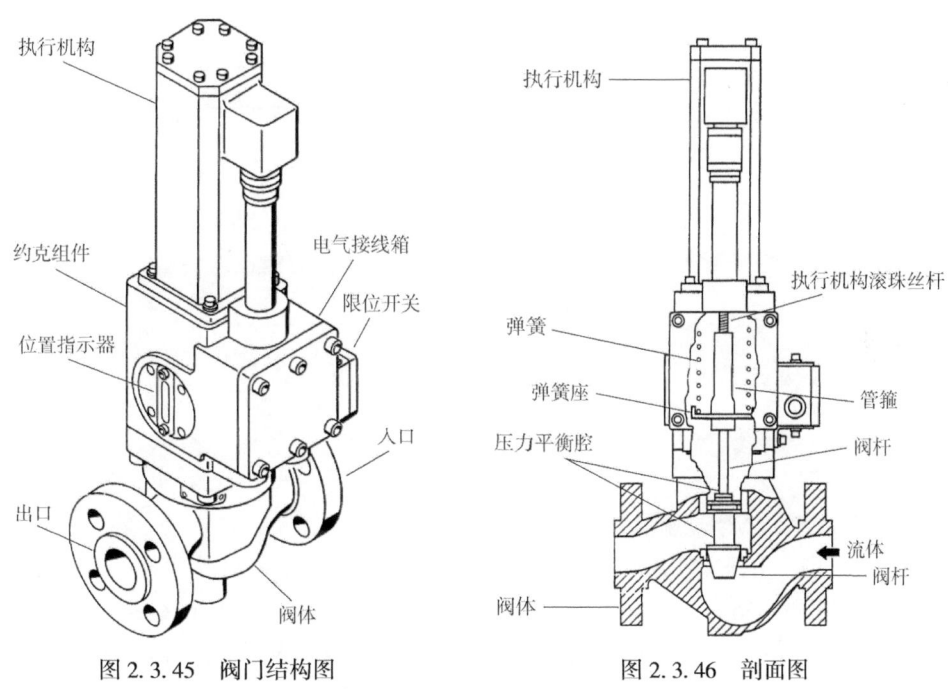

图 2.3.45　阀门结构图　　　　图 2.3.46　剖面图

3）阀的安装

（1）法兰紧固螺栓的张紧扭矩应该被控制在 70~90lb；

（2）为了对执行器、自动温度调节装置、解析器和位置限位开关进行电缆连接，需去除螺栓，打开连接箱盖子；

（3）连接电气导管到连接箱的导管口（3/4~14in NPT 和 1/2~14in NPT）；

（4）将电缆穿入导管并连接到相应的端子上，紧固螺栓到 3.5~5.3lb 扭矩之间；

（5）将接线箱端盖用螺栓紧固，接线图如图 2.3.47 所示。

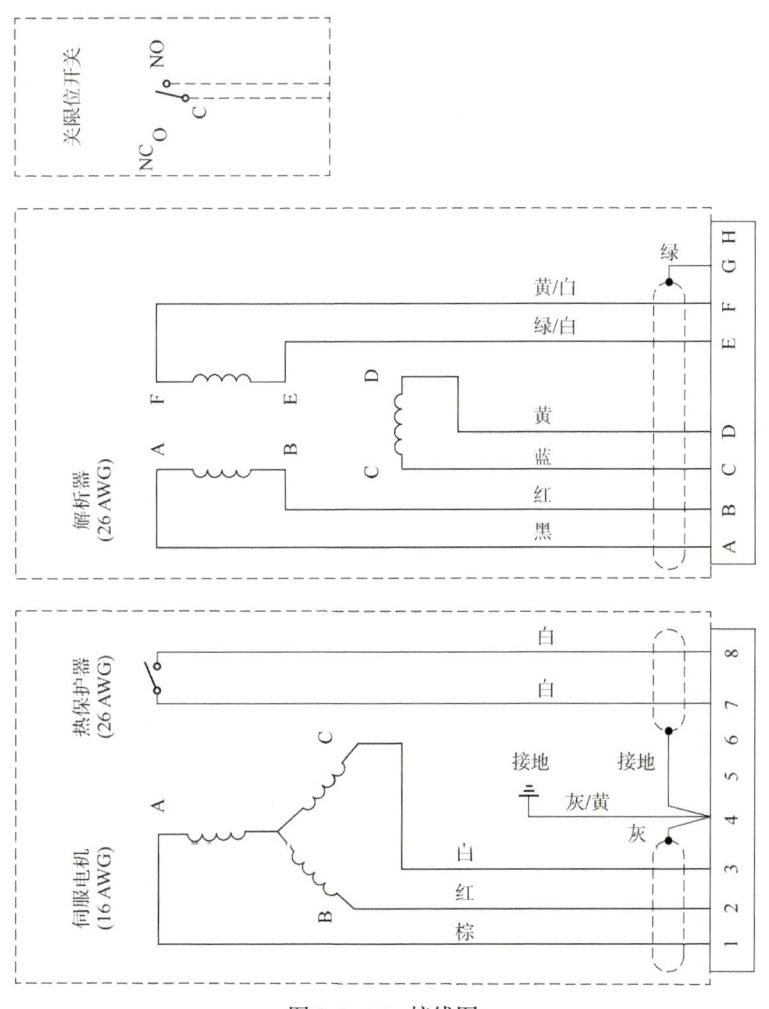

图 2.3.47 接线图

4) 通过串口与 SAVC 控制器通信

SAVC 控制器通过 RS485 串口与工程本连接，控制器维护软件为 Actwiz，选择合适的 com 口，波特率选择 57600，无奇偶校验，1 个停止位，半双工。在连接 SAVC 时，必须确认阀门的使能信号置 0。在线 SAVC 后，可以查看控制器故障及发生故障时的运行时间，也可以升级 SAVC 的固件版本。

5) 控制器设定

更换 SAVC 控制器时，应该根据实际用途对控制器进行拨码设定，如图 2.3.48 所示。由于控制器内部空间狭小，且为弹簧压片式端子，因此在接线时应格外小心，线接好以后必须进行检验。

6) 阀门失效报警故障的排除

(1) 通过可视阀位窗口观察阀位的动作情况。

(2) 如果通过观察发现正常动作，则转至下面第(3)步；如果通过观察发现阀没有正常动作，则转至下面第(4)步。

FILE NUMBER	SWITCH POSITION				CONFIGURATION DESCRIPTION
	3	2	1	0	
0	0	0	0	0	NON-VOLATILE MEMORY (DEVICENET SETTING)
1	0	0	0	1	2.0 INCH GAS METERING VALVE WITH MOOG ACTUATOR
2	0	0	1	0	1.5 INCH GAS METERING VALVE WITH MOOG ACTUATOR
3	0	0	1	1	2.0 INCII GAS METERING VALVE WITH KOLLMORGEN ACTUATOR
4	0	1	0	0	1.5 INCH GAS METERING VALVE WITH KOLLMORGEN ACTUATOR
5	0	1	0	1	1.5 INCH LIQUID METERING VALVE WITH MOOG ACTUATOR
6	0	1	1	0	HP-6 WITH MOOG ACTUATOR
7	0	1	1	1	1.0 INCH LIQUID METERING VALVE WITH KOLLMORGEN ACTUATOR

图 2.3.48　SAVC 拨码设定

(3) 如果阀位指示器正常移动，则可能是阀位指示开关故障，按下列步骤处理：

① 将执行机构断电，目视检查阀位指示器是否指示阀在全关位置。如果阀位指示器显示阀没有全关，并且有过量的气体泄漏(超过 0.1lb/min)，那么就把阀拆下后返厂维修。

② 移除关位置指示开关接线箱盖的螺栓。

③ 将执行器断电，观察发现可视阀位指示器显示阀在全关位置，说明在 C 与 NC 接线端子之间存在短路。如果一个开路存在，可以手动驱动全关位置指示器来观察 C 与 NC 接线端子的通断。

④ 假如全关位置指示开关功能是正常的，调整开关在阀距离全关位置 0.02in 时关闭。如果开关功能不正常或不能做调整，那么就换开关。

⑤ 给执行机构上电，验证全关指示开关运行正常。

(4) 可视位置反馈器移动正常—但是大量没有气体流过。

① 给执行机构通电，位置反馈器显示阀在全开位置，但是没有气流通过。

② 在几个开位置都没有气流通过时，将阀返回威泰克公司维修。

7) 更换燃料气计量阀后程序下装

由于同一型号阀的特性曲线都有所不同，因此应采取以下步骤：

(1) 将新阀的系列号记录下来(图 2.3.49)。

(2) 由西门子公司提供根据计量阀的型号及系列号修改好的 ECS 程序(主要是修改阀的流量特性曲线)，将改好的 ECS 程序下装到相应的控制器内。

(3) 打开下装好的 ECS 程序，在线程序，打开程序段 TImeClass_3 内的 Program Tags，将 TunIng 点开，把 TunIng.ft_tune 的值改为 100.1，然后利用 TunIng.zg_test 来进行阀的行程校验，利用 Trends 校验阀的命令与反馈是否吻合。

(4) 校验完成后，将 TunIng.ft_tune 的值

图 2.3.49　阀门编号图

改为0，燃料气计量阀更换完毕。

2.3.6 VIGV 伺服控制器

根据《GEM 0135_REV004-RB211 Inlet guide vanes RVDT Set-up Procedure》手册检查信号线和电源线，对照PI控制器检查Controller Bias、Feedback Zero、Feedback Gain、Controller P Gain 电位器，检查控制器输入及输出电流零位及满量程位满足0mA±0.4mA 及 15mA±0.4mA，并满足线性要求，MOOG PI 放大器如图 2.3.50 所示。

2.3.7 MOOG 设置

MOOG模块用于驱动MOOG阀，MOOG阀驱动入口导向叶片(IGV)。该模块是一个伺服放大器，可用作比例和(或)积分放大器。在此应用中，MOOG模块配置为比例放大器，输出校准的电流

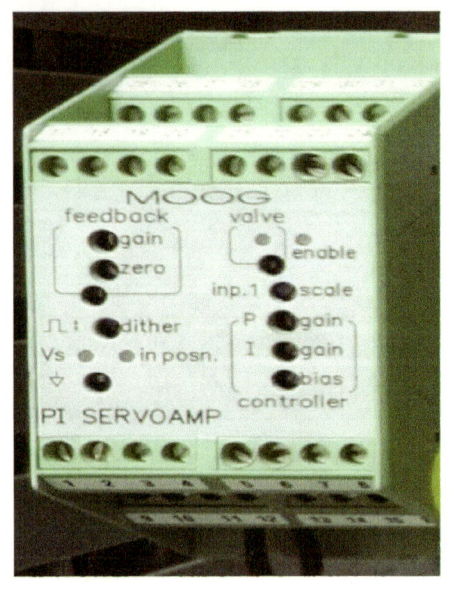

2.3.50 MOOG PI 放大器

范围以驱动连接到IGV的阀门。它从ECS获取4~20mA输入，并将其输出发送到MOOG执行器，如图2.3.51和图2.3.52所示。

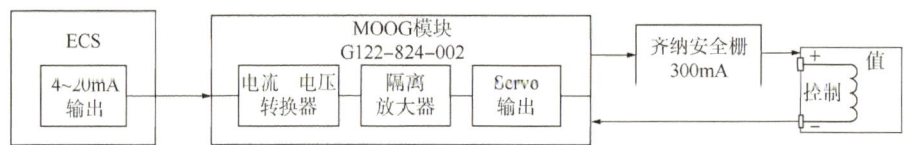

图 2.3.51 带齐纳安全栅时 ECS 到 MOOG 执行器的连接

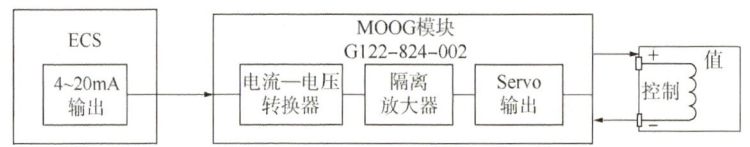

图 2.3.52 不带齐纳安全栅时 ECS 到 MOOG 执行器的连接

由于模块具有许多功能，因此需要遵循设置程序才能实现所需的输出，如图2.3.53所示。需要在MOOG模块上配置各种跳线设置，拨码开关和跳线如图2.3.54所示。

表2.3.3显示了几个特定应用的MOOG模块跳转设置。

2.3.8 MOOG 校准

检查SW1中的DIP开关设置，并确保它们与表2.3.3中列出的相应应用的设置相对应。如果需要，调整SW1中的DIP开关设置以匹配表2.3.3中列出的设置。例如，在RB211应用中，SW1-3、SW1-4和SW1-5应处于ON位置，而其他开关应处于OFF位置。

将MOOG模块连接到ECS面板，如图2.3.55所示，并将万用表连接到MOOG模块的输出端。

第 2 章 | 燃驱离心压缩机组控制系统硬件

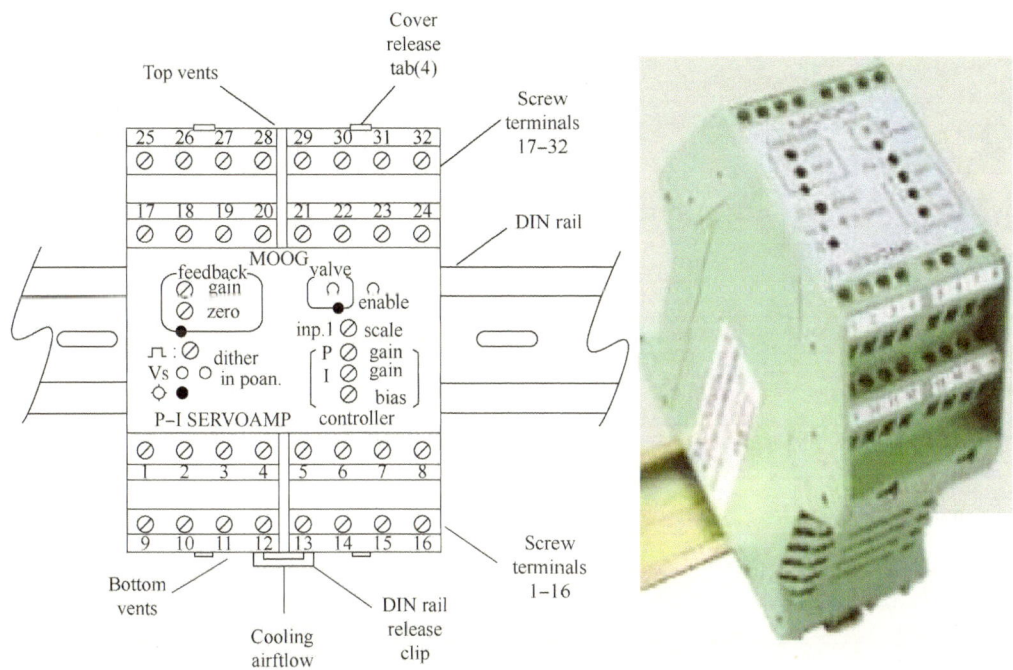

图 2.3.53 MOOG 模块的 DIN 导轨安装

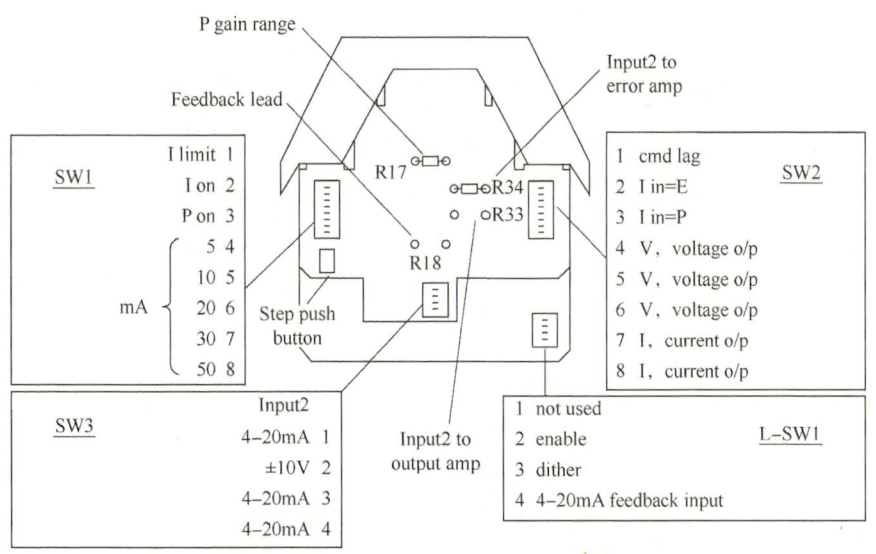

图 2.3.54 MOOG 模块上配置的跳线和开关

表 2.3.3 MOOG 模块上的跳线设置

Function	DIP Switch	Parker/ Fischer	Parker/ Valtek	Mars/ Pegasus	RB211 VIGV	Allison 501 Bov	Allison CV6	Frame 5 Stop/Ratio	Avon VIGV
R-R Part#		ZE533-00 4A-001#1	ZE533-00 4A-001#3	ZE533-00 4A-001#4	ZE533-00 4A-001#5	ZE533-00 4A-001#6	ZE533-00 4A-001#8		ZE533-00 4A-001#17
not used	L-SW1-1	OFF	OFF	OFF	OFF	OFF	OFF	OFF	OFF
enable	L-SW1-2	ON	ON	ON	ON	ON	ON	ON	ON

续表

Function	DIP Switch	Parker/ Fischer	Parker/ Valtek	Mars/ Pegasus	RB211 VIGV	Allison 501 Bov	Allison CV6	Frame 5 Stop/Ratio	Avon VIGV
R-R Part#		ZE533-00 4A-001#1	ZE533-00 4A-001#3	ZE533-00 4A-001#4	ZE533-00 4A-001#5	ZE533-00 4A-001#6	ZE533-00 4A-001#8	ZE533-00 4A-001#17	
dither	L-SW1-3	OFF	OFF	OFF	OFF	OFF	OFF	OFF	OFF
4-20mA feedback	L-SW1-4	ON	ON	ON	ON	ON	ON	ON	ON
I limit	SW1-1	OFF	OFF	OFF	OFF	OFF	OFF	OFF	OFF
I on	SW1-2	OFF	OFF	OFF	OFF	OFF	OFF	OFF	OFF
P on	SW1-3	ON	ON	ON	ON	ON	ON	ON	ON
5mA	SW1-4	OFF	OFF	OFF	OFF	OFF	OFF	OFF	OFF
10mA	SW1-5	ON	ON	ON	OFF	ON	ON	ON	ON
20mA	SW1-6	OFF	OFF	OFF	ON	OFF	OFF	OFF	OFF
30mA	SW1-7	OFF	OFF	OFF	OFF	OFF	OFF	OFF	OFF
50mA	SW1-8	ON	ON	ON	OFF	ON	ON	ON	ON
Cmd lag	SW2-1	ON	ON	ON	ON	ON	ON	ON	ON
I in = E	SW2-2	ON	ON	ON	ON	ON	ON	ON	ON
I in = P	SW2-3	OFF	OFF	OFF	OFF	OFF	OFF	OFF	OFF
V, voltage o/p	SW2-4	OFF	OFF	OFF	OFF	OFF	OFF	OFF	OFF
V, voltage o/p	SW2-5	OFF	OFF	OFF	OFF	OFF	OFF	OFF	OFF
V, voltage o/p	SW2-6	OFF	OFF	OFF	OFF	OFF	OFF	OFF	OFF
I, current o/p	SW2-7	ON	ON	ON	ON	ON	ON	ON	ON
I, current o/p	SW2-8	ON	ON	ON	ON	ON	ON	ON	ON
Input 2, 4-20mA	SW3-1	ON	ON	ON	ON	ON	ON	ON	ON
Input 2, ±10V	SW3-2	OFF	OFF	OFF	OFF	OFF	OFF	OFF	OFF
Input 2, 4-20mA	SW3-3	ON	ON	ON	ON	ON	ON	ON	ON
Input, 2, 4-20mA	SW3-4	ON	ON	ON	ON	ON	ON	ON	ON

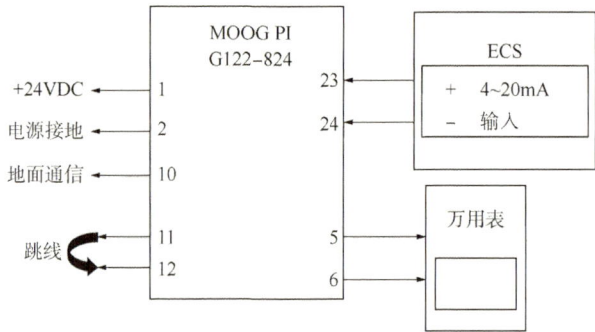

图 2.3.55 ECS 连接到 MOOG 模块进行校准

MOOG 电位计(图 2.3.53)在执行校准之前需要预先调整。

(1) 通过将电位计沿一个方向旋转~15 圈,将"控制器偏置"电位器设置为中间位置;然后在计数时,将其向相反方向转回 6~7 圈。

(2) 通过连续(顺时针)旋转~15 圈来调整"输入 1 刻度"电位器。

(3) 通过旋转 CCW(逆时针)~15 圈来调整"抖动"电位器。

第 3 章
燃驱离心压缩机组控制系统软件

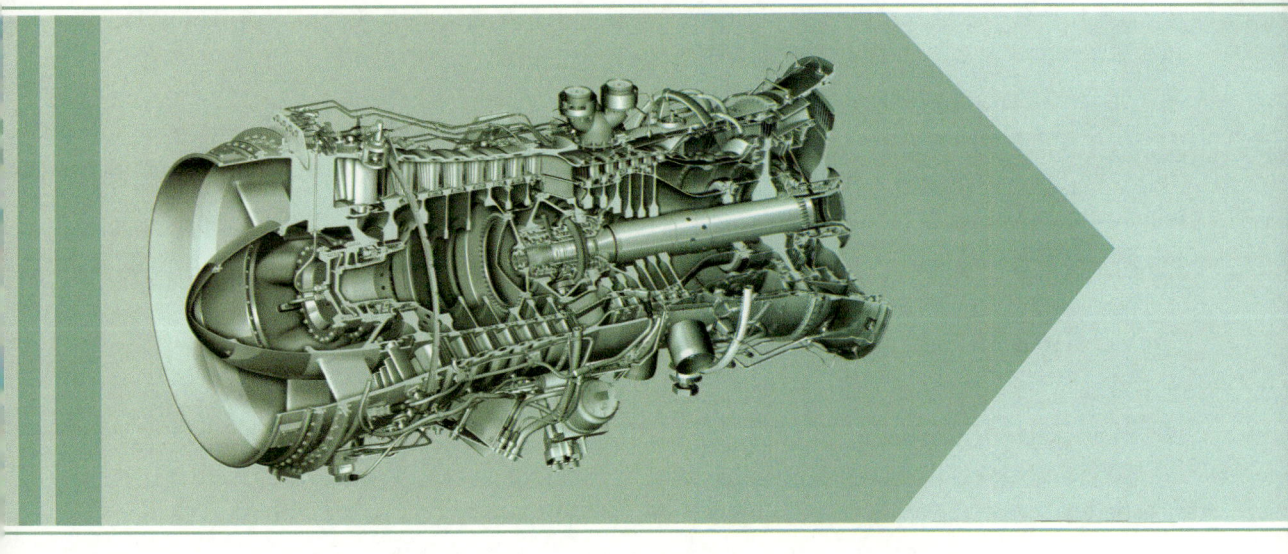

3.1 编程软件

3.1.1 Toolbox 编程组态软件

3.1.1.1 ToolboxST 概述

Mark VIe 控制系统用于涡轮与驱动负载装置的控制、保护与监测。重要的子系统(例如伺服控制系统、振动保护系统与同步系统)嵌入在输入输出(I/O)系统中并配有板载处理器以优化性能。

ToolboxST 是 Mark VIe 控制器的配置与维护软件。该系统具有一个带联网输入输出(I/O)的 CompactPCI(TM)控制器。输入输出(I/O)处理器位于端子板上,而不是位于集中式板架上。此配置可以将端子板上的信号数字化,这些端子板既可以本地安装或远程安装,也可以单独安装或成组安装。

(针对硬件)ToolboxST 通过一个称为模块的逻辑单元管理输入输出(I/O)包与端子板。一个模块最多由 3 个与主端子板连接的输入输出(I/O)包以及一个或多个辅助端子板(可选)组成。只有一个输入输出(I/O)包的配置被称为单工配置;具有两个输入输出(I/O)包的配置称为双工配置;若具有三个输入输出(I/O)包,则称为 TMR(网络冗余配置不依赖于网络冗余及控制器冗余设置)。

为了便于识别与版(I/O)包都具有一个输入输出(I/O)兼容性代码与一个配置兼容性代码。这些代码为包确定输入输出(I/O)映射布局与配置区域。对于每个兼容性代码集,则可以用多个硬件架构确定包的物理特征。可通过硬件架构以及兼容性代码来确定可向 Mark VIe 控制器设备中添加的每个输入输出(I/O)包模块。例如,PDOA_2_2 表示离散输出模块,其中输入输出(I/O)兼容性代码与配置代码均为 2。

(针对软件)创建可下载应用软件、控制器与库容器的系统组件有两种。控制器组件包含下载到一个特定控制器中的应用软件。库容器包含可重复利用块的用户块库,这些库可以被控制器组件引用与使用。

控制器应用软件由在块的变量上执行逻辑与数学运算的功能块组成。这个由块与连接变量组成的网络可以通过物理输入与输出控制一个特定的机器。

功能块可以被整体归入用户块中。这些用户块可以被用于其他用户块或者程序中。如果一个程序包含一个用户块,则可以为此用户块规定进度以使其以固定周期运行。此周期数倍于控制器帧周期,并可以在周期开始时偏移以使控制器中的处理器负载均衡。

用户块变量既可以是全局变量,也可以是局部变量。但是所有的程序变量均为全局变量。连接涡轮输入输出(I/O)或者以太网全局数据(EGD)的变量必须是全局变量。局部变量只限于在用户块范围中使用。这就意味着不能从其他位置访问局部变量。可根据 Global Name Prefix(GNP) 的属性使用变量名称、程序名称与变量名称(中间加点)(例如 Prog1.VarName)或者块名称与变量名称(中间加点)(例如 USB1.VarName)来引用全局变量。

下面将对几个部分进行重点介绍:

1) 功能块

控制器中应用软件的基本单位是功能块。每个功能块与控制器上的软件相对应。在 ToolboxST 中，功能块由块库表示。这些库是安装特定类型控制器的一部分。

块具有输入变量与输出变量，这些变量可以与其他变量、涡轮输入输出（I/O）或者 EGD 变量相连。块中的每个实例都具有一个名称，此名称在块环境中是唯一的。在控制器中，变量名称与块名称以及环境的组合赋予每个变量一个唯一的名称。同一用户块中的块可以使用块名称与周期分隔的变量块互相引用。

块通常可以被添加到控制器组件或者用户块库中的一个用户块中，方法是将块从库的调色板拖到用户块的框图。参见"块图编辑器"一节获取关于编辑块的更多信息。

2) 用户块

创建的可重复使用用户块称为用户块定义。它们在一个用户块库中定义，此用户块库包含在系统级的库容器中。

用户块可用于存储可供重复使用的代码，也可以将代码分解成更易于理解的部分。共有三种用户块：

Linked 用户块指存在于用户块库中然后被插入一个程序或者其他用户块中的用户块定义。在实例中无法更改链接用户块（但有一些例外），但可以被从块库中将它们更新到一个新的版本。Linked 用户块在树状视图中显示为一个链接条。

Unlinked 当控制器中的所有用户块被实例化时，用户块允许用户在控制器组件中编辑用户块但不允许从原始用户块定义中更新。一旦链接用户块被插入一个程序或者另一个用户块，可以通过将 Unlink 属性设置为 True 来使它们不被链接。Unlinked 用户块在树状视图中显示为一个未链接条。

Embedded 此用户块可被插入程序中，它不基于用户块定义。如同功能块一样，这些用户块表现为一个具有输入与输出功能的正常模块。如同功能块，用户块可以拥有作为该用户块输入与输出的变量。链接用户块被添加到一个程序中后，如果产生该用户块的用户块定义被修改，则该用户块将过期。使用 Instance 命令更新此用户块。

3) 程序

程序中包含用户块，这些用户块可以组成一个特定的控制器应用软件。程序中（而非其他用户块中）的用户块可以被单独调度。程序变量可以被创建为控制器组件的全局变量。所有程序都包含在一个 XML 文件中，不能使用 Import Existing Program 命令将这些程序导入到其他控制器。

当一个链接用户块被插入或者实例化时，Programs 项属性允许用户规定其特殊行为。Merge Variables At Instance 属性从 Property Editor 应用至一个用户块的变量。如果此用户块被设置为 True，则实例的一些属性可以被修改。如果用户块定义中没有设置默认值，则该属性未被修改。如果 Merge Variables At Instance 属性被设置为 false，当用户块被实例化时，变量属性将始终被更新。

Remove Unused Variables 属性有助于使用户块定义列表变短（此定义使用实例脚本从用户块实例删除个别块。如果此属性被设置为 True，当用户块被插入或实例化时，一个未用的用户块中的任何变量将被删除。

4) 用户块定义

用户块定义主要由功能块、用户块与变量组成。用户块定义的变量用作参数,既可以是局部变量,也可以是全局变量。除非变量名称包含一个文本替换或此变量的 GlobalNamePrefix 属性被设置为 Full、Block 或 Program,否则用户块定义(全局变量)只能在指定的控制器中使用一次,链接用户块与未链接用户块均来源于用户块定义。每个用户块都拥有一个 Version 与 Description 以便于管理可重复利用的应用软件。

若要对用户块进行专业化处理以便在多种情况中使用一组代码,则可以通过 instance-scripts 与 text substitution 来实现。instance scripts 与 text substitution 构造对属于用户块或控制器组件的 ToolboxST 自动界面与用户属性起作用。

5) 用户属性

用户属性指可以对用户块定义进行专业化的指定值。用户属性由名称、数据类型、描述、数值与 PromptforInput 属性组成。

PromptforInput 属性可显示一个对话框,因此,可以在插入具有用户属性的用户块时校验属性值。通过替换用户块属性中规定的字符串来用指定属性更改变量名与连接。可以在实例中更改用户块的用户属性。

3.1.1.2 新建和打开应用程序

(1) 首次打开 ToolboxST 程序,显示一个空的系统编辑画面(图 3.1.1);

图 3.1.1 首次打开程序系统编辑画面

(2) 从 File 菜单下选择 New System,显示如图 3.1.2 所示。

(3) 在 New System 对话框下输入系统名称和存储路径,点击 OK 完成系统创建(图 3.1.3);

(4) 打开已经存在的系统,从 File 菜单选择 Open System(图 3.1.4);

(5) 定位已经存在的应用程序 .tcw 文件,选择 Open,应用程序将显示在 System Editor 中(图 3.1.5);

(6) 西气东输二线应用程序如图 3.1.6 所示;

3.1.1.3 查找变量

(1) 使用 Finder 可以在程序中查找信号和替换信号,在 Edit 菜单选择 Find 打开 Finder 对话框(图 3.1.7);

(2) 在弹出的 Finder 对话框输入要查找的信号,点击 Find 开始查找(图 3.1.8);

图 3.1.2 选择 New System

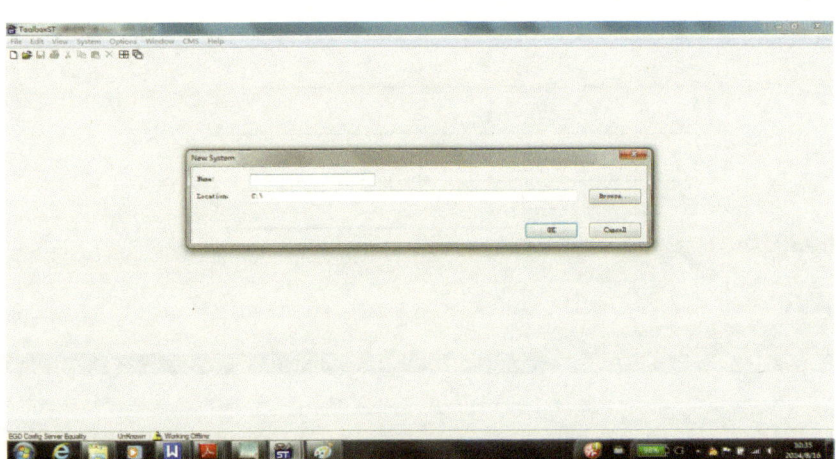

图 3.1.3 输入系统名称和存储路径

图 3.1.4 选择 Open System

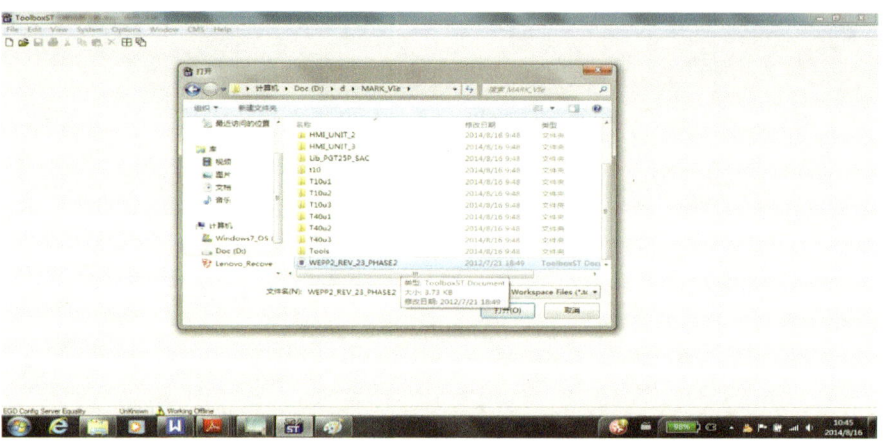

图 3.1.5　打开已经存在的系统

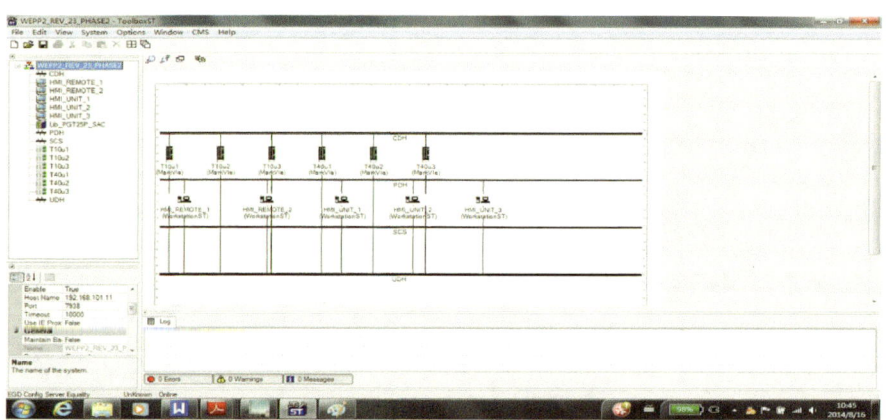

图 3.1.6　西气东输二线应用程序

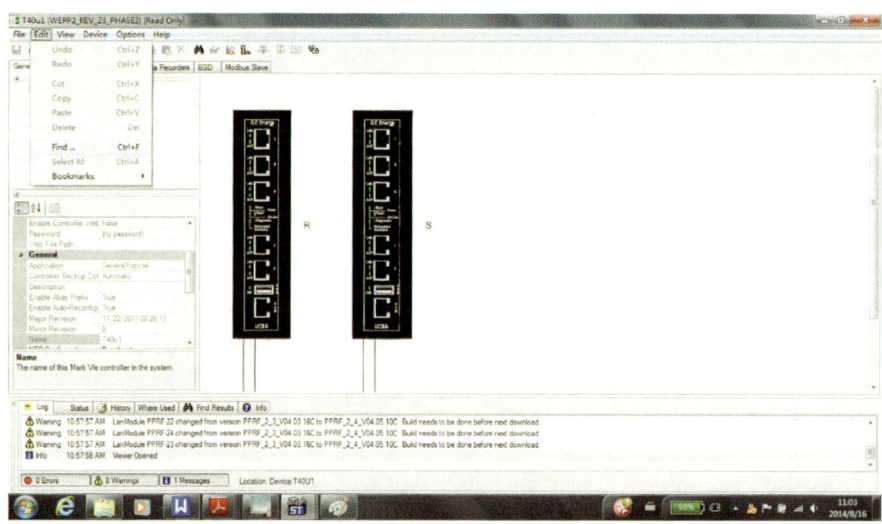

图 3.1.7　打开 Finder 对话框

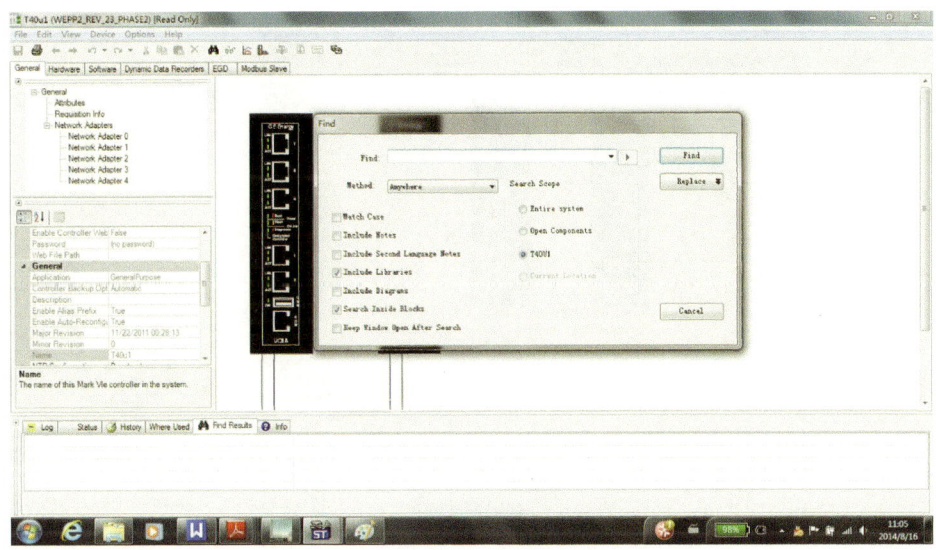

图 3.1.8　输入要查找的信号

（3）查找出的信号显示在 Find Results 中，选中查找的信号，在 Where Used 中显示该信号在程序中的位置（图 3.1.9）。

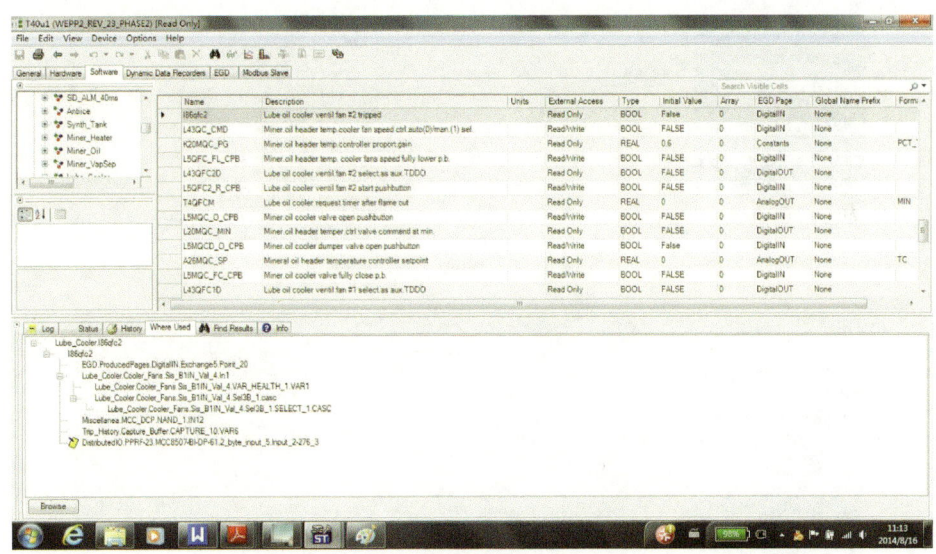

图 3.1.9　Find Results 的显示

3.1.1.4　设置控制器 IP 地址

为控制器设置 IP 的方法有以下两种。方法一直接通过串口连接设置 IP 地址

（1）使用串口线连接电脑和控制器；

（2）打开需要配置控制器的 Mark VIe Component Editor；

（3）从 Device 菜单，选择 Download 选项，然后选择 Controller Setup 选项（图 3.1.10）；

（4）此时会弹出一个对话框，点击 Next 继续（图 3.1.11）；

（5）选择 Configure Network Address 选项，点击 Next 继续（图 3.1.12）；

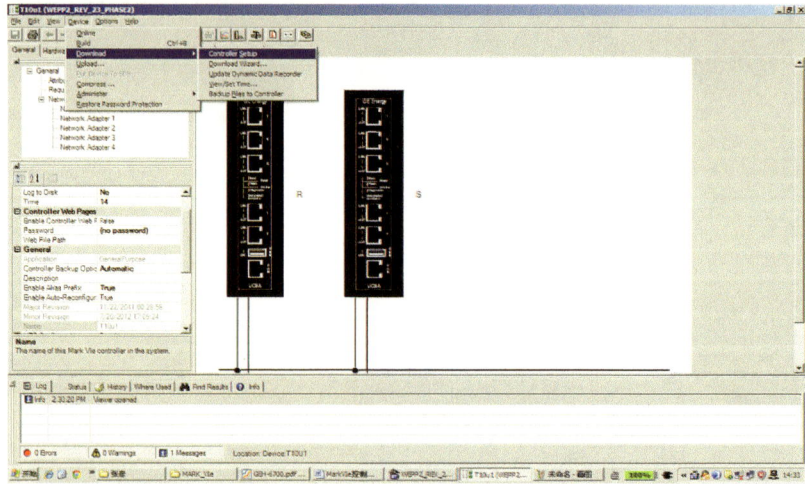

图 3.1.10　选择 Controller Setup 选项

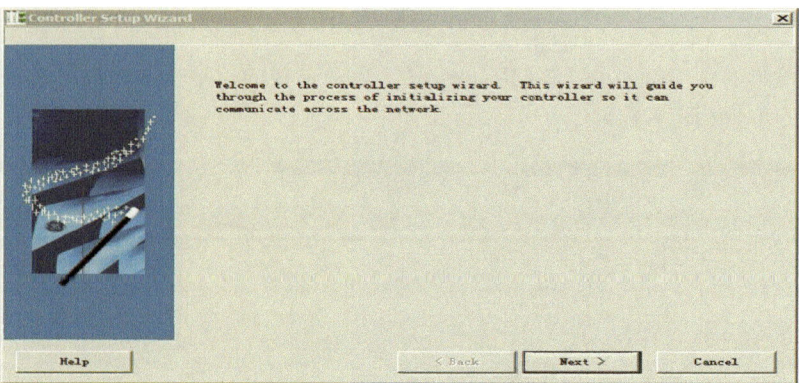

图 3.1.11　点击 Next 继续

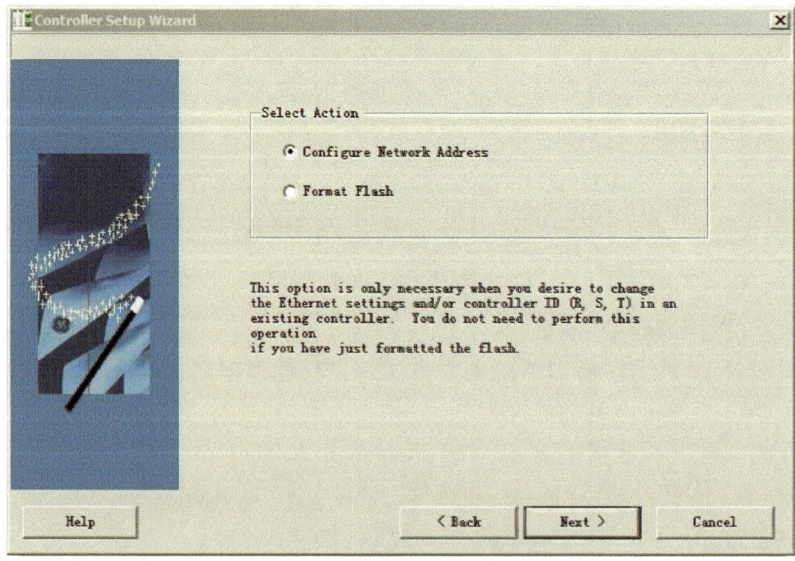

图 3.1.12　点击 Next 继续

(6) 选择需要设置的通道，点击 Next 开始设置(图 3.1.13)；

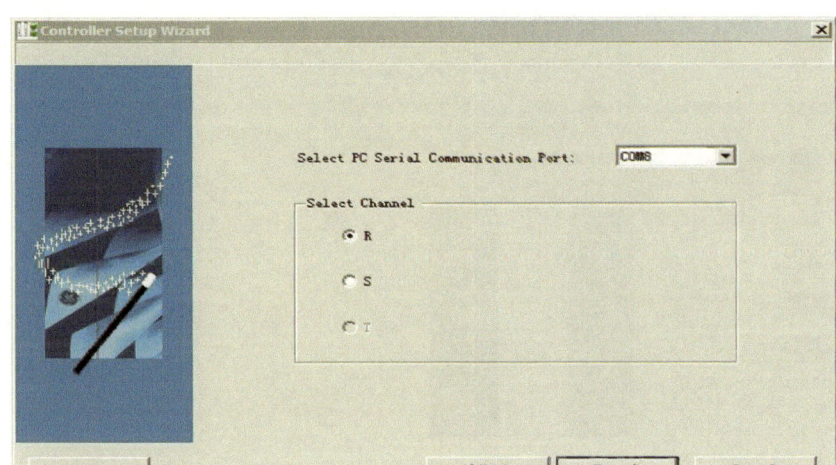

图 3.1.13 选择需要设置的通道

(7) 设置完成后点击 Finish 结束(图 3.1.14)；

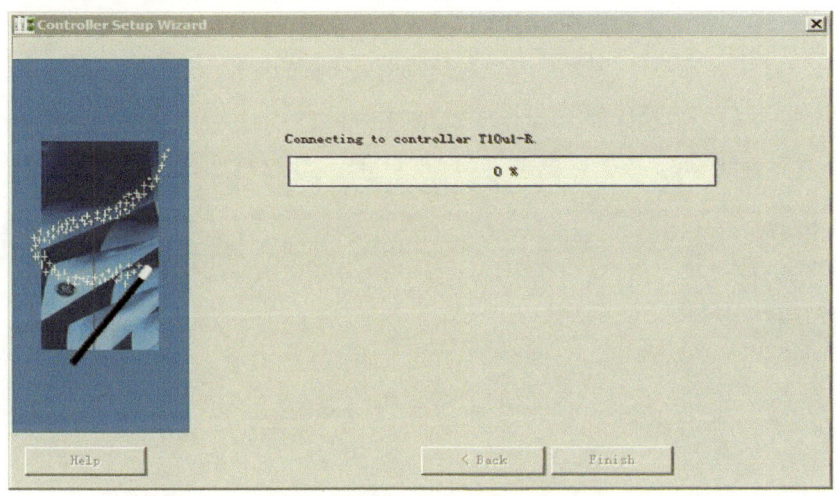

图 3.1.14 点击 Finish 结束

重复上述步骤完成其他通道 IP 设置。方法二使用 CF 卡设置 IP 地址。

CF 卡设置 IP 地址时需要使用 CF 卡读卡器(图 3.1.15，UCSAH1A 控制器使用 CF 卡设置 IP 地址，新升级 UCSBH4A 控制器使用 U 盘设置 IP 地址)。

图 3.1.15 使用 CF 卡设置 IP 地址

(1) 将 CF 卡从控制器中取出或使用新 CF 卡，将卡插入读卡器中，与电脑相连；
(2) 打开需要配置控制器的 MarkVIe Component Editor；
(3) 从 Device 菜单，选择 Download 选项，然后选择 Controller Setup 选项（图 3.1.16）；

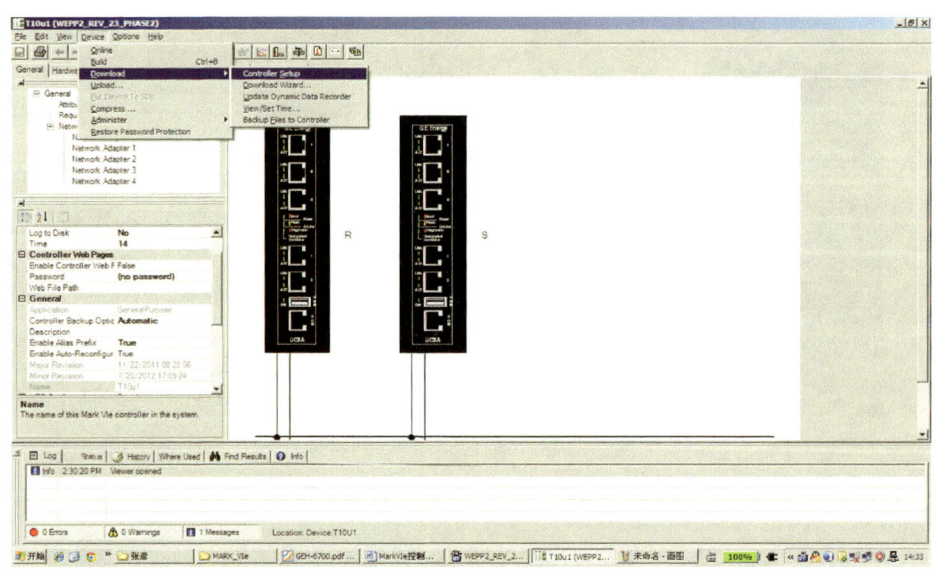

图 3.1.16　选择 Controller Setup 选项

(4) 此时会弹出一个对话框，点击 Next 继续；
(5) 选择 Format Flash 选项，点击 Next 继续（图 3.1.17）；

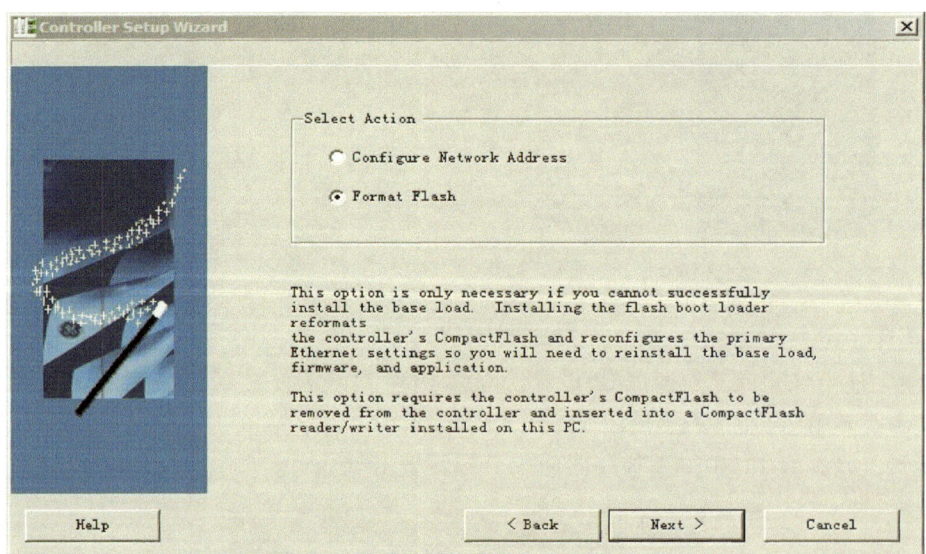

图 3.1.17　选择 Format Flash 选项

(6) 点击 Scan 检验 CF 卡是否完好，选择需要下载的通道，点击 Write 进行写入，配置完成后点击 Finish（图 3.1.18）；
(7) 将 CF 卡插会控制器，上电，重复上述操作为其他 CF 卡写入 IP 地址。

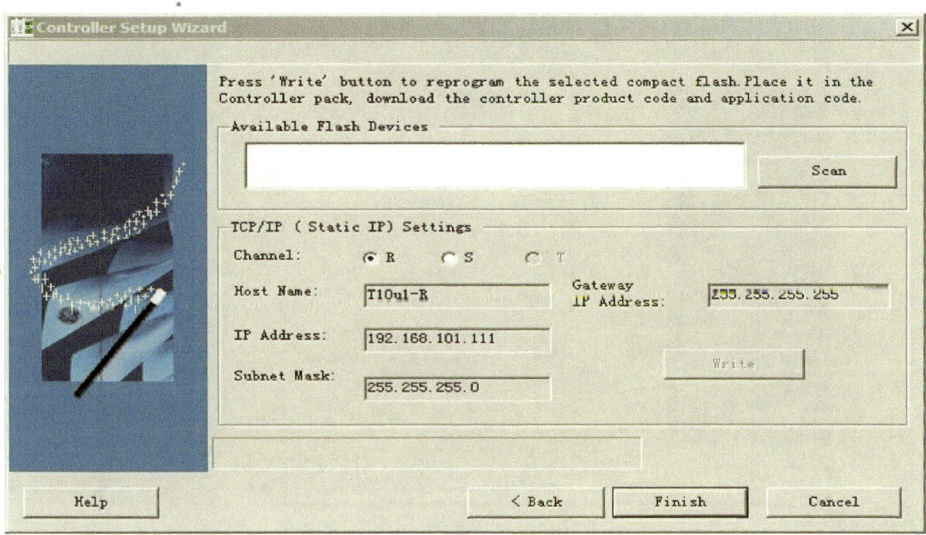

图 3.1.18　点击 Write 进行写入

3.1.1.5　下载应用程序至控制器

下载应用程序至控制器步骤如下：

(1) 打开 MarkVIe Component Editor，从 Device 菜单中选择 Download 选项，选择 Download Wizard 打开 Download MarkVIe Controller 向导（图3.1.19）；

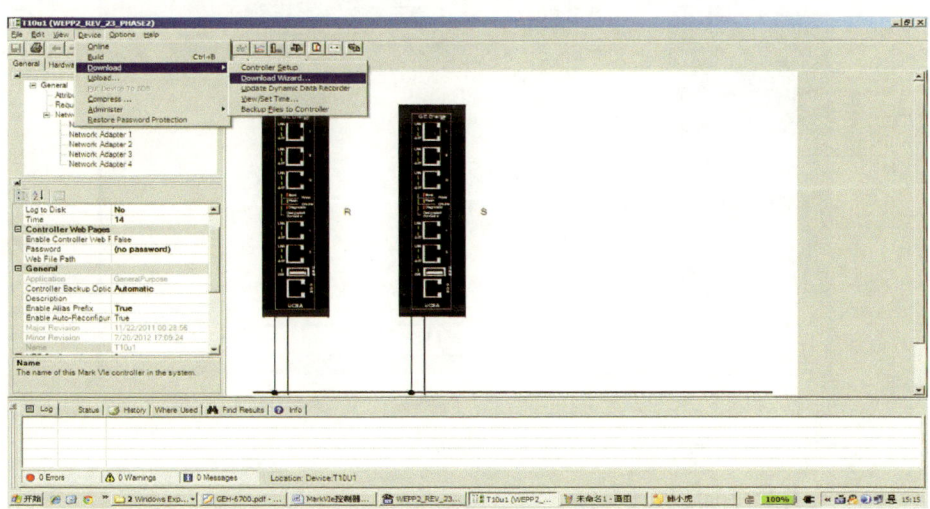

图 3.1.19　打开 Download MarkVIe Controller 向导

(2) 点击 Scan 扫描所有控制器和数据包，勾选需要下载的内容，点击 Next 继续（图 3.1.20）；

(3) 勾选上 Download Backup File 选项，点击 Next 继续（图 3.1.21）；

(4) 下载结束后，点击 Finish 关闭向导。在 Component InfoView 中，点击 Log 查看下载过程中的警告或错误（图 3.1.22）；

(5) 下载完成后，等待 2min 控制器在线，校验冗余控制器是否均衡（图 3.1.23）。

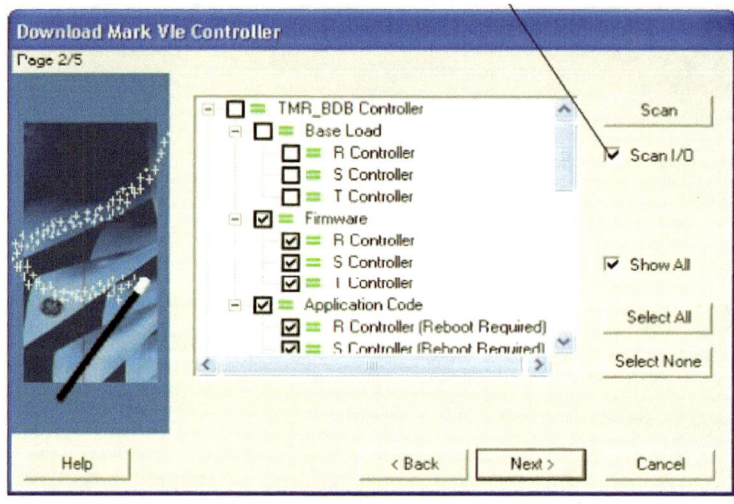

图 3.1.20 选需要下载的内容

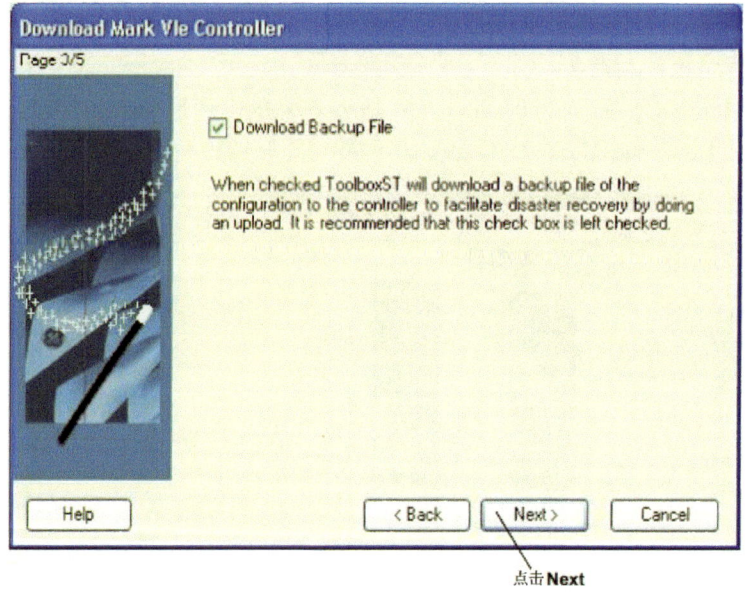

图 3.1.21 勾选上 Download Backup File 选项

3.1.1.6 程序在线和强制信号

(1) 连接到控制器,从 System Editor 中打开一个 Mark VIe Component Editor;

(2) 从 Device 菜单选择 Online 或者点击 Go On/Offline(图 3.1.24);

(3) 如果连接的是单控制器,系统默认连接 R 控制器,如果连接的是冗余或者三冗余控制器,可以选择连接 R 控制器、S 控制器或 T 控制器,或者连接主控制器(图 3.1.25);

(4) 程序在线后,可以对信号进行强制操作,通过 Finder 找到要强制信号,双击该信号,弹出信号强制对话框,进行强制操作(图 3.1.26)。

| 第 3 章 | 燃驱离心压缩机组控制系统软件 |

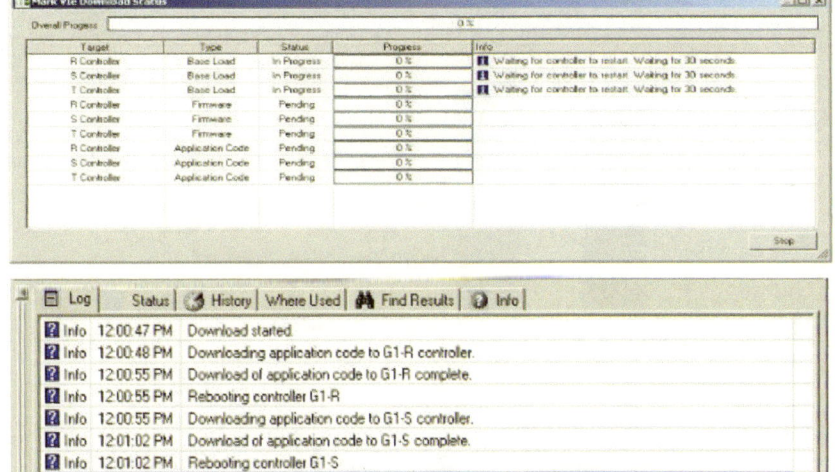

图 3.1.22　点击 Log 查看下载过程中的警告或错误

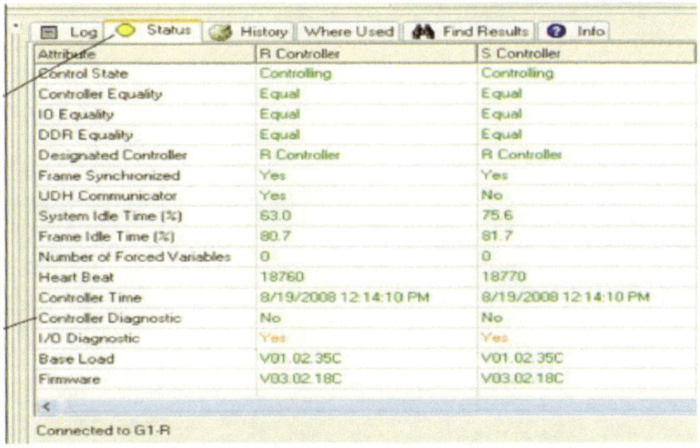

图 3.1.23　校验冗余控制器是否均衡

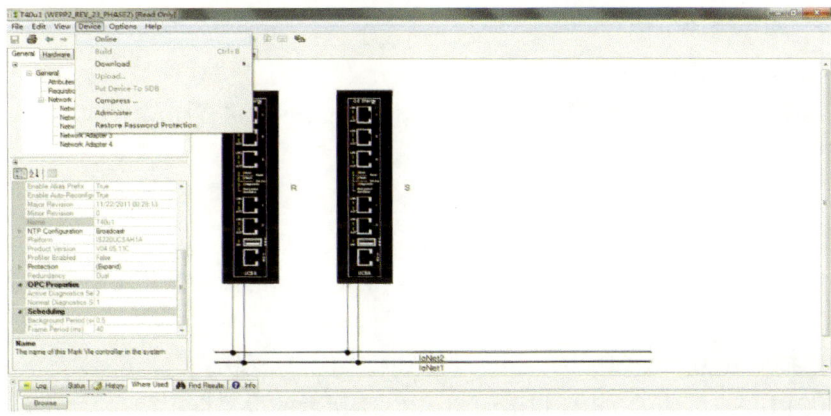

图 3.1.24　Device 菜单选择

· 133 ·

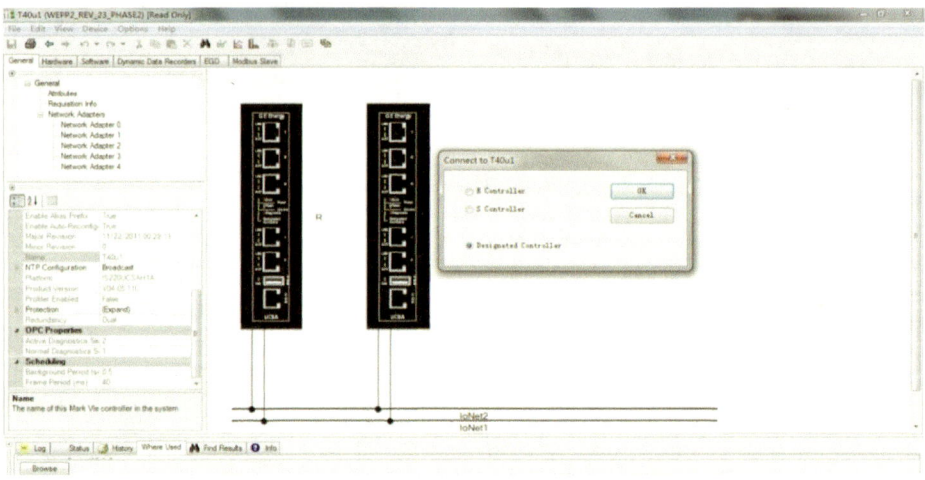

图 3.1.25　控制器选择连接

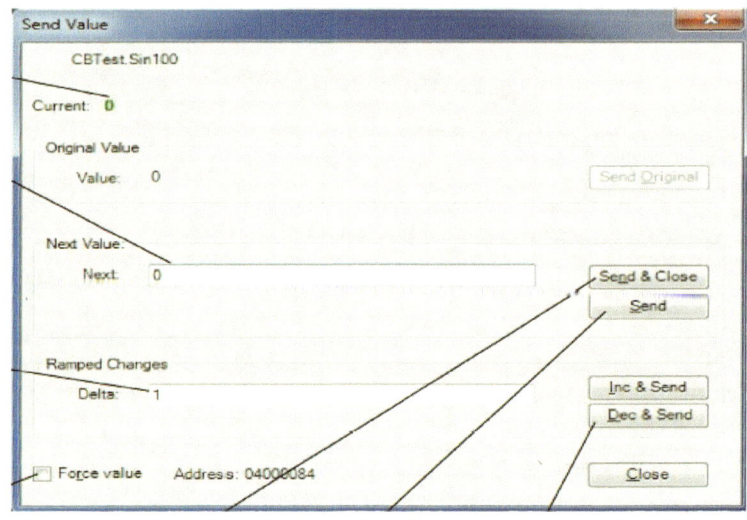

图 3.1.26　信号强制对话框

3.1.1.7　程序修改范例

Toolbox 修改 L30ALM 程序操作说明：

（1）在 Software 下右键点击 Prgrams 点击 Add Program 新建程序（图 3.1.27）；

（2）新建程序，点击 OK（图 3.1.28）；

（3）右键点击新建的程序点击 Add Task（图 3.1.29）；

（4）Add Task，起名 L30ALM_XiuGai，点击 OK；

（5）选中 L30ALM_XiuGai，然后点击如图 3.1.30 所示的箭头所指，进入编辑画面；

（6）搜索 MOVE 模块，将其拖动到程序中（图 3.1.31）；

（7）分别按此方法加入 PULSE、OR、LATCH、MOVE 模块；

（8）双击 PULSE 模块的 TRIG 弹出如图 3.1.32 所示的设置框；

（9）点击 Browse Globals，之后搜 L26AIA_AL 报警，选中后点击 OK（图 3.1.33）；

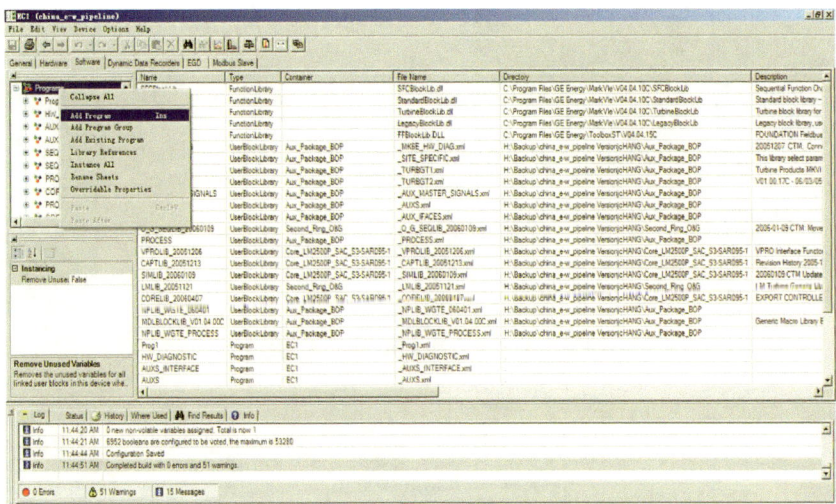

图 3.1.27　点击 Add Program 新建程序

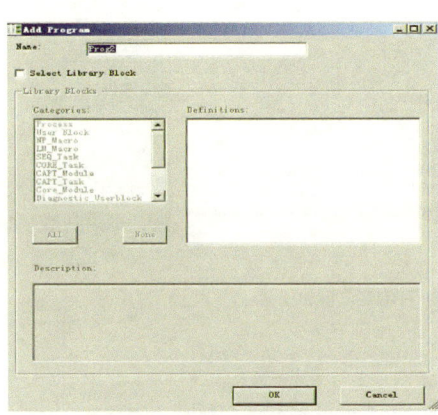

图 3.1.28　新建程序

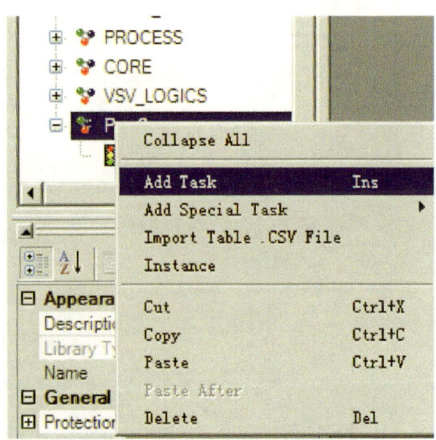

图 3.1.29　点击 Add Task

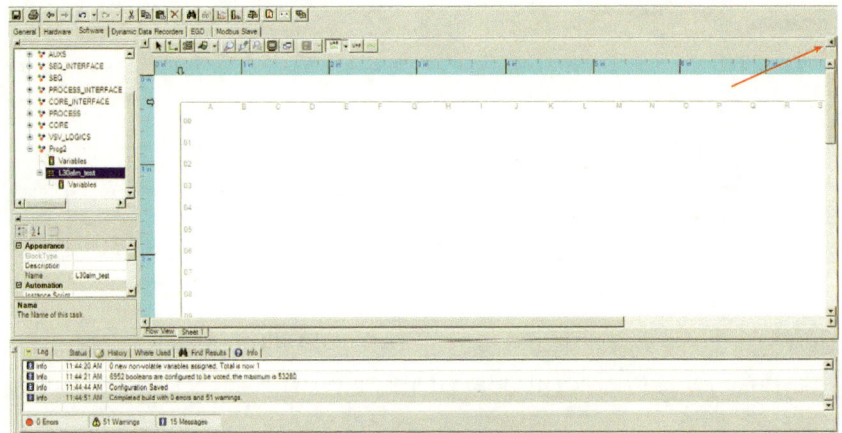

图 3.1.30　进入编辑画面

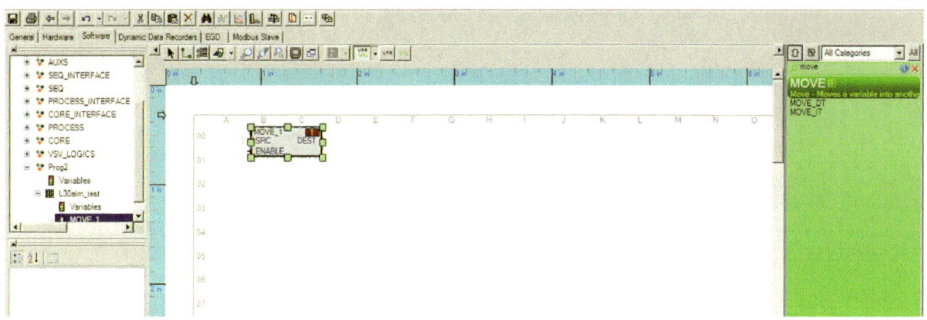

图 3.1.31　MOVE 模块拖动到程序中

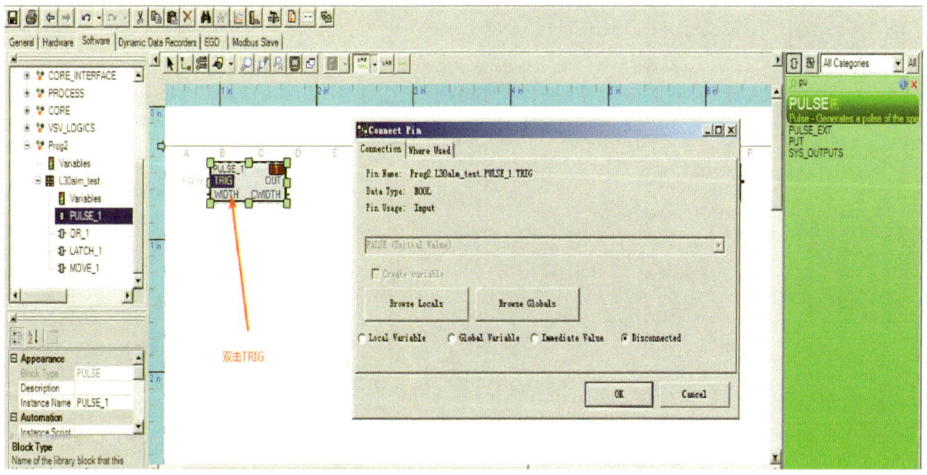

图 3.1.32　PULSE 模块的 TRIG 设置框

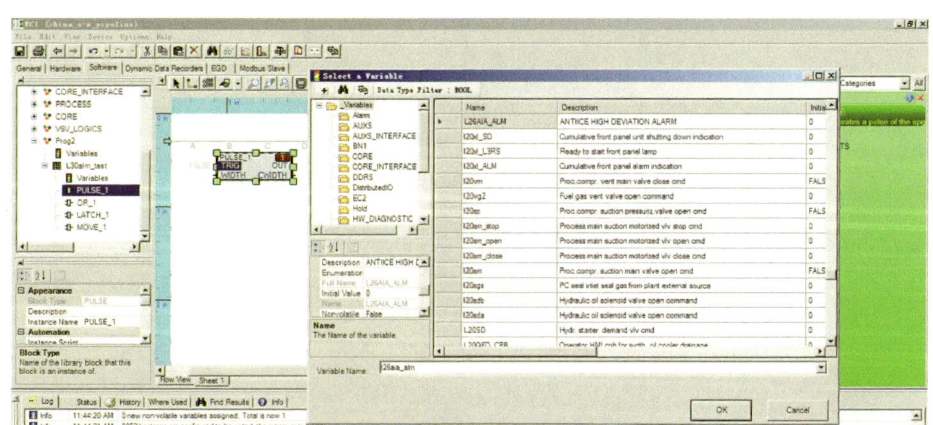

图 3.1.33　选中 L26AIA_AL 报警

（10）如图点击 Wiring Tools，将 PULSE_1 的 OUT 引脚与 OR_1 的 IN1 引脚相连（图 3.1.34）；

（11）用同样的方法连线，将 OR_1 的 OUT 与 LATCH_1 的 SET 相连，LATCH_1 的 OUT 与 MOVE_1 的 SRC 相连；

（12）双击 LATCH_1 的 RESET，点击 Browse Globals（图 3.1.35）；

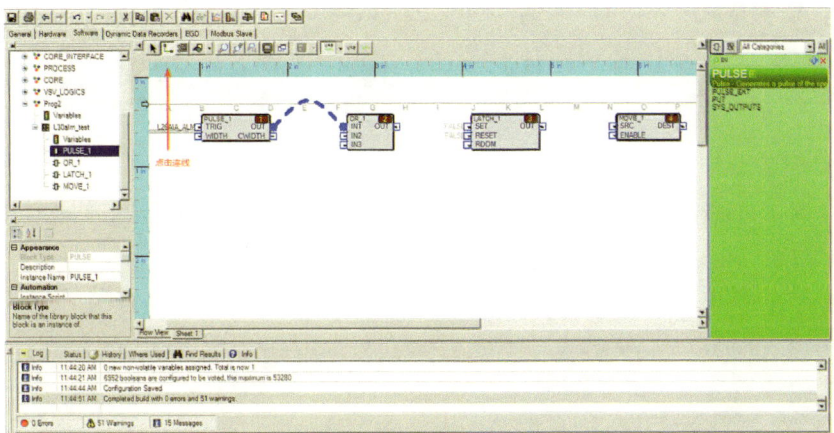

图 3.1.34　逻辑块的引脚相连

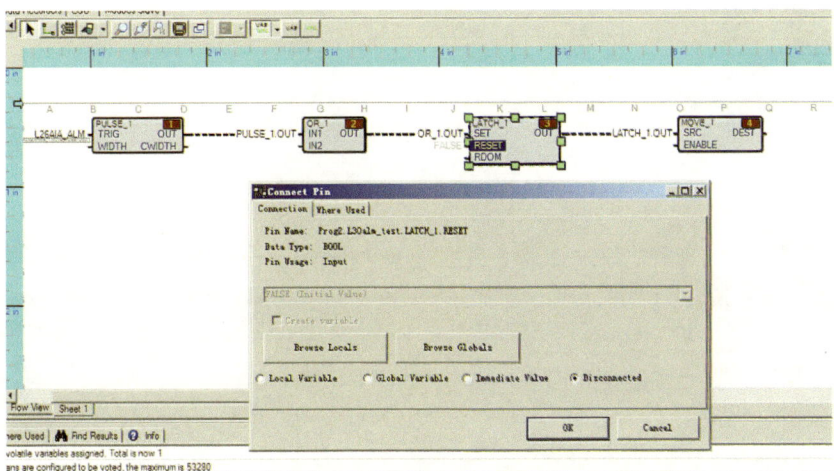

图 3.1.35　点击 Browse Globals

(13) 选中 RESET_CMD 点击 OK (图 3.1.36);

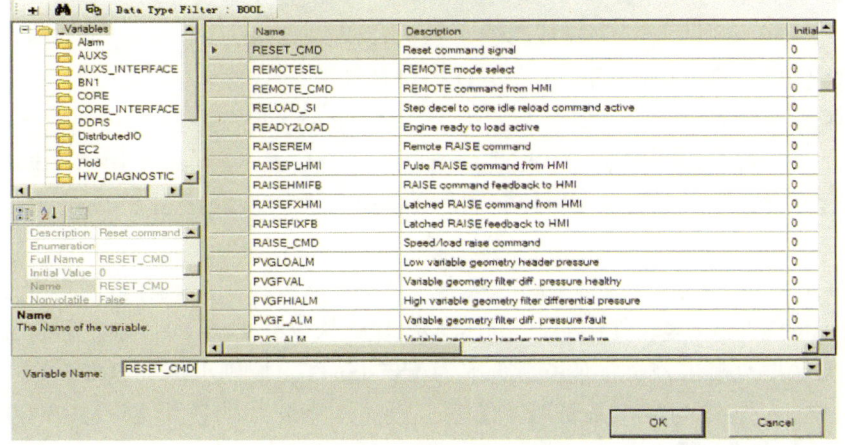

图 3.1.36　选中 RESET_CMD

(14) 双击 MOVE_1 模块的 DEST，同样方法选择 L30ALM 报警（图3.1.37）；

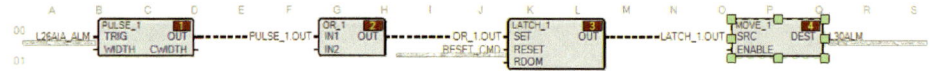

图3.1.37 选择 L30ALM 报警

(15) 此时，L26AIA_ALM 由上升沿触发脉冲，被锁存模块后被赋予 L30ALM 总报警的程序已修改完成；

(16) 最后点击 BUILD 编译按钮，编译结果应显示 0errors 方可下载程序（图3.1.38）。

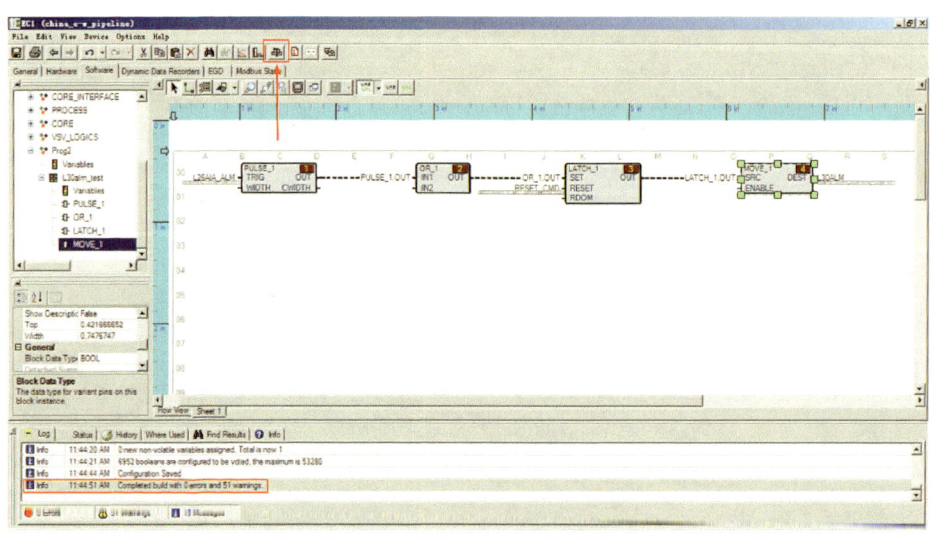

图3.1.38 点击 BUILD 编译

3.1.2 RSLogix5000 编程组态软件

3.1.2.1 概述

RSLogix5000 组态编程软件[1]是美国 Allen-Bradley 公司开发的用于对其公司 PLC 产品编程的软件。主要作为所有 Logix5000TMplatforms 平台的主要编程和组态工具，RSLogix5000 软件主要用于实现下列功能：创建或移除可执行代码（梯形图、功能块）、在线监控数据变化、组态控制器到控制器的通信、组态 I/O 模块和设备。

AB 可编程控制器（PLC）主要分为三大类：MicroLogix 控制器（微型）、CompactLogix 控制器（中型）、ControlLogix 控制器（大型）。其中 MicroLogix 控制器使用 RSLogix5000 或者 RSMicro 编程软件，而 CompactLogix 控制器、ControlLogix 控制器使用 RSLogix5000 组态编程软件。

RSLogix5000 组态编程软件有不同的版本，高版本软件原则上兼容低版本程序，高版本程序原则上无法在低版本软件中打开，RSLogix5000 从 V21.0 开始名称变更为 Studio5000，2022 年 11 月底罗克韦尔公司发布最新版本为 V35.00.00。原则上编程软件多版本可以同时安装，但是要注意版本与操作系统版本兼容问题。本章介绍均使用 RSLogix5000V20.01 中文版进行示范，各个版本菜单布局等可能存在差异。

3.1.2.2 创建工程简介

1) 创建工程

打开 RSLogix5000 软件，单击"文件"→"新建"创建新项目。这时出现"新控制器"界面（图 3.1.39）。"类型"用于选择现场 CPU 型号，版本号选择计划使用的版本，名称为程序名称，只能使用英文名称且第一个字母不能为数字。"机箱类型"即机架型号，需要选择正确的框架(ControlLogix 框架有 4 槽、7 槽、10 槽、13 槽和 17 槽 5 种形式)。"插槽"为 CPU 槽号，起始槽号为 0。可以直接观察 ControlLogix 的位置，确定 Logix 控制器所在槽位；也可以打开 RSLinx 软件，组态通信，在"RSWho"中确定 Logix 控制器槽位。

此时创建好一个 ControlLogix 项目，但是还没有组态任何与项目相关的 I/O 模块，项目中也没有程序等内容。

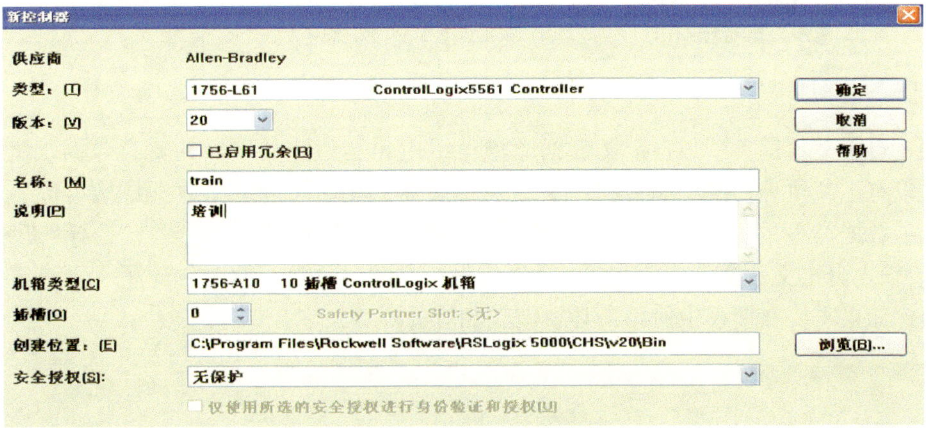

图 3.1.39 新控制器界面

2) 程序文件

ControlLogix 控制器仅支持一个连续型任务，并且 RSLogix5000 已经自动创建了连续型任务"MainTask"，在"MainTask"内自动创建程序"MainProgram"，包含程序标签和一个"MainRoutine"（图 3.1.40）。在"MainTask"文件上单击右键，在弹出菜单中选择"属性"，可以修改任务名称及其他属性配置。

任务分为连续型任务、周期性任务和事件任务三种，控制器仅支持一个连续型任务，其他任务不限制。

3) 数据文件

数据类型较多，本次示范创建相应标签、结构体和数组。ControlLogix 控制器的特点是无需手动进行输入输出映射，根据控制属性，自动创建/命名标签，并且支持结构体和数组。控制器域和程序域标签的分类提高了代码重用性。

右键单击"控制器标签"，选择"新建 Tag"。"名称"类似于其他编程语言中的变量，用于存储数值。可以根据工艺编号来命名标签。标签名称会保存在控制器中。且这些"标签名称"可供系统中的人机界面直接使用，而无需重新定义（图 3.1.41）。

"新建 Tag"面板中，"类型"可以分为基本、别名、生产型和消费四种类型，"DataType"即数据类型，按照程序需要选择数据类型即可。

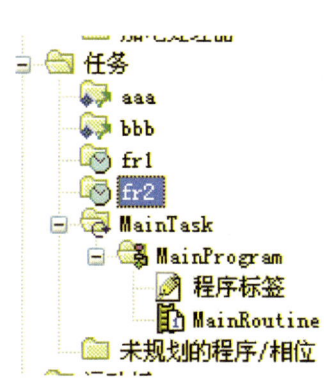

图 3.1.40 创建连续型任务"MainTask"

图 3.1.41 新建 Tag 面板

创建自定义数据类型。自定义数据类型可以组建类似产品属性的集合数据。比如一个阀门可以有工艺位号、出厂编号和厂家名称等属性,在使用自定义数据结构可以更方便地管理这种数据类型的标签。右键单击"数据类型"文件夹下"用户定义",选择"新建 DataType"。输入自定义数据类型的"名称"和"成员"(图 3.1.42)。此时创建了一个自定义的数据类型,如果需要在例程中使用,必须创建相应的标签。

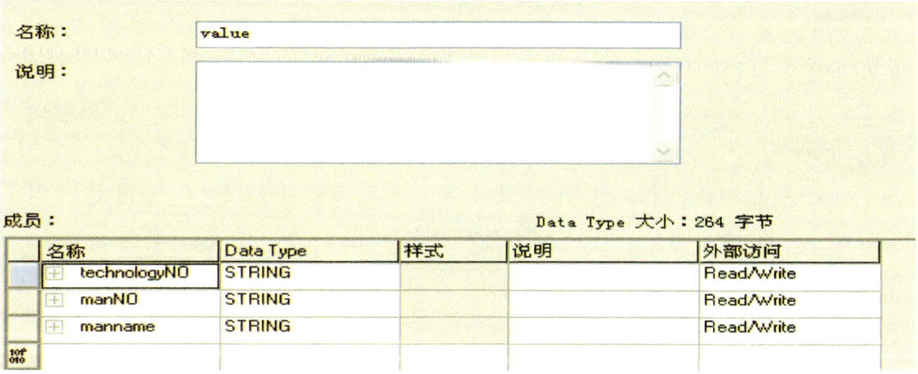

图 3.1.42 创建自定义数据类型

4) 梯形图程序

创建了任务、程序、例程以及所需标签后,需要编写相应的逻辑程序。RSLogix5000 编程软件支持梯形图、功能块、顺序功能图和结构文本等编程语言,一般生产使用梯形图程序。

创建好一个梯形图例程后,在梯级的左边标着"e",表示梯级处于编辑(Edit)模式,可以添加指令和梯级了。

主例程的作用是初始化子例程、调用子例程。"JSR"指令用于调用子例程,可以通过程序控制子例程是否有效调用(图 3.1.43)。

在编程时,选中梯级后,可以通过菜单"编辑"—"添加梯级元素"调用选择窗口插入元素，也可以通过工具栏点击方式插入元素。元素可以通过下拉框选择已建标签，也可以通过右键直接新建标签。

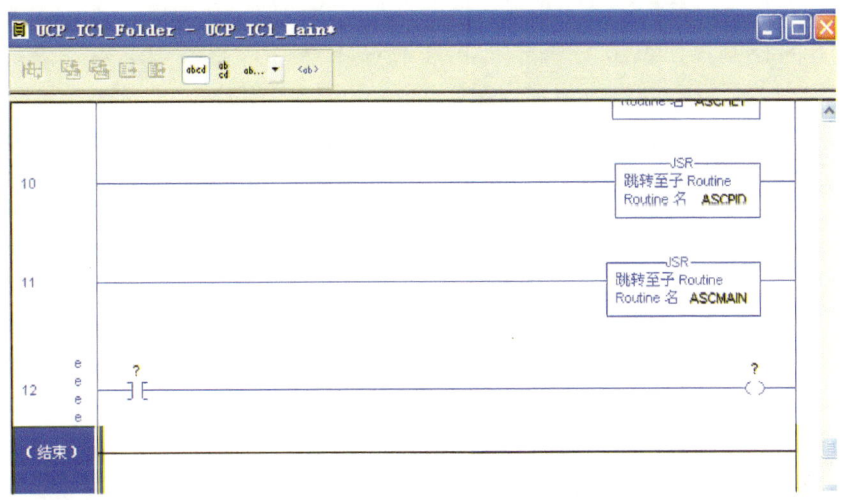

图 3.1.43　梯形图程序

5）趋势图

选中控制器管理器中"趋势"文件夹，右键单击选择"新建 Trend"。弹出"新建 Trend"对话框，输入名称和采样周期，下一步"添加/组态标签"对话框，从"范围"中选择"控制器"或其他"程序"，然后从"可用标签"中选择标签，单击"添加"（按钮加入趋势的标签列表中，点击"完成"后显示趋势窗口。

在趋势图画面中单击右键，选择"ChartProperties"。在"Display"选项卡中，可以改变"Backgroundcolor"的颜色。在"Pens"选项卡中，可以添加删除标签，修改线的颜色粗细等参数。在"X-Axis"选项卡中可以修改 X 轴的时间量程、背景框格、时间显示格式等内容。在"采样"选项卡中，可以修改采样周期和采样数量（图 3.1.44）。

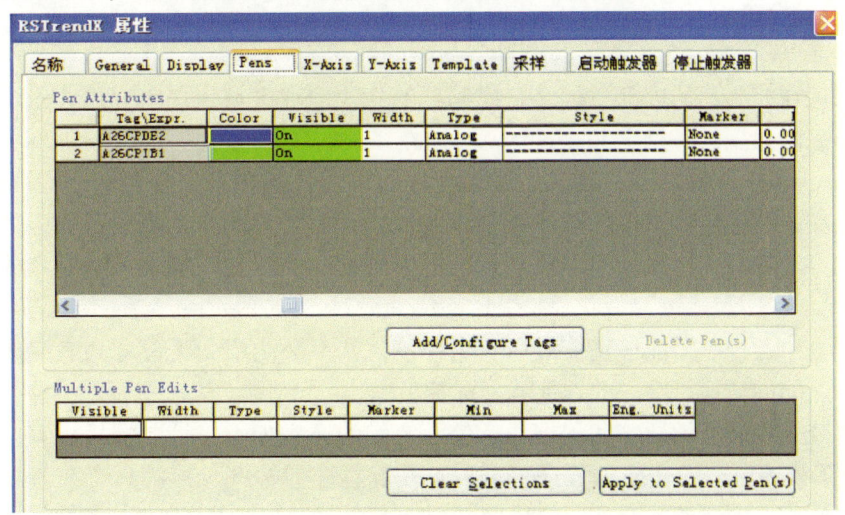

图 3.1.44　趋势图界面

6) 下载工程

程序编写完成之后需要将该程序下载到控制器中运行。下载前确认所使用的控制器钥匙处于"Remote"位置，且程序处于离线状态。单击菜单通信→活动项，弹出活动项对话框，选中需要下载的控制器，点击"下载"即可将程序下载到控制器中。如果控制器正处于"Remote Run"（远程运行）状态，将弹出警告对话框（图3.1.45）。

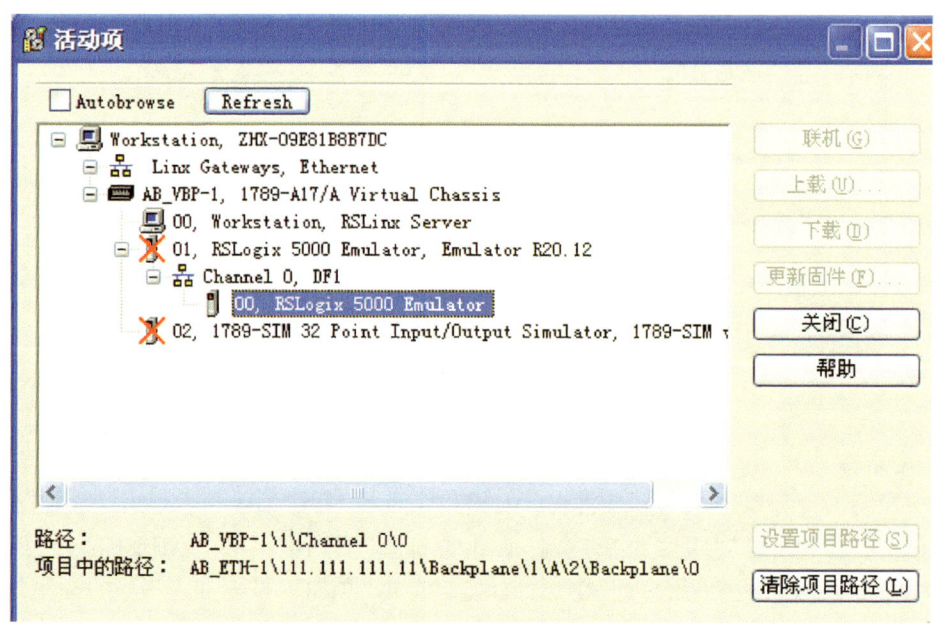

图 3.1.45　下载活动项界面

7) 运行工程

程序下载后，通过旋转控制器上的切换钥匙，实现控制器切换运行状态，也可以左键运行模式单击"在线工具栏"，选择"运行模式"。

3.1.2.3　标签

1) 标签地址

标签保存在控制器的内部。标签是控制器的一块内存区域，用来存储表示设备、计算和故障等信息的数据。一旦定义标签，就可以在系统的任何地方应用。

在 ControlLogix 控制器中，数据的读取与存储是通过标签来实现的。故 ControlLogix 控制器的寻址亦采用标签的形式。与传统的可编程序控制器不同，在控制器的内部直接采用基于标签的寻址方式。这样就不需要额外的标签名称与实际 I/O 物理地址对应的交叉参考列表。

在控制器中，控制器能够直接运用实名标签，就不必使用交叉参考列表完成标签名称与物理地址之间的转换。唯一的地址就是标签名称。

标签可分为控制器域标签和程序域标签，它们的区别如下：控制器域标签，例如创建 I/O 标签，工程中所有的任务和程序都可以使用；程序域标签，标签只有在与之关联的程序内才可以使用。两者的关系如同全局变量（控制器域标签）和局部变量（程序域标签）。

2) 标签使用

(1) 创建标签。

创建标签的目的与编程中设立变量的目的一样，是为数据创建一个可索引的存储地址。在 ControlLogix 中，数据分为 I/O 数据和中间变量数据。I/O 数据的标签在组态 I/O 模块完毕后会自动生成。标签可以在控制器管理器内程序标签处通过右键创建、编辑标签窗口创建和程序编辑界面通过右键新建三种方式创建。

在控制器或者程序标签双击进入编辑标签窗口后，在编辑标签区域，有名称、别名、基本标签、数据类型、说明、外部访问、常数和样式等供选择，在"名称"处输入标签名称后，自动出现默认的数据类型和显示类型等信息。

在程序窗口的例程行内插入元素，元素位置输入标签名称(不输入也行)，然后在名称处单击右键，选择"新建标签"，将弹出新建标签对话框，根据需要选择相应的类型选项即可。

(2) 标签的查找。

在程序编写调试和日常维护中，经常需要根据标签查找程序或者查找程序中使用标签的位置。查找标签有三种方法。一是在"监控标签"窗口中，使用右上角"过滤功能"，输入需要过滤的关键词，在下方会将包含关键词的所有标签进行显示。过滤功能可以按照名称、标签说明和两者全部过滤的方式进行过滤，如图 3.1.46 所示。

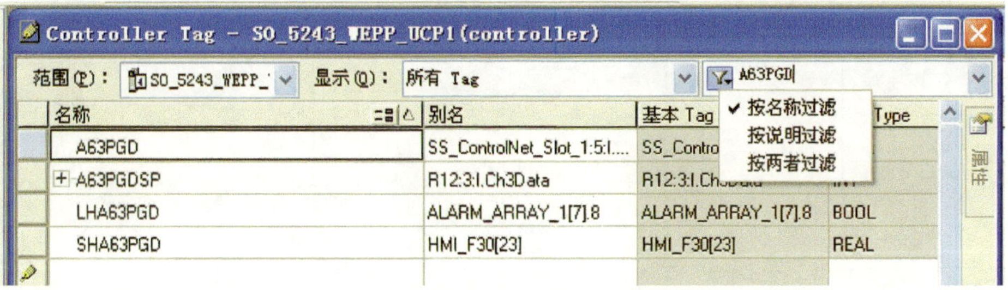

图 3.1.46　过滤功能查找标签

二是在程序例程标签元素位置，右键"查找全部"标签功能，即可在搜索结果中找到所有标签引用位置，点击结果即可跳转至相应的程序(图 3.1.47)。而在"监控标签"行头右键"查找全部"标签功能只能在标签内找到包含关键词的所有标签，不能找到程序调用标签位置。

三是通过交叉引用功能查找所有标签程序引用位置(图 3.1.48)，无论是在程序例程元素位置还是监控标签行通过右键"转至交叉引用"功能均可打开交叉引用窗口(图 3.1.49)，在交叉引用窗口，通过元素类型、程序组、例程位置等可以直观的显示程序调用位置，方便查找到所需程序位置，双击行位置即可转至相应程序调用处，如图 3.1.50 所示。

(3) 标签数据强制。

进行标签数据强制首先需要打开"监控标签"窗口，通过手动查找或者筛选过滤功能找到需要强制的标签。在"强制掩码"的位置输入需要强制的值，当前显示值会变色提示(图 3.1.51)。通过菜单"逻辑"—"强制 I/O"—"启用所有强制 I/O"即可启用强制(图 3.1.52)，启用强制后，在监控标签窗口被强制标签当前值颜色变红色且有红色三角进行提示(图 3.1.53)。

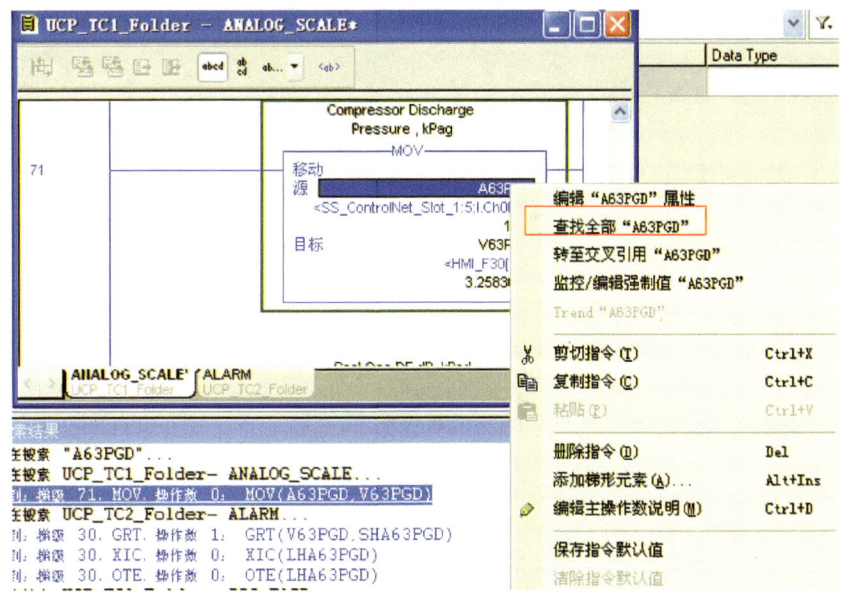

图 3.1.47　查找全部标签功能

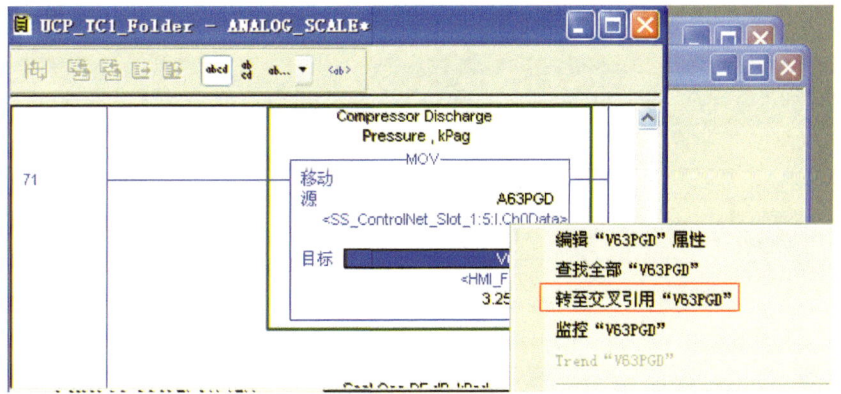

图 3.1.48　交叉引用功能查找标签

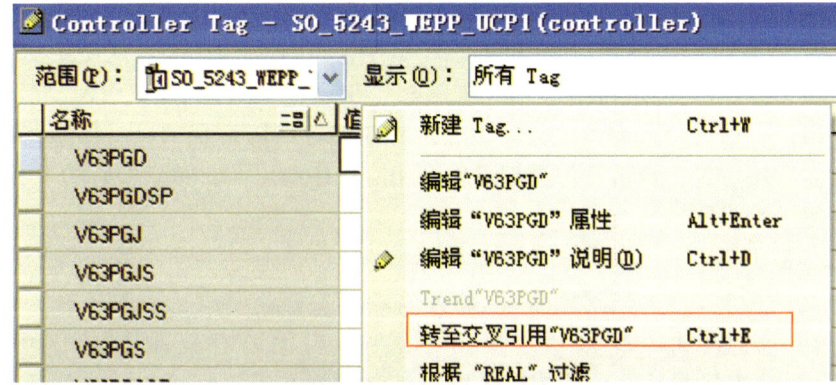

图 3.1.49　转至交叉引用窗口

第3章 燃驱离心压缩机组控制系统软件

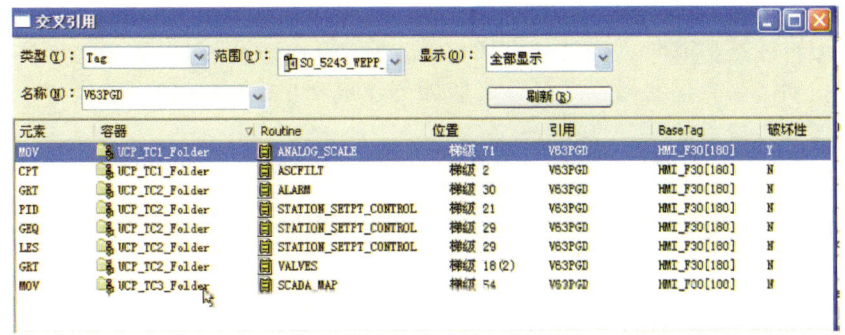

图 3.1.50 交叉引用的程序调用窗口

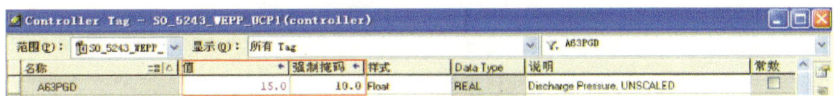

图 3.1.51 监控标签窗口

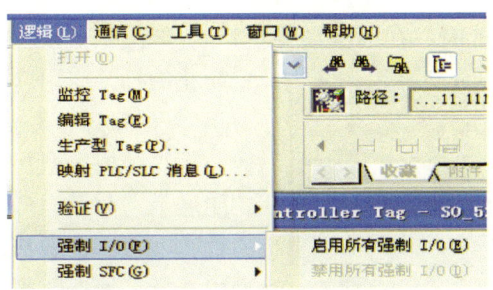

图 3.1.52 启用所有强制 I/O

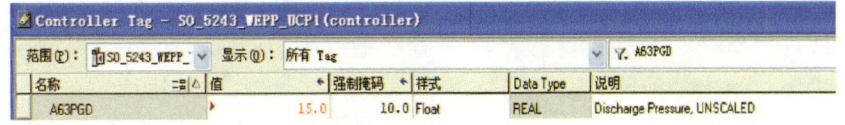

图 3.1.53 强制标签的当前值颜色设置

在强制状态下,需要暂时恢复正常监控,可以通过菜单"逻辑"—"强制 I/O"—"禁用所有强制 I/O"恢复标签正常采集监控。在不需要强制的情况下,通过菜单"逻辑"—"强制 I/O"—"去除所有强制 I/O"来消除所有强制 I/O(图 3.1.54)。

3) 标签别名

别名标签用于表示其他标签的标签,在为结构体元素或数组定义简化标签名称时很有用,比如 I/O 标签编程和查找都不方便,将 I/O 标签设置别名标签后通过别名标签可以直接对应到相应的 I/O 标签数据。

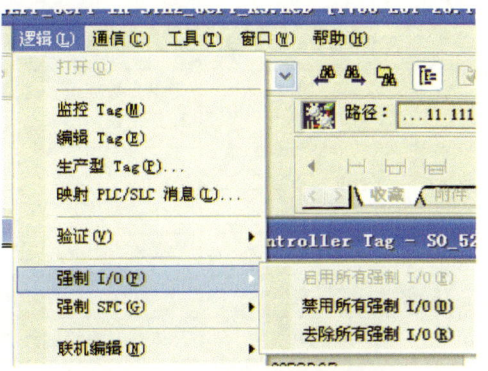

图 3.1.54 启用或去除强制状态

别名标签有两种创建方式，一是在"编辑标签"窗口新建标签或者编辑标签，二是使用在新建或者编辑标签功能时直接选择别名标签。在"编辑标签"窗口新一行内输入名称后，在别名位置找到需要简化的标签，点选之后即创建成功（图3.1.55）。若经过了多重引用，在基本标签位置会显示最源头的引用标签。

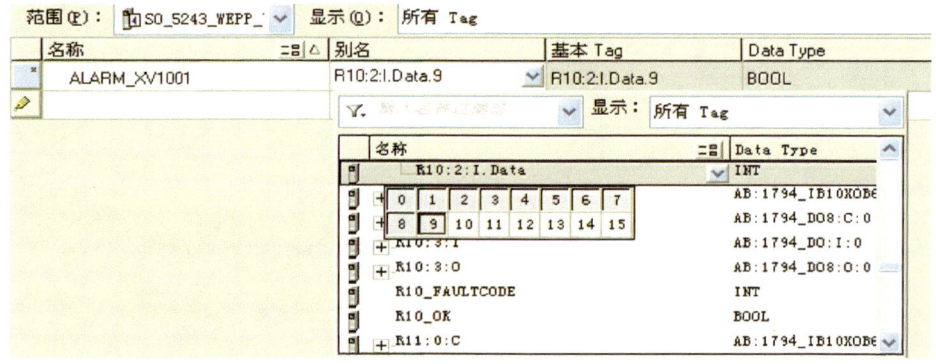

图3.1.55 创建别名标签

新建或者编辑标签功能时，在标签属性窗口将类型修改为别名，在别名下拉框选择需要简化的标签应用即可（图3.1.56）。

4）标签数据类型

图3.1.56 新建或者编辑标签功能

标签数据类型在控制器管理器中作为单独功能展示。数据类型是用于定义标签使用的是何种类型数据，如数据位、字节或字。数据类型的选择是根据数据源而定的。在ControlLogix控制系统中，主要有两种类型的数据。基本数据类型：与其他编程软件变量类型一样，作为程序编写所需的最基础数据类型（表3.1.1）。预定义数据类型：使用已定义的数据类型经过组合形成结构体的数据类型。主要包括软件内置自定义数据类型和用户自定义数据类型。

表3.1.1 基础数据类型

数 据 类 型	定 义
BOOL(布尔型)	为单个数据位。这里1=接通；0=断开（可以用来表示离散量装置的状态，例如按钮和传感器的开关状态）
SINT(单整型)	单整型(8位)，范围是-128~+127
INT(整型)	一个整型数或者字(16位)，范围是-32768~+32767
DINT(双整型)	双整型(32位)，用来存储基本的整型数据，范围是-2147483648~+2147483647
双精度浮点数(实型)	32位浮点型(例如用来表示模拟量数据，如压力、液位、温度等数据)
STRING(字符串型)	用来保存字符型数据的数据类型

任何数据的最小内存分配的数据类型为DINT型（双整型或者32位）。DINT型为ControlLogix5000 的主要数据类型。当标签分配了数据后，控制器自动为任何数据类型分配下一个可用的 DINT 内存空间。当给标签分配数据类型(如 BOOL、SINT 和 INT 型)时，控制器仍占用一个 DINT 型空间，但实际只占用部分空间，因此推荐创建标签的时候尽可能地创建 DINT 类型的标签(图 3.1.57)。

一个双字的最小内存分配		数据类型
31 30 29 28 27 26 25 24 23 22 21 20 19 18 17 16 15 14 13 12 11 10 9 8 7 6 5 4 3 2 1 0		
未使用内存	←	BOOL
	←	SINT
	←	INT
	←	DINT
		REAL

图 3.1.57　DINT 类型的标签

3.1.2.4　任务

ControlLoigx 控制系统中执行指令代码是通过任务(Task)来完成的，每个工程最多支持 32 个任务(Task)，每个任务(Task)中又包含程序(Program)，程序(Program)中包含例程(Routine)，在例程(Routine)中可以写入指令代码。ControlLoigx 控制系统支持梯形图(LD)、结构化文本(ST)、功能块(FBD)和顺序功能图(SFC)4 种编程方法。

1) 任务类型

ControlLoigx 控制系统支持 3 种类型的任务，分别为连续型(Continous)任务、周期型(Periodic)任务和事件型(Event)任务。

(1) 连续型任务。

控制器一直执行的任务是连续型任务。控制器一直在不断循环扫描连续型任务。连续型(其他两种类型的任务同理)的任务中可以建立多个程序，每个程序下也可以创建多个例程。

默认情况下程序的默认 Task 为连续型任务，若无连续型任务，则可以新建。在控制器项目资源管理器的"任务"处单击右键，选择"新建 Task"，输入名称说明，在类型处选择默认"连续"即可(图 3.1.58)。

(2) 周期型任务。

周期型任务特点如下：①指定时间间隔来执行的任务。②可以中断连续型任务。③可以中断其他优先级低的周期型任务或者事件型任务。④在一次扫描完毕后，更新输出，控制器从中断处继续执行。

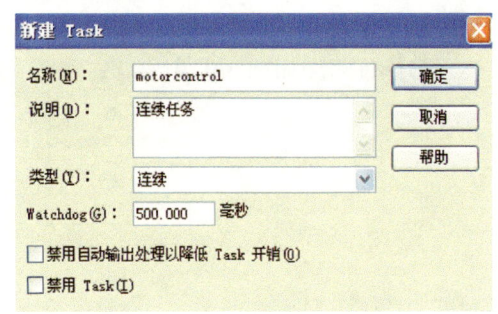

图 3.1.58　新建连续型任务

在控制器项目资源管理器的"任务"处单击右键，选择"新建 Task"，输入名称说明，在类型处选择默认"周期"即可，在弹出的对话框中输入名称、周期、优先级即可(图 3.1.59)。

(3) 事件型任务。

事件型任务只有在发生某项特定的事件时才执行。事件型任务有以下特点：①每个事件型任务必须指定一个触发事件。②每个事件型任务必须设置一个优先级别。当该任务的触发事件发生时,它能够中断所有的低优先级任务。③事件型任务执行完毕后,控制器从中断处接着执行程序。

控制器项目资源管理器的"任务"处单击右键,选择"新建 Task",输入名称说明,在类型处选择默认"Event"即可(图3.1.60)。事件型任务的创建需要选择该事件型任务的触发类型的设置。

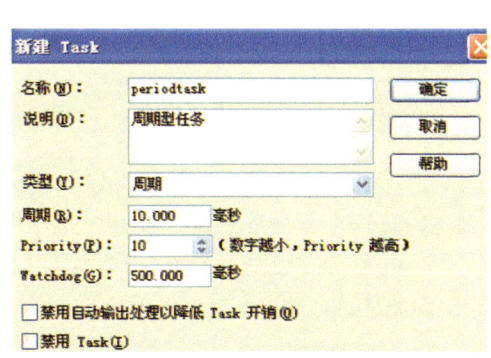
图3.1.59 新建周期型任务

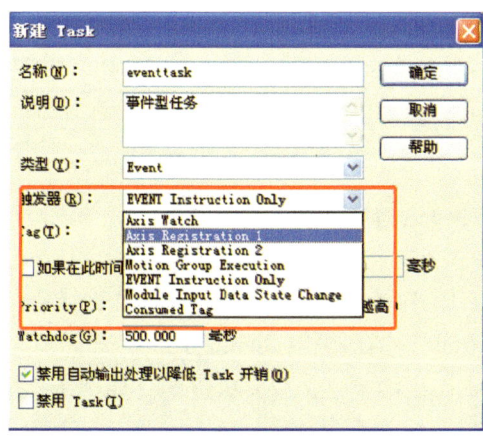
图3.1.60 创建事件型任务

2) 任务优先级

在任务属性"配置"选项卡中"Priority"中设置优先级。优先级数值越小,任务的优先级越高。

扫描时间:在程序执行期间,RSLogix5000 软件显示执行任务所用的最大扫描时间和实时变化的最新的扫描时间(毫秒级别)。

周期型任务是在指定的时间间隔内进行触发的。例如,某周期型任务每隔20ms触发一次。它的执行顺序如图3.1.61所示。

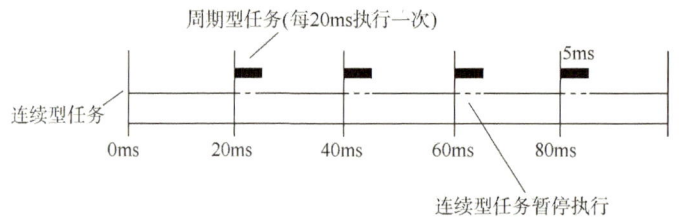

图3.1.61 周期型任务的执行顺序

周期性任务的优先级:例如有两个周期型任务 A 与任务 B,任务 A 每20ms触发一次,并且其优先级为3;任务 B 每22ms触发一次,其优先级为1。它们的执行情况如图3.1.62所示。

3.1.2.5 I/O 硬件组态

1) 本地 I/O 模块组态

首先根据设计文件或者 RSLinx 确定需要组态的 I/O 模块以及其所在的位置。

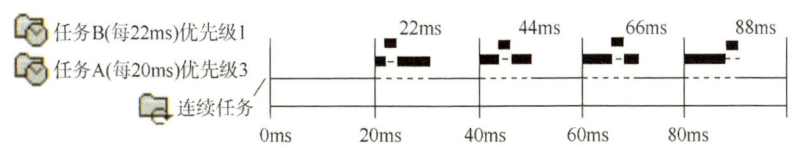

图 3.1.62　周期型任务的优先级

(1) 组态数字量模块。

在控制器项目资源管理器的"输入输出设置"—对应背板处单击右键"新建 module"后弹出对话框(图 3.1.63)。对话中"module 类型"列表中仅选中"digital",从"module"列表中选择正确的模块类型(例如 1756-IB16D)后点击"创建"即可,部分模块会提示需要选择模块主要版本号(可以通过 RSLinx 软件查看对应版本号、模块所在槽号等信息)(图 3.1.64)。

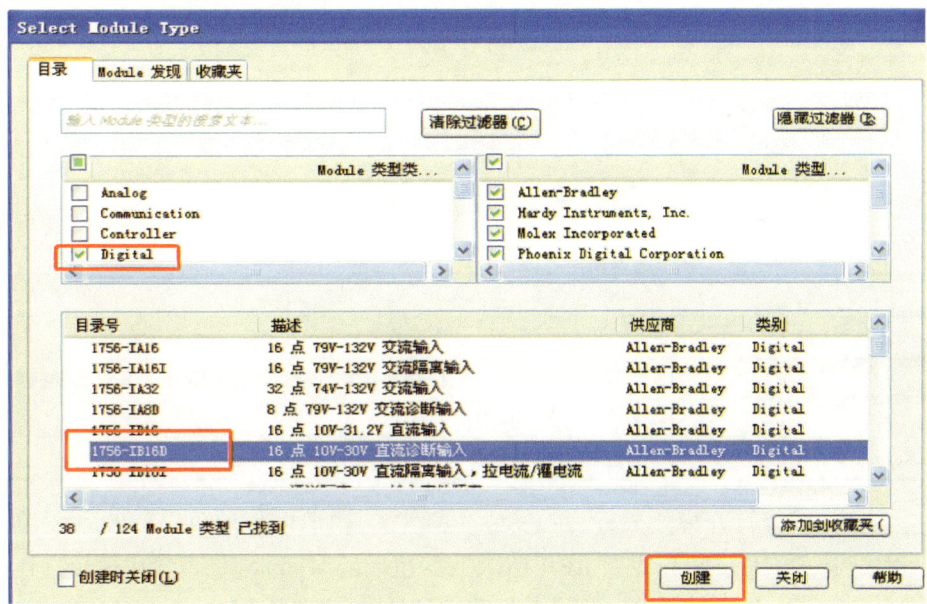

图 3.1.63　新建"module"后弹出的对话框

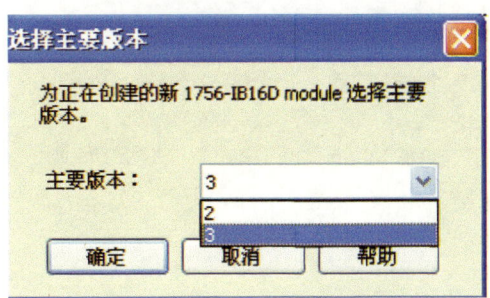

图 3.1.64　从"module"列表中选择模块类型

在弹出的模块组态窗口输入模块名称、模块所在的槽号、模块的注释信息、通信格式,以及硬件和软件的电子锁等信息(图 3.1.65)。通信格式一般选择默认即可。电子锁有三种类型,见表 3.1.2。

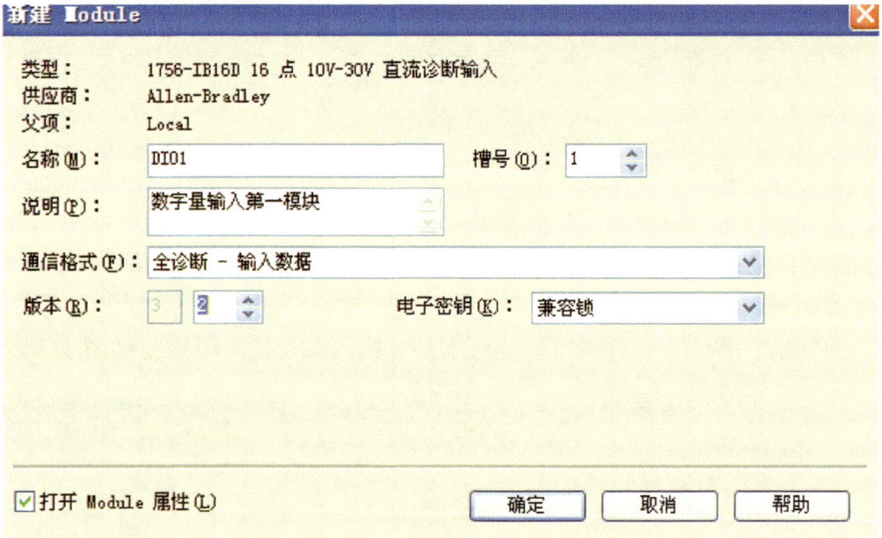

图 3.1.65　弹出的模块组态窗口

表 3.1.2　电子锁类型

电子锁类型	模块匹配信息
ExactMatch(精确匹配)	所有信息(例如:类型、主要和次要版本号)。版本号必须精确匹配
CompatibloKeying(兼容模块)	除次要版本号外的所有信息(例如:类型和主要版本号)。版本号必须匹配或者比该选项高的版本号也可以
DisableKeying(禁止电子锁)	最少的信息(例如:仅要求类型即可)

点击"确认"后会打开模块属性窗口,在"常规"选项卡中仍然可以修改刚才填入的信息,在"连接"选项卡中,可以设置 RPI(请求数据包间隔时间)、是否禁止模块、连接失败控制器是否触发严重故障,若模块故障会将其信息显示(图 3.1.66)。

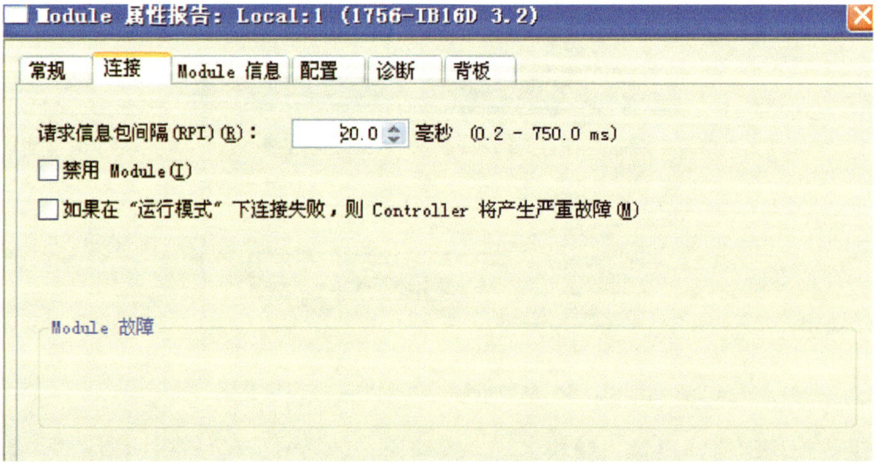

图 3.1.66　模块故障窗口

在"Module 信息"选项卡中，可以显示模块的信息，例如供货商的信息、产品类型、产品代码、版本和 CST 时间信息等。但是只有在程序处于在线状态下时才会显示信息，此处设置复位、刷新模块的按钮。

在"配置"选项卡中，有使用 COS(状态改变)功能，它指当数字量 I/O 模块使用 COS 选项时，则只有当指定的模块状态发生改变时(传输从开启到关闭或者从关闭到开启时)，数据才会传送。使用诊断的选项，具体如下：

1756 数字量和模拟量的诊断型 I/O 模块有下述特征：

① 开线检测：该功能可以诊断到输入模块的现场接线是否断开。使用该功能时在输入设备的连接处必须连接漏电阻。模块必须能检测到最小的漏电流或者将点级的故障信息发送回控制器。

② 现场断电检测：当给模块的供电出现故障，则点级的故障信息发送到控制器中。

③ 无负载检测：只在输出模块每个输出通道关闭状态下检测现场接线是否断开或者负载是否断开。

④ 现场输出检验：表示该模块的程序输出能够精确地在现场的开关设备上反映出来（例如：当命令为"ON"时，则输出为"ON"）。

⑤ 脉冲测试：发送一个信号以检测输出，这时并不给负载使能。

⑥ 点级的电子熔断：为防止从模块中输出过大的电流，一些数字量模块有内部电子熔断功能。软件中的 MSG 指令复位熔断器，循环上电复位熔断器，将清除熔断器故障。

对于状态点改变滤波时间也可以通过配置进行修改，实现一些特定功能。在诊断模块中对诊断锁定之后，可以通过"诊断"选项卡对锁定点进行重置(图 3.1.67)。

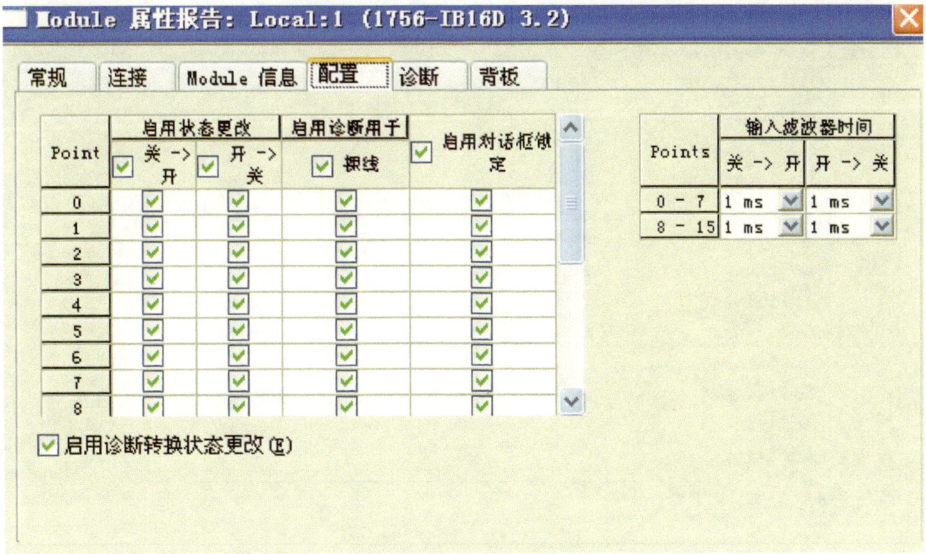

图 3.1.67　配置功能

"背板"选项卡在在线状态时才会显示相关信息，主要显示模块与背板的通信信息（图 3.1.68）。

单击"OK"按钮，即可完成组态。组态完毕后，单击"控制器标签"选项卡即可看到自动生成的输入模块的标签结构体，其中"Local：1：C"主要是一些配置信息，"Local：1：I"是模块 I/O 信息，其中"Local：1：I.Data"是通道输入信息(图 3.1.69)。

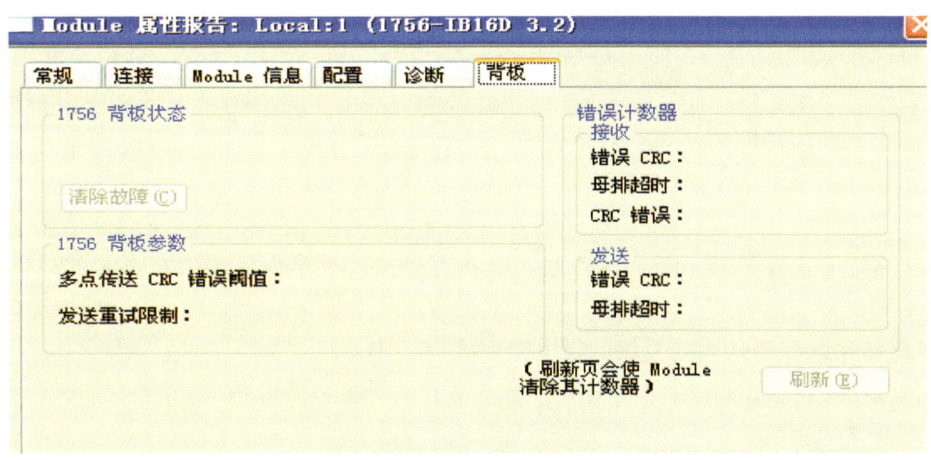

图 3.1.68　背板选项卡

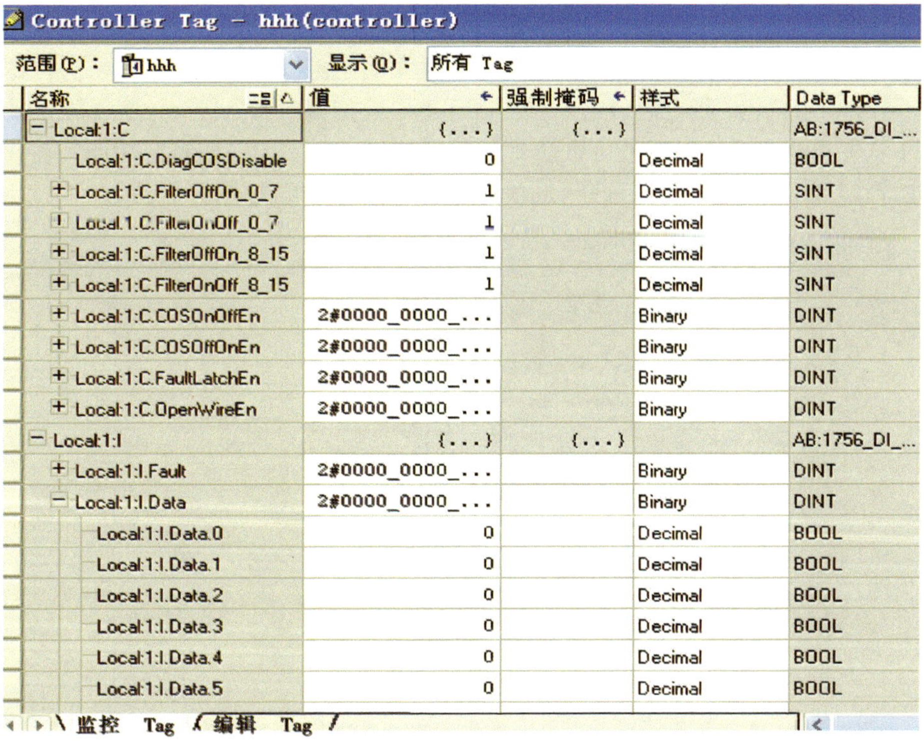

图 3.1.69　标签结构体

（2）组态模拟量模块。

组态本地模拟量模块过程和数字量模块类似，新建模块列表类型中通过"Analog"来筛选模块，通信格式有"差动"模式、"单端"模式和"高速"模式，一般情况下用"差动"模式和"单端"模式，根据模式不同接线不同，如图 3.1.70 所示。

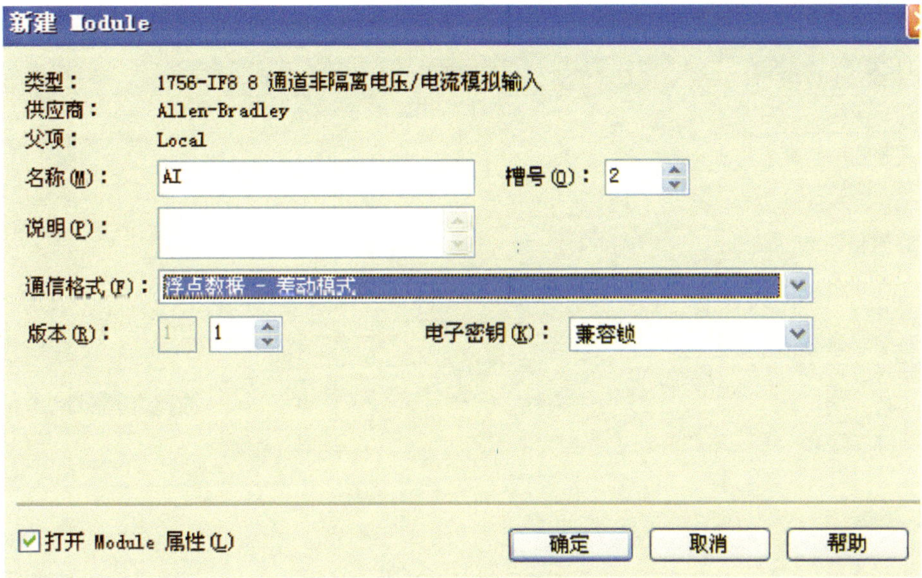

图 3.1.70 差动模式

在"配置"选项卡中可以配置每一个通道的输入方式,输入范围有电压和电流信号共 4 种,需要根据机柜内接线进行选择(图 3.1.71)。比例是对输入信号与工程量进行换算的比例,按照设计文件设置即可。

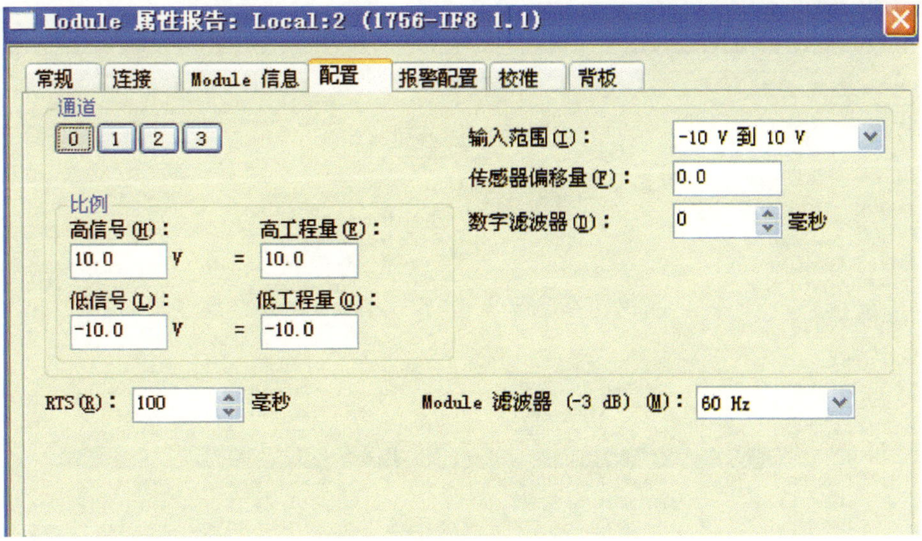

图 3.1.71 "配置"选项卡

"报警配置"选项卡按照工程量进行报警上限/下限、报警上上限/下下限的配置,可以拖动配置也可以输入配置(图 3.1.72)。

2) 远程 I/O 模块组态

远程 I/O 模块组态与本地 I/O 模块组态基本一致,不同的是需要 ControlNet 或者 EtherNet/IP 配置远程机架后再配置 I/O 模块。

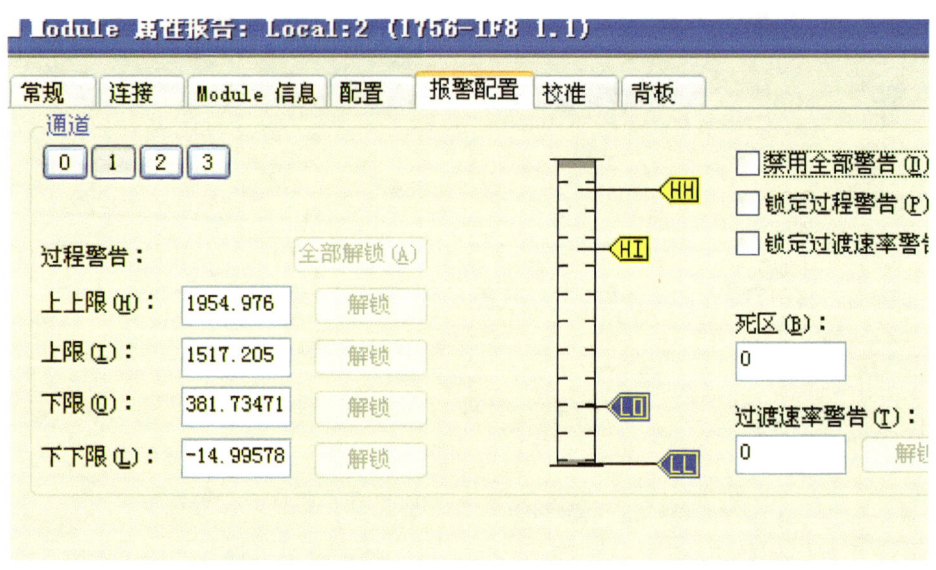

图 3.1.72 "报警配置"选项卡

(1) 通过 ControlNet 扩展远程 I/O 模块。

新建模块时选择"ControlNet"通信模块，点击"创建"按钮（图 3.1.73）。

在弹出配置窗口输入组态模块名称、模块在 ControlNet 上的节点号、模块所在的槽号和电子锁信息，创建完成后会在"输入输出配置"处显示创建的模块（图 3.1.74）。

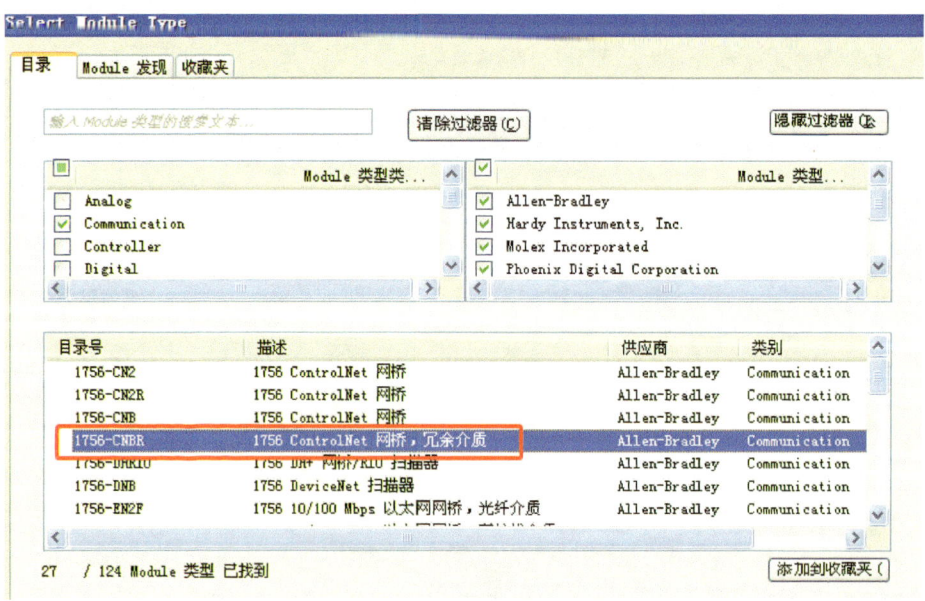

图 3.1.73 "ControlNet"通信模块

然后在该模块上再次单击右键，选择"新建 Module"选项卡，开始添加远程 ControlNet 通信模块，新建的通信模块配置好信息后完成添加。远程 I/O 模块在远程 ControlNet 通信模块上进行添加即可(图 3.1.75)。

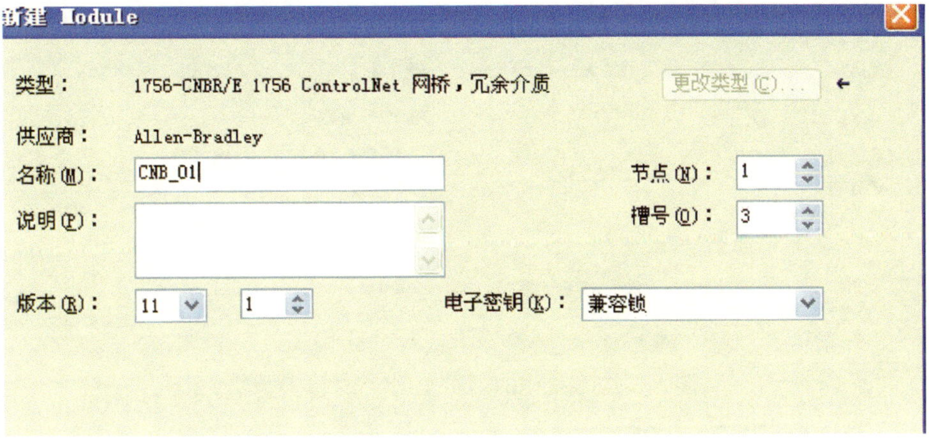

图 3.1.74　ControlNet 上的节点号、槽号和电子锁信息

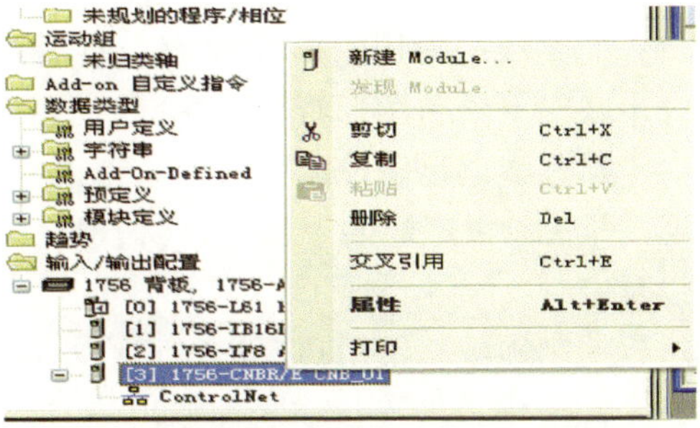

图 3.1.75　新建 Module 选项卡

(2) 通过 EtherNet/IP 扩展远程 I/O 模块。

通过 EtherNet/IP 模块扩展远程 I/O 模块，大致过程与通过 ControlNet 扩展远程 I/O 模块基本一致。所不同的是 EtherNet/IP 添入模块的 IP 地址(图 3.1.76)。远程的 ENBT 模块需要在本地 ENBT 模块上创建。远程 I/O 模块在远程 ENBT 模块上创建(图 3.1.77)。

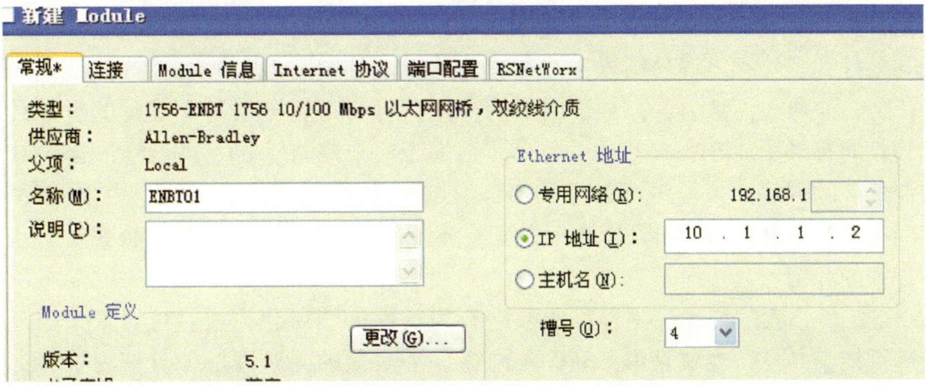

图 3.1.76　EtherNet/IP 添入模块的 IP 地址界面

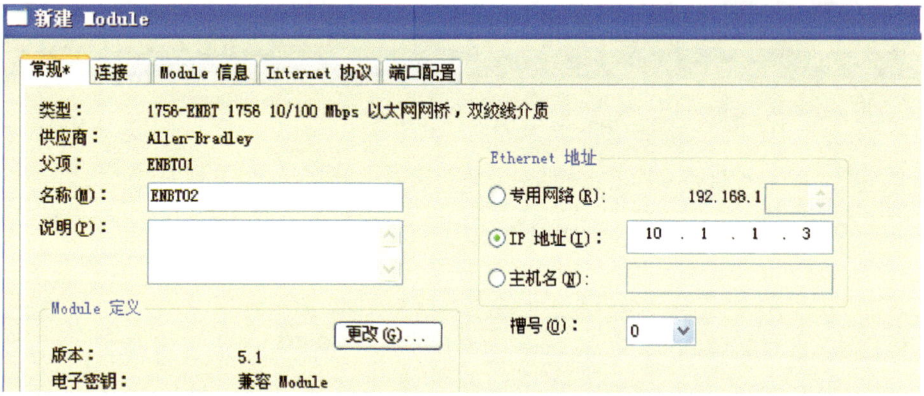

图 3.1.77　在 ENBT 模块上创建远程 I/O 模块

3.1.2.6　RSLogix5000 编程语言

RSLogix5000 与大部分 PLC 一样，支持梯形图（LAD）编程、功能块图（FBD）编程、结构化文本（ST）、顺序功能流程图（SFC）。

梯形图（LAD）是在电气控制系统中常用的接触器、继电器控制基础上演变而来的，沿用了继电器的触点、线圈、串联等术语和图形符号，并增加了一些继电接触控制没有的符号。梯形图形象、直观，对于熟悉继电接触控制方式的人来说，非常容易接受，不需要学习更深的计算机知识。梯形图是一种最广泛的编程方式（一般使用梯形图编程），适用于顺序逻辑控制、离散量控制以及定时/计数控制等。

功能块编程一般用于过程控制领域。使用功能块（FBD）开发程序，即将代表各项功能的指令块（PID 指令）放入一个图表中，再连接输入和输出端的一系列功能块。ControlLogix 具有十分丰富的功能块指令，从逻辑操作到自适应调节 PID 回路控制。滤波、比例、积分、微分控制、模糊控制、脉宽调制变换、统计、三角函数和集成的用于阀、泵、电动机的控制算法模块集成在开发软件中。

结构化文本（ST）是一种高级的文本语言，它可以用来描述功能、功能块和程序的行为，还可以在顺序功能流程图中编写 Action（操作）和 Transition（转换条件）的行为。

ST 语言表面上同 C 语言和 PASCAL 语言很相似，但它是一个专门为工业控制应用开发的编程语言，具有很强的编程能力，它能够用于对变量赋值、回调功能块、创建表达式、编写语句条件和迭代程序等。结构化文本非常适合应用在有复杂算术运算的应用中。

SFC 是一种顺序控制语言，对于用户的应用，可将逻辑分成易于处理的步和转换条件来替代较长的梯形图或 ST。SFC 中的每一步对应于一个控制任务（实际上是一段为了完成某一个控制任务的程序，该程序可以是 LAD、ST 或 SFC 的任意一个形式，用方框表示）；步与步之间有转换条件（逻辑判断或者一段程序）以水平线表示。这些功能将在下一小节中专门进行详细的介绍。

SFC 是一种强大的描述控制程序的顺序行为特性的图形化语言，可对复杂的过程由顶到底地进行辅助开发。也就是说，SFC 允许将一个复杂的问题逐层地分解为步和更小的能够被详细分析的顺序。

3.2 上位机软件

3.2.1 Cimplicity 软件

3.2.1.1 Cimplicity 软件概述

Cimplicity 从可编程控制器和其他智能设备中收集数据,兼用图形和文本的形式显示信息,让操作员能够容易地监视和控制生产过程(图 3.2.1、图 3.2.2)。

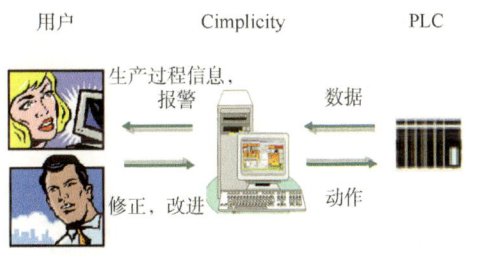

图 3.2.1　Cimplicity 软件流程示意图

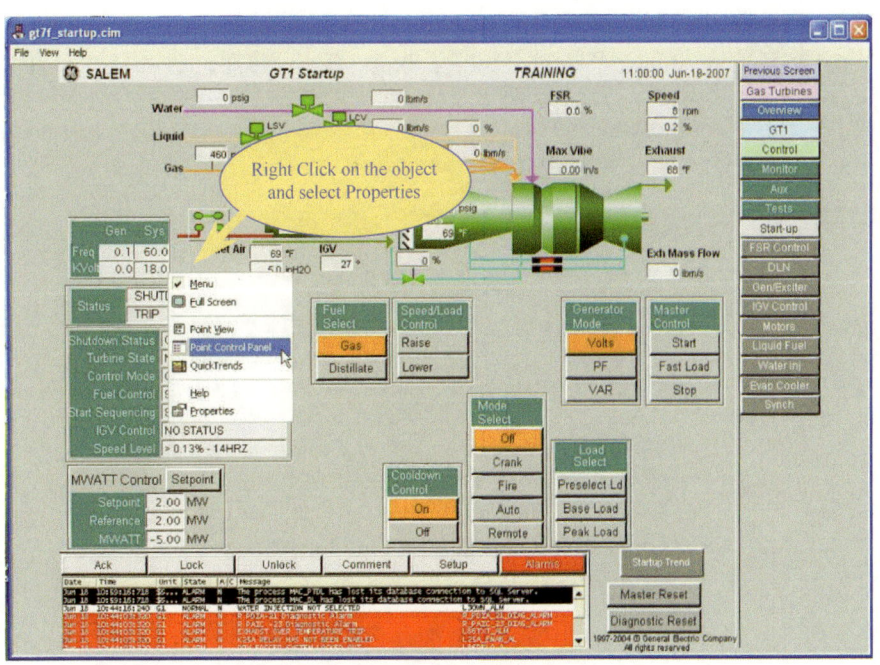

图 3.2.2　Cimplicity 软件概述

3.2.1.2 Cimplicity 系统结构特点

Cimplicity HMI 支持分布式 Internet 互联网结构,真实的客户机—服务器应用。服务器能够执行数据收集的功能,多个用户能够通过浏览器共享相同的数据窗口,通过节点浏览数据的能力,使数据共享变得容易。

3.2.1.3 Cimplicity 软件界面结构

1) Cimplicity 的编辑界面——Workbench

可直接从指定路径打开一个已经建立项目的 Workbench(图 3.2.3、图 3.2.4)。

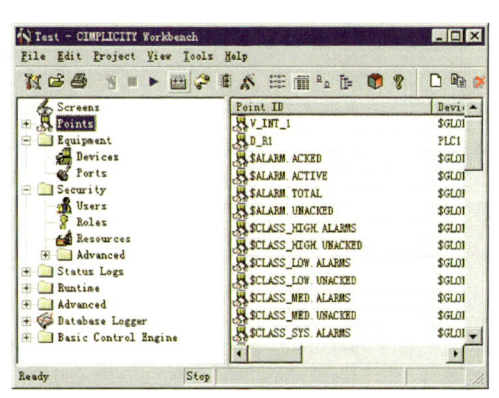

图 3.2.3　Cimplicity 工程文件

图 3.2.4　Workbench 主界面

2) Workbench 界面功能介绍

(1) 菜单栏介绍。

菜单栏主要有 File、Edit、Project、View、Tools、Help 功能，有新建、打开、重命名、属性、搜索和帮助等功能供用户使用(图 3.2.5)。

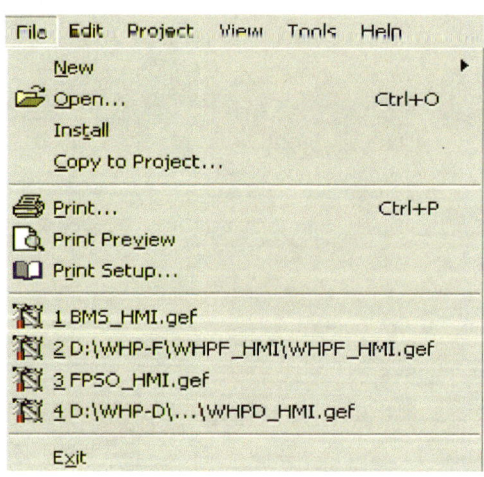

图 3.2.5　Workbench 菜单栏

(2) 工具栏介绍。

将使用频率较高的菜单栏中的指令，单独列在"工具栏"中，以方便使用(图 3.2.6、表 3.2.1)。

图 3.2.6　Workbench 工具栏

第 3 章 | 燃驱离心压缩机组控制系统软件

表 3.2.1 工具栏功能介绍

图标	功能
	新建项目
	打开项目；打印文件
	动态更新；停止运行项目；运行项目
	组态更新；状态日志；项目属性；项目向导
	指定对象的排列方式选择
	帮助
	新建；复制；删除对象
	对象属性
	搜索；域选择；取消

（3）Workbench 工程主要内容。

在软件左侧树状图中有画面、点位、设备和用户权限等内容（图 3.2.7）。

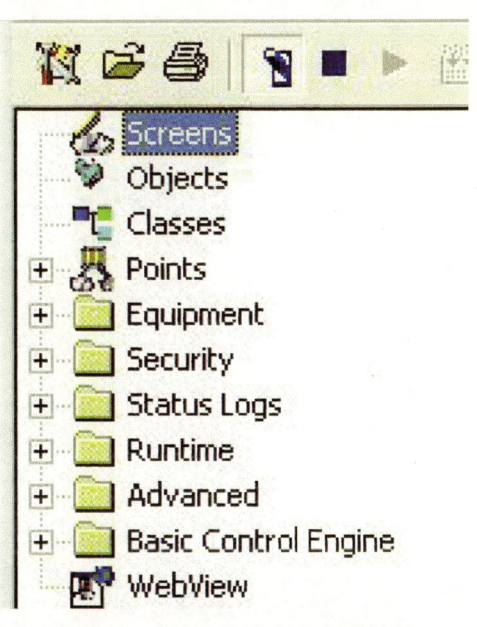

图 3.2.7 Workbench 工程主要内容

① 画面介绍。

点击树状菜单"Screens",在软件右侧界面中显示当前的屏幕(* * * .cim 文件)汇总。右键某个屏幕,点击"Edit",可对该屏幕进行编辑修改(图 3.2.8)。

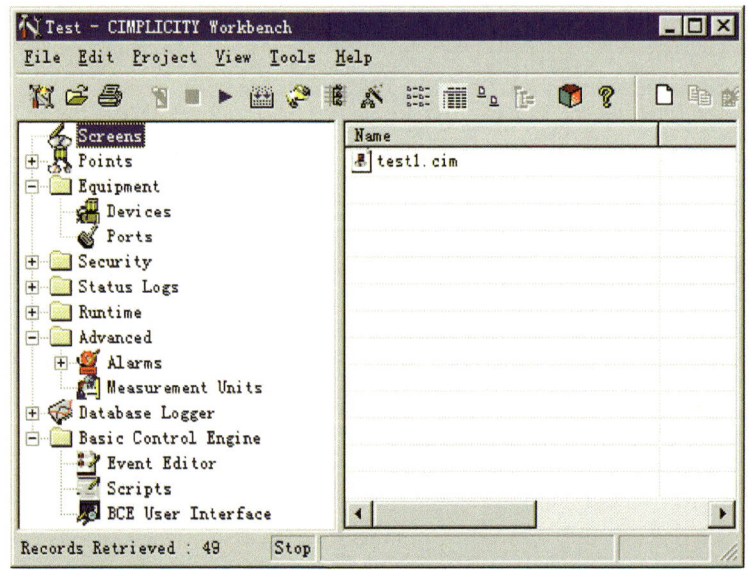

图 3.2.8　画面编辑

在日常使用过程中如果需要在画面中新增变量需要进入编辑模式中对相应的画面进行编辑,在编辑中对画面描述、变量关联等进行组态,以达到变量在画面显示或相应的操作指令可以下发到 PLC 中(图 3.2.9)。

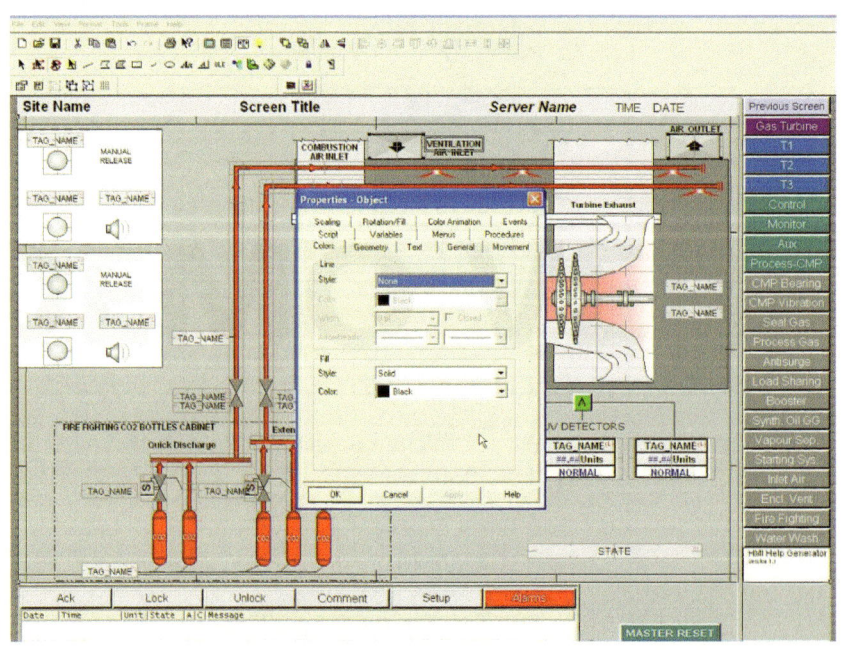

图 3.2.9　画面编辑中新增变量

② 数据点介绍。

如图 3.2.10 所示，点击树状菜单 "Points"，在软件右侧界面中显示当前的点的汇总。有些点直接建立在子目录下；有些点建在相应的文件夹下；有些点带有数组模式；首位带有"$"标志的是系统点，不允许更改特性。在画面中增加新的参数显示或关联新的数字量或模拟量变量时需要增加新的点位，在 "Points" 右键新增即可。

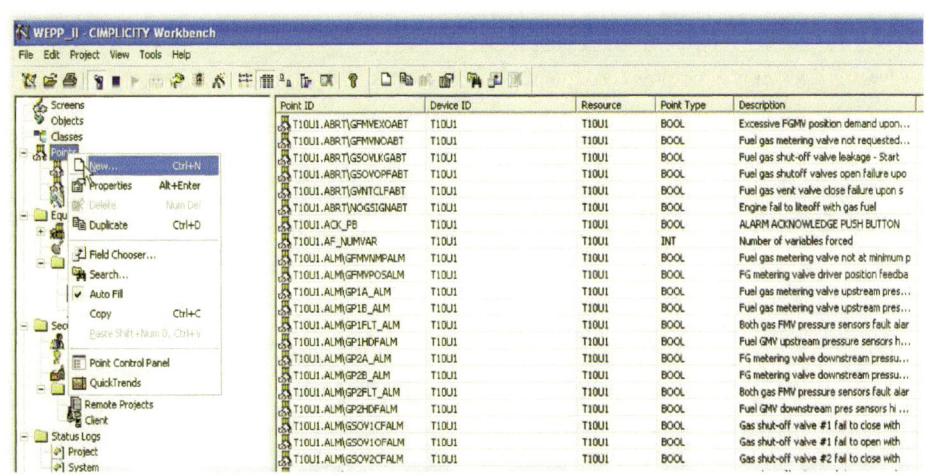

图 3.2.10 新增点位

以 Mark VIe 为例，每台机组有 T10 和 T40 两套 CPU，在新建点位时一定要关注所建的点位在 Mark VIe 中为全局变量，即在 EGD 中，如图 3.2.11 所示。

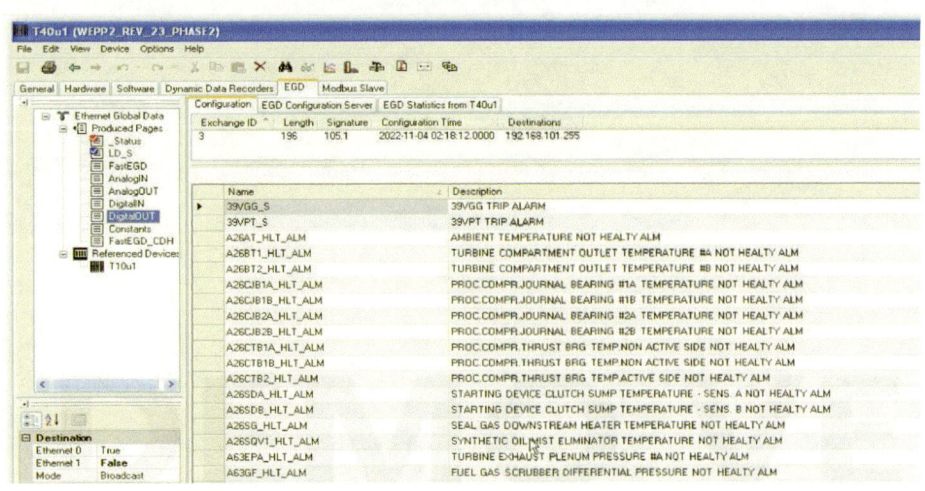

图 3.2.11 Mark VIe 中的全局变量

在新建变量时需要选择正确的机组和正确的 CPU，在新建变量时，点位命名需和 CPU 中一致，在点位编辑画面 General 中增加点位描述、数据类型、选择 CPU（图 3.2.12）。

在 Device 中选择正确的 CPU、增加变量地址和选择数据刷新方式，值得注意的是，在地址选择时有着标准的格式，即 "$[Ta.b]ta.c"，其中 a 代表某台机组的某台 CPU，例如 1#机组的 T10 控制器即 T10U1，b 代表 Mark VIe 中 EGD 的类型，有 FastEGD、AnalogIN、

AnalongOUT、DigitalIN、DigitalOUT、Constants 等，c 代表 Mark VIe 中的变量名称，还有如果画面中需要关联 Bently、Fanuc 等其他 PLC 数据时，地址栏格式不同，如关联 Bently 数据时，地址为"五位阿拉伯数字"具体地址需与 System1 中的组态地址对应，在关联 Fanuc 数据时，地址为"%地址号"，具体地址需与 Fanuc 中的组态地址对应(图 3.2.13)。

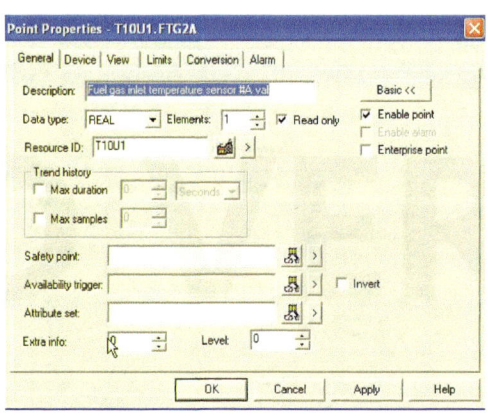

图 3.2.12　新增模拟量定义 1

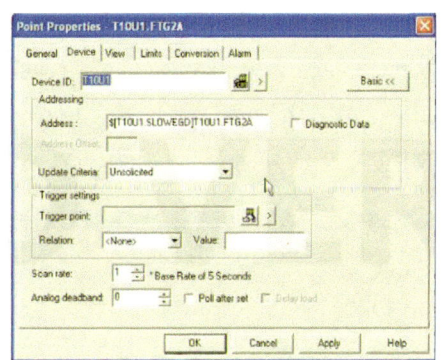
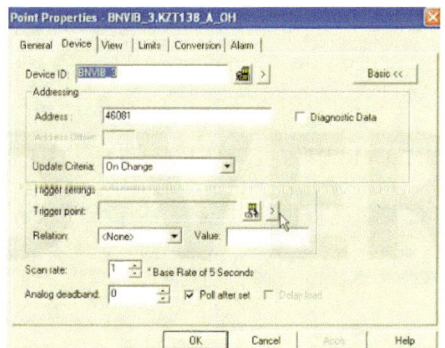

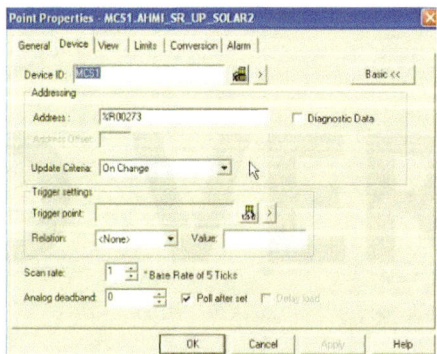

图 3.2.13　新增模拟量定义 2

View 中的内容为排版格式，一般不做调整(图 3.2.14)。

在 Limits 页面中对变量在画面的显示范围进行规定，对相应的高低限值进行规定(图 3.2.15)。

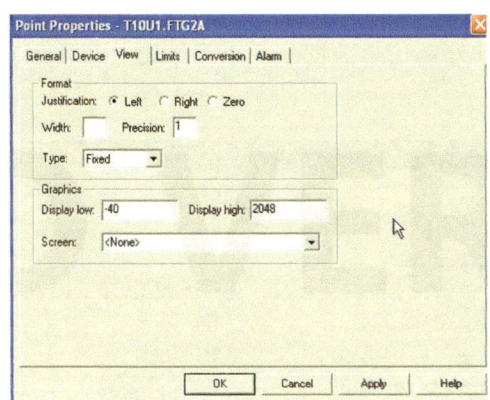

图 3.2.14　新增模拟量定义 3

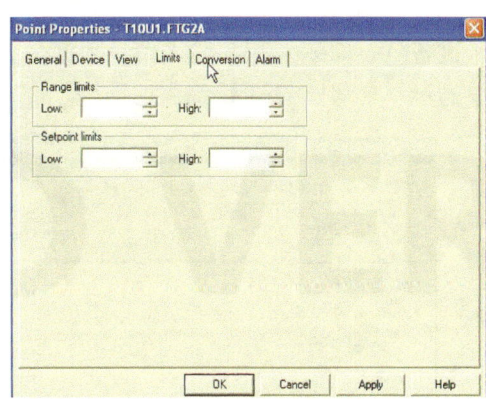

图 3.2.15　新增模拟量定义 4

在 Conversion 页面中对变量的单位进行选择(图 3.2.16)。

在 Alarm 页面中对变量的报警进行编辑，因在正常 PLC 组态中，MarkVIe 已将程序中的报警通信到画面中，故而此处一般不再进行报警编辑。

③ 通信端口介绍。

Ports(通信端口)：从计算机到 PLC 设备的通信链路，端口必须使用一个通信协议用于通信，只要通信协议相同，一个 Ports 可用于多个相互之间无直接联系的设备的通信，也可根据实际，有几套控制系统，建几个通信端口(图 3.2.17)。

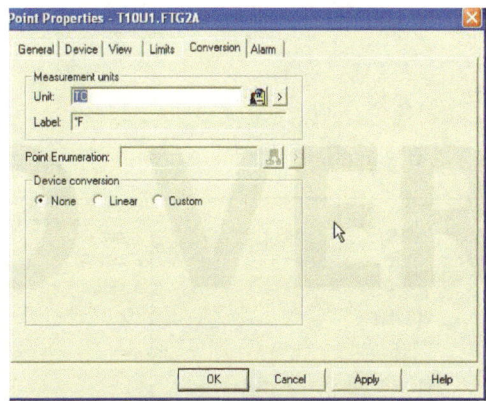

图 3.2.16　新增模拟量定义 5

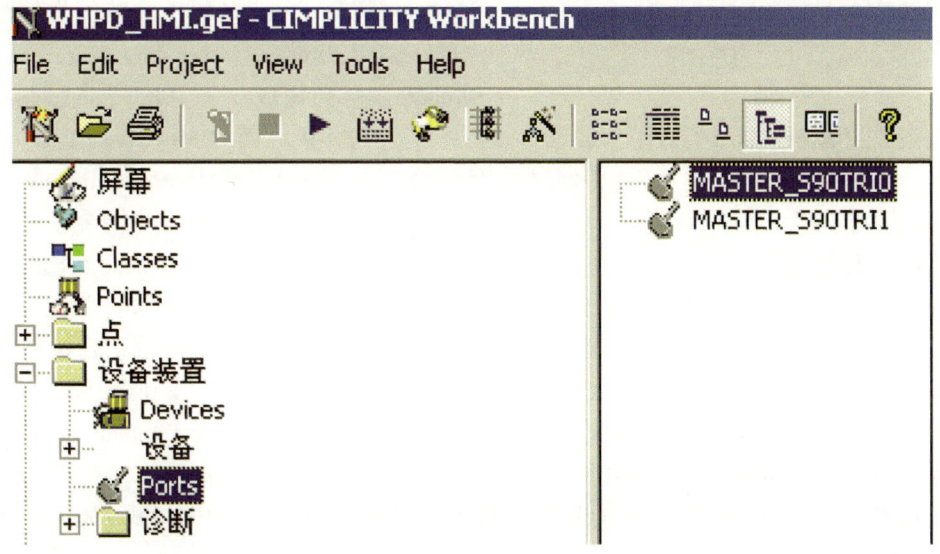

图 3.2.17　通信端口

④ 设备介绍。

设备(Devices):采集输入信号数据,或向其发送信号数据的一个子系统,它使用通信协议通过一个端口与 HMI 工程通信(图 3.2.18)。

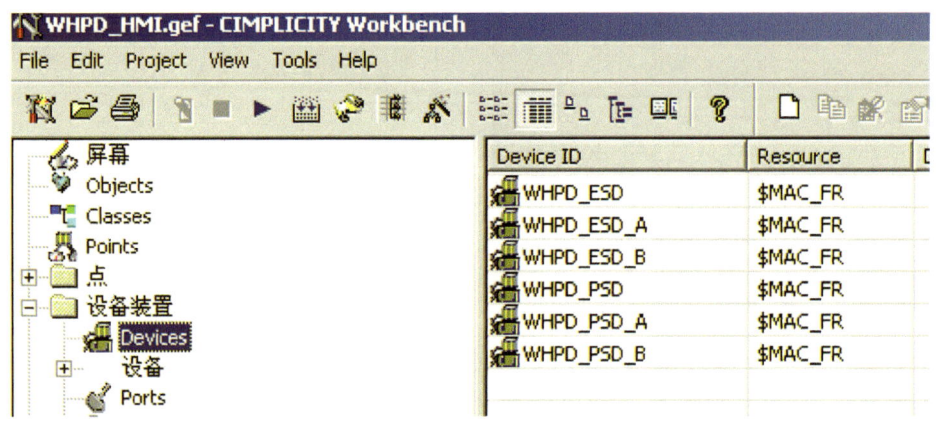

图 3.2.18　设备建立

⑤ 角色介绍。

若在 Cimplicity 软件的组态和应用过程中,需要区分使用者权限,可考虑应用树状图中的"安全"下有关 Roles 或 User 的内容。Roles 是定义的角色,不同的角色有不同的软件操作权限,Cimplicity 中默认有三种角色(图 3.2.19)。

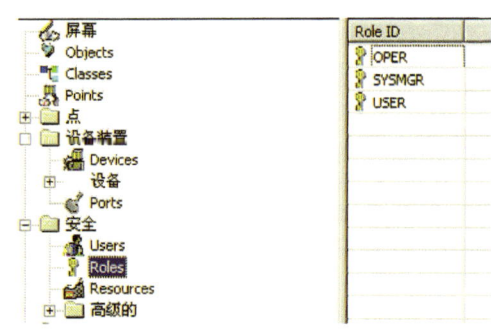

图 3.2.19　角色权限设定

3.2.2　Intouch 软件

3.2.2.1　Intouch 软件简介

RR 燃驱离心压缩机组 HMI 软件使用 Intouch 软件,该组态软件是英国发明的工业自动化组态软件,它属于 Wonderware 的产品。Wonderware 公司成立于 1987 年,是制造和操作系统领域的前辈,推出了适用于微软 Windows 平台的人机界面(HMI)自动化软件 Human Machine Interface。首先提出并研发出组态软件的公司。工业自动化组态软件 Intouch 为生产厂家提供了可视化工具、以操作工人为核心的信息系统提供了专业化。所有制造信息系统集成了操作工人所需的信息,并且可以在工厂内和工厂之间互相访问。Intouch HMI 软件用于可视化控制工业生产过程。它为技术人员提供了易于使用的开发环境和广泛的功能,使技术人员能够很快建设、调试和传输实时观察信息的强大自动化应用程序。Intouch 软件是一个开放的可扩展的 PLC 人机界面,它为工业上各种自动化设备的定制应用程序设计和连接提供了灵活性。同时为工业中的各种自动化设备提供了连接能力。Intouch 软件包包含 Window Maker 和 Window Viewer 两个主要部分。Window Maker 是发展系统,在发展环境中,产生交互式显示。Window Viewer 是应用程序,处理运行时间环境中所有进入数据的图形显示。

3.2.2.2 Intouch HMI 授权

(1) 从 CD 安装授权工具，启动授权管理工具。从 File 菜单下选择授权启动路径（图 3.2.20）。

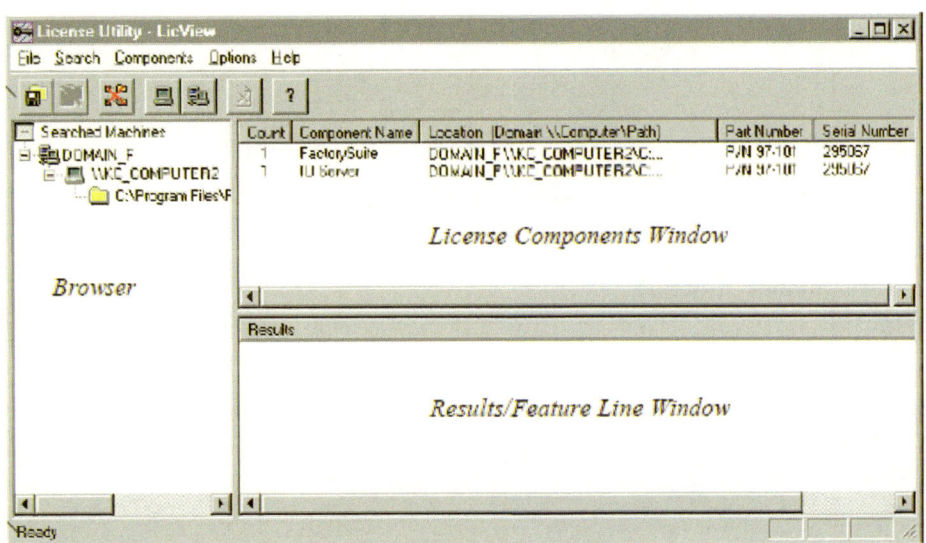

图 3.2.20　浏览授权选项卡

(2) 选择浏览授权位置和授权名，并单击 Open，如图 3.2.21 所示。

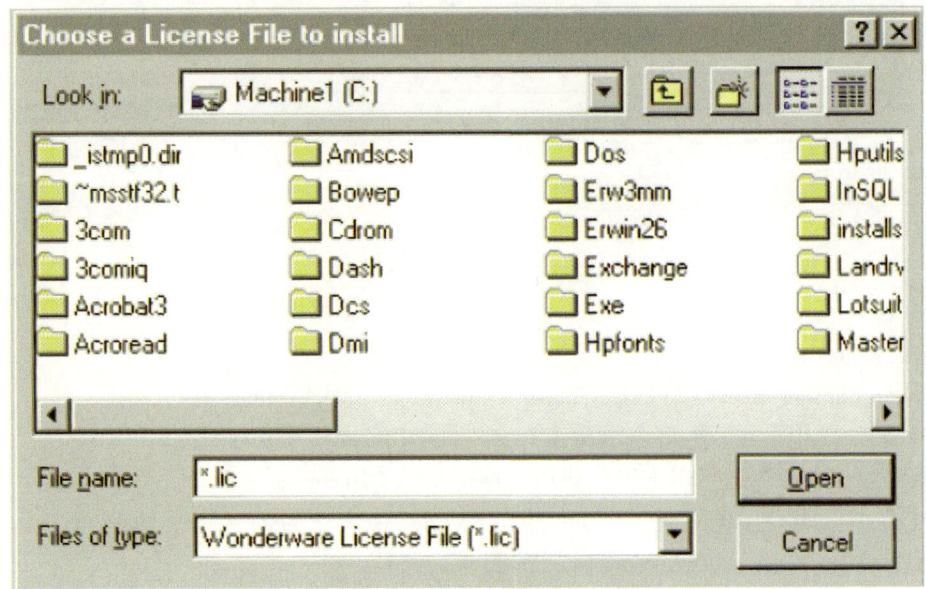

图 3.2.21　选择授权并进行

(3) 在打开的对话框中，出现授权的电脑名和授权文件名，并单击 OK，Intouch 安装完成，如图 3.2.22 所示。

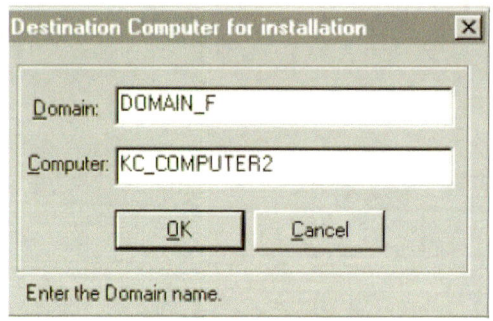

图 3.2.22 授权信息

3.2.2.3 Intouch 工程加载

（1）单击 Start-Program-Intouch，即可打开 Intouch HMI 工程界面，如图 3.2.23 所示；

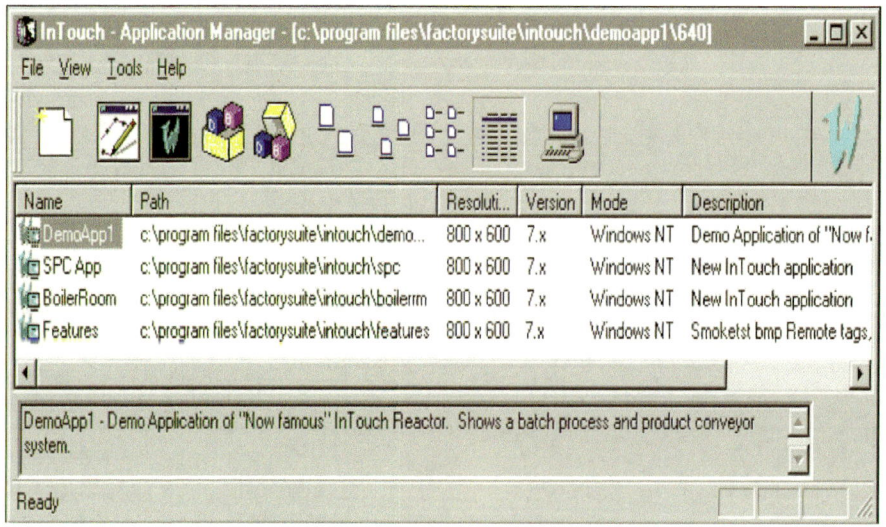

图 3.2.23 Intouch 工程文件加载

（2）在 Intouch Application Manager 中 Name 选择对工程人机交互工程文件进行加载。

Window Maker 命令：以打开 Window Maker 中选定的应用程序；

Window Viewer 命令：以打开 Window View 中选定的应用程序；

DBLoad：以用于加载标记名字典输入文件的 DBLoad 使用程序；

DBDump：以命令运行用于提取应用程序标记的 DBDump；

（3）在 Intouch Application Manager 中，按 File-New-Project 操作，可创建一个新工程（Project）。单击 Next，系统将显示 Intouch 目录的路径。

（4）创建新窗口：数值、文本、按钮如图 3.2.24 所示。

（5）创建离散标记名：单击特别/标记名字典命令，或在应用程序浏览器中双击标记名字典，如图 3.2.25 所示进行数据标签创作（图 3.2.26）。

（6）画面链接，将线颜色、填充颜色和文本颜色都链接到一个标签中，分别对线条颜色、填充颜色和文本颜色的离散属性进行编辑（图 3.2.27）。

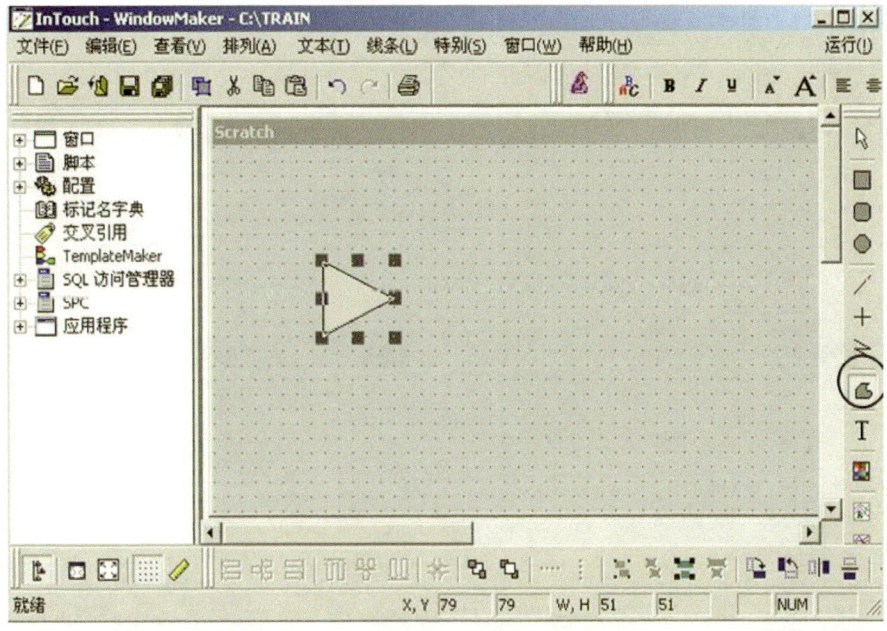

图 3.2.24 创建数值文本

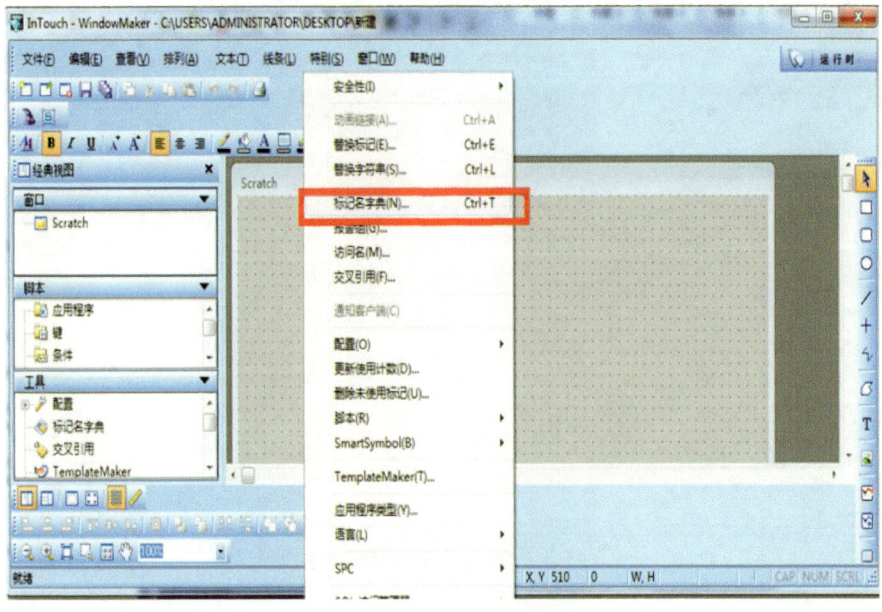

图 3.2.25 数据标签名创作

(7) 在离散表达式中双击鼠标左键选择离散数据标签名,并对标签的开关属性进行状态设置(图 3.2.28 和图 3.2.29)。

3.2.2.4 报警事件

(1) 通过向导功能提取报警控件,打开标记名标签字典选择以下标记名。如图 3.2.30 所示。

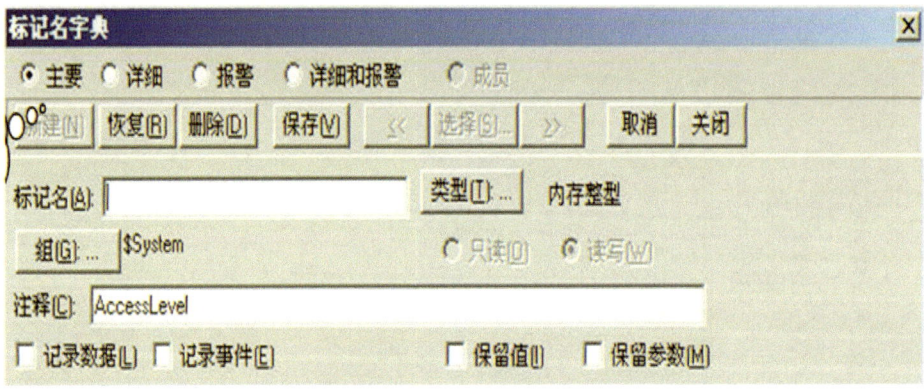

图 3.2.26　新建数据标签名

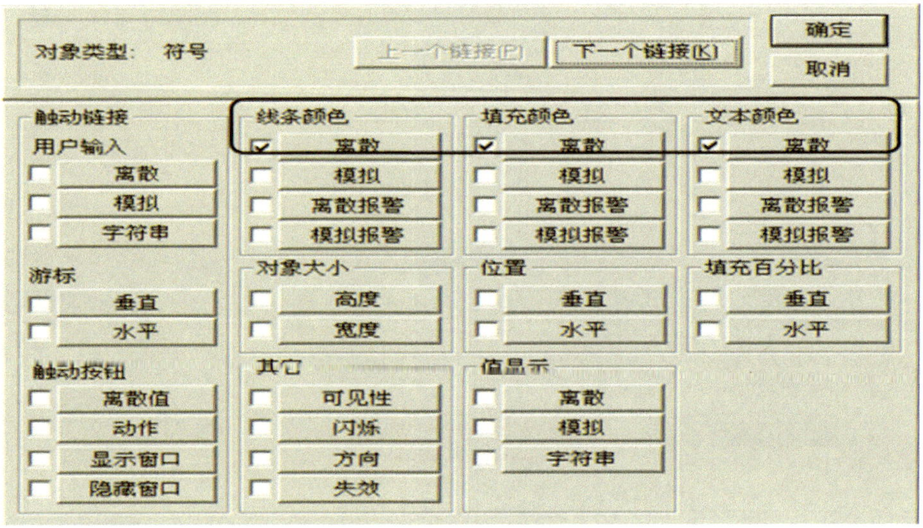

图 3.2.27　画面链接属性

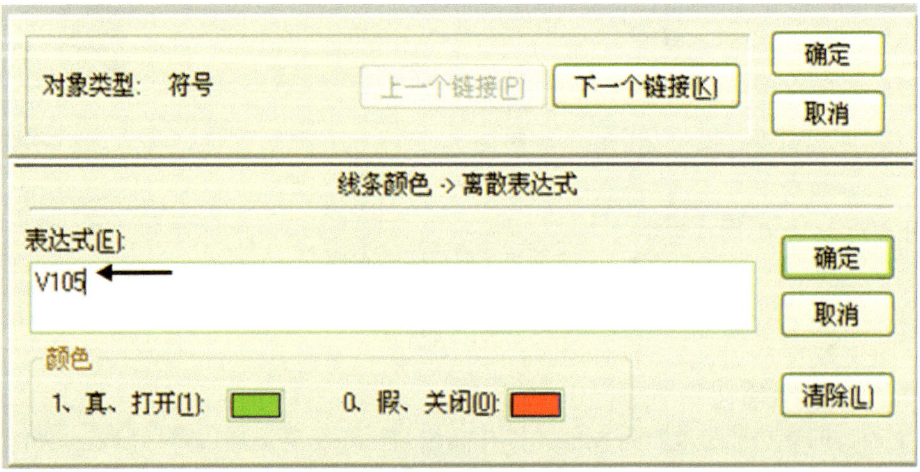

图 3.2.28　离散属性编辑设定

图 3.2.29 离散数据标签选择

图 3.2.30 标记名数据报警

（2）打开标记名字典，创建报警数据标签，完成数据标签类型、报警值、优先级设定。如图 3.2.31 所示。

（3）创建确认按钮，通过触动按钮动作设完成动作连接，在动作按钮脚本中，将确认按钮报警功能链接到分布式报警对象(图 3.2.32)。

3.2.2.5 OPCLink Server

（1）OPCLink Server 服务器软件连接 Intouch 软件的数据通信，通过 DDE 与本地或远程的数据服务器建立数据连接。使用 OPCLink Server 可以实现以下功能：

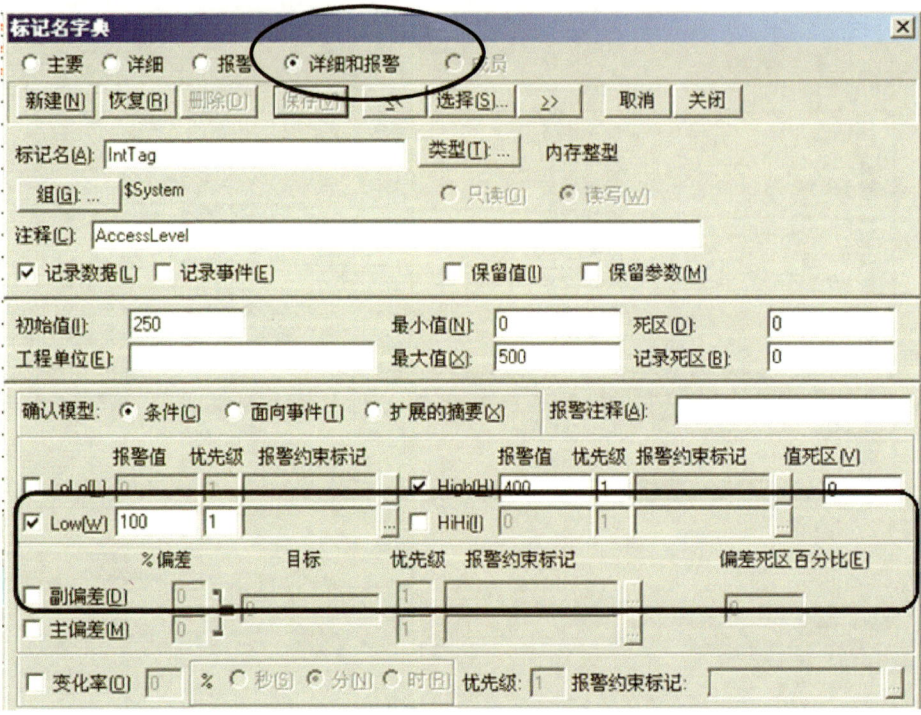

图 3.2.31 数据标记名报警类型设定

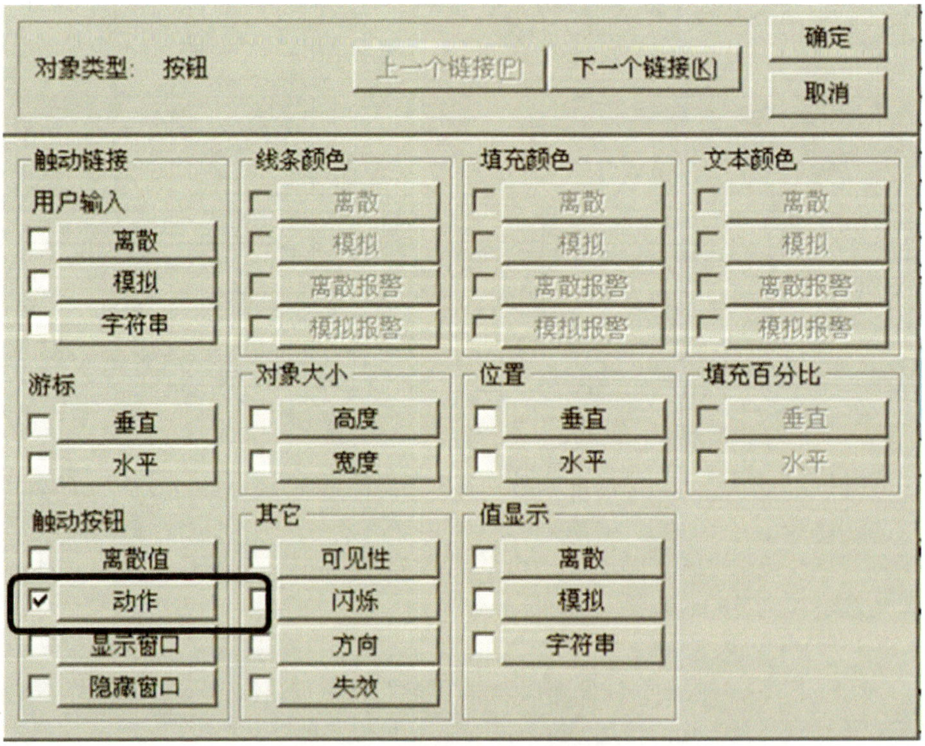

图 3.2.32 报警数据标签动作关联

① 显示和编辑存储在 OPC Server 配置文件；
② 映射 DDE；
③ 在 OPC 服务器中浏览数据；
④ 监视项状态。

（2）OPCLinkServer 网络数据连接图，在每个具有 OPC 服务器的系统上安装 OPCServer，并通过 COM 端口进行通信，Client 可以使用网络功能连接到 OPC 服务器。配置文件可以由 OPLinkServer 或 Intouch WindowMaker 中的 OPC 浏览器创建。Intouch Windows Maker 将通过远程文件 I/O 访问该服务器，获得有关使用 OPC-Link Server 的更多信息(图 3.2.33)。

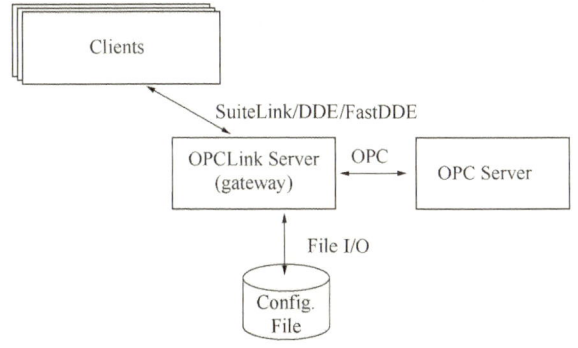

图 3.2.33　OPC 网络拓扑原理图

（3）在 Windows NT 组态 NetDDE 通信网络设置，如图 3.2.34 所示。

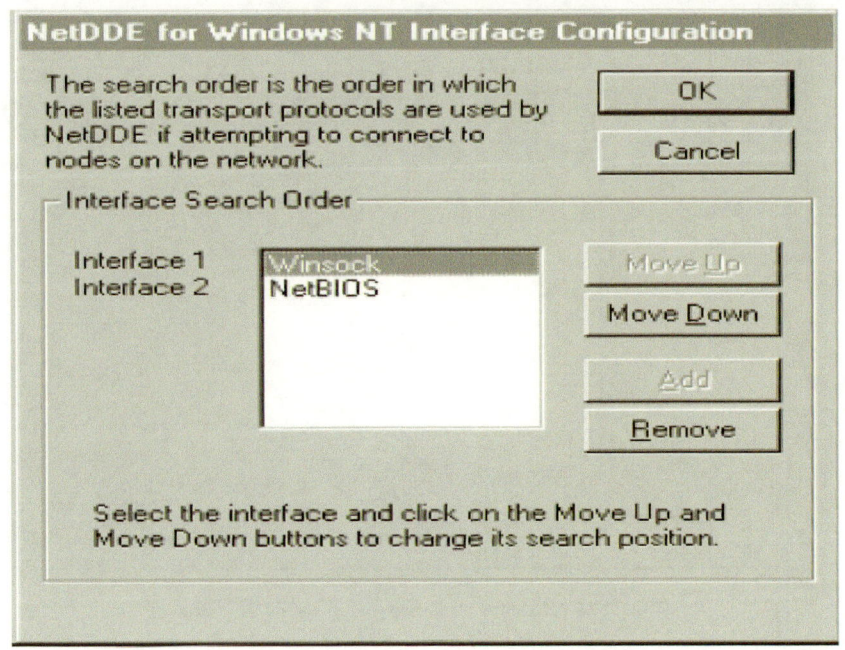

图 3.2.34　Windows DDE 通信组态设定

（4）NetDDE 通信安全性设定，Microsoft Windows NT 操作系统允许远程工作站访问存储在本地节点上的 DDE 数据，DDE 数据安全访问组态(图 3.2.35)。执行 NetDDE Extensions，在 Configure 菜单下，单击选择 Security，Custom DDE Security Browser 组态窗口出现，如图 3.2.36 所示。

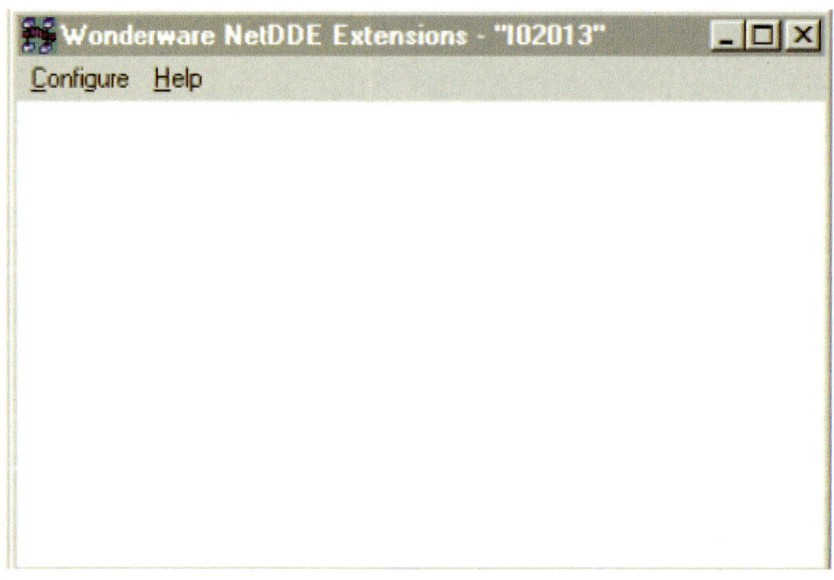

图 3.2.35　NetDDE Extensions 数据组态

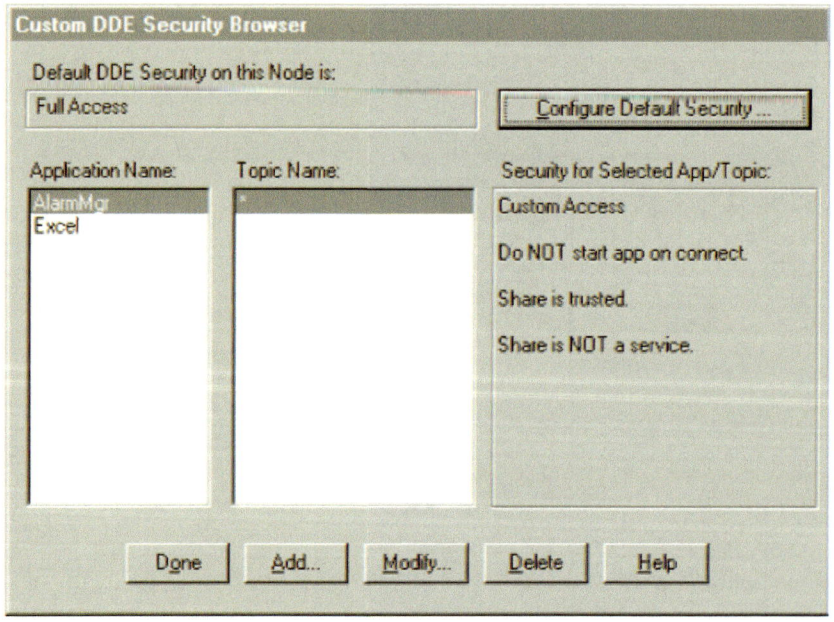

图 3.2.36　Custom DDE Security Browser 组态窗口

（5）通过 changed by configuring 修改 Default DDE Security on this Node 通信数据登记（图 3.2.37）。

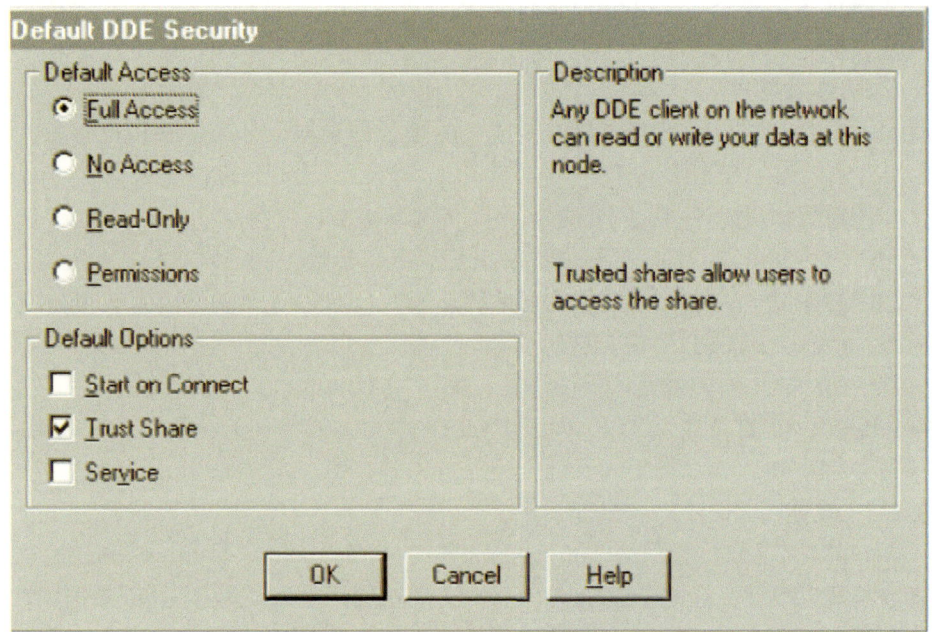

图 3.2.37　DDE Security 组态

3.3　通信协议

3.3.1　EtherNet/IP 协议

3.3.1.1　EtherNet/IP 协议简介

EtherNet/IP 协议是由罗克韦尔公司开发的工业以太网通信协定，由 ODVA（ODVA）管理，可应用在程序控制及其他自动化的应用中，是通用工业协定（CIP）中的一部分。

EtherNet/IP 协议是应用层的协定，将网络上的设备视为许多的"物件"。EtherNet/IP 协议为通用工业协定为基础而架构，可以存取来自 ControlNet 及 DeviceNet 网络上的物件。

EtherNet/IP 协议使用以太网的物理层网络，也架构在 TCP/IP 的通信协定上，用微处理器上的软件即可实现，不需特别的 ASIC 或 FPGA。EtherNet/IP 协议可以用在一些可容许偶尔出现少量非决定性的自动化网络。

EtherNet/IP 协议很容易误解为 Ethernet（以太网）及 Internet Protocol（网际协议）的组合。不过 EtherNet/IP 协议是一个工业使用的应用层通信协定，可以使控制系统及其元件之间建立通信，例如可编程逻辑控制器、I/O 模组等，EtherNet/IP 协议中的 IP 指工业协定。

EtherNet/IP 协议的应用层协定是以使用在 DeviceNet、CompoNet 及 ControlNet 的通用工业协定（CIP）为基础。

EtherNet/IP 协议是一种适合于工业环境和对时间要求比较苛刻的应用网络。EtherNet/IP 协议使用标准的以太网、TCP/IP 技术和一种名叫 CIP（Common Industrial Protocal）的开放性应用层协议。CIP 也是 DeviceNet 和 ControlNet 网络的应用层协议。这个开放性的应用层协议使得面向自动化和控制应用在 EtherNet/IP 协议上的工业自动化和控制设备的互操作性和互换性成为现实。

3.3.1.2 技术细节

EtherNet/IP 协议将以太网的设备以预定义的设备种类加以分类，每种设备有其特别的行为，此外，EtherNet/IP 协议设备可以：

(1) 用用户数据报协议(UDP)的隐式报文传送基本 I/O 资料。

(2) 用传输控制协议(TCP)的显式报文上传或下载参数、设定值、程序或配方。

(3) 用主站轮询、从站周期性更新或是状态改变(COS)时更新的方式，方便主站监控从站的状态，信息会用 UDP 的报文送出。

(4) 用一对一、一对多或是广播的方式，透过用 TCP 的报文送出资料。

(5) EtherNet/IP 协议使用 TCP 埠编号 44818 作为显式报文的处理，UDP 埠编号 2222 作为隐式报文的处理。

3.3.1.3 功能

EtherNet/IP 协议同时支持 CIP 的时分的和非时分的消息传输服务。时分的消息交换基于生产者或消费者模型，在这个模型里一个传送者在网络上发送数据并被网络上的多个设备同时接收到。EtherNet/IP 协议支持下列功能：

(1) 时分消息交换(用于 I/O 控制)；

(2) 人机界面；

(3) 设备组态和编程；

(4) 设备和网络诊断；

(5) 与嵌入在设备中的 SNMP(简单网络设备管理协议)和网页兼容；

(6) 对以上功能的支持、提供了互操作性和互替换性决定了 EtherNet/IP 协议是一种基于以太网的、面向工业自动化的开放性的网络标准。

3.3.2 EGD 协议

3.3.2.1 EGD 协议简介

EGD 协议是大多数 GE 带以太网接口的 CPU 都支持的协议，适用于设备之间的简单、高速、定周期的数据通信，不太适合对于事件响应时间要求非常高的应用(比如，要求数据刷新、响应时间小于 10ms 的应用)。EGD 协议是基于 UDP/IP 的协议，占用 UDP 端口 18246。ESD 协议支持单播(Unicast)和多播(Multicast)的模式，可以以点对点或点对多点的方式进行数据交互。

3.3.2.2 EGD 协议模型及报文

EGD 协议是以太网全局数据交换协议。Mark VI 控制系统采用 EGD 通信协议，各种设备在 UDP 18246 端口定时广播报文，发送数据的一方是生产者(Producer)，接收数据一方是消费者(Consumer)，了解 EGD 通信协议就可以在网络中接收到数据。

EGD 协议使用的是生产者—消费者(Producer—Consumer)模型，每个设备可以既是生产者也是消费者。

(1) 生产者会以设定的时间周期将数据以单播的方式发送到单个消费者，或者以多播的方式发送到指定的消费者群里；

（2）消费者会定期刷新从生产者接收到的数据；

（3）生产者和消费者之间以 Exchange（交换数据包）进行数据交互，一个交换数据包最多可以包含 1400 个字节的数据。

3.3.2.3 EGD 协议报文

EGD 协议报文识别不判断发送方的 IP 地址，采用报文中源地址进行识别，EGD 协议报文头部有 32 个字节，跟随的数据区最大长度为 1400 个字节，数据区存储的是明文，1 个字节（Bytc）存储 8 个布尔量，1 个浮点数存储 4 个字节，按顺序排列。EGD 协议报文中都存在心跳 bit 位，用于判断设备状态，心跳变量每个通信周期都会发生反转。除此之外 EGD 协议网络上的设备还会定时广播设备状态报文，网络的 EGD 设备管理器可以接收并显示各个设备的运行状态，该报文没有特殊意义，可忽略。当 MarkⅥ 通过 EGD 协议点对点报文发送控制命令时，通常还会发送 1 个 UDP 广播用于操作记录，该数据是一个 XML 明文信息。

EGD 协议运行用户分享处于联网环境下的控制器组件之间的信息。被配置用来基于 EGD 协议传输的控制器数据分别被称为交换的不同组。多个交换构成寻呼。在条件支持的情况下寻呼可被配置给特定的地址（单播），或者同时配置给多个用户（广播或组播）。每个寻呼的身份由生产商标识和交换标识确定。客户能够辨识出这些数据并清楚其存放的位置。EGD 协议允许某一个控制器组件，亦即所指的数据的生产商，以固定的周期性速率向任何数量的对等控制器组件，即客户，发送信息。这种网络支持大量的既能够生产也能消耗信息的控制器组件。该交换包含一个配置签名，显示交换配置的修改号。如果客户接到带有未知配置签名的数据，就会使得数据成为不健康数据。如果某个传输被中断，接收方可以等待 EGD 协议消息三秒钟，超过三秒即为超时，且数据被认为是不健康的。数据完整性由下列因素保持：

（1）以太网数据包中的 32 位循环冗余码（CRC）；

（2）UDP 和 IP 报头中的标准校验；

（3）配置签名；

（4）数据大小域。

3.3.2.4 EGD 协议通信特征

EDG 协议通信具有以下特征：

（1）通信类型：监督数据以 480ms 或 960ms 的速率周期性传输。控制数据以帧速传输。

（2）消息类型：广播。一条发送给子网上所有站点的消息。

（3）冗余：如果特定的控制器硬件支持多个以太网端口，寻呼消息可被广播给多个以太网子网，或从多个以太网子网接收。

（4）容错：在 TMR 配置中，一个控制器可以穿过 IONet 向另外一个被从以太网上隔离开的控制器转发 EGD 数据。

（5）大小：一个交换消息最大可以为 1400 字节。寻呼消息可以包含多个交换消息。一个寻呼消息中的交换消息的数量，以及一个 EGD 协议节点内的寻呼消息的数量受每个 EGD 协议设备类型的限制。Mark VIe 控制器不限制交换或寻呼消息的数量。

（6）消息完整性：以太网支持依附在每个以太网数据包上的 32 位 CRC。接收超时时间由 EGD 设备类型决定。使用序列 ID，交换更新后的交换超时时间在交换时段的四倍时间内还没有发生。失踪或无序数据包检测 UDP 和 IP 抱头校验和配置签名（数据布局修改控制）交换量验证。

（7）功能代码：EGD 协议允许每个控制器向系统中的其他控制器发送信息组块或从其他控制器接收这些信息。支持整数、浮点和布尔数据类型。

3.3.3　CIP 协议

3.3.3.1　CIP 协议简介

通用工业协议（Common Industrial Protocol，CIP）是一种应用在工业自动化的通信协定，由开放式设备网供货商协会（Open DeviceNet Vendors Association，ODVA）维护。以前的名称为控制和信息协议（Control and Information Protocol，CIP）。

通用工业协议为开放的现场总线 DeviceNet、ControlNet、CompoNet、EtherNet/IP 等网络提供了公共的应用层和设备描述。它建立在单一的、与介质无关的平台上，为从工业现场到企业管理层提供无缝通信，使用户可以整合跨越不同网络的有关安全、控制、同步、运动、报文和组态等方面的信息。有助于使工程和现场安装的开销最小化，使用户获得最大的投资收益。作为设备间进行自动化数据传输的通信协议，CIP 协议把每一个网络设备看作一系列对象的集合，每个对象也只是一组设备相关数据的集合，称为属性，它通过设备描述对网络中的设备进行完整的定义。CIP 协议是设计工业控制设备的基于对象的一种方法（例如体系结构、数据类型、服务等），它是独立于特定网络的应用层协议，提供了访问数据和控制设备操作的服务集。

CIP 协议是一个端到端的面向对象并提供了工业设备和高级设备之间的连接协议，CIP 协议有两个主要目的，一是传输同 I/O 设备相联系的面向控制的数据；二是传输其他同被控系统相关的信息，如组态、参数设置和诊断等。

3.3.3.2　CIP 协议的组成

CIP 协议主要由对象建模、报文协议、通信对象、对象库、设备描述、设备配置方法和数据管理等部分组成。

（1）对象建模。CIP 协议使用抽象的对象模型来描述一组可实现的通信服务、CIP 协议节点的外部可视行为、IP 设备内部数据的访问和交换的一般方法。

（2）报文协议。CIP 协议是面向连接网络的最高层。一个 CIP 协议连接在多个应用之间提供一条路径。当连接建立后，发送节点和接收节点通过双方的连接标识符对连接以及报文进行确认。

（3）通信对象。CIP 协议的通信对象管理并提供运行时报文的交换。

（4）对象库。CIP 协议定义了大量的对象集合。CIP 协议的对象类可分为 3 种类型：通用对象，如标识对象、报文路由对象、组合对象、连接对象等；应用特定对象，如寄存器对象、离散输入点对象、离散输出点对象和 AC/DC 变频器对象等；网络特定对象，如 DeviceNet 对象、ControlNet 对象、ControlNet 智能对象和 TCP/IP 接口对象等。

（5）设备描述。CIP 协议设备描述是对象结构和行为的一个完整说明，以此来实现设备的互操作性和互换性。

(6) 设备配置方法。CIP 协议提供了多种设备配置方法，如打印数据表、参数对象与参数对象存根、电子数据表以及上述几种方法的组合。

(7) 数据管理。数据管理定义了对象的数据结构与编址类型。CIP 协议的控制部分用于实时 I/O 数据的传送与互锁；CIP 协议的信息部分用于报文交换以实现对等通信、报警、配置以及诊断等功能。CIP 协议使用单一网络即可实现控制、配置与数据采集，是一种效率高、可靠性好、实时性强的通用性网络协议。

3.3.3.3 CIP 协议的特点

CIP 协议主要有以下几项特点：

(1) CIP 协议中采用了全新的生产者—消费者网络模型。在生产者—消费者模型中，信息按内容来标识，如果一个节点要接收一个数据，仅仅需识别与此信息相连的特定的标识符，每个数据包不再需要源地址位和目标地址位。因为数据是按内容进行标识的，数据源只需将数据发送一次。许多需用此数据的节点通过在网上同时识别这个标识符，可同时从同一生产者取用此消费同一数据。消费者节点之间可实现精确的同步，而且提高了带宽的有效使用率，其他的设备加入网络后并不增加网络负载，因为它们同样可以消费这些相同的信息。当节点发送多个数据组时，对每个数据组使用不同的标识符。

(2) CIP 协议可以传输多种类型的数据。CIP 协议根据所传输的数据对传输服务质量要求的不同，把报文分为两种：显性报文和 I/O 报文。显性报文传输工厂控制层网络传送一般的计算机通信网络中需传送的报文，I/O 报文传送实时的输入/输出(I/O)控制信息及整个控制系统中各控制器互锁信息等。

(3) CIP 协议支持多种 I/O 数据触发方式。除了传统的轮询方法(polling)外，CIP 协议还允许用两种新的功能的 I/O 触发方法：状态改变发送(Change—of—State)和周期 I/O 发送(Cyclic)。

(4) CIP 协议支持多种通信模式。包括主从(Master/Slaver)、多主(Multi—Master)、对等(Peer—to—Peer)，或者三种模式的任意组合。

(5) CIP 协议的另一个重要特点是面向连接。在通信开始之前必须建立起连接，获取唯一的连接标识符(Connection ID，CID)。如果连接涉及双向的数据传输，就需要两个 CID。CID 的定义及格式是与具体网络有关的，比如 DeviceNet 的 CID 定义是基于 CAN 标识符的。通过获取 CID，连接报文就不必包含与连接有关的所有信息，只需要包含 CID 即可，从而提高了通信效率

3.3.3.4 CIP 协议的应用

CIP 协议，也被称为通用工业协议(Common Industrial Protocol)，是一种用于工业自动化通信的标准协议。它是由罗克韦尔自动化公司(Rockwell Automation)所开发，广泛应用于工业控制和监测设备之间的通信。CIP 协议支持多种不同的物理介质，包括以太网、无线网络、串口等。它提供了一种灵活的通信方式，能够满足各种不同工业设备的通信需求。CIP 协议采用面向连接的通信模型，确保数据的可靠性和完整性。

3.3.4 DeviceNet 协议

3.3.4.1 DeviceNet 协议简介

DeviceNet 协议是由美国罗克韦尔公司在 CAN 基础上推出的一种低成本的通信链接，是

一种低端网络系统。它将基本工业设备连接到网络，从而避免了昂贵和繁琐的硬接线。DeviceNet 协议是一种简单的网络解决方案，在提供多供货商同类部件间的可互换性的同量，减少了配线和安装工业自动化设备的成本和时间。DeviceNet 协议的直接互连性不仅改善了设备间的通信，而且同时提供了相当重要的设备级诊断功能。它将工业设备(限位开关，光电传感器，阀组，电动机启动器，过程传感器，条形码读取器，变频驱动器，面板显示器和操作员接口)连接到网络，从而消除了昂贵的硬接线成本。直接互连性改善了设备间的通信，并同时提供了相当重要的设备级诊断功能，这是通过硬接线 I/O 接口很难实现的。

3.3.4.2 DeviceNet 的连接及报文协议

DeviceNet 是一个基于连接的通信网络系统。一个 DeviceNet 的连接提供了多个应用之间的路径。当建立连接时，与连接相关的传送会被分配一个连接 ID(CID)。如果连接包含双向交换那么应当分配两个连接 ID 值。

DeviceNet 建立在标准 CAN2.0A 协议之上，并使用 11 位标准报文标识符，可分成 4 个单独的报文组，同样，基于扩展 CAN2.0B 协议的 CAN 节点也可以兼容设计成一个 DeviceNet 设备。在 DeviceNet 中，CAN 标识符被称为连接 ID。它包含报文组 ID、该组中的报文 ID、设备 MACID。源和目标地址都可作为 MACID。定义取决于报文组和报文 ID。系统中报文的含义由报文 ID 确定。

4 个报文组分别有以下用途：

报文组 1：分配了 1024 个 CAN 标识符(000H~3FFH)，占所有可用标识符的一半。该组中每个设备最多可拥有 16 个不同的报文。该组报文的优先级主要由报文 ID(报文的含义)决定。如果 2 个设备同时发送报文，报文 ID 号较小的设备总是先发送。以这种方式可以相对容易地建立一个 16 个优先级的系统。报文组 1 通常用于 I/O 报义交换应用数据。

报文组 2：分配了 512 个标识符(400H~5FFH)。该组的大多数报文 ID 可选择定义为"预定义主/从连接集"。其中 1 个报文 ID 定义为网络管理。优先级主要由设备地址(MACID)决定，其次由报文 ID 决定。如果要考虑各位的具体位置，那么带 8 位屏蔽的 CAN 控制器可以根据 MACID 滤除自身的报文组 2 报文。

报文组 3：分配了 448 个标识符(600H~7BFH)，具有与报文组 1 相似的结构。与报文组 1 不同的是，它主要交换低优先级的过程数据。此外，该组的主要用途是建立动态的显式连接。每个设备可有 7 个不同的报文，其中 2 个报文保留作未连接报文管理器端口(UCMMPort)。

报文组 4：分配了 48 个 CAN 标识符(7C0H~7EFH)，不包含任何设备地址，只有报文 ID。该组的报文只用于网络管理。通常分配 4 个报文 ID 用于"离线连接集"。

其他 16 个 CAN 标识符(7F0H~7FFH)在 DeviceNet 中被禁止。

3.3.4.3 DeviceNet 信息协议

DeviceNet 定义了两种类型的报文：显式信息报文、I/O 信息报文。

I/O 信息报文用于在 DeviceNet 网络中传输应用和过程数据。相关的 I/O 数据总是从一个生产应用传输到多个消费应用。I/O 报文通常使用高优先级的报文标识符，连接标识符提供了 I/O 报文的相关信息。I/O 报文传送通过 I/O 信息连接对象来实现。在 I/O 报文被传输之前，I/O 信息连接对象必须已经建立。

I/O 信息报文格式的最重要的特性是完全利用了 CAN 数据场来传输过程数据。连接的端点通过 CAN 报文标识符来识别过程数据的重要性。每个 I/O 报文使用 1 个 CAN 标识符。

显式信息报文用于 DeviceNet 网络中两个设备之间的一般性数据交换。显式报文通常使用低优先级的报文标识符。显式报文为点对点传送，采用典型的请求/响应通信模式，通常用于设备配置、故障诊断。显式报文传送通过显式信息连接对象来实现，在设备中建立显式信息连接对象。显式报文请求指明了对象、实例和属性，以及所要调用的特定分类服务，并由报文路由对象传递到相应的对象。

显式信息报文格式最重要的特性是 CAN 标识符场的任何一部分都不用于显式报文传输协议。所有协议都包含在 CAN 数据场当中。CAN 标识符场用作连接 ID。设备之间的每个显式连接通道需要 2 个 CAN 标识符，一个用于请求报文，另一个用于响应报文。标识符在连接建立时确定。

3.3.4.4 设备描述与 EDS 文件

为了实现同类设备的互用性并促进其互换性，同类设备间必须具备某种一致性，即每种设备类型必须有一个标准的模型。设备描述(DeviceProfiles)通过定义标准的设备模型，促进不同厂商同类设备的互操作性，并促进其互换性。ODVA 已经规定了一些工业自动化中常用产品的设备描述。例如，通用 I/O(离散或模拟)、驱动器、位置控制器等。

在 DeviceNet 协议规范中设备描述分为 3 个部分。

(1) 设备类型的对象模型。对象模型定义了设备中所必需和可选的对象分类。对象模型还指定了实现的对象实例的个数，这些对象如何影响设备的行为，及其与这些对象的接口。

(2) 设备类型的 I/O 数据格式。在设备描述中指定了 I/O 数据的格式。通常也包括组合对象的定义，组合对象属性包括了特定的数据的映射。

(3) 配置数据和访问该数据的公共接口。描述了配置数据，以及数据的公共接口实现。通常包含在电子数据文档(EDS)中，电子数据文档包含在设备的用户文件中。DeviceNet 协议规范规定了电子数据文档的格式，电子数据文档文件提供访问和改变设备可配置参数的所有必要信息。当使用电子数据文档时，供货商可以将产品的特殊信息提供给其他供货商。这样可以具有友好的用户配置工具，可以很容易地更新，无须经常修正配置软件工具。

3.3.5 Modbus 协议

3.3.5.1 Modbus 协议简介

Modbus 协议是一种串行通信协议，是 Modicon 公司(现在的施耐德电气 Schneider Electric)于 1979 年为使用可编程逻辑控制器(PLC)通信而发表。Modbus 协议已经成为工业领域通信协议的业界标准，并且现在是工业电子设备之间常用的连接方式。Modbus 协议公开发表并且无版权要求，易于部署和维护，对供应商来说修改移动本地的比特或字节没有很多限制，因此比其他通信协议使用得更广泛。

Modbus 协议是应用于电子控制器上的一种通用语言。通过此协议，控制器相互之间、控制器经由网络(例如以太网)和其他设备之间可以通信。它已经成为一通用工业标准。有了它，不同厂商生产的控制设备可以连成工业网络，进行集中监控。此协议定义了一个控制器能认识使用的消息结构,而不管它们是经过何种网络进行通信的。它描述了一个控制器请求访问其他设备的过程,如何回应来自其他设备的请求,以及怎样侦测错误并记录。它制定了消息域格局和内容的公共格式。当在一个 Modbus 协议网络上通信时,此协议决定了每个控制器需要知道它们的设备地址,识别按地址发来的消息,决定要产生何种行动。如果需要回应,控制器将生成反馈信息并用 Modbus 协议发出。在其他网络上,包含了Modbus 协议的消息转换为在此网络上使用的帧或包结构。这种转换也扩展了根据具体的网络解决节地址、路由路径及错误检测的方法。Modbus 允许多个(大约 240 个)设备连接在同一个网络上进行通信,举个例子,一个测量温度和湿度的装置,并且将结果发送给计算机。在数据采集与监视控制系统(SCADA)中,Modbus 协议通常用来连接监控计算机和远程终端控制系统(RTU)。

3.3.5.2 Modbus 协议版本

Modbus 协议目前存在用于串口、以太网,以及其他支持互联网协议的网络版本。

大多数 Modbus 协议设备通信通过串口 EIA-485 物理层进行。对于串行连接,存在两个变种,它们在数值数据表示不同和协议细节上略有不同。Modbus RTU 是一种紧凑的,采用二进制表示数据的方式,Modbus ASCII 是一种人类可读的,冗长的表示方式。这两个变种都使用串行通信(serial communication)方式。RTU 格式后续的命令(数据)带有循环冗余校验的校验和,而 ASCII 格式采用纵向冗余校验的校验和。被配置为 RTU 变种的节点不会和设置为 ASCII 变种的节点通信,反之亦然。

对于通过 TCP/IP(例如以太网)的连接,存在多个 Modbus/TCP 变种,这种方式不需要校验和计算。

对于所有的这三种通信协议在数据模型和功能调用上都是相同的,只有封装方式是不同的。

Modbus 协议有一个扩展版本 Modbus Plus 协议(Modbus+或者 MB+),不过此协议是Modicon 专有的,和 Modbus 协议不同。它需要一个专门的协处理器来处理类似 HDLC 的高速令牌旋转。它使用 1Mbit/s 的双绞线,并且每个节点都有转换隔离装置,是一种采用转换/边缘触发而不是电压/水平触发的装置。连接 Modbus Plus 协议到计算机需要特别的接口,通常是支持 ISA(SA85),PCI 或者 PMCIA 总线的板卡。

3.3.5.3 通信和设备

Modbus 协议是一个 master/slave 架构的协议。有一个节点是 master 节点,其他使用Modbus 协议参与通信的节点是 slave 节点。每一个 slave 节点设备都有一个唯一的地址。在串行和 MB+网络中,只有被指定为主节点的节点可以启动一个命令(在以太网上,任何一个设备都能发送一个 Modbus 命令,但是通常也只有一个主节点设备启动指令)。

一个 Modbus 命令包含了打算执行的设备的 Modbus 地址。所有设备都会收到命令,但只有指定位置的设备会执行及回应指令(地址 0 例外,指定地址 0 的指令是广播指令,所有收到指令的设备都会运行,不过不回应指令)。所有的 Modbus 命令包含了检查码,以确定到达的命令没有被破坏。基本的 Modbus 命令能指令一个 RTU 改变它的寄存器的某个值,控制或者读取一个 I/O 端口,以及指挥设备回送一个或者多个其寄存器中的数据。

有许多 modems 和网关支持 Modbus 协议,因为 Modbus 协议很简单而且容易复制。它们当中一些为这个协议特别设计的。有使用有线、无线通信甚至短消息和 GPRS 的不同实现。不过设计者需要克服一些包括高延迟和时序的问题。

3.3.5.4　Modbus 协议的数据类型

Modbus 协议规定，进行读写操作的数据类型，按照读写属性和类型可分为以下 4 种：

(1) 离散量输入（Discretes Input）：1 位，只读。

(2) 线圈（Coils）：1 位，读写。

(3) 输入寄存器（Input Registers）：16 位，只读。

(4) 保持寄存器（Holding Registers）：16 位，读写。

3.3.5.5　Modbus 数据帧格式

一帧正常的 Modbus 数据帧包含的内容有：地址域、功能码、数据和差错校验，无论是上述哪种协议版本，Modbus 帧格式都是一样的，主要包括：

(1) 地址域：即主站要访问的从站地址，其范围为 0~247。

(2) 功能码：即主站想要对从站进行何种操作。

(3) 数据：如果主站的请求是读数据，那么该"数据"要包含的信息有：从哪里开始读数据+读多少数据。如果主站的请求是向从站写数据，那么该"数据"要包含的信息有：从哪里开始写数据+写多少个字节数据+要写的具体数据。

(4) 差错校验：为了保证数据传输的正确性，Modbus 协议会在数据帧最后面加上两个字节的差错校验。

3.3.5.6　Modbus 功能码

Modbus 功能码，是写在主机请求数据帧中的，决定主机进行读还是写操作，是读线圈、离散量还是寄存器，是写单个寄存器还是多个寄存器等，决定主机请求什么类型的数据。主要包括 3 类功能码：公共功能码、用户定义功能码和保留功能码。

3.3.5.7　Modbus 通信查询——回应周期

(1) 查询：查询消息中的功能代码告之被选中的从设备要执行何种功能。数据段包含了从设备要执行功能的任何附加信息。例如功能代码 03 是要求从设备读保持寄存器并返回它们的内容。数据段必须包含要告之从设备的信息：从何寄存器开始读及要读的寄存器数量。错误检测域为从设备提供了一种验证消息内容是否正确的方法。

(2) 回应：如果从设备产生一正常的回应，在回应消息中的功能代码是在查询消息中的功能代码的回应。数据段包括了从设备收集的数据：像寄存器值或状态。如果有错误发生，功能代码将被修改以用于指出回应消息是错误的，同时数据段包含了描述此错误信息的代码。错误检测域允许主设备确认消息内容是否可用。

3.3.6　PROFIBUS 协议

3.3.6.1　PROFIBUS 协议简介

PROFIBUS 协议是一个用在自动化技术的现场总线标准，1987 年由德国西门子公司等 14 家公司及 5 个研究机构所推动，PROFIBUS 协议是程序总线网络（PROcess FIeld BUS）的简称。PROFIBUS 协议和用在工业以太网的 PROFINET 是两种不同的通信协议。PROFIBUS 协议的历史可追溯到 1987 年联邦德国开始的一个合作计划，此计划有 14 家公司及 5 个研究机构参与，目标是要推动一种串列现场总线，可满足现场设备接口的基本需求。为了这个目的，参与的成员同意支持有关工厂生产及程序自动化的共通技术研究。

PROFIBUS 协议中最早提出的是 PROFIBUS FMS(FMS 代表 Field bus Message Specification)，是一个复杂的通信协议，为要求严苛的通信任务所设计，适用在车间级通用性通信任务。后来在 1993 年提出了架构较简单，速度也提升许多的 PROFIBUS DP(DP 代表 Decentralized Peripherals)。PROFIBUS FMS 是用在 PROFIBUS 主站之间的非确定性通信。PROFIBUS DP 主要是用在 PROFIBUS 主站和其远程从站之间的确定性通信，但仍允许主站及主站之间的通信。

3.3.6.2 PROFIBUS 协议分类

PROFIBUS 协议可分为两种，分别是大多数人使用的 PROFIBUS DP 和用在过程控制的 PROFIBUS PA：

（1）PROFIBUS DP(分布式周边，Decentralized Peripherals)用在工厂自动化的应用中，可以由中央控制器控制许多的传感器及执行器，也可以利用标准或选用的诊断机能得知各模块的状态。

（2）PROFIBUS PA(过程自动化，Process Automation)应用在过程自动化系统中，由过程控制系统监控量测设备控制，是本质安全的通信协议，可适用于防爆区域(工业防爆危险区分类中的 Ex-zone 0 及 Ex-zone 1)。其物理层(缆线)匹配 IEC 61158-2，允许由通信缆线提供电源给现场设备，即使在有故障时也可限制电流量，避免制造可能导致爆炸的情形。因为使用网络供电，一个 PROFIBUS PA 网络所能连接的设备数量也就受到限制。PROFIBUS PA 的通信速率为 31.25kbit/s。PROFIBUS PA 使用的通信协议和 PROFIBUS DP 相同，只要有转换设备就可以和 PROFIBUS DP 网络连接，由速率较快的 PROFIBUS DP 作为网络主干，将信号传递给控制器。在一些需要同时处理自动化及过程控制的应用中就可以同时使用 PROFIBUS DP 及 PROFIBUS PA。

3.3.6.3 PROFIBUS 协议传输方式

PROFIBUS 协议有三种不同的传输方式：

（1）若依据 EIA-485 规范(旧称"RS-485"或"RS485")的电气传输方式，会使用阻抗 150Ω 的双绞线，比特率范围可以从 9.6kbit/s 到 12Mbit/s。两台中继器之间的网络线长也有限制，随比特率的不同，上限为 100~1200m。这种传输方式主要配合 PROFIBUS DP 使用。

（2）若使用光纤作为介质传输，可以使用星形、总线或是环形的网络拓扑，两台中继器之间的网络线长也可以到 15km，也可以使用环形网络拓扑以冗余的方式使用网络，即使网络中有一点损坏，仍然可以正常地运作。

（3）若使用"曼彻斯特总线电力传输"(Manchester Bus Powered，MBP)的传输方式，网络上不但有信号，也可提供设备电源。因为这种传输方式可以减少设备消耗的功率，因此可以在防爆需求的场合下使用。其总线拓扑最长可以到 1900m，而且允许有 60m 的网络枝连接到设备，其比特固定为 31.25kbit/s，此传输方式特别为用在过程控制的 PROFIBUS PA 所设计。

3.3.6.4 PROFIBUS 应用行规

应用行规是 PROFIBUS 为了特殊的应用或设备，而事先定义的配置，其中包括特殊的功能及特征。应用行规是由 PROFIBUS 国际组织(PROFIBUS international,PI)的各工作小组所订定,由 PROFIBUS 国际组织所发布。应用行规让用户可以确定不同厂商提供的类似设备可以有一致的机能,对产品的开放性、互操作性及互换性都很重要。用户的选择空间变大,也驱使设备厂商提升产品性能及减低成本。

已有许多 PROFIBUS 的应用行规,例如针对编码器、量测设备、智能泵、机器人及数控机床等应用行规。也有针对特殊应用的应用行规,如针对 HART、无线 PROFIBUS 及在程序自动化设备中使用 PROFIBUS PA 的应用行规。其他的应用行规包括运动控制的 PROFIdrive 及功能安全(Functional Safety)的 PROFIsafe。

3.3.6.5 PROFIBUS 标准

PROFIBUS 在 1991—1993 年成为德国工业标准 DIN 19245,在 1996 年成为欧洲标准 EN 50170 V.2,在 1996 年成为现场总线国际标准 IEC 61158/IEC 61784 的组成部分(TYPE 3)。2006 年 PROFIBUS 也成为中华人民共和国的机械工业标准[《测量和控制数字数据通信 工业控制系统用现场总线类型 3:PROFIBUS 规范》(GB/T 20540—2006)]。

第 4 章
燃驱离心压缩机组控制系统控制操作

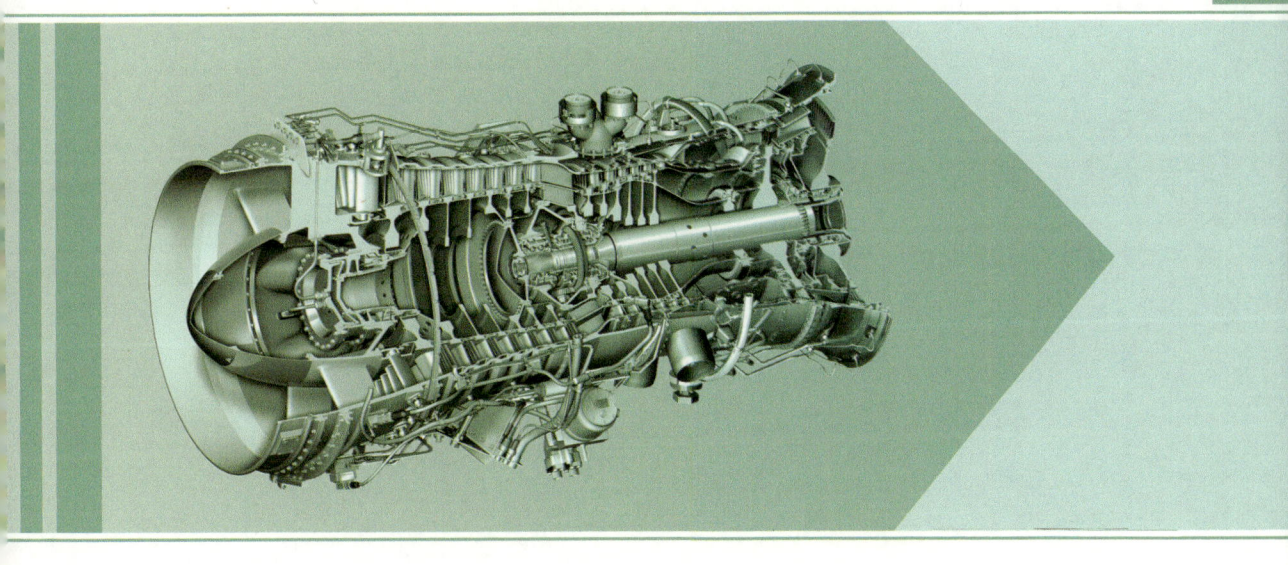

4.1 启停顺序控制

4.1.1 LM2500+机组启停顺序控制

4.1.1.1 启动控制器

启动系统中，160kW 的启动电机带动液压马达，而液压马达的输出压力流量由液压泵的旋转斜盘角位置确定。旋转斜盘角的位置受比例阀的控制。比例阀的输入控制信号来自 Mark VIe 中的启动控制器，已经把启动机启动过程的转速和加减速率，作为给定值放进了启动控制器，而发动机转速(N_{GG})或液压启动系统转速(N_S)可作为反馈信号构成负反馈系统，启动控制期间，典型的转速时间曲线如图 4.1.1 所示。

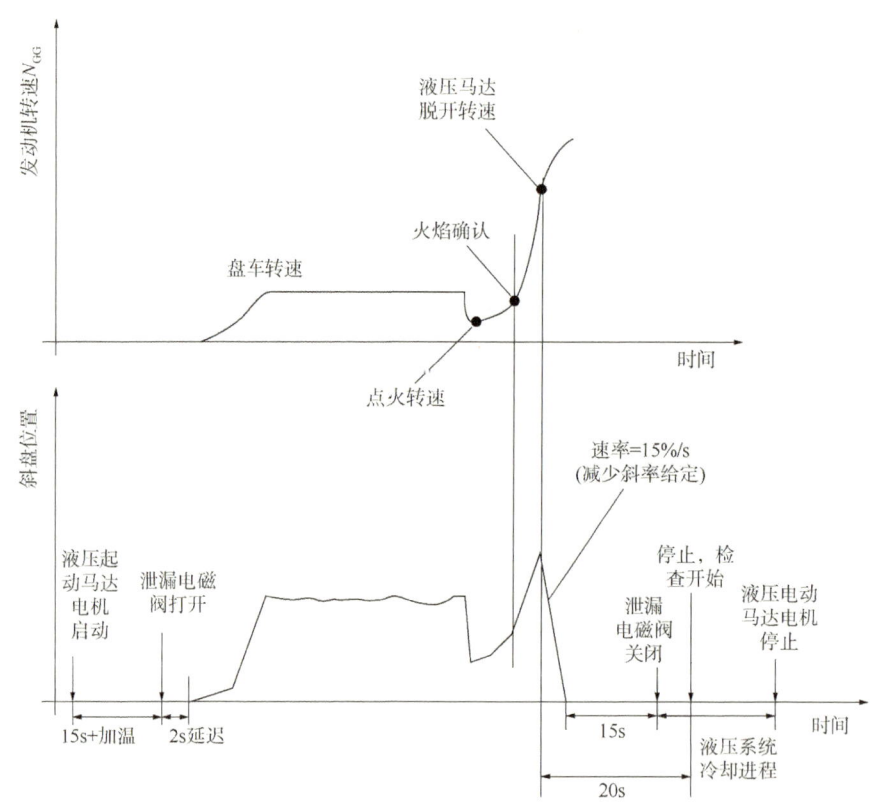

图 4.1.1 启动器转速和旋转斜盘位置与时间关系曲线

图 4.1.1 为启动器转速与时间关系曲线，图中有带转转速(2100r/min)、点火转速(1700r/min)、检测到火焰、启动机脱开转速(4600r/min)图 4.1.2 是旋转斜盘位置与时间关系曲线，启动后有 15s 多的加温时间和 2s 的延迟时间，发动机(GG)转子才能动起来。

4.1.1.2 控制功能的说明

1) 选择控制模式和程序

模式选择：关断(OFF)、手动(MANUAL)、遥控(REMOTE)、带转(CRANK)、慢车(I-

DLE)、自动(AUTO)、校准带转(CALIB.C)、水洗(W.WASH)共8项，可通过人机界面上的选择器(HMI MODE SELECT)进行选择，如果模式选择"遥控"，则机组的起、停指令由DCS完成。在任何情况下，应急停机信号不受模式选择的影响。

2）关断模式

燃压机组处于启动或运行状态时，选择和启动关断(OFF)模式是不可行的。在任何其他时间，都可以选择和启动关断模式。当关断程序选择后，操作员不能进入燃气轮机的启动程序。也应该注意到，万一Mark VIe处于关断模式，所有的模拟和数字监控信号仍然有效。

3）水洗模式

水洗模式从"HMI MODE SELECT"上选定后，操作员在人机界面上的"MASTER CONTROL"点按"START"按钮之后，下列动作开始执行：

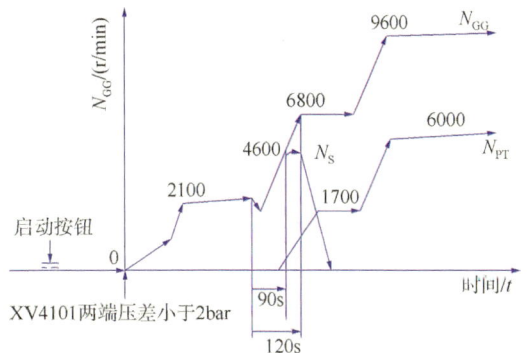
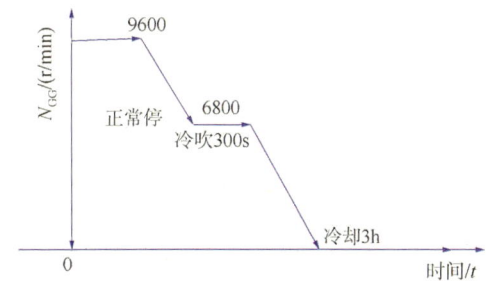

图4.1.2 机组启动—停机过程曲线

（1）矿物润滑油辅助油泵马达88MQA-1启动；

（2）启动液压启动马达88CR-1，带动发动机旋转；

（3）当N_{GG}大于110r/min时，则离线水洗电磁阀FY-662(20TW-1)打开，此时有水洗液向GT(燃气发生器+动力涡轮)喷射，进行周期性的清洗；同时发动机加速到水洗转速1200r/min；

（4）发动机转速加速至1200r/min并保持，最多可持续40min，之后程序自动停止，在达到最大允许时间之前，操作员也可以通过人机界面上的"MASTER CONTROL"启动"停止"按钮停止程序。

4）慢车启动模式

这个运行模式首先是用来严格验证GT启动允许的功能：一旦启动允许指示全部通过，则操作员可以选择"IDLE"模式，而过程像正常启动一样，发动机转速上升到慢车转速(6800r/min)，机组可以在慢车转速下保持运行最多30min。

5）带转模式

不进行点火试验时，可以选择带转模式。发动机转速上升达到带转转速2100r/min并保持，直到下列情况之一发生：

（1）操作员从人机界面上停转发动机；

（2）发动机应急停机发生；

（3）操作员把控制模式改为自动、手动、慢车或遥控模式。

6）校准带转模式

只有在带转转速保持连续运行情况下，校准带转模式才允许进行。在校准带转模式下，能操作燃料计量阀校准程序，此时工艺阀门全关，不进行检查。

7) 手动和自动模式启动程序

手动或自动模式启动功能可在"HMI MODE SELECT"上选择 AUTO(自动)或 MANUAL(手动)模式,自动模式能正常启动直到动力涡轮(PT)转速达到设定点。

(1) 允许启动检查。

在启动机组之前,所有的启动允许检查必须完成,检查包括:

① 确认发动机没有锁定;

② 没有选择关断(OFF)模式;

③ 确认没有任何正常停机、自动停机(应急停机、卸压停机)、减速到最小负载、阶跃到慢车状态;

④ 发动机和动力涡轮转速调节器的设定点处于最小值;

⑤ 发动机转速<350r/min;

⑥ 燃料气计量活门驱动器 XS-331B(86GC-4)无故障;

⑦ 燃料气关断阀在关闭位置,ZAL-224(GSOV-1)/ZAL-226(GSOV-2)位置正确;

⑧ 燃料气放空电磁阀 XY-100(GVNT)在打开位置;

⑨ 火焰探测器电路 OK,BE-473A、BE-473B 无故障;

⑩ 燃料气加热器(预热)活门 XY-222(20VG-2)关闭;ZAL-222(33VG-2A)位置正确;

⑪ 燃料气进气阀 XY-159 关闭,ZSL-159 位置正确;

⑫ 合成润滑油油箱油位 LAL-125(96QL-1)正常,液位传感器无故障;

⑬ 合成润滑油油箱内油温 TALL-127(CT-OT-1)正常,温度传感器无故障;

⑭ 合成润滑油手动阀 ZAH-131(33QP-10)打开;

⑮ 液压油滤压差正常,压差变送器 PDIT-139<PVGF>无故障;

⑯ 启动器进口管阀门打开,ZAH-372(33HP-1)位置正确;

⑰ 带旋风过滤器的燃料气进口阀关闭;(ZAL-158)位置正确;

⑱ GT 箱体各大门关闭,ZAL-571(33DT-1~-7)位置正确;

⑲ GT 箱体通风阻尼器 ZAH-546(33ID-1A),ZAH548(33OD-1A),ZAH-549(33ID-2A)打开;

⑳ CO_2 外释放限位开关不低,WAL-700(33CR-1-5)位置正确;

㉑ CO_2 工作阀门限位开关打开,ZAH-700A/C 位置正确;

㉒ 矿物润滑油油箱油位 LAL-174A(71MQT-1)正常,液位传感器无故障;

㉓ 矿物质润滑油油箱内油温正常,测温传感器 TE-180 无故障;

㉔ 火焰和可燃气体监测系统不在禁止位;

㉕ 火焰和可燃气体探测系统无公共故障;

㉖ 防冰阀关闭,ZSL-537 位置正确;

㉗ 密封气进口平衡管管压正常;

㉘ 遥控允许启动正常;

㉙ 燃料器加热器面板无故障;

㉚ 加热器电机控制中心(MCC)和 UPS 直流配电柜(DCP)控制的每一只马达都正常;

㉛ MCC 各马达和加热器控制模式在自动位置:

㉜ 振动监控器无故障报警；

㉝ 装置无振动高现象；

㉞ MCC 电源正常；

㉟ 24VDC 和 28VDC 电源正常；

㊱ 所有工艺气阀门在正确位置；

㊲ 脉冲式喷射面板无故障；

㊳ 第三级密封气压正常（大于 6bar）；

㊴ TE-475A~H 八只传感器中，三只有故障则不准启动；

㊵ TE-471A~TE-471D 四只传感器中，有三只传感器故障则不准启动；

㊶ 润滑油冷却器风扇振动参数正常；

㊷ 矿物润滑油温度正常，TAL-105A 正常；

㊸ 矿物油冷却器回油温度不低；

㊹ 防喘隔离阀阀门关闭，ZSL-777 位置正确。

（2）检查主程序状态。

在启动机组之前，主程序的"健康状态"应该检查，这些包括：

① 减速到最小负载状态。

合成润滑油温度在 HH 位（TE-151A/B，TE-156A/B，TE-161A/B，TE-166A/B）回油温度超过 171℃应发出信号；

TE-465A，TE-465B 两只压气机进气温度传感器故障应发出信号；

燃料气供气压力低于 1350kPa 应发出信号；

进气过滤器压差 HH，大于 1.65kPa 应发出信号；

以上各种情况之一发生，应减速到最小负载状态。

② 增压停机状态。

合成润滑油压力为 LL 时应停机（停机后锁定 4h 不能起机）；

在燃料气旋风清滤器中，冷凝液位 LL 应停机；

发动机转速为 HH 应停机，两只转速传感器有故障应停机（停机后锁定 4h 不能起机）；

燃料气计量活门执行器 ZC-331 故障应停机；

燃料气计量活门驱动器 XS-331B 故障应停机；

液压启动器转速 HH 应停机，SAHH-370<77-HS-1/2>（停机后锁定 4h 不能起机）；

离合器温度在 HH 位应停机，TAHH-370（A26ST-1/2）（停机后锁定 4h 不能起机）；

发动机排气温度在 HH 位应停机 TAHH-475（T8A-T8F）；

离合器温度在 HH 位应停机，TAHH-370（A26ST-1/2）（停机后锁定 4h 不能起机）；

动力涡轮转速为 HH，SAHH-407C（NPTC）应停机；

发动机出口压力为 HH，PAHH-455（PS3A/B）或两只传感器故障应停机；

动力涡轮轴承温度为 HH，（TAHH-401、403、405、409）应停机；

动力涡轮出口温度为 HH，TAHH-479（T48A-T48H）应停机；

燃烧室腔内火焰探测为 LL，BALL-473，或两只传感器故障应停机；

进口气滤压差为 HH，PDAHH-538（96TF1A/1B）应停机；

矿物质润滑油温度为 HH，TAHH-105 应停机；
矿物润滑油箱压差为 HH，PDAHH-176(96QV-1A/1B)应停机；
矿物质润滑油汇管压力为 LL，PALL-182(96QT-1A/1B)应停机；
压缩机轴径向振动为 HH，XAHH-196，XAHH-197 应停机；
压缩机轴向位移为 HH，ZAHH-138 应停机；
用户应急停机，XS-550(CESD-1)按钮按下应停机；
UCS 上应急停机，XS-724(5ESD-2)按钮按下应停机；
离心压缩机振动为 HH，VSHH-742(BN-NVV)应停机(停机后锁定 4h 不能起机)；
动力涡轮温度为 HH 应停机；
增压应急停机，XS-502A/B(4ESD-PR-1/2)按钮按下应停机；
锁定 4h 应停机 4ESD-NM(软链路)；
压缩机出口末端密封气排气压力变送器两只故障应停机(PIT-755A~755B)；
压缩机出口密封气压力变送器两只故障(PID-757A~B)，应停机；
压缩机进口过滤器压差为 HH，PDAHH-780 应停机。

③ 卸压停机状态。
发动机箱体内温度为 HH，TAHH-553 或两只温度传感器故障，应停机；
消防系统手动释放按钮按下，HS-707A，(43CP-1)HS-707B(43CP-2)应停机；
消防系统应急停机按钮按下，PB-708A(5ESD-1)，PB-708B(5ESD-2)应停机；
发动机箱体内的紫外线探头发现火苗，RAHH-702(45UV-1~45UV-3)应停机(停机后锁定 4h 不能起机)；
发动机箱体内红外探头发现火苗，TAHH-703(45FT-1~3)，TAHH-704(45FT-4~6)应停机(停机后锁定 4h 不能起机)；
发动机箱体通风出口可燃气体探测器发现可燃气体 AATT-557(45HD-1A/1B/1C)应停机(停机后锁定 4h 不能起机)；
发动机箱体通风进口可燃气体探测器发现可燃气体浓度超标，AATT-532(45HT-1~3)，AATT-533(45HT-4~6)应停机；
压缩机密封气排气压力为 HH，PAHH-755，PAHH-757 应停机；
UCS 上应急停机按钮有效 XS-723(5ESD-1)；
压缩机出口工艺气压力为 HH，PAHH-782 或两只压力变送器故障应停机；
卸压应急停机按钮有效，XS-503A/B(4ESD-DP-1/2)；
压缩机出口工艺气温度为 HH，TTX-783 应停机；
CO_2 灭火器快速释放有效，PSHH-700 应停机；
火焰和可燃气体监测系统故障停机有效，XS-722(4MKVI)应停机；
在启动之前，以上的停机状态应能手动复位。

④ 正常停机状态。
动力涡轮第一级轮盘空间温度为 HH，TAHH-413(TT-WS1F1-1~2)，TAHH-415(TT-WS1A-1~2)或两只温度传送器故障应停机；
动力涡轮第二级轮盘空间温度为 HH，TAHH-417(TT-WS2F1-1~2)，TAHH-419(TT-

WS2A-1~2)或两只传感器故障应停机；

通风口阻尼器关闭，ZAL-545(2OO2 选择)应停机；

在燃料气旋风过滤器中，冷凝度液位传感器(压差传感器)LT-202A(71GF-1A)，LT-202B(71GF-1B)两只传感器故障应停机；

合成润滑油油温传感器，TE-147A(TLUB-A)、TE-147B(TLUB-B)两只温度传感器故障应停机；

辅助齿轮箱和转换齿轮箱(TGB)滑油回油温度传感器 TE-151A(TAGB-A)，TE-151B(TAGB-B)中，两只温度传感器故障应停机；

"A"回油箱和TGB 滑油回油温度传感器 TE-156A(TGBA-A)，TE-156B(TGBA-B)中，两只传感器故障应停机；

"B"回油箱和TGB 滑油回油温度传感器 TE-161A(TGBB-A)，TE-156B(TGBB-B)中，两只传感器故障应停机；

"C"回油箱和TGB 滑油回油温度传感器 TE-166A(TGBC-A)，TE-166B(TGBC-B)中，两只传感器故障应停机；

动力涡轮 1# 轴承温度传感器 TE-409A(BT-J1-1A)，TE-409C(BT-J1-2A)中，两只传感器故障应停机；

动力涡轮 2# 轴承温度传感器 TE-4011(BT-J2-1A)，TE-4013(BT-J1-2A)中，两只传感器故障应停机；

动力涡轮止推轴承主动侧温度传感器 TE-4031(BT-TM-1A)，TE-4033(BT-TM-2A)中，两只传感器故障应停机；

动力涡轮止推轴承被动侧温度传感器 TE-4051(BT-TM-1A)，TE-4053(BT-TM-2A)中，两只传感器故障应停机；

空气进气过滤器压差变送器：PDIT-538A(P6FT-1A)、PDIT-538B(P6TF-1B)中，两只传感器故障应停机；

矿物油滑油箱压差变送器 PDIT-176A(96QV-1A)、PDIT-176B(96QV-1B)中，两只传感器故障应停机；

矿物润滑油箱过滤器温度探测器 TE-105A/B(LT-TA-1A/1B)中，两只传感器故障应停机；

燃气涡轮进口气滤下方可燃气体探测器 AE-532A(45HT-1)，AE-532B(45HT-2)，AE-532C(45HT-3)，AE-533A(45HT-4)，AE-533B(45HT-5)，AE-533C(45HT-6)中，两只传感器故障应停机；

涡轮箱体出口处可燃气体探测器 AE-557A(45HA-4)，AE-557B(45FT-5)，AE-557C(45HA-6)中，两只传感器故障应停机；

燃机箱体内热升温探测器 TSHH-703A(45FT-1)，TSHH-703B(45FT-2)，TSHH-703C(45FT-3)，TSHH-703D(45FT-4)中，两只探测器故障应停机；

排气舱热探测器 TSHH-701A(45FT-5)，TSHH-701B(45FT-6)中，两只探测器故障应停机；

正常停机按钮有效 XS-5051；

燃机箱体内紫外线探测器 RE-702A（45UV-1），RE-702B（45UV-2），RE-702C（45UV-3）中，两只探测器故障应停机；

遥控停机指令有效 XSB-5003：（CA1-STOP）；

两只风扇马达 88BA-1，88BA-2 故障应停机；

热电偶 TE-479A，TE-479B，TE-479C，TE-479D，TE-479E，TE-479F 中，三只传感器故障应停机；

热电偶 TE-479/1，TE-479/2，TE-479/3，TE-479/4，TE-479/5，TE-479/6，TE-479/7，TE-479/8 中，三只传感器故障应停机；

⑤ 阶跃到慢车状态：

燃料气供气温度 HH，TAHH-221(FTEG-2A/2B)；

进气气滤压差 HH，PDAHH-469(压差高高报警触发)；

动力涡轮、发动机积累的加速度振动 HH，TSHH-743(振动高高触发)。

以上状态出现，则阶跃到慢车状态

如果 10s 后振动仍不能停止，则正常停机程序有效。

(3) 可以越过的报警停机(可确认)。

在启动程序进行之前和进行中，某些报警和停机功能必须禁止或忽略，以预防引起启动失败：

① 矿物润滑油汇管压力低报警，PAL-111(96MQA-1)，PAL-182(96QT-1A/1B)(10s 后发辅助启动命令)；

② 矿物质润滑油汇管压力低低报警停机，PALL-182(96QT-1A/1B)(先触动主保护继电器 L4)；

③ 给动力涡轮的矿物质润滑油汇管压力 LL，PALL-186(A63MQE)；

④ 燃料气供应压力低报警。PAL-223，(PGAS-A)(带转之前)；

⑤ 密封气排气流量低 FAL-751，FAL-753，(程序结束之前)；

⑥ 发动机合成滑油供油压力低报警，低低报警停机 PAL-145/PALL-145(PLUB-A/B)(GG 转速达到 4600r/min 之前)；

⑦ 火焰信号丢失停机 BALL-473(FLAMDT A/B)(在断开点火器电源之前)；

⑧ 发动机和动力涡轮振动高高停机是可以确认的(在慢车暖机之前)。

(4) 对箱体增压和清吹。

操作员在<HMI>上点下"START"(启动)按钮以后，下列动作将会执行：

① 启动 GT 箱体主排风扇电机；

② 等待箱体内增压，PDAL-563(96BA-1)不起作用；

③ 检查排风不正常状态；

④ 等待箱体清吹。

(5) 辅助启动。

接到启动指令之后，程序继续启动下列辅助项目：

① 启动矿物油润滑油泵电机 88MQA-1；

② 启动滑油或合成油冷却风扇电机 88FC-1/2；

③ 启动矿物润滑油油气分离器电机 88QV-1。

当润滑油压力恢复时，PAL-111、PALL-182(96QT-1A-96QT-1B)、PAL-145/PALL-145(PLUB-A/B)均不起作用，程序启动"主保护继电器"，L4=1。如果滑油压力不恢复，则程序停止执行。

在重新启动之前，对这个状态进行手动复位。

8) 发动机带转和清吹程序

(1) 等到燃料气压力 OK，PAL-223(PGAS-A)无效，如果燃料气压力不正常，程序就停止，这种状态在启动之前应手动复位；

(2) 开始执行液压启动器程序，启动液压启动马达 88CR-1，目标带转转速是 2100r/min；

(3) 启动涡轮清吹定时器(最少 2min，可调)清吹涡轮、燃烧室、空气进气和排气系统；

(4) 在涡轮清吹定时器工作的同一时刻，燃料气预备程序启动；

(5) 打开燃料气加温阀 XY-222(20VG-2)，启动程序定时器；

(6) 等到燃料气温度 OK，TAL-221(FTG-2A/2B)失效，同时加热定时器到点。如果温度值 OK 之前，定时器已到，则启动程序停止执行；

(7) 关闭燃料气加热阀 XY-222(20VG-2)。

在清吹和加热定时器到点之后：

① 启动定时器，用于检查发动机转速是否大于 4600r/min；

② 启动定时器，检查慢车转速。

9) 点火

(1) 检查计量活门位置是否正确，如果没有关闭，则程序停止执行；

(2) 给点火变压器通电；

(3) 关闭燃料气放空阀 XY-100(GVNT)；

(4) 燃料气放空阀关闭之后 0.5s 内，应把燃料气关断阀 XY-224(GSOV-1)和 XY-226(GSOV-2)打开，同时定时 10s 的点火变压器断电定时器启动；

(5) 燃料气放空阀关闭后 2s 内，燃料气控制系统投入运行，从而使计量活门打开，让燃料气用于点火；

(6) 检查发动机排气温度 TE-4751/8(T8A-F)，T48 是否≤621℃，如果 T48>621℃，则停机；

(7) 检查燃烧室内的火焰，当点火变压器断电定时器到点之后，没有检测到火焰，则停机；只要停机，启动器将保持运转 2min 以进行清吹。

10) 加速到慢车转速

(1) 当检测到火焰之后，将进行下列步骤：

(2) 总的机组运行小时数定时器开始计时；

(3) 总的启动次数计数器增加 1 次；

(4) 发动机加速到慢车转速 6800r/min。

(5) 在发动机转速超过 4600r/min 之后，进行下列步骤：

(6) 点火变压器断电；

(7) 启动器停止；

(8) 发动机合成润滑油压力低报警和压力低低报警停机功能投入；

(9) 如果在清吹定时器到点之后的 90s 内，发动机转速没有达到 4600r/min，则停机；

(10) 如果在清吹定时器到点后的 120s 内，发动机转速没有达 6800r/min，则停机。

(11) 在发动机转速大于慢车转速(6800r/min)之后，进行下列各步骤：

(12) 慢车状态保持定时器启动，定时为 300s；

(13) 发动机和动力涡轮振动 HH 停机功能投入；

(14) 防冰系统温度控制器投入；

(15) 动力涡轮(PT)转速定时器启动，如果 300s 内 PT 转速≤350r/min，则停机；

(16) 等到合成润滑油油温大于 32℃ (90℉)，TAHH-151，TAHH-156，TAHH-161，TAHH-166 失效，当油温<32℃时，报警再次发生；

(17) 在慢车状态保持定时器到点之后，发动机(GG)转速上升，到达 8600r/min(空载同步慢车转速)。

11) 持续增加到最小负载

(1) 燃气发生器+动力涡轮(GT)进入"准备加载状态"：L3=1；

(2) 防喘阀控制器设置于"自动"位；

(3) 辅助滑油泵 88MQA-1 停转；

(4) PT 转速上升到设定点；达到最小运行转速，发动机转速相应增加；

(5) GT 达到运行转速。

如果在这个时段，主选择器选为自动模式，则 PT 转速自动地上升到设定转速点，否则，如果主选择器选定为手动模式，则 PT 转速上升，低于(人机界面)键盘指令设定的转速。

12) 遥控启动程序

如果"REMOTE"位置在人机界面选择器上选定，则遥控启动可以进行；启动程序与加载运行模式同一方式进行，仅有下列差别：启动指令时来自站控 SCADA 系统的线传信号，XS-604B(CA1-START)，触发器至少 1s 内由 0 到 1，用于启动；遥控启动将产生一个程序，直到遥控转速到达设定转速。

13) 正常停机程序说明

下面将详细说明正常启动，正常停机程序，能在人机界面上执行，也可以在涡轮控制盘柜(TCP)上自动执行。

正常停机指令程序可选：

(1) 操作员点人机界面上的 STOP 按钮；

(2) 如果主选择器选在"REMOTE"位，则来自站控 SCADA 系统的软件信号 XS-605b (CA1-STOP)=1；

(3) 有上述任一指令之后，将执行下列步骤：

(4) 信号 L94 有效，而信号 L3 失效；

(5) PT 转速设定点降低到最小调整点；

(6) 当 PT 转速低于最小调整值，L14LS=0，发动机转速设定点减少到慢车转速，防喘阀控制器设在"停机"模式，这将引起防喘阀 FCV-776 打开。

慢车状态下冷吹：

一旦 GG 慢车冷吹定时器(300s)启动，GG 保持慢车转速直到定时器到点，在慢车冷吹定时器到点之前的任何时刻，只要给出重新启动指令，可中断正常停机程序。

燃料气切断：

一旦慢车冷吹定时器(300s)到点，将进行以下步骤：

(1) 设定燃料气控制器的最小设定值；

(2) 关闭燃料气关断阀 FY-224(GSOV-1)和 FY-226(GSOV-2)，同时打开燃料气放空电磁阀 XY-100(GVNT)；

(3) 关闭燃料气进气阀 XY-159，同时打开燃料气放空阀 XY-160；

(4) 当 GG 转速低于有 2% 的滞后的最小慢车转速时，防冰控制器失效，因而防冰挡板被强制在全关位置；

(5) 合成润滑油压力低报警和压力低低报警停机不再有效；

(6) 总运行时间记时器停止计时；

(7) 启动程序计时器重定。

动力涡轮的冷却：

等到动力涡轮或工艺气压缩机完全停转时，14LR=1，在动力涡轮或工艺气压缩机转速为零之后，启动动力涡轮冷却定时器(3h)，用辅助滑油泵 88MQA-1 对动力涡轮进行冷却到定时器到点，如果交流电断电，则启动滑油应急泵 88MQE-1(直流泵)，当 GG 轴停转时，L14HR=1，矿物质滑油/合成滑油冷却风扇 88FC-1/2 辅助活动也停止。

冷却结束：

当冷却完成之后，下列辅助活动也停止：

(1) 矿物质滑油泵 88MQA-1；

(2) 滑油油气分离器 88QV-1；

(3) 主排风扇。

燃料气系统阀位恢复至起机前状态。

14) 增压停机程序说明

满足下列增压停机的条件，增压停机就开始，以下的步骤自动地进行：

(1) 信号 L4 和信号 L3 失效；

(2) 防喘阀控制器强制在 STOP 模式；

(3) 防冰控制器失效，因而防冰挡板强制到全关位置；

(4) 燃料气关断阀程序；

(5) 给点火变压器断电；

(6) 停止液压启动器；

(7) 设定燃料气控制最小设定点，从而计量阀逐渐关闭；

(8) 关闭燃料气关断阀 FY-224(GSOV-1)和 FY-226(GSOV-2)，同时打开燃料气放空电磁阀 XY-100(GVNT)，关闭燃料气进气阀 XY-159，同时打开燃料气放空阀 XY-160；

（9）合成润滑油压力低报警和压力低低报警停机不再有效；

（10）总运行工作小时数计数器不再计时；

（11）启动程序计时器重定；

从这点出发，程序将作为正常停机程序说明中的要点，还应进行涡轮冷却和冷却结束。

15）点火故障程序说明

如果在启动程序期间，点火的燃料气丢失（点火时间设置12s），信号L4主继电器断电，下列动作将会进行：

（1）关闭燃料气关断阀FY-224（GSOV-1）和FY-226（GSOV-2），同时打开燃料气放空电磁阀XY-100（GVNT）；

（2）关闭燃料气进气阀XY-159，燃料气切断阀GSOV，同时打开燃料气放空阀XY-160；

（3）燃料气控制器失效，随之燃料气计量活门关闭；

（4）点火变压器断电；

（5）迟延2min后，停止液压启动器。

16）液压启动器（HSS）程序说明

在启动液压启动马达之前，下列条件应该满足：

（1）液压启动马达（88CR-1）是完好待用的；没有来自加热器电机控制中心（MCC）的报警；

（2）手动进口阀打开［通过ZSH-372（33HP-1）和ZSL-372（33HP-2）限位开关回馈］。

一旦上述条件均满足，液压启动马达（88CR-1）可以启动，并在0流量时带着旋转斜盘，使泵速缓慢上升。

（1）液压启动器（HSS）启动。

① 一旦液压启动器使能，UCP程序就立刻启动液压启动马达（88CR-1）；

② 如果滑油箱油温设定值已经达到（高压隔离阀通过弹簧仍然关着大约需要70bar的油压才能打开进口）；马达启动15s之后，执行器XY-379（20HS-1）打开；

③ 2s之后，执行器XY-379（20HS-1）动作，使液压启动马达的旋转斜盘移动并跟踪4~20mA电流信号，移动的斜盘使XV-370比例阀动作，一个很慢的上升斜率使发动机轴转速达300r/min（典型的速率是0.5%/s~1%/s）；

④ 一个快速的上升斜率加速发动机轴，从300r/min上升到带转速度（典型的速度是2%/s~3%/s）；

⑤ 当带转速度达到时，发动机轴转速度将保持一个清吹时间，通过一个平滑的调节，建立发动机转速回馈的基础；

⑥ 清吹时间结束后，通过缓慢斜率（典型值为0.5%/s~2%/s）的减速4~20mA电流信号，在点火之前快速降低启动器转速从而降低发动机转速到希望的值，同时离合器可以松开而不出现正常运行时的连续性故障；

⑦ 逻辑程序等待发动机转速达到点火转速设定值（1700r/min），点火后重新加速直到液压启动器丧失转速，典型状态是4300r/min，这便于在4600r/min时启动器停止工作。

(2) 液压启动器(HSS)停止执行和冷却步骤。

在上述设定条件满足后，HSS 停止执行，停止后旋转斜盘以不超过前面指出的离合器最大允许的减速率 15%/s~20%/s 的快速率重新回到 0 位。在停止之后至少 15s 内应关闭高压隔离阀执行器 XY-379(20HS-1)。

注意到：在转速控制过程中，提到任何跳闸(停机)，旋转斜盘位置的改变，遵循上述相同的斜率。

(3) 液压启动系统监控。

液压启动系统安装有下列监控和保护仪表：

① 液压启动器超速。

如果液压启动器的转速，经 SE-370A/B(77-HS1/2) 的检测，高于 5400r/min(120% 的启动器最大设计转速)，则可确定液压启动器的超速，停机；

② 液压启动器停转检测。

为把由于再啮合造成的离合器故障对启动器的损坏减少到最低程度，在启动程序的末端，离合器脱开之后及转速降低到零之后，执行对启动器停转的检测 20s，在启动器脱开之后，如果由 SE-370A/B(77-HS1/2) 所测得的启动器转速高于 900r/min(20% 的启动器最大设计转速)，那么，离合器的再啮合将被确定，停机。

③ 仪表的故障逻辑。

如果离合器箱内温度传感器 TE459(HST-OD) 检测出有故障，则报警；注意：检测的故障状态在逻辑范围之外。

如启动器测速探头 SE-370A/B(77-HS1/2) 检测出有故障，则报警；如果至少有下列一种状态被确认，则故障状态被检出。

当离合器啮合时(也就是发动机由启动器驱动)，所检测到的启动器转速不同于发动机转速，超过 50r/min 则报警。

注意到：离合器和发动机之间的齿轮转速的换算系数为 1。

17) 排风扇逻辑说明

通风系统有 2 台风扇，由 VFD 驱动；操作员可通过按人机界面(HMI)上的按钮及在箱体内温度为 HH 情况下，如果环境温度(TT-531)大于 5℃，只要启动程序一开始，UCS 就启动主排风扇，一旦实行冷却程序，主排风扇就停转。正常运行期间，箱体增压实现后，可测出三种不正常的排风状态：

(1) 箱体差压低，PDAL-563(96BA-1) 有效(即差压小于 0.15kPa 就报警)。

如果箱体门开着，根据程序，通过 HMI 上按钮确认后可允许运行，则报警解除；如果不确认而运行，正常停机程序就会启动。如果箱体门关着，待机风扇已经运行，则正常停机程序也启动。如果待机风扇停止，正常停机启动，那时主排风扇也停止；最初设定的 10s 延时之后，再一次检测排风是否正常。

(2) 箱体内温度高，TAH-553 或 TAH-555 有效(>85℃报警)。

如果主风扇停转时，待机风扇开始启动，最初设定的 10s 延时之后，再一次检测排风是否正常，如果箱体内温度在增长，则 TAHH-553 或者 TAHH-555 有效(>90℃停机)，箱体 HH 温度定时器(60s)启动。等到定时器到点之后，再一次检查箱体内温度，如果总是超过 HH 设定点(90℃)，则执行卸压应急停机程序。

（3）排风出口可燃气体检测，AAH-557(45HA-4-45HA-6)有效。

如果待机风扇停转，报警开始时主风扇也停转，最初设定的 10s 延时之后，再一次检查排风扇是否正常，如果可燃气体浓度进一步增加，AAHH-557(45HA-4-45HA-6)有效，之后卸压应急停机程序启动，

只要下列所有状态被确认，则主机、待机风扇都启动，并有自动和手动两种模式：

① 通过 ZAH-546(33ID-1B)，ZAH-550(33ID-2B) 和 ZAH-551(33ID-3B) 检查所有的排风扇进口处阻尼器均打开；

② 通过 ZAH-548(33ID-1A)，ZAH-549(33ID-2A) 和 ZAH-552(33ID-3A) 检查排风出口阻尼器均打开；

③ 火焰和可燃气体信号失效，UA-6081。

18) 矿物质润滑油泵逻辑说明

西气东输二线 GE 燃驱离心压缩机组装有由交流电动机 88QA-1 驱动的辅助矿物质油泵，当主机械泵 PL3-1 完全不工作时，用于润滑机组工作时的动力涡轮和压缩机的各轴承。由直流电机 88QE-1 驱动的矿物质滑油应急泵也提供交流电源故障时动力涡轮及压缩机各轴承的冷却。矿物质滑油泵设计用于连续工作，但是在机组停机和冷却定时器到点之后不工作，为了矿物质滑油泵的正常运行，矿物质滑油箱的油位和油温必须在工作限制之内，在油位和油温低于最小状态下，机组启动应禁止，报警应在人机界面上显示。当机组启动时，矿物质滑油系统也自动启动，正常的油位和压力就恢复，启动程序中的允许检查就通过。

正常运行期间，如果矿物质滑油汇管压力损失状态被检测出，则 PALL 182(P6QT-1A) 有效，应急滑油泵启动，增压应急停机程序开始执行；在冷却程序期间，应急泵先连续运行 15min，为了电池组的保护，进行开 3min，断 12min 的循环运行，直到冷却程序结束(3h)。

在正常运行期间，如果在主机械泵的出口检查出压力太低，则 PAL-111(P6QA-13) 有效；辅助泵应自动启动。如果正常状态又恢复，则从 HMI 上手动停止辅助泵的工作。

如果矿物质滑油汇管压力恢复，应急泵自动停止，PAL-182(P6QT-1A) 失效。当机组停转和冷却时间结束后，如果检测到动力涡轮旋转，则辅助矿物质滑油泵自动启动。如果根据矿物质润滑油箱的油温，滑油加热器在启/停；则在机组停机时，辅助矿物质润滑油泵也将自动启/停。

在交流泵运转期间，矿物质滑油箱的油气分离器应总一直运行。

19) 阶跃到慢车状态说明

当燃气涡轮在正常运行状态时，阶跃到慢车状态会导致设定在发动机慢车转速(6800r/min)相应的燃料气计量活门的开度变化，当阶跃到慢车引起复位(通过操作员)时，发动机转速再次缓慢上升到：

如果主选择器在手动位置，则为动力涡轮最小转速；

如果主选择器选在自动或遥控位置，则为动力涡轮运行转速。

20) 缓慢减速到最小负载(SDML)说明

当燃气涡轮在正常运行状态时，SDML 会引起动力涡轮转速设定点降低，导致动力涡轮

转速下降到最小转速；当 SDML 引起复位(通过操作员)时，如果主选择器选在自动或者遥控位置，则动力涡轮转速再次缓慢上升到工作转速。如果主选择器选在手动位置，则动力涡轮转速保持在最低工作转速(3050r/min)上。

21) 工艺气冷却器控制程序说明

霍尔果斯首站每台压缩机组配备 6 台后冷却风扇，当压缩机出口汇管温度(TT4002)大于50℃时开始运行。运行数量由压缩机组运行情况和下游温度决定：

(1) 若此时压缩机组运行 1 台，则首先同时开启 1/3 的空冷器上、下游电动阀门，再逐个启动空冷器风机后，关闭空冷器旁通管路阀门(电动球阀 4601)。若此时空冷器下游温度仍高于50℃(根据 TT4003 信号)时，再逐对打开后续空冷器出口汇管上的电动阀门，并逐个启动相应空冷器风扇电机，直至空冷器下游温度小于50℃。

(2) 若此时压缩机组运行 2 台，则分 2 次共开启 2/3 的空冷器上、下游电动阀门及空冷器风机(每次开启 1/3 空冷器上下游阀门，再逐个开启空冷器风机)，关闭空冷器旁通管路阀门(电动球阀 4601)。若此时空冷器下游温度仍高于50℃(根据 TT4003 信号)时，再逐对打开后续空冷器出口汇管上的电动阀门，并逐个启动相应空冷器风扇电机，直至空冷器下游温度小于50℃。

(3) 若此时压缩机组运行 3 台，则分 3 次开启全部的空冷器上、下游电动阀门及空冷器风机(每次开启 1/3 空冷器上下游阀门，再逐个开启空冷器风机)，关闭空冷器旁通管路阀门(电动球阀 4601)。

(4) 若空冷器下游温度持续超过65℃(持续时间 10min)(TT1301，TT1302，TT1303)，则停运压缩机组。

(5) 若空冷器下游温度持续低于40℃(持续时间 10min)(TT1301，TT1302，TT1303)，则逐台关闭空冷器风机及其上、下游阀门，直至空冷器下游温度高于40℃(且低于50℃)。

空冷器的振动信号应可传至站控，当振动超标时，可自动发出报警。空冷器振动超标停机，其振动开关自动关闭后，应就地复位，不得远控复位。

22) 密封气增压器控制逻辑

密封气增压器是由两只气动作动器驱动的活塞式压气机组成，其目的是机组启动或停止期间，当压缩机自动阻尼时，保持密封气供给量充足。机组处于增压停机时，密封气增压器的控制由每一个站的公用专用控制柜进行。密封气增压器的启动或停止运行，是由单独的机组控制装置 UCS 中(XS-606A/B/C/D/E)的启动要求而确定的。密封气增压器的启动是由压差变送器 PDIT-769A/B/C/D 的值大小确定，并经过电磁阀 XY-780A/B，XY-751A/B，作用于两只气动驱动器而启动增压器。假如电磁阀 XY-751A/B 指令和回馈的限位开关 ZSL-751A/B 之间有错位，则可以检测出一个误差信号。正常运行时，跨越增压器的压差变送器的压差低(L=90kPa)，则发出报警信号。如果压差太低，PDSLL-779A/B 会启动低低(LL=50kPa)报警，如果过滤器 F102A/B 两端的压差 PDSH-777A/B 太高(H=100kPa)，则发出高报警。降压请求可从主控制系统盘柜(MCS)出发，送给机组装置控制柜，每一个装置控制柜将发出进行泄压的指令，并将复位密封气增压器启动指令。

4.1.2　RB211机组启停顺序控制

4.1.2.1　机组启动和加载

（1）应先确认，即仔细看一下主控制柜控制板上的控制模式"CONTROL MODE"是在"LOCAL"位和速度模式"SPEED MODE"在"AUTO"位。

（2）按压控制板上的"UNIT START"按钮，微机控制系统开始执行启动指令。

（3）装置控制器进入运行模式。点主菜单屏幕显示"UNIT START SEQUENCE"。

（4）具体分为以下几点：

① 首先对箱体进行增压和清吹。

a. 首先检查箱体压差 Δp 是否大于报警设定点，箱体内温度（26EVGTA/B）是否小于报警设定点，环境温度（26AM）是否小于0℃，如果均是，则启动箱体冷却值班风扇位于低速档；如果否，则启动高速档；

b. 检查箱体压差 Δp 是否已建立，10s 内没有建立，则认定"箱体值班风扇有故障"，屏幕显示"ENCLOSURE DUTY FAN FAILURE"，此时关闭值班风扇，打开备用风扇屏幕显示"ENCLOSURE STANDBY FAN RUNNING"，如果箱体压差在30s内建立，则进入下一步程序，否则认为启动程序失败；

c. 箱体30s内压差建立，屏幕显示"ENCL PRESSURIZED SEQ PROG"，即箱体已增压；

d. 继续检查箱体内压差是否太低，10s 内仍低于报警值，则屏幕显示"ENCLOSURE Δp LOW ALARM"，同时检查箱体内温度是否高于报警值（>60℃），如高于，则屏幕显示"ENCLOSURE TEMPERATURE HIGH ALARM"，同时有报警声，这两个报警任何一个出现，则启动箱体备用风扇，同时屏幕显示"STANDBY ENCLOSURE FAN（2）RUNNING ALARM"，此时一方面手动向箱体主风扇发出指令，同时将箱体温度高和箱体压差 Δp 低报警复位，接着关掉备用风扇；

e. 在执行"d"的同时，该箱体内清吹定时器90s的起始点，90s过后，屏幕显示"ENCL PURGED SEQ PROG"，即箱体已清吹。

② 对箱体增压和清吹完成后，程序接着进行空气系统的预净化和主滑油系统的准备。

a. 打开压缩机的空气隔离阀，检查密封冷却空气的压力是否正常，如果20s内空气压力未建立起，则发出"密封冷却空气压力低报警"，同时发出声音。如果20s内已建立，则屏幕显示"SEPARATION GAS SYSTEM SEQ PROG"；

b. 启动主滑油箱值班滑油泵，若10s内泵不转，则屏幕显示"MAIN LUBE OIL DUTY PUMP FAILURE"，即主滑油值班泵故障，同时打开备用泵，关掉值班泵，屏幕显示"MAIN LUBE OIL STANDBY PUMP RUNNING"，同时检查滑油泵出口压力是否建立，滑油值班泵是否正常，滑油油位是否正常，均正常后（10s 内完成），屏幕显示"MAIN L.O SYSTEM SEQ PROG"，即主滑油系统准备好。从启动主滑油值班泵到显示主滑油系统准备好，必须在600s内完成，超过则认为启动程序失败。

③ 在密封冷却空气和主滑油系统准备好之后，检测压缩机是否增压。

a. 如果没有增压，则打开压缩机吸入增压阀，接着打开清吹阀（放气阀），清吹阀打开后30s内完成清吹（超过30s认为启动失败）。屏幕显示"UNIT PIPINGPURGE SEQ PROG"，即装置管路清吹完。接着强制关闭防喘阀，防喘阀确认关闭后，对压缩机清吹 30s，结束后，屏幕显示"COMPR PURGE SEQ PROG"。接着强制打开防喘阀，关闭放气阀，且在 10s 内确认放气阀关闭，否则认为启动失败。

b. 如果压缩机已经增压，则检查吸入阀压差 Δp 是否正常，正常后一方面在 80s 内打开吸入阀（进口阀），如果在 80s 内不能完成，则认为启动失败；此时，关闭吸入增压阀，屏幕显示"COMPR PRESSURIZED SEQ PROG"，即压缩机已增压；同时显示"POSITION VALVES FOR RUNNING SEQ PROG"，所有阀门都在运行位置。

④ 接着进行发动机滑油系统的准备。

a. 启动发动机值班滑油泵，10s 内不转，则屏幕显示"GG LUBE OIL DUTY PUMPFAILURE"，即值泵故障，随之开备用泵，关值班泵，屏幕显示"GG LUBE OILSTANBY PUMP RUNNING"，即滑油备用泵运转；

b. 检查发动机滑油温度是否大于 15.6℃，同时检查发动机液压油压力是否建立，如果在 80s 内建立且大于 15.6℃，则屏幕显示"GG LUBE OIL SYSTEM SEQ PROG"；

c. 发动机滑油预润滑 15s，接着指令燃料气控制系统置发动机滑油作动器于预润滑位置，且在 15s 内确认发动机滑油作动器处预润滑位置，屏幕显示"GG ACTUAOR IN PRE-WETSEQ PROG"。

⑤ 发动机滑油系统准备好之后，进行启动液压启动器电机的准备。

a. 对液压启动电机预热 120s，完成后屏幕显示"HYDRU STARTER SEQ PROG"，即液压启动电机已预热；

b. 使液压电机启动器线圈通电，并指令液压启动器到清吹速度；

c. 通电后 10s 内，液压启动器使清吹速度达 500r/min；

d. 通电后，低压压气机转速（NL）在 80s 内达到 2900r/min（达不到上述转速，则认为启动失败），此时屏幕显示"GG TO PURGE SPEED SEQ PROG"，即发动机转速到清吹转速；

e. 发动机清吹 60s，之后屏幕显示"GG PURGE SEQ PROG"；

f. 给发动机点火器通电，从此时开始到发动机一级加速（NH 到 3500r/min）完成，必须在 90s 内实现；

g. 总启动次数计数器加 1；

h. 延迟 1s 后，打开燃气隔离阀，关闭燃料气放气阀；

i. 延迟 2s 后，打开燃料计量阀门，并把燃料递增的斜坡信号给燃料控制器；

j. 从打开燃料计量阀门之时起，点火器持续通电最大 25s，25s 时检测点火器，屏幕显示"GG IGNITION DETECTED SEQ PROG"，即发动机点火检测到；

k. 关闭发动机放气阀，高压压气机转速（NH）上升到 3500r/min，此时，断开点火器电源；

l. 从关闭发动机放气阀之前开始，25s 内，发动机的 NH 达到脱开转速，屏幕显示"GG N2PULL AWAY SEQ PROG"；

m. 发动机的 NH 继续上升，到达 4500r/min，从发动机的 NH 到达 3500r/min 之时起，30s 内，应关闭发动机启动机；此时屏幕显示"GG STARTER CUT SEQ PROG"，同时取消给液压电机的高速指令，给液压启动电机断电；

n. 从 b. 给液压电机通电到此时，即 NL 达到 3250r/min 为止，必须在 230s 内完成，否则认为启动失败；

o. NL 达到 3250r/min 之后，延时 10s，打开燃料气压力调节阀；

p. NL 达到 3250r/min 之后，屏幕显示"GG TO IDLE SPEED SEQ PROG"；

q. NH 继续上升，带动 N3 上升到 1000r/min，此时屏幕显示"PT BREAKAWAY SEQPROG"，即开始用冷却空气冷却动力涡轮。同时，控制板上的成功启动次数计数器加1，发动机工作小时计数器开始计时；

r. 动力涡轮准备暖机。如果动力涡轮停机时间小于 3h，则动力涡轮暖机 2min；如果动力涡轮停机时间大于 3h，且环境温度小于 0℃，则动力涡轮暖机 30min；如果动力涡轮停机时间大于 3h，但环境温度大于 0℃，则动力涡轮暖机 15min。暖机完成后，屏幕显示"PT WARM-UP SEQ PROG"，机组准备加载；

s. 搬动控制板上"LOAD CONTROL"向"LOAD"位置，即向控制系统发出加载指令，在 180s 内动力涡轮加速，N3 上升大于 3840r/min，屏幕显示"PT ACCELERATIONSEQ PROG"，在 N3 上升过程中，低压压气机转速(NL)也上升。当低压压气机和发动机入口温度计算的无量纲值大于 345℃时，IGV 应由全关逐步打开，减载时相反，即使防喘调节器工作；之后，屏幕显示"UNIT LODING"，MC2 程序结束。

在本程序进行中，提到"如果……，……"的条件语句，不一定出现，不出现则沿原程序继续进行。

4.1.2.2 机组卸载和停车

1) 机组卸载

（1）接到上级命令或计划停车时，要先进行卸载。先扳动土控制柜控制板上的"LOAD CONTROL"开关，向 UNLOAD 方向扳动，即向微机控制系统下达了卸载指令，机组开始卸载程序，屏幕显示"NORMAL STOP INITIATED"，即准备正常停车。

（2）动力涡轮转速减少到最小转速，程序指令打开防喘活门，接着取消给燃料调节器的带载指令，此时屏幕应显示"UNIT UNLOADING"，即机组正在卸载。

（3）发动机(GG)和动力涡轮(PT)减速，NL 达低限值，在不小于 60s 内 NL 下降到 3250r/min，装置在此慢车转速下运行，此时动力涡轮转速约为 1000r/min。程序自动向冷停定时器(正常情况可冷却 5~15min)发出开始指令后，结束卸载程序。

2) 机组正常停车

（1）接到正常停车命令后，应先卸载，卸载完成后，有下列情况之一时：

① 手动"CONTROL MODE"控制模式选"OFF"位，断开位，不再是"LOCAL"位。

② 按"UNIT STOP"按钮，向机组发出正常停车指令。

③ 冷停开关合上。

上述任一指令，机组受令后降到慢车转速，启动冷停定时器 5min，执行停车程序。

（2）取消给燃调的燃料气指令，关闭 HSSOC 快速截断阀，即燃料气隔离阀关闭。

① 给动力涡轮和压缩机后润滑定时器发出开始指令，使其持续润滑 2h，只有 2h 后，才能关闭主油箱值班的滑油泵。

② 燃料气隔离阀关闭，压缩机的吸入阀和排气阀关闭，确认排气停车后，打开通风

阀，之后屏幕显示"COMPRESSOR CASE VENTED"，即压缩机机匣已排气。而如果确认非排气停机后，屏幕显示"COMPRESSOR CASE PRESSURIZED"，即压缩机机匣已增压。

③ 程序执行到GG后润滑程序，NL下降到2800r/min之后，指令GG滑油回油定时器6s开始，6s后实现回油，即可关GG值班滑油泵。

④ NL<500r/min之后，指令GG降速定时器定时8min开始，8min后，GG停机。主控制柜控制板上停车指示灯(红)亮。

在正常停机程序中，动力涡轮和压缩机的后润滑为2h，2h后才能关闭滑油泵，而发动机后润滑只进行了6s，原因是发动机与动力涡轮使用不同结构的轴承。

3) 机组紧急停车

当遇到火灾、爆炸和大量漏气等不可预知的情况发生时，需要紧急停车，可使用紧急停车按钮(EMERGENCY STOP)，箱体两旁及主控制柜控制板最下边均有此按钮，一般情况下不要使用。确认紧急停车已经发生，即关闭燃料气阶段电磁(HSSCO)阀。同时当NL>4500r/min，启动清吹冷气程序，NL继续下降到2800r/min之后，一方面发动机滑油回油定时器定时6s开始，6s后关发动机滑油泵。另一方面，启动发动机冷却吹气延迟5min。5min后，确认发动机滑油作动筒在旁通位置，见打开戴维斯(DAVIS)电磁阀，发动机轴承冷却空气控制阀。开始了90min的冷气清吹。在此期间，如果要重新启动机组，则首先关闭DAVIS阀，如不成功，即再次打开DAVIS阀。即冷却空气控制阀，直到原来设定的90min程序结束。发动机早已停转。主控制柜控制板上停车指示灯(红)亮。

4.2 核心控制

4.2.1 燃烧控制

4.2.1.1 燃烧控制原理

燃气轮机是装备制造业的高端装备，典型结构如图4.2.1所示，被誉为现代工业皇冠上的明珠，是多学科先进技术的高度集成，是国家高科技水平的重要标志。燃气轮机的燃烧控制包括燃料气量控制和空气量控制两大方面，涉及燃料气阀控制、VGV控制、启动控制和变工况控制等方面内容。其中燃料气阀流量特性曲线的测定及燃烧控制系统中的启动升速燃气分配曲线、升速燃气分配曲线、VGV开度曲线、匹配燃气阀动作的阀门开度—燃烧功率曲线是燃烧控制的核心。不同的机组、不同的安装使用环境，需要按照实际情况对上述曲线参数进行优化调整，以保证机组在启动、不同负荷段运行、变工况调整情况下的稳定运行。

1) 燃气轮机分析

燃气轮机作为一种高效的动力机械，广泛应用于发电，工业驱动，船舶动力等领域，然而我国尚未完全掌握其研发和制造技术，燃气轮机由压气机、燃烧室和涡轮三大部件组成。燃烧室把来自前端压气机的一部分压缩空气和喷入其中的燃料进行混合，形成的可燃气体混合物在火焰筒内部被点燃，并在定压条件下充分燃烧，形成高温燃气，燃料的化学能在燃烧室内被转化为燃气的热能。高温燃气与另一部分压缩空气混合均匀后进入后端的

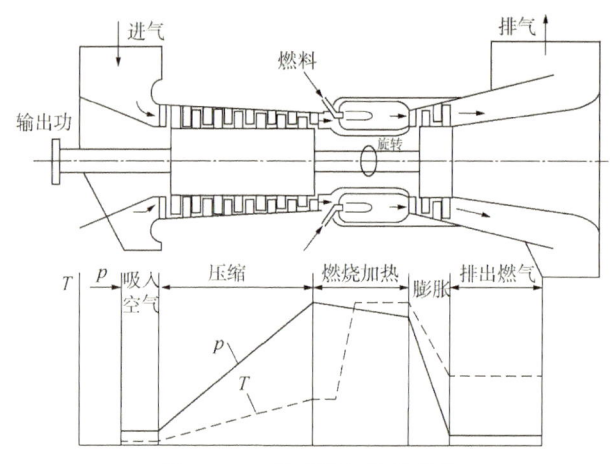

图 4.2.1　典型燃气轮机结构

涡轮中膨胀做功，所转化成的机械能，一部分用于带动压气机转动，另一部分用于输出做功。燃气做功后形成的尾气或者为联合循环的余热锅炉提供热源，或者直接排入到大气环境中。燃气轮机所排放的主要气体污染物包括氮氧化物(NO_x)、一氧化碳(CO)和未燃碳氢化合物(UHC)等。CO 和 UHC 在具有充足的化学反应时间和足够高的燃烧温度的条件下可进一步氧化为二氧化碳和水，对固定式燃气轮机这两种排放物的排放水平相对容易控制。相对难以控制的气体污染物是 NO_x，其过量排放不仅会破坏臭氧层，还会引起光化学烟雾，对环境和人类健康造成很大的危害。

2）燃气轮机燃烧仿真

燃烧室燃烧仿真面临的困难主要在于：燃烧反应过程中化学组分多；模拟对象燃烧过程中长度尺度和时间尺度跨度范围大；化学反应的高度非线性和温度、反应物质量浓度的湍流脉动是耦合在一起的。以碳氢燃料燃烧来说，反应中涉及的化学组分就多达上千种，为了在实际研发过程中模拟燃烧过程，必须有适当的简化机理来满足现有计算条件且尽可能准确地捕捉燃烧过程。一般地，燃烧室的特征长度在几百毫米左右，但燃烧过程中最小的湍流特征长度只有几十微米，相差千倍以上，即使采用直接数值模拟（DNS）也是相当困难的，因为计算量惊人。在实际燃烧室研发过程中，多采用大涡模拟（LES）或雷诺平均（RANS）的方式来解决，以减少计算量，采用 RANS 的方式就不可避免地需要采用湍流模型，大涡模拟中也需采用亚格子模型，上述这些湍流模型对于燃烧过程中流动结构的发展、演化有重要的影响。至于化学反应与组分质量浓度、温度的湍流扰动的相互作用，需要采用燃烧模型来解决。根据燃烧过程中燃料和氧化剂的不同进入方式可以分为预混燃烧、非预混燃烧和部分预混燃烧，可以根据不同的燃烧方式选择合适的燃烧模型。也可根据化学反应速度分为快速反应的模型和有限反应速度的模型，若只考虑流场和温度场，可以选用快速反应的模型，若还需考虑组分质量浓度分布，则应选择有限反应速度的模型。如果燃料形态是液体，还需考虑液体的喷雾及蒸发过程。此外，燃烧室燃烧过程中，产生的热有一部分通过辐射的方式传递给火焰筒壁面，准确预测壁面温度选用适当的辐射模型很重要。

3）燃烧室燃料分级工作原理及启动过程燃烧控制

(1) 燃烧室燃料分级工作原理[2]。

燃气轮机燃烧室分唤醒燃烧室和火焰筒形燃烧室，按照规律周向布置组合而成。每个燃烧室配备有燃料喷嘴，每只燃料喷嘴的标准配置是1只扩散通道和1只预混通道。燃气轮机的燃烧室相互配合、共同作用和合理分工。燃气轮机的燃料系统之于燃气轮机有着更重要的作用，它的组成由附带线性可变动的差动变压器气体燃料截止/速比阀 VSR。或者是线性的可变差动变压器气体控制阀 VGC-1 与 VGC-2 和 VGC-3 与部分压力开关，以及压力传感器等一些附属设备共同组成，这些设备共同工作，实现燃气轮机的正常运转。燃料截止/速比阀 VSR 能够充当燃料的压力调节阀且充当燃料的截止阀。根据燃机转速控制的进口压力，一旦发生事故，则要快速将燃料供应切断，使得燃气轮机可以立即停止运行。燃料控制阀的功能是根据燃气轮机运用的具体要求，提供相应数量的天然气。当前燃气轮机燃烧室与分级燃烧技术的相关研究相对较少，分级燃烧在本领域内属于一项先进高效、清洁环保的技术，可以划分为空气分级与燃料分级两种技术，燃料分级则可以分为并联燃料与串联燃料。其中，并联燃料分级可有效防止燃料结焦，应用相对广泛。

(2) 启动过程燃烧控制。

一般燃气轮机采用电动机作为启动机，启动时电动机将燃气轮机拖动至轻吹转速，定速吹扫一定时间，然后由电动机拖动燃气轮机进入点火加速阶段，电动机在燃气轮机压气机转速达到一定转速时退出运行。启动功率初始值、限制值控制启动时主燃料气阀和辅助燃料气阀初始开度的总燃烧功率。升速燃气分配曲线控制升速过程中燃烧功率的变化速率、主燃料气阀和辅助燃料气阀燃烧功率分配值及其对应的阀门开度值。

(3) 运行过程燃烧控制。

燃气轮机机组进入正常运行状态后，主要是变负荷工况的调节。机组启动的目标是使动力透平轴转速达到额定转速。达到该转速后机组进入运行状态，此时燃气轮机有两种控制模式：动力涡轮(PT)转速控制模式。正常情况下，机组为动力涡轮转速控制模式，此时可以通过手动设定动力涡轮转速，来提高或降低功率输出，当设定的动力涡轮转速变化时，燃气轮机机组会根据燃烧控制曲线来开大或关小主、辅燃料气阀，同时压气机轴转速会随之变化，入口导流叶片开度也会根据控制曲线来调整。当燃气轮机机组达到出力极限，燃烧室温度达到设计额定温度时，燃气轮机机组进入温度控制模式，为燃烧室温度控制，此时燃气轮机机组处于限制出力状态。

燃气轮机的燃烧控制不仅涉及燃气轮机的工作过程、燃烧室燃料分级工作原理和燃烧室控制过程三大方面，还涉及燃料气阀的控制、机组启动控制、变工况控制等三大内容。不同燃气轮机机组、不同安装使用环境下，需要从多个角度进行控制和调试，以保证燃气轮机机组稳定运行。

4.2.1.2 LM2500+机组燃烧控制

GE 燃气发动机(GG+HSPT)控制程序有多个控制装置，实现正确的控制功能和保护燃气发动机的正常安全运行。燃气轮机调节控制系统应提供燃气轮机按程序的安全启动，提速，加载或负荷调节，程序停机，程序化，控制，保护和运行信号的监测。必须使燃气轮机按压缩机的运行要求进行调节和控制。燃气轮机调节控制的目的是使机组在运行过程中保持某一参数基本不变。对于压气机机组而言，就是保持所选定的压气机转速不变。因此保持转速就是调节控制的目标。根据转速的变化趋势来进行燃气轮机的调节是基本出发点。燃气轮机主控除了常规的机组启动、转速控制外，还增加了温度主控功能等，确保燃料燃烧正常又不会超过使用极限，维持燃气轮机既处于高效运行状态又保证高温部件不出现过热超温状态。

1) 火焰检测控制

同时满足以下两个条件时，两个火焰探测器都故障显示有火焰 FLAMEFALL：(1) 火焰探测器 A 和火焰探测器 B 都故障且显示有火焰 FLMAFAILON、FLMBFAILON；(2) 发动机转速大于 3000r/min 且小于等于 9300r/min。

火焰探测器 A 和火焰探测器 B 都无火焰显示，且发动机转速大于等于 9300r/min 时，火焰探测器 A、B 显示无火焰但此时有动力维持 FLMLOSSHI。火焰探测器 A 无火焰显示且火焰探测器 B 无火焰显示，发动机转速小于等于 9300r/min，经触发器触发，输出火焰探测器 A、B 都无火焰显示。

2) 基于发动机转速变化率的熄火检测

发动机转速 (NGG) 改变速率熄火标志经 RS 触发器输出，触发器置位端为 1 时，输出 NGG 改变速率熄火标志。

当 NGG 变化速率小于等于左阈值时，输出信号 1，延迟 0.483s，调节器选择状态不处于 3 和 5 的状态，或者具有动力涡轮转速超速逻辑，且具有燃料反馈状态，此时 RS 触发器的 S 端为 1。

3) 火焰检测延迟

熄火标志检测到光或发动机转速减速由 RS 触发器触发。为火焰检测延迟设定程序选择 0 模式，经选择模块，输出火焰探测器熄火标志，此时，RS 触发器 S 端为 1，输出熄火标志检测到光或 NGG 减速。

4) 液体燃料开关逻辑

液体燃料比率 LIQRATIO 小于 0.01，液体燃料 LIQREQ 和气体燃料 GASREQ 同时存在，液体燃料比率 Z_LIQRATIO 和 1 进行比较，输出较小者，输出 Z_LIQRATIO，之后与 0 比较，输出较大者，将此输出值赋给液体燃料比率 LIQRATIO。

5) 核心转速参数计算

NGG 每秒增加或减小速率处于 -9000~9000 之间，输出 NGG 速率限制 NGGRTE，经公式 NGGR = NGGRTE/THETASQ2，式中，THETASQ2 为燃气机入口温度的开方。此时输出 NGG 修正到状态 2 的值。

经滤波公式，将滤波器模块中相应数据代入公式得

$$out = NGGSEL \times 1 \times (1.0 + 0.86814 - 1.8588) \times 0.86814 + NGGFL1 \times 1.8588$$

式中　NGGSEL——发动机转速当前值；

NGGFL1——发动机转速上个扫描周期值。

经过滤波器运算后，得到输出值。

6) 动力涡轮转速计算

动力涡轮转速 (NPT) 超速逻辑 NPTOVRSPD 由 RS 触发器触发，当触发器 S 端为 1 时，

输出动力涡轮转速超速逻辑 NPTOVRSPD。同时满足以下三个条件时，S 端为 1：(1)断路器延迟打开；(2)断路器打开 MW 反馈 MWFB 等于断路器打开阈值 MWFBCOMP；(3)选择装置模式 MW_GEN 为 3 动力发生器模式 SWMW。

7) 燃气发生器转速调节

NGG 前向通道调节增益 NGGGN1 与 NGG 校准增益 NGGN1JM 之积，与 NGG 转速偏差 NGGERRNGG（最大要求值 NGGREF 与 NGG 选择值 NGGSEL）的乘积（限制在 -10000～10000 范围内），其结果与 NGG 调节器反馈 NGGLGX 之差，作为 NGG 调节器的输出 NGGPRX。

优先选择输出 WF36DT 与导致 NGG 跳机频率 NGGWB 乘以 NGGREGPV 的乘积之差，加上 NGGREGPV 作为调节反馈 NGGLGX 的输出信号（限制范围为 -10000～10000）。

8) 燃气发生器最大转速调节

最大 NGG 调节转速 NGGHREF 与 NGG 选择值 NGGSEL 之差，乘以 NGG 前向通道调节增益 NGGGN1 之积（-10000～10000），其结果与 NGG 调节反馈 NGGLGX 之差，作为 NGG 调节器的输出值 NGGPRX。

优先选择输出 WF36DT 与导致 NGG 跳机频率 NGGWB 乘以 NGGHEGPV 的乘积之差，加上 NGGHEGPV 作为调节反馈 NGGHGX 的输出信号（限制范围 -10000～10000）。

9) 核心加减速率计算规则

NGG 校正值 NGGR 与 T2 速率 T2RTE 经过查表 Table\T187_1，其值与 P2 正常海平面静态值 DELTA2 之积，加上核心速率增加请求 NGGACCJA 之和，作为 NGG 加速请求 NGGACC。

NGG 校正值 NGGR 与 T2 速率 T2RTE 经过查表 Table\T187_2，其值与 P2 正常海平面静态值 DELTA2 之积，加上核心速率减小请求 NGGDECJA 之和，作为 NGG 减速请求 NGGDEC。

10) 核心加速率调节

增加或减少速率前通道调节增益 NGDGN1 与增加速率调节增益乘数 NCAGN1JM 的积，与 NGG 加速请求 NGGACC 减去 NGG 速率改变 NGGDOT 的差，二者的乘积（限制范围为 -10000～10000），减去增加速率调节器反馈 NCALGX，其结果作为增加速率调节器输出 NCAPRX。

优先选择输出 WF36DT 与增加或减小速率正常导致跳机频率 NGDWB 与 NCAREGPV 之积的差，与 NCAREGPV 二者之和（限制范围为 -10000～10000），作为增加速率调节器反馈 NCALGX。

11) 核心减速率调节

使燃油流量标准化请求 WF36DMDN 与减小速率调节增益乘数 NCDCAPJM 乘以 8000，再乘以 P2 正常海平面静态值 DELTA2，三者之积的差（限制范围为 -10000～10000），作为饱和器 CLAMP 的输出。

NGG 减小速率请求 NGGDEC 与 NGG 速率改变 NGGDOT 之差，乘以增加或减少速率前通道调节增益 NGDGN1，再乘以减小速率调节增益乘数 NCDCAPJM，三者之积（限制范围为 -10000～10000），减去减小速率调节反馈 NCDLGX，其差与饱和器 CLAMP 的输出作比较，较小值作为 NGG 减小速率调节器输出 NCDPRX。

优先选择输出 WF36DT 与增加或减小速率正常导致跳机频率 NGDWB 与 NCDREGPV 之积的差,与 NCDREGPV 二者之和(限制范围为-10000~10000),作为减小速率调节器反馈 NCDLGX。

12) 最小燃油流量计算规则

NGG 校正值 NGGR 与 T2 速率 T2RTE 经过查表 Table \ T190A_2,其值与 WF/PS3 减小调节乘数 PHIDECJM、PS3 估算值 PS3ESE,三者之积与最小燃油流量停止 WFMINSTOP 作比较,较大值作为最小燃料流量请求。

13) 最大燃料流量计算规则

T2 速率 T2RTE 经过查表 Table \ T191_2,其值乘以 P2 正常海平面静态值 DELTA2,再乘以径向驱动轴故障乘数 BADIALDSJM,三者乘积作为故障安全(超出最高燃料流量) WFRADTOPMX。

NGG 校正值 NGGR 与 T2 速率 T2RTE 经过查表 Table \ T191_1,其值与 WF/PS3 减小调节乘数 PHIDECJM、PS3 估算值 PS3ESE 相乘,三者之积作为 WF/PS3 基于最大燃料限制 WFPHIMAX,其值与故障安全(超出最高燃料流量) WFRADTOPMX 作比较,较小值作为最大燃料流量请求 WFMAX。

14) 最大最小燃料流量调节

最大燃料流量请求 WFMAX 与正常燃料流量请求 WF36DMDN 之差,乘以最大燃料流量调节增益 WFHGN1,二者之积作为最大燃料流量调节输出 WFHPRX。

最小燃料流量请求 WFMIN 与正常燃料流量请求 WF36DMDN 之差,乘以最小燃料流量调节增益 WFLGN1,二者之积作为最小燃料流量调节输出 WFLPRX。

15) 动力涡轮转速计算规则

动力涡轮硬件转速请求 Z_NPTDRP(限制在 0~5),乘以 DROOP 模式控制增益 DRPGN1JM,再除以兆瓦模式动力范围 MWRANGE,其结果作为 NPT 速度/MW 下降系数 RPM_MW_VAL。

当 MW 故障标签 MWFAIL 为 1 时,PS3 估计值 PS3EST 通过查表 Table \ T178A_1 的值,输出为 MW 反馈值 MWFB;否则 MW 选择值 MWSEL 输出为 MW 反馈值 MWFB。其值如果大于 1,则动力发生器超过 1MW 的指令为 1。

MW 反馈值 MWFB 与 NPT 速度/MW 下降系数 RPM_MW_VAL 之积,经过一阶惯性环节的值,作为选择器 B_SWITCH_2 的输出(模式选择 SWMW 等于 3 且硬件网络模式 Z_SWGRID 为 1 时,否则选择器 B_SWITCH_2 的输出为 0)。

当模式选择指令 SWMW 为 1,2,3 时,动力涡轮速度请求 NPTREF 的值分别对应 3600r/min;动力涡轮速度请求 Z_NPTREQ 与选择器 B_SWITCH_2 的输出之差(限制在 NPTMECHMX 与 NPTMECHMN 之间);动力涡轮速度请求 Z_NPTREQ 与选择器 B_SWITCH_2 的输出之差(限制在 NPTPWRMX 与 NPTPWRMN 之间)。

16) 动力涡轮转速调节

动力涡轮速度请求 NPTREF 与动力涡轮速度选择 NPTSEL 之差,作为动力涡轮转速误差 NPTERR。其值经过查表 Table \ T_MPNGNJ 可得 NPT 请求速度误差(功率产生模式) NPTERR_PG,经过一阶惯性环节,作为选择器 B_SWITCH_2 的输出(模式选择 SWMW 等于 3 时，否则选择器 B_SWITCH_2 的输出为动力涡轮转速误差 NPTERR）。选择器 B_SWITCH_2 的输出与 NPT 前通道调节增益 NPTGN1、NPT 调节器增益乘数 NPTGN1JM，三者之积（限制范围为 –10000~10000），减去 NPT 调节器反馈 NPTLGX 的差，作为 NPT 调节器的输出值 NPTPRX（NPT 超速逻辑 NPTOVRSPD 为 0 时，否则 NPT 调节器的输出值 NPTPRX 为 NPT 速度保持 NPTOSPRX）。

优先选择输出 WF36DT 与 NPT 正常导致跳机频率 NPTWB 与 NPTREGPV 之积的差，与 NCDREGPV 二者之和（限制范围为 –10000~10000），作为 NPT 调节器反馈 NPTLGX。

17）最大 T48 计算规则

T2 速率 T2RTE 经过查表 Table\T182_1，其值与 T48 调节乘数 T48AIJM 之积，加上 T48 调节规则地址 T48AIJA，二者之和作为 T48 参考温度 T48REF 的输出。

18）最大 T48 温度调节

T48 最大参考温度 T48REF 与 T48 选择值 T48SEL 的差，作为最大 T48 温度误差 T48ERR。

最大 T48 温度误差 T48ERR 经过查表 Table\T_T48GNJ 的值，乘以 T48 调节器增益系数 T48GN1JM，再乘以 T48 温度误差 T48ERR，三者之积（限制范围为 –10000~10000）与 T48 最大调节反馈 T48LGX 的差，作为 T48 调节器的输出 T48PRX。

最大 T48 温度误差 T48ERR 经过查表 Table\T_T48GNJ 的值，乘以 T48 正常导致调节频率乘数 T48WBJM，再乘以 T48REGPV，三者之积作为减数，与优先选择输出 WF36DT 之差与 T48REGPV 之和（限制范围为 –10000~10000），作为 T48 最大调节反馈 T48LGX 的值。

19）最大 PS3 计算规则

最大 PS3 计算规则表乘数 PS3AIJM 乘以 362，再加上最大 PS3 计算规则表地址 PS3AIJA，二者之和作为最大 PS3 参考值 PS3REF。

20）最大 PS3 压力调节

最大 PS3 参考值 PS3REF 与 PS3 选择值 PS3SEL 的差，作为最大 PS3 偏差 PS3ERR。最大 PS3 增益乘数与 PS3GN1 及最大 PS3 偏差 PS3ERR，三者之积（限制范围为 –10000~10000），减去最大 PS3 调节器滞后反馈 PS3LGX 的差，作为最大 PS3 调节器输出 PS3PRX。

优先选择输出 WF36DT 与最大 PS3 正常导致跳机频率 PS3WBJM 乘数与 PS3REGPV、PS3WB 三者之积的差，加上 PS3REGPV，其和作为最大 PS3 调节器滞后反馈 PS3LGX（限制范围为 –10000~10000）。

21）最大 T3 计算规则

T2 速率 T2RTE 经过查表 Table\185_1，其值乘以 T3 计算规则表乘数 T3AIJM，再加上 T3 计算规则表地址，二者之和作为最大 T3 参考温度 T3REF。

22）最大 T3 温度调节

最大 T3 参考温度 T3REF 与 T3 选择值 T3SEL 的差，作为最大 T3 偏差 T3ERR。最大 PS3 增益乘数与 PS3GN1 及最大 PS3 偏差 PS3ERR，三者之积（限制范围为 –10000~10000），减去最大 T3 调节器滞后反馈 T3LGX 的差，作为最大 T3 调节器输出 T3PRX。

优先选择输出 WF36DT 与最大 T3 正常导致跳机频率 T3WBJM 乘数与 T3REGPV、T3WB 三者之积的差，加上 T3REGPV，其和作为最大 T3 调节器滞后反馈 T3LGX（限制范围为

$-10000 \sim 10000$)。

23)燃料调节优先级选择逻辑

NPT 调节器输出 NPTPRX、NGG 调节器输出 NGGPRX、最大 T48 调节输出 T48 调节输出、最大 PS3 调节输出 PS3PRX、最大 T3 调节输出 T3PRX、最大 NGG 调节输出 NGGHPRX,几者之间的最小值;再与最小燃料调节输出 WFLPRX、NGG 减小速率调节输出 NCDPRX、最大燃料流量调节输出 WFHPRX,几者之间的最大值,作为优先选择输出 WF36DT(限制范围为 $-9999 \sim 200$)。

24)燃料流量请求

NGG 选择值 NGGSEL 加上 50 的和,如果大于发动机怠速转速 NGGIDL,则选择器 B_SWITCH 输出为最低液体燃料流量请求 WFLIQMINJA,否则选择器 B_SWITCH 输出为最低液体燃料次空转流量请求 WFLIQMINSIJA,其值与,19000 除以估算加热阀液体流量 LHVLIQ 的商,再乘以液体流量速率、正常燃料流量请求 WF36DMDN 的三者之积,作比较,较大值作为液体流量请求 WFLIQDMD。

19000 除以 LHV 选择值 LHVSEL 的商,乘以液体流量比例 LIQRATIO 加 1 的和,再乘以正常燃料流量请求 WF36DMDN,三者之积作为燃烧室燃料流量请求 WFGASDMD 的值。

优先选择输出 WF36DT 与 WF36DMPV 的和,作为正常燃料流量请求 WF36DMDN(限制范围为 $0 \sim 20000$)。

25)燃调阀燃料流量请求

NGG 选择值加上 50 的和,如果大于电动机怠速转速 NGGIDL,则选择器 B_SWITCH 输出为最低气体燃料流量请求 WFGMVMINJA,否则选择器 B_SWITCH 输出为最低气体燃料次空转流量请求 WFGMVMINSIJA。其值与,PS3 估计值除以 P2 正常值对于静态海平面 DELTA2 的商,经过滤波器的值,作比较,其中较大值作为燃调阀燃料流量请求 WFGMVDMD。

4.2.1.3 RB211 机组燃烧控制

1)进口导叶控制

(1)进气温度修正。

发动机喇叭口进气温度是压气机计算的重要参数,根据去变化特性和使用的保护,需要做低通滤波保护,保护的截止频率按照 $f = 0.053 \text{Hz}$($T = 18.86 \text{s}$);变化范围限制为($-65 \sim 150 \text{℃}$);

惯性滤波算法:

$T1ACT = T1ACT \cdot (1-a) + T_1 \cdot a$

$a = 0.01$

$f = a/(2 \cdot 3.14 \cdot T_s) = 0.053 \text{Hz}$;(其中 T_s 为采样周期,选用 $T_s = 0.03 \text{s}$)

$T = 1/f = 18.86 \text{s}$

(2)转速修正。

根据发动机喇叭口进气温度计算低压压气机修正转速,折合转速

$$n1qrt20 = N_1 / \sqrt{T_1 + 273.16} \tag{4.2.1}$$

式中　n1qrt20——折合转速；

N_1——n1act，低速轴转速；

T_1——a26gg10_la，压气机进口温度。

进口导叶设定 zvvset 与折合转速的线性关系见表 4.2.1 和如图 4.2.2 所示。

表 4.2.1　进口导叶设定 zvvset 与折合转速的线性关系

n1qrt20	335	342	351	360	380	400	407	500
zvvset	37.5	23	14	9	2	−5	−7.5	−7.5

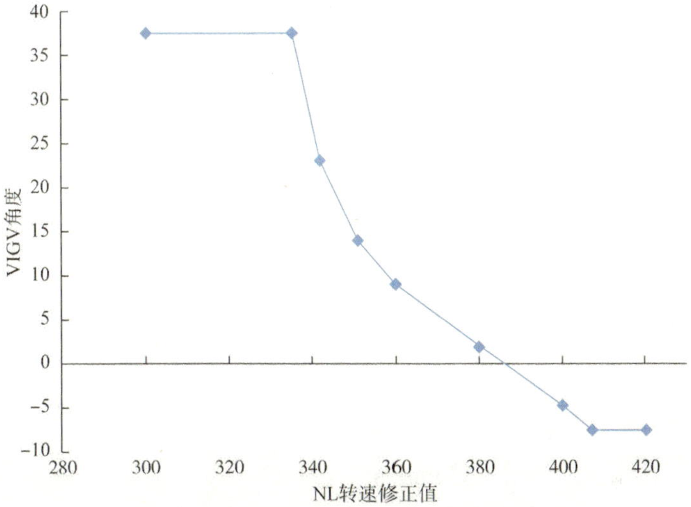

图 4.2.2　VIGV 角度值与 NL 修正无量纲数对应图

VIGV 有 1 个传感器，两路反馈，量程范围为 38.5°～−7.5°(0~100%)。

VIGV 位置闭环，通过 PID 调节的方式，最终驱动器输出 c75ggigvc。其控制方式采用比例积分控制，按照测量为角度量纲计算时（范围为 38.25°～−7.5°），输出为百分数量纲（范围 0~100%），比例值为 2.2，积分值为 0.5s。

2）燃料控制

（1）概述。

环境温度对 N_1、T_4 的影响，以此来进行功率限制（图 4.2.3）。

（2）燃料控制选择门

燃料控制选择门及其简化图分别如图 4.2.4 和图 4.2.5 所示。

Cmaxa706.44StandardGas Max Valve Area，mm²0

n1out：N_1 转速控制冲程基准；

n2out：N_2 转速限制冲程基准；

n3out：N_3 转速控制冲程基准；

p30out：P30 压力限制冲程基准；

t455out：t455 排气温度限制冲程基准；

nuout：N_1 转速低限冲程基准；

qacset：燃料气流量加速限制基准；

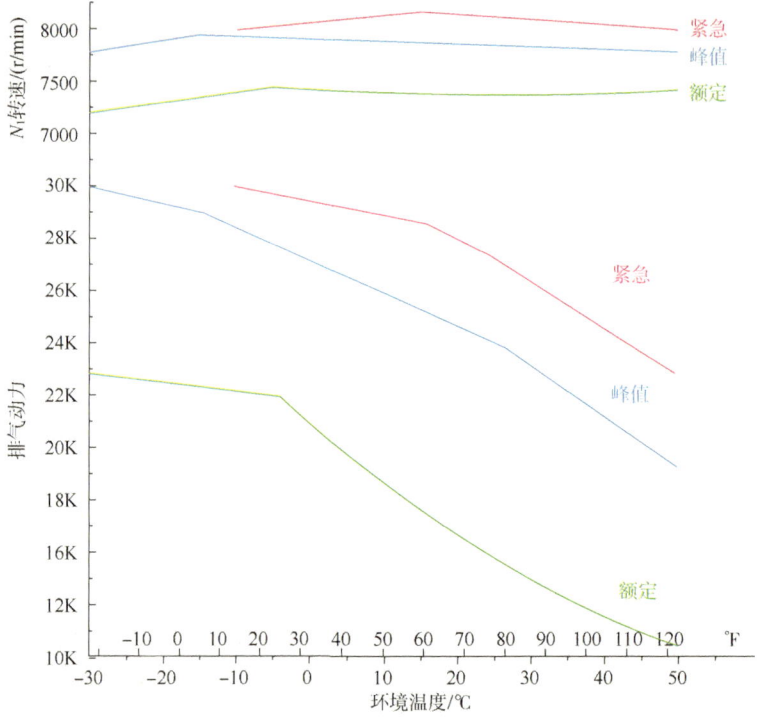

图 4.2.3　N_1 转速和发动机排气动力随环境温度的限制线

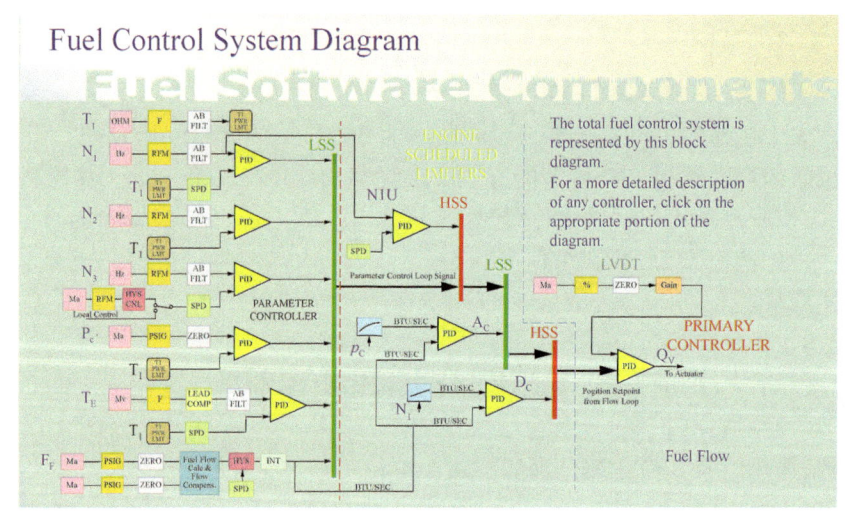

图 4.2.4　燃料控制选择门

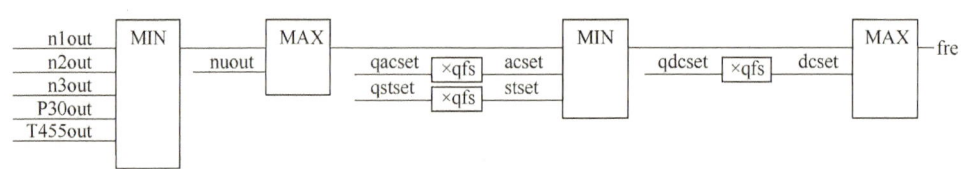

图 4.2.5　燃料控制选择门简化图

qstset：燃料气流量启动控制基准；
qdcset：燃料气流量减速限制基准；
qgset：燃料气流量控制基准；
qfs：燃料阀每1%开度对应的功率值。
（3）燃料阀开度计算。
① 质量流量基准计算。

$$\text{wgset} = \text{qgset}/\text{gslhv} \tag{4.2.2}$$

式中　wgset——质量流量基准，kg/s；
　　　qgset——燃料气流量控制基准，kW；
　　　gslhv——每千克燃料气的低热值，kJ/kg。

② 燃料气密度计算。

$$\text{gdens} = \text{pgi} \cdot \text{gsmw} \cdot 1.2907080/(\text{gsrx} \cdot \text{gz} \cdot \text{tgactk}) \tag{4.2.3}$$

式中　gdens——燃料气密度，kg/m³；
　　　pgi——燃料阀前压力，表压，kPa，正常情况下，pgi=a63fgr+101.315；
　　　a63fgr——燃调阀阀前压力，kPa；
　　　gsmw——燃料气分子量；
　　　gsrx——理想气体常数，gsrx=1545.33/144.0；
　　　gz——气体可压缩度；
　　　tgactk——燃料阀前温度，K，tgactk=a26fgra+273.16。

③ 燃料阀压比计算。

$$\pi = \text{pge}/\text{pgi} \tag{4.2.4}$$

式中　π——压比；
　　　pgi——燃料阀前压力，表压，kPa，正常情况下，pgi=a63fgr+101.315；
　　　pge——燃料阀后压力，表压，kPa，正常情况下，pge=a63fgm+101.315；
　　　a63fgm——燃调阀阀后压力，kPa。

④ 燃料气流量基本项计算。

$$\text{qfgvlvy} = 2\gamma/(\gamma-1) \cdot [\pi \cdot 2/\gamma - \pi(\gamma+1)/\gamma] \tag{4.2.5}$$

式中　qfgvlvy——燃料气流量基本项；
　　　γ——等熵系数。

⑤ 燃料气体积的算法。

$$\text{qfgden} = \text{wgset}2 \cdot \pi \cdot 2/\gamma/0.001139812 \tag{4.2.6}$$

式中　qfgden——燃料气体积；
　　　wgset——质量流量基准，kg/s。

⑥ 阀门面积计算。

$$\text{Agmm} = \text{wgset}/\sqrt{\text{qfgvlvy} \cdot \text{gdens} \cdot \text{pgi} \cdot 1000.0 + \text{qfgden} \cdot 106} \tag{4.2.7}$$

⑦ 燃料气压比修正因数计算。

$Gpacrl = \pi^{1/\gamma}$（$\pi >= 0.501$ 且 $\pi <= 0.979$；$Gpacrl >= 0.601$ 且 $Gpacrl <= 0.949$） (4.2.8)

⑧ 阀门开度 c75fgmc 流量特性曲线。

$Gpacrl = 0.6$ 时，阀门开度与阀门面积的关系见表 4.2.2。

表 4.2.2　阀门开度与阀门面积对应表（$Gpacrl = 0.6$）

Agmm/mm²	0	3.097	7.465	14.284	18.774	25.383	37.096	46.435	72.830
c75fgmc/%	0	0.5	1.0	2.0	4.0	6.0	8.0	10.0	15.0
Agmm/mm²	102.970	173.008	264.076	356.935	450.486	533.193	614.093	672.920	706.443
c75fgmc/%	20.0	30.0	40.0	50.0	60.0	70.0	80.0	90.0	100.0

$Gpacrl = 0.75$ 时，阀门开度与阀门面积的关系见表 4.2.3。

表 4.2.3　阀门开度与阀门面积的对应表（$Gpacrl = 0.75$）

Agmm/mm²	0	3.097	8.416	15.998	20.557	28.753	41.016	51.283	78.227
c75fgmc/%	0	0.5	1.0	2.0	4.0	6.0	8.0	10.0	15.0
Agmm/mm²	108.558	181.072	264.076	356.935	450.486	533.193	614.093	672.920	706.443
c75fgmc/%	20.0	30.0	40.0	50.0	60.0	70.0	80.0	90.0	100.0

$Gpacrl = 0.85$ 时，阀门开度与阀门面积的关系见表 4.2.4。

表 4.2.4　阀门开度与阀门面积的对应表（$Gpacrl = 0.85$）

Agmm/mm²	0	3.097	9.471	18.124	22.613	32.802	45.920	57.042	84.694
c75fgmc/%	0	0.5	1.0	2.0	4.0	6.0	8.0	10.0	15.0
Agmm/mm²	115.154	186.902	267.737	356.935	450.486	533.193	614.093	672.920	706.443
c75fgmc/%	20.0	30.0	40.0	50.0	60.0	70.0	80.0	90.0	100.0

$Gpacrl = 0.95$ 时，阀门开度与阀门面积的关系见表 4.2.5。

表 4.2.5　阀门开度与阀门面积的对应表（$Gpacrl = 0.95$）

Agmm/mm²	0	3.097	10.864	21.036	25.362	38.293	52.656	64.823	93.457
c75fgmc/%	0	0.5	1.0	2.0	4.0	6.0	8.0	10.0	15.0
Agmm/mm²	124.045	193.096	273.189	359.913	450.486	533.193	614.093	672.920	706.443
c75fgmc/%	20.0	30.0	40.0	50.0	60.0	70.0	80.0	90.0	100.0

根据压比修正因数的大小，确定使用哪两个表格的数据，采用双线性插值法获得最终的 c75fgmc。

$$c75fgmc = (z_i - z_n) \cdot (Point2 - Point1)/(z_n + 1 - z_n) + Point1 \quad (4.2.9)$$

式中　z_i——压比修正因数，也就是 Gpacrl；

　　　z_n——比 z_i 小的最临近的压比修正因数值，只能是 0.60，0.75，0.85，0.95 中的一个；

　　　z_{n+1}——比 z_i 大的最临近的压比修正因数值，只能是 0.60，0.75，0.85，0.95 中的一个；

　　　Point1——z_n 对应的表格里，对应某一面积值的阀门开度；

　　　Point2——z_{n+1} 对应的表格里，对应某一面积值的阀门开度。

（4）启动控制基准(qstset)。

① 点火时，启动燃料控制基准(qstset)投入工作，瞬间升到 2000kW，然后以 170kW/s 的爬升率爬到 4500kW。

② 点火后稳定 2s(dxl1fstb=1)，如果 N_2 转速比点火前转速大于 200r/min(dxn2acel=1)，启动燃料控制基准(qstset)以 180kW/s 的速率斜升。

③ 当 N_1 大于自持转速(dxn1sw2=1)，启动燃料控制基准(qstset)以 10000kW/s 的速度爬升到 99000kW，退出工作(图 4.2.6 和表 4.2.6)。

燃料阀前压力为 4MPa=580psi。

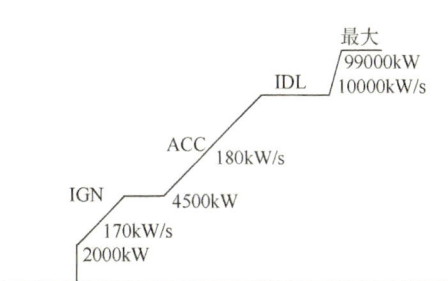

图 4.2.6　燃料控制基准投入工作前的速度走势

表 4.2.6　点火阶段 FSR 对应表

阶段	功率	流量/(lb/h)	%FSR
最小点火	2000kW	323.5	5.2
最大点火	4500kW	727.9	8.66
点火斜率	170kW/s	27.5	0.23
加速斜率	180kW/s	29.1	0.243
慢车斜率	10000kW/s	1617.5	5
最大	99000kW	16013.5	52.9

（5）加速限制基准(qacset)。

加速限制基准依据压气机出口压力 P30 的加速限制线性关系如下：热值 35.2MJ/m³，相对密度为 0.7174(表 4.2.7 和图 4.2.7)。

表 4.2.7　加速限制 FSR 对应表

a63gg30/kPa	0	285	650	1015	1400	1900	2300	2500
qacset/kW	13500	13500	26250	41800	62100	95000	95000	95000
运行%FSR	19.25	19.25	29.15	37.95	48.73	59.73	59.84	59.84

把运行时 c20FGR=1 的开度限制数据乘以一个系数就是启动 c20FGR=0 时的燃料阀门限制，系数在 1.6~1.8 之间。

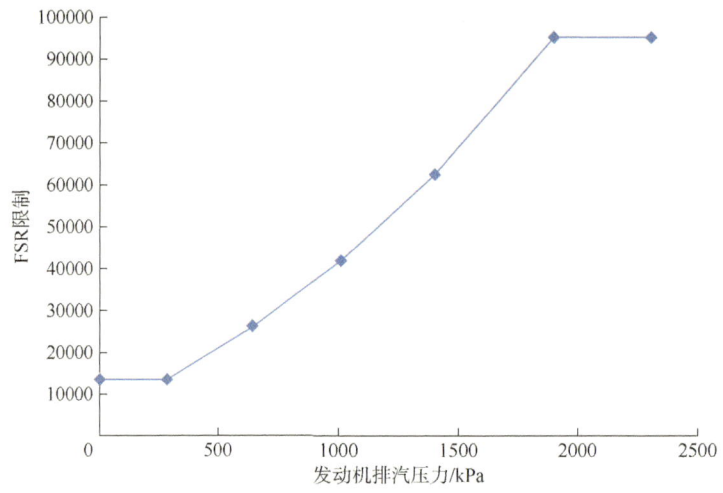

图 4.2.7 加速限制 FSR 图

(6) 减速限制基准(qdcset)。

减速限制基准依据低速轴转速的减速限制线性关系见表 4.2.8 和图 4.2.8。

表 4.2.8 减速限制 FSR 对应表

n1act/(r/min)	3250	4600	5500	6050	6600	6750
qdcset/kW	4750	9700	13000	15250	17500	17500
%FSR	8.94	13.8	16.2	17.8	19.4	19.4

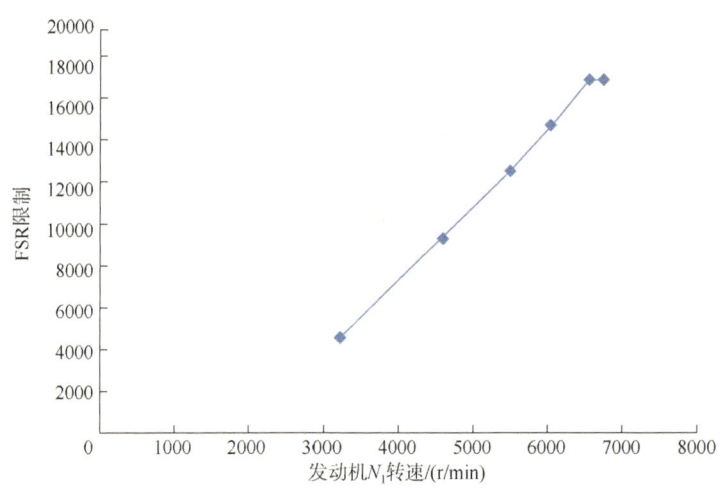

图 4.2.8 减速限制 FSR 图

(7) P30 限制基准。

P30 压力控制 PID 参数：$G=2.0\%/\%$；TC=0.7s；PID 输入量程为 100% 时有效，P30 压力的 2800kPa 为 100%。

p30out：当高压压气机出口压力 P30 大于 2192kPa 时，燃料将被限制。依据压气机进口温度的压气机出口压力的限制线性关系见表 4.2.9 和图 4.2.9。

表 4.2.9　压气机的进口温度和出口压力对应关系表

a26gg10_1a/℃	−40	−25	−10	0	10	15	25	40
p30set/kPa	2192	2192	2192	2192	2192	2192	2192	2192

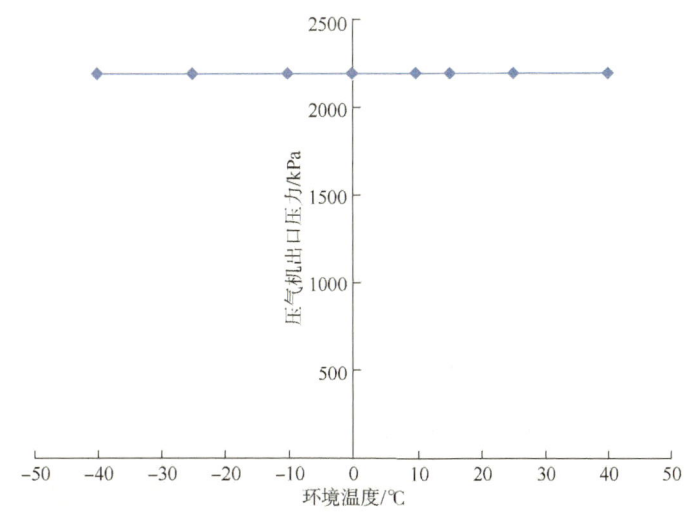

图 4.2.9　压气机的进口温度和出口压力关系限制线性关系图

(8) 排温限制基准。

T455 温度控制 PID 参数：$G = 2.0\%/\%$；$TC = 0.7s$；PID 输入量程为 100% 时有效，T455 温度等于 900℃ 时为 100%，当平均排气温度 tc455z 超过温控线 tc455set，燃料将被限制。

t455out：依据压气机进口温度的排气温度限制线性关系如下：

额定（BASE 负荷）时，压气机的排温限制见表 4.2.10 和图 4.2.10：

表 4.2.10　压气机进口温度的排气温度限制关系表

a26gg10_1a/℃	−40	−25	−10	0	15	20	35	50
tc455set/℃	631	688	736	771	771	771	771	771
tc455set/K	904.15	961.15	1009.15	1044.15	1044.15	1044.15	1044.15	1044.15

峰值（PEAK 负荷）时压气机的排温限制见表 4.2.11 和图 4.2.11：

表 4.2.11　压气机进口温度峰值排气温度限制线性关系表

a26gg10_1a/℃	−40	−25	−10	0	15	20	35	50
tc455set/K	903.15	960.15	1008.15	1041.15	1041.15	1041.15	1041.15	1041.15

(9) NL 低限基准 nuout。

NL 转速控制 PID 参数：$G=2.0\%/\%$；$TC=1.0s$；PID 输入量程为 100% 时有效，NL 转速等于 8000r/min 时为 100%，正常运行时，nuout 设定值为 3200r/min，燃机运行时 N1 转速不能低于 rNUSET（图 4.2.12）。

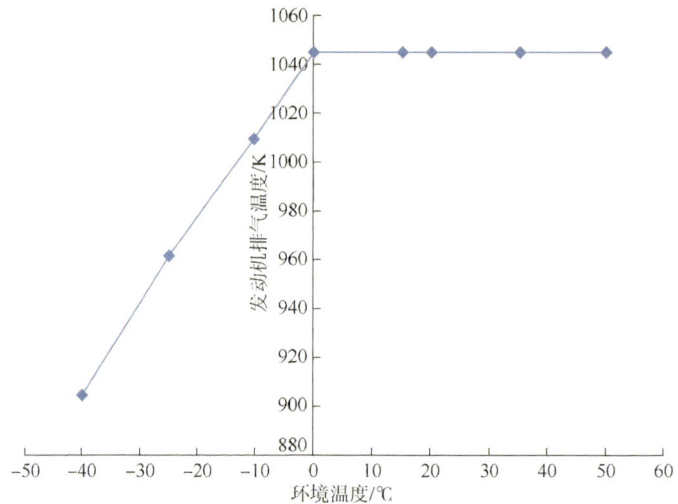

图 4.2.10　压气机进口温度的排气温度限制线性关系图

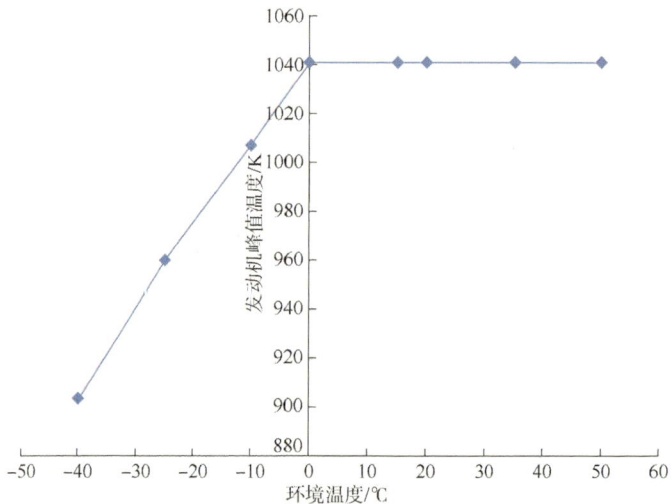

图 4.2.11　压气机进口温度的峰值排气温度限制关系图

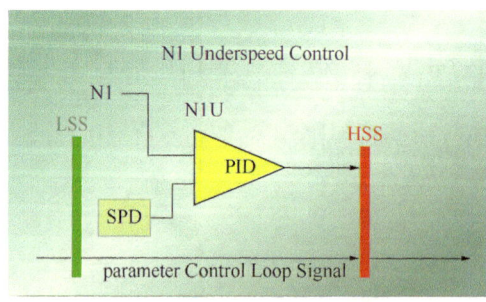

图 4.2.12　NL 限制 FSR 选择门

(10) NL 上限。

N1UP1 修正，低速轴转速 N1 的高限 N1UP1 不是一成不变的，其数值受压气机进口温度影响。N1 高限，只降低不升高。

依据压气机进口温度的 N1 高限线性关系见表 4.2.12 和图 4.2.13。

表 4.2.12　压气机进口温度的低速轴转速限制线性关系表

T1ACT/℃	-40	-25	-10	0	15	20	35	50
N1UP1/(r/min)	6165	6361	6511	6599	6585	6576	6549	6520

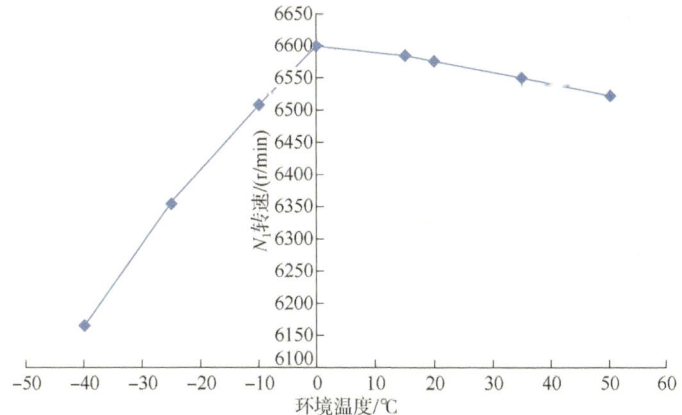

图 4.2.13　压气机进口温度的低速轴转速限制线性关系图

N1 上限变化率限制：45r/(min·s)

N1 下限：

N1LW1=3250r/min

N1 基准 N1SET 变化率：

快速：N1RATE=180r/(min·s)；

中速：N1RATE=35r/(min·s)；

快速：N1RATE=45r/(min·s)。

(11) N2 转速基准。

N2 转速控制 PID 参数：$G=2.0\%/\%$；TC=0.7s；PID 输入量程为 100% 时有效，N2 转速的 10000r/min 为 100%。当高速轴转速 n2act 超过 N2 限制线 n2set，燃料将被限制。

n2out：依据压气机进口温度的高速轴转速限制线性关系见表 4.2.13 和图 4.2.14。

表 4.2.13　压气机进口温度的高速轴转速限制线性关系表

a26gg10_1a/℃	-40	-25	-10	0	15	20	35	50
n2set/(r/min)	8677	8945	9169	9304	9346	9354	9380	9401

(12) N3 转速基准。

动力涡轮运行转速范围：kN3_OSP=5500.0r/min，kN3_LWL=3120.0r/min，kN3_UPL=5040.0r/min。动力涡轮转速变化率：慢速：10r/(min·s)，中速：15r/(min·s)，关燃机压气机放气阀时 5r/(min·s)（图 4.2.15）。

N3 转速控制 PID 参数(按百分比计算)：C：$G=2.0\%/\%$；TC=0.7s(*压缩机参数*)。I：$G=15.0\%/\%$；TC=4s(*发电机无差*)。D：$G=10\%/\%$；TC=4s(*发电机有差*)，PID 输入量程为 100% 时有效。

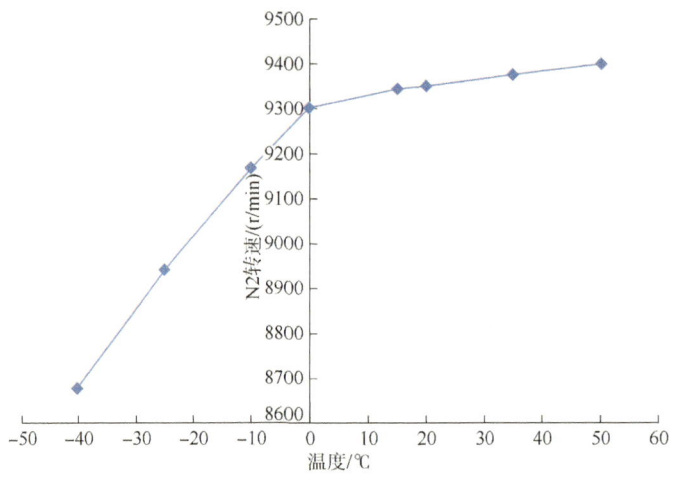

图 4.2.14　压气机进口温度的高速轴转速限制线性关系图

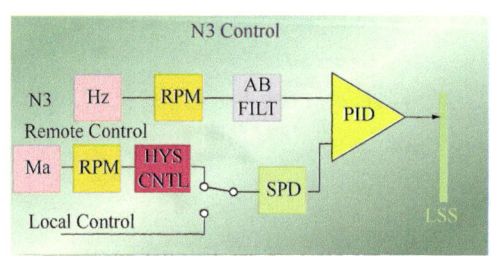

图 4.2.15　N3 控制 FSR 选择门

（13）燃料控制 PID。

燃料控制 PID 见表 4.2.14。

表 4.2.14　燃料控制 PID 表

LOOP	KP	TI	TD	RANG
N1	2.0	1.2	0.0	8000.0
N2	2.0	0.7	0.0	10000.0
N3c	2.0	0.7	0.0	6000.0
N3i	15.0	4.0	0.0	GEN ISO
N3d	10.0	4.0	0.0	GEN DROP
P30	2.0	0.7	0.0	2800.0
T455	2.0	0.7	0.0	900.0
zvv	2.2	0.325	0.0	
Nu	2.0	1.0	0.0	

（*N1 PID*）

n1err：=（n1set−n1act）*100.0/8000.0；

(＊Proportional Term＊)
n1prox：= n1err＊n1pro;
(＊Integral Term＊)
IF dxn1ctl THEN
    intx：= intx+(n1err＊n1int＊syt1sec);
    JSR(Limit, 3, intx, 100.0, 0.0, intx);
END_IF;
(＊Reset Integral Term＊)
IF NOT dxfuel THEN
    intx：= 0.0;
END_IF;
(＊Derrivative Term＊)
n1derx：=(n1lsterr−n1err)＊n1der/syt1sec;
JSR(Limit, 3, n1derx, 100.0, 0.0, n1derx);
(＊Error Memory＊)
n1lsterr：= n1err;
(＊PID Output＊)
n1out：= n1prox+intx+n1derx;
JSR(Limit, 3, n1out, 100.0, 0.0, n1out);

(＊N2 PID＊)
n2err：=(n2set−n2act)＊100.0/10000.0;
(＊Proportional Term＊)
n2prox：= n2err＊n2pro;
(＊Integral Term＊)
IF dxn2ctl THEN
    intx：= intx+(n2err＊n2int＊syt1sec);
    JSR(Limit, 3, intx, 100.0, 0.0, intx);
END_IF;
(＊Derrivative Term＊)
n2derx：=(n2lsterr−n2err)＊n2der/syt1sec;
JSR(Limit, 3, n2derx, 100.0, 0.0, n2derx);
(＊Error Memory＊)
n2lsterr：= n2err;
(＊PID Output＊)
n2out：= n2prox+intx+n2derx;
JSR(Limit, 3, n2out, 100.0, 0.0, n2out);

```
( * N3PID * )
n3err: = (n3set-n3pidin) * 100.0/6000.0;
( * Proportional Term * )
n3prox: = n3err * n3pro;
( * Integral Term * )
IF dxn3ctl THEN
    intx: = intx+(n3err * n3int * syt1sec);
    JSR(Limit, 3, intx, 100.0, 0.0, intx);
END_IF;
( * Derrivative Term * )
n3derx: = (n3lsterr-n3err) * n3der/syt1sec;
JSR(Limit, 3, n3derx, 100.0, 0.0, n3derx);
( * Error Memory * )
n3lsterr: = n3err;
( * PID Output * )
n3out: = n3prox+intx+n3derx;
JSR(Limit, 3, n3out, 100.0, 0.0, n3out);


( * P30 PID * )
p30err: = (p30set-p30) * 100.0/2800.0;
( * Proportional Term * )
p30prox: = p30err * p30pro;
( * Integral Term * )
IF dxp3ctl THEN
    intx: = intx+(p30err * p30int * syt1sec);
    JSR(Limit, 3, intx, 100.0, 0.0, intx);
END_IF;
( * Derrivative Term * )
p30derx: = (p30lsterr-p30err) * p30der/syt1sec;
JSR(Limit, 3, p30derx, 100.0, 0.0, p30derx);
( * Error Memory * )
p30lsterr: = p30err;
( * PID Output * )
p30out: = p30prox+intx+p30derx;
JSR(Limit, 3, p30out, 100.0, 0.0, p30out);


( * t455 PID * )
t455err: = (tc455set-tc455z) * 100.0/900.0;
```

(＊Proportional Term＊)
t455prox：= t455err＊t455pro；
(＊Integral Term＊)
IF dxt4ctl THEN
　　intx：= intx+(t455err＊t455int＊syt1sec)；
　　JSR(Limit, 3, intx, 100.0, 0.0, intx)；
END_IF；
(＊Derrivative Term＊)
t455derx：=(t455lsterr−t455err)＊t455der/syt1sec；
JSR(Limit, 3, t455derx, 100.0, 0.0, t455derx)；
(＊Error Memory＊)
t455lsterr：= t455err；
(＊PID Output＊)
t455out：= t455prox+intx+t455derx；
JSR(Limit, 3, t455out, 100.0, 0.0, t455out)；

PIDLSS. InsUsed：= 5；
PIDLSS. In1：= n1out；
PIDLSS. In2：= n2out；
PIDLSS. In3：= n3out；
PIDLSS. In4：= p30out；
PIDLSS. In5：= t455out；
PIDLSS. ProgProgReq ：= 1；
PIDLSS. SelectorMode：= 2；(＊2-Low Select＊)
ESEL(PIDLSS)；
lssout：= PIDLSS. Out；

4.2.2　防喘控制

4.2.2.1　防喘控制原理

1) 喘振

压缩机在运行过程中，可能会出现这样一种现象，即当负荷低于某一定值时，气体的正常输送遭到破坏，气体的排出量时多时少，忽进忽出，发生强烈振荡，并发出如同哮喘病人"喘气"的噪声。此时可看到气体出口压力表、流量表的指示大幅波动。随之，机身也会剧烈振动，并带动出口管道、厂房振动，压缩机会发出周期性间断的吼响声，这种现象就是压缩机的喘振，或称飞动。

2) 发生喘振的原因

离心压缩机工作的基本原理是利用高速旋转的叶轮带动气体一起旋转而产生离心力，从而将能量传递给气体，使气体压力升高，速度增大，气体获得了压力能和动能。在叶轮后部设置有通流截面逐渐扩大的扩压元件(扩压器),从叶轮流出的高速气体在扩压器内进行降速增压,使气体的部分动能转变为压力能。可见,离心压缩机的压缩过程主要在叶轮和扩压器内完成。

当离心压缩机在大流量、低压头、低效率的工况区域运行,如图4.2.16左侧的不稳定运行区域条件下如果气体流量减小则进入叶轮或扩压器流道的气流方向发生变化,气流向着叶片的凸面(工作面)冲击,在叶片的凹面(非工作面)的前缘部分,产生很大的局部扩压度,于是在叶片非工作面上出现气流边界层分离现象,形成旋涡区,并向叶轮出口处逐渐扩大。气量越小,则分离现象越严重,气流的分离区域就越大。

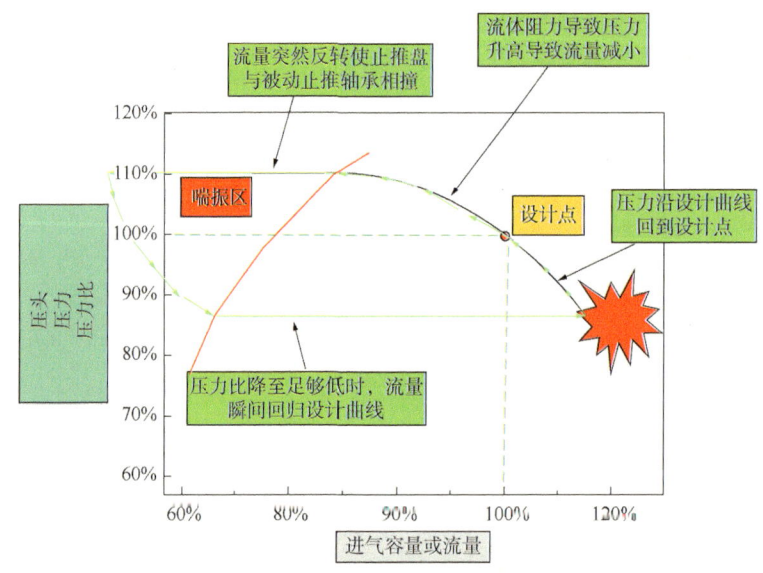

图4.2.16 离心式压缩机喘振发生过程示意图

运行点逐渐向左侧喘振区域移动,靠近喘振控制线。如果不进行监控,则运行点有可能继续向左移动,跨过喘振控制线,进入不稳定的喘振区域。由于叶片形状和安装位置不可能完全相同及气流流过叶片时的不均匀性,使得气流的边界层分离可能先在叶轮(或叶片扩压器)的某个叶道中出现,当流量减少到一定程度,随着叶轮的连续旋转和气流的连续性,这种边界层分离现象将扩大到整个流道,而且气流分离沿着叶轮旋转的反方向扩展,以至叶道中形成气流旋涡,从叶轮外圆折回到叶轮内圆,此现象称为旋转脱离,又称为旋转失速。发生旋转脱离时叶道中气流通不过去,级的压力突然下降,排气管内较高压力的气体便倒流回级里来。瞬间,倒流回级中的气体补充了级流量的不足,叶轮又恢复正常工作,重新把倒流回来的气体压出去。这样又使级中流量减小,于是压力又突然下降,级后的压力气体又倒流回级中来,如此周而复始则会产生喘振现象。

3) 喘振的危害

喘振时由于气流强烈的脉动和周期性振荡,会使供气参数(压力、流量等)大幅度地波动,破坏工艺系统的稳定性。

会使叶片强烈振动,大大增加叶轮应力,噪声加剧。

引起动静部件的摩擦与碰撞,使压缩机的轴产生弯曲变形,严重时会产生轴向窜动,碰坏叶轮。

加剧轴承、轴颈的磨损，破坏润滑油膜的稳定性，使轴承合金产生疲劳裂纹，甚至烧毁。

损坏压缩机的级间密封及轴封，使压缩机效率降低，甚至造成爆炸、火灾等事故。

影响与压缩机相连的其他设备的正常运转，干扰操作人员的正常工作，使一些测量仪表仪器准确性降低，甚至失灵。一般机组的排气量、压力比、排气压力和气体的密度越大，发生的喘振越严重，危害越大。

4）喘振的预防及解决措施

离心式压缩机防喘振可采用两类方法：固定极限流量法与可变极限流量法。

固定极限流量法的防喘振控制系统，就是使压缩机的流量始终保持大于某一定值流量，如图4.2.17中的Q，从而避免进入喘振区运行。固定极限流量的控制系统简单，使用仪表较少。缺点是当压缩机转速降低，处在低负荷运行时，防喘振控制系统投用过早，回流量较大，能耗较大。适用于固定转速的压缩机。

可变极限流量法：在压缩机负荷有可能通过调速来改变的场合，因为不同转速工况下，极限喘振流量是一个变数，它随转速的下降而变小，所以最合理的防喘振控制方法，应是留有适当的安全裕量，使防喘振调节器沿着喘振极限流量曲线右侧，如图4.2.18所示的一条安全控制线工作，这便是可变极限流量法。

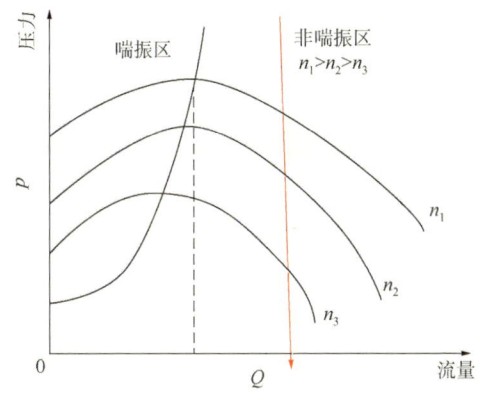

图4.2.17 固定极限流量法特性曲线示意图

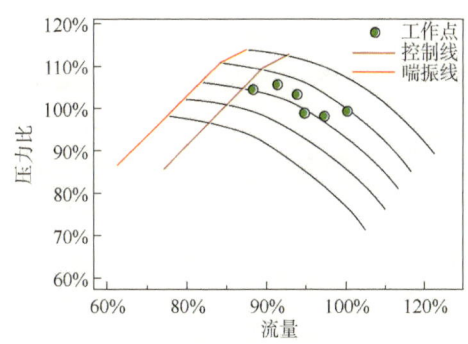

图4.2.18 可变极限流量法特性曲线示意图

4.2.2.2 LM2500+机组防喘控制

压缩机运转中可能出现的喘振过程是：流量减小到特定值时出口压力突然下降，管道中工质压力反而大于机组出口压力，于是管道中工质倒流回机内，直到出口压力升高、机组重新向管道输送介质为止；而当管道中的压力恢复到原来的压力时，流量再次减少，管道中介质又产生倒流，如此周而复始。

流体机械的喘振会破坏机器内部介质的流动规律性，产生机械噪声，引起工作部件的强烈振动，加速轴承和密封的损坏。一旦喘振引起管道、机器及其基础共振时，还会造成严重后果。为防止喘振，必须使流体机械在喘振区之外运转。在压缩机中，通常采用最小流量式、流量—转速控制式或流量—压力差控制式防喘振调节系统。

LM2500+SAC PCL804燃驱机组采用的就是流量—压力差控制式防喘振调节系统。而机组防喘控制的对象主要是防喘阀FCV776。

1) 防喘控制过程

针对不同的控制要求，程序设置了三个防喘关度信号（图4.2.19），它们分别是：A20AS_AM（手动自动—防喘阀关度信号），主要针对机组正常运行过程、在图4.2.20中对应从控制线到喘振线之间的区域中进行防喘控制，也负责在机组停机后保持FCV776全开、在从泄压状态启机时参与对机组管线吹扫的过程控制；A20AS_OV（覆盖—防喘阀关度信号），负荷控制与防喘振相结合参与对防喘阀的控制，主要负责图4.2.20中从安全线到控制线之间的防喘控制，同时在转速手动模式下当负荷降低要求发出、控制防喘阀打开以起到降低负荷的作用；A20AS_SO（缓慢卸载—防喘阀关度信号），在正常停机命令发出后、机组缓慢卸载过程中控制防喘阀缓慢打卡。

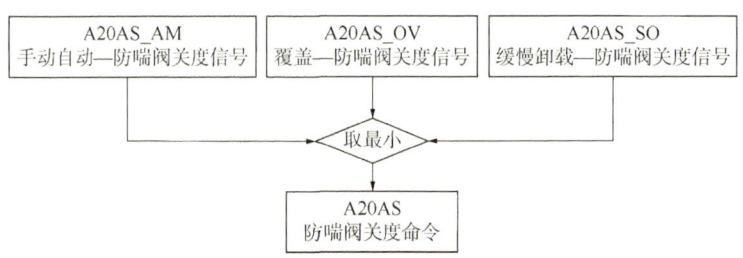

图4.2.19 防喘阀关度命令的发出

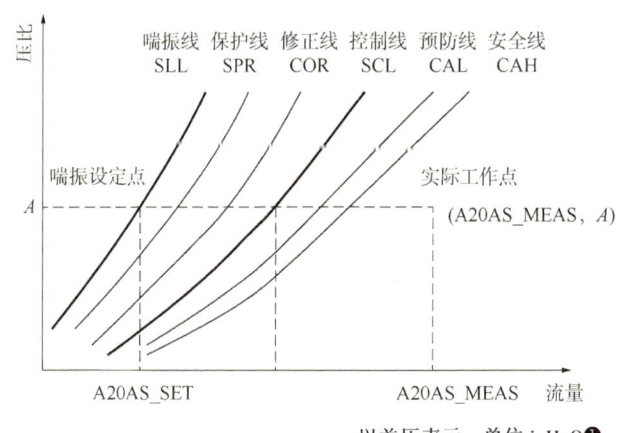

图4.2.20 防喘控制示意图

在任意时刻，程序选择A20AS_AM、A20AS_OV、A20AS_SO中数值最小的一个，也即是开度最大的一个，作为防喘阀控制命令A20AS送往防喘阀、完成实际控制。所以，只有当三个控制信号全部为关度最大时，防喘阀才可能关闭。

2) 重要控制参数的计算

机组重要测量参数：

机组入口流量FT779，程序中名a60gs，单位inH_2O；

---

❶ inH_2O是英制单位，表示英寸水柱高度，指在一个直径为1in的管道中，水的高度为1in时所产生的压力。$1inH_2O=0.249kPa$。

机组入口压力 PIT785，程序中名 a63gs，单位 psi；

机组出口压力 PIT782，程序中名 a63gd，单位 psi。

对测量参数进行计算，得出中间变量：

根据 a60gs、a63gs 计算出实时流量，命名为 A20AS_MEAS；

根据 a63gs、a63gd 计算出实时压比；

用压比带入设定好的线性插值中，计算出压比所对应的喘振流量，命名为 A20AS_SET；

在流量—压比图 4.2.20 中，现时实际工作点是(A20AS_MEAS，压比)，喘振发生点是 (A20AS_SET，压比)。

最终计算防喘控制参数：

防喘控制测量系数 A20AS_PARAM = A20AS_MEAS/A20AS_SET

防喘控制安全系数 A20AS_MAR：

（1）当安全修正模式未激活(L20AS_COR 为 False)，即 A20AS_PARAM>A20AS_COR_I = 1.1025 时，A20AS_MAR 不断以 0.005/s 的速度从 1.3915 向 1.21 衰减；取 A20AS_PARAM 的三次离散时滞为 a、二次离散时滞为 b、一次离散时滞为 c、A20AS_PARAM 本身为 d，那么当 $(a+b-c-d)/0.16>0.05$，就激活 A20AS_PA_DT 信号、判定 A20AS_PARAM 离散，程序将 A20AS_MAR 重置为 1.3915，之后 A20AS_MAR 继续衰减，直到下次被重置；

上文中常数的说明：0.005/s = K20AS_TA_R，1.3915 = 1.15×1.21 = K20AS_TA_G× K20AS_MAR，1.21 = K20AS_MAR，0.16 = K20AS_PA_TB，0.05 = K20AS_TA。

（2）当安全修正模式激活(L20AS_COR 为 True)，即 A20AS_PARAM≤A20AS_COR_I =1.1025，设这一界限的跨越是在时间 t 完成的，那么程序在此时间点置位 A20AS_MAR，使 A20AS_MAR(t+1) = 1.5125，此后，A20AS_MAR 不断以 0.005/s 的速度从 1.5125 向 1.21 衰减；每当 A20AS_PA_DT 信号激活、判定 A20AS_PARAM 离散，程序将 A20AS_MAR 重置为 1.5125，之后 A20AS_MAR 继续衰减，直到下次被重置；在安全保护模式中之后 A20AS_MAR 保持上述循环。

上文中常数的说明：1.5125 = 1.25×1.21 = (1.15+0.1)×1.25 = (K20AS_TA_G+K20AS_CORG)×K20AS_MAR，1.21 = K20AS_MAR。

程序通过对 A20AS_PARAM 的分析判断，完成机组的防喘控制过程。针对工作点接近喘振线的程度，也即 A20AS_PARAM 的数值接近 1 的程度，防喘程序会采取不同的控制方式。从流量—压比图上，可以视作存在多条分界线，当工作点越过这些分界线的时候，程序将采取不同的控制方式。在程序中表现出的分界线的定义和位置如图 4.2.21 所示。具体当工作点在某一区域中时，程序采用何种方式防喘，见本节后文所述。

根据现场仪表测量到的压缩机进口压力、压缩机出口压力、机组入口流量差压，程序将计算出现时的机组流量和压比，从而在流量—压比图上确定出工作点，将其坐标定为(A2OAS_MEAS，A)。同样压比下的喘振点流量已经在程序中给定，将喘振点的坐标定为(A20AS_SET，A)。

防喘控制参数：

防喘控制测量系数 A2OAS_PARAM = A2OAS_MEAS/A2OAS_SET，是一个与实际工况相关的变量，当 A20AS_PARAM = 1，即 A20AS_MEAS = A20AS_SET，防喘控制的最低目的

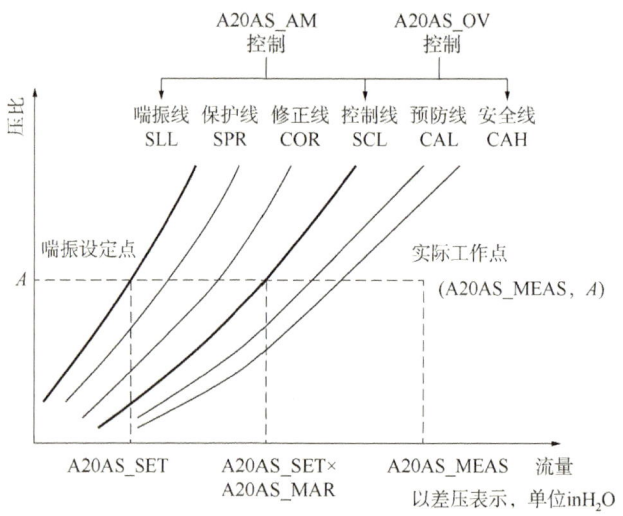

图 4.2.21 在流量—压比图上,防喘过程主要分界线的定义

就是使得 A20AS_PARAM>1;防喘控制安全系数 A20AS_MAR,是为了进行防喘控制而专门设计出来的一个参数,它的数值与实际工况有关,但无论如何变化,A20AS_MAR ≥ 1.21。

防喘控制中 6 条主要的分界线是这样定义的:

安全线 CAH,即当 A20AS_PARAM = −A20AS_MAR + K2OAS_CAH = A20AS_MAR + 0.006 时;

预防线 CAL,即当 A20AS_PARAM = A20AS_MAR + K2OAS_CAL = A20AS_MAR + 0.003 时;

控制线 SCL,即当 A20AS_PARAM = A20AS_MAR ≥ 1.21 时;

修正线 COR,即当 A20AS_PARAM = A20AS_CORI = 1.1025 时;

保护线 SPR,即当 A20AS_PARAM = A20AS_SPRI = 1.0404 时;

喘振线 SLL,即当 A20AS_PARAM = 1 时。

3) 防喘振主控制(手动自动—防喘阀关度信号 A20AS_AM)

(1) 如图 4.2.21 所示,工作点越过控制线 SCL,即 A20AS_PARAM ≤ A20AS_MAR 时,防喘 PI 控制程序动作:

此时,程序 PI 控制动作,公式为

A20AS_AM(t+1) = K2OAS_PROP × (A20AS_PARAM − A20AS_MAR) + 一阶滤波后的 A20ASX(t)

注:式中,一阶滤波设定时间为 K2OAS_INT = 10s,K2OAS_PROP = 80,A20ASX(t) = min[A20AS_AM(t), A20AS_OV(t), A20AS_SO(t)]。

由简式(4.2.1)就可以看出,只要 A20AS_PARAM ≤ A20AS_MAR,那么 A20AS_AM 将不断减小,并且当 A20AS_PARAM 与 A20AS_MAR 差距越大,那么 A20AS_AM 的下降速度也就越快。对于整个工况而言,这也就说明,工作点越过控制线越深那么防喘阀的打开速度越快。

(需要注意的是，在 $-0.001 \leq \text{A20AS\_PARAM} - \text{A20AS\_MAR} \leq 0.009$ 时，PI 控制进入死区，输出值不会改变，K20AS_DB_L=0.001，K20AS_DB_H=0.009)。

(2) 如图 4.2.21 所示，工作点越过修正线 COR，即 $\text{A20AS\_PARAM} \leq \text{A20AS\_COR\_I} = 1.1025$ 时，安全修正模式，L20AS_COR 激活：

此时，程序依然受 PI 控制，公式为

$$\text{A20AS\_AM}(t+1) = \text{K20AS\_PROP} \times (\text{A20AS\_PARAM} - \text{A20AS\_MAR}) + 一阶滤波后的 \text{A20ASX}(t)$$

注：式中，一阶滤波设定时间为 K20AS_INT/4=2.5s，K20AS_PROP=80，$\text{A20ASX}(t) = \min[\text{A20AS\_AM}(t), \text{A20AS\_OV}(t), \text{A20AS\_SO}(t)]$。

由简式(4.2.2)结合 A20AS_MAR 的计算过程，就可以发现，在工作点越过修正线以后，PI 控制的工作点与设定点之间的差距扩大了，而 PI 控制的反应时间被缩短了，从工况上面来讲，工作点越过修正线后、防喘阀将会以比越过控制线后更快的速度进行控制。

(3) 如图 4.2.21 所示，工作点越过保护线 SPR，即 $\text{A20AS\_PARAM} \leq \text{A20AS\_SPR\_I} = 1.0404$ 时，安全保护模式，L20AS_SPR 激活：

此时，A20AS_AM 以 K20AS_ARATO=30%/s 的速度快速降低。

(4) 如图 4.4.20 所示，工作点越过喘振线 SLL，即 $\text{A20AS\_PARAM} \leq 1$ 时，认为喘振发生。

(5) 当机组由泄压状态启动，启动进入辅助系统启动进程时，程序驱动防喘阀以 1.5%/s 的速度关闭，直至全关。在工艺系统启动进程中，当压缩机管线、热旁通管线吹扫完成，以 30%/s 的速度打开防喘阀。

(6) 防喘阀手动控制状态激活(L43AS_CMD 为 True)时：

当在控制界面上点击全关按钮(L5AS_FC_CPB)或全开按钮(L5AS_FO_CPB)，A20AS_AM 将持续地减小或增大，变化率都为 1%/s(K20AS_MRATE)；

当在控制界面上点击关闭脉冲按钮(L5AS_C_CPB)或打开脉冲按钮(L5AS_O_CPB)，每点击一次 A20AS_AM 最多变化 0.24%。

需要指出的是在手动控制下，A20AS_AM 信号的其他功能都被屏蔽，但若安全保护模式激活，则手动控制被屏蔽，程序自动以 30%/s 快速降低 A20AS_AM，使防喘阀打开。

(7) 正常停机过程中，在 NPT≤3569r/min 之后，防喘主控制信号消除，A20AS_AM 以 30%/s 快速降低，并在下次启机前保持全开状态。

(8) 紧急停机信号发出后以 30%/s 快速降低 A20AS_AM，直到 0，并在下次启机前保持全开状态。

(9) 停机状态下(STOPPED)，A20AS_AM 保持 0，控制防喘阀全开。

注：三个防喘信号之中，只有 A20AS_AM 在停机完成后保持为 0，所以它是机组停机完成后实际进行防喘阀控制的信号。

4) 负荷控制对防喘阀的影响(覆盖—防喘阀关度信号 A20AS_OV)

(1) 如图 4.4.20 所示，工作点越过预防线到离开安全线，即从 $\text{A20AS\_PARAM} \leq \text{A20AS\_MAR} + \text{K20AS\_CAL} = \text{A20AS\_MAR} + 0.003$ 开始，到 $\text{A20AS\_PARAM} \geq \text{A20AS\_MAR} + \text{K20AS\_CAH} = \text{A20AS\_MAR} + 0.006$ 结束：

自动控制，若负荷控制发出负荷降低命令 L4LC_DOWN，程序每 1.2s(K20AS_OP_

MM)一次；若 60s 内(K4LC_STEADY)程序未发出过负荷提高或降低命令，且工作点位于预防线左侧，程序每 10s(K20AS_OP_MS)一次，使 A20AS_OV 减小 0.5%(K20AS_OP_M)。

(2) 如图 4.4.20 所示，工作点在正常工作区域，即当 A20AS_PARAM≥A20AS_MAR+K20AS_CAH=A20AS_MAR+0.006 时：

无论机组转速手动或自动控制，若负荷控制发出负荷提高命令 L4LC_UP，程序每 1.2s(K20AS_CL_MM)一次；机组转速自动控制(L43A 为 True)时，若 60s 内(K4LC_STEADY)程序未发出过负荷提高或降低命令，那么之后程序每 10s(K20AS_CL_MS)一次，使 A20AS_OV 增大 0.3%(K20AS_CL_M)。在防喘阀关度 100% 后，A20AS_OV 不再变化。

(3) 手动模式下负荷控制对防喘阀的影响(不论机组工作点位于何处)。

转速手动控制模式(L43M)时，当负荷控制发出负荷降低命令 L4LC_DOWN，此模式下，机组不能控制转速变化，程序每 1.2s(K20AS_OP_MM)一次，使 A20AS_OV 减小 0.5%(K20AS_OP_M)。

转速手动控制模式(L43M)时，当负荷控制发出负荷提高命令 L4LC_UP，此模式下，机组不能控制转速变化，程序每 1.2s(K20AS_CL_MM)一次，使 A20AS_OV 增大 0.3%(K20AS_CL_M)。

(4) A20AS_OV 仅在机组启动完成、即机组处于负荷控制状态(ONLOADCTRL 为 True)时产生作用，当机组紧急停机或正常停机发生时，该信号以 1%/s 速度增大，最终在整个停机过程中保持在 100%，直到下次机组进入负荷控制状态，再次开始执行本节中所述控制程序。

(5) 正常停机时对防喘阀的控制(缓慢卸载—防喘阀关度信号 A20AS_SO)。

在正常停机信号发出后，到 NPT≤3569r/min 前，本信号都将一直从 100% 向 0% 不断减小，控制防喘阀缓慢打开，其变化率为 0.5%/s。到 NPT 低于 3569r/min 后，A20AS_SO 以 1.5%/s 的速度增大，直到达到 100%。

4.2.2.3　RB211 机组防喘控制

1) RR 压缩机防喘控制系统简介

RR 压缩机机组控制系统主要由发动机控制 ECS、安全仪表控制 SIS、机组过程控制 PCS、火气控制系统、振动检测控制系统和 HMI 等组成，其中 ECS、SIS 和 PCS 均使用 ControLogix PLC 为硬件平台配套编程平台为 Logix5000，三个不同功能的控制系统通过控制网连接到一起并共享数据。RR 压缩机的防喘控制在 PCS 系统中实现，PCS 系统的 UCP_TimeClass1 任务中 ASCCURVE(防喘控制曲线)、ASCFILT(防喘信号滤波器)、ASCMAIN(防喘控制主程序)和 ASCPID(PID 防喘控制器)等四个子例程组成防喘控制功能，其任务执行方式为 40ms 的周期型任务，且优先级最高，防喘控制程序由梯形图语言实现。UCP_TimeClass3 任务中 ASC_CONST(防喘控制常数)中定义信号滤波因子、压缩机喘振点坐标、阻塞线点坐标及 PID 参数等常量，该任务执行周期为 500ms，优先级最低。喘振特性曲线、喘振相关报警点和操作员下发的命令等通过 HMI 上的 Intouch 软件实现。

RR 压缩机通过对工艺气体进行再循环，降低压缩机的差压，增加压缩机的入口流量来防止压缩机喘振，其防喘控制系统由压缩机进口压力变送器、出口压力变送器、进口管线上的孔板流量计、防喘控制器和防喘控制阀组成，当工况条件下降到喘振保护裕度以下时，控制系统将防喘阀打开，其防喘控制系统示意图如图 4.2.22 所示。

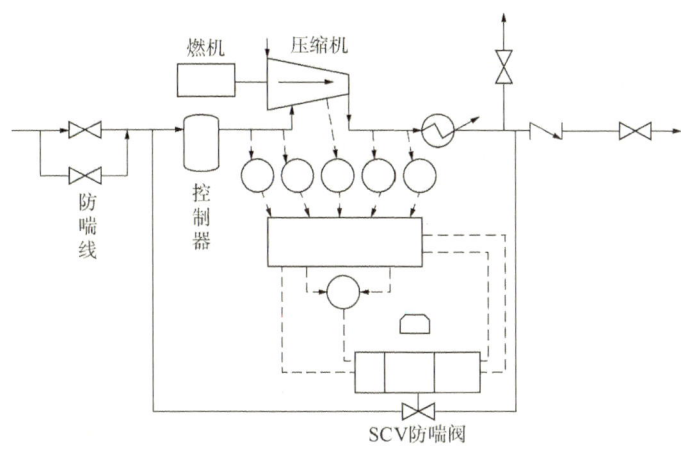

图 4.2.22　RR 压缩机防喘控制系统示意图

2) RR 防喘控制系统程序

RR 机组防喘控制程序在 PCS(UCP)系统中，主控程序在 task1 中，任务扫描周期为 50ms，由 ASCCURVE、ASCFILT、ASCMAIN 和 ASCPID 等四个程序组成，常数设置在 task3 中，任务扫描周期为 500ms，程序名称 ASC_CONST(图 4.2.23)。

图 4.2.23　RR 压缩机组防喘系统程序结构及扫描时间

3) RR 防喘控制系统监测参数及算法

RR 机组防喘控制系统检测参数只要有入口压力、出口压力和入口流程。各参数有 AI 模块采集后需进行滤波处理，滤波计算公式如下：

$$Y = X \cdot (F \div 100) + Y' \cdot \left(\frac{100-F}{100}\right) \quad (4.2.10)$$

式中　Y——经过滤波后的参数值；
　　　Y'——上一扫描周期(40ms 前)计算出的滤波后的参数值；
　　　F——滤波因子；
　　　X——仪表监测值。

由此可知，信号的滤波原理即为当前仪表的实时值和历史值得百分比和构成滤波后的值。

压力滤波及单位转换计算时先将进出口压力变送器测得的 kPa 单位转为 psi，再进行滤波计算。入口和出口压力的滤波程序如图 4.2.24 所示。

流量滤波及单位转换计算时先将压缩机入口流量压差进行滤波，滤波因子为 50%。接着将差压换算成 inH_2O/psi。换算后 V80SGF 为工作点的横坐标，即实时流量值。入口流量滤波及单位换算程序如图 4.2.24 所示。

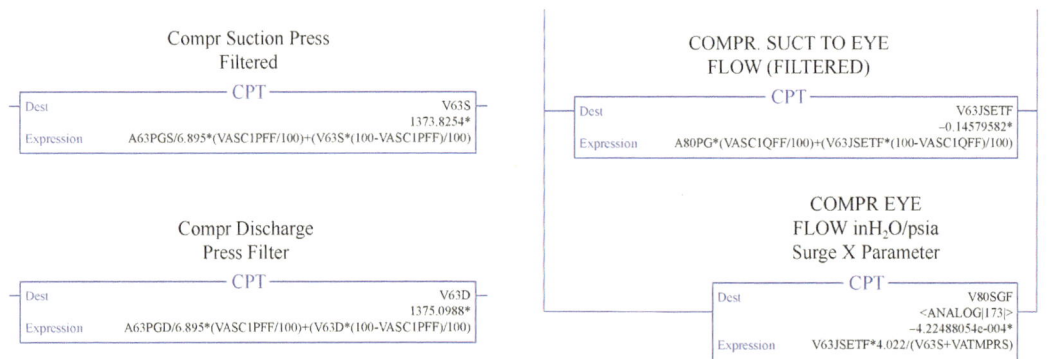

图 4.2.24　压缩机入口压力、出口压力和入口流量滤波程序

压比计算：压缩机出口绝压和入口绝压比值为压比。入口和出口压力单位为 psi，大气压力（VATMPRS）为常数 14.7psi。计算出的 V63CR 为压缩机工作点的横坐标。

4）压缩机防喘特性曲线的建立

RR 压缩机防喘振特性曲线由喘振线、失败设定线（紧急停车线）、报警设定线、安全设定线（防喘阀快开线）、比例积分控制器设定线（防喘控制线）、微分控制器设定线和阻塞线组成，横坐标轴为入口流量参数，纵坐标轴为压比参数，喘振特性曲线如图 4.2.25 所示。

喘振线：由压缩机制造商给定的数据经过现场喘振测试修正而得的一组折线坐标点的连线。程序及坐标值如图 4.2.26 所示。

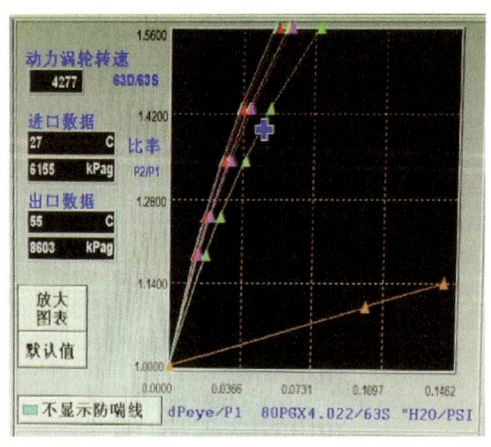

图 4.2.25　RR 压缩机防喘特性曲线

喘振线的纵坐标不变，如横坐标流量值分别扩大 2%、6%、8%、20% 和 40% 则分别得到紧急停车线、报警设定线、防喘阀快开线、防喘控制线和微分设定线。横坐标流量值扩

大百分比换算为差压扩大值百分比则为 4.039979%、12.359964%、16.639996%、43.99998%和95.99999%。根据喘振点计算出的紧急停车线、报警线设定线、防喘阀快开线、防喘控制线和微分设定线的坐标点见表4.2.15。

图 4.2.26　RR 压缩机喘振点程序及喘振线坐标表

表 4.2.15　RR 压缩机防喘控制各曲线坐标点

序号	纵坐标值	喘振线横坐标值	失败设定线横坐标值	报警设定线横坐标值	安全设定线横坐标值	比例积分控制器设定线横坐标值	微分控制器设定线横坐标值
1	1.0	0.0	0.0	0.0	0.0	0.0	0.0
2	1.25383	0.01108	0.011528	0.012449	0.012924	0.015955	0.021717
3	1.31815	0.01423	0.014805	0.015989	0.016598	0.020491	0.027891
4	1.43537	0.02134	0.022202	0.023978	0.024891	0.0307295	0.041826
5	1.50903	0.02644	0.027508	0.029708	0.03084	0.0380703	0.051822
6	1.63946	0.03800	0.039535	0.042697	0.044323	0.054719	0.074480

阻塞线：由三个点组成，即{1,0}、{1.1,0.05}、{1.2,0.1}三个点组成。

5) 计算实时压比对应的喘振线上流量值和阻塞线上流量值

在 ASCCURVE 程序中，按折线分段计算实时压比对应的喘振点流量值 VSRGCOUT1。按折线分段计算实时压比对应的阻塞点流量值 VSRGCOUT1。

折线上数据点的计算见式(4.2.11)：已知两点坐标 $(a_1、b_1)$、$(a_2、b_2)$ 和纵坐标为 Y 时，则可求出横坐标值 X。

$$X = \frac{(Y-b_1)(a_2-a_1)}{b_2-b_1} + a_1 \tag{4.2.11}$$

6) 防喘自动控制 PID 控制器

防喘自动控制 PID 程序主要实现以下功能：

(1) 当前压比下各曲线对应流量值计算：根据当前压比，计算出该压比下对应的喘振点流量，此流量值扩大设定的比例，则得到当前压比下流量的停车值、报警值、防喘阀快开值、PI 控制控制器设定值和微分控制器设定值等参数。

(2) PI 控制器的偏差(%)计算：防喘控制线上的流量设定值(VASC1_PIC)减实时流量值(V80SGF)。PID 偏差值的范围为 -100 ~ +100，在控制线右侧时偏差为负值，在控制线左侧时偏差值为正。

(3) D 微分控制器输出值的计算：

微分控制器输出值的计算公式为

$$V90DOUT1 = \frac{(V90PIER1 - V90ERRO1) \times D}{VSTI} \tag{4.2.12}$$

式中　V90DOUT1——微分控制器输出值；
　　　V90PIER1——PI 控制线流量到当前实时流量的偏差值百分比；
　　　V90ERRO1——V90PIER1 上一扫描周期值；
　　　D——微分参数，常数 0.5；
　　　VSTI——微分时间，常数 50ms。

微分控制器输出范围为 0~100。微分控制器输出值小于 5% 或工作点在微分控制线右侧时，则微分控制器输出值为 0，即微分控制器不起作用(图 4.2.27)。

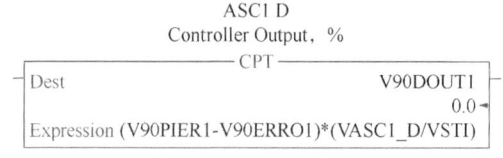

图 4.2.27　微分控制器计算程序

(4) P 比例控制器输出值的计算：

当流量偏差小于 0，即工作点在防喘线的右侧时，比例控制器输出值 V90POUT1 计算见式(4.2.13)，其中 P 为比例常数 7。且 P 控制器输出值范围为 -100 ~ -0.5(图 4.2.28)。

$$V90POUT1 = \frac{V90PIER1 \times 100}{2 \times P} \tag{4.2.13}$$

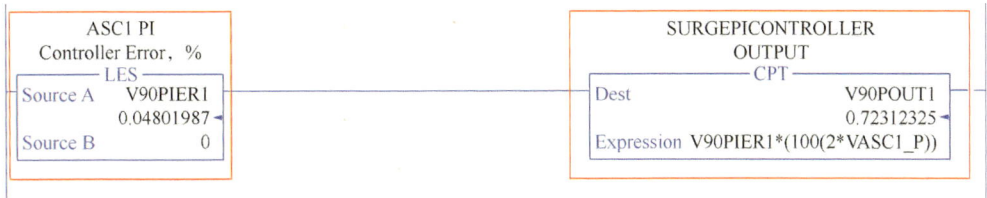

图 4.2.28　比例控制器计算程序 1

当流量偏差大于等于 0，即工作点在防喘线的左侧时，比例控制器输出值 V90POUT1 计算见式(4.2.14)，其中 P 为比例常数 7(图 4.2.29)。即在防喘控制线左侧时比例调节作用增强。且 P 控制器输出范围为 $0\sim100$。

$$V90POUT1 = \frac{V90PIER1 \times 100}{P} \quad (4.2.14)$$

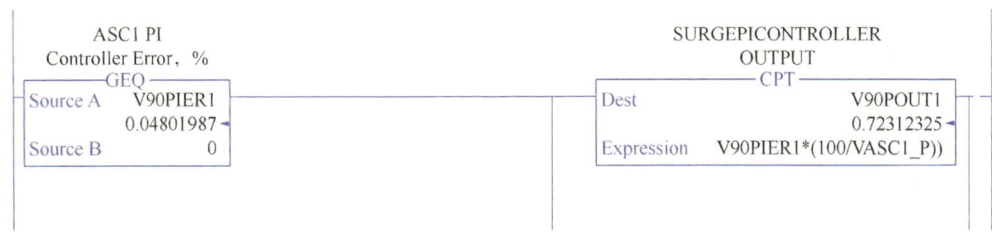

图 4.2.29　比例控制器计算程序 2

(5) I 积分控制器输出值的计算：

当积分控制器使能时(即不在手动控制模式下或实时流量小于等于防喘控制线流量，即工作点在防喘线的左侧时)，积分控制器输出值 V90IOUT1 计算见式(4.2.15)，其中 I 为积分常数 5，即在防喘控制线左侧时积分控制器才会作用，积分控制器输出值的范围为 $0\sim100$(图 4.2.30)。

$$V90IOUT1 = V90IOUT1 + V90PIER1 \times I \times VST1$$

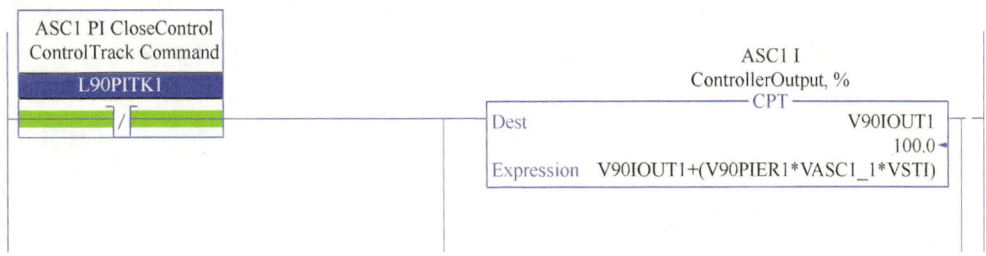

图 4.2.30　积分控制器计算程序

当积分控制器未使能时(即在手动控制模式下或实时流量大于防喘控制线流量，即工作点在防喘线的右侧时)，积分控制器输出值 V90IOUT1 等于防喘控制器输出阀位值的反馈值。

(6) 防喘自动控制 PID 控制器的输出计算。

PID 控制器的输出 = 比例控制器输出 + 积分控制器输出 + 微分控制器输出。PID 控制器的输出范围在 $0\sim100$ 内。PID 控制器的输出 = 比例控制器输出 + 积分控制器输出 + 微分控制器输出。计算流程如图 4.2.31 所示。

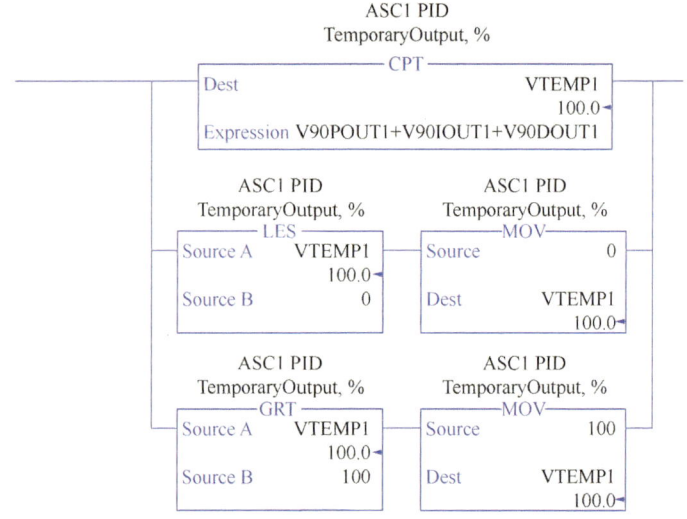

图 4.2.31　PID 控制器的输出计算程序

7）防喘控制主程序

防喘主程序主要实现以下功能：

（1）在无压缩机转速小于 3350r/min 强制打开防喘阀、机组不在吹扫进程中强制关防喘阀状态、机组已经加载，且如果当前压缩机进口流量小于失败设定点流量值时，则产生喘振紧急停车信号。

（2）在无压缩机转速小于 3350r/min 强制打开防喘阀、机组不在吹扫进程中强制关防喘阀、机组已经加载，且如果当前压缩机进口流量小于报警设定点流量值时，则产生喘振报警信号。

（3）在无压缩机转速小于 3350r/min 强制打开防喘阀、机组不在吹扫进程中强制关防喘阀、机组已经加载，且如果当前压缩机进口流量大于等于阻塞线设定点流量值时，则产生阻塞报警信号。

（4）如果机组已点火运行，且机组不在吹扫进程中强制关防喘阀，如果当前压缩机入口流量小于安全设定点流量，如果无强制打开防喘阀命令，则直接打开防喘阀。

（5）当防喘 PID 控制输出值小于等于实际防喘控制输出值时、流量偏差小于 0，机组实际流量大于防喘开控制流量，有防喘手动控制命令时，进入防喘手动模式。当机组停车，GG 停车时间达到 8min，且机组实际流量大于防喘开控制流量，有防喘手动控制命令时进入防喘手动控制模式。如果机组处于非手动模式下时，则触发自动模式。

（6）手动模式下，防喘阀控制命令输出执行 HMI 设定值，阀门动作死区为 0.5%。开阀和关阀的速率均为 1%/s。

（7）PID 自动计算值 VTEMP1 如果是开阀方向（PID 控制器算出的结果比上一次的值小），则计算值即为开阀控制输出值。PID 自动计算值 VTEMP1 如果是关阀方向（PID 控制器算出的结果比上一次的值大），则如果实际流量小于微分控制线流量，则以 0.3%/s 速率关阀。如果实际流量大于等于微分控制线流量，则以 0.3%/s×1.5 的速率关阀，即 0.45%/s。

（8）当切到自动防喘控制模式下时，如果手动控制输出阀位在 PID 自动计算阀位值的正负 1% 开度范围内，则认为是手自动输出结果等同模式，则将 PID 自动计算值直接赋值给阀位控制输出值。

（9）当切到自动模式的防喘控制模式下，如果控制输出阀位超出 PID 自动计算阀位值正负 1% 开度范围，就不是手自动输出结果等同模式，则：①如果是实际输出阀位控制值比自动计算出的阀位控制值小，即自动控制阀位值为开阀方向，将 PID 自动计算值直接赋值给阀位控制输出值。②如果是实际输出阀位控制值大于等于自动计算出的阀位控制值，即自动控制阀位值为关阀方向，则在当前阀位输出控制值的基础上以 0.3%/s 的速率关阀。

（10）当有防喘阀快开指令时将输出阀位命令为 100。有强制关阀指令时，则将阀位输出值为 0。

（11）当压缩机转速大于等于 3350r/min 时，防喘阀阀位控制值才会输出，防喘控制投入使用。

4.2.3 负荷分配

4.2.3.1 负荷控制原理

在机械驱动应用中，负载分配模块通过改变驱动燃气轮机的速度和防喘阀的位置（与防喘模块共用）来维持需要的工艺负载，例如防喘循环外的质量流量。

质量流量通过孔板流量计测量，控制算法工艺负载需要（设定点）和反馈（测量）通过机组的压降（与孔板的质量流量公式相关联）。当多级离心压缩机组在公用的进出口管线并行运行时，负载控制模块通过使每个机组的负载需求相同来达到机组间的负载相同，这个称为"负载分配"。在首站和红柳站，负载分配系统（需要提供公用负载需求）和负载控制功能集成在每个机组控制系统内，在其余站场负载分配控制通过专用的 MCS（主控制系统盘柜）实现。

MCS 的和 POC（压力超驰控制）的运行通过根据 UCS 的升速时间事先定义好的优先逻辑自动实现。

4.2.3.2 LM2500+机组负荷分配控制

西气东输二线和西气东输三线 GE 燃驱机组的负荷分配控制由 MCS 系统实现，MCS 负荷分配控制系统具备压缩机进口压力调节和出站压力调节模式，可实现北调远程、站控远程和机组本地进出站压力调节值设定。压缩机组负荷分配控制功能投用后，调控中心通过 SCADA 系统下发管网压力设定值给首站压缩机组 MCS 系统。负荷分配控制器分别计算出管网进站和出站压力与其设定点的偏差，通过比例—积分响应，解耦出流量负荷控制值。各台机组根据压缩机入口流量差压信号、防喘阀阀位控制信号，耦合出当前运行的流量负荷值，将流量负荷值与实际运行流量负荷做差法运算，输出升、降转速指令（图 4.2.32）。

1）基本原理

（1）软件描述及功能块图。

图 4.2.33 显示了负载控制模块的功能和界面的功能块。

（2）等价入口流量计算。

对防喘循环的上游质量流量的直接评价，需要在循环前有一个校正的孔板。负载控制模块通过一个间接计算替代了该孔板（定义等价孔板），在防喘入口孔板压降和防喘阀位置开始（图 4.2.34）。

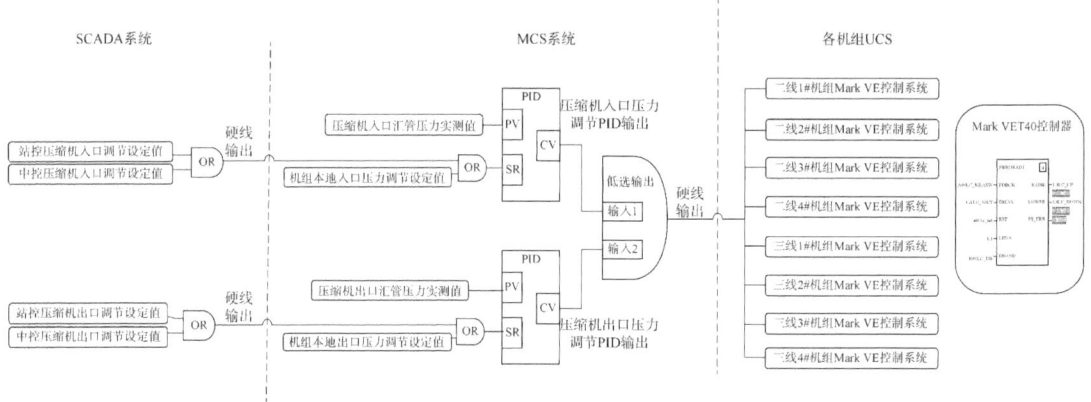

图 4.2.32 GE 燃驱机组的负荷分配

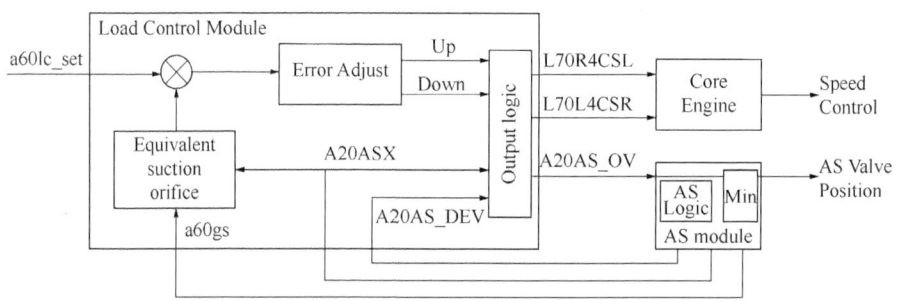

图 4.2.33 负载控制和防喘模块的连接

a60lc_set—负载命令；a60gs—入口孔板流量计压降；A20ASX—防喘阀命令；
A20AS_DEV—防喘控制偏差；A20AS_OV—防喘超驰控制命令；
L70R4CSL—涡轮速度降速命令；L70L4CSR—涡轮速度升速命令

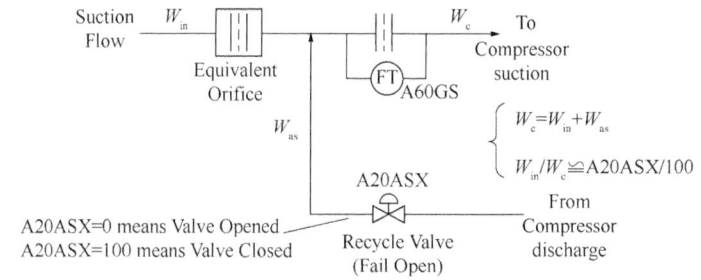

图 4.2.34 等价入口流量孔板的计算公式

其中，

$$\begin{cases} W_c = W_{as} + W_{in} \\ \dfrac{W_{in}}{W_c} \cong \dfrac{A20ASX}{100} \\ \Delta p \propto W^2 \end{cases} \quad (4.2.15)$$

式中 W_c——压缩机出口流量；

W_{as}——防喘管路回流流量；

W_{in}——压缩机入口汇管流流入流量。

等价的入口孔板压降（Δp_{EO}）为：

$$\Delta p_{EO} = \Delta p_{A60GS}\left(\frac{A20ASX}{100}\right)^2 \quad (4.2.16)$$

（3）误差调整。

设定点与等价入口孔板的压降进行比较，如果误差在死区 K50LCDB（为 0.9inH$_2$O），不需采用校正。否则，图 4.2.32 中的上、下信号会分别高于和低于死区。这个模块在启动顺序完成后（L3=1）使能。

（4）运行点接近 SCL。

当参数与喘振控制线（A20AS_DEV）的间距比 K20AS_CAL（一般为 0.03）近的时候，逻辑状态 L20AS_OPCAL 激活。当间距比 K20AS_CAH（一般为 0.06）大的时候重置复位（图 4.2.35）。

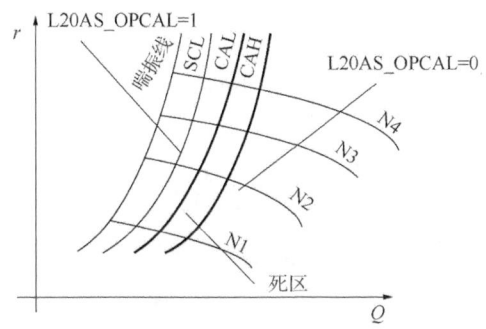

图 4.2.35　L20AS_OPCAL（运行点接近防喘线）

（5）负载控制。

如图 4.2.36 所示，负载控制在防喘阀位置时，燃气轮机驱动速度根据外部设定点按照下述逻辑动作：

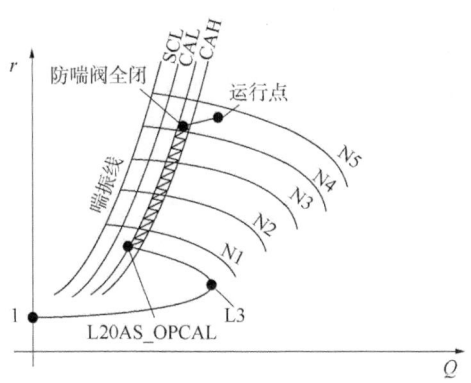

图 4.2.36　显示了一般情况下机组运行点从启动到加载

① 当误差调解发出 Up 信号时，当运行点接近喘振线（L20AS_OPCAL=1）或防喘阀全关时燃气轮机的速度设定点升高；

② 当误差调解发出 Up 信号时，当运行点远离控制线（L20AS_OPCAL=0）时防喘阀关闭；

③ 当误差调解发出 Down 信号时，当运行点远离喘振线（L20AS_OPCAL=0）时燃气轮机的速度设定点降低；

④ 当误差调解发出 Down 信号时，当运行点接近喘振线（L20AS_OPCAL=1）或燃气轮机速度设定点在最小（L33CDMN=1）时防喘阀开启。

负载控制—完整负载控制方案如图 4.2.37 所示，根据工程需要，注意虚线（不是标准控制设计的一部分）能包含一个，两个或所有三个如图 4.2.37 所示的循环在 UCP 中实现。

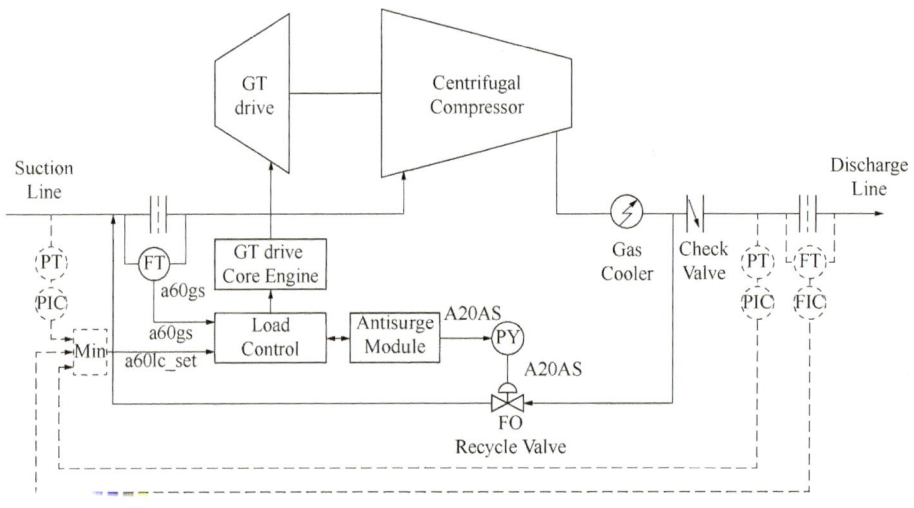

图 4.2.37　负载分配图

负载分配—完整的负载分配方案如图 4.2.38 所示，根据工程需要，注意虚线（不是标准控制设计的一部分）能包含一个，两个或所有三个如图 4.2.38 所示的循环必须在公用部件（DCS）中实现。

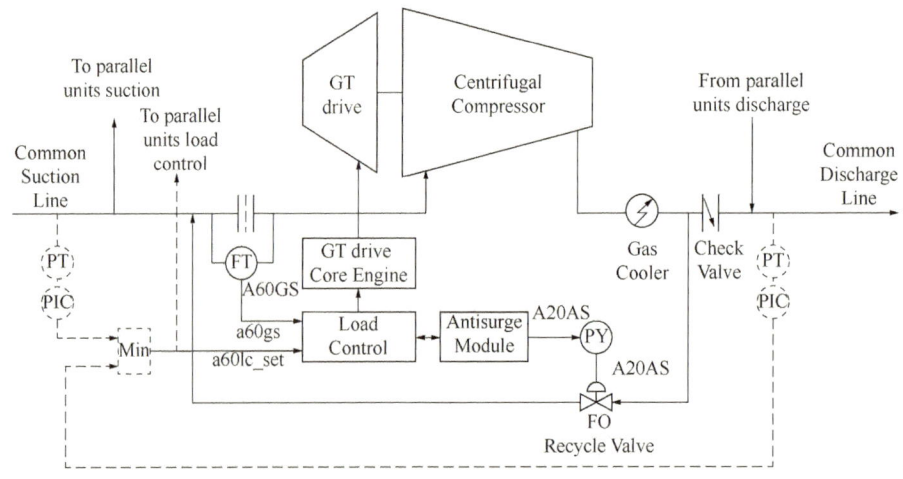

图 4.2.38　负载分配图

2) TOOLBOX 负荷分配逻辑

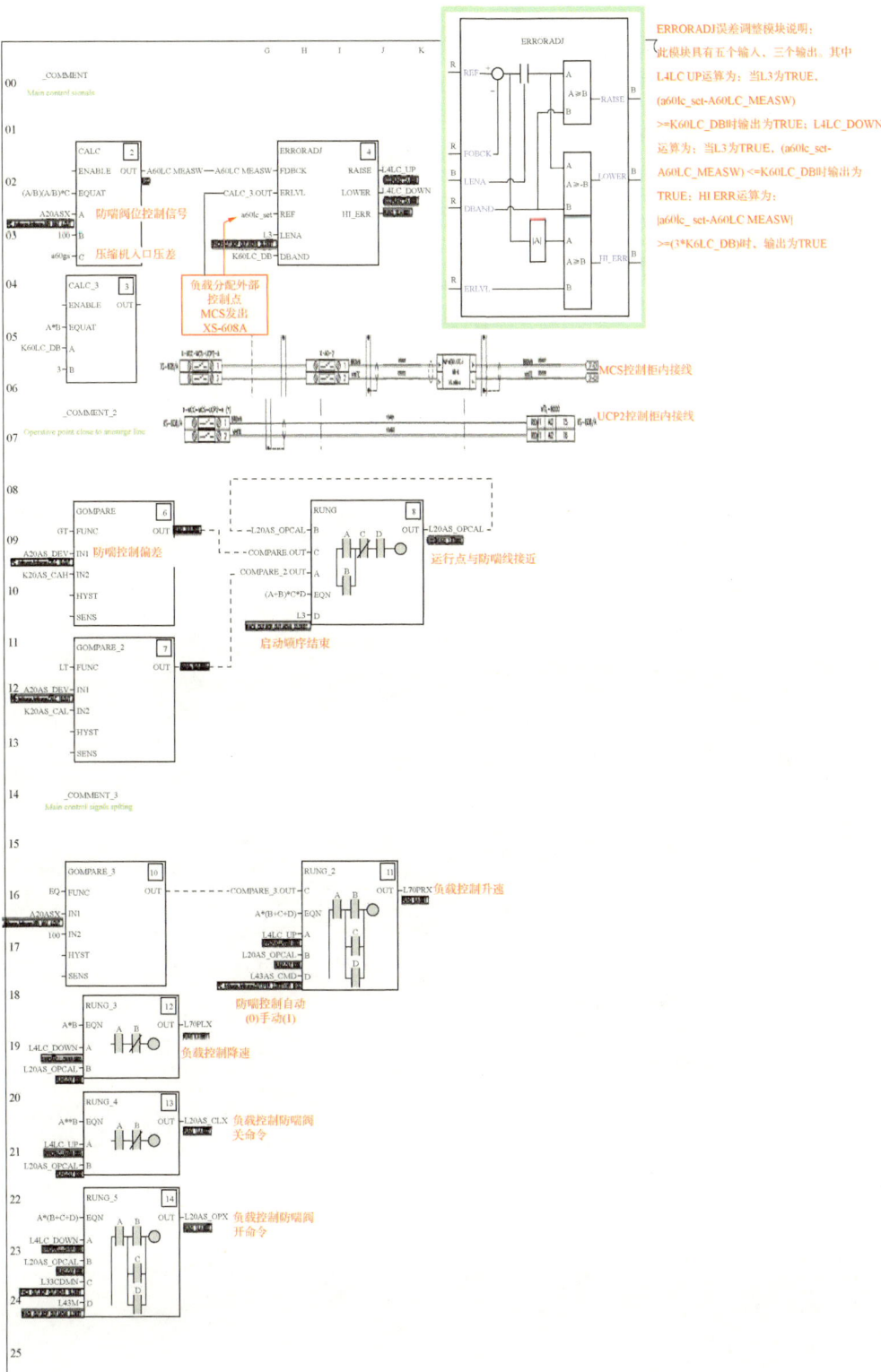

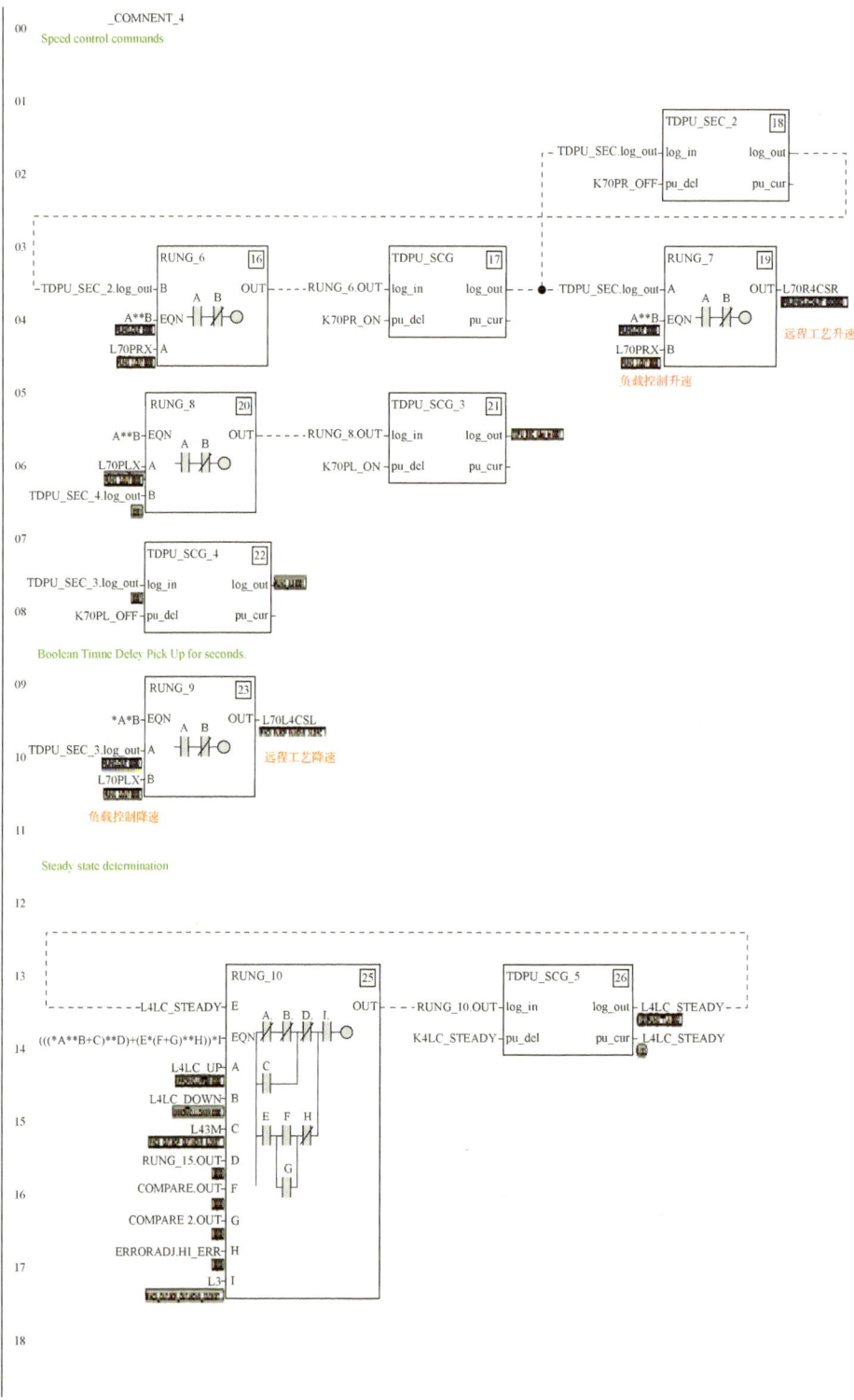

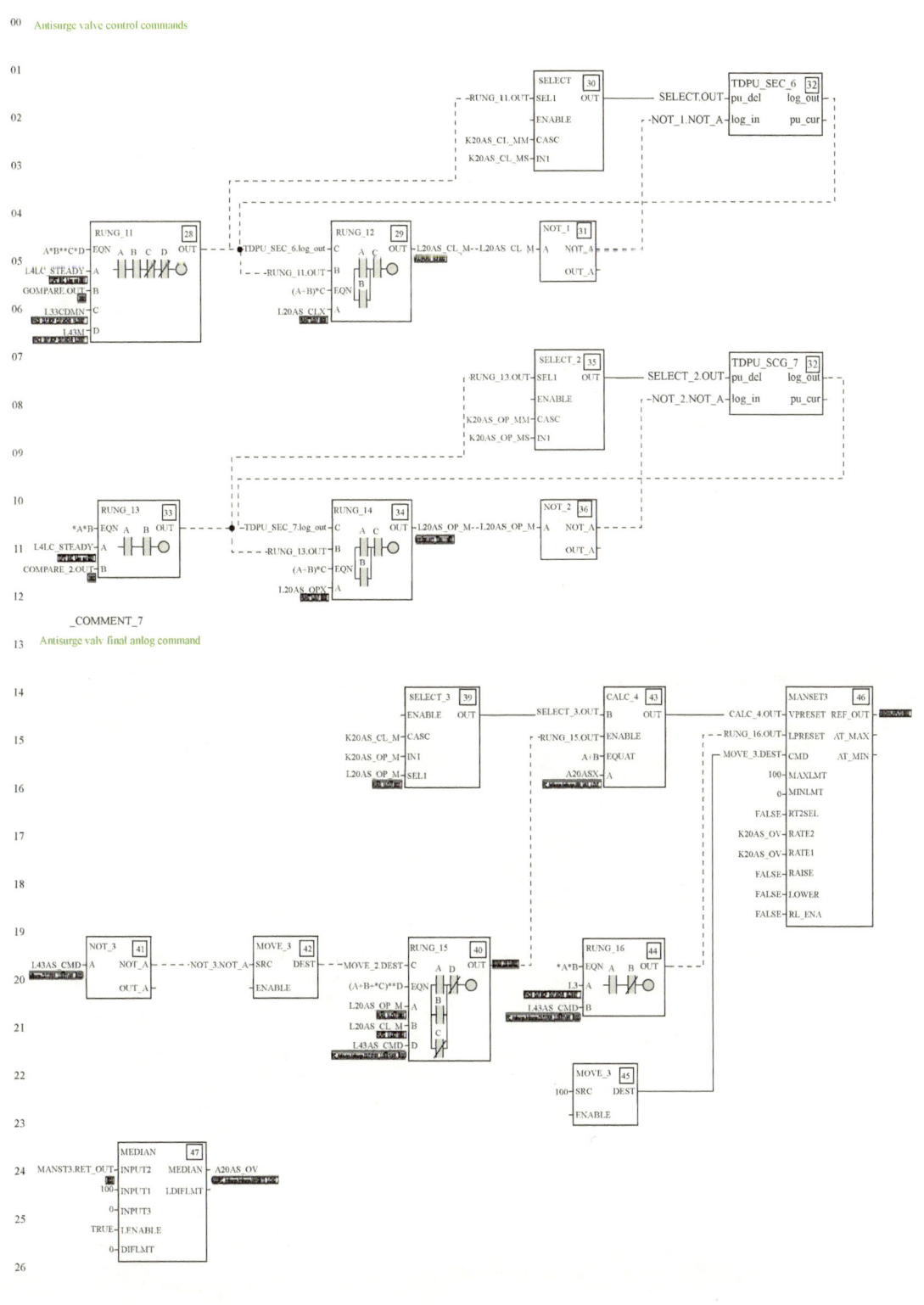

4.2.3.3　RB211机组负荷分配控制

西气东输一线RR燃驱机组负荷分配控制在各机组的UCP程序中实现，每台机组的UCP程序中的Station Setpt Control例程中实现负荷分配控制，每台机组之间相互传送一个防喘裕度偏差信号，进行等裕度控制计算。西气东输二线、西气东输三线和轮吐线RR燃驱机组负荷分配控制在单独的SCP系统中实现，SCP程序中的Station Setpt Control例程中实现负荷分配控制，SCP计算出各机组的控制转速值后分别通过AO信号输给参与负荷分配的各机组。

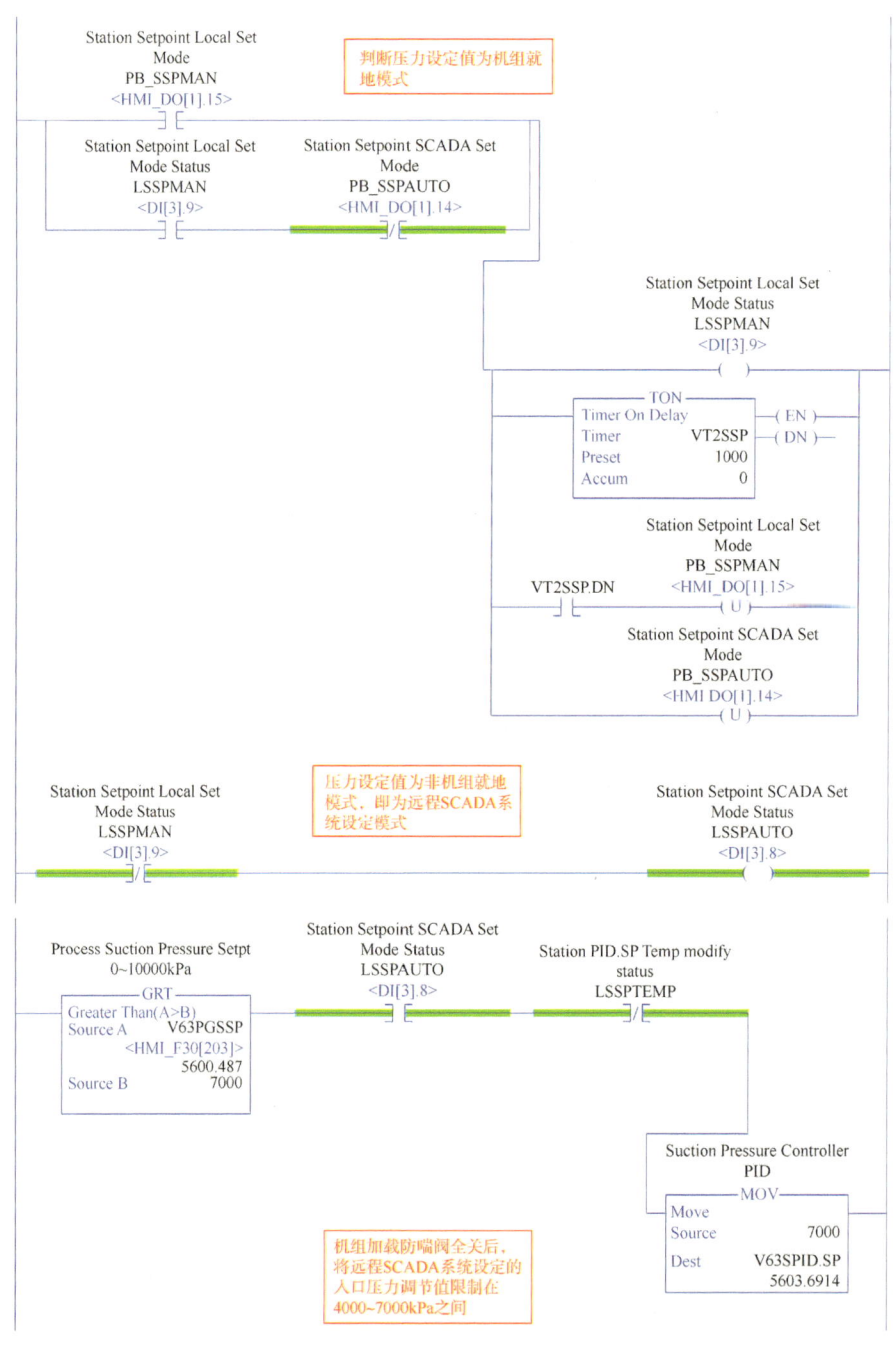

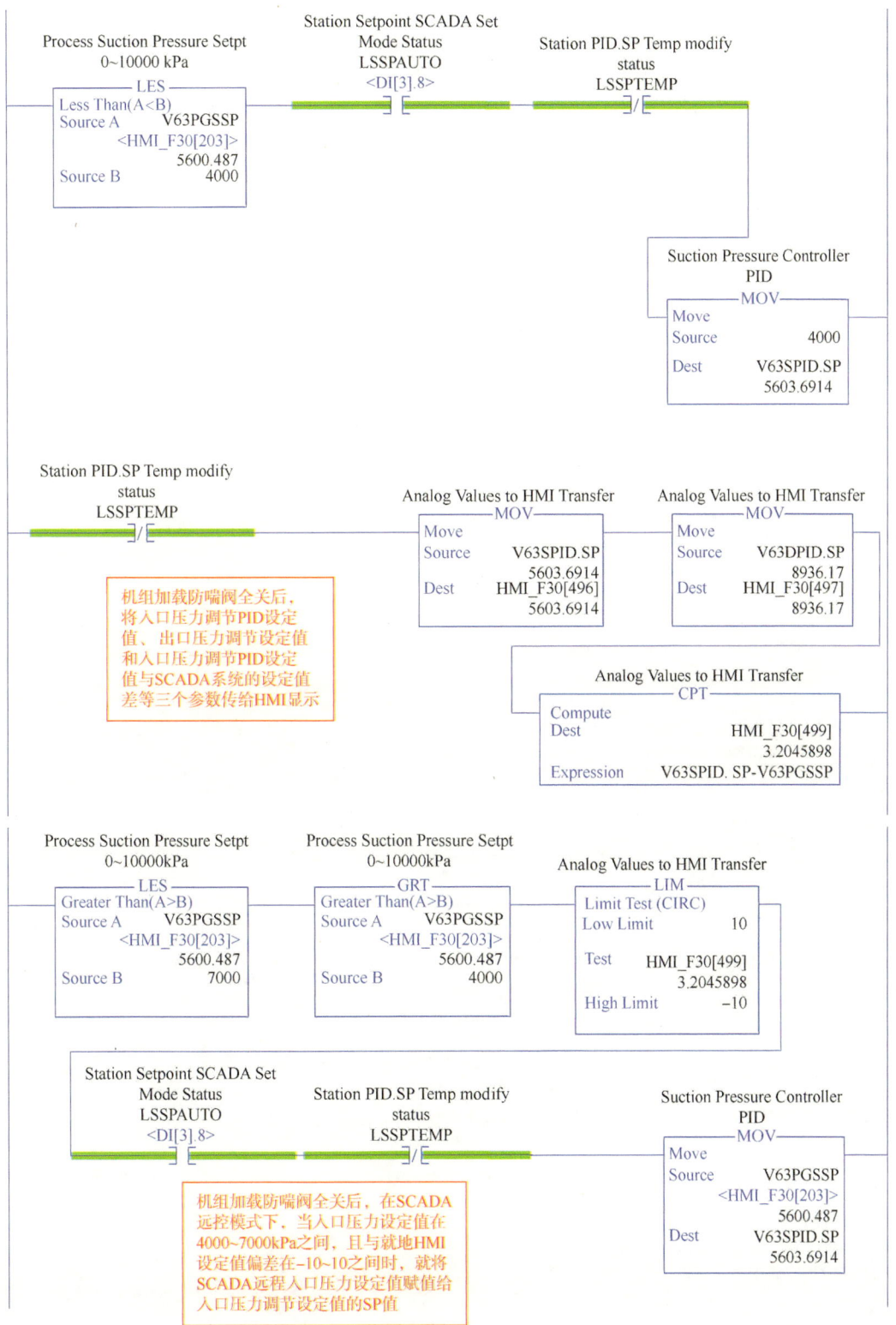

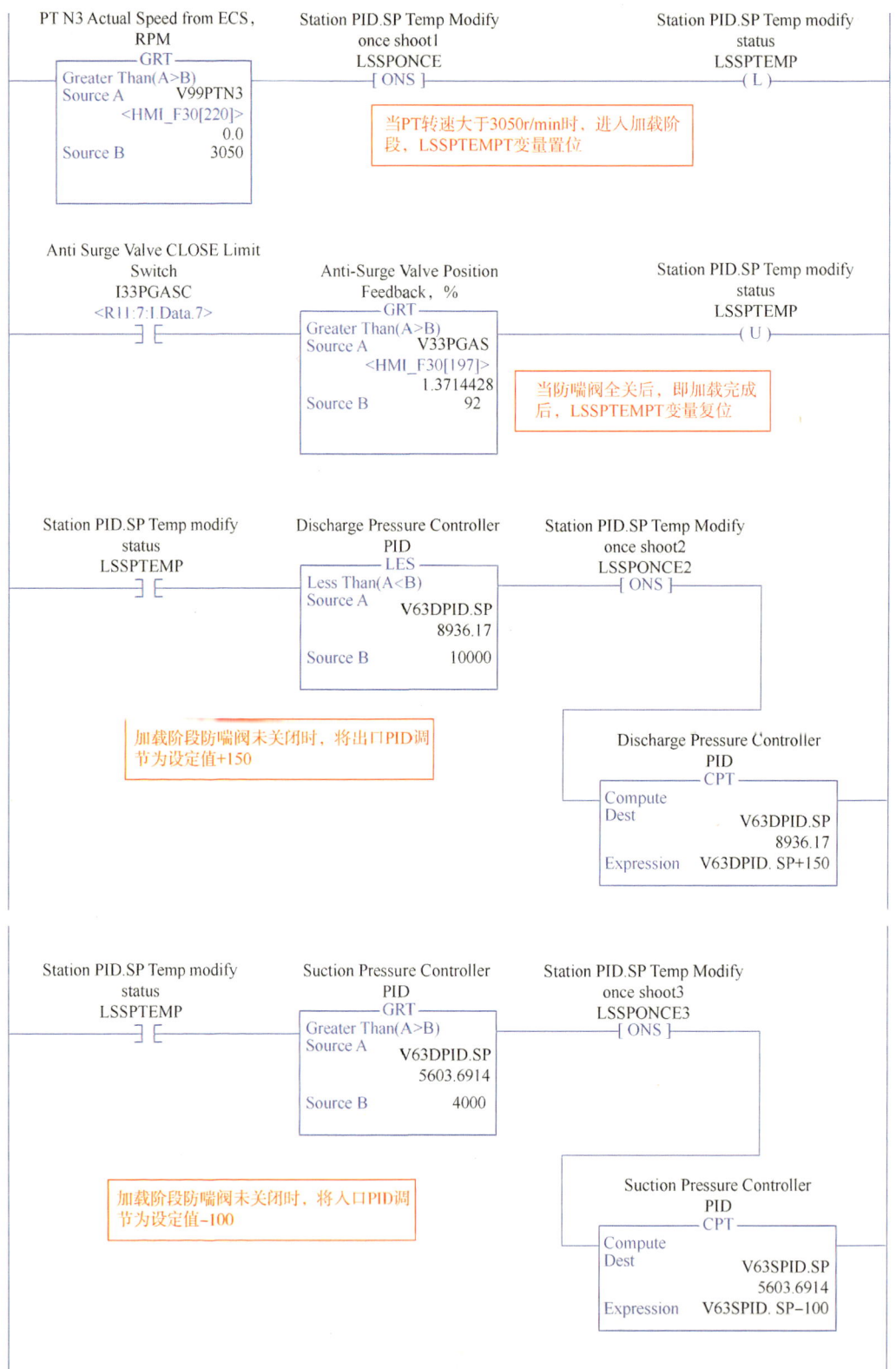

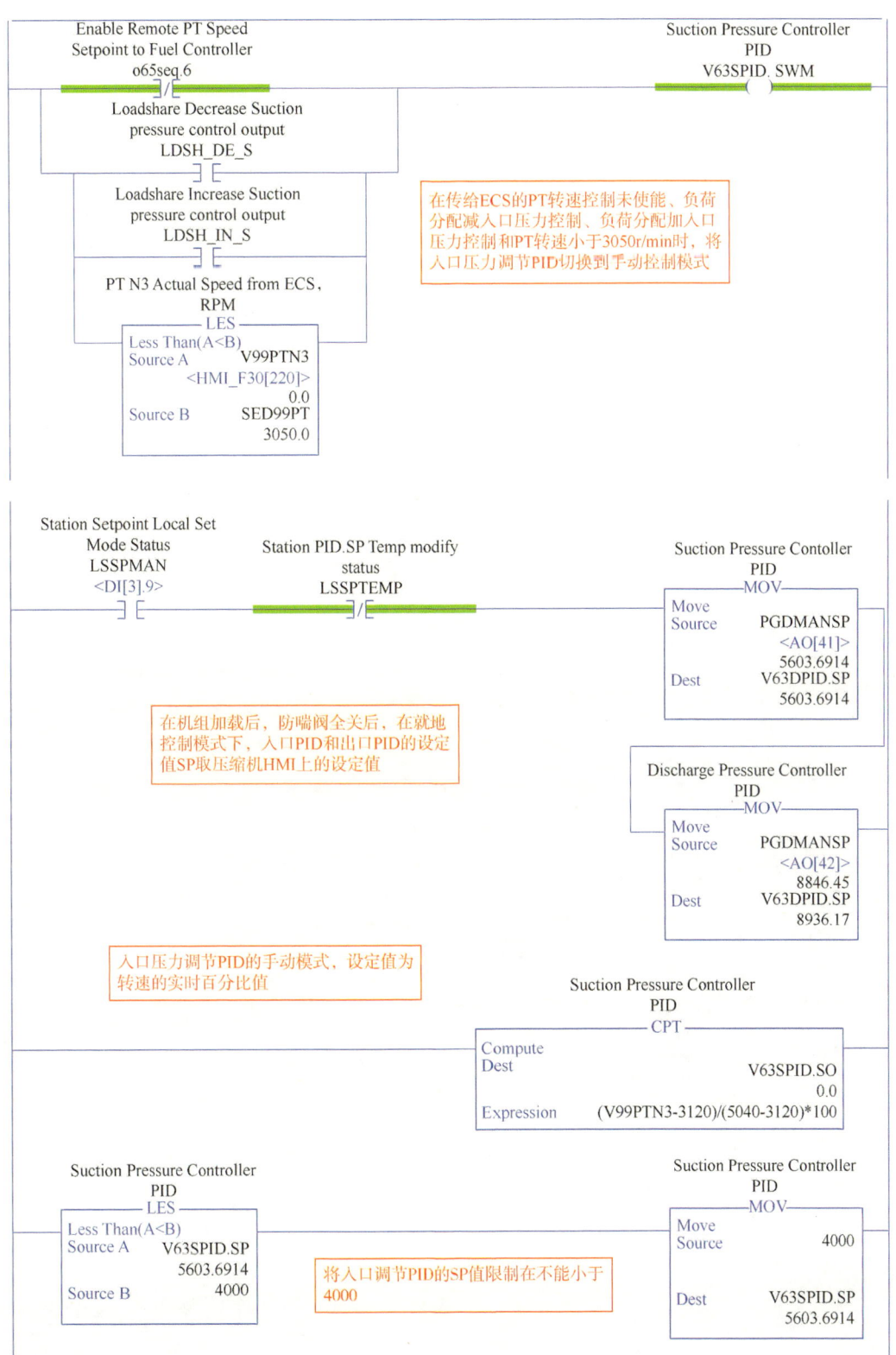

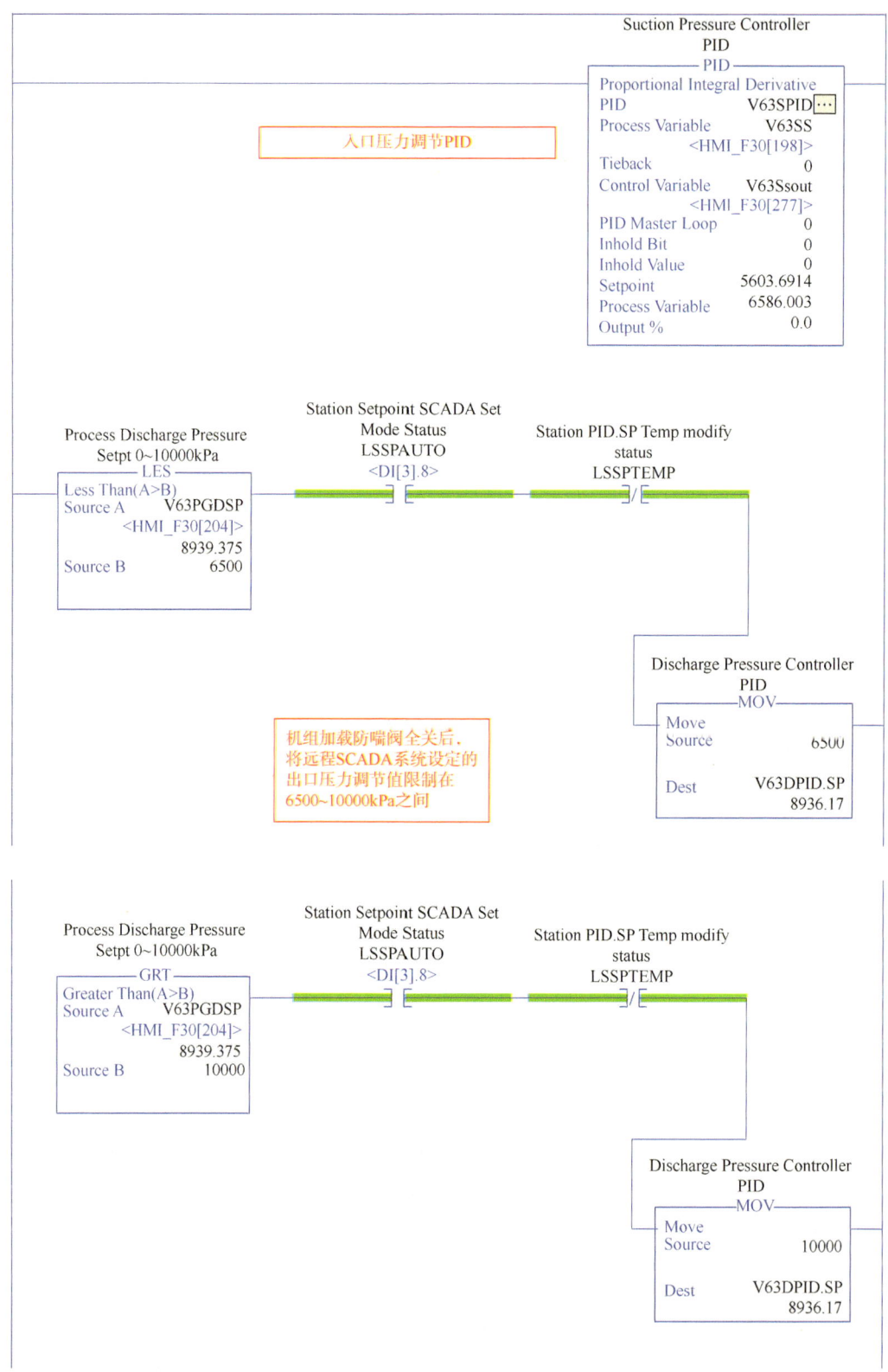

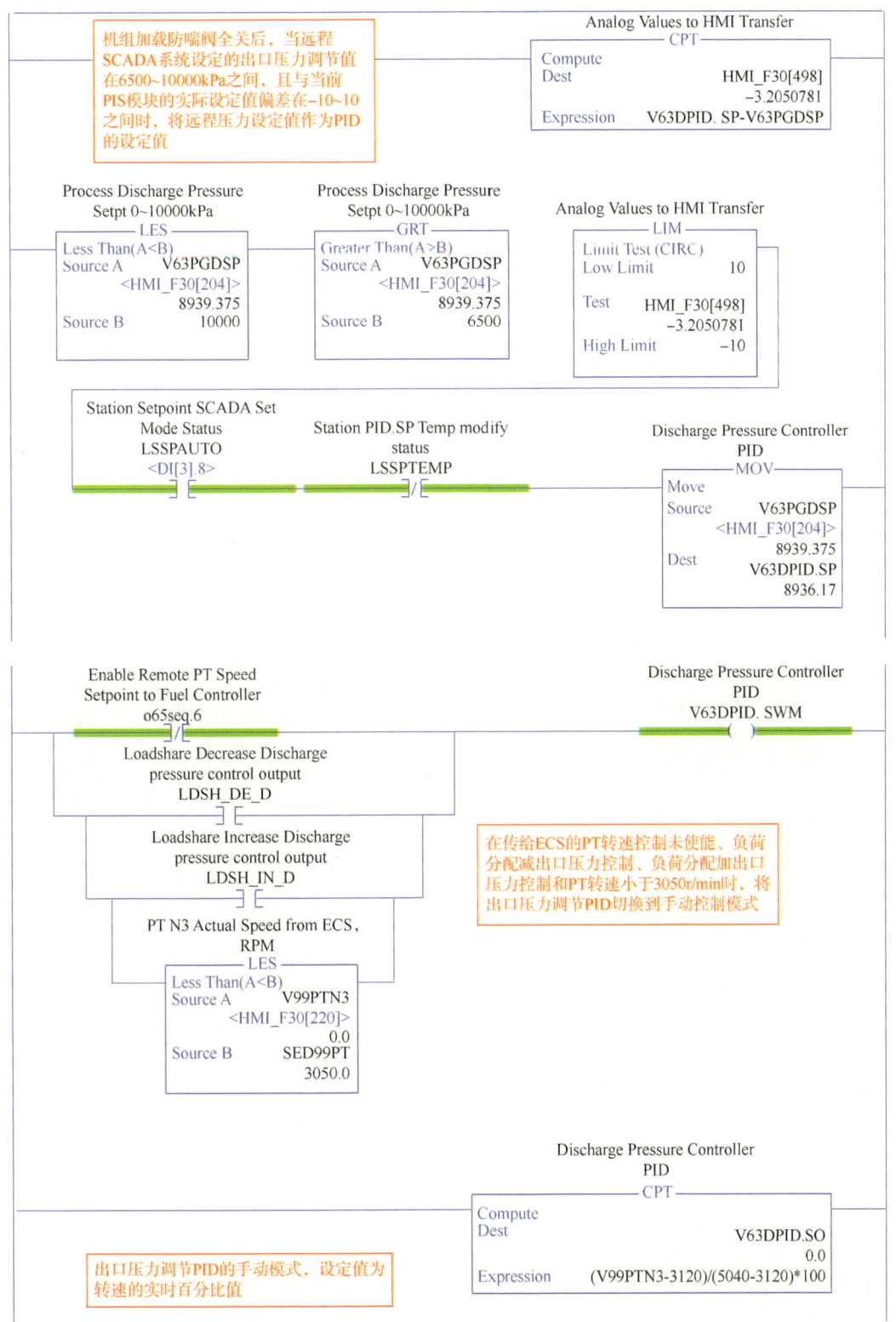

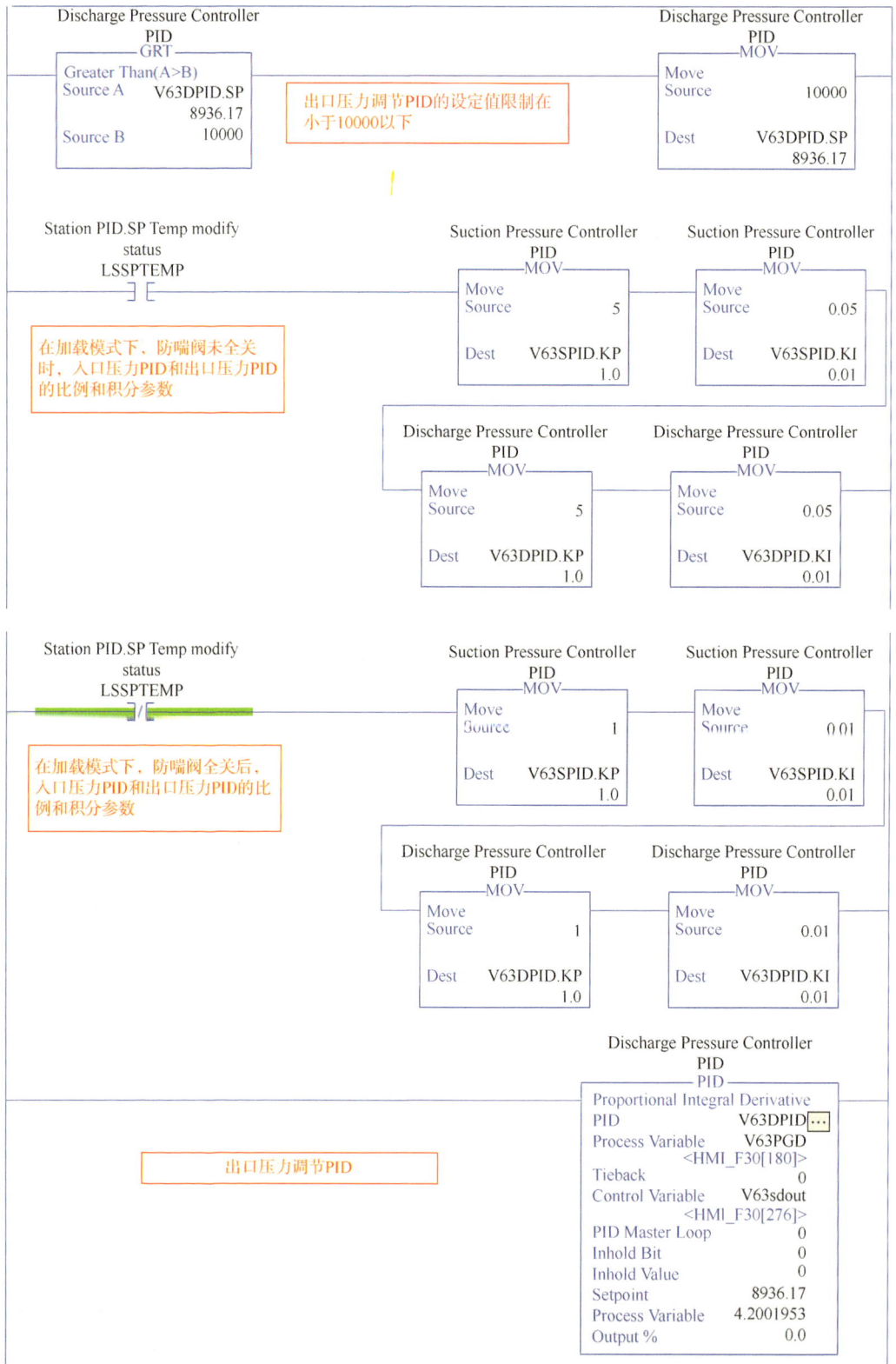

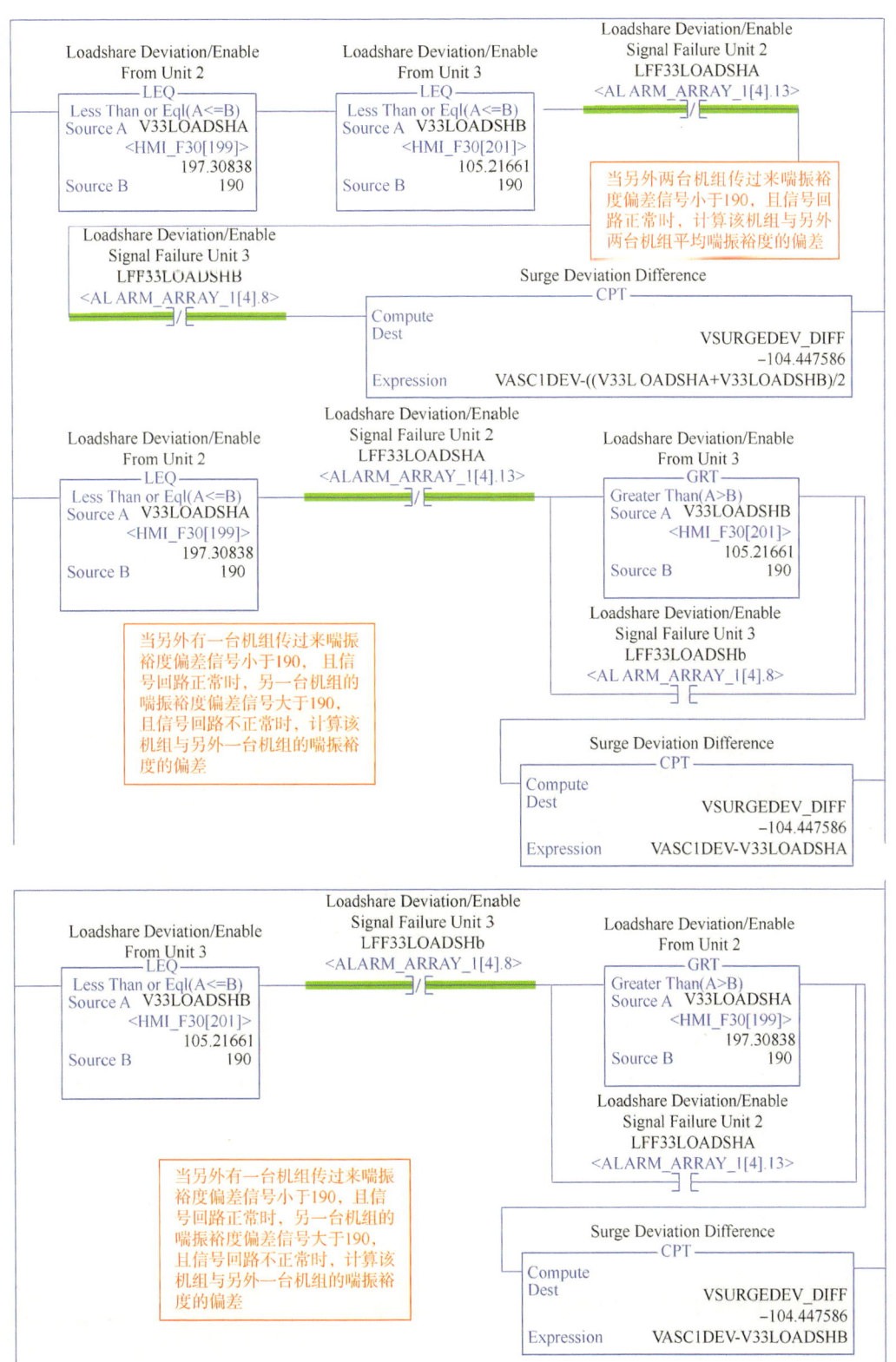

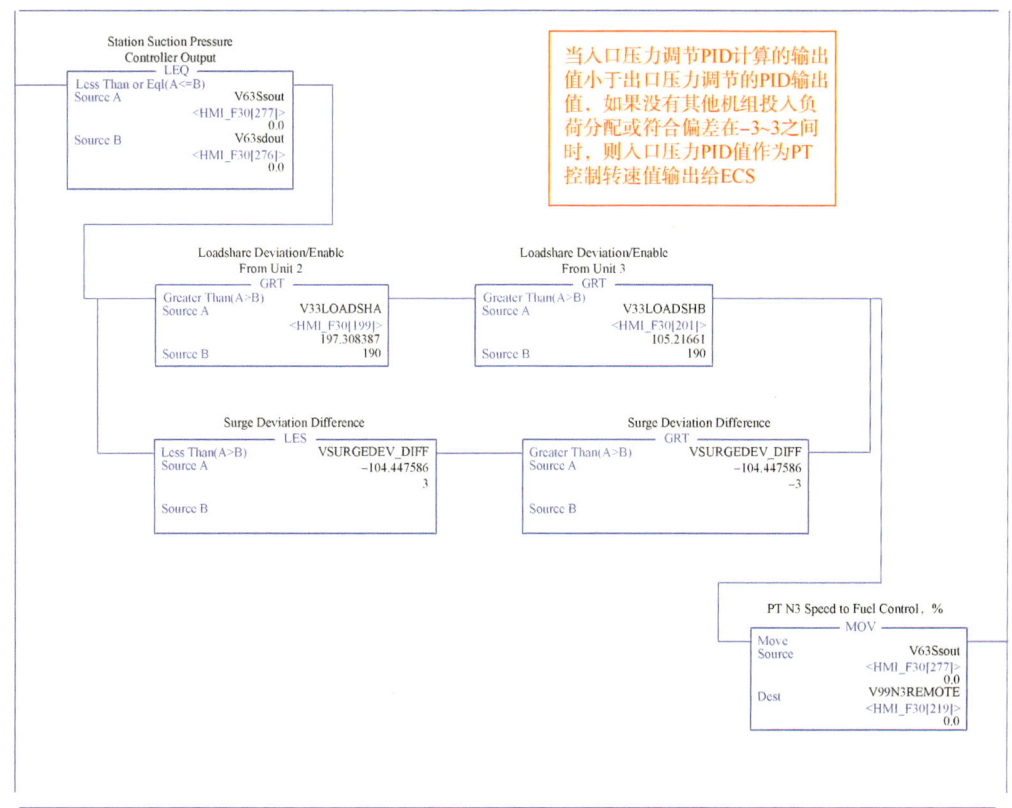

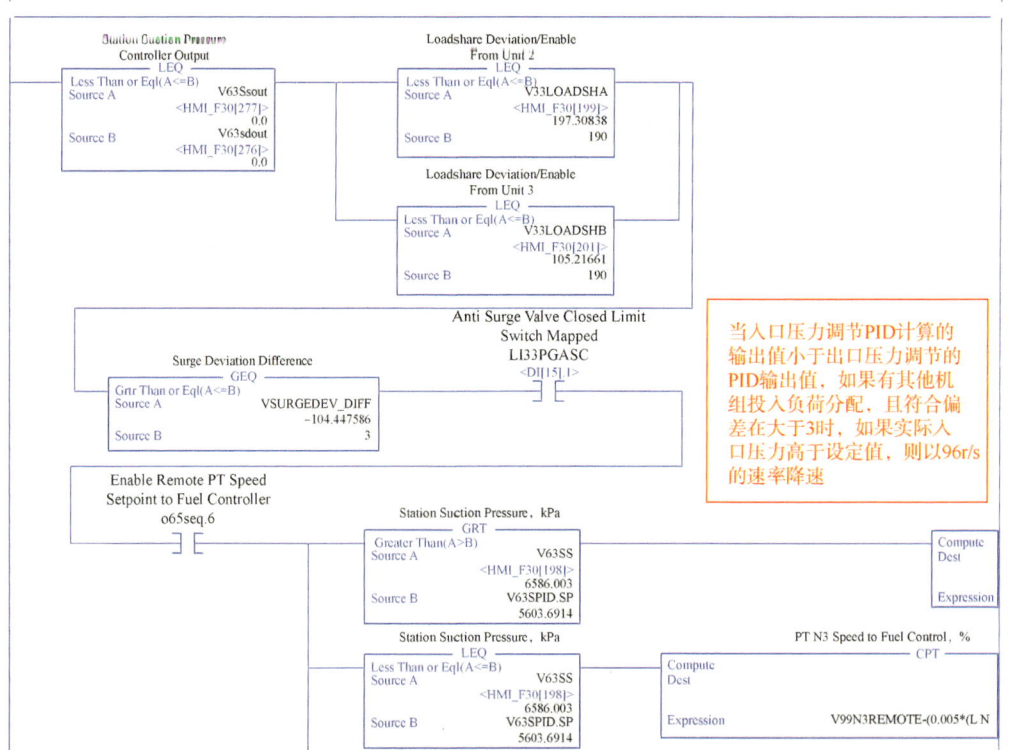

第 4 章 | 燃驱离心压缩机组控制系统控制操作

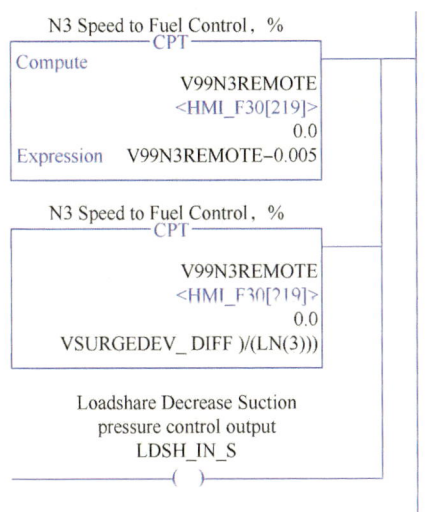

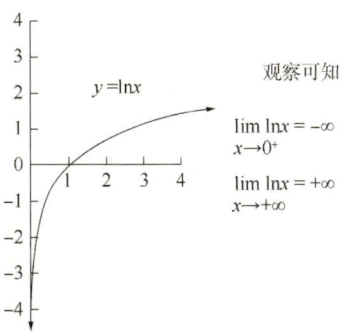

当入口压力调节PID计算的输出值小于出口压力调节的PID输出值，如果有其他机组投入负荷分配，且符合偏差在大于3时，如果实际入口压力小于设定值，则以0.005·ln(喘振偏差)/ln3速率降速

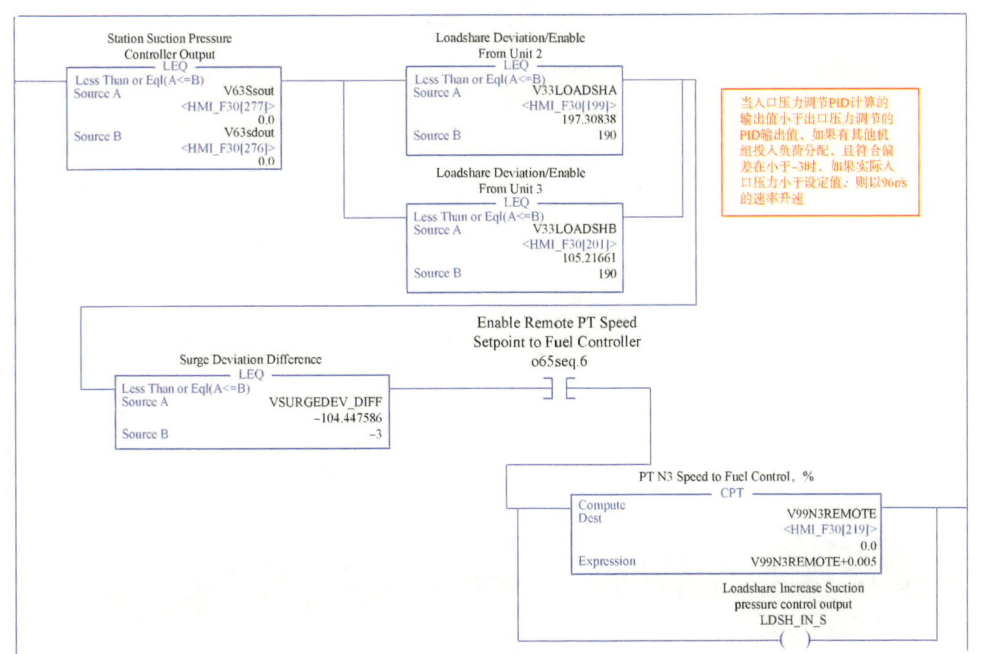

当入口压力调节PID计算的输出值小于出口压力调节的PID输出值，如果有其他机组投入负荷分配，且符合偏差在小于-3时，如果实际入口压力小于设定值，则以96a/s的速率升速

· 253 ·

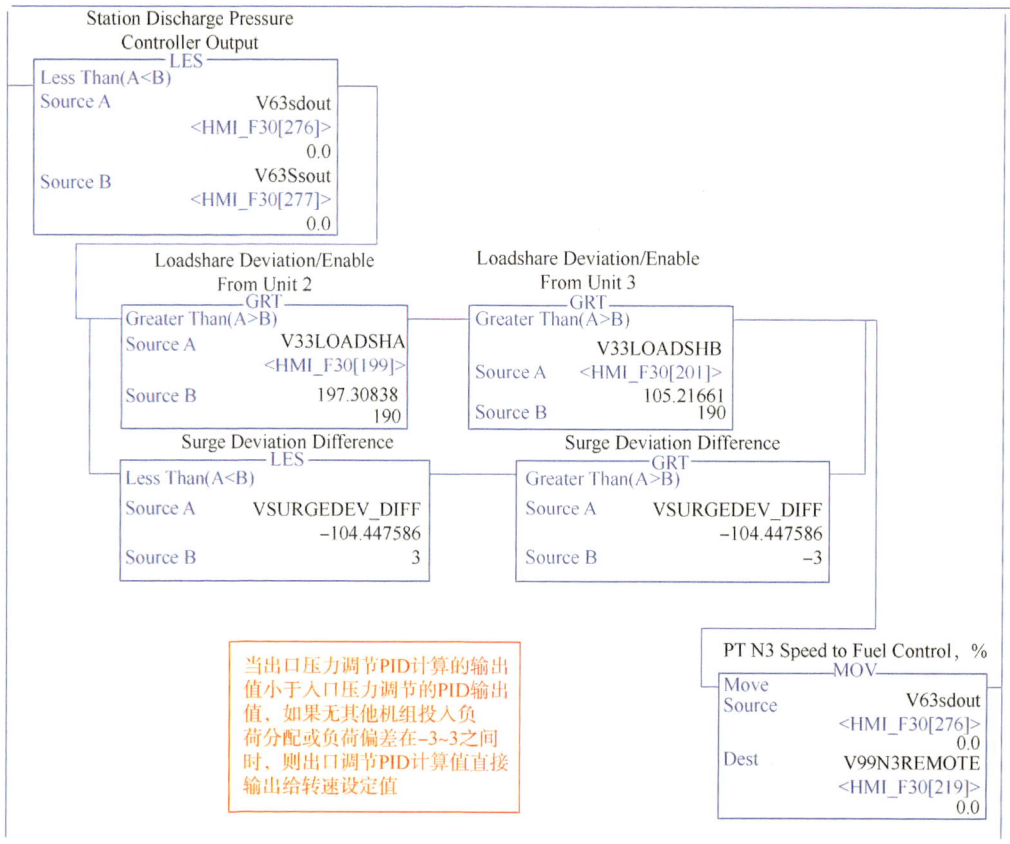

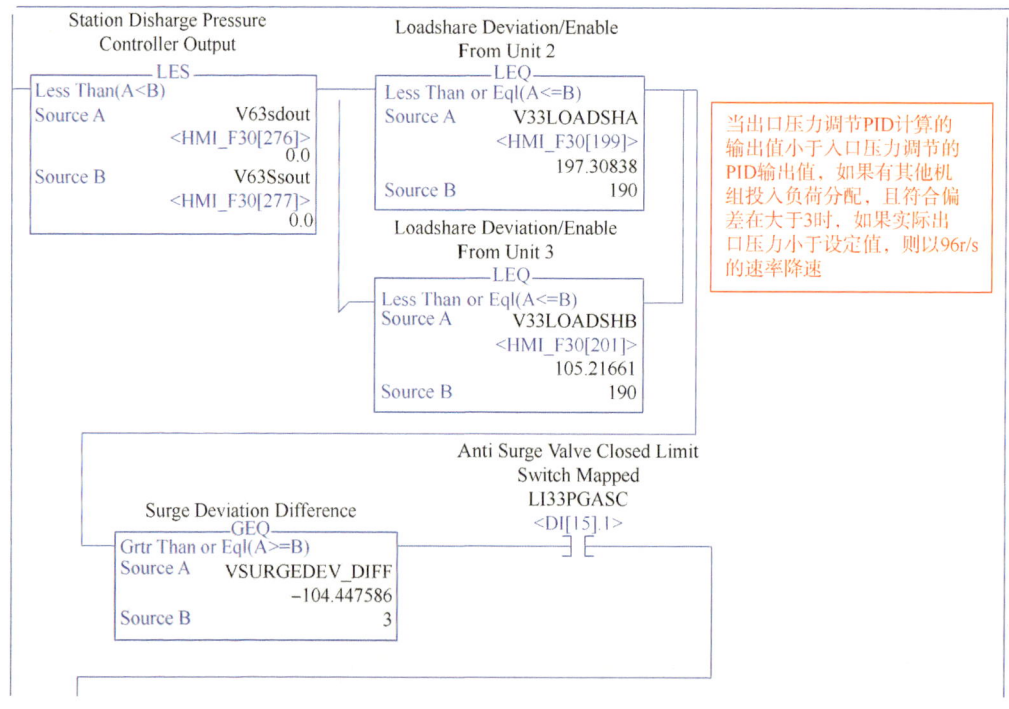

| 第 4 章 | 燃驱离心压缩机组控制系统控制操作 |

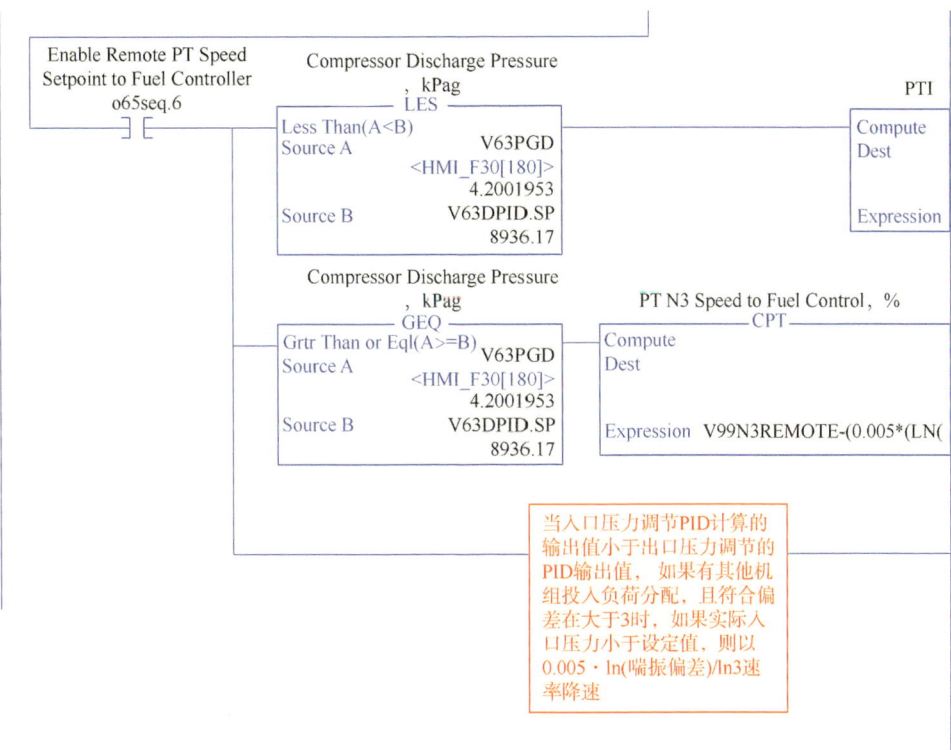

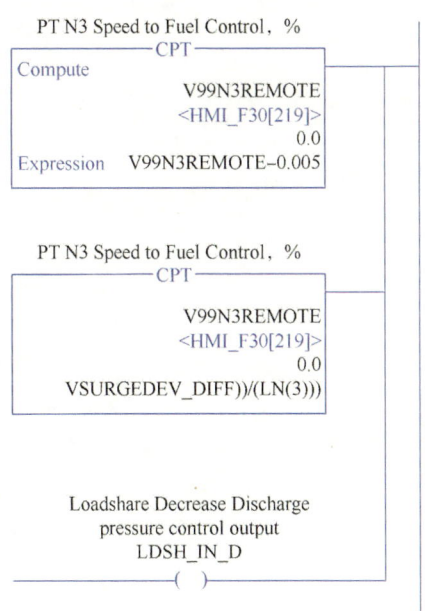

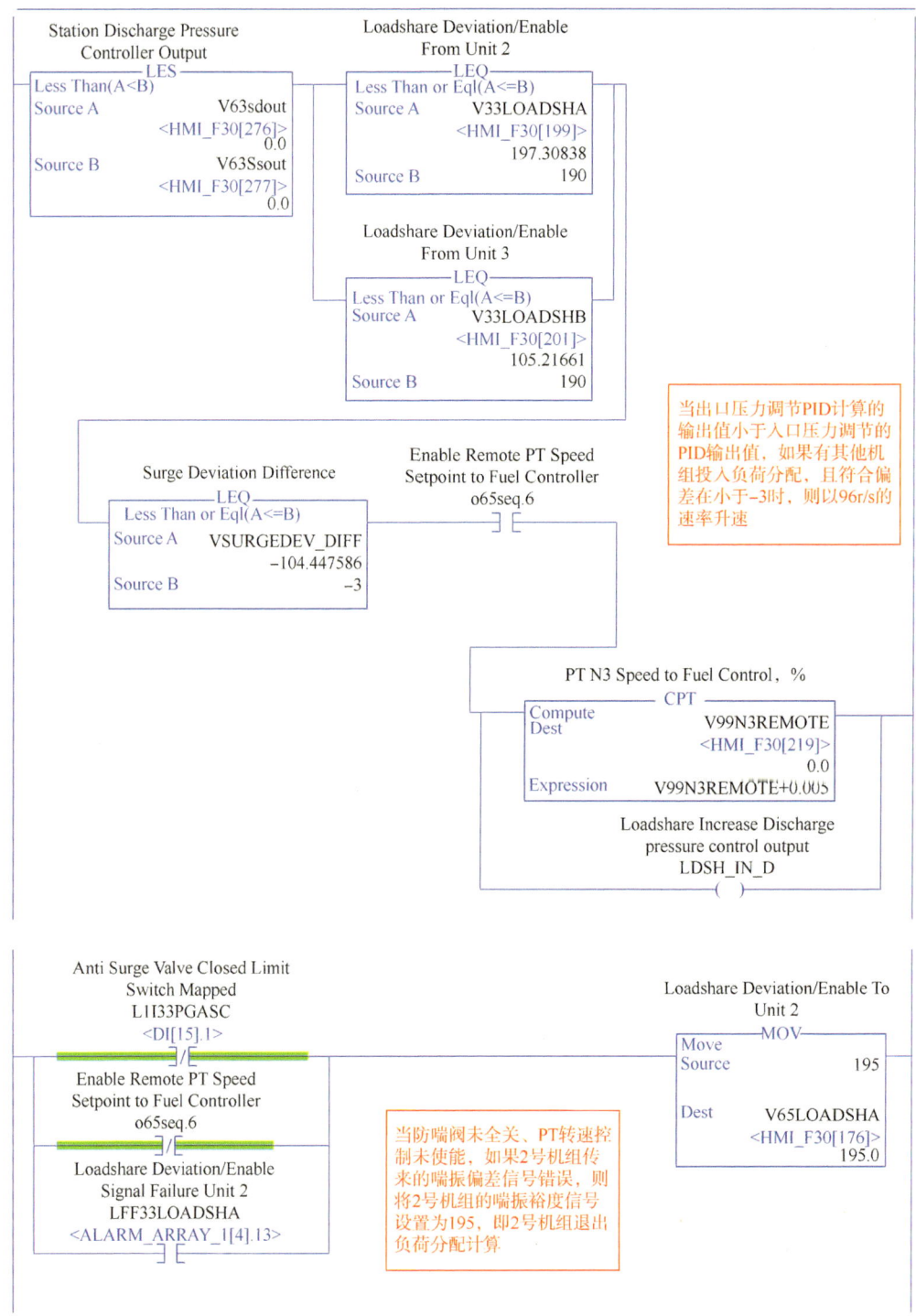

Anti Surge Valve Closed Limit
Switch Mapped
LI33PGASC
<DI[15].1>
Enable Remote PT Speed
Setpoint to Fuel Controller
o65seq.6
Loadshare Deviation/Enable
Signal Failure Unit 2
LFF33LOADSHA
<ALARM_ARRAY_1[4].13>
当防喘阀未全关、PT转速控制未使能，如果3号机组传来的喘振偏差信号错误，则将2号机组的喘振裕度信号设置为195，即3号机组退出负荷分配计算
Loadshare Deviation/Enable To
Unit 3
MOV
Move
Source
195
Dest
V65LOADSHB
<HMI_F30[176]>
195.0
Anti Surge Valve Closed Limit
Switch Mapped
LI33PGASC
<DI[15].1>
Enable Remote PT Speed
Setpoint to Fuel Controller
o65seq.6
Unit 1 ASC Deviation To Surge,
%
LEQ
Less Than or Eql(A<=B)
Source A
VASC1DEV
<HMI_F30[287]>
0.0
Source B
200
Unit 1 ASC Deviation To Surge,
%
GRT
Greater Than(A>B)
Source A
VACS1DEV
<HMI_F30[287]>
0.0
Source B
200

Loadshare Deviation/Enable To
Unit 2
MOV
Move
Source
VASC1DEV
<HMI_F30[287]>
0.0
Dest
V65LOADSHA
<HMI_F30[176]>
195.0
Loadshare Deviation/Enable To
Unit 3
MOV
Move
Source
VASC1DEV
<HMI_F30[287]>
0.0
Dest
V65LOADSHB
<HMI_F30[177]>
195.0
Loadshare Deviation/Enable To
Unit 2
MOV
Move
Source
200
Dest
V65LOADSHA
<HMI_F30[176]>
195.0
Loadshare Deviation/Enable To
Unit 3
MOV
Move
Source
200
Dest
V65LOADSHB
<HMI_F30[177]>
195.0
将该机组的喘振偏差信号传送给另外两台机组做计算

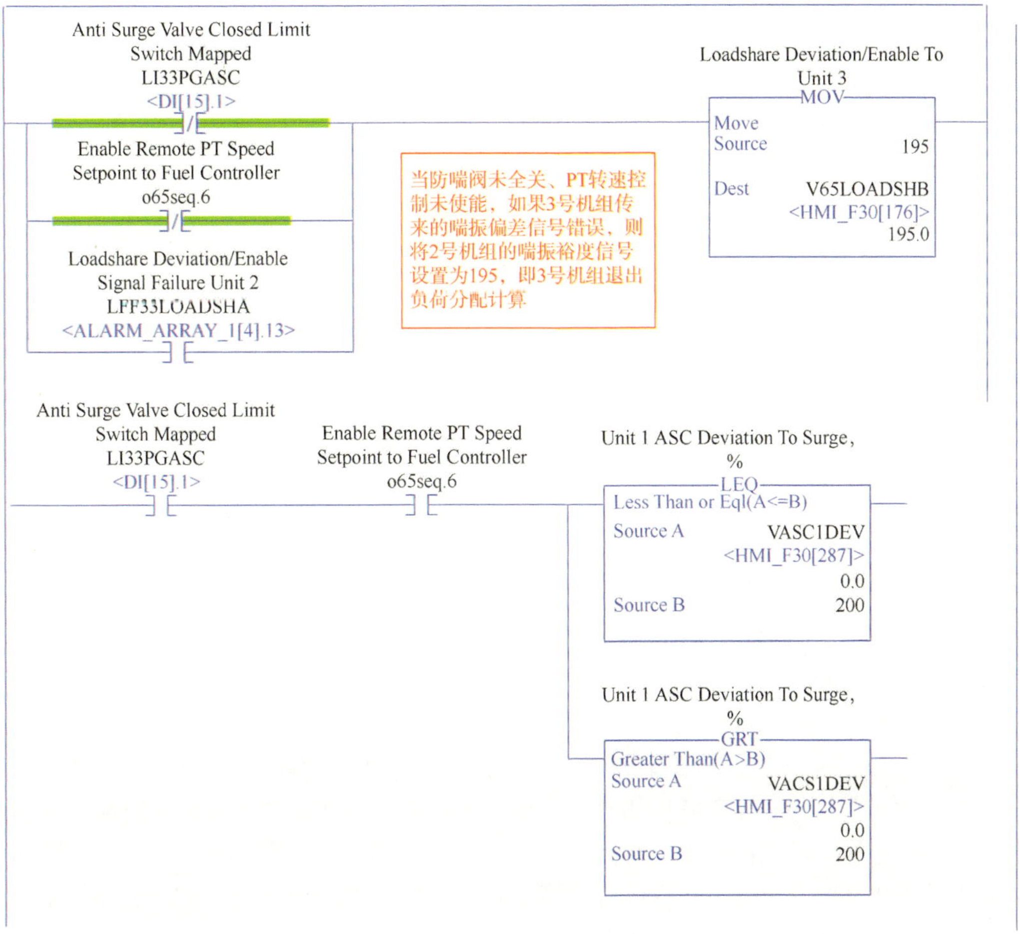

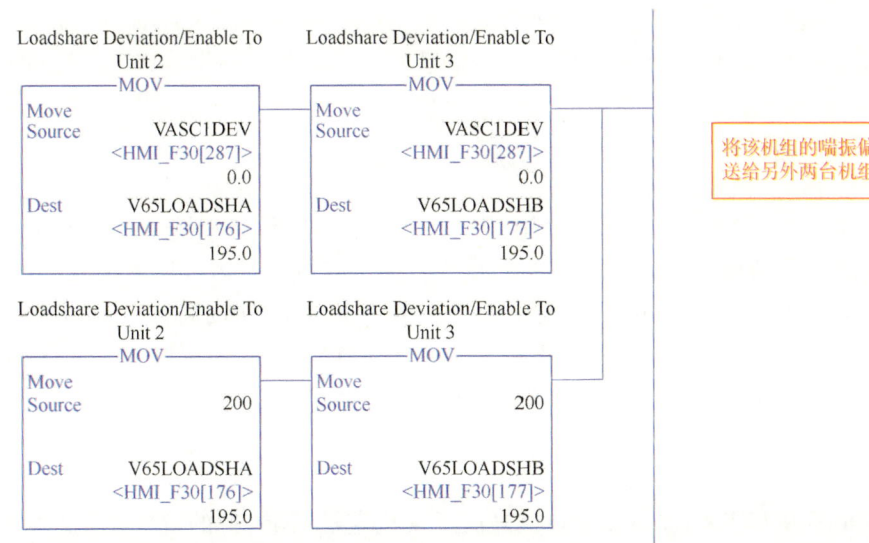

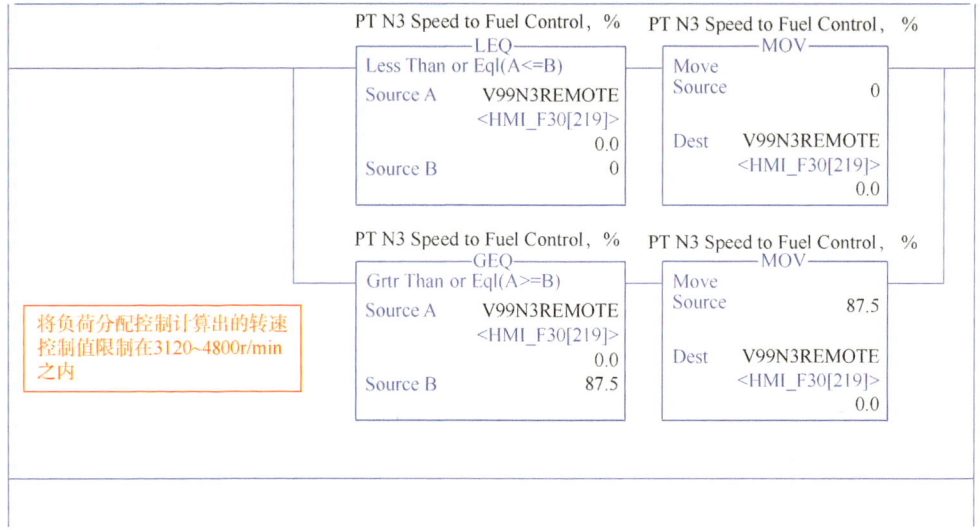

4.2.4 进口可转导叶控制

4.2.4.1 LM2500+机组 VSV 控制

1) VSV 防喘控制过程

VSV 压气机定子（HPCS）[3]具有入口导向叶片（IGV），16 级定子叶片和出口导向叶片（OGV）。可调定子导向叶片是由 IGV 和 0~6 级静叶片组成，它们的角坐标作为 T2 和 NGG 的函数而改变。这一可变性为叶片翼面提供出最佳迎角，以实现在压气机没有喘振（失速）情况下的高速运转。叶片位置由变几何（VG）控制装置调节。LM2500+SAC 的可变定子控制装置是电子液压系统，由安装在附件齿轮箱（AGB）上的液压泵/可变定子叶片（VSV）伺服阀带有线性可变差动传感器的可变定子叶片（VSV）传动装置构成。以便向发动机外部的电气控制部件（ECU）提供反馈位置信号，可变叶片由一对扭转轴驱动。扭转轴的每个前端部由液压的可变定子叶片（VSV）传动装置定位，连动装置直接地从扭转轴连接到可变叶片的启动环。

2) VSV 系统及结构

（1）VSV 液压泵/伺服阀。

VSV 液压泵/伺服阀安装于附件齿轮箱（图 4.2.39），由附件齿轮箱通过传动齿轮带动。VSV 液压泵和电液伺服阀具有转矩液压随动系统，用于以指定压力传送液压油。2 个带有完整线性可变差动变压器（LVDT）的可变定子叶片作动筒（VSV 作动筒），用于向控制部件（ECU）提供反馈位置信号。液压泵为固定—位移设计，它可以向伺服阀提供加压润滑油，用于向 VSV 作动筒传送润滑油。入口导流叶片（IGV）和可变定子叶片（VSV）的位置由控制系统向伺服阀的电力输入量确定。

（2）VSV 执行机构。

可变定子叶片执行机构（图 4.2.40）是高压压气机定子（HPCS）的主要部分，由入口导流叶片（IGV）、7 级可调定子导向叶片、2 个可变定子叶片作动筒（VSV 作动筒）、扭矩轴、传动环和用于每个可变定子叶片级的不可调节联动装置。

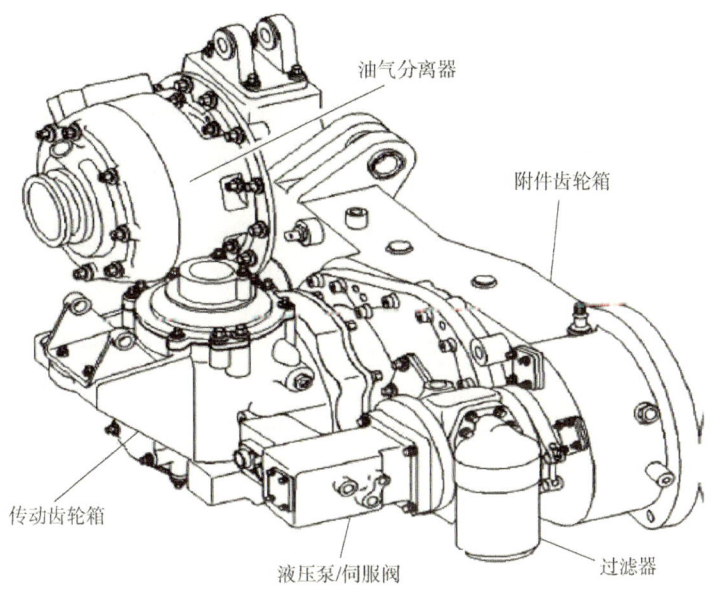

图4.2.39 液压泵/伺服阀

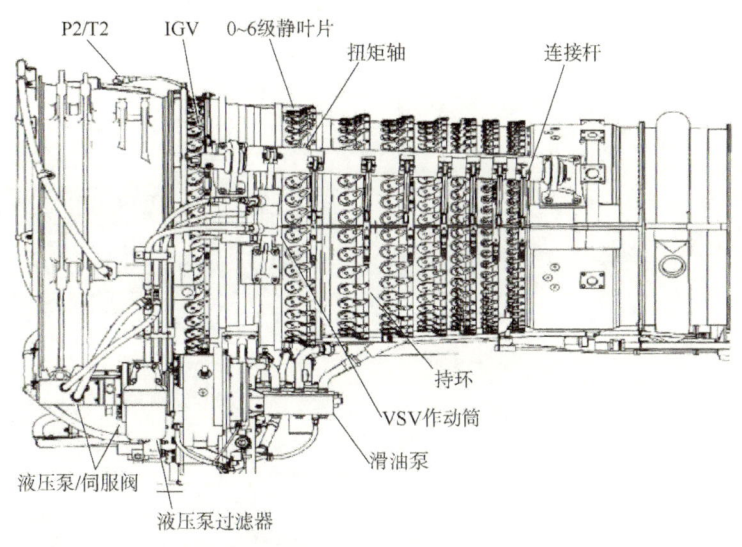

图4.2.40 VSV执行机构结构图

入口导流叶片装置位于高压压气机(HPC)的前部,并且与可变定子叶片机械地连接起来。它允许在部分能量的情况下进行流动调节,从而增加发动机功率。控制装置设计用于线性可变差动变压器的激发和信号调节,并且用于控制入口导流叶片和可变定子叶片的位置,借助对经过伺服阀的入口导流叶片启动器位置进行闭合循环调度。可变定子叶片的控制系统可以检测读出燃气发生器速度(NGG)和压气机入口温度(T2),并且确定可变定子叶片的位置。对应任意一个温度和速度,可变定子叶片都有一个位置,并且保持在那一位置直到燃气发生器速度或压气机入口温度改变。液压泵由主要润滑油泵提供润滑油。所有回流都会绕回到燃气轮机润滑油泵的高压(HP)端。可变定子叶片作动筒收到来自可变定子叶片伺服阀的高压油,用于移动可变定子叶片。2个作动筒的移动通过转矩轴和启动环传送给单独叶片。

带有完整的线性可变差动变压器的可变定子叶片作动筒将实际叶片位置信号传送到发动机外部的控制装置。在液压损失的情况下，可变定子叶片伺服阀将会关闭可变定子叶片。

(3) VSV 控制与反馈接线情况。

VSV 系统涉及 4 个信号线缆，分别装在 VSV 作动筒上的位置反馈 ZT-143A/B 和装在 VSV 伺服阀上的 XV-141A/B。通过航空插头及线缆连接到箱体后面的 UCP 柜内。具体连接情况如图 4.2.41 至图 4.2.44 所示。

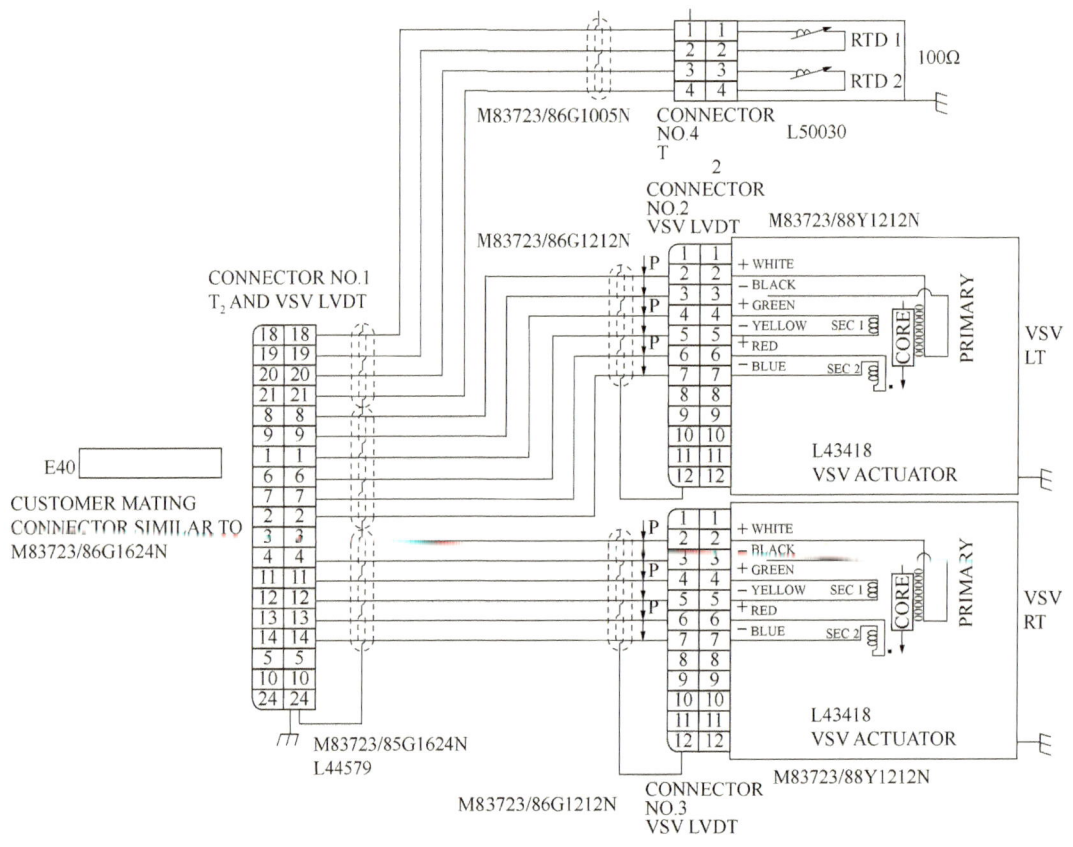

图 4.2.41 T2 与 LVDT 信号连接图

图 4.2.42 UCP1 柜内 VSV 位置反馈接线图

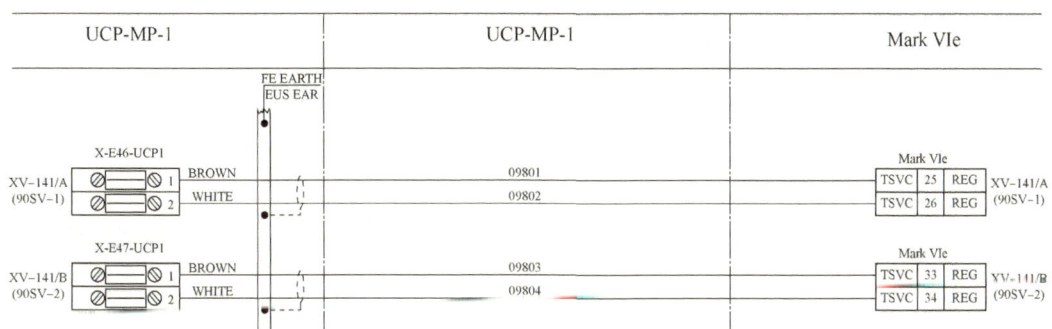

图 4.2.43　UCP1 柜内伺服阀控制接线图

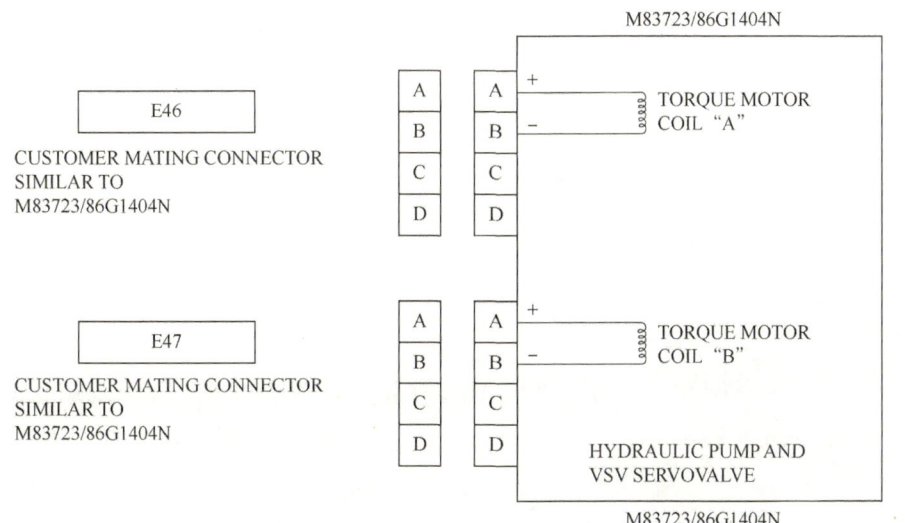

图 4.2.44　液压泵/伺服阀电气连接图

3）VSV 相关故障逻辑程序

（1）信号丢失。

一个信号 VSVA 或 VSVB 丢失，值小于-2.0%或大于 102%会触发系统报警，产生 VS-VAFAIL 或 VSVBFAIL 报警并在 HMI 显示，输出值为平均值（图 4.2.45）。

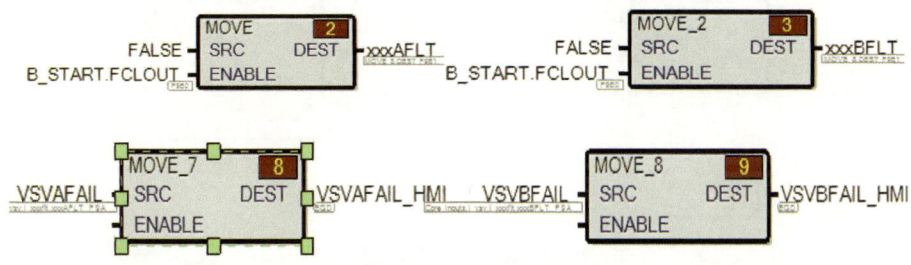

图 4.2.45　1 个信号丢失

(2) 差值故障。

VSVA 与 VSVB 差值大于 2%会触发反馈差值故障(VSVDFFAIL)报警，当 NGGSEL 大于 4950r/min，差值大于 6%时，持续 1s 后会触发分级减速到怠速状态(Step to idle)，按低选输出(图 4.2.46)。

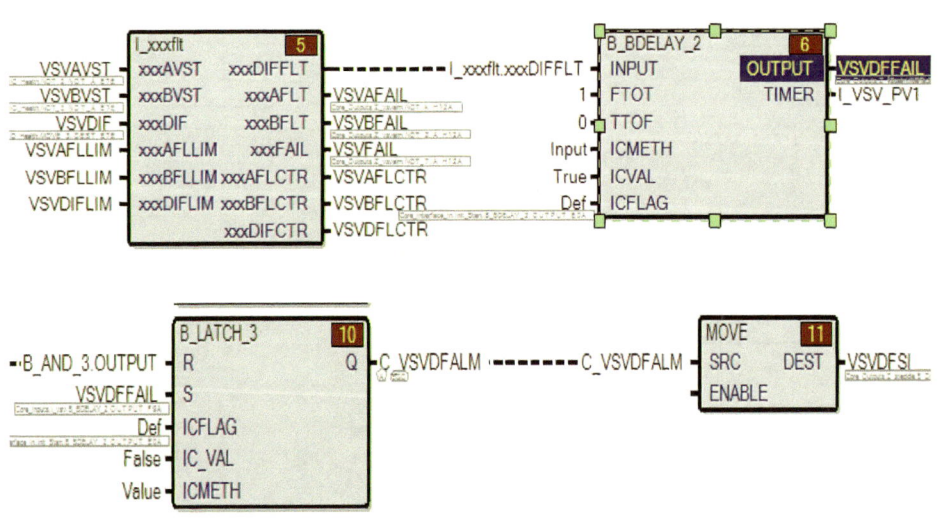

图 4.2.46　差值故障

(3) 两个信号丢失。

VSVA 与 VSVA 信号同时丢失(VSVFAIL)，会触发系统报警，分级减速到怠速状态(Step to idle)然后正常停车(NS)，并将 VSVMA 设定在 0.0mA(图 4.2.47)。

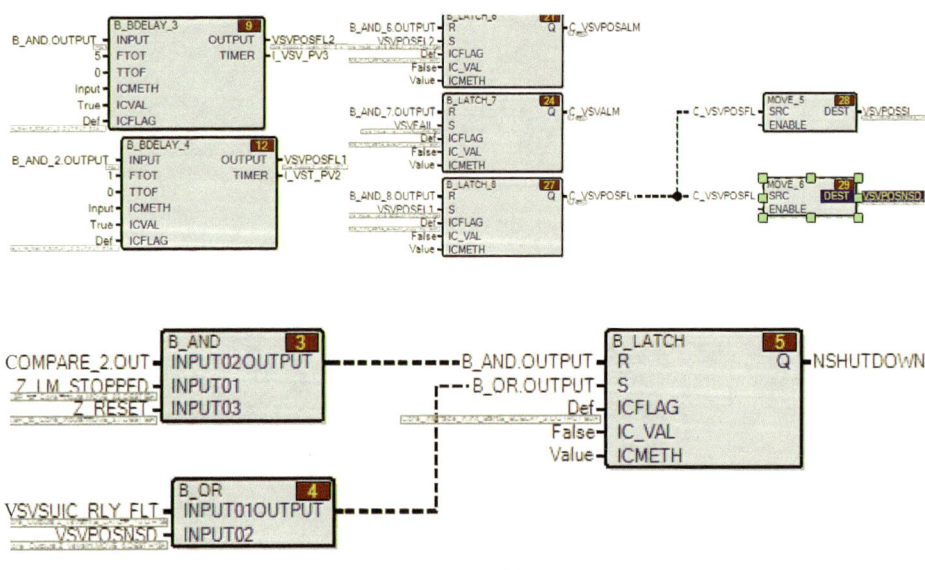

图 4.2.47　两个信号丢失

(4) 位置错误。

当命令与反馈差值大于 6%，同时满足①NGGSEL>4950r/min，持续 0.5s 后，②NGGNOT

小于 150r/(min·s)，③BRNDMD=BRNREQ 持续 5s(现已取消 5s 延时)，系统触发 VSV 位置反馈误差报警(图 4.2.48)。

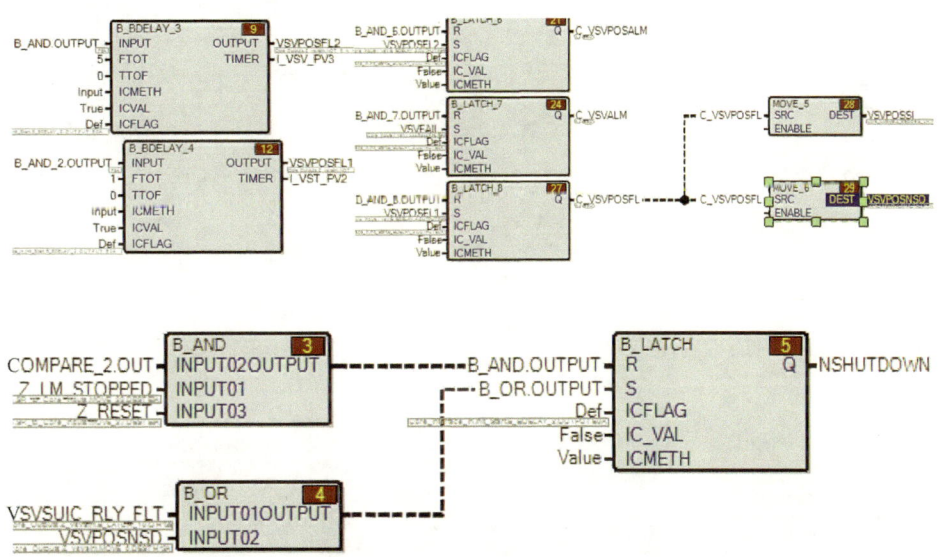

图 4.2.48　VSV 位置错误逻辑

当命令与反馈差值大于 10%持续超过 1.0s(现已取消 1s 延时)并且 NGGSEL 大于 4950r/min，燃气发生器将分级减速到怠速状态(Step to idle)然后正常停车(NS)，并将 VSVMA 设定在 0.0mA。

4) VSV 操作与维护

(1) VSV 系统校验。

在完成燃气发生器更换或是 VSV 系统如可变定子叶片、扭矩轴等更换后，需要对 VSV 进行校验。

(2) VSV 自动校验。

在校验盘车前需要在 HMI 选择校验盘车模式(图 4.2.49)。

在校验模式下启动机组到盘车转速，打开 toolbox 软件，在 T10(西气东输二线) Hardware 界面下点击 PSVO 卡件(图 4.2.50)，选择默认的 Regulator1，勾选 Enable，然后点击 Calibrate Valve 进入校验界面。

点击 Calibration Mode 按钮，VSV 命令与反馈趋势图(图 4.2.51)会自动弹出并记录。

在校验界面(图 4.2.52)从上往下依次点击 Minium End—Fix Minimun End—Maximum End—Fix Maximum End—Calibrate，VSV 从打开到闭合完成全行程校验，最后点击 Save 保存校验结果。

(3) VSV 手动校验。

在完成自动校验后，可点击 Manual 按钮(图 4.2.53)，在 SetPoint 里输入数值进行手动校验。

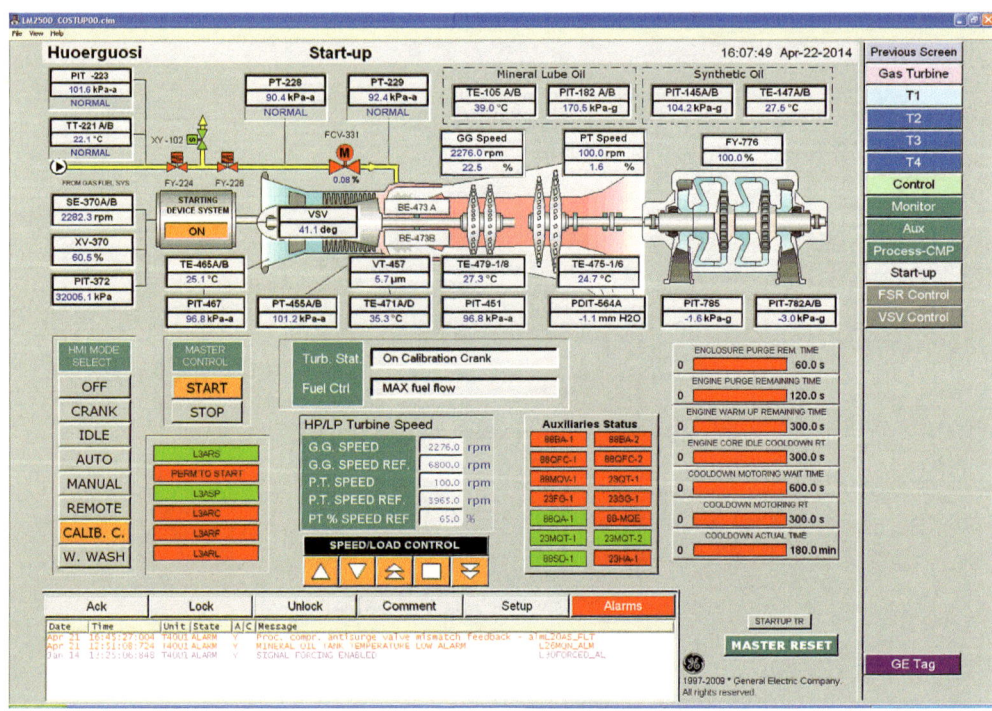

图 4.2.49　校验盘车模式选择

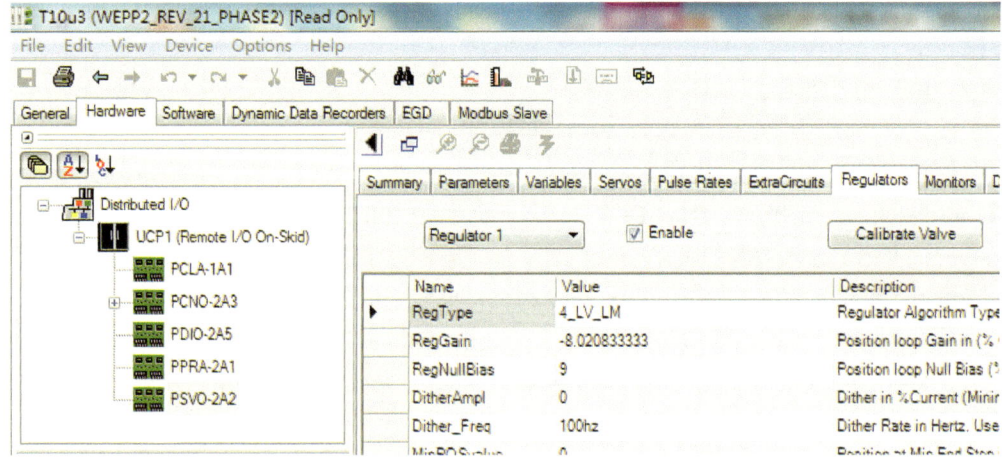

图 4.2.50　选择 PSVO 模块

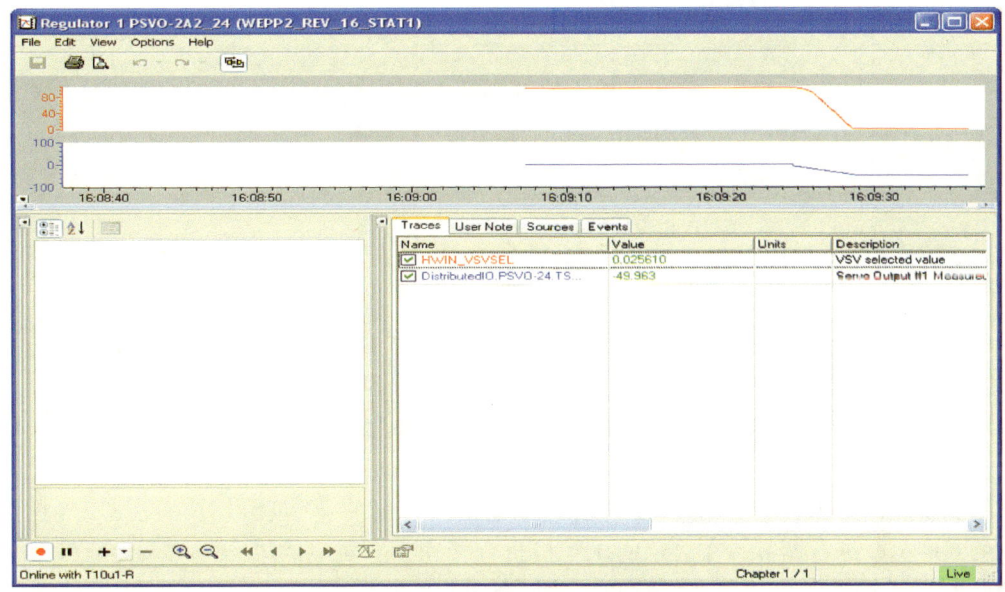

图 4.2.51 VSV 命令与反馈趋势图

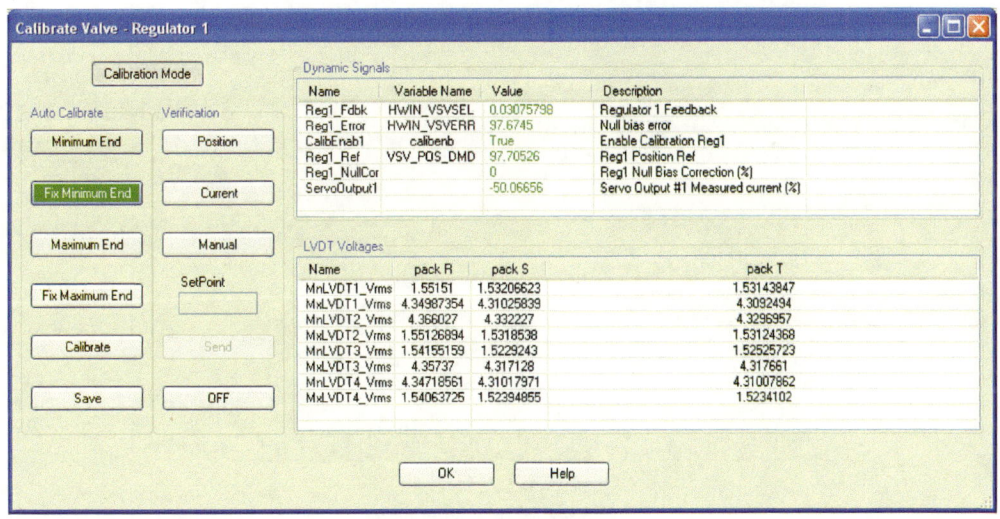

图 4.2.52 VSV 校验界面

手动校验可检查输入指令与开度值,以及 VSV 两个传感器的偏差,校验时现场人员确认是否动作到位。完成校验后选择 OFF 按钮,恢复 VSV 自动位置(开度在 2%左右)。

4.2.4.2 RB211 机组 VIGV 控制

1) RB211 机组 VIGV 控制简介

RB211 燃气轮机采用双轴轴流式压气机,只有一级入口可调导流叶片,其主要控制过程为:机组在启机及运行过程中,ECS 系统向伺服阀发出命令,伺服阀根据系统指令控制高压液压油进出作动筒的量,作动筒在高压液压油的作用下,带动作动环旋转,进口导流叶片在作动环的带动下,实现了进口导流叶片的角度调节,调整燃机空气的进气量。

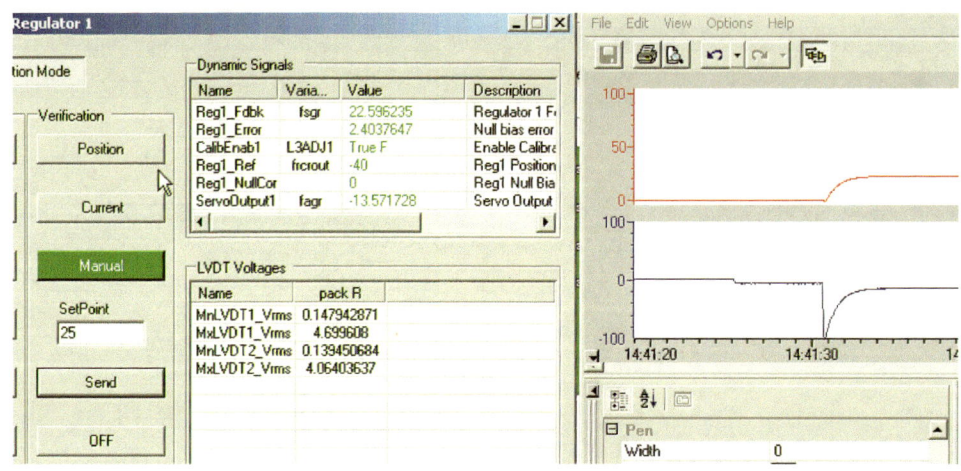

图 4.2.53 VSV 手动校验

RB211 燃机可调导流叶片转角的调节规律是以第一级可调导流叶片角度与压气机折合转速的对应关系进行调节。在给定的压气机折合转速下，对应的第一级可调导流叶片角度值的偏差范围为±2°。可调导流叶片角度随折合转速的变化规律如图 4.2.54 所示。

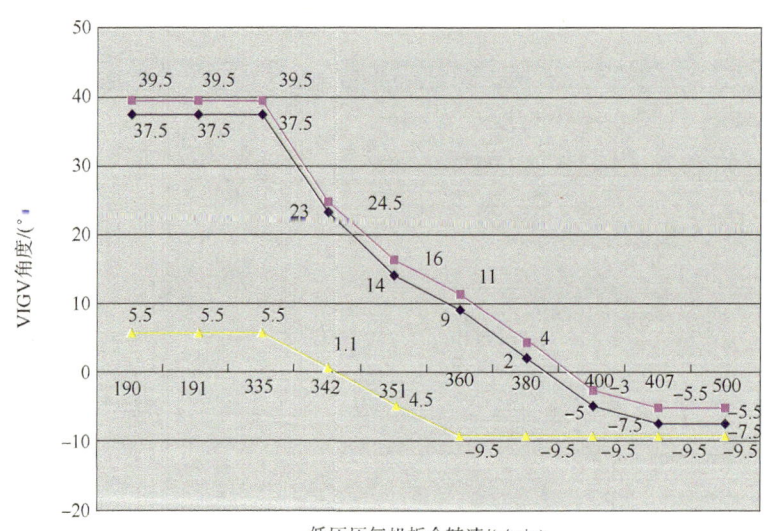

图 4.2.54 VIGV 进度曲线

图 4.2.54 中，横坐标为低压压气机折合转速，$N_1/\sqrt{T_1}$，其中 N_1 为低压压气机转速，T_1 为入口空气开氏温度。当计算出的低压压气机折合转速逐渐升高时，控制系统按照预先设定好的对应关系，逐渐增大可调导流叶片的角度。同时，控制系统时刻监控导流叶片的角度变化情况，在控制逻辑里存在两种监控模式，一种是瞬态偏差，允许在0.5s内偏差不大于2°；另一种是稳态偏差，允许在2s内偏差不大于4°，如果 VIGV 的角度超出这两种偏差范围，机组会进入紧急停机进程。机型不同，可调导流叶片转动的角度范围也不同，"original"（三作动筒）机型的 VIGV 转动角度从 37.5°~-7.5°，"cost reduced"（双作动筒）机型的 VIGV 转动角度从 38.9°~-9.7°。实际上，每个燃气轮机的最大、最小角度都不是完全一样的。

VIGV 的角度信号由安装在 GG 本体上的旋转式差动变压器(Rotary Variable Differential Transformer，RVDT)进行测量，RVDT 输出两组位置反馈信号，这两组反馈信号互相比较，以保证两组反馈信号的完整性，控制系统取两者之间的较小值进行控制调节。VIGV 控制示意图如图 4.2.55 所示，图中 Sentech Module 主要有三个功能，将来自 RVDT 模块的交流信号转为直流信号，提供电气隔离功能，最后为控制系统提供 4~20mA 位置信号。

当命令与位置反馈信号有偏差时，控制系统输出 4~20mA 电流，电流经过 PI 伺服放大器转换成适合 MOOG 伺服阀工作的电流(线性转换)。由于有积分环节存在，因此如果作动筒的动作不迅速，电流会持续增大；当偏差随着作动筒的动作而消除后，电流会回落到一个稳定状态，即回落到一个偏置值，此偏置值与 MOOG 伺服阀有关系，不同的伺服阀偏置值不同。

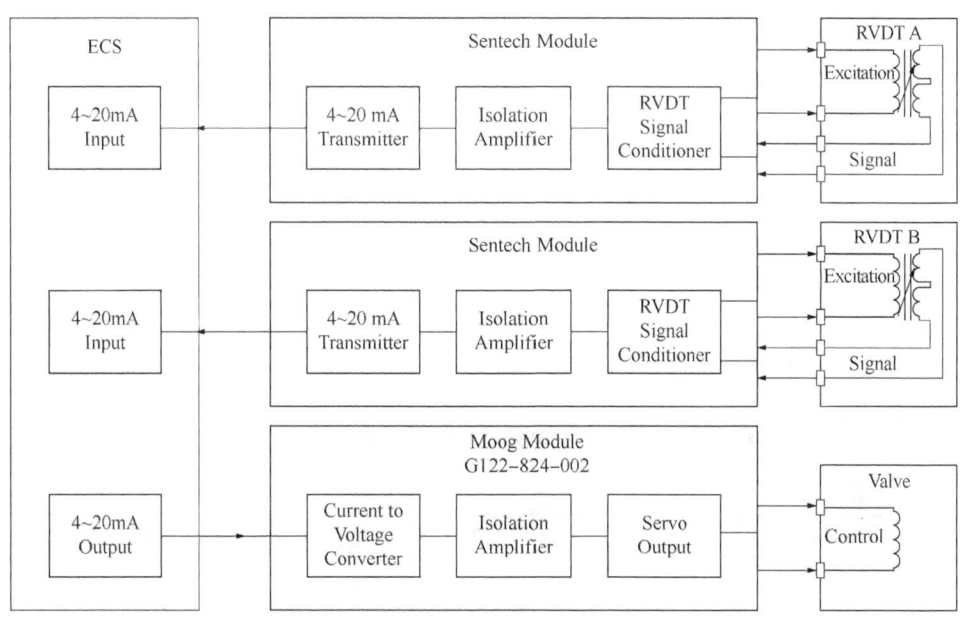

图 4.2.55　VIGV 控制示意图

2) VIGV 系统检查

(1) 合成油系统工作情况检查。

为排除油路系统阻塞或合成油油品物理参数不达标造成作动筒动作不稳定。拆检合成油高压油油路滤芯是否存在明显颗粒杂质，检查最近一个季度油品化验报告各项参数是否全部合格。

(2) 现场接线情况检查。

检查 UG1、UG2 控制模块伺服阀、RVDT 励磁及反馈回路现场接线箱内部接线情况，如图 4.2.56 和图 4.2.57 所示，检查接线排接线是否有松动现象，并对所有接线进行紧固，检查探头至接线箱内及 UCP 至接线箱内信号电缆绝缘情况，符合绝缘要求。

(3) RVDT 阻值检查。

测量机组 VIGV MOOG 伺服阀及 RVDT A、B 传感器的励磁和反馈线阻值是否在要求范围内。RR 运行维护手册中规定 RVDT 传感器，励磁线圈和反馈线圈阻值见表 4.2.16。

阻值超出范围时对故障伺服阀或者 RVDT 传感器进行更换。

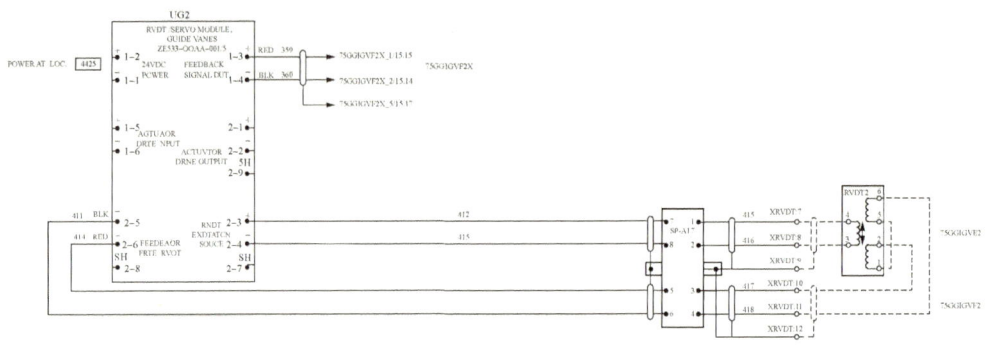

图 4.2.56 UG1 接线图

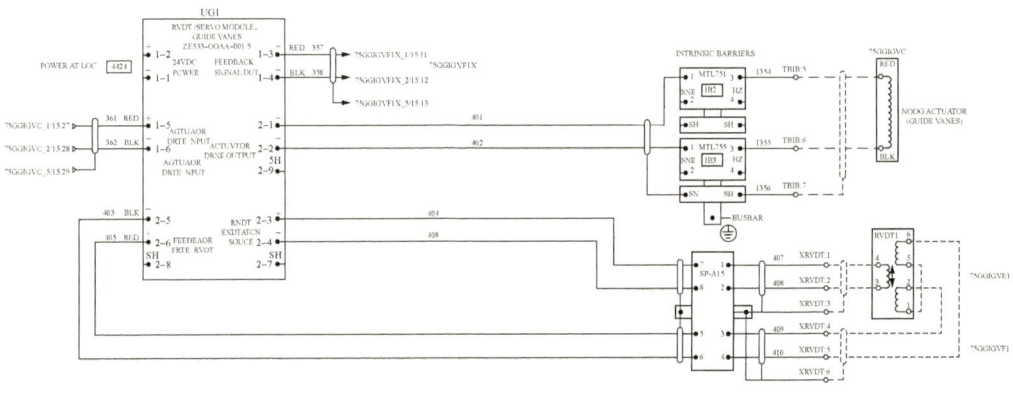

图 4.2.57 UG2 接线图

表 4.2.16 RVDT 传感器阻值

参数	不带齐纳安全栅	带齐纳安全栅
伺服阀	500~600Ω	650~750Ω
励磁线圈(主回路)	25~35Ω	
反馈线圈(副回路)	35~45Ω	

3) RVDT 更换

(1) 更换前确认以下步骤已完成。

① 确认 VIGV 在最小位置(RVDT 角度为 38.25°左右),将 UCP 柜的 UG1 和 UG2 模块上的连接模块断电。

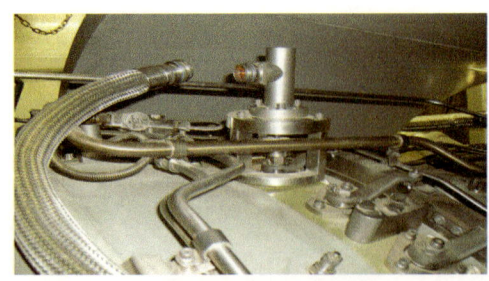

图 4.2.58 拆除 RVDT

② 如图 4.2.58 所示,移去 RVDT 传感器探头的航插接线。

③ 拧松 RVDT 与 GG 连接的连轴器螺栓,拆除 RVDT 固定平台的 3 个螺栓,将 RVDT 从固定平台上拿下。

④ 安装新的 RVDT,将 RVDT 小心放到固定平台上手动推动 VIGV 在 26.6mm 处,紧固与机体连轴部分螺栓,然后将固定在固定平台的 3 个

螺栓拧到一定位置,通过 RVDT 上面的观察窗,用肉眼对准 RVDT 观察窗轮缘与内部转动柱上的两个红点在一条线,然后慢慢紧固 3 颗固定螺栓。

(2) 校验反馈模块 Sentech(适用 Cost Reduced VIGV System)。

① 如图 4.2.59 所示,需要用一个万用表来测量 Sentech 输出到 ECS 的反馈电流。

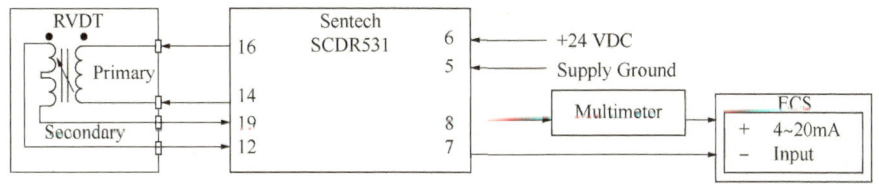

图 4.2.59　Sentech 531 校验示意图

② 手动调整 VIGV 到最小位置,将定位销插入图 4.2.60 所示的圆孔内,观察定位销正好插入标记为"L"的定位孔内。此时,观察万用表的电流值是否在 7.2mA±0.4mA 范围内。如果不在此范围内,调整 ZERO 电位计(图 4.2.61),直到反馈电流到达 7.2mA±0.4mA 范围内。

③ 手动调整 VIGV 到最大位置,将定位销插入图 4.2.60 所示的圆孔内,观察定位销正好插入标记为"H"的定位孔内。此时,观察万用表的电流值是否

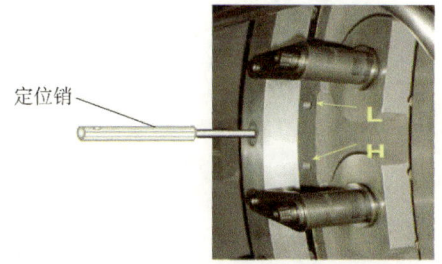

图 4.2.60　校验工具示意图

在 16.8mA±0.4mA 范围内。如果不在此范围内,调整 SPAN 电位计(图 4.2.61),直到反馈电流到达 16.8mA±0.4mA 范围内。

④ 再分别调整 VIGV 到最小位置和最大位置,再观察万用表的电流值是否在 7.2mA±0.4mA 和 16.8mA±0.4mA 范围内。如果不在此范围内,重复上述步骤,直到电流值到达规定的范围内。

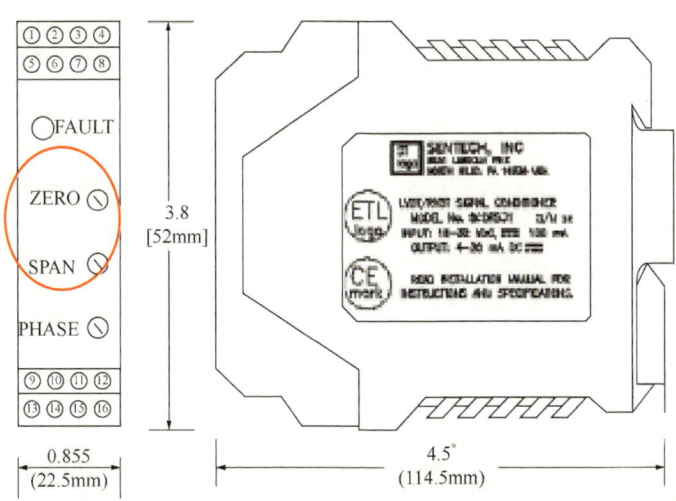

图 4.2.61　Sentech 电位计示意图

4) VIGV 系统部件校验

(1) RVDT 校验。

① 关闭 VIGV 供油，手动移动作动筒，使 VIGV 停留在最小停止位，将 RVDT 百分比反馈值记录在 ECS tuning constants 中对应的 RVDT Minimum Positions。

② 手动移动作动筒，使用专用工具 part no. LOT 26526 确定 VIGV 从最小停止位线性位移 53.33mm。将 RVDT 百分比反馈值记录在 ECS tuning constants 中对应的 RVDT Maximum Positions，如图 4.2.62 所示。

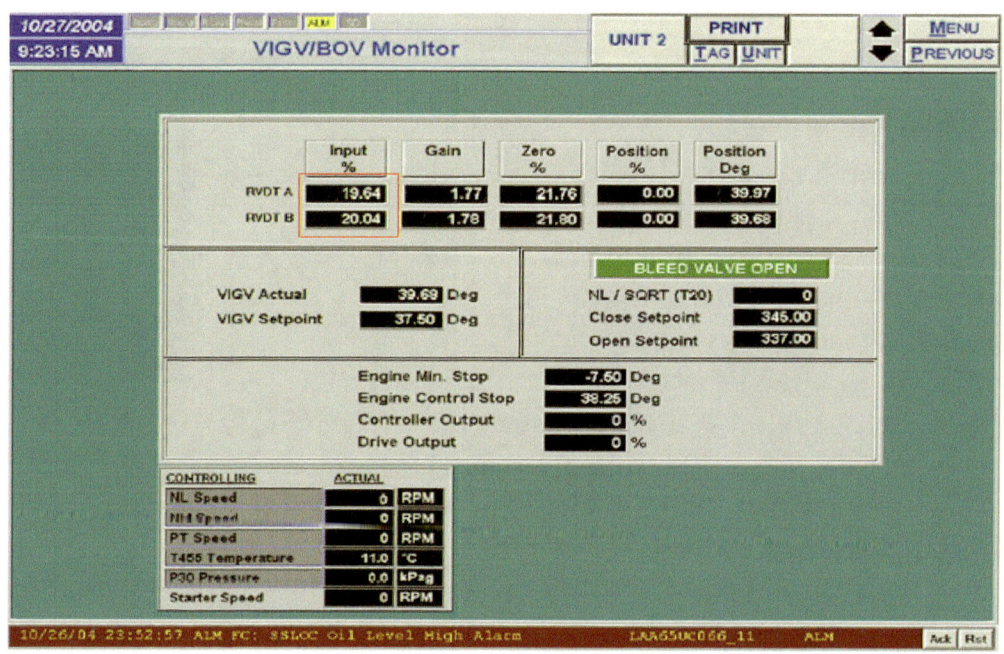

图 4.2.62　VIGV 校验界面

③ 记录后 ECS 将自动计算 RVDT gain 增益常数。重复以上步骤，确保 VIGV 动作准确性满足 ±0.5% 满量程要求。

④ 打开 ECS 程序，如图 4.2.63 所示，找到需要设置的参数组 Tuning。

⑤ 在 Tuning 参数组中找到如图 4.2.64 所示的变量，将 VIGV 校验过程中 VIGV 在零位和最大量程时的输入值输入对应的控制常量值中，保存程序。

(2) 校验 MOOG 伺服模块。

MOOG 伺服模块被用来驱动 MOOG 伺服阀，伺服阀驱动 VIGV 液压执行机构。MOOG 伺服模块是一个伺服放大器，它将 ECS 输出的 4~20mA 的电流信号转换为适合 MOOG 伺服阀工作的电流(图 4.2.65)。

由于 MOOG 伺服模块有许多用途，因此，应该严格按照以下过程进行校验。

① 检查伺服模块的各个拨码开关是否在正确的位置，确认图 4.2.66 中四个拨码开关位置应按照表 4.2.17 至表 4.2.20 所示的拨码位置进行设置。

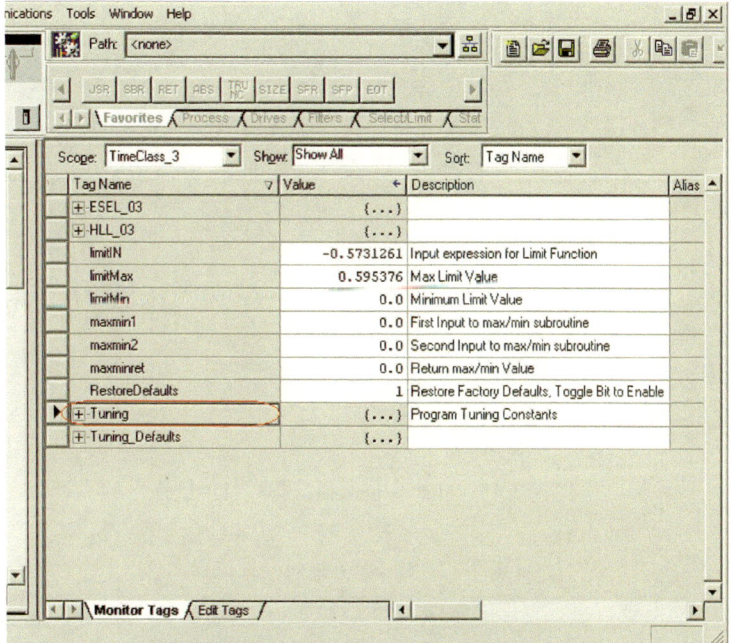

图 4.2.63　ECS 程序 Tuning 参数配置

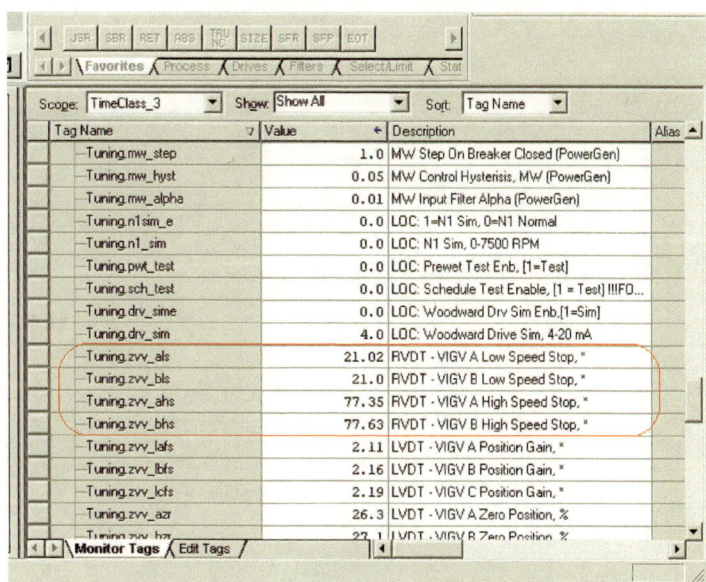

图 4.2.64　RVDT 控制常量

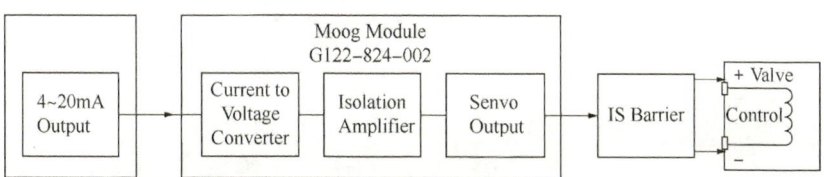

图 4.2.65　MOOG 伺服模块工作示意图

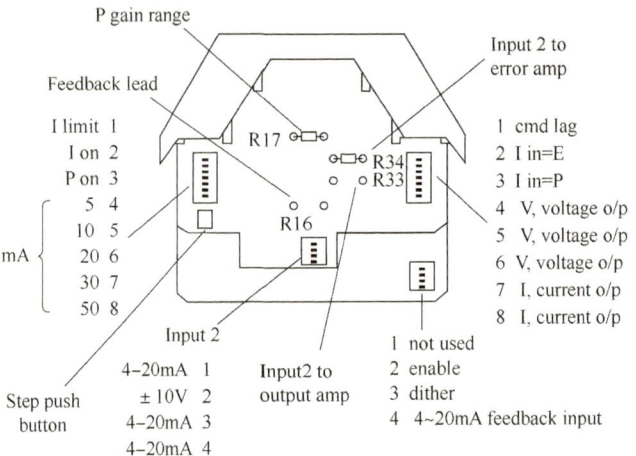

图 4.2.65　MOOG 伺服模块拨码具体位置

表 4.2.17　L-SW1 拨码开关位置

Function	DIP Switch	VIGV	Function	DIP Switch	VIGV
Not used	L-SW1-1	OFF	Dither	L-SW1-3	OFF
Enable	L-SW1-2	ON	4~20mA feedback input	L-SW1-4	ON

表 4.2.18　SW1 拨码开关位置

Function	DIP Switch	VIGV	Function	DIP Switch	VIGV
I limit	SW1-1	OFF	10mA	SW1-5	ON
I on	SW1-2	OFF	20mA	SW1-6	OFF
P on	SW1-3	ON	30mA	SW1-7	OFF
5mA	SW1-4	ON	50mA	SW1-8	OFF

表 4.2.19　SW2 拨码开关位置

Function	DIP Switch	VIGV	Function	DIP Switch	VIGV
Cmd lag	SW2-1	ON	V, voltage o/p	SW2-5	OFF
I in=E	SW2-2	ON	V, voltage o/p	SW2-6	OFF
I in=P	SW2-3	OFF	I, current o/p	SW2-7	ON
V, voltage o/p	SW2-4	OFF	I, current o/p	SW2-8	ON

表 4.2.20　SW3 拨码开关位置

Function	DIP Switch	VIGV	Function	DIP Switch	VIGV
Input 2, 4-20mA	SW3-1	ON	Input 2, 4-20mA	SW3-3	ON
Input 2, ±10V	SW3-2	OFF	Input 2, 4-20mA	SW3-4	ON

② 将 MOOG 模块连接到 ECS 盘上，如图 4.2.66 所示。

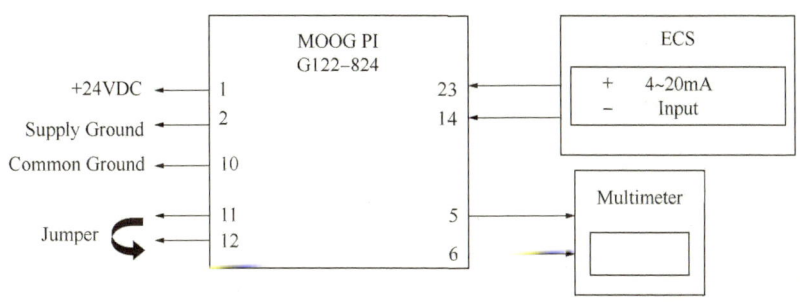

图 4.2.66　MOOG 模块连接示意图

③ 在校验之前，需要对 MOOG 模块的电位计（图 4.2.67）进行预调整。将 Controller Bias 电位计设置在中间位置：将电位计在同一方向转 15 圈，听到"啪"声后，再反方向转 6~7 圈。将 Input 1 scale 电位计顺时针方向转 15 圈，将 Dither 电位计逆时针转 15 圈。

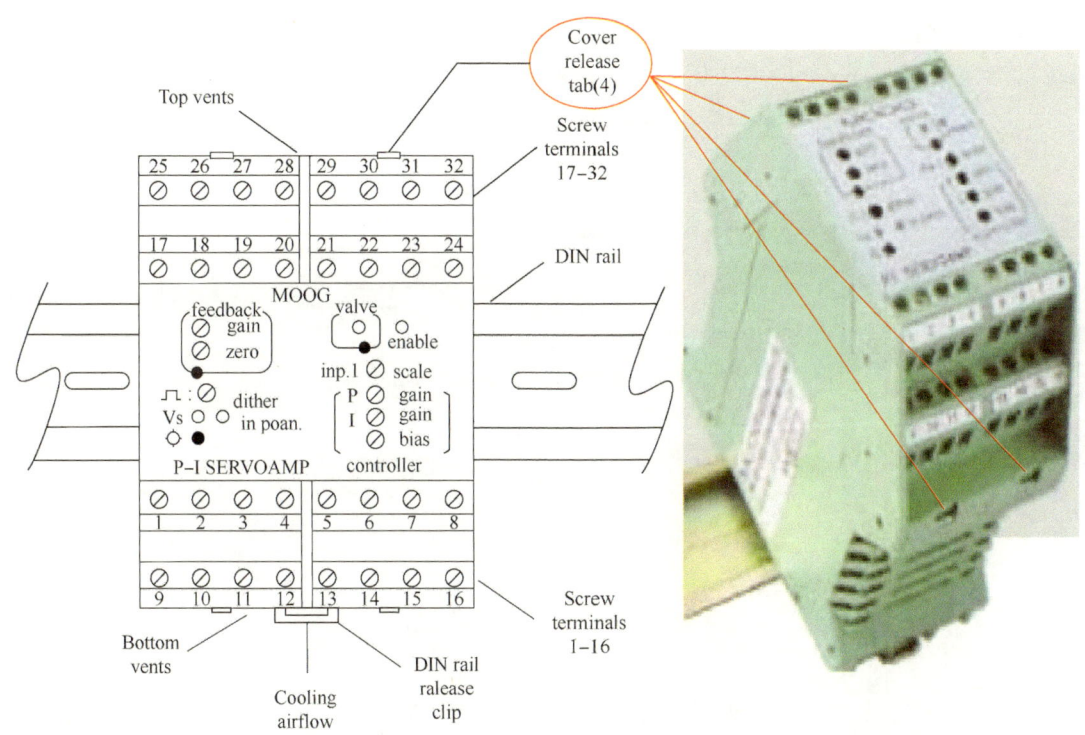

图 4.2.67　MOOG 模块电位计示意图

④ 针对 original VIGV，在 ECS 程序内，找到 dxlcvigv 标签，其赋值应该为dxfalse。在 ECS 程序内将 VIGV 的命令设置为 0%，此时应该在万用表读到 0mA±0.4mA，否则应该调整 Feedback Zero 电位计直到电流值到规定的范围内。当电流范围不足时，应该使用 Feedback Gain 电位计来调整电流范围。在 ECS 程序内将 VIGV 的命令设置为 100%，此时应该在万用表读到 15mA±0.4mA，否则应该调整 Controller P Gain 电位计直到电流值到规定的范围内。

⑤ 针对 Cost-Reduced VIGV，在 ECS 程序内，找到 dxlcvigv 标签，其赋值应该为 dxtrue。在 ECS 程序内将 VIGV 的命令设置为 0%，此时应该在万用表读到-10mA±0.4mA，否则应该调整 Feedback Zero 电位计直到电流值到规定的范围内。当电流范围不足时，应该使用 feedback Gain 电位计来调整电流范围。在 ECS 程序内将 VIGV 的命令设置为 100%，此时应该在万用表读到 6mA±0.4mA，否则应该调整 Controller P Gain 电位计直到电流值到规定的范围内。

值得注意的是，MOOG 模块内部接地极应与外壳接地正确连接，按图 4.2.68 中接地极与外壳接地金属夹片对应插入安装，确保接地安装到位。

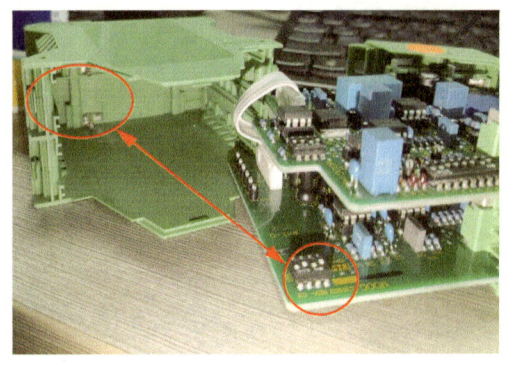

图 4.2.68　MOOG 模块正确接地示意图

(3) VIGV 行程检查。

① 启动 GG 滑油泵，ECS 程序中强制动作伺服阀，如图 4.2.69 所示，在 ECS Program Tags 中输入 Tuning. ft. tune = 100.01，强制使能。

Scope: TimeClass_3　Show: Show All　Sort: Tag Name

Tag Name	Value	Description
ESEL_03	{...}	
HLL_03	{...}	
limitIN	-0.5731261	Input expression for Limit Function
limitMax	0.595376	Max Limit Value
limitMin	0.0	Minimum Limit Value
maxmin1	0.0	First Input to max/min subroutine
maxmin2	0.0	Second Input to max/min subroutine
maxminret	0.0	Return max/min Value
RestoreDefaults	1	Restore Factory Defaults, Toggle Bit to Enable
Tuning	{...}	Program Tuning Constants
Tuning.ft_tune	0.0	Stroke Enable
Tuning.zg_test	0.0	Gas - Actuator Stroke Test
Tuning.zl1_test	0.0	Liq 1 - Actuator Stroke Test
Tuning.zl2_test	0.0	Liq 2 - Actuator Stroke Test
Tuning.zvv_test	0.0	VIGV - Actuator Stroke Test
Tuning.gg_sel	1.0	Engine Select: (1 = 24G) or (2 = 24C)
Tuning.gg_tc	0.0	Exhaust T/C Selection (0 = 17 T/C, 1 = 8 T/C)
Tuning.gt_sel	0.0	RB211-24G-T Selected: (1= Yes) and (0 = No)
Tuning.app_sel	1.0	ECS Application Selection: (1 = Comp) and (2...
Tuning.igv_sel	1.0	Guide Vane Feedback Selection: (1 = RVDT)...
Tuning.df_sel	0.0	Duel Fuel Selected: (1 = Yes) and (0 = No)
Tuning.tf_sel	0.0	Triple Fuel Selected: (1 = Yes) and (0=No)
Tuning.st_sel	1.0	ECS Starter Control Enable: (1 = Yes) and (0 ...
Tuning.gl1fb_rate	10.0	Gas/Liquid 1 Fuel Blend Transfer Rate, %/sec
Tuning.gl2fb_rate	10.0	Gas/Liquid 2 Fuel Blend Transfer Rate, %/Sec
Tuning.l1q_lhv	43200.0	Liquid 1 Low Heating Value, Kj/Kg
Tuning.liq1_sg	0.8	Liquid 1 Specific Gravity, dimensionless
Tuning.l2q_lhv	43200.0	Liquid 2 Low Heating Value, Kj/Kg
Tuning.liq2_sg	0.8	Liquid 2 Specific Gravity, dimensionless
Tuning.gas_c6	0.06614	Hexane Constants Value - C6
Tuning.gas_c3	0.46608	Propane Constants Value - C3
Tuning.gas_ic4	0.07515	I-Butane Constants Value - IC4
Tuning.gas_c4	0.09526	N-Butane Constants Value - C4

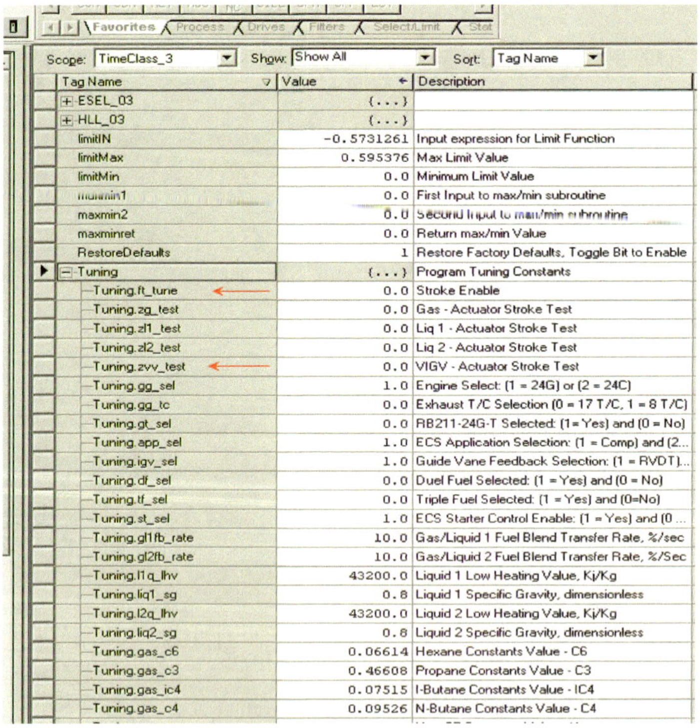

图 4.2.69　ECS 程序控制变量

② 在 Tuning. zvv_test 控制变量中分别依次输入 0、25、50、75、100，检查伺服阀输出命令与 RVDT 反馈是否一致且反馈响应迅速，行程测试完成后恢复参数值(有些站场有相关控制画面，可在 HMI 画面-MENU-Maintenance 中登录调试账户后，更改 IGV Manual Stroke 数值进行测试)。

4.3 保护控制

4.3.1 火气保护系统控制

4.3.1.1 LM2500+机组火气保护系统

消防系统是一个低压双出口二氧化碳灭火系统，用于保护箱体内部安装有各种装置的燃气轮机。消防系统是完全的自反馈型，二氧化碳的排放使燃机箱体火区周围产生惰性气体，继而在短时间内将火扑灭。

可燃气探头 AE-532/A/B/C，AE-533/A/B/C 分两组共 6 个探测器，安装于进气滤室通风空气进口，探测空气进口处的可燃气含量，当任意一个探头检测到可燃气浓度 10%时会发出一个高报警，如果正在启动，则启动会被禁止。当每组三个探头中任意两个检测到可燃气浓度 15%时会发出一个高高报警，同时箱体通风风机会停运，机组执行不拖转紧急停机 ESN，燃料气切断阀 FCV-224，FCV-226 关闭，燃料气自动隔离阀 XV-159 关闭，燃料气升温放空阀 XV-222 开。任意一个探头故障等同于该探头高高报警，执行相同逻辑。机组锁机 4h，并在 HMI 上出现报警。

可燃气探头 AE-557A/B/C，安装于箱体通风出口通道上，信号由现场传输至 PLC。当任意一个探头检测到可燃气浓度 5%时会发出一个高报警，如果正在启动，则启动会被禁止。当三个探头中任意两个检测到燃料气浓度 10%时会发出一个高高报警，机组执行不拖转紧急停机 ESN，燃料气切断阀 FCV-224，FCV-226 关闭，燃料气自动隔离阀 XV-159 关闭，燃料气升温放空阀 XV-222 开。任意一个探头故障等同于该探头高高报警，执行相同逻辑。机组锁机 4h，并在 HMI 上出现报警。

如果有一个探头失败，则(不管那一个)只在 HMI 显示，如果有二个探头失败，则正常停机 NS 被执行，并在 HMI 上显示；如果有三个探头失败，则正常停机 NS 被执行，并在 HMI 上显示。

紫外线火焰检测器 RE-702A/B/C。UV 火焰探头三个，安装在箱体内，自动检测箱体内出现的火情，并产生一个电信号，传送到信号处理器，处理器的信号提供到自动灭火系统。当三个中的任意一个探头检测火焰报警，如果正在启动，则启动会被禁止。当三个中的任意一个探头检测火焰或故障，触发报警，任意两个探头检测到火焰时(98%)则，触发高报警，不拖转紧急停机 ESN 执行，任意一个探头故障等同于该探头高高报，执行相同逻辑。机组锁定 4h，机组放空。箱体通风机停运，红色闪光灯工作，火灾报警喇叭响起。CO_2 释放开始，并在 HMI 上出现报警。

燃气发生器舱温升探头 TSHH703A/B/C/D。检测燃气发生器舱热升温，温度开关安装在箱体板上，温度超过预定值(163℃)，就使开关触点闭合，从而给火气系统发出一个信号。信号由就地传输至 PLC。温升探头当四个探头中任意一个失败时会发出一个报警并在 HMI 上显示，四个中只有一个探测到温度高则报警。四个中有两个探测到温度高，则不拖转紧急停机 ESN 执行，任意一个探头故障等同于该探头高高报警，执行相同逻辑。机组锁定 4h，机组放空。箱体通风风机停运，红色闪光灯工作，火灾报警喇叭响起。CO_2 释放开始,并在 HMI 上出现报警。

动力涡轮舱温升探头 TSHH701A/B。检测动力涡轮舱热升温,温度开关安装在箱体顶板上,温度超过预定值(232℃),就使开关触点闭合,从而给火气系统发出一个信号。信号由就地传输至 PLC。当两个探头均探测到温度高时触发联锁,则不拖转紧急停机 ESN 执行,任意一个探头故障等同于该探头高高报,执行相同逻辑。机组锁定 4h。机组放空。箱体通风风机停运,红色闪光灯工作,火灾报警喇叭响起。CO_2 释放开始,并在 HMI 上出现报警。

二氧化碳快喷管线压力开关 PSHH700,检测到管线中有 CO_2 快速释放压力,信号由就地传送至 PLC。当 CO_2 释放压力达到 4000kPa 时发出一个高高报警,机组不拖转紧急停机 ESN 执行,机组锁定 4h,机组放空。箱体通风风机停运,红色闪光灯工作,火灾报警喇叭响起。CO_2 释放开始,并在 HMI 上出现报警。

火灾手报按钮 PB-708A/B,分别安装于燃气发生器舱两侧箱体门口处,敲碎玻璃罩,按压后信号由就地传输至 PLC,CO_2 灭火系统开始工作,CO_2 释放开始,不拖转紧急停机 ESN 执行。机组锁定 4h。机组放空。箱体通风机停运,红色闪光灯工作,火灾报警喇叭响起,并在 HMI 上出现报警。

用户紧急停车按钮 HS-708A/B,分别安装于燃气发生器舱两侧箱体门口处,机组发生异常紧急状态,用户打开防护罩,快速按压紧急停车按钮,信号由现场传输至 PLC,则不拖转紧急停机 ESN 执行。

CO_2 气瓶,在就地安装的 CO_2 消防柜中,安放有 8 个 CO_2 气瓶(平均每瓶重 150kg),并分成两组,一组为 3 瓶,另一组为 5 瓶。其中 3 瓶的用于系统工作时的快速释放,5 瓶的用于延时释放。气瓶称重开关 33CR-1/2/3/4/5/6/7/8:测量 CO_2 气瓶质量。信号从就地传输至 Mark VIe 系统。瓶重低于原重 10%时会发出一个报警,限制机组启动,并在 HMI 上产生报警。

限位开关 ZSL-700B/D、ZSH-700A/C:CO_2 隔离手阀限位开关 ZSL700/B、ZSL700/D 检测到手阀关到位信号时,位置信号由就地传输至 PLC,限制 CO_2 释放,机组禁止启动,显示 CO_2 系统隔离的黄灯 XL-705/B 和 XL-706/B 亮起,允许现场人员进入燃机箱体内作业。CO_2 隔离手阀限位开关 ZSH700/A、ZSH700/C 检测到手阀开到位信号时,机组允许启动,显示 CO_2 系统投用的绿灯 XL-705/A 和 XL-706/A 亮起。

快喷和慢喷每一组瓶时,各有一瓶在头部安装有电磁阀 45CR-1/2。电磁阀受灭火系统逻辑控制,当灭火控制系统收到火灾信号后,会自动延时 30s。电磁头打开,瓶中气体被释放出来。在延迟 30s 后,出现初始的 CO_2 快喷排出占量的 15%,快喷和慢喷同一时间开始,喷出的 CO_2 气体从头至尾穿过箱体。第一次喷射用于快速致熄火焰,减轻箱体内部的氧气。然后慢喷,保持很长时间,防止因高温的金属表面重新燃烧。在延迟 30s 时间期间,把释放封闭开关定在隔离位置时,可以防止 CO_2 的喷出。本系统有机械手动释放装置 HS700。拉动手动装置也可释放 CO_2。

4.3.1.2 RB211 机组火气保护系统

1) 火气系统简介

西气东输一线西门子燃驱机组消防控制系统为火焰、过热、烟雾(滑油雾)和泄漏的可燃气体提供保护。火焰探测器、温升探头和燃气探测器安装在封闭空间和通风管道中。通过 LON 总线连接到 EQP 火灾控制器上，在上位机可以看见各个探头的实时测试数据。这些传感器自动报警，关闭并释放 CO_2 灭火剂，熄灭压缩机箱体内部火焰，起到保护作用。

消防控制系统主要设备包括：

(1) 一个 CO_2 消防撬（包括 4 个主 CO_2 灭火罐，4 个后备 CO_2 灭火罐）；

(2) 压缩机箱体内 4 个 IR 红外火焰探测器，2 个温升探头；

(3) 压缩机箱体通风进气滤下 4 个可燃气体探测器；

(4) GG 燃机进气滤下 4 个可燃气体探测器；

(5) 压缩机箱体通风出口烟道 4 个可燃气体探测器；

(6) EQP 控制器及 DCIO 模块。

2) 火气系统硬件

X3301 多光谱红外火焰探测器安装完成后需要进行拨码，LON 上的每台设备都必须有一个指定的唯一地址（图 4.3.1）。地址 1~4 保留用于控制器。现场设备的有效地址为 5~250。

重要事项：如果地址设为 0 或大于 250，则开关设置将被忽略。

地址编号是编码的二进制编码，每个开关都有一个特定的二进制值，其中开关 1 是 LSB（最小有效位）。设备的 LON 地址等于所有闭合的地址开关代表的二进制值之和。所有"OPEN"开关将被忽略（图 4.3.2）。

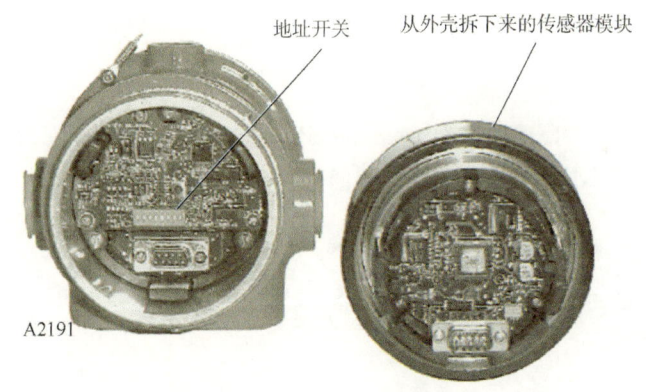

图 4.3.1 地址开关的位置

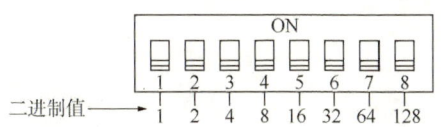

图 4.3.2 X3301 拨码

3) PIRECL 红外可燃气体探测器

可燃气体探测器安装完成后需要进行拨码。打开探测器外壳，可以看到一个 8 位的"DIP 开关"，然后设置地址开关（图 4.3.3）。地址编号是编码的二进制编码，每个开关都有一个特定的二进制值，其中开关 1 是 LSB（最小有效位）。设备的 LON 地址等于所有闭合的地址开关代表的二进制值之和。所有"OPEN"开关将被忽略（图 4.3.4）。

可燃气体探测器安装完成后需要用标气进行测试。

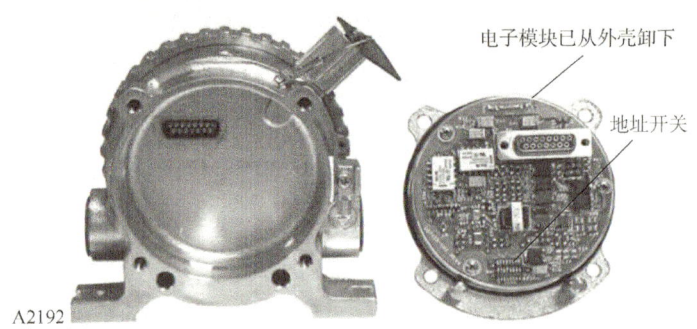

图 4.3.3　PIRECL 地址开关的位置

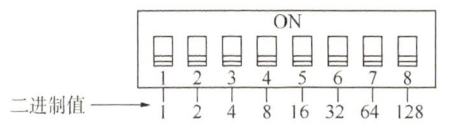

图 4.3.4　PIRECL 地址开关

4）EQP 控制器

西门子火气系统使用 EQP（Eagle Quantum Premier）作为消防系统控制器。EQP 是迪创公司火气系统使用的控制器，它的系统安装简图如图 4.3.5 所示。

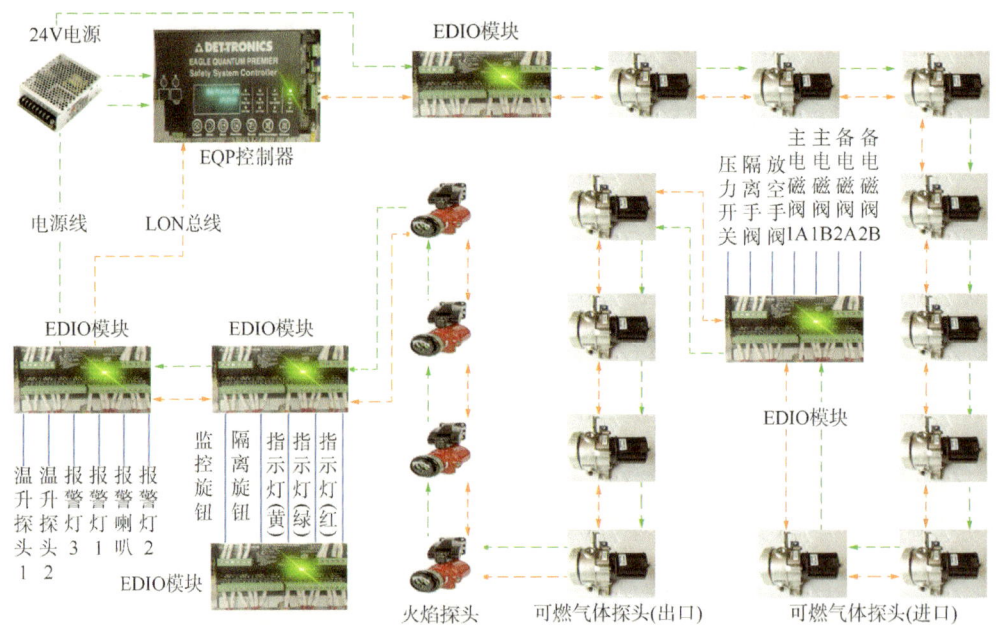

图 4.3.5　EQP 系统安装简图

控制器具有7个按键(位于前面板上)可用于用户接口(图4.3.6)。这些按键允许操作员与控制器交互，以响应警报和系统状态情况，访问系统状态报告，及配置控制器时间和日期设置(图4.3.7)。

图4.3.6　EQP 控制器

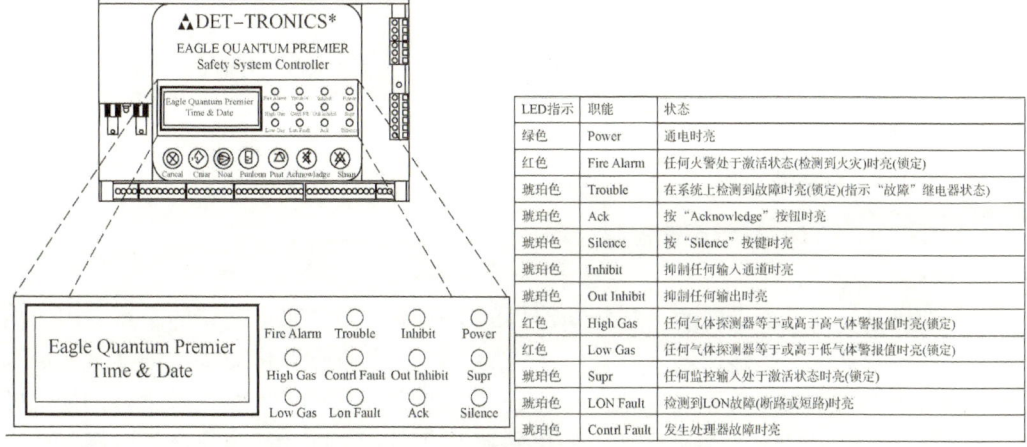

LED指示	职能	状态
绿色	Power	通电时亮
红色	Fire Alarm	任何火警处于激活状态(检测到火灾)时亮(锁定)
琥珀色	Trouble	在系统上检测到故障时亮(锁定)(指示"故障"继电器状态)
琥珀色	Ack	按"Acknowledge"按钮时亮
琥珀色	Silence	按"Silence"按键时亮
琥珀色	Inhibit	抑制任何输入通道时亮
琥珀色	Out Inhibit	抑制任何输出时亮
红色	High Gas	任何气体探测器等于或高于高气体警报值时亮(锁定)
红色	Low Gas	任何气体探测器等于或高于低气体警报值时亮(锁定)
琥珀色	Supr	任何监督输入处于激活状态时亮(锁定)
琥珀色	LON Fault	检测到LON故障(断路或短路)时亮
琥珀色	Contrl Fault	发生处理器故障时亮

图4.3.7　控制器按钮及指示灯说明

EQP 下挂探头报警临时 Inhibit Control 操作：
(1) Enter 进入主菜单；
(2) Next 选择 Display Devices；
(3) Enter 进入 Display Devices 子菜单；
(4) 在 Display Devices 子菜单，拓展模块使用"Enter/Cancel"找到对应探头位号；
(5) Next 选择探头对应的子菜单"Inhibit Control"功能，正常投运时显"True"；
(6) 按 Enter，将"Inhibit Control"状态修改为"False"；
(7) 按 Cancel，退回 EQP 主显示屏，界面会出现对应探头"Inhibit Control"-"False"显示。

注意：探头被屏蔽后，任何火气都不会触发，未经审批严禁使用！

5) DCIO 输入输出模块

8 通道 EDIO 模块扩展了 EagleQuantum Premier 系统的输入和输出功能。此装置旨在提供持续且自动化的火灾/气体保护,同时通过系统输入/输出的持续监控确保系统操作(图 4.3.8)。

EDIO 模块提供 8 通道的可配置输入或输出点,这些点可编程用于监控或未监控的操作。每个输入点都可接受火灾探测设备,如热探测器、烟雾探测器或组合式火焰探测器。每个输出点都可为信号或释放输出操作进行配置。

在通电之前设置模块地址开关。

EDIO 模块开机序列将使设备及其所有通道的 LED 指示灯均点亮。电源和故障 LED 指示灯先点亮,指示设备处于开机模式。接着 LED 指示灯按以下顺序亮起:

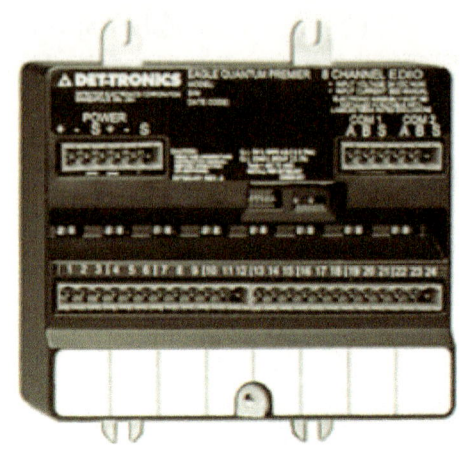

图 4.3.8　EDIO 模块

(1) 每个通道的活动红色 LED 指示灯将按通道 1 至通道 8 的顺序亮起。

(2) 通道 8 的红色 LED 指示灯亮起时,每个通道的活动红色 LED 指示灯将按通道 1 至通道 8 的顺序熄灭。

(3) 接着采用与通道活动红色 LED 指示灯相同的方式测试通道故障琥珀色 LED 指示灯。

4.3.2　超速保护控制

4.3.2.1　LM2500+机组超速控制

1) 超速保护功能

燃气轮机是在高速下运转的,其转动部件的工作应力和转速有密切的关系。因为离心力正比于转速的平方,当转速增高时,由于离心力所造成的应力将会迅速增加,例如当转速升高 20%时,应力就接近于额定转速时的 1.5 倍。叶轮等紧力配合的转动部件的松动转速通常也是按高于额定转速 20%设计的。如果转速升高到不允许的数值,会导致燃气轮机设备的严重损坏,因此每台燃气轮机都必须装设超速保护装置,这种超速保护装置通常称为危急遮断器或危急保安器。当燃气轮机转速超过一定限度时(一般规定为额定工作转速的 1.10~1.12 倍)就动作,并迅速切断燃气轮机的燃料,使其停止运转。GE 燃机保护系统除设置了危急遮断器这种机械超速保护外(9F 燃机中已取消),还设置了电子超速保护。

2) 电子超速保护

电子超速保护功能是在(R/S/T)控制器(主电子超速保护)和<P>保护模块(副电子超速保护)中独立完成的。转速传感器(77NH 和 77HT)送来的轮机转速信号(TNH)与超速给定值(TNKHOS)进行比较,当 TNH 超过给定值时,超速遮断信号(L12H)传送到主保护电路,切断燃料,使轮机停机。因在比较器后设置有寄存器 LATCH,一旦轮机转速信号超过给定值,此信息将寄存在寄存器内而闭锁,即当轮机转速信号(TNH)小于超速给定值时,寄存器仍保留原轮机超速的信息而不复位,以保持轮机遮断状态保证机组的安全。"电子超速遮断"的信息将在 CRT 显示屏上显示出来,报警和遮断的状态将闭锁,直至通过主复位信号 L86MR1 予以复位[4]。

图4.3.9为主电子超速保护算法图。

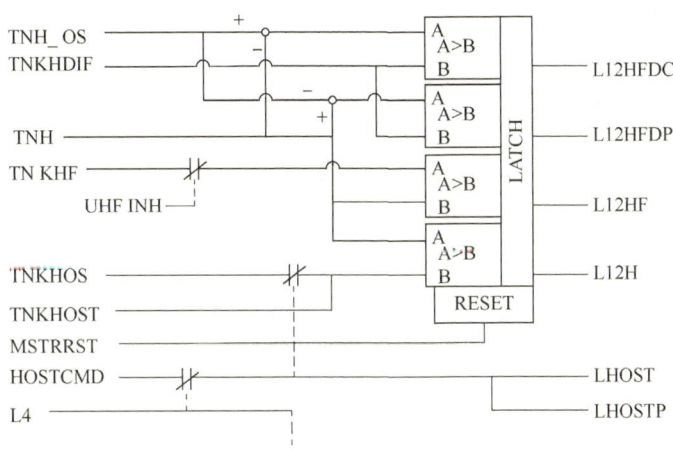

图4.3.9 主电子超速保护算法

图中，常数 TNKHOS 和 TNHKOST 定值均为110%，TNHKOST 仅当 HOSTCMD 信号（超速试验按钮）置1时被选中，作为超速试验的设定值。

算法中：TNH 为 77NH 测速探头获取的转速信号，TNH_OS 为 77HT（P 保护模块）测速探头获取的转速信号；当二者相差大于 TNKHDIF（定值为5%），系统将给出报警并触发跳机。当 TNH 数值在机组运行中（LHFINH 置0）小于 TNKHF（5%），主电子超速算法也将触发跳机信号 L12HF 并给出相应报警。

3）副电子超速保护

副电子超速系统是由<P>保护模块独立完成的，77HT 测速传感器和定值跨接器内的定值比较，当超过硬件定值时，<P>模块直接向 ETR 紧急跳闸继电器发出指令遮断机组。

值得注意的是：甩负荷以后燃气轮机发电机组应在转速控制器的控制下维持空负荷运行。按照设计要求，当燃气轮机突然甩负荷以后，机组应在转速调节器的控制下自动地维持空负荷运行。如当机组甩掉负荷以后，转速升高而引起电子超速保护系统或危急遮断器动作，是不允许的。因为燃气轮机突然甩掉额定负荷以后，电子超速保护和危急遮断器只是作为两道后备的保护装置，正常情况下，它们都不应该动作，而是由转速控制将机组控制在全速空载运行。特别是危急遮断器为最后一道超速保护，更不能依靠它来防止超速事故。因为危急遮断器由于长期处于静止状态，容易引起卡涩造成动作转速失常。所以调节系统是保证机组安全运行的最重要的环节。应保证转速调节系统在突然甩掉额定负荷以后，能够自动保持机组在全速空载运行是非常必要的。

甩负荷以后，转速飞升过高的原因通常有以下几个方面：
（1）燃料调节阀和燃料截止阀关闭不严；
（2）调节系统迟缓率过大或调节部件卡涩；
（3）运行方式不合理和调节失效；
（4）调节系统动态特性不良。

配备 Mark Ⅵ 控制系统的 9F 系列机组通常装置三个控制用测速传感器 77NH-1，77NH-2，77NH-3 以及三个保护用测速传感器 77HT-1，77HT-2，77HT-3。这种双份三冗余测速，对轮机转速测量的可靠性和准确性更高，因此已取消了机械超速装置。

4) GE 燃驱机组超速保护逻辑

(1) 西气东输一线、西气东输三线和西气东输二线新升级 GE 燃驱机组都是由 Mark VIe 的超速保护板卡控制燃料气截断阀 GSOV-1 和 GSOV-2 的供电，以实现超速保护功能。西气东输一线、西气东输三线和西气东输二线新升级 GE 燃驱机组没有本特利超速保护框架。只有西气东输二线 GE 燃驱机组有本特利超速保护框架。西气东输二线 GE 燃驱机组本特利超速保护框架安装在机柜间 UCP2。采集信号来自现场 UCP1 柜内 TREA 卡上的 WREA 转速复制卡。

(2) 西气东输一线：燃料气截断阀 GSOV-1 和 GSOV-2 的供电由 TRPG 和 TREG 发出，后经过 1 个 Mark VIeS 的 TRLYS 板卡的继电器通道，最后输出到现场燃料气阀门供电。

(3) 西气东输二线线 GE 燃驱机组燃料气截断阀 GSOV-1 和 GSOV-2 的供电未通过 TREA 板卡，是由本特利超速卡控制继电器进行超速保护。压缩机组转速由现场转速探测器传输至 TREA 卡，再分两路分别传输至 Mark VIe 和 WREA 复制卡再传输至 Bently Nevada 3500/53 超速检测模块进行逻辑判断实现机组超速保护。

Bently Nevada 3500/53 超速检测模块是一个单通道模块，主要用于超速保护应用程序的双模组或三模组中。该模块接收来自接近传感器或电磁式拾波器的速度脉冲输入，并使用该输入驱动报警。Bently Nevada 3500/53 超速检测系统的主要用途：一是通过持续比较当前机器速度与驱动报警信号的已组态警报设置点来提供机械保护；二是向操作员和维护人员提供基本的机器速度信息。警报设置点可使用 3500 机架组态软件进行组态。Bently Nevada 3500/53 超速检测系统是运用于超速停机系统中的一个组件。停机系统的整体性能取决于系统中的其他组件。

4.3.2.2　B211 机组超速控制

燃气轮机是一种高速转动的机械，其转动部件的应力和转速有着密切的关系，由于离心力正比于转速的平方，当转速升高时，因离心力所造成的应力将会迅速增加。当转速超出额定转速的 20% 时，应力就接近于额定转速时的 1.5 倍。叶轮等紧力配合的转动部件的松动转速通常也是按高于额定转速 20% 来设计的，如果转速升高到不允许的数值，会导致燃气轮机设备的严重损坏。因此，超速保护系统成为燃气轮机重要的保护装置之一。西门子燃驱机组采用硬件超速保护和逻辑超速保护两种方式对机组进行保护。其中，硬件超速保护系统采用罗克韦尔公司的 XM 系列模块，该系列模块完全独立于机组控制系统，其通过硬线与机组控制系统建立联系；逻辑超速保护是由机组控制系统对转速进行比较和判断[5]。

1) 超速保护控制逻辑

(1) NL 转速。

① PCS 程序。

使用超速保护系统三选二表决输出的干结点接入 PCS 相应通道后，执行跳机逻辑(图 4.3.10)。

② SIS 程序。

使用 NL1、NL2、NL3 三个转速探头做超速保护判断，3 个探头中有两个探头大于 7000r/min 时，执行超速保护跳机逻辑(图 4.3.11)。

图 4.3.10　PCS 超速保护逻辑

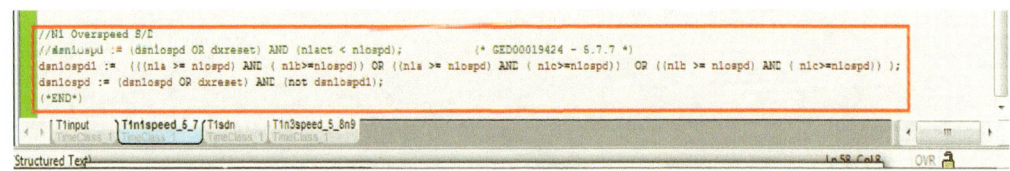

图 4.3.11　SIS 超速保护逻辑

③ ECS 程序。

使用 NL1、NL2、NL3 三个转速探头做超速保护判断，3 个探头中有两个探头大于 7000r/min 时，执行超速保护跳机逻辑（图 4.3.12）。

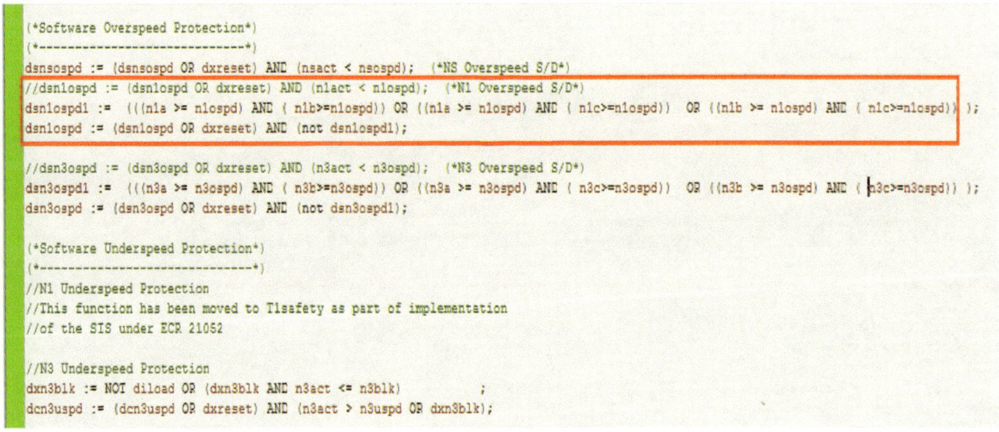

图 4.3.12　ECS 超速保护逻辑

④ 安全链逻辑。

使用超速保护系统三选二表决输出的干接点接入安全链中，执行超速保护跳机逻辑（图 4.3.13）。

（2）PT 转速。

① PCS 程序。

使用超速保护系统三选二表决输出的干结点接入 PCS 相应通道后，执行跳机逻辑（图 4.3.14）。

② SIS 程序。

使用 PT1、PT2、PT3 三个转速探头做超速保护判断，3 个探头中有两个探头大于 7000r/min 时，执行超速保护跳机逻辑（图 4.3.15）。

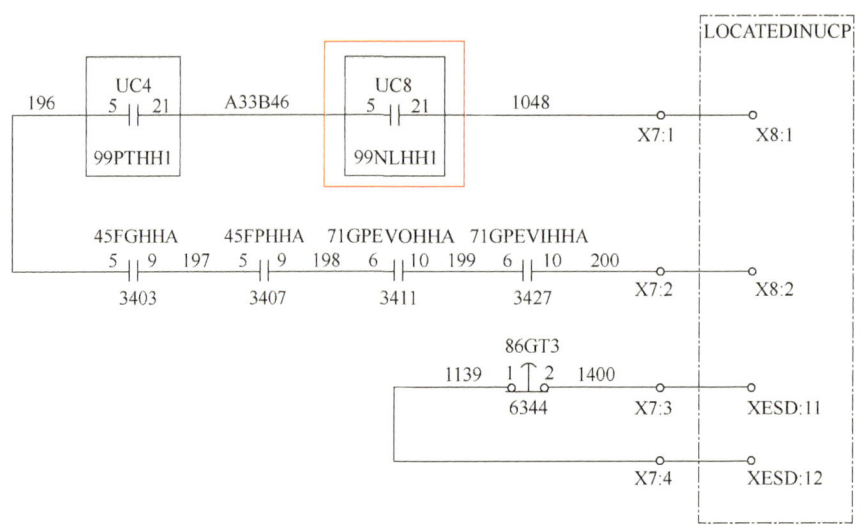

图4.3.13　NL转速安全链接线图

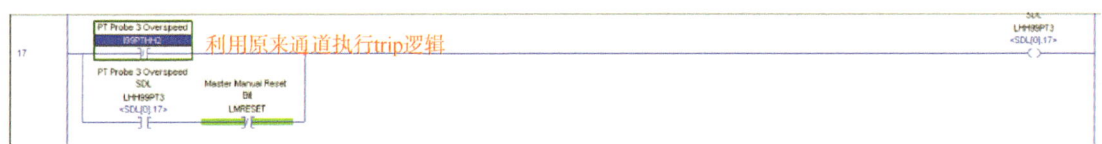

图4.3.14　超速保护逻辑

```
//N3 Overspeed S/D
//dsn3ospd := (dsn3ospd OR dxreset) AND (n3act < n3ospd);        (* GED00019424 - 5.8.7, 5.9.7 *)
dsn3ospd1 := (((n3a >= n3ospd) AND ( n3b>=n3ospd)) OR ((n3a >= n3ospd) AND ( n3c>=n3ospd))  OR ((n3b >= n3ospd) AND ( n3c>=n3ospd)) );
dsn3ospd := (dsn3ospd OR dxreset) AND (not dsn3ospd1);

// Overspeed Start-Up Bypass #3                (* GED00303977 *)
do3ptosst3 := n3act <= 500.00;

// Overspeed Start-Up Bypass #4                (* GED00303977 *)
do3ptosst4 := n3act <= 500.00;

// Overspeed Start-Up Bypass #5                (* GED00303977 *)
do3ptosst5 := n3act <= 500.00;
```

图4.3.15　SIS超速保护逻辑

③ECS程序。

使用PT1、PT2、PT3三个转速探头做超速保护判断，3个探头中有两个探头大于7000r/min时，执行超速保护跳机逻辑（图4.3.16）。

④安全链逻辑。

使用超速保护系统三选二表决输出的干接点接入安全链中，执行超速保护跳机逻辑（图4.3.17）。

（3）NS转速。

液压启动器NS转速大于4970r/min时，执行超速保护停机。

```
(*Software Overspeed Protection*)
(*----------------------------*)
dsnsospd := (dsnsospd OR dxreset) AND (nsact < nsospd); (*NS Overspeed S/D*)
//dsn1ospd := (dsn1ospd OR dxreset) AND (n1act < n1ospd); (*N1 Overspeed S/D*)
dsn1ospd1 := (((n1a >= n1ospd) AND ( n1b>=n1ospd)) OR ((n1a >= n1ospd) AND ( n1c>=n1ospd)) OR ((n1b >= n1ospd) AND ( n1c>=n1ospd)) );
dsn1ospd := (dsn1ospd OR dxreset) AND (not dsn1ospd1);

//dsn3ospd := (dsn3ospd OR dxreset) AND (n3act < n3ospd); (*N3 Overspeed S/D*)
dsn3ospd1 := (((n3a >= n3ospd) AND ( n3b>=n3ospd)) OR ((n3a >= n3ospd) AND ( n3c>=n3ospd)) OR ((n3b >= n3ospd) AND ( n3c>=n3ospd)) );
dsn3ospd := (dsn3ospd OR dxreset) AND (not dsn3ospd1);

(*Software Underspeed Protection*)
(*-----------------------------*)
//N1 Underspeed Protection
//This function has been moved to T1safety as part of implementation
//of the SIS under ECR 21052

//N3 Underspeed Protection
dxn3blk := NOT diload OR (dxn3blk AND n3act <= n3blk)
dcn3uspd := (dcn3uspd OR dxreset) AND (n3act > n3uspd OR dxn3blk);
```

图 4.3.16 ECS 超速保护逻辑

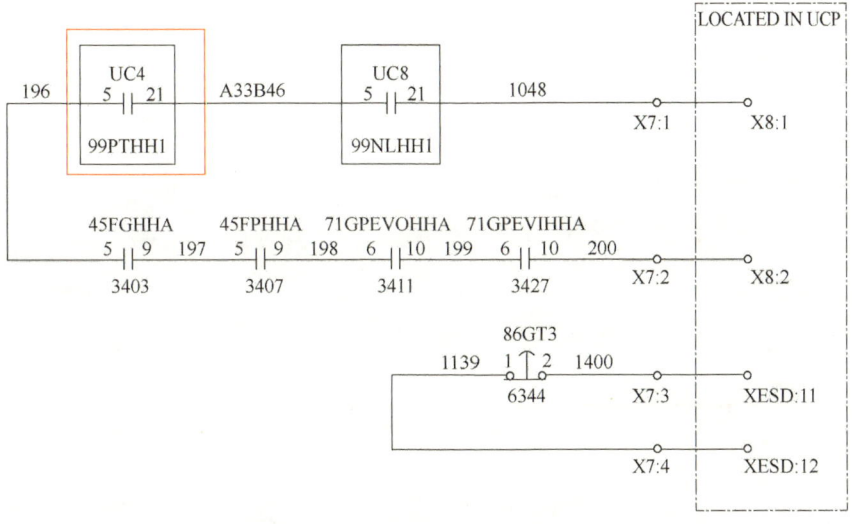

图 4.3.17 PT 转速安全链接线图

（4）开路检测。

① XM220 开路检测有两种模式，一种是 Xdcr fault，表征脉冲传感器的直流偏置电压超限；一种是 Tacho fault，表征转速或脉冲数为零。在测试发现如果转速是一分二配置时，当转速回路开路时，此报警设置不起作用，由于脉冲模块 IJ2 的电压反供给 XM220，造成直流偏置电压永远不会超限所致。因此，将此类转速信号（NL1、NL2、NL3、PT2、PT3）的报警设置改为 Tacho fault，将 PT4 的报警设置为 Xdcr fault，经测试效果良好。

② 在 XM220 中，将超速和回路故障（包括开路）视作同等效果，如下：

XM-220 模块的 3 路通道中任意 2 路超速触发系统超速。

XM-220 模块的 3 路通道中任意 2 路出现探头故障、供电故障或逻辑电路故障触发系统超速。

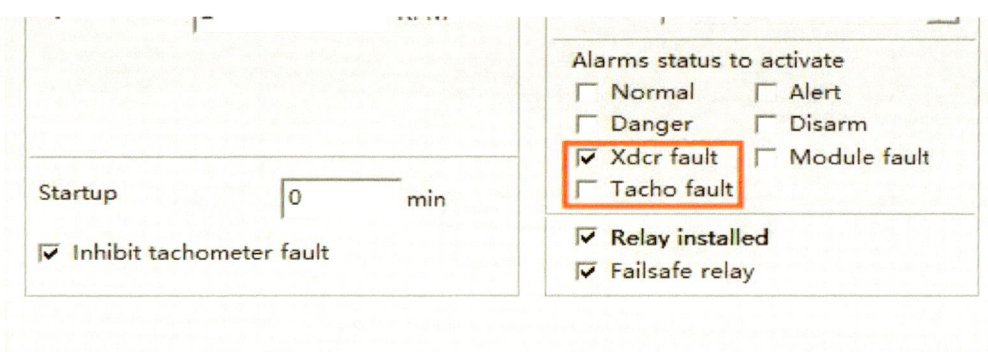

图 4.3.18 开路检测配置

开路检测手册说明：当转速信号开路时，会触发 XM220 的超速信号输出，同时上位机输出报警信息，如果两个 XM220 超速信号同时输出，会触发 XM442 输出跳机信号（图 4.3.19）。

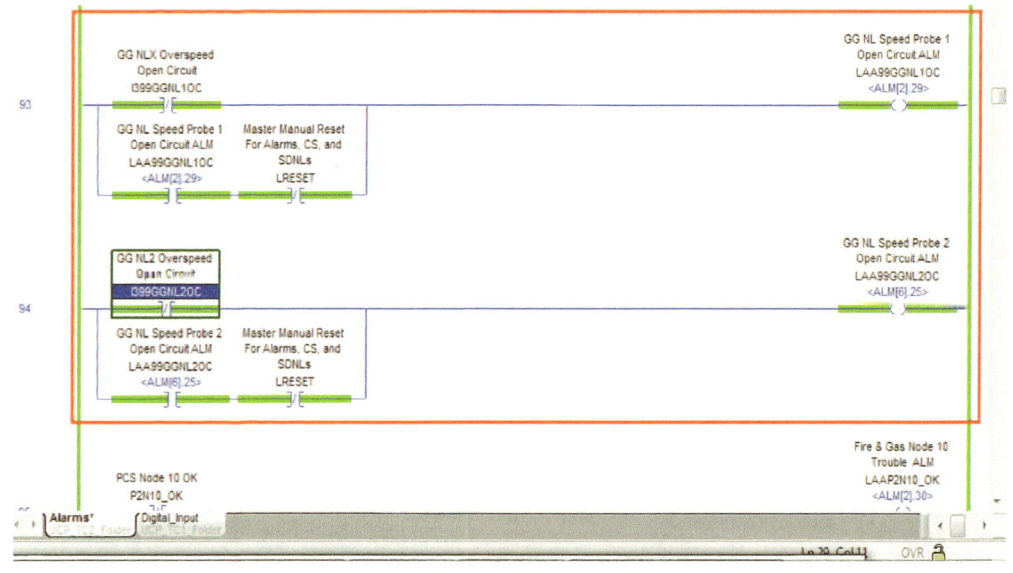

图 4.3.19 XM220 的超速和回路故障

③ 开路检测逻辑。

NL 超速保护系统投用逻辑：

小于 1500r/min 时，NL 超速保护系统处于屏蔽状态；GGNL1、GGNL2、GGNL3 只要有 1 个转速探头大于 1500r/min，延时 5s，NL 超速保护系统投用（图 4.3.20）。

小于 500r/min 时，NL 超速保护系统处于屏蔽状态；PT1、PT2、PT3 只要有 1 个转速探头大于 500r/min，PT 超速保护系统投用（图 4.3.21）。

超速保护硬件：

超速保护系统主要由三个 XM220 模块和一个 XM442 模块组成，XM220 分别引入 3 个 NL、PT 转速信号，做"三选二"逻辑判断后，XM442 继电器模块输出干结点信号，供安全继电器及 PCS 系统使用（图 4.3.22）。

图4.3.20　NL超速保护投用逻辑

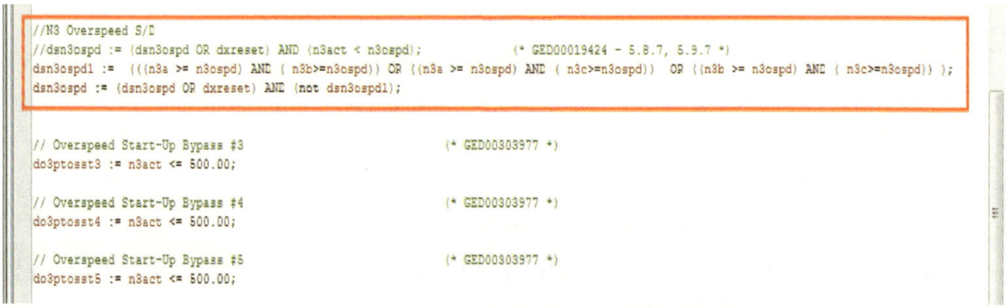

图4.3.21　PT超速保护投用逻辑

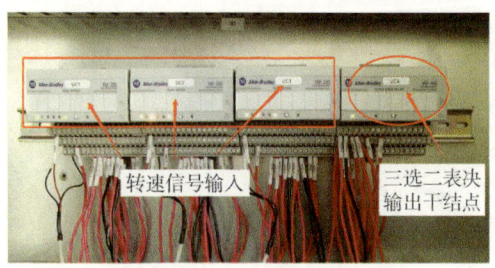

图4.3.22　超速保护系统

4.3.3　振动监视及保护

4.3.3.1　本特利3500系统概述

本特利3500系统可以完成设备运行状态监测、正常与故障数据采集与显示、故障诊断、性能分析等工作。工业中应用的大型设备都安装有许多不同种类的传感器用于检测设备的温度、振动、压力等信号，本特利3500系统便通过从这些传感器采集到的数据对设备进行监测、保护、分析和预处理。由于本特利3500监测系统可以采集多种设备监测传感器的信号，同时可以按照需求对信号进行各种处理与显示，能满足不同人群，如运行决策人员、设备管理人员和现场工程师等的不同需求。

本特利 3500 监测系统主要包括以下几个部分。

（1）传感器：可以是位移、速度、加速度、温度等不同的传感器，但其精度、量程等参数要符合本特利 3500 系统的要求

（2）监测模块：包括电源模块、瞬态数据接口模块、增强型键相位模块、16 通道继电器模块、Proximitor 监测模块、Proximitor/Seismic 监测模块、航空衍生型燃气轮机振动监测模块、超速保护模块和通信网关模块等。所有模块都安装在本特利 3500 系统安装架上，安装架如图 4.3.23 所示。

（3）软件系统：包括参数设置软件、数据采集/DDE 服务器软件、数据显示软件等。

（4）主机：需要满足数据采集、存储与显示的要求。本特利公司推荐 HP 工作站。

图 4.3.23 本特利 3500 系统安装架

传感器采集到的信号通过现场数据电缆传送到本特利 3500 监测模块内，由其对数据进行处理，并与用户所设定的报警值进行比较以决定是否需要报警。同时，还可以将这些数据传送至用户所需要的位置，如用于数据存储的主机、用于机械故障诊断数据读取的 TDIX 和 DDIX 通信处理器、继电器模块等。用户可以利用这些数据进行不同的后续处理工作。

4.3.3.2 本特利 3500 系统硬件

本特利 3500 监测系统有许多模块，用户可以根据需要选择其中的一部分组建自己的系统。西气东输长输管道所使用的主要模块如下：

3500-15 电源模块；
3500-22M 瞬态数据接口模块；
3500-25 增强型键相位模块；
3500-33 16 通道继电器模块；
3500-40M Proximitor 监测模块；
3500-42M Proximitor/Seismic 监测模块；
3500-44M 航空衍生型燃气轮机振动监测模块；
3500-53 超速保护模块；
3500-92 通信网关模块。

根据模块的名称便可基本知道其所具备的功能。

1）3500-15 电源模块

（1）模块说明。

电源模块只有本特利 3500 系统安装架的一半高，并且只能被装在左起第一个插槽内。一个本特利 3500 系统安装架至少安装有一个电源模块，也可以同时安装两个。此时，每一个电源模块都可以负担整个本特利 3500 系统安装架的正常运行。当一个电源模块有故障时，可以直接使用另一个模块，并且就算直接将一个电源模块从安装架中拔出也不会影响

本特利 3500 系统的正常运行。

电源模块同时支持交流与直流电源，可以选择的供电电源的电压范围也很宽。可以使用的供电电源为：20~30V（直流低电压）与 88~140V（直流高电压）的直流电源，以及 85~125V（交流低电压）与 175~250V（交流高电压）的交流电源。

图 4.3.24 所示为本特利 3500 系统的一个电源模块。当其左下方的"SUPPLY OK"指示灯亮时说明电源模块运行正常。电源模块在安装架中的位置如图 4.1.24 所示。西气东输二线中所使用的本特利 3500 系统装有两个电源模块，此时装在下方的电源模块为 3500 正常运行时所使用的电源模块，而上方的则作为备用电源使用。要求为两个电源模块供电的电网是相互独立的，这样可以保证其中一个出现故障时不影响另一个的供电。并且供电系统需要符合 EN IEC 61000-3-2：2019 的要求。

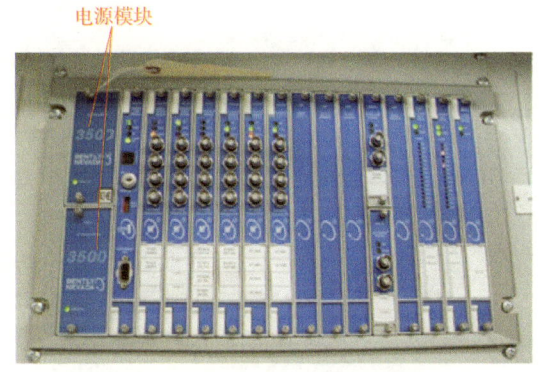

图 4.3.24　电源模块在安装架中的位置

四种电压不同的供电版本如图 4.3.25 所示。其接线需要参考"3500 Field Wiring Diagram Package"。在西气东输二线中所使用的是"交流低电压（AC High Voltage）"方式。

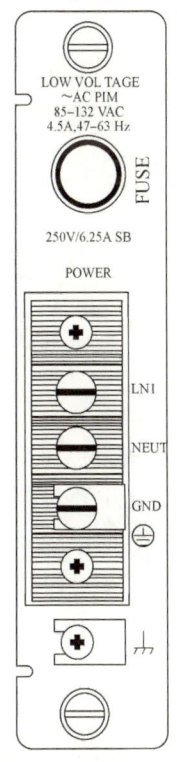 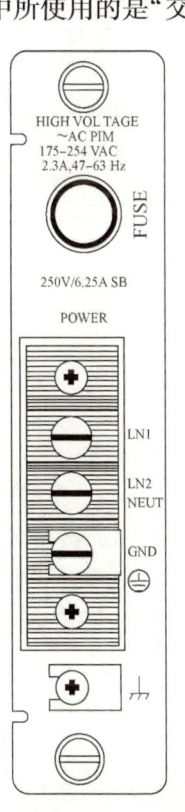 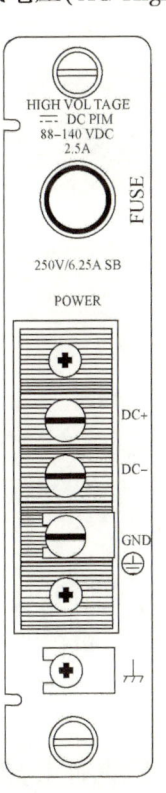 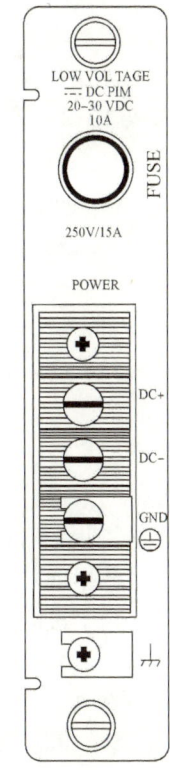

图 4.3.25　四种不同的供电方式

(2) 模块设置。

使用如图 4.3.26 所示"Rack Interface Module"界面收集电源模块的信息，然后使用参数设置软件(Rack Configuration Software)来设置系统的电源模块参数。

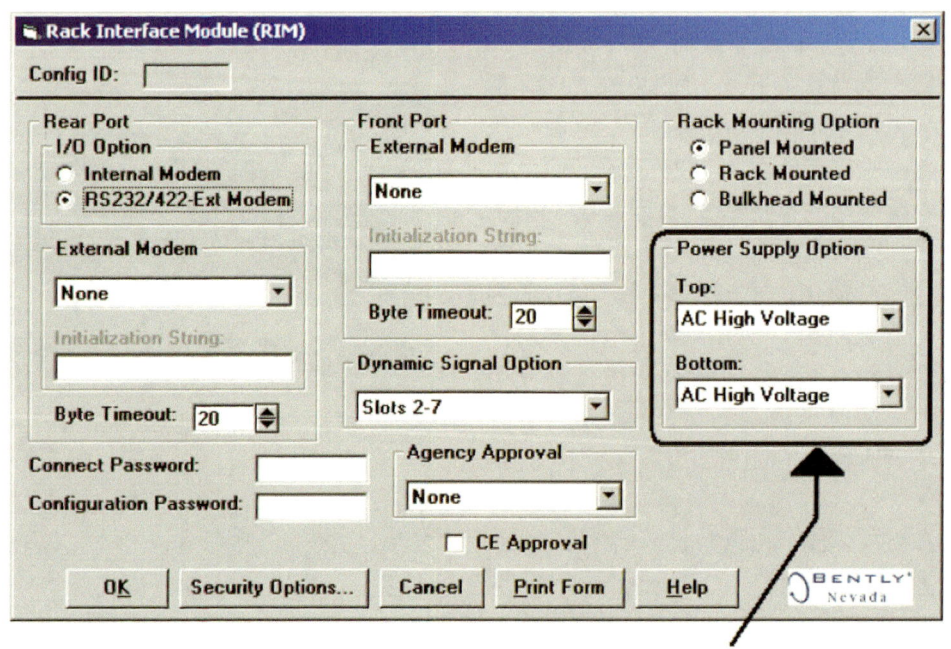

图 4.3.26 "Rack Interface Module"界面

图 4.3.26 中黑色箭头所示为两个电源模块的供电电源类型，可以有如下五种选项：

None；

AC High Voltage；

AC Low Voltage；

DC High Voltage；

DC Low Voltage。

2) 3500-22M 瞬态数据接口模块

(1) 模块说明。

瞬态数据接口模块(Transient Data Interface)具有一个集成的通信处理器，可以采集和存储所监测设备的数据信息，并将这些信息传送给电脑。设备的数据信息主要包括：稳态数据、动态数据、状态信息、速度数据，还有在起机和停时解发的一些数据，以及报警事件等。所有这些数据都是通过 TDI 模块传输给主机。如果传输出现问题，TDI 模块会暂时存储数据，等待与主机的通信正常后再传送给主机。此模块必须装安装在系统安装架的 1 号槽内，即紧临电源模块。图 4.3.27 为 TDI 模块的前面板和两种不同类型的后面板。

(2) 模块设置。

使用"Rack configuration Soft"软件来设置 TDI 模块参数，如图 4.3.28 所示，参数功能说明见表 4.3.1。

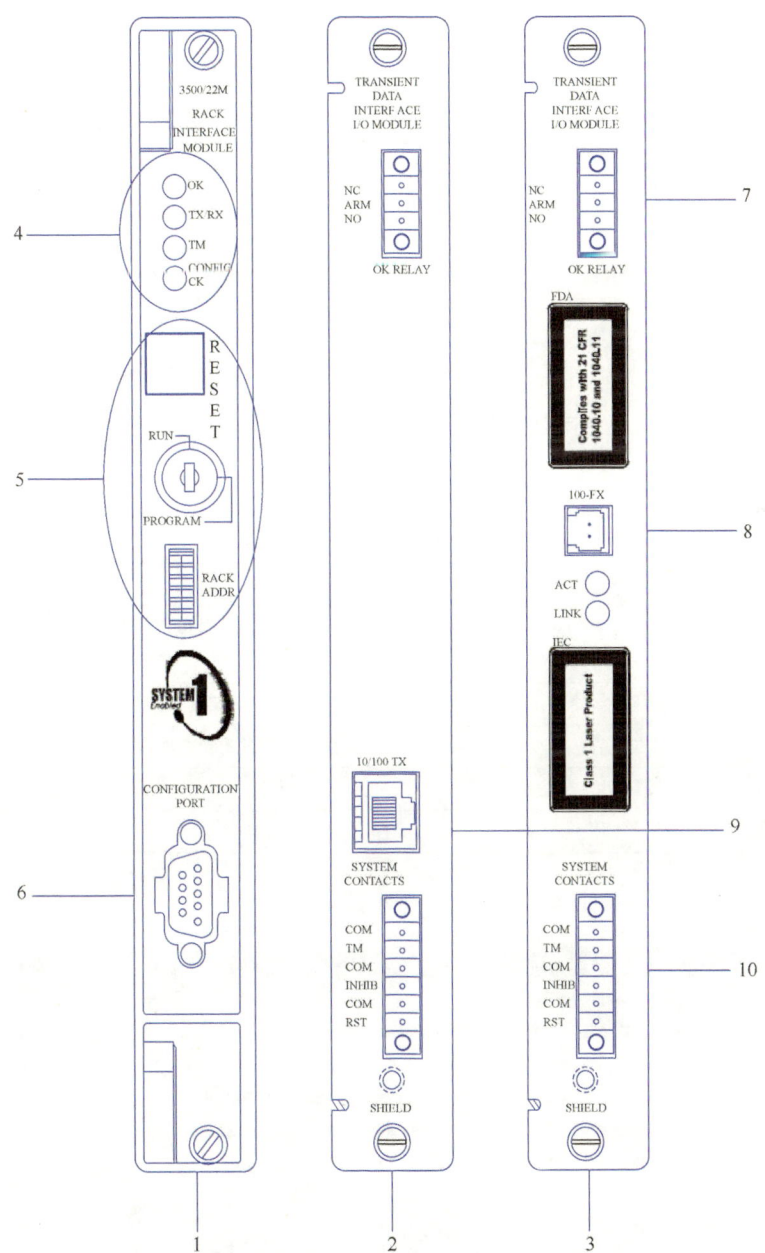

图 4.3.27 TDI 模块的前面板和两种不同类型的后面板

1—前面板；2—10 Base-T/100 Base-TX Ethernet I/O Module 后面板；
3—100 Base-FX Ethernet I/O 后面板；4—LED 灯为模块运行状态指示灯；5—硬件 Switch；
6—Configuration Port 为通过 RS232 协议设定或者重新获取设备数据；
7—OK RELAY 亮时表示系统运行正常；8—100-FX 为配置和数据采集通道；
9—10/100TX 为配置和数据采集通道；10—系统接线端

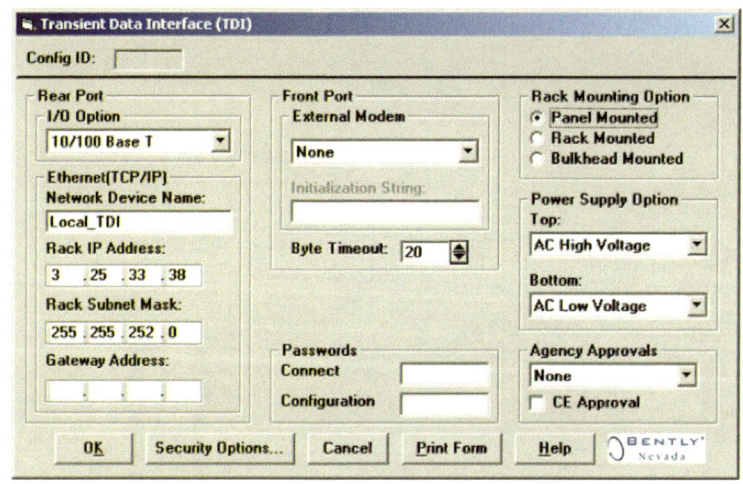

图 4.3.28　TDI 模块参数设置

表 4.3.1　TDI 模块参数功能说明

参　　数	功能说明
Rear Port/Front Port	TDI 有两个接口可以访问 3500 系统安装架的信息，并且可以同时运行。在此，可以对设备的连接方式进行设置
Ethernet	在此可以命名网络联接的名称，也可以设置系统安装架其他网络通信的参数
Passwords	设置 3500 系统的连接和配置密码。只有密码正确时才允许连接到 3500 系统和配置参数
Rack Mounting Option	设置安装架的安装方式
Power Supply Option	设置模块的供电方式

TDI/RIM 安装选项对话框如图 4.3.29 所示。

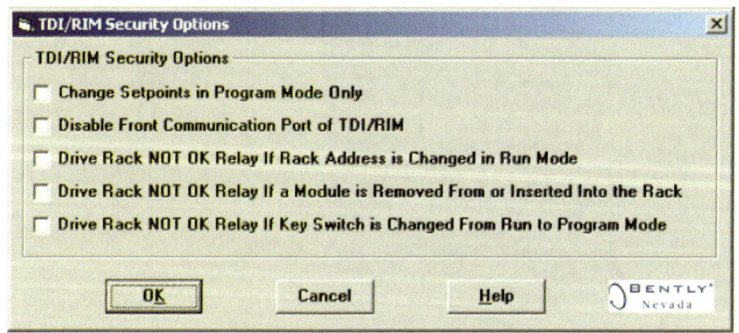

图 4.3.29　TDI/RIM 安装选项对话框

3）3500-25 增强型键相位模块

（1）模块说明。

增强型键相位模块（Enhanced Keyphasor Module）只有系统安装架的一半高，可以接收非接触式传感器和电磁式拾波器的模拟信号，并将模拟信号转换为数字信号传送给本特利 3500 监测系统。一个本特利 3500 监测系统可以有一个或两个键相位主模块和一个键相位

I/O 模块。一共有五种类型的键相位 I/O 模块，使用时可以选择其中一个就行了。图 4.3.30 为键相位主模块和五种 I/O 模块。

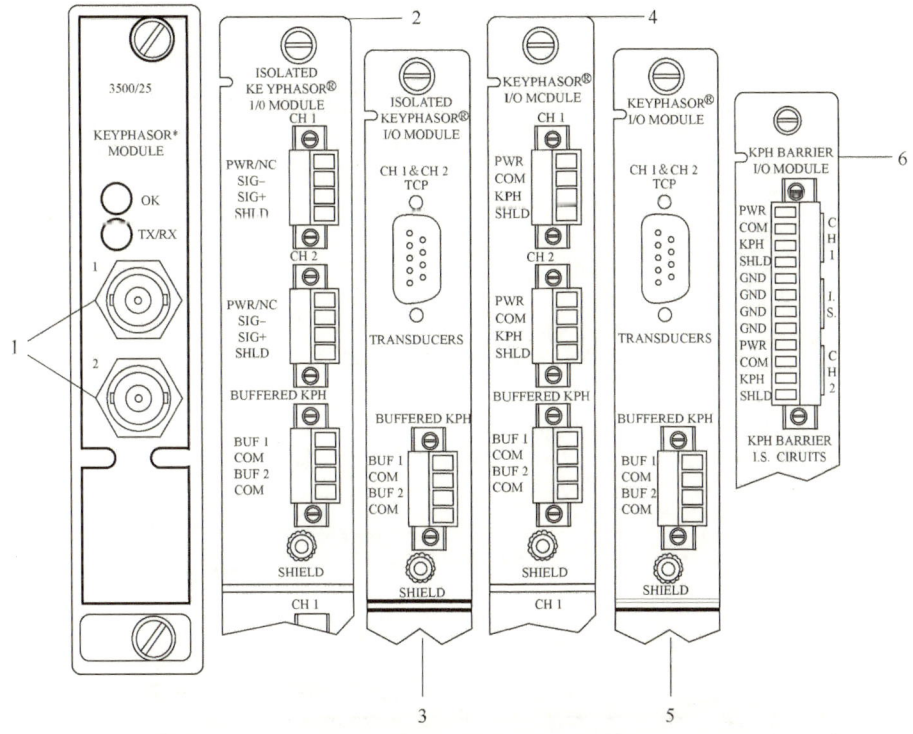

图 4.3.30　3500-25 增强型键相位主模块和五种 I/O 模块

1—键相位主模块；2—具有绝缘的内在的连接端子的键相位 I/O 模块；
3—具有绝缘的外在的连接端子的键相位 I/O 模块；
4—非绝缘的内在的连接端子的键相位 I/O 模块；
5—非绝缘的外在的连接端子的键相位 I/O 模块；6—有屏障的键相位 I/O 模块

在键相位主模块上有两个 LED 灯，用于指示键相位模块的运行状态，其不同的闪烁状态所代表的含义见表 4.3.2。

表 4.3.2　键相位主模块上两个 LED 灯运行状态时的含义

OK LED	TX/RX LED	含　意	推荐行为
常亮	闪烁	键相位模块运行正常	无
1Hz	1Hz	键相位没有正确配置	查看系统事件清单
5Hz	—	出现内部错误	查看系统事件清单
常关	—	键相位模块运行不正常； 键相位的变送器有问题； 不能提供可用的信号	查看系统事件清单和报警事件清单
—	不闪烁	模块不能正常传送数据	查看系统事件清单
"—"：表示在这种状态时，LED 灯的闪烁与系统无关			

(2) 模块设置。

使用"Rack Configuration Software"软件来配置增强型键相位模块,界面如图 4.3.31 所示,其配置参数的功能说明见表 4.3.3。

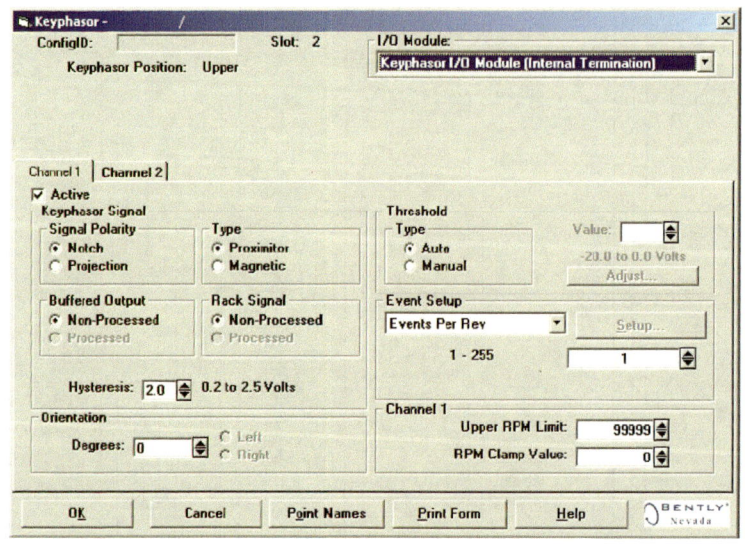

图 4.3.31 "Rack Configuration Software"界面

表 4.3.3 "Rack Configuration Software"界面的配置参数说明

配置参数	功能说明
Type	连接键相位 I/O 模块的变速器的类型
Hysteresis	当电压值低于或高于阈值一定量里,触发键相位条件信号
Threshold	键相位变送器信号的电压水平
Orientation	键相位变送器的安装位置
Upper RPM Limit	设置键相位测量值的最大值
RPM Clamp Value	当键相位变送器有问题时,对传输数据的限制
I/O Module	连接键相位模块的 I/O 模块的类型

4) 3500-33 16 通道继电器模块

(1) 模块说明。

16 通道继电器模块(16 Channel Relay Module)可以被用于大部分监测应用。虽然其有 16 个通道,但只使用了一个继电器为所有的通道提供支持。模块如图 4.3.32 所示。

(2) 模块配置。

利用"Rack Configuration Software"来配置继电器模块,软件界面如图 4.3.33 所示。

在 1(Standard Relay Association)中选择所需设置参数的通道编号,然后在 4(Available Monitors)中选择模块正确的模块,2(Available Monitor Channels/Alarms)中便会出现模块可以设置的所有报警信息,可以通过鼠标将信息拖至 3(Alarm Drive Logic)中,再加以适当的逻辑代码便完成了模块设置。逻辑代码可以通过点击 5(Operators)中的按键输入。

第 4 章 | 燃驱离心压缩机组控制系统控制操作

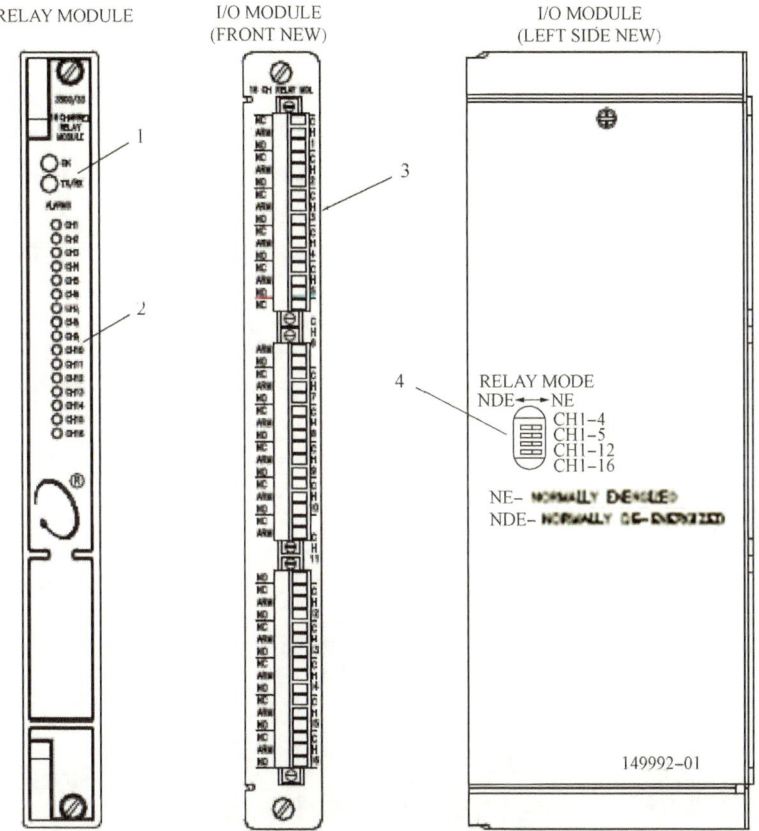

图 4.3.32　16 通道继电器模块

1—LED 灯指示模块运行状态；2—LED 灯指示通道运行状态；
3—模块的接线端；4—用于控制模块工作模式的开关

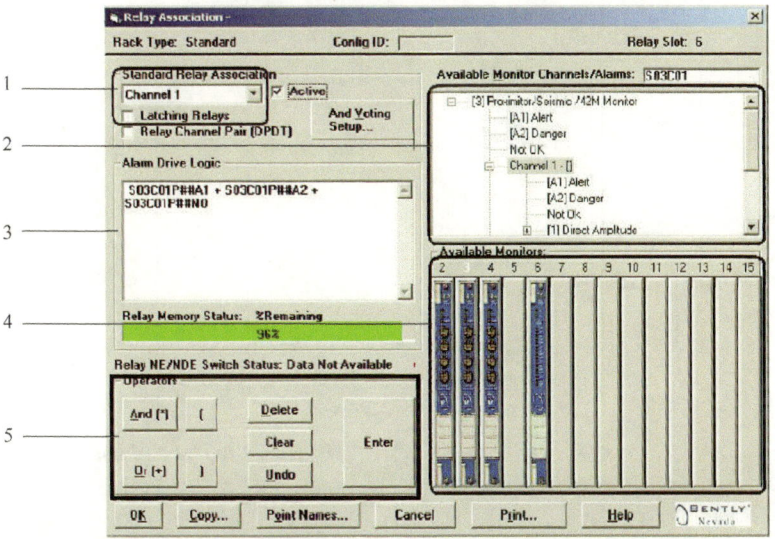

图 4.3.33　"Rack Configuration Software" 配置继电器模块界面

· 295 ·

5) 3500-40M Proximitor 监测模块

（1）模块说明。

3500-40M Proximitor 监测模块是一个具有四通道的监测模块。它可以接收 Proximitor 传感器传来的信号，并将这些信号与系统已经设置的报警值进行比较。这四个通道均可以利用"Rack Configuration Software"软件进行参数配置以正确接收信息。3500-40M Proximitor 监测模块的主要功能可以服务项目为两个方面，其一是接收设备数据信息并与报警设定值比较以驱动报警，其二便是将接收到的设备数据信息传送给操作员与设备维护人员进行后续分析。图 4.3.34 为模块前面板和 I/O 模块的平面图。

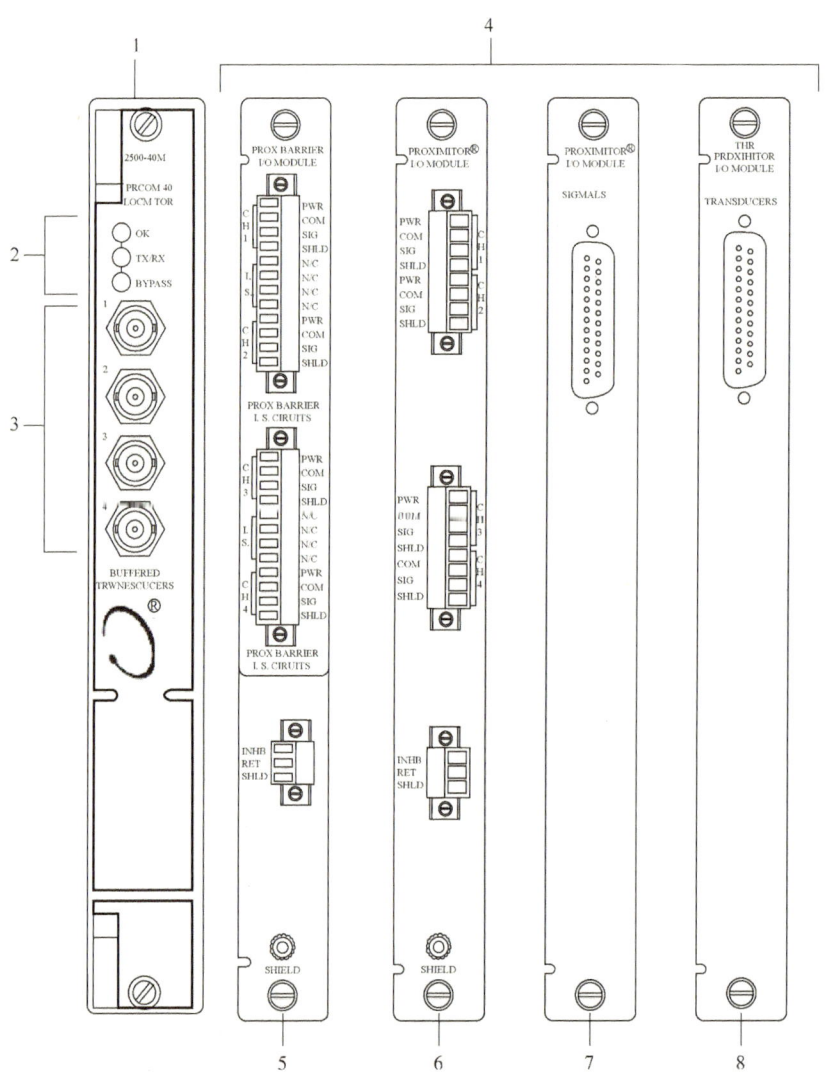

图 4.3.34　3500-40M Proximitor 监测模块前面板和 I/O 模块的平面图
1—模块前面板；2—LEDS 状态指示灯；3—具备缓冲变送功能的输出端；
4—I/O 模块的后面板；5—具有内部接线端带屏障的 I/O 模块；
6—具有内部接线端的 I/O 模块；7—具有外部接线端的 I/O 模块；8—具有外部接线端的冗余 I/O 模块

三个 LED 指示灯的作用分别是：

OK：表示模块运行正常。

TX/RX：闪烁时表示正在进行数据通信传输。

BYPASS：表示此时模块暂时没有起作用。

（2）模块配置。

利用"Rack Configuration Software"来配置本模块，配置界面如图 4.3.35 所示，模块选项功能说明见表 4.3.4。

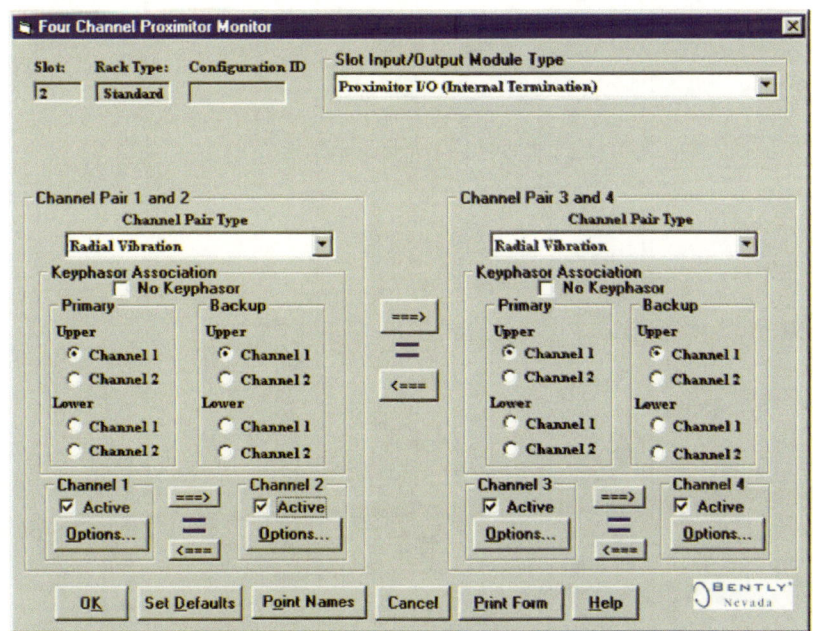

图 4.3.35　Proximitor 监测模块配置界面

表 4.3.4　Proximitor 监测模块选项功能说明

模块选项	功能说明
Slot	模块在 3500 安装架中安装的位置
Rack Type	系统 RIM 的类型
Configuration ID	一个唯一的六位标识，可以在配置时设置

6）3500-42M Proximitor/Seismic 监测模块

（1）模块说明。

3500-42M Proximitor/Seismic 模块与 3500-40M Proximitor 模块类似，同样也是一个四通道的监测器，可以接收 proximity 和 seismic 传感器送来的信号，并将这些信号与用户设定的报警值进行对比。同样也需利用"Rack Configuration Software"对模块的四个通道进行设置。其功能也与 Proximitor 模块分为相同的两部分。图 4.3.36 为模块前面板和后面板示意图。

(2) 模块设置。

利用"Rack Configuration Software"对模块进行配置,得到的配置界面共有两个,一个是设置监测选项,另一个则是设置每一个通道。图 4.3.37 为设置监测选项的界面,图 4.3.38 为设置通道的界面。

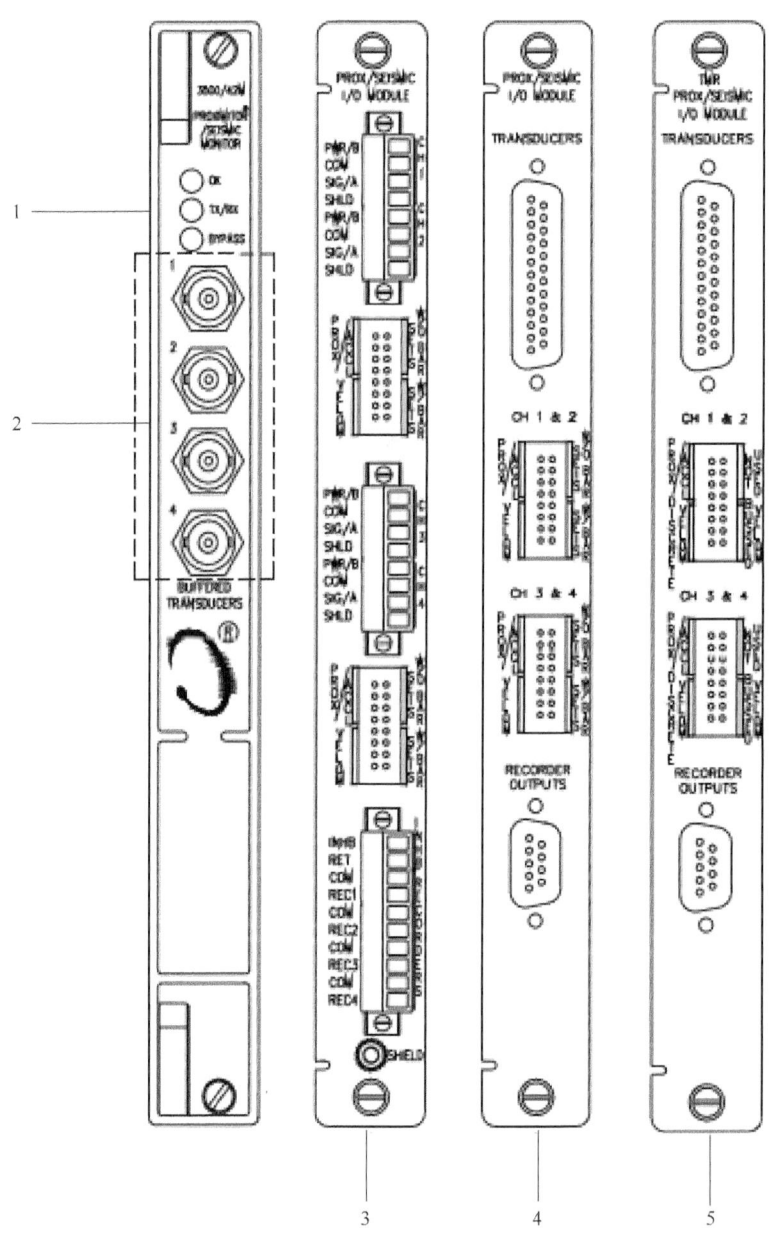

图 4.3.36 3500-42M Proximitor/Seismic 监测模块前面板和后面板示意图
1—LED 状态指示灯;2—具备缓冲变送功能的输出端;3—内置接线端的 I/O 模块;
4—外置接线端的 I/O 模块;5—外置接线端的冗余 I/O 模块

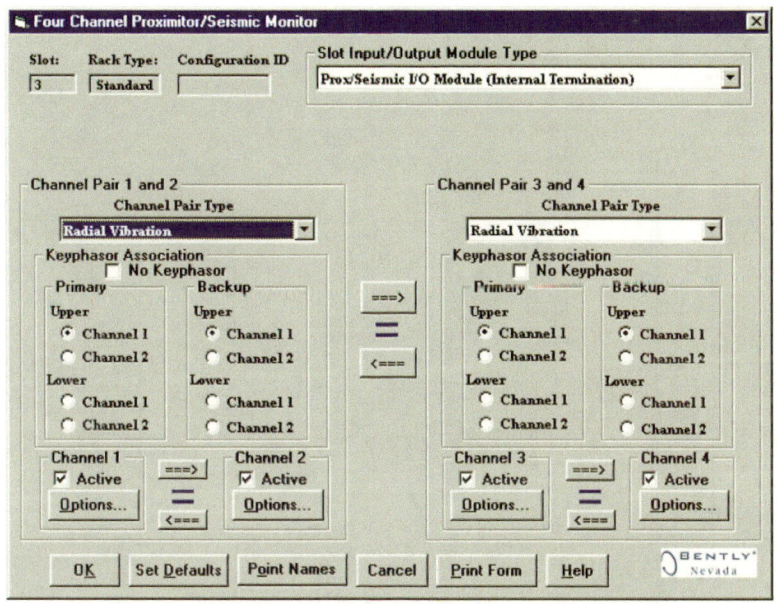

图 4.3.37　3500-42M Proximitor/Seismic 监测模块界面

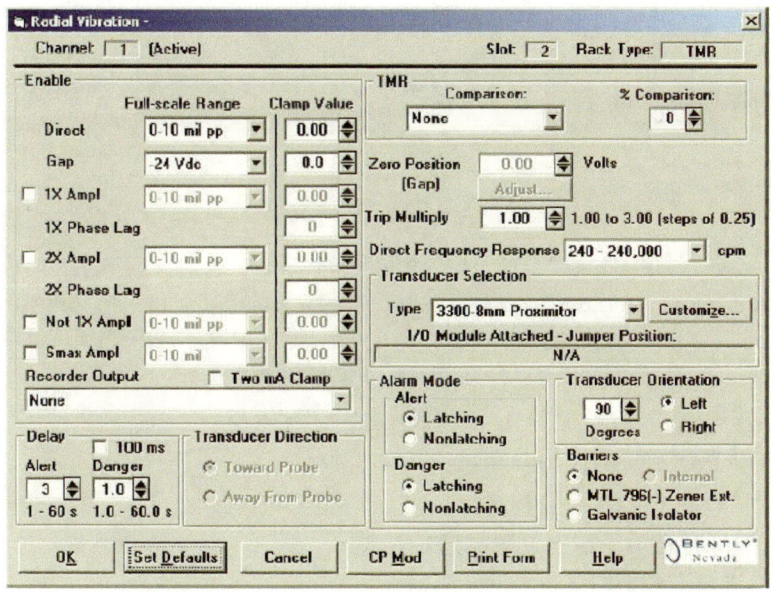

图 4.3.38　3500-42M Proximitor/Seismic 监测模块设置通道界面

7) 3500-44M 航空衍生型燃气轮机振动监测模块

(1) 模块说明。

航空衍生型燃气轮机振动监测模块(Aeroderivative GT Vibration Monitor)是一个专为航空衍生型燃气轮机而设计的，同样也是具有四个数据通道。模块可以接收速度和加速度信号，并且利用这些信号与报警设定值进行对比以驱动报警。模块前面板与不同类型的后面板的示意如图 4.3.39 所示。

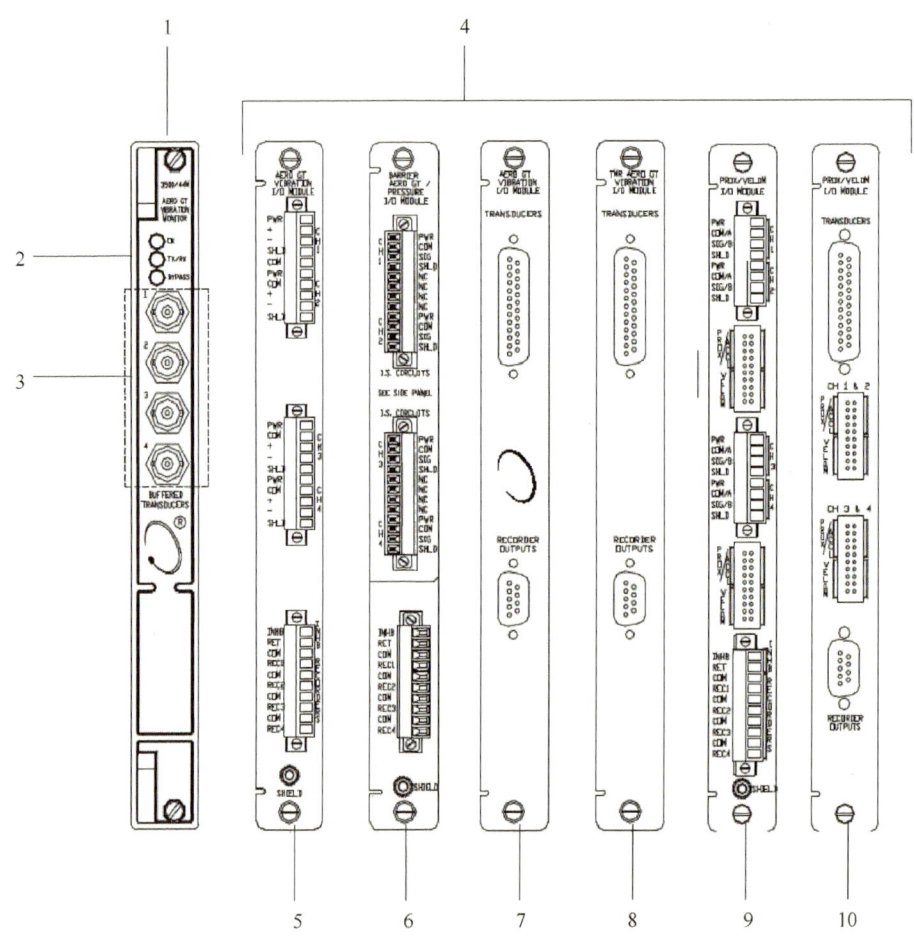

图 4.3.39 3500-44M 航空衍生型燃气轮机振动监测模块前面板与不同类型的后面板
1—模块前面板；2—LED 状态指示灯；3—具有缓冲变送功能的输出端；4—I/O 模块后面板；
5—内置接线端的 I/O 模块；6—内置接线端和屏障的 I/O 模块；7—外置接线端的 I/O 模块；
8—外置接线端的 TMR I/O 模块；9—内置接线端的 Prox/Velom I/O 模块；
10—外置接线端的 Prox/Velom I/O 模块

三个 LED 状态指示灯的作用分别是：

OK：表示主模块和 I/O 模块均运行正常。

TX/RX：闪烁时表示正在进行数据通信传输。

BYPASS：表示模块暂时不起作用。

(2) 模块设置。

使用"Rack Configuration Software"对模块进行参数配置，界面如图 4.3.40 所示。

8) 3500-53 超速保护模块

(1) 模块说明。

超速保护模块(Overspeed Detection Module)是一个只有一个通道的模块，一个 3500 系统安装架中可以安装两个或三个超速保护模块。它可以接收速度脉冲信号，并与报警设定值相比较以驱动报警等动作。

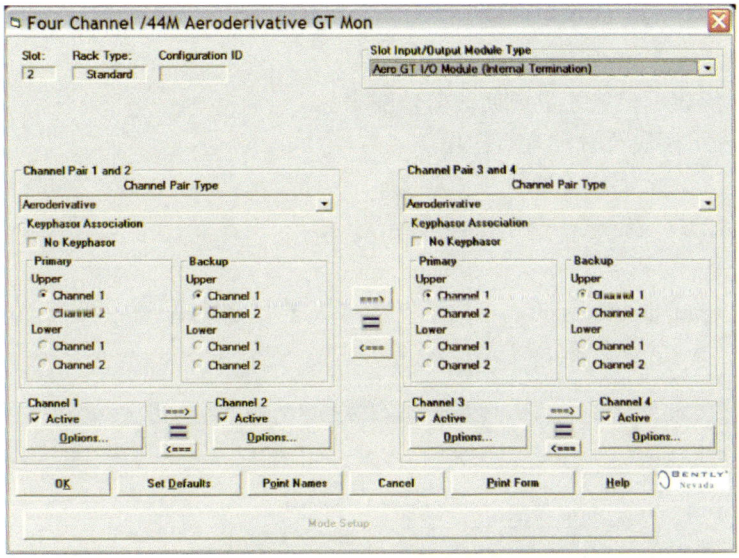

图 4.3.40　3500-44M 航空衍生型燃气轮机振动监测模块参数配置界面

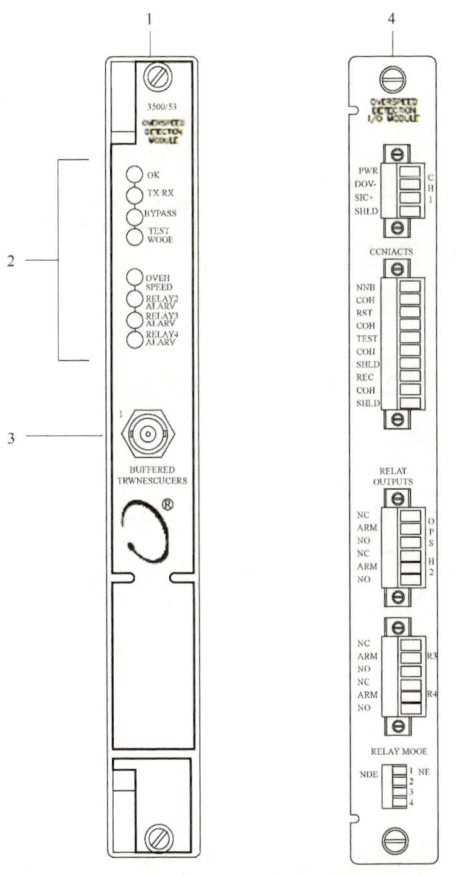

图 4.3.41　3500-53 超速保护模块

1—模块前面板；2—LED 状态指示灯；3—具有变送缓冲功能的输出端；4—I/O 模块后面板

5个LED状态指示灯的作用分别是：
OK：表示模块运行正常。
TX/RX：闪烁表示模块处于数据通信传输中。
BYPASS：表示模块暂时没有起作用。
TEST MODE：表示模块正处于测试状态。
RELAY ALARM：表示模块不同的报警信息。

（2）模块设置。

使用"Rack Configuration Software"软件对模块进行参数配置，配置界面如图4.3.42所示。

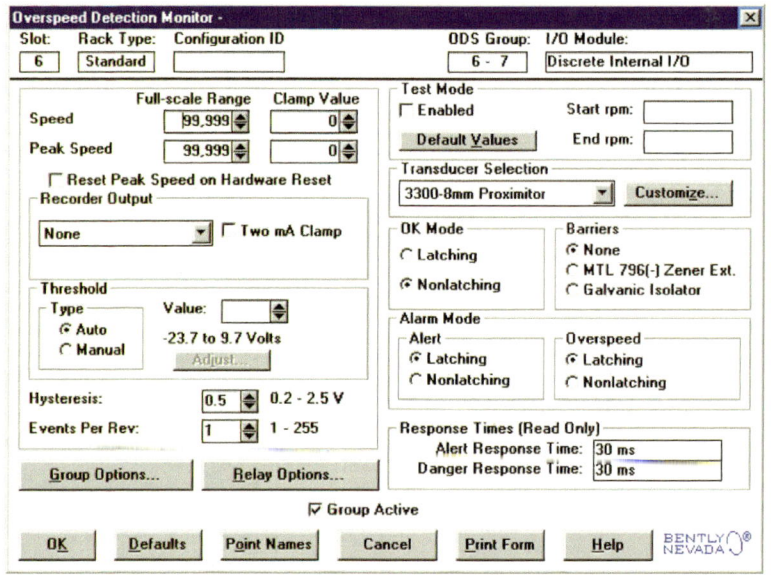

图4.3.42　3500-53超速保护模块的参数配置界面

9）3500-92通信网关模块

（1）模块说明。

通信网关模块（Communication Gateway Module）可以在3500监测系统和现场控制系统或者可编程控制器之间建立串口通信。模块利用内在一个高速数据采集模块采集数据并将数据传送给需要的上位机。

模块最高可以通过Ethernet与6台上位机进行通信。上位机可以是计算机也可以是安装有Modbus协议的其他设备。在一个3500系统安装架中只有安装一个一个通信网关模块。模块示意图如图4.3.43所示。

两个LED状态指示灯的作用分别是：
OK：表示模块运行正常。
TX/RX：闪烁表示模块处于数据通信传输中。

（2）模块配置。

利用"Rack Configuration Software"来配置模块，配置界面如图4.3.44所示。

第 4 章 | 燃驱离心压缩机组控制系统控制操作

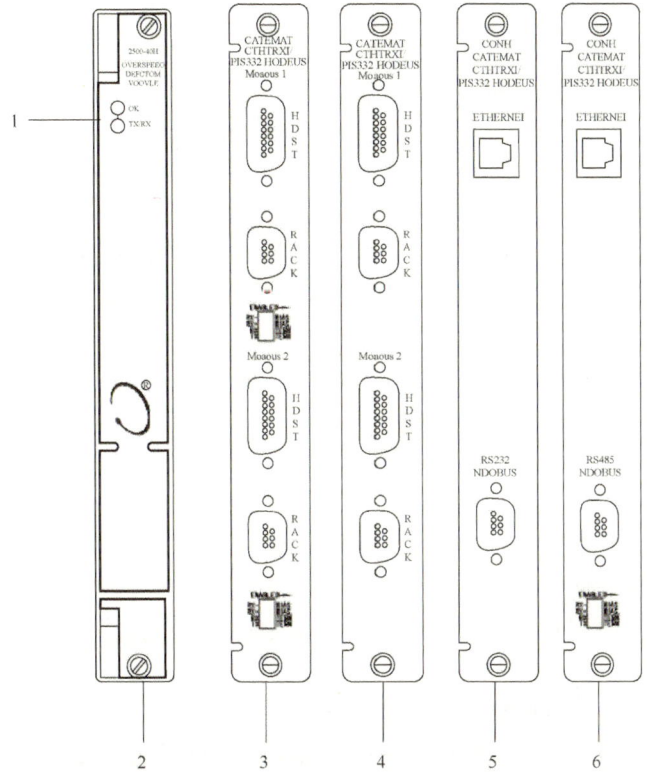

图 4.3.43 3500-92 通信网关模块

1—LED 状态指示灯；2—通信网关模块前面板；3—RS-485 I/O 模块；
4—RS-232/422 I/O 模块；5—Ethernet/RS-232 I/O 模块；6—Ethernet/RS-485 I/O 模块

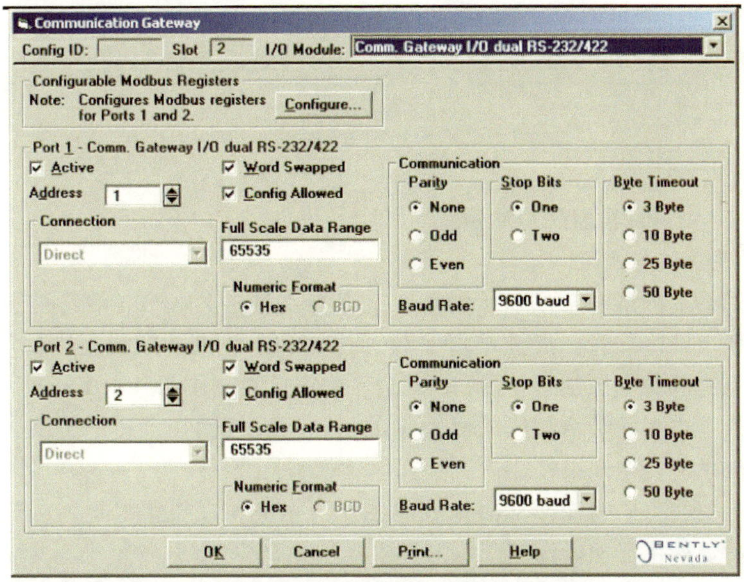

图 4.3.44 3500-92 通信网关模块配置界面

4.3.3.3 3500 组态软件

Bently Nevada 公司为 3500 监测系统提供了三个软件产品，分别是：

参数设置软件（Rack Configuration）；

数据采集软件（Data Acquisition/DDE Server Software）；

数据显示软件（Operator Display Software）。

其中参数设置软件负责配置 3500 监测系统的参数信息，完成系统的初始设置；数据采集软件负责读取监测系统采集的数据，并将其传送到用户指定的计算机中存储起来；数据显示软件则可以根据用户的需要按照不同的图表方式来显示数据方便用户使用。

1) 参数设置软件

参数设置软件可以用于配置一个新的系统安装架、建立一个系统安装架的设置文件和修改已有的系统安装架配置文件。本软件可以安装在任意一台计算机上，设置完成后保存设置文件，然后当连接上 3500 系统时将设置文件下载到 3500 系统上就行了。

2) 数据采集/DDE 服务器软件

数据采集/DDE 服务器软件负责机械监测数据的收集，并将其转换为数据显示软件、第三方开发的软件或其他商家的软件可以使用的数据类型。软件主功能为从 3500 系统安装架处收集机械监测、报警和事件数据，存储历史和实时数据。

3) 数据显示软件

数据显示软件可以显示由数据采集软件采集到的数据。安装数据显示软件的计算机必须连接上数据采集主机才能显示数据。这种连接可以通过以下方式进行：

(1) 数据显示软件与数据采集/DDE 服务器软件安装在同一台计算机上；

(2) 通过调制解调器远程连接到数据采集主机；

(3) 安装数据显示软件的计算机与数据采集主机同在一个网络中。

4.4 辅助系统及控制

4.4.1 润滑油系统

4.4.1.1 LM2500+机组润滑油系统

1) 矿物油系统流程概述

来自主滑油橇上的滑油泵出口管线上，一部分滑油通过一 3in 油管被引入矿滑油冷却橇。滑油通过橇上的冷却管，滑油被由变频马达 88FC1/2 带动的风扇冷却后再经一 4in 道管到达矿物油系统的温度控制阀 TCV110 入口，经温度控制阀 TCV110 分配后再进入轴承系统。以保证进入动力涡轮轴承和压缩机轴承的滑油温度控制在合适的范围内，使动力涡轮轴承和压缩机轴承能安全地工作[6]。

在冷却器上安装有矿物油冷却器排放电磁阀 XY106，在机组停运时，阀打开，油冷却器内的滑油全部返回主滑油橇油箱。

矿物油冷却器上的变频马达 88FC-1/2 受主滑油橇上的供油滤出口温度探头 TE/TT-105A/B 的控制。

在矿物油冷却器上还装有溢流管，部分多余的滑油经一3mm孔径的孔板通过1in管子返回油箱。

在矿物油冷却器上的风门挡板位置开关ZSH105与启动系统连锁，当挡板在打开位置时，启动被隔离。

在矿物油冷却器的进口和出口安装有现场指示温度表TI111/TI112以显示进出口温度。

2）矿物油橇的逻辑描述

当机组符合启动条件，并收到启动指令后即启动程序被执行，在0~10s内辅助滑油泵被启动，矿物油辅助泵马达88MQA-1启动，滑油被吸入油泵PL-2并通过管路经过一孔板，单向阀及手阀到达滑油温度控制阀TCV110进口。在辅助滑油泵PL-2出口管路上安装有辅助油泵出口压力表PI117，以测量辅助滑油泵PL-2出口压力。在辅助滑油泵出口管路上安装有一旁通管路，旁通管路上安装有一孔板，孔板直径为2mm，在孔板下游安装有观察窗F0177。滑油经观察窗流回油箱。此旁通管路的作用为通过观察窗检查辅助滑油泵的工作情况。

在辅助滑油泵出口至滑油温度控制阀进口还安装有孔板F0110，孔板直径为28mm。

在辅助滑油泵出口管路上还安装有压力控制阀PCV112，压力控制阀PCV112感受双联滑油滤FL-1A/1B后的压力，当压力达到175kPa时压力控制阀工作，将多余滑油泄放回油箱，以保证双联滑油滤后压力。

滑油温度控制阀TCV110接受来滑油冷却器出口滑油及主滑油泵/辅助滑油泵出口滑油，通过TCV110调节，温度控制阀TCV110设定出口温度为55℃，两路滑油在温度控制阀中被按一定比例混合，以达到出口温度控制在55℃，滑油温度控制阀为一气功控制阀，控制动力为仪表风。

（1）矿物油加热器逻辑。

环境温度低于0℃时，温度变送器检测到矿物油油箱温度低于122℉（50℃），自动启动矿物油加热器（加热器处于自动模式且无其余异常报警如矿物油油箱液位低、箱体检测到火焰等）；温度变送器检测到矿物油油箱温度高于127.4℉（53℃），自动停止矿物油加热器。

环境温度高于0℃时，温度变送器检测到矿物油油箱温度低于104℉（40℃），自动启动矿物油加热器（加热器处于自动模式且无其余异常报警如矿物油油箱液位低、箱体检测到火焰等）；温度变送器检测到矿物油油箱温度高于113℉（45℃），自动停止矿物油加热器。

（2）矿物油油箱温度低逻辑。

环境温度低于0℃时，温度变送器检测到矿物油油箱温度低于(122-3)℉（48.33℃）后：①压缩机组禁止启动[ITS]；②压缩机组禁止盘车[ITC]。温度变送器检测到矿物油油箱温度高于122℉（50℃）后解除ITS及ITC（无其余异常情况）。温度变送器检测到矿物油油箱温度低于(122-3)℉（48.33℃），停止自动状态下的油雾分离器风机，并输出矿物油油箱温度低报警。温度变送器检测到矿物油油箱温度高于122℉（50℃）后解除油雾分离器风机停命令（仍需辅助矿物油泵启动等条件启动风机）并消除报警。

环境温度高于0℃时，温度变送器检测到矿物油油箱温度低于(122-3)℉（48.33℃）后：①压缩机组禁止启动[ITS]；②压缩机组禁止盘车[ITC]。温度变送器检测到矿物油油箱温度低于(104-3)℉(38.33℃)，停止自动状态下的油雾分离器风机，并输出矿物油油箱温度低报警。温度变送器检测到矿物油油箱温度高于104℉(40℃)后解除油雾分离器风机停命令(仍需辅助矿物油泵启动等条件启动风机)并消除报警。

滑油经滑油温度控制阀出口到达双联滑油滤FL-1A/1B，滑油经过双联滑油滤中的任一个油滤过滤，当油滤两端压差PDIT107达到170kPa时会发出一个报警，运行人员可以就地切换滤芯，并可在任何运行状态下更换滤芯，该双联滑油滤的切换把柄在任何位置，滑油的流量都在100%，双联滑油滤出口管路上安装有滑油温度传感器。TE105/A-B，当滑油温度低于35℃时TE105A/B会发出一个低报警。当滑油温度达到72℃时TIT105A/B会发出一个高报警，矿物油冷却器辅助风扇马达启动，当TE105AB达到79℃高报警时，机组执行正常停机SD。

当滑油温度达到79℃时机组执行紧急停机SD。

双联滑油滤出口滑油进入动力涡轮，压缩机滑油系统将在下一章中详述。

在双联滑油滤上还安装有一3/4in管，该管从正在运行的滤中引出滑油，通过一直径为3mm的孔板再流经一观察窗FG119后直接返回油箱，此观察窗的作用为检查油滤工作情况。

当动力涡轮PT转速达到最小运行转速，也就是说当机组准备加负荷条件时，辅助滑油泵88MQA-1停止。

这时被压缩机驱动的主滑油泵PL-1已经达到供油能力，接替辅助滑油泵工作。

主滑油泵从油箱吸入滑油，出口滑油经一单向阀，一手阀到达温度控制阀TCV110入口，以后流经路线同辅助滑油泵流经路线。

在主滑油泵PL-1出口安装有一旁通单向阀，及主泵旁通孔板FO116，孔板直径为2mm。通过孔板的滑油流经观察窗FG175后回油箱。此观察窗目的为检查主滑油泵工作情况。

在主滑油泵出口还安装有主泵出口滑油压力表PI114，压力表安装于现场，还安装有主泵出口安全阀PSV115，该阀为机械控制阀，设定压力为1200kPa。当主泵出口压力达到1200kPa时压力阀泄压通过观察窗FG175回油箱，此安全阀为保护系统安全设计。

矿物油油箱压差高逻辑：矿物油油箱压差输出大于40mm H_2O 后，输出矿物油油箱压力高报警；压差输出小于40mm H_2O 后报警消除。矿物油油箱压差输出大于50mm H_2O 后，延时2s输出矿物油油箱压力高高报警，并执行保压紧急停机逻辑；压差输出小于50mm H_2O 后报警消除。

在此系统中还安装有应急滑油系统。

应急滑油系统是在被交流电驱动的88MQA-1失败的情况下启动，应急滑油泵马达使用110V直流电驱动，功率为5kW，用于机组的冷停机。

被直流电驱动的马达88MQE-1带动应急滑油泵旋转，滑油被吸入油泵，出口滑油到达单独的滑油滤FL-2，经过滤后的滑油经一带孔单向阀及一手阀供应到动力涡轮/压缩机滑油系统。在滑油滤两端安装有压差变送器PDIT109，当油滤压差达到170kPa时会发出一个高报警，当压差处于高报警状态时启动程序被隔离。

在滑油滤上有一引管，在引管上安装有一直径为3mm的孔板及一观察窗以观察应急滑油滤的工作情况。

矿物油油箱液位不健康逻辑：矿物油油箱液位不健康触发报警。

矿物油油箱液位高逻辑：液位计检测到矿物油油箱液位高于790mm，输出矿物油油箱液位高报警；液位计检测到矿物油油箱液位低于790mm，报警状态消除。

矿物油油箱液位低逻辑：液位计检测到矿物油油箱液位低于480%，触发矿物油油箱液位低逻辑，同时输出矿物油油箱液位低报警；液位计检测到矿物油邮箱液位高于(480+3)%，矿物油油箱液位低逻辑解除，同时报警状态消除。矿物油油箱液位低具体逻辑如下：

矿物油油箱加热器停止且禁止启动；

辅助矿物油泵禁止手动启动；

压缩机组禁止启动；

压缩机组禁止盘车。

在油箱顶部还安装有滑油加油口及油箱检查盖，通过检查盖能观察到油箱内部状况及通过检查盖清理油箱。

(3) 矿物油泵的逻辑描述。

① 油箱运行。

滑油箱加满符合等级的油；

检查液位；

检查油箱的加热器油箱温度在25~40℃；

辅助油泵出口阀打开；

检查辅助油泵电源，应急泵，分离器冷却器电源；

检查燃机，压缩机驱动是否准备好；

检查滑油滤的滤芯；

检查滑油滤的出口及排污口；

检查油冷器的排污阀关；

检查压力表，压差和变送器。

② 油泵和运行。

系统供应主滑油(经过冷却和过滤的)，温度和压力合适的润滑油到设备各个润滑点。

系统包括一个被离心式压缩机驱动的主滑油泵(PL-1)，被交流马达驱动的辅助滑油泵(PL-2)。

当滑油泵完全不工作时，一个应急滑油泵(PL-3)被直流马达88MQE-1驱动。

同样，当压缩机冷停，交流泵失败的情况下，直流泵启动。

矿物油泵是被设计用于连续运行的，但是机组停机及冷停计时器走完后不运行。

矿物油油箱液位和温度要在运行范围之内，如果液位和温度不正常，启动将被隔离并报警。

装置启动，矿物油系统自动启动，当液位和压力被恢复到允许范围之内，启动程序继续。

在正常运行期间，如果主机械泵出口压力低，辅助泵自动启动，如果正常条件被恢复，辅助泵能够在HMI上用手停止。

在正常运行期间，如果矿物油泵出口压力被探测到低，应急泵启动，和机组跳机。

（4）矿物油总管供油压力输出逻辑。

矿物油总管供油压力 a63mqt1a、a63mqt1b 经过健康判断，取（-1.133~58）psi（-7.8~400kPa）为压力变送器正常输出区间，变送器 A 的健康判断未通过而变送器 B 健康判断通过且数值正常则输出变送器 B 的数值；变送器 B 的健康判断未通过而变送器 A 健康判断通过且数值正常则输出变送器 A 的数值；变送器 A 与变送器 B 的数值偏差在 290psi（2000kPa）内，输出变送器 A 与变送器 B 数值的平均值；变送器 A 与变送器 B 的数值偏差大于 290psi（2000kPa），延时 0.1s 后输出变送器 A 和变送器 B 数值的最小值，且延时 10s 后输出矿物油总管供油压力偏差报警。

（5）矿物油总管供油压力变送器故障逻辑。

变送器 A 不健康或 STAI 相应通道故障或板卡故障输出矿物油总管供油压力变送器 A 不健康报警；变送器 B 不健康或 STAI 相应通道故障或板卡故障输出矿物油总管供油压力变送器 B 不健康报警；

变送器 A 与变送器 B 不健康报警同时触发，触发保压紧急停机逻辑；任一变送器恢复正常且执行主复位命令后跳机逻辑触发条件解除。

（6）矿物油总管供油压力低逻辑。

矿物油总管供油压力小于 20.3psi（140kPa）时，延时 60ms 输出矿物油总管供油压力低报警，再延时 0.5s 后启动矿物油辅助油泵，同时启机过程辅助系统（矿物油）条件不通过，同时禁止盘车、禁止启动；矿物油总管供油压力恢复后解除报警及相关，矿物油总管压力大于 23.2psi（160kPa）时启机过程辅助系统（矿物油）条件通过，允许盘车、允许启动。

机组运转状态，矿物油总管供油压力小于 13.1psi（90kPa）时，输出矿物油总管供油压力低低报警，同时执行矿物油压力低跳机逻辑；机组停机状态，矿物油总管供油压力小于 13.1psi（90kPa）时，执行工艺阀门保护逻辑（关压缩机进出口阀门，关加载阀，关防喘隔离阀）；矿物油总管供油压力大于 13.1psi（90kPa）时报警消除，逻辑触发条件解除。

如果矿物油泵出口压力恢复，应急泵自动停止。

当 PT 程序走完，和冷停周期结束，辅助滑油泵自动停止。

滑油从油滤出口进入滑油分配总管，经总管被分别进入动力涡轮前、后及止推轴承。压缩机前、后及止推轴承，减速齿轮箱。

润滑后的滑油经各自的回油管路自流回油箱。所有回油箱的管路都不可以存留滑油，并且所有的管路保持一定的倾斜度。

（7）矿物油油冷器的逻辑描述。

油冷器电机振动高逻辑：油冷器电机 1 振动高后输出油冷器电机 1 振动高报警，同时停止油冷器电机 1，油冷器电机 1 正常运行或手动复位后报警复位；油冷器电机 2 振动高后输出油冷器电机 2 振动高报警，同时停止油冷器电机 2，油冷器电机 2 正常运行或手动复位后报警复位。

矿物油油冷器回油温度不健康逻辑：矿物油油冷器回油温度不健康触发报警。

矿物油油冷器回油温度逻辑：矿物油油冷器回油温度低于（59-2）℉（13.89℃），禁止矿物油泵启动，ITS(禁止启动)，并输出矿物油油冷器回油温度低报警；温度变送器检测到矿物油油箱温度高于(68+2)℉(21.11℃)后解除，矿物油泵禁止启动命令，并解除矿物油油冷器回油温度低报警。

信号说明：油冷器通风挡板限位对应的变量为l33fc3，该变量为1代表油冷器通风挡板关限位，该变量取反作为油冷器通风挡板开限位。

油冷器通风挡板限位逻辑：油冷器2个风机均停止时油冷器通风挡板开限位或任一油冷器风机启动时油冷器通风挡板关限位均禁止启机(ITS)。

(8) 矿物油系统其他逻辑描述。

① 启动马达转速输出逻辑。取-1~11500r/min为转速探头正常输出区间，双探头均正常时输出两探头的最大值，探头A的数值超限或不健康而探头B数值正常则输出探头B的数值；探头B的数值超限或不健康(无论探头A是否正常)则输出探头A的数值；探头A与探头B的数值均超限或不健康，执行液压启动系统速度探头故障逻辑；探头A与探头B数值之差大于50r/min，延时5s后输出液压气动系统离合器转速故障报警。

② 液压启动系统速度探头故障逻辑。

触发条件(以下任一)：

启动马达转速与发动机转速之差大于50r/min，延时1s后触发；

启动马达拖转且点火前发动机转速与启动马达转速之差大于50r/min，延时1s后触发；

两个启动马达转速探头数据均超限或不健康触发。

执行逻辑(同时执行)：

触发液压启动系统速度探头故障报警；

辅助系统正常停机(NS)。

解除条件：触发条件解除并主复位。

③ 液压启动系统脱离故障逻辑。

触发条件：液压启动系统停止且启动马达转速大于4968r/min。

执行逻辑：触发液压启动系统脱离故障报警。

解除条件：触发条件解除。

④ 液压启动系统减速率高逻辑。

触发条件：启动马达转速加速度小于-1000；

执行逻辑：触发液压启动系统减速率高报警。

解除条件：触发条件解除。

⑤ 液压启动系统停止检查跳机逻辑。

触发条件(同时触发)：

液压启动系统停止后20s；

启动马达转速大于900r/min，延时0.4s。

执行逻辑(同时执行)：

触发液压启动系统停止检查跳机报警；

执行机组紧急停机(切断燃料气)。

解除条件：触发条件解除。

⑥ 液压启动系统超速跳机逻辑(WREA-HIMA)。

触发条件：启动马达转速大于5400r/min。

执行逻辑(同时执行)：

触发液压启动系统超速跳机报警；

执行机组紧急停机(切断燃料气)。

解除条件：触发条件解除并重启WREA。

⑦ 离合器温度输出逻辑：离合器温度a26sda、a26sdb经过健康判断，取(-70~390)℉(-56.67~198.89℃)为温度变送器正常输出区间，变送器A的数值超限而变送器B数值正常则输出变送器B的数值；变送器B的数值超限(无论变送器A是否正常)则输出变送器A的数值；变送器A与变送器B的数值均超限，延时1s后输出离合器温度变送器故障报警，同时执行正常停机(NS)；变送器A与变送器B的数值偏差在10℉(5.56℃)内，输出变送器A与变送器B数值的平均值；变送器A与变送器B数值偏差大于10℉(5.56℃)，输出变送器A和变送器B数值的最大值，且延时60s后输出离合器温度偏差报警。

⑧ 离合器温度变送器故障逻辑：

变送器A不健康或STTC相应通道故障或板卡故障输出离合器温度变送器A不健康报警；

变送器B不健康或STTC相应通道故障或板卡故障输出离合器温度变送器B不健康报警；

⑨ 离合器温度与合成油供油温度差逻辑：

合成油供油温度本逻辑中选取ATLUBHS，与合成油供油温度选择值(TLUBSEL)略有不同，取(-70~390)℉(-56.67~198.89℃)为温度变送器正常输出区间，变送器A的数值超限或错误，输出变送器B的数值；变送器B的数值超限或错误，输出变送器A的数值；变送器A的数值和变送器B的数值均超限或故障时输出-999.9℉(573.278℃)；变送器A与变送器B的数值偏差在10℉(5.56℃)内，输出变送器A与变送器B数值的平均值；变送器A与变送器B的数值偏差超过10℉(5.56℃)，输出两探头的最小值。

离合器温度选择值与合成油供油温度差大于45℉(25℃)时，延时1s输出启动系统离合器温度偏差报警，离合器温度与合成油供油温度差不大于45℉(25℃)时，报警消除；液压启动系统拖转时离合器温度与合成油供油温度差大于54℉(30℃)时，延时1s输出启动系统离合器温度偏差跳机报警，同时执行ESP，轴停止或主复位后，报警消除。

(9) 合成润滑油系统流程概述。

燃气发生器滑油系统是正排量再循环型，油流量是随发动机转速直接变化的。油从一个油箱供到滑油和回油泵，滑油单元泵将油经管道分配到轴承和齿轮区的油喷头，油喷到轴承和齿轮后，在回油池中被收集。从回油池流到回油泵单元，并重新回到油箱。滑油系统提供给轴承，齿轮和花键防止过热。泵的供应经油管到元件和要求润滑的地方。油嘴将油直注入轴承、齿条和花键。

润滑油的规格：MIL-L-23699。

燃气发生器润滑油系统为压气机前、后轴承，高压涡轮轴承及输入齿轮箱轴承及输入齿轮箱和垂直传动轴的轴承提供润滑油，并可为可调导叶片提供控制油，还为压气机转子前、后传动花键提供润滑油，供应到启动机的离合装置，为附件齿轮箱的传动齿轮提供滑油，它要保证燃气发生器的正常运行和调节控制。

① 合成润滑油撬的逻辑说明。

当燃气发生器被驱动，合成润滑油系统便开始运行。

装在附件齿轮箱（AGB）后端面上的油泵组件上的供油泵 PL-1，从油箱吸油增压，滑油从一个容量为 640L 的油箱 TK-1（用不锈钢制造）的离箱底 1.5in 的吸入口吸入。

② 合成油箱温度 TT-127 输出逻辑：

TT-127≤33℃输出 L26QL，启动合成油箱电加热器。

TT-127≥40℃输出 L26QM，切断合成油箱电加热器。

TT-127≤-7℃输出 L26QN，触发 L3ARS_LO、L3ARC_LO 变 False，禁止机组启动，并在 HMI 显示合成油箱温度低报警 L26QN_ALM。

润滑油供应总阀 ZSH131 带有位置开关，运行时开关应在全开位置。

③ 润滑油供应总阀 ZSH131 探头输出逻辑：

现场 ZSH-131 信号输入到 UCP1 的 MTL8000 模块，输出 ALM/SLOMVLVNOPAL 合成油泵主阀没有全开报警。输出 L33SQVLV_ALM 机组停止时合成油手阀没有关闭报警；输出 PERM2STAART 机组允许启动为 True。

通过一进口油滤到达安装在附件齿轮箱上的组合滑油泵上的供应滑油泵 PL-1 入口，被附件齿轮箱（AGB）驱动的供油泵 PL-1 将滑油供应到 FL1-1/2 合成油系统进口双联油滤进口。在供应泵 PL-1 两端安装有压力安全阀 PSV132，该阀设定回油压力为 1370kPa，当 PL-1 出口压力大于 1370kPa 时安全阀将多余滑油泄放至 PL-1 进口，以保护 PL-1。

FL1-1/2 为双联滑油滤，油滤两端安装有压差变送器 PDIT137，当压差达到 135kPa 时会发出一个压差高报警，运行人员应及时将油滤切换至备用油滤。油滤出口管路上还安装有一个设定压力为 27kPa 打开的单向阀。

滑油从单向阀出口通过一根 1in 管道进入在燃气发生器上的滑油系统，然后分成二路。

第一路流程：部分滑油进入液压泵 PH-1，滑油在由附件齿轮箱（AGB）驱动的液压泵 PH-1 的作用下压力进一步提高，出口油压约为 5200kPa。再经一 25μm 的出口油滤 FH-1 到达可调导叶伺服阀，伺服阀进口有一油滤，有涡轮控制的四路伺服阀 XV141A/B 按照转速变化的要求改变伺服阀 XV141A/B 出口开度以控制作筒打开/关闭位置及打开/关闭速度，在作动筒外套上安装有可调静叶位置传感器 ZT143A/B，以返馈可调导叶实际工作位置。伺服阀 XV141A/B 有四路，一路为高压滑油进口，一路为工作过后的滑油出口，一路为到达作动筒活塞上部，一路为到达作动筒活塞下部。工作过后的滑油由伺服阀 XV141A/B 出口到达滑油供应泵 PL-1 出口管路，与供应泵 PL-1 出口滑油汇合。

第二路流程：通过一设定压力为 27kPa 的单向阀到达燃气发生器滑油分配总管，在分配总管上安装有合成滑油供应温度热电偶 TE147A/B。滑油总管被分成五路，分别到达相应的工作点。下面分别介绍每一路的流程。

第一路：从滑油总管到油气分离器，以润滑油气分离器轴承，轴承回油至附件齿轮箱（AGB）内，在总管至油气分离器上还分出一根 1/4in 细管，将部分滑油引至液压启动机上的启动离合器内，以润滑和冷却离合器，离合器回油通过一根 1/2in 管又返回至燃气发生器上的附件齿轮箱（AGB）内，附件齿轮箱的回油由回油泵 PS-1，PS-2 共同承担。回油抽至回油总管，在回油管路上安装有滑油回油温度传感器 TE151A/B，测量附件齿轮箱回油温度。

第二路：从滑油总管到传输齿轮箱(TGB)。以润滑及冷却齿轮箱内轴承及齿轮。回油由回油泵 PS-3 抽回至回油总管，在传输齿轮箱(TGB)至回油泵 PS-3 的管路上安装有滑油回油温度传感器 TE156A/B。

④ 合成油供油温度输出逻辑：

TLUB_A 与 TLUB_B 偏差大于 10℉，输出温度偏差报警 TLUBHDFALM；

TLUBSEL 大于 200℉，输出温度高报警 TLUBHIALM；

当 GG 转速大于 4600r/min，TLUBSEL 不大于 20℉，输出供油温度低报警 TLUB-LOALM；

TLUBSEL 不小于 90℉，允许加载；

停机逻辑：TLUB_A 与 TLUB_B 同时故障，机组正常停机 TLUBFLT_NS；

第三路：从滑油总管到燃气发生器前轴承，润滑冷却前轴承，回油由前轴承的"A"收油池先返回到传输齿轮箱，再和第二路使用共同的回油管路。

第四路：从滑油总管到燃气发生器中央轴承，润滑中央轴承的支承轴承和止推轴承。回油通过中央轴承的"B"收油池经滑油回油泵 PS-4 抽回至滑油总管。在"B"收油池至回油泵 PS-4 的管路中装有"B"收油池回油温度电偶 TE161A/B。

第五路：从滑油总管到燃气发生器后轴承。润滑和冷却后轴承，回油通过后轴承的"C"收油池经滑油回油泵 PS-5 抽回至滑油总管。在"C"收油池至回油泵 PS-5 的管路中装有"C"收油池回油温度电偶 TE166A/B。

SUMP(ABC)回油温度输出逻辑：探头 1(TAGB_A)的数值超限或错误，输出探头 2(TAGB_B)的数值；探头 2 的数值超限或错误，输出探头 1 的数值；探头 1 的数值和探头 2 的数值均超限或故障时输出-999.9℃；探头 1 与探头 2 的数值偏差在(10℉)范围内，输出探头 1 与探头 2 数值的平均值；maxSel 激活，输出探头 1 和探头 2 数值的大值；其余情况输出探头 1 和探头 2 数值的小值。

停机逻辑：a. 探头 1 的数值和探头 2 的数值均超限(大于 390℉或低于-40℉)或故障，机组正常停机，执行 NS。b. 探头 1 或探头 2 高于 340℉低于 390℉，高高报警，机组延时 10s 执行 DM 程序，降到最小负载。

⑤ 滑油泵的逻辑说明。

泵是六单元式正排量叶片型泵，一个单元用于供油(装有一个压力安全阀)，5 个用于回油，每个单元内有一个进口滤网。

回油经回油孔进入泵，在 5 个回油泵的进口装有磁性检屑器 QE152，QE153，QE157，QE162，QE167 分别检拾各自回油管内的金属屑，及以此为以据判断各润滑部件的磨损情况及趋势。

然后经过各处的进口滤网，进入回油单元，5 个回油单元的出口是在泵内连接起来的，并经一个公共的出油孔排出，在公共的出口管上装有磁性检屑器和单向阀。

回油系统的组成：

回油泵 PS-1，PS-2，PS-3，PS-4，PS-5。

回油双联油滤 FL2-1，FL2-2。

回油压力安全阀 VR2-1 设定压力为 1200kPa。

滑油/空气分离器。

回油单向阀装在泵回油排出管上,最大压差为14kPa。单向阀的作用是在停机时防止回油管线中的油返回到收油池和齿轮箱。

⑥ 合成油供油压力输出逻辑:

PLUB_A 与 PLUB_B 偏差大于 24.13kPa,输出偏差报警 PLUBDFALM;

PLUBSEL 小于 172.37kPa,输出供油压力低报警 PLUBLO_ALM;

停机逻辑:当 4500r/min<NGG<8000r/min 时,供油压力 PLUBSEL 小于 41.37kPa,输出供油压力低正常停机 PLUBLLESN;

PLUBSEL 小于 103.42kPa,输出供油压力低低紧急停机 PLUBLOESN;

PLUB_A 与 PLUB_B 同时故障,输出探头故障紧急停机 PLUBFLTESN;

油气分离器。

油气分离器是将所有回油腔中产生的油气收集起来,经分离器后将大部分油气凝聚成油而从油气中分离出来,这部分油被收集后回到齿轮箱油池中,目的是防止油雾气直接排入箱体,不仅造成过多的滑油损失,而且还污染环境并成为火灾的隐患(图4.4.1)。

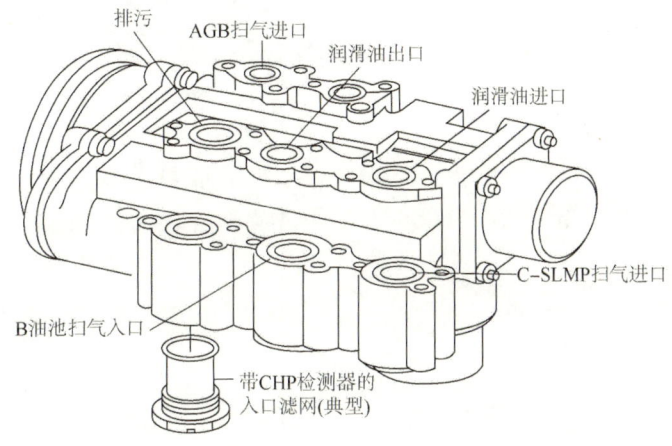

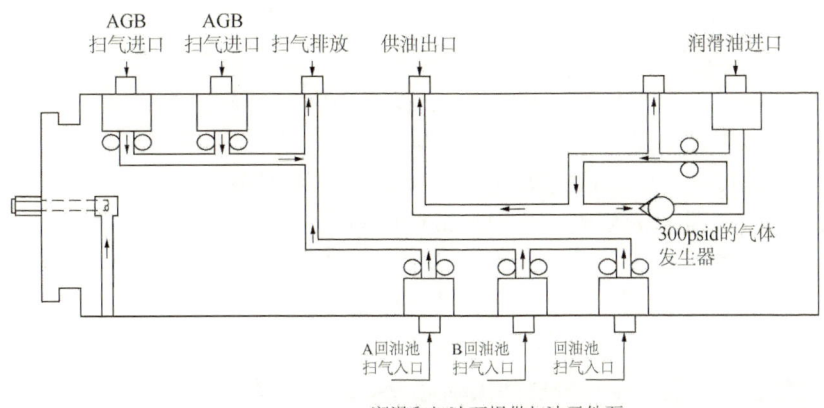

图 4.4.1 滑油泵结构图及安装位置

油气分离器是由金属钣材制的叶轮和铸铝壳体组成(图4.4.2)。叶轮是由两个门形环,相叠扣起,形成一个门字通道,两环之间装有若干叶片使门形环连接成一个叶轮,内环上的法兰用来装在旋转轴上。外环的外表面有许多小孔,凝聚的油滴在离心力作用下甩向外壁,经外壁上的孔被外壳收集,由底部排油孔返回附件齿轮箱。为防止滑油和油雾从叶轮端部流出,分离器设有两个迷宫式密封,在两个增压密封装置之间的空腔用压气机第9级抽气来加压密封。

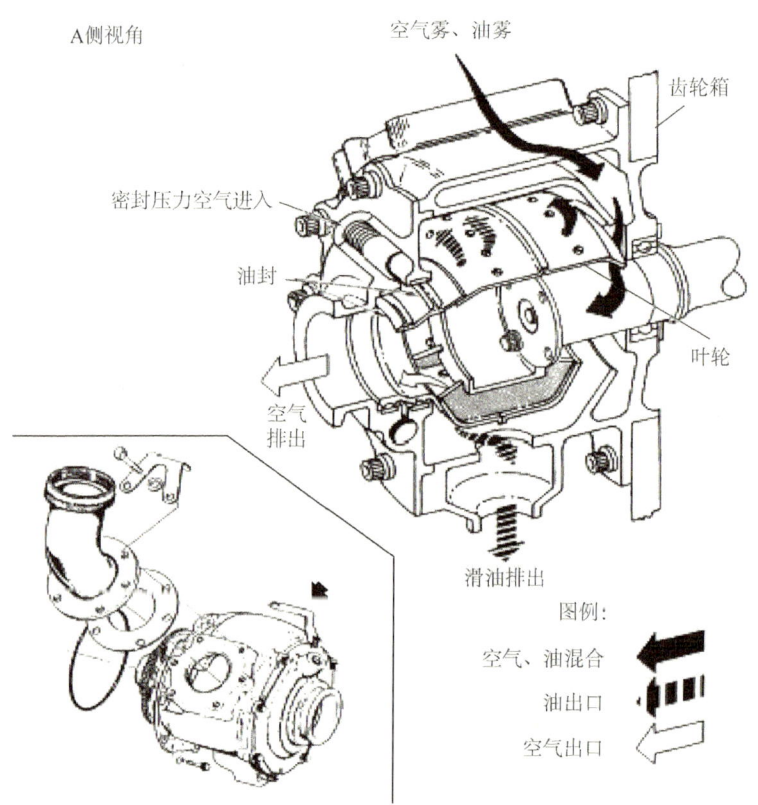

图4.4.2 油气分离器结构图

⑦ 离合器温度与合成油供油温度差逻辑:

合成油供油温度逻辑中选取ATLUBHS,与合成油供油温度选择值(TLUBSEL)略有不同,取(-70~390)°F(-56.67~198.89℃)为温度变送器正常输出区间,变送器A的数值超限或错误,输出变送器B的数值;变送器B的数值超限或错误,输出变送器A的数值;变送器A的数值和变送器B的数值均超限或故障时输出-999.9°F(573.278℃);变送器A与变送器B的数值偏差在10°F(5.56℃)内,输出变送器A与变送器B数值的平均值;变送器A与变送器B的数值偏差超过10°F(5.56℃),输出两探头的最小值。

离合器温度选择值与合成油供油温度差大于45°F(25℃)时,延时1s输出启动系统离合器温度偏差报警,离合器温度与合成油供油温度差不大于45°F(25℃)时,报警消除;液压启动系统拖转时离合器温度与合成油供油温度差大于54°F(30℃)时,延时1s输出启动系统离合器温度偏差跳机报警,同时执行ESP,轴停止或主复位后,报警消除。

4.4.1.2 RB211机组润滑油系统

1）合成油系统

（1）概述。

合成油滑油站是一个多功能系统，其为燃气发生器提供润滑和滑油冷却。此系统是由一个滑油箱和两套电机驱动的油泵组成，其提供的是合成滑油，滑油不但用来润滑，而且还为燃气发生器的进口可调静子叶片操纵提供高压液压油。

每个电机驱动的油泵由5个泵组成，燃气发生器润滑和冷却用的滑油是由一个低压泵提供的，其输出压力调定为240psi的恒定压力，允许进入燃气发生器的滑油量是由PLC控制程序内的曲线来决定的，当燃气发生器的转速变化时，PLC控制改变滑油供应量。

提供润滑油的滑油泵输出的滑油中一部分又被重新引到高压泵的进口，高压泵再把油压升高到750psi。升压后用的油就是液压用油，被用来控制燃气发生器的进口导向叶片。

进入燃气发生器的滑油工作在高温下，这样就可能造成滑油分解。所以要尽可能快地把滑油从发动机中抽出来。油泵的最后3个泵为回油泵，它们把润滑后的油从燃气发生器的前部、中间和后轴承腔中抽回来，并送回滑油箱。

合成滑油系统是由设备控制盘的PLC来控制的，在正常工作情况下，在液压启动机接通之前，主滑油泵就要启动。一开始要对系统进行测试，即让滑油旁通燃气发生器，并把滑油引回油箱，直到滑油压力与控制逻辑设定点一致后为止。在启动机带转燃气发生器的过程中，只允许最少量的滑油进入发动机进行润滑，点火后滑油量增加以帮助散掉由于燃气发生器输出功率的增加而产生的热量。

如果由于某些原因，滑油压力不能保持，则PLC控制系统将会自动启动辅助滑油泵，并且当出现滑油压力低警告时，关闭主滑油泵。若滑油压力继续下降，则燃气发生器触发停车。

（2）GG滑油系统的油箱、油泵、附属设备。

燃气发生器的滑油系统是单元式结构，其大多数部件都装在滑油箱内部或外面。

油箱的容积最大容量为244gal，但在通常的工作条件下，油箱最多加注212gal的滑油。

图4.4.3是组成滑油系统单元的主要部件。装在外部的其他部件，还有油气分离器和向燃气发生器供油的连接管路，油气分离器用来把从燃气发生器抽回的热滑油中的空气去掉。

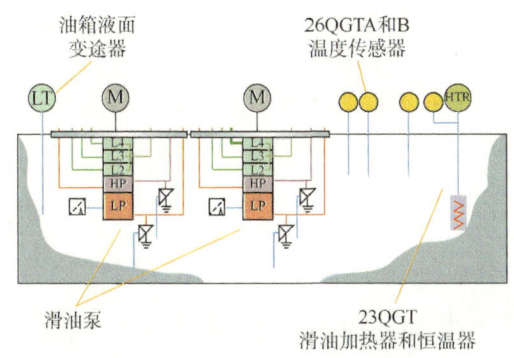

图4.4.3　合成油系统单元

① 电动机。

此单元最明显的特点是在油箱顶部装有两个 20kW 防爆电动机，这两个电动机各分别驱动一套多级潜油泵，泵靠安装边固定在油箱的顶部。

图 4.4.4 是垂直安装的电动机，并与泵组件连在一起，电动机侧面的盒子是电动机的接线盒。电动机由三相 380V 的交流电驱动，另外还有一单相电供给电动机的加热器，当电动机不工作时，其可保护电动机不受冷凝水的影响。

② 潜油泵。

潜装在油箱内的油泵组件由 5 个叠在一起的泵，每个泵的尺寸都是按其专门用途而设定的。每个泵之间靠安装边连在一起，这样就可把泵和电动机都支承在油箱的顶部。

图 4.4.4　合成油驱动电机

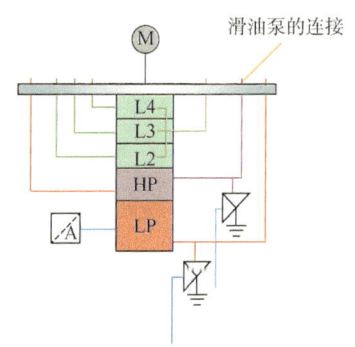

图 4.4.5　潜油泵示意图

在为燃气发生器供滑油时，每个泵都有其专门的用途。

低压供油泵：低压供油泵出来的低压滑油用来润滑燃气发生器，油泵从油箱吸进滑油，但在进入油泵之前先经过一个 250μm 的油滤进行过滤。泵的出口有一内置释压阀，其把油泵的输出压力限制在 350psi 内。把泵的输出压力进一步降低到 240psi，这就变成了系统的工作压力。

高压油供油泵：高压供油泵出来的高压滑油用来操纵燃气发生器的进口导向叶片，高压泵从低压泵的出口吸入滑油并给滑油增压。高压泵的出口有一内置释压阀，其把高压泵的输出压力限制在 1000psi 内。然后再把高压泵的输出压力进一步降低到 750psi，这一压力是操作进口导向叶片的工作压力。

回油泵：回油系统包括 3 个油泵，它们从燃气发生器的三个轴承处把油抽回。由于送到燃气发生器的滑油并不是在前、中、后轴承腔间平均分配的，所以每个回油泵的尺寸都是按其回油量的多少来确定的。

（3）加热器。

合成油滑油箱部件还还包括滑油温度控制装置和油箱液位变送器。

当燃气发生器不工作时,油箱温度控制在一定范围内,保证温度恒定。油箱上安装有两个温度传感器26QGTA和26QGTB,它们监控油箱的温度,当温度超过59℉时压缩机允许启动。若油箱的温度低于113℉,控制器会接通滑油加热器,当温度达到118℉时,关闭滑油加热器。

在滑油系统投入使用之前,整个系统一定要进行清洁或冲洗,从油箱和管路中去除所有的污物。冲洗通常在调试开始时进行,这时由于PLC控制没有投用。为了进行冲洗,油箱加热器配有一个串联双恒温器,第一个是控制恒温器,它把滑油温度保持在140℉,而第二个则起到超温保护作用,当滑油温度达到200℉时,关闭加热器。

图4.4.6给出了滑油箱的最低液位值和最高液位值,所有液位高度都是从油箱底部算起。

Top of Reservoir		
Rundown Level	15.8in / 402mm	Additional Rundown Capacity 32gal/ 122 Liters
Max. Operating Level	12.9in / 326mm	Rundown Capacity 40gal/ 151 Liters
Min. Operating Level	9.9in /251mm	Normal Operating Capacity 40gal/ 151 Liters
Pump Suction Level	6.5in /165mm	Retention Capacity 131gal. / 498 Liters
Rb211 Lube & Hydraulic Oil		

图4.4.6 油箱液压要求

在通常工作情况下,从油箱底部起,液位高度在9.9~12.9in之间,这已充分考虑了当设备工作时有大约40gal的滑油在管路和燃气发生器中,当机组停车时管路中滑油将返回油箱。PLC控制器采集液位传感器的信号,当液位下降到低于9.9in时,会发出液位低警告,而当液位超过12.8in时,发出液位高警告。

当9.9in的液位低报警表明在油箱液位降到低于泵的吸入高度6.5in之前,油箱必须要及时加油。

液位高度高报警是油箱油量加多的警告,表明液位超高。这一点尤其是当设备正在运转中,加注过多的油会使燃气发生器或管路中的滑油无法回到油箱。

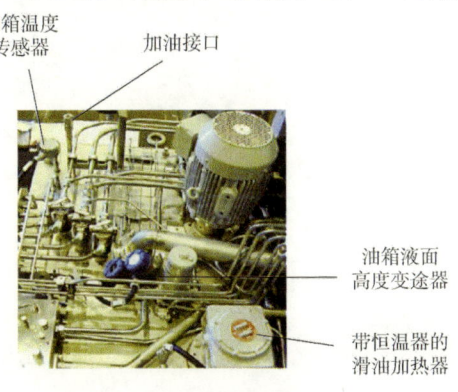

图4.4.7 滑油系统附属设备

(4) 合成润滑油系统管路。

润滑油和液压油通过发动机之外的润滑油控制台(LOC)输送到燃气发生器内。断开平台(电池板)位于中压压气机机匣下侧,这里是所有外部与燃气发生器润滑油系统连接的地方。具体管路图如图4.4.8所示。

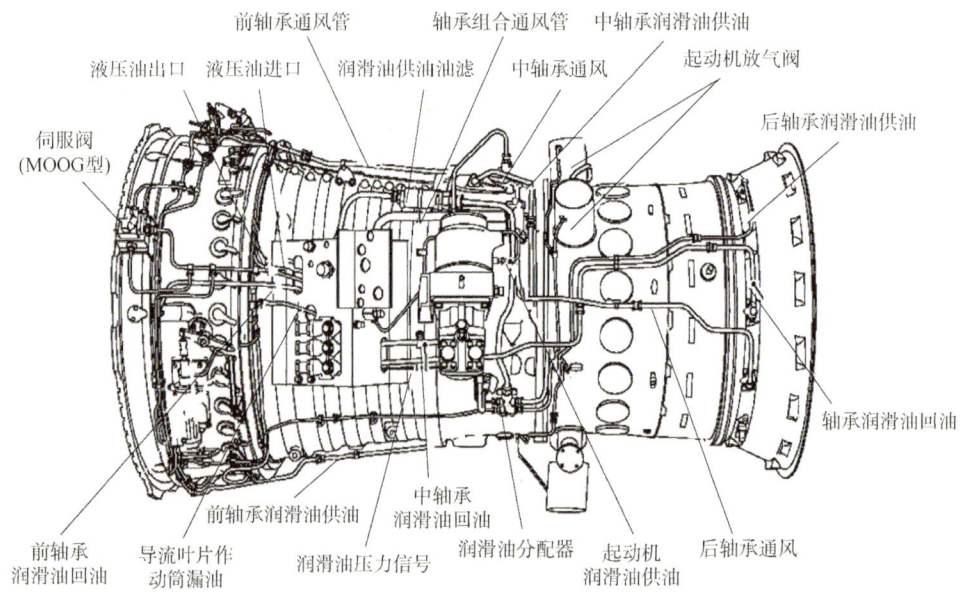

图4.4.8　润滑系统管路(仰视图)

① 润滑油供油。

断开平台处的润滑油连接到安装在燃气发生器底部的滑油管路过滤器的进口。过滤器的出口连接到滑油分配器上。滑油分配器有四个出口接头：前轴承、中心轴承、后轴承和滑油压力指示器。滑油压力指示器接回到电池板上，然后再到发动机外的系统控制板上。

② 滑油回油。

从每个轴承来的回油返回到位于断开平台的回油装置。回油装置上有三个可手动拆卸的碎屑探测器或三个电子'TEDECO'碎屑探测器，每个探测器服务一个轴承回油(图4.4.9)。

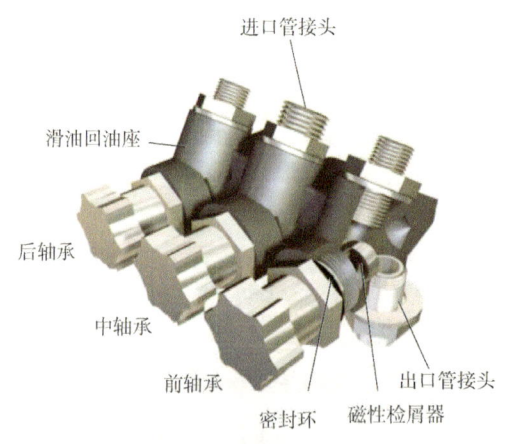

图4.4.9　磁性检屑器(回油座)安装位置

③ 空气/滑油油雾通风。

从每个轴承腔内出来的空气/滑油油雾返回到位于中介机匣上的滑油通风座中。一根管子再把油雾从通风座引到断开平台。

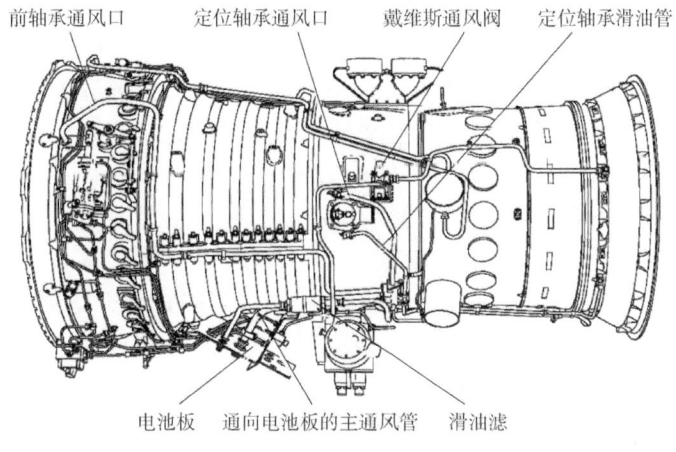

图 4.4.10　润滑油系统管路

(5) 滑油循环。

① 前轴承。

从滑油分配管来的润滑油，经过空气进气机匣的 3 号叶片通道进入滑油总油道。从总油道出来的滑油通过每个系统的螺纹油滤进入到润滑系统和挤压油膜系统中。各个轴承的漏油从 4 号叶片通道排出收集，通风系统的空气/滑油油雾经 6 号叶片通道排出收集。

② 中轴承。

润滑油和通风系统空气/滑油油雾都沿着中介机匣单元体 03 的 8 号叶片进入中轴承和从中轴承返回。润滑油沿着油路流动，通过一个网状过滤器和三个螺纹过滤器。两个滑油喷嘴向启动机锥齿轮、压气机轴花键和轴封严件提供滑油。中压后部和高压前部轴承润滑油通过外轴承座上的钻孔进入。回油通过位于 5 号叶片上的管子收集，从轴承腔收集的通风空气/滑油油雾从 8 号叶片接出。

③ 后轴承。

润滑油供油管经过中压涡轮机匣组件的 18 号叶片，并通过轴承支承结构进入，此间润滑油通过一个滑油过滤器。然后滑油通过外轴承座进入每个轴承的挤压油膜系统，并进入到一个滑油喷嘴。滑油喷嘴向两个轴承提供滑油。轴承回油通过 14 号叶片返回，通风系统空气/滑油油雾通过 12 号叶片返回。

④ 液压系统。

通过断开平台，高压滑油供到燃气发生器中，低压滑油返回到发动机外的系统中。高压滑油被传送到 (HP) 液压总管中，并从那儿供给可调进口导流叶片 (VIGV) 操纵作动筒。低压伺服滑油总管连接每个作动筒伺服装置，低压滑油通过该总管返回到断开平台。

(6) 燃气发生器滑油系统的工作原理。

滑油系统为润滑和冷却燃气发生器的轴承部件提供所需的滑油流量。

在启动过程的初始阶段，是不需要润滑的，因为燃气发生器还没运转。刚好在燃气发生器的启动机被要求接通之前，对滑油系统进行测试，以确保润滑油的压力和液压用压力都能保持在一定范围内。

在初始测试阶段，主滑油泵电机接通，系统的管路中充满了滑油，润滑油的压力和作为液压油的压力都已增加到了正常的工作压力。

当这些压力在建立的过程中，滑油通过滑油选项电磁阀旁通燃气发生器而直接回到滑油箱。当 PLC 控制器已经确认润滑到达工作压力后，PLC 就会进行启动程序的下一步。

在接通启动电机之前，先建立预润滑滑油流量，以满足燃气发生器在低转速工作时对润滑的需求。图 4.4.11 给出了滑油流量与 N1 转速之间的关系曲线。只要 N1 转速低于 2200r/min，那么滑油的流量就保持在 1.5L/min。

从 2200r/min 到 3000r/min，滑油流量从 1.5L/min 增加到 9.8L/min，这是因为燃烧室中已经有了火焰，燃气发生器正在加速，排气温度正在增加。燃气发生器内正在产生很多的热量，这需要更高的滑油流量才能把轴承所产生的热带走。

3250r/min 既是慢车转速又是燃气发生器预热转速，这一转速要保持 30min，直到燃气发生器的部件和动力涡轮的部件全部热透为止。

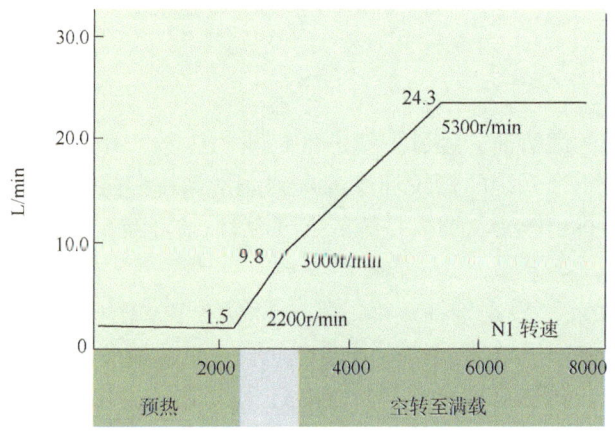

图 4.4.11 滑油流量与转速关系曲线图

预热计时器到时之后，操作人员发出加载命令，燃气发生器加速到能够满足所要求的输出功率转速。当 N1 转速在 3000~5300r/min 之间增加时，滑油流量被控制在 9.8~24.3L/min，转速在 5300r/min 到最大 N1 转速之间时，滑油流量保持恒定为 24.3L/min。

当压缩机组准备停车时，操作人员按下停车按钮，燃气发生器减速，滑油流量开始减少，直到达到慢车转速时，滑油流量减约 9.8L/min。燃气发生器将保持这一转速直到冷却计时器到时为止，此刻送往燃气发生器的燃料气被切断。

当燃气发生器慢慢停下来后，送往燃气发生器的润滑油也终止。回油泵将继续工作一短暂时段，以把滑油从燃气发生器中抽回并送回油箱。

滑油系统的大多数控制部件都安装在滑油箱的顶部，并且它们或者装在滑油管路汇合接口处，或者是在汇合接口内部，如图 4.4.12 所示。

滑油系统中那些需要常规维护的部件都装在设备撬座的外部，这包括滑油换热器，油滤和油气分离器。

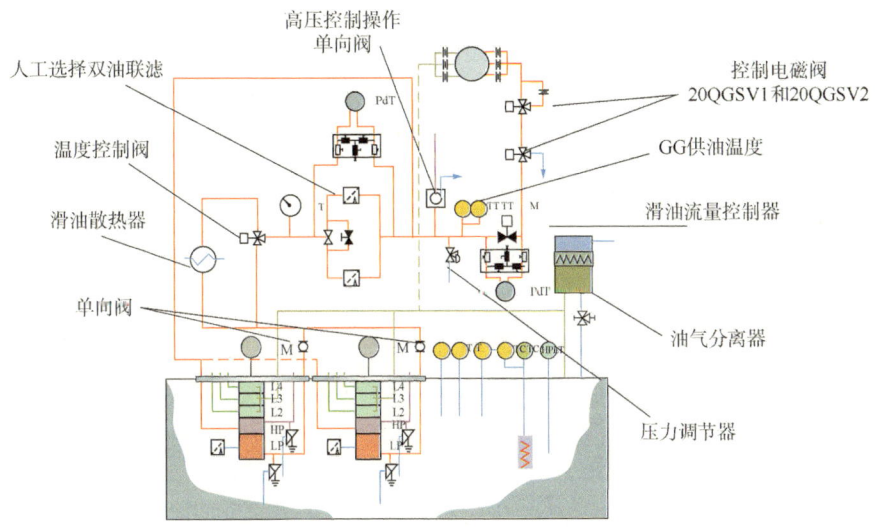

图 4.4.12 滑油系统示意图

(7) 燃气发生器滑油系统的冷却和过滤。

在滑油允许进入燃气发生器前,首先必须把它冷却到 140°F 的工作温度,然后再经过双油滤去除杂质。西门子燃驱机组滑油换热器采用与机组燃料气进行换热的方式,在这里滑油流过一系列管子,而管子外面是机组燃料气,温度高的滑油与温度低的燃料气进行换热,即满足了滑油降温的需要也满足了燃料气温度的需要,此换热方法将降低能耗(图 4.4.13)。

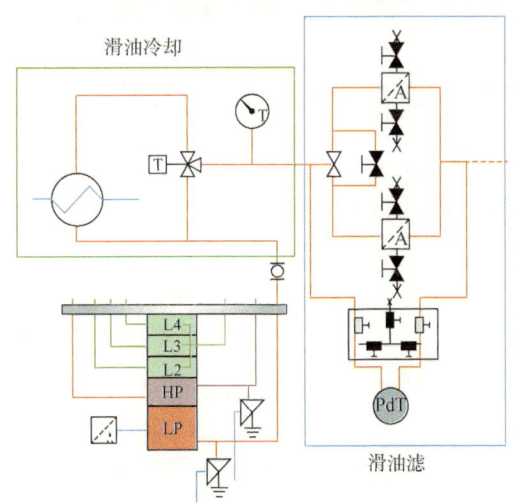

图 4.4.13 滑油系统冷却示意图

低压油泵把油从滑油箱中抽出来并送到散热器,出口的单向阀可防止泵排出的滑油流回到辅助泵。

当设备停车时,通常油箱的温度靠滑油加热器保持在 113~118°F 之间。设备启动后,滑油就会从燃气发生器带回大量的热,并返回油箱。只要滑油的温度低于 140°F,滑油的流动方向为从泵排出口进入温度控制阀的 C 口,并从 A 口出来进入油滤(图 4.4.14)。

天然气管道离心压缩机组控制技术与实践

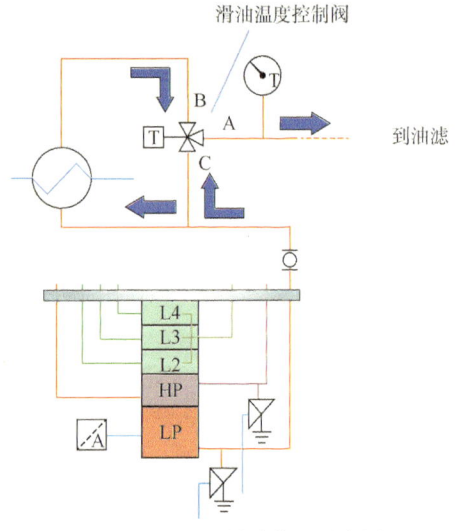

图 4.4.14 滑油分配示意图

当滑油不断从燃气发生器吸取热量后,滑油的温度将连续上升。当滑油温度超过 140℉时,温控阀开始打开,泵打出的油现在开始向两个方向流动。

一部分滑油被引导回流过换热器,并利用燃料气散掉过多的热量。从换热器出来的较凉的滑油进入温度控制阀的 B 口,在这它与泵排出的温热滑油混合。当滑油的温度继续升高时,温控阀将会引导更多的滑油流过换热器,而不是让它旁通换热器,以保持 140℉的恒温。

滑油温控阀是个纯机械部件,控制面板对其没有控制作用。若需要更高或更低的控制温度,则只能更换阀内的温度元件。

达到合适的工作温度后,滑油就进行细过滤处理以去掉任何颗粒,因为这些颗粒可能会损伤发动机或影响控制阀的工作。

燃气发生器的滑油滤是个可人工选择的双联油滤,滤芯过滤能力为 3μm,其发生损坏的压力是 150psi。控制系统利用压差变送器来监控油滤工作(图 4.4.15)。

每个油滤都有放油和加油阀,允许在线切换油滤。横跨选择阀有一通常是关闭的阀,在更换油滤的过程中,用来平衡油滤的压差。

控制盘靠一压差变送器(63QGJF)连续不断地监控油滤的压差,当油滤的压差超过 14.5psi 时,报警就会响起,这表明操作人员应该切换到辅助油滤,并更换主油滤。

(8) 燃气发生器滑油系统的控制。

滑油过滤之后,现在系统将滑油送往燃气发生器。油滤后有一个压力调节阀,这个压力调节阀使系统内的工作压力保持恒定为 240psi。

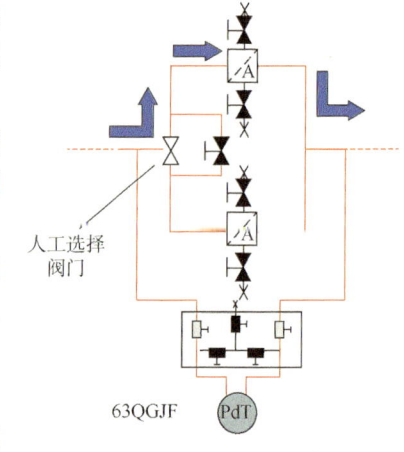

图 4.4.15 双联过滤器

在油滤后面还安装有两个电阻式温度传感器(26QGA 和 26QGB),它们监控滑油系统的供油温度。处理器利用供油温度重新计算中央轴承的压差以补偿滑油黏度的变化。只有当供油温度小于 50℃并且供往燃气发生器的滑油量超过 7.2L/min 时,才进行温度补偿。所有其他时间,供油温度来显示冷却系统是否存在可能的故障。当供油温度升高到高于 70℃会有报警显示,并且当温度升高到 80℃之上时,会使机组停车(图 4.4.16)。

电机操纵的滑油控制阀(88QGCV)是 Woodward 公司的流量控制阀,其调节供往燃气发生器的滑油流量。在正常工作过程中,流量控制阀由一压差变送器(63QGJCV)来监控,其决定流量控制阀是否在它的设计规范之内工作。

紧随流量控制阀之后是两个电磁阀,它们用于:

启动机接通之前,在对滑油系统作测试的过程中把滑油引回油箱(20QGSV1)。

在设备启动过程中，限制滑油流量，而在正常工作过程中允许对全部滑油流通（20QGSV2）。

所有这些部件都装在管路汇合接口上或包含在管路汇合接口内，如图4.4.17所示。

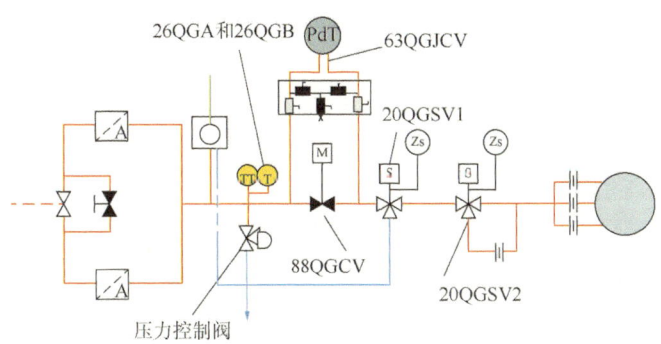

图 4.4.16　滑油控制

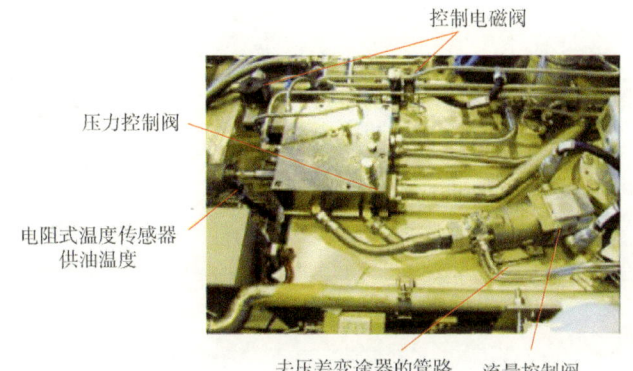

图 4.4.17　滑油管路汇合接口

（9）燃气发生器滑油的流量。

流量控制阀是决定供往燃气发生器所需滑油量的主要部件。控制软件利用发动机的转速来确定燃气发生器所需的滑油流量，其需求关系如图4.4.11所示。

如果滑油泵在工作，而启动机没有运转，则所有的滑油都将返回油箱，如图4.4.18中的绿箭头所示。当启动机接通时，20QGSV1将通电使滑油流过20QGSV2（图4.4.18）。

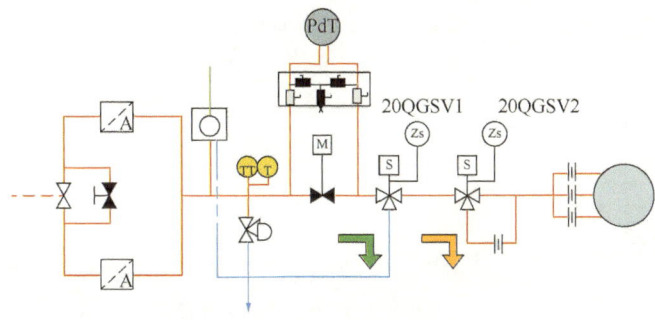

图 4.4.18　滑油流向示意图

20QGSV2 断电时，其迫使滑油流过一个小孔，图中的橙色箭头所示。此小孔确保流速保持在 1.5L/min。这就是预润滑位置，其在启动过程中给出了送往发动机的最少滑油量。

当清吹盘车完成后，接通点火，打开燃料阀，这样燃烧室内就有了火焰。由于热量在增加，所以供往轴承的滑油就一定要增加，以把热量散掉。20QGSV2 通电，滑油直接流过阀而旁通过小孔。

从滑油流量关系图中（图 4.4.11）可看到，当发动机转速增加到 3000r/min 时，滑油流量将增加到 9.8L/min，当 N1 转速增加到 5300r/min 时，滑油流量将升高到 24.3L/min，之后滑油流量将保持不变直到达到最大 N1 转速。

图 4.4.19 的控制方块图显示了根据所需流量计算滑油流量控制阀开度的过程。滑油流量控制阀被命令打开到相应的位置，反馈回路验证滑油流量控制阀已经到达了相应的位置。

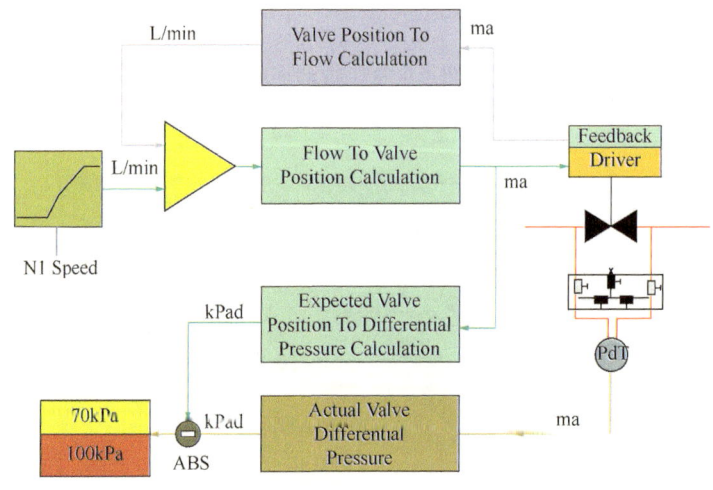

图 4.4.19　控制方块图

用流量控制阀进、出口两端的压差变送器来确定滑油流量控制阀是否工作正常，这是因为在整个工作范围内，滑油流量控制阀进、出口的压差几乎总是线性关系，所以压差高则表明滑油流量计划不合适。基于当前滑油流量控制阀的位置，控制器就能计算出滑油流量控制阀进、出口两端压差的期望值，并把此值与从流量控制阀的压差传感器所传给的值进行比较。

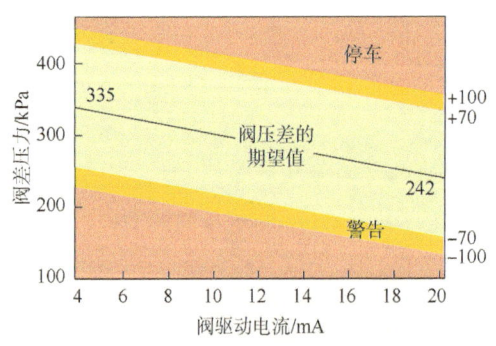

图 4.4.20　滑油控制阀压差范围

正常工作情况下，压差的期望值减去压差的测量值应该不会超过 70kPa。

若差值的绝对值为 70kPa 或更高的话，就会报警，表示计划滑油量可能存在问题，若超过 100kPa 机组将会停车（图 4.4.20）。

（10）燃气发生器的液压油。

燃气发生器的压气机在压缩大量空气时非常高效，这些空气中的一部分用于燃烧，其中的大多数都加速后从排气口排出并进入动力涡轮。

在启动和低转速工作过程中，燃气发生器工

作所需的空气较少,这时就要改变进口导向叶片的位置,以限制进入压气机的空气流量。随着燃气发生器转速的增加,对空气的需求量也增加,进口导向叶片转动使更多的空气进入燃气发生器的压气机(图4.4.21)。

导向叶片是由 PLC 来控制的。控制器计算导向叶片的位置,并向伺服阀发送一个 4~20mA 的信号到一伺服阀,此伺服阀再把电信号转换为一低压液压控制信号。

控制信号被送到 3 或 2 个液压作动筒,它们利用高压液压油(滑油)推动作动筒杆。当作动筒杆响应输入信号而伸出、缩回时,连在作动筒杆上的作动连杆就使作动环绕发动机转动。当作动环转到一个新位置时,连接在作动环上的导向叶片也就改变了其位置(图4.4.22)。

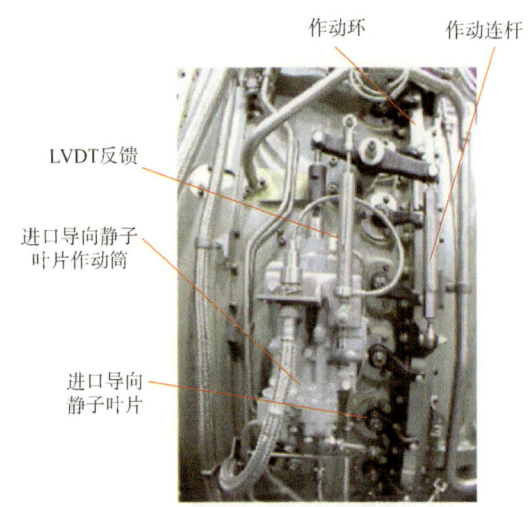

图 4.4.21 进口可调导叶

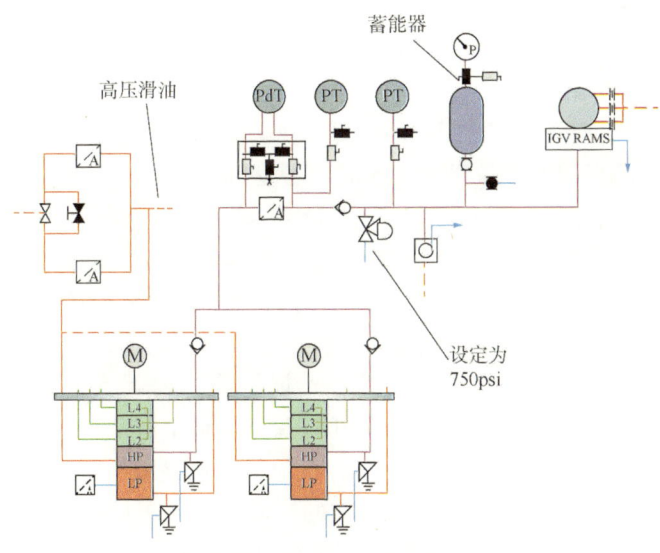

图 4.4.22 高压滑油系统

液压油的压力是靠高压泵产生的,如图 4.4.22 所示。此泵并不直接从油箱吸油,而吸进的是燃气发生器润滑系统的回油,但此回油是经过冷却和过滤后的。

高压泵的出口在泵安装底板的接口处,内置释压阀把压力限制在最大为 1000psi。两个泵的出油管路汇合在同一管路上,在每个泵的出口管路上都有一单向阀,其可防止给不运行的油泵造成反压。

在把压力调节到 750psi 工作压力之前,泵排出的液压油首先要经过 12μm 的油滤过滤。

在正常工作过程中,只需要一个泵就可支持燃气发生器的对液压和润滑功能的需要。若液压供油压力开始下降到低于某一设置点时,则 PLC 控制器就会命令主滑油泵停止,并启动辅助滑油泵。在泵转换过程中，调节阀前的单向阀和调节阀后的畜压器可帮助保持系统内的液压压力(图4.4.23)。

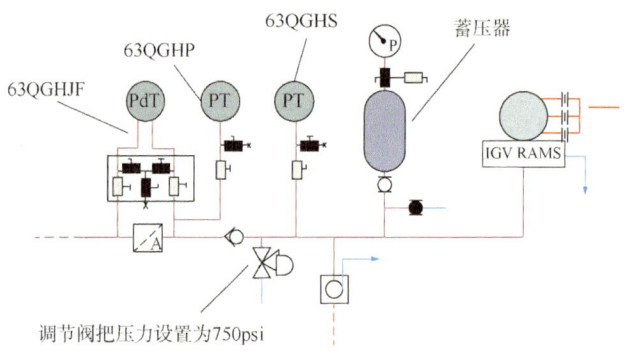

图 4.4.23　油路控制仪表

流过油滤的高压油由一个压差变送器(63QGHJP)来监控，当油滤进、出口的压差超过 14.5psi 时，就会产生报警声响。液压油滤只有一个，要想更换油滤得先把机组停车。

滑油流过油滤之后，其压力被调节到 750psi，并且所有其他的油都返回油箱。调节阀任一侧的压力变送器监控系统的压力。液压泵的排油压力由 63QGHP 来监控，其监视泵的供油压力是否下降。当供油压力下降到低于 600psi 时，PLC 控制器就启动泵转换程序，即关闭主滑油泵，开起辅助滑油泵。

万一泵转换之后，液压油压力继续下降，则液压供油压力变送器 63QGHS 就会在 600psi 时触发报警，而当压力下降到 500psi 时，触发机组停车。

几乎所有的液压油管路的直径都是 1in 或更小，设计时就考虑到不让其装太量的油。在油泵转换的过程中，当主油泵被关闭，并启动辅助油泵时，系统的压力是靠蓄压器储存的油来保持的。在泵转换过程中，调节阀前面的单向阀也帮着保持系统的液压压力，这是通过当两个泵的输出压力都低于停车压力点时，其不允许滑油反向流动来实现的。

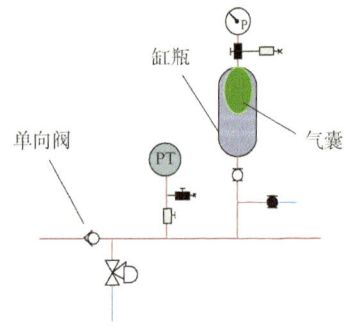

图 4.4.24　蓄能器蓄能状态

蓄能器是一金属缸瓶，内部有一充有 500psi 氮气的气囊。不工作时气囊就充满整个缸瓶。当泵工作时，滑油压力增加到 750psi 时，油就压迫气囊而进入缸瓶。气囊外部的滑油压缩充满氮气的气囊直到气囊内的压力等于调节阀的输出压力为 750psi 止(图 4.4.24)。

这样一来围绕压缩气囊周围的空间就被滑油所占据，这些油就是在泵转换过程中，使系统的液压力保持约 7s 时间所需的油量。

在没有滑油或没有充氮的情况下，气囊瘪掉，缸瓶内的压力为零。当蓄能器充到 500psi 且没有滑油压力时，气囊膨胀而占据整个缸瓶空间(图 4.4.25)。

当油压达到 750psi 时，油就压缩气囊中的氮气，随着压力的升高，滑油就会占据更多的空间而减少气囊的体积直到气囊中的压力等于气囊外部压力为止(图 4.4.26)。缸瓶中的油量允许在不会使液压油压力下降到低于警告和停车值的前提下进行泵转换。

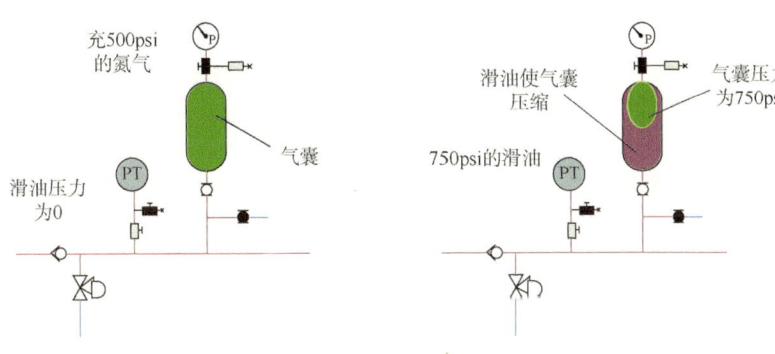

图 4.4.25　蓄能器释放状态　　　　图 4.4.26　蓄能器蓄能时压力

在启动程序中，PLC 一定要先确定液压压力已经建立起来，然后才开始程序的下一步。若液压压力没有建立起来，或在正常工作过程中压力不能保持，方向控制单向阀可防止把滑油送往燃气发生器，以防止系统对燃气发生器润滑过度。

图 4.4.27 给出了液压系统与燃气发生器润滑系统之间的连接，在没有液压压力的情况下，润滑油被换向而流过单向阀，且旁通滑油压力调节阀。单向阀打开，所有滑油都返回油箱。

当液压油的压力已经建立起来后，作用在单向阀导向器上的液压力将会使单向阀关闭，不再允许滑油返回油箱。现在滑油就会流过调节阀而进入润滑系统的流量控制阀。

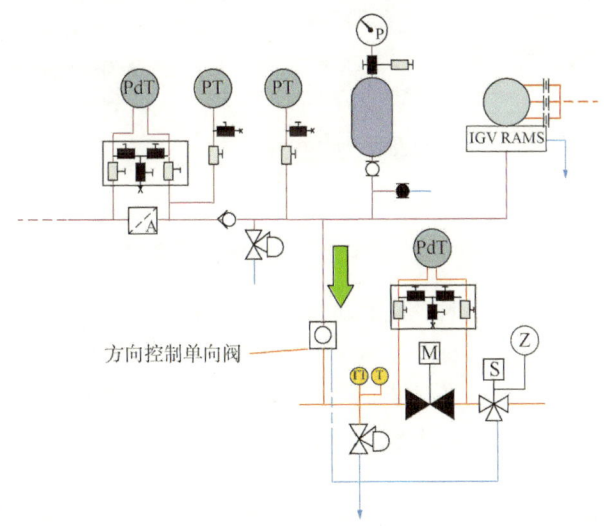

图 4.4.27　方向控制单向阀

（11）燃气发生器的回油系统。

每个滑油泵的最后 3 组泵构成燃气发生器的回油系统，其作用就是从燃气发生器的前、中、后三个轴承腔抽回滑油。

由于每个轴承腔都是用管子直接与泵的进油端连在一起的，所以从燃气发生器返回的滑油在进入油箱之前，必须首先进行清洁。

当滑油从燃气发生器中出来后，都要流过装在燃气发生器汇接板上的 L3 磁性捡削器。

· 327 ·

悬浮在滑油中的金属颗粒将会被磁性捡削器吸附并留在磁性捡削器上以备L2磁性捡削器分析。

磁性捡削器并不是设计用来把滑油中的金属颗粒去掉的，而是作为一个指示器来显示滑油中金属颗粒的存在。

从磁性捡削器处再把滑油引到滑油站的连接平台处，在这里，允许滑油进入油泵之前，它一定要先经过油滤过滤，那些没有被磁性捡削器吸附的外来物颗粒都被油滤滤掉以防损坏油泵。

3个泵的输出都汇合到一个公共管路，之后把油送回油箱。另外，3个轴承腔的通风管也都汇合为一根单管并返回油箱。

从燃气发生器回来的滑油中含有空气或者说是一种油雾，在油箱上装有一个油气分离器，其把空气排到大气中，并把滑油从油气中分离出来。

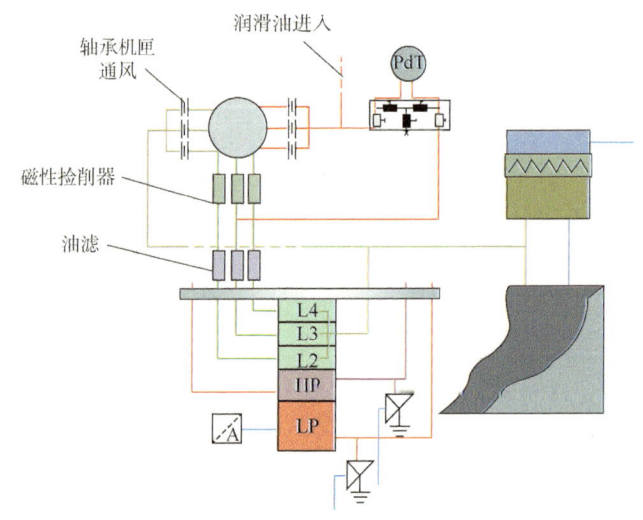

图4.4.28 磁性捡削器安装示意图

当把滑油从燃气发生器抽回时，它首先要流过磁堵。几乎所有的发动机中都含有加工过程残留下来的细小金属颗粒，这些颗粒通常经过一定时间后就会被冲出发动机。在正常工作过程中，大多数应力都是由发动机的轴承吸收了。一定时间之后，当轴承开始衰退或者说要损坏时，就会有一些小金属颗粒进入滑油中，当流过磁堵时，它们就会被磁铁吸住（图4.4.29）。

通过定期检查磁堵，可收集这些金属颗粒，并利用金相分析确定金属的来源并给出修理措施。

① 中央轴承的压差。

63QGJGG是中央轴承压差变送器，其监控燃气发生器的健康状况。当供往燃气发生器的滑油随着发动机转速的增加而增加时，燃气发生器中央轴承的压差也增加（图4.4.30）。

PLC控制器监控中央轴承的压差，并判定燃气发生器是润滑过度，还是润滑不到位。变送器的准确度取决于它的安装位置，它应该在RB211发动机的汇接板的2m范围内，并在燃气发生器中线下面。

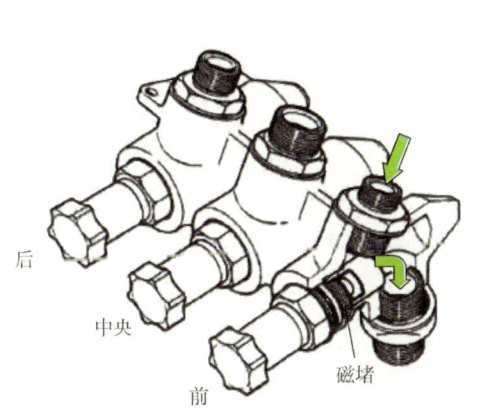

图 4.4.29　磁性捡削器示意图

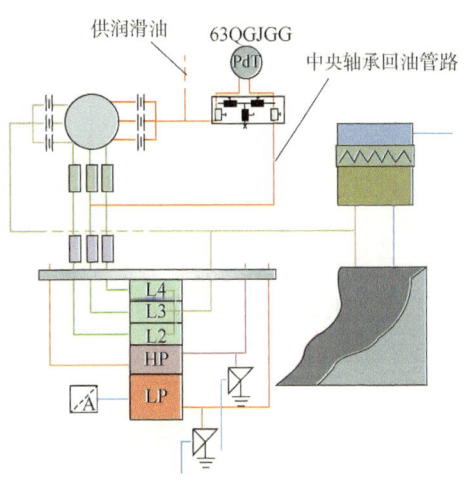

图 4.4.30　中央轴承回油仪表测试回路

燃气发生器中央轴承的压差随供往发动机滑油流量的变化而变化，滑油流量随 N1 转速的增加而增加。中央轴承的压差也随滑油流量的变化而变化，图 4.4.31 中浅绿色区为可接受的压差范围，黄色区为高压警告区和低压警告区，红色区为高压停车区和低压停车区。

图 4.4.31 中曲线表明，当发动机转速低于 2200r/min 时，中央轴承的压差可在 0～30kPa 范围内变化，并仍在可接受的范围内。规定 30～35kPa 是警告区域，超过 35kPa 机组就要停车。图 4.4.32 按不同 N1 转速给出了不同的警告和停车点。

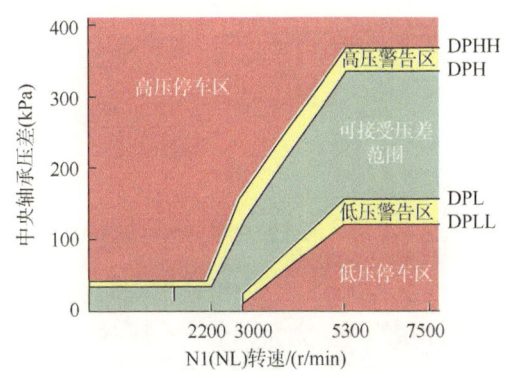

图 4.4.31　中央轴承压差范围

来自控制器的所有警告和停车信号都有 30s 的延时，若压差又回到了其正常范围，就不会产生警告和停车。

N1 Speed	Low Alarm	High Alarm	Low S/D	High S/D
0~2200	—	30	—	35
3000	10	120	20	160
5300~7500	120	345	120	380

图 4.4.32　中央轴承压差报警停车值

② 油气分离器的工作。

由于燃气发生器内滑油流动涡流很大，所以所有抽回的滑油都含有高浓度的空气。回到油箱中的滑油大多数都来自回油泵，即从前、中、后轴承腔抽回的滑油。

燃气发生器还有 3 根轴承腔通风管，它们汇合在一起后，由一根管子送回油箱（图 4.4.33）。

回油泵把滑油抽回油箱，油箱里有一系列挡板，其使气泡从滑油中分离出来。当气泡上升到表面时后，它们继续沿通风管上升而进入油气分离器，在这它们经过一油滤后出来而通大气。

轴承腔通风系统排除的气中大多数都含有小油滴，所以并不是把这些油气直接排回油箱，而是直接把它们通到油气分离器的通风管。

热的滑油油气进入油气分离器的通风管路后，继续上升而进入油气分离器。当油汽上升时，会遇到冷凝油滤，在这允许空气流过油滤，同时又把滑油从空气中分离出来。滑油从油滤上掉下来而到达油气分离器的底部，再从这排回滑油箱（图4.4.34）。

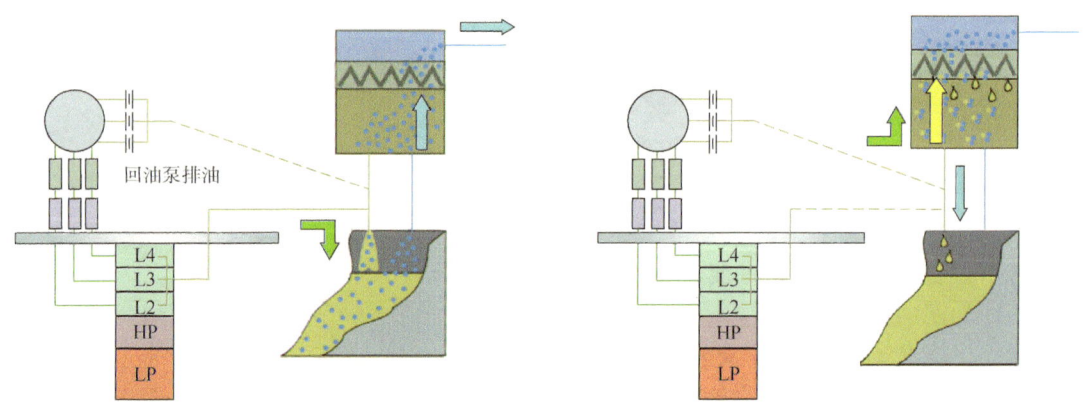

图4.4.33　油气分离器空气排放示意图　　　图4.4.34　油气分离器滑油回流示意图

在进行过程中，应该检查从轴承腔通风系统返回的空气，因为若压力过高则可能会导致滑油箱的增压太大，最大负荷时，中央轴承的通风压力不该超过10psi。

为了使油气分离器工作最佳，从油箱顶部到油气分离器之间的管路长度应为6ft，并应该斜着通向油箱。这样就会使轴承通风空气中的滑油油滴进行冷却，使滑油在管路中就开始从空气中分离出来并排回油箱。管道的长度若超过6ft，则会由于冷凝出水而形成酸。

2）矿物油系统

（1）概述。

本系统为动力涡轮的前、后轴承和止推轴承提供滑油，为天然气压缩机的前、后轴承和止推轴承提供滑油。

矿物润滑油型号为 Mobil Dte Light。

矿物油起的作用就是把动力涡轮轴承产生的大量热带走，同时也为其提供润滑。它由两个全流量泵及电机来驱动，另一个可以由电机驱动，也可以动力涡轮所带动的辅助驱动装置来驱动。

矿物油系统主要参数

温度：泵容许启动温度为35℃；正常供给温度为57℃；高报警温度为65℃；高停机温度为68℃。

压力：正常供给压力为138kPa；低供给压力报警为117kPa；低停机压力为83kPa。

流量：正常供给流量为454L/min。

第4章 燃驱离心压缩机组控制系统控制操作

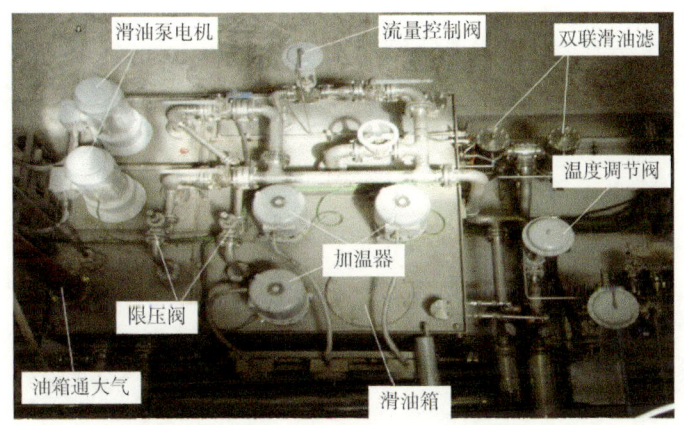

图4.4.35 矿物油系统现场设备位置图

（2）矿物油系统附件。

① 油箱。

装载容量为6730L，工作容量为1893L，运行容量为303L，停机容量为1817L，压力：常压油箱为3~10kPa，材料为不锈钢。

如图4.4.36所示，停机油位为1148.1mm，最大运行油位为838.2mm，最小运行油位为787.4mm，最低吸入油位为185.4mm，低报警油位为584mm，低停机油位为457mm。

② 加热器。

加热器数量3个；受加热器电机控制中心（MCC）控制；加热器参数为380V交流、3PH、50Hz、15kW；安装滑油箱顶部（图4.4.37）。

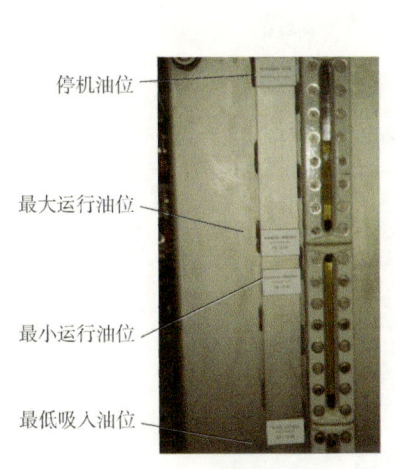

图4.4.36 油箱液位示意图

图4.4.37 加热器

③ 滑油泵组件。

电机：2台380/3/50、15kW、3000r/min。电机通过连轴器与在油箱中垂直安装的螺旋泵连接，组成电机滑油泵组件，两套组件其中一套为主另一套为备用，当主供油组件发生故障，系统自动切换到启用备用组件（图4.4.38）。

④ 泄压阀。

安装油泵出口；主、备滑油泵出口各一个；设定压力1034kPa；保证滑油泵出口压力不大于1034kPa，当压力大于1034kPa时卸压阀打开，多余滑油直接返回油箱，以保证系统油压(图4.4.39)。

图4.4.38　泵油泵组件

图4.4.39　泄压阀

⑤ 温控阀。

安装于滑油箱一侧。

在泵启动时开启40%流量到冷却器，控制最小流量温度在54.4℃。受26QMMT控制，正常供油温度为57℃。由仪表风操纵(图4.4.40)。

图4.4.40　温控阀

⑥ 双联叉滤。

安装于主滑油橇上。

油滤进出口处装有压差变送器63QMJF监控油滤污染状态,当压差大于100kPa时,发出高压差报警信号。A、B油滤在运行状态下可自由切换(图4.4.41)。

⑦ 液位变送器。

油箱油位低于584mm低油位报警L,低报警信号切断加热器。

油箱油位低于457mm低油位报警LL,低低报警信号机组停机。

安装于油箱顶部(图4.4.42)。

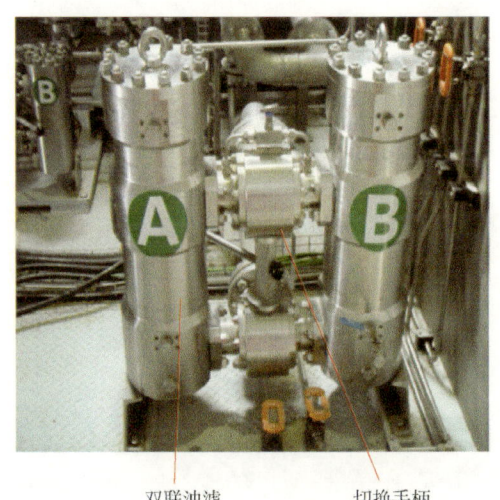

图4.4.41 双联油滤

图4.4.42 液位变送器

⑧ 油冷器。

83QMP1/P2:滑油冷却器风扇电机380/3/50,15kW,2台。

26QMCO:风扇控制,当冷却器出口滑油温度大于49℃,1号风扇开;大于52℃,2号风扇开;小于40℃,风扇关闭。

39QFHA1/2:风扇振动开关(图4.4.43)。

图4.4.43 油冷器

⑨ 高位油箱。

安装于箱体顶部(图4.4.44)。

液位计71QMRDT,油位低于711mm报警(图4.4.45)。

溢流管：系统工作时多余滑油返回油箱。

呼吸阀：紧急停机后，空气通过呼吸阀给油箱增压（图4.4.46）。

图4.4.44　高位油箱

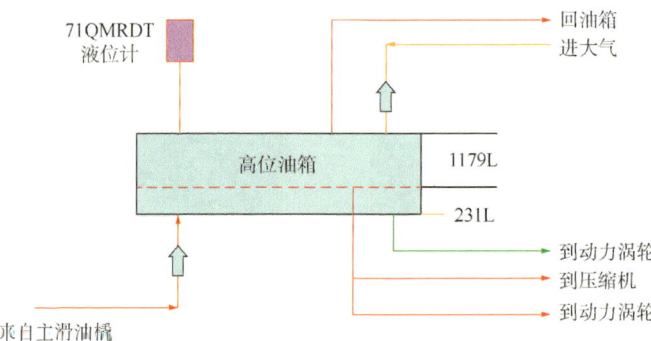

图4.4.45　高位油箱示意图

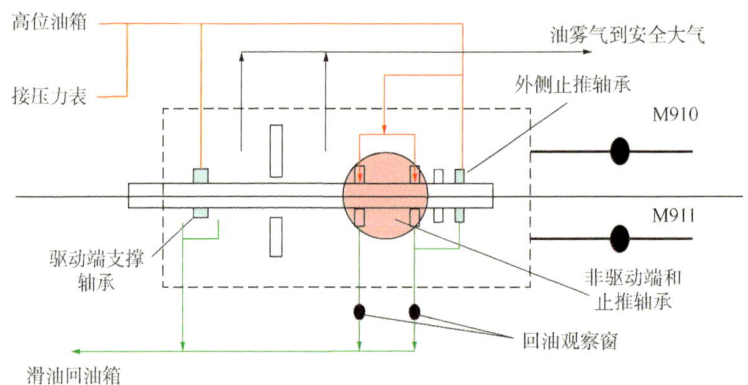

图4.4.46　高位油箱滑油流程图

4.4.2　空气系统

4.4.2.1　LM2500+机组空气系统

LM2500+航改型燃机的空气系统主要包括箱体通风和燃机燃烧空气，箱体通风主要作用为箱体冷却、合成油冷却、密封气冷却提供冷却空气，进入燃机的空气其作用一方面用于燃机燃烧，另一方面为轴承密封、叶片冷却、燃烧室冷却、进气除霜等提供空气。箱体通风和燃机燃烧空气均由大气而来，经过 240 个进气滤芯过滤后分别进入箱体通风和燃机进气室内，其中 48 个滤芯为箱体通风提供空气，192 个滤芯为燃机燃烧提供空气。

1) 箱体通风系统

LM2500+航改型燃机的箱体通风系统主要由 48 个空气滤芯、两台 75kW 箱体通风马达、风道、箱体、排风道、百叶、可燃气体探头、温度仪表和压差仪表等部件组成。

箱体通风系统在机组运行时一是带走箱体热量为箱体降温，二是为合成油油冷器提供风源，进而为合成油回油进行降温，三是为燃机冷却空气冷却，四是在箱体内发生可燃气体泄露时稀释可燃气体浓度。

(1) 箱体降温：燃气轮机在运行时会产生大量的热量，为确保燃机在运行时需要有良好的环境，充分保护箱体内的仪表、线缆等部件，需要对箱体进行冷却，其风道呈"人"字形，即进风道分别位于液压马达机间顶部和动力涡轮间顶部，空气从两侧进入箱体后带走箱体内的热量从高压涡轮顶部排气道排出。为确保箱体内的温度受控，箱体内安装有两块温度探头 TE553A/B，当两个探头温度同时达到 105℃高高报警时触发机组停机，同时动力涡轮间和燃气发生器箱体顶部分别装有 2 个 TSHH701A/B 和 4 个 TSHH703A/B/C/D 温升开关，当 TSHH701A/B 两个均达到设定值 232℃、TSHH703A/B/C/D 中有任意两个温度达到设定值 163℃时触发机组保护停机。为监测箱体通风的可靠性，箱体还安装有两个箱体差压传感器 PDIT563A/B，当两个差压传感器均达到低报值 9mmH$_2$O 以下，并且在 7 个箱体门限位开关 ZSL571A/B/C/D/E/F/G 均在关闭位置和燃料气正常运行的的情况下触发机组停机。

(2) 合成油油冷器降温：燃气发生器的回油温度较高时热油会进入合成油油冷器换热器，合成油油冷器翅片管换热器位于液压启动马达间，当箱体通风运行时，流动空气会流过合成油冷却器换热管表面，与管内热油进行对流换热，进而降低合成油回油温度。

(3) 燃机冷却空气冷却：燃气发生器 9 级引气用于动力涡轮两级导向叶片冷却、动力涡轮轴承密封和框架冷却部分气体，需要对提前对这部分气体进行冷却。燃气发生器 9 级引气冷却管位于箱体通风的出口处，形似合成油油冷器，当箱体通风运行时，箱体通风出口的空气流过空气冷却换热管表面，与管内 9 级空气进行对流换热，进而降低 9 级冷却空气温度。

(4) 其他：为了确保箱体通风及燃机进气滤在机组运行时完好，设置 PDIT538A/B 两个差压传感器，用于检测滤芯运行时的洁净程度和完好情况，当两个差压均达到 150mmH$_2$O 时，触发机组保护停机。为了确保箱体通风的正常，箱体通风的进口和出口分别设置百叶限位开关 33ID-1、33ID-2、33ID-3、33ID-4、33OD-2 用于监测箱体通风道的畅通情况，当 33ID-1B、33ID-3B、33ID-2B 均出现关闭信号时触发机组停机，当箱体内三个火焰探测器有两个达到高高报警 10%时触发二氧化碳系统喷射，二氧化碳气体会作为动力气推动所有箱体通风风道百叶关闭，杜绝箱体内火势因氧气充足而过大；箱体通风道出口设三个可燃气体探测器 AE557A/B/C，在机组运行时，当两个探测器检测到可燃气体浓度达到 10%时触发紧急停机，在停机时监测到箱体内发生可燃气体泄露时启动箱体通风马达，箱体通风马达在机组运行时为一用一备用；箱体设 7 个箱体限位开关 ZSL571A/B/C/D/E/F/G，当有一个限位开关检测到箱体门打开，只要 HMI 界面没有切换 TOGGLE 模式（箱体门打开旁路），此时只要两个箱体压差探头均出现低报且燃料气正常运行，30s 后触发机组停机。

2）燃机燃烧空气

LM2500+航改型燃机的燃烧空气系统主要由192个空气滤芯风道、排烟道、温度仪表和压差仪表等部件组成。

燃机燃烧的空气是进入燃气发生器的所有空气总称，其包括两部分内容：一是大约三分之一的空气用气燃机燃烧室做氧化物用，二是大约三分之二的空气用于轴承封严、叶片冷却和进气除霜等方面。

（1）燃烧用空气。

燃烧用空气在燃气的高转速下将空气经进气滤吸入风道中，经过消音器、喇叭口后进入燃机进气室内，而后空气进入燃机供机组燃烧使用。空气进入燃机后首先会经过一个目数较小的滤网，该滤网有差压仪表 P0 监控，当压差高于 1.4kPa 时会发出一个高报警，当差压高于 1.65kPa 时会触发燃机减速到 6800r/min 怠速运行。燃机的进口设置进口压力监控 P2 和进口温度监控 T2 复合式探头，空气经过进口气流导向叶片 IGV 和 VIGV 进入燃气发生器，燃气发生器由 0~16 级静子叶片和转子叶片组成，其中 0~6 级静子叶片为 VSV 可转导叶，空气经过 17 级叶轮增压、增速、增温后送外高压压气机的出口，高压压气机出口设出口温度监控 T3 和出口压力监控 PS3。为确保燃气发生器内气流的方向和速度，以及进气量与机组转速匹配，可调进口导流叶片 VIGV 与 0~6 级 VSV 可转导叶的角度调整会根据进口温度 T2，以及燃气发生器转速 NGG 来调整，同时 VIGV 和 VSV 系统可避免机组在启机和停机阶段发生喘振。空气自高压压气机出口进入燃烧室后与 30 个燃料气喷嘴喷出的天然气混合燃烧后排出高温、高速的燃烧气做功推动两级高压涡轮旋转，进而推动动力涡轮和压缩机旋转，做功后的燃烧气经过动力涡轮的出口由排烟道排入大气，高压涡轮出口设温度监控 T48 和出口压力监控 P48，动力涡轮出口设排气温度 T8 和排气压差 P8。

（2）冷却封严用气。

燃机大约三分之二的空气用于轴承封严、叶片冷却、进气除霜等方面，这些是确保设备正常运行的必要条件（图 4.4.47 和图 4.4.48）。

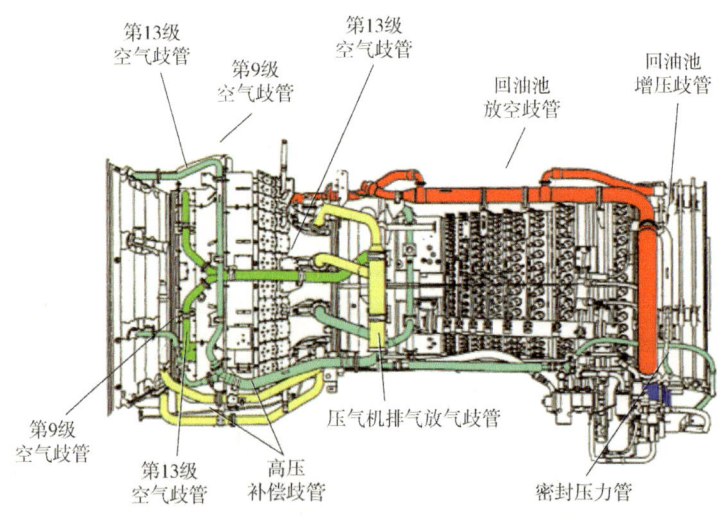

图 4.4.47 冷却和封严空气系统机匣（左侧图）

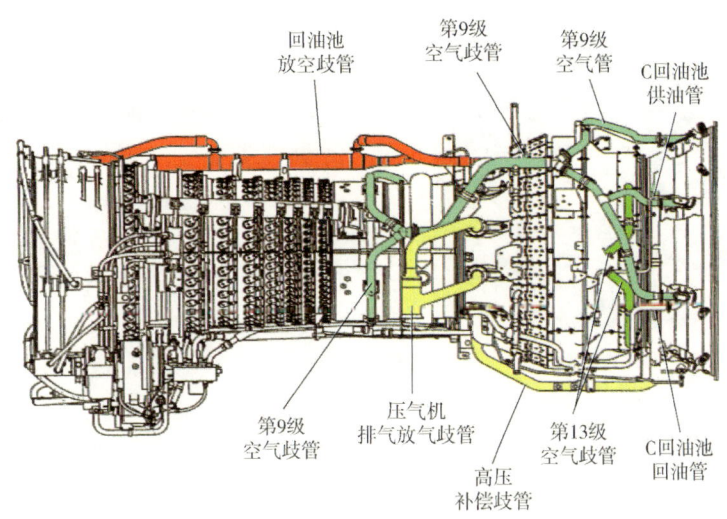

图 4.4.48 冷却和封严空气系统机匣(右侧图)

9 级取气：高压压气机 9 级取气一是直接用于燃机 3#、4#、5# 轴承隔离密封气、合成油油雾分离器密封气、离合器隔离密封气、高压涡轮机匣冷却、动力涡轮两级导叶冷却，二是 9 级取气经过箱体通风冷却后去往动力涡轮轴承封严和框架冷却，3#、4#、5# 轴承隔离密封气、合成油油雾分离器、离合器隔离密封气、动力涡轮轴承密封气经过密封进入轴承组件腔体，油雾分离器再从轴承组件腔体中抽出，用于冷却的气体最后随燃机汇入主气流而排往大气，其中 9 级取气歧管上安装一个文丘里管，用于从箱体抽气与 9 级气混合后共同去燃机 3#、4#、5# 轴承隔离密封气、合成油油雾分离器、离合器隔离密封气。9 级取气总管上安装有压力监控 PIT503 和温度监控 TT501，用于监测总管气流供应情况，在对动力涡轮轴承和后机匣冷却的总管上安装有压力监控 PIT509 用于监测气流供应情况。9 级取气歧管和文丘里管安装位置如图 4.4.49 所示。

13 级取气：高压压气机 13 级取气对燃烧室衬里、高压涡轮二级导向叶片进行冷却。13 级取气歧管如图 4.4.50 所示。

图 4.4.49 9 级抽气文丘里管

图 4.4.50 13 级抽气

16 级取气：高压压气机 16 级取气用于燃机进气除霜系统和高压补偿，在寒冷季节冷空湿空气经过进气滤滤芯、消音器会发生一定的节流作用，进气滤芯会结霜或结冰，进气道可能会凝结部分晶体，这些晶体会严重威胁燃气发生器的安全运行，通过将 16 级取气引入燃

图 4.4.51 16 级取气歧管

机进气滤和进气道内对空气进行预热,可有效防止此危险发生。16 级取气歧管如图 4.4.51 所示。

4.4.2.2 RB211 机组空气系统

1) 进气系统

进气系统的作用就是在最小的压力损失下,为燃气发生器(GG)的进气道提供洁净平滑的气流,并提供充足的空气以使 GG 能全功率工作。如图 4.4.52 所示,空气通过空气过滤器进入空气进气系统。空气从气滤中出来进入消音器装置,在进入 GG 的钟形进气道前,从进气消音器出来的空气先进入进气室。经轴流压气机压缩后,空气被送去燃烧,压气机在燃气发生器的前部分。在燃烧室系统内,加入的燃料与部分压缩空气混合燃烧,其余的压缩空气也进入燃气中,但主要用于燃烧的控制、增加能量和燃烧室的冷却。燃烧极大地增加了燃气的热能水平,燃烧后的燃气/燃料混合物的速度增加,带动装在燃气发生器轴上的涡轮转子,涡轮又带动轴流压气机。热燃气从燃气发生器中排出,燃气发生器又与"自由"动力涡轮的进口扩压器气动性地匹配在一起,这样一来燃气进入动力涡轮(PT),动力涡轮各级的膨胀从此燃气中吸收动能和热能以带动 PT 轴。连接在此轴上的设备根据需要按照 PT 轴所规定的转速旋转以满足负荷需求。基于负荷的要求,加入燃料为燃气发生器提供能量以维持其转速与动力涡轮无关。

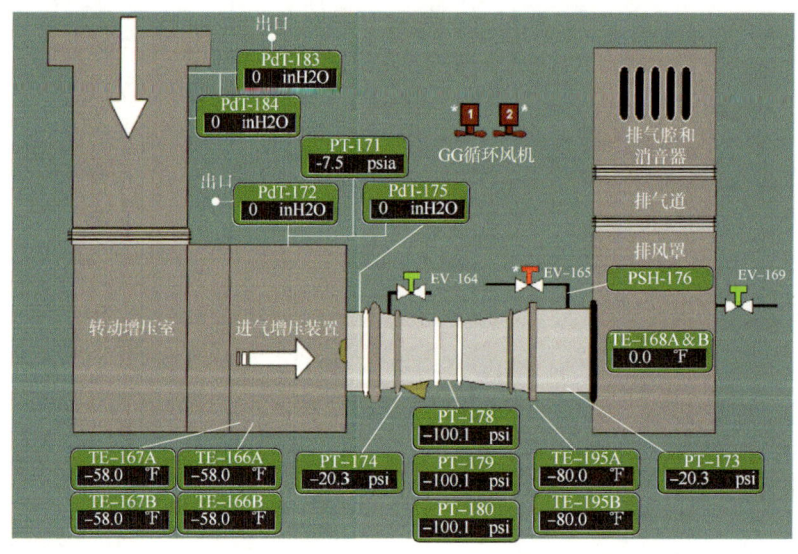

图 4.4.52 典型 RB211 机组进气系统布局

2) 放气系统

GG 压气机放气系统的基本作用就是在启动过程中,通过放掉过多的空气来防止压气机喘振,并在低负荷工作时改进燃气发生器的工作效率。也可从 GG 压气机引空气,来为 PT 气封严和轮缘冷却系统提供空气。

3) 动力涡轮封严空气系统

动力涡轮封严空气系统把来自 GG 的压缩空气提供给 PT 轮盘端部的迷宫封严,迷宫封严在 PT 转子上位于轴承机匣与第二级涡轮盘之间。它防止滑油从轴承机匣流出进入燃气中。在工作过程中，空气由控制阀供到迷宫封严，此阀能提供一定量的来自 GG 轴流压气机的压缩空气。动力涡轮的排气压力可能要比轴承机匣内的压力低。封严空气被引到迷宫的中央以阻止滑油朝两个方向的流动。若空气压力太低，可能会导致轴承中的滑油被吸出来而进入排气装置，相反，若供气压力太高，则将会造成滑油和空气的混合物从轴承通风系统中排出。在启动过程中，当 N3 转速达到 1500r/min 名义值时，在停车时，当转速下降到低于 1500r/min 名义值时，辅助空气可被用来封严，其由 UCP（机组控制盘）所控制的一个电磁阀门来单独供应。这样一来，在前和后润滑阶段，总有能力来阻止滑油从轴承机匣流出（图 4.4.53 至图 4.4.55）。

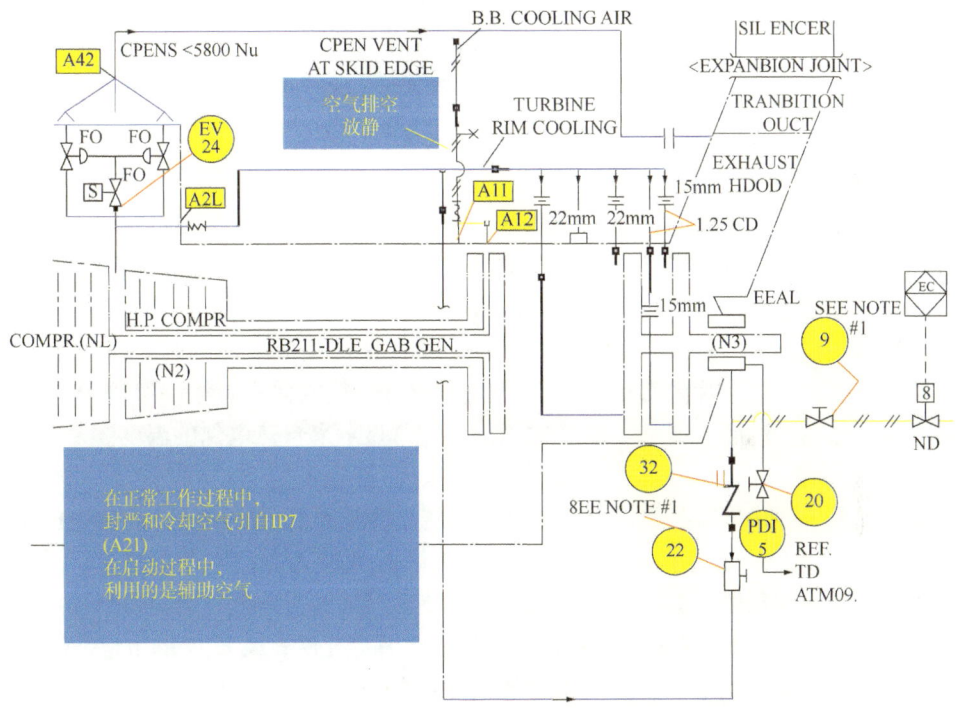

图 4.4.53 典型的动力涡轮封严空气供应

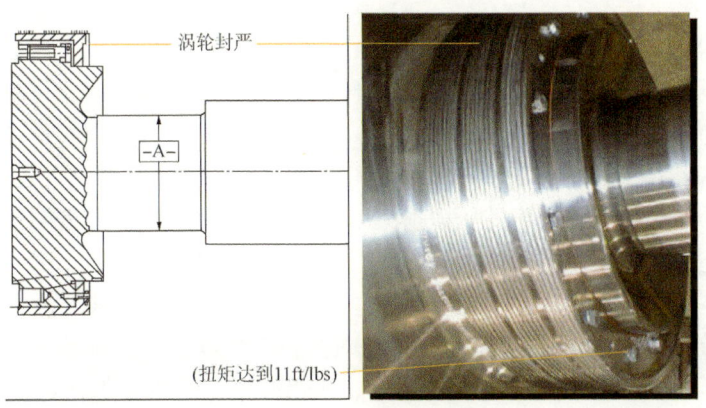

图 4.4.54 典型的 PT（动力涡轮）封严

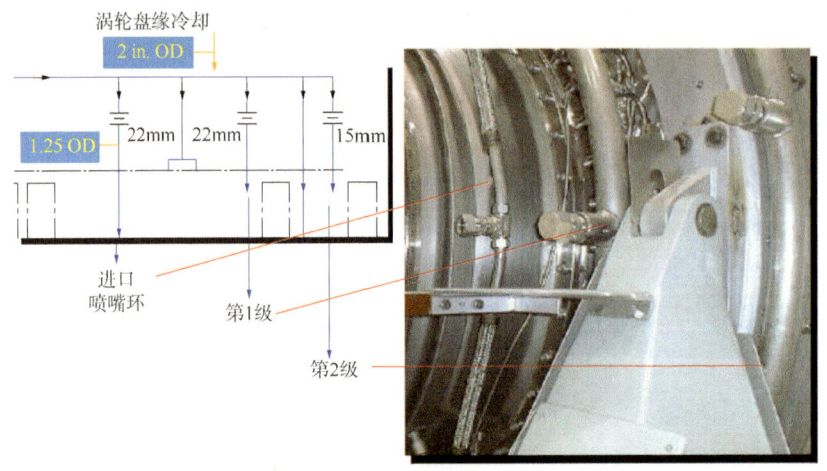

图 4.4.55　典型的 PT 轮盘冷却

4）动力涡轮轮缘冷却空气系统

来自 GG 的压缩空气经过管路从供气接口处被送到环绕第一级导向器的集气总管中。环绕着第一级导向器有两个半圆形集气总管。集气总管中的空气经各连接管流钻进有通道的静子叶片，根据每台设备的具体情况，有 20 个或更多个第一级静子叶片都轴向钻孔。冷却空气流经第一级静子叶片进入位于内进口扩压器后面的空腔以冷却第一级涡轮盘。在第一级静子叶片中，其中两片内有热电偶（温度探测器），热电偶穿过第一级静子叶片，监控第一级涡轮盘前面的温度。通常，UCP（机组控制盘）显示来自热电偶的温度。

5）辅助空气系统

辅助空气系统的作用就是当需要时为空气系统、冲洗系统、主滑油系统和 PT 封严空气系统提供压缩空气。空气系统利用辅助空气仪表风对脉冲式自清空气过滤器，作自清洁，若有的话；冲洗系统利用辅助空气仪表风来增压装满溶剂的清洗槽；当设备启动或停车（N1 名义值 <1500r/min）后润滑期间，动力涡轮则利用辅助空气仪表风来为 PT 的迷宫封严供气；主滑油系统利用辅助空气来控制主滑油系统风扇散热器的内、外出口百叶窗，若组件配备了此套散热器。

6）排气系统

从 PT 中排出的燃气先汇集在动力涡轮的排气装置中，然后再经过转接管道，排气消音器和排气室安全地排放到大气中。某些情况下，PT 排气系统连接热能再利用系统连用以提供蒸汽，这可为整个系统提供额外的动力。

7）燃烧进气系统

进气系统的作用就是在最小的压力损失下，为燃气发生（GG）的进气道提供洁净平滑的气流，并提供充足的空气以使 GG 能全功率工作。

空气通过空气过滤器进入空气进气系统。空气从气滤中出来进入消音器装置，在进入 GG 的钟形进气道前，从进气消音器出来的空气先进入进气室。经轴流压气机压缩后，空气被送去燃烧，压气机在燃气发生器的前部分。在燃烧室系统内，加入的燃料与部分压缩空气混合燃烧，其余的压缩空气也进入燃气中，但主要用于燃烧的控制、增加能量和燃烧室的冷却。燃烧极大地增加了燃气的热能水平，燃烧后的燃气/燃料混合物的速度增加，其去带转装在燃气发生器轴上的涡轮转子，涡轮又带动轴流压气机。热燃气从燃气发生器中排出，燃气发生器又与"自由"动力涡轮的进口扩压器气动性地匹配在一起，这样一来燃气进入动力涡轮（PT），动力涡轮各级的膨胀从此燃气中吸收动能和热能以带动 PT 轴。连接在此轴上的设备根据需要按照 PT 轴所规定的转速旋转以满足负荷需求。基于负荷的要求，加入燃料为燃气发生器提供能量以维持其转速与动力涡轮无关。

8) VIGV 可调导叶进气系统

西门子 RB211 燃机 VIGV（Variable Inlet Guide Vane）系统，即入口可调导叶机构，由一个 MOOG 伺服阀和两个（西气东输二线、西气东输三线、轮吐线机组）或三个（西气东输一线机组）液压作动筒来调节其角度，通过 RVDT 发现命令和反馈偏差。其主要作用是，根据机组运行的工况，调整进口可调导叶的角度，控制燃机入口空气的进气量。主要控制过程为：机组在起机及运行过程中，ECS 系统向 MOOG 阀发出命令，MOOG 阀根据系统指令控制高压液压油进出作动筒的量，作动筒在高压液压油的作用下，带动作动环旋转，入口导叶在作动环的带动下，实现了入口导叶的开启和关闭，调整燃机入口进气量（图 4.4.56 和图 4.4.57）。

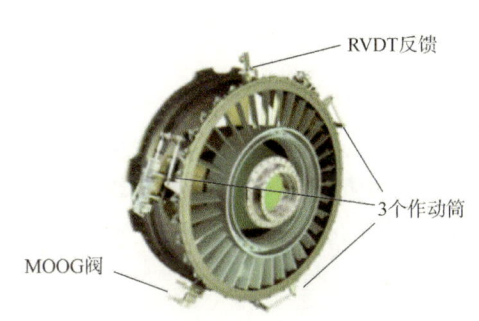

图 4.4.56 西气东输一线 VIGV 可调导叶组成

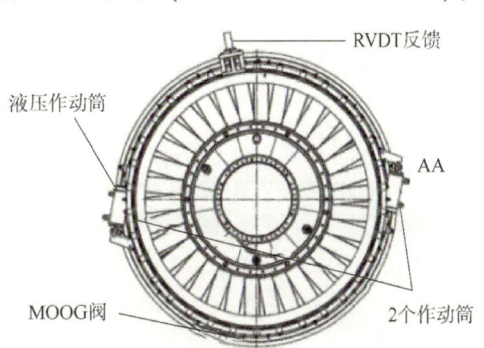

图 4.4.57 西气东输二线、西气东输三线、轮吐线 VIGV 可调导叶组成

(1) VIGV 工作原理。

VIGV 执行机构主要作用为：为可调导叶提供驱动力，根据机组运行工况，实时调整导向叶片的角度，控制燃机空气的进气量，满足机组运行需求。

工作原理：VIGV 系统为传统的电磁阀液压作动筒系统，高压液压油经过 VIGV 电磁阀调节后进入作动筒一侧或另一侧的流量，以驱动活塞朝预期的方向动作。本质上讲，电磁阀就是接收电信号，改变流向 VIGV 作动筒的流量。VIGV 角度的改变可以调节压气机的空气流量，从而调节压气机的转速（图 4.4.58）。

电磁阀由无量纲转速参数 $NL/\sqrt{T_1}$ 进行控制，

图 4.4.58 作动筒传动部分组成
1—液压作动筒；2—导流叶片作动臂；
3—作动环；4—拉杆；5—导流叶片

其中 NL 是低速轴转速信号，T_1 是进气开氏温度。这些信号按照 PID 算法处理后，相应地确定电磁阀的位置。VIGV 的位置通过反馈仪表反馈至发动机控制系统(ECS)，位置信号和反馈信号将被调整、滤波、最后平均。错误信号将反馈至 PID 控制器。如果反馈信号、NL 信号或 T_1 信号出现故障，系统将通过报警或跳闸来对燃机进行保护(图 4.4.59)。

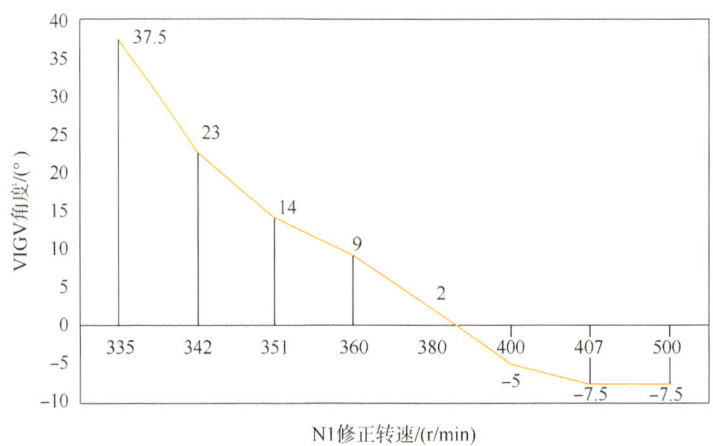

图 4.4.59　VIGV 角度设定值曲线($NL/\sqrt{T_1}$)

（2）控制回路。

VIGV 的角度由两个旋转差动传感器 RVDT 监测。将 VIGV 的作动环连接在 RVDT 角位移传感器的轴上，带动 RVDT 内的扰流片/铁心，改变线圈中的感应电压，使输出与旋转角度成比例的电压采集到主控制器用于控制。整个 VIGV 系统的控制回路原理图如图 4.4.60 所示。

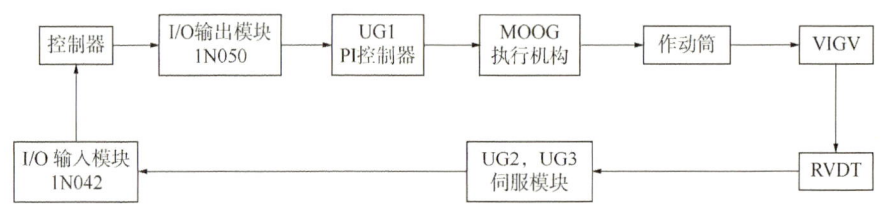

图 4.4.60　VIGV 控制原理图

4.4.3　干气密封

4.4.3.1　LM2500+机组干气密封系统

干气密封利用流体动压效应，使旋转的两个密封端面之间不接触，而被密封介质泄漏量很少，从而实现了既可以密封气体又能进行干运转操作，因此广泛使用于离心压缩机，轴流式压缩机。干气密封动环端面开有气体槽，气体槽深度仅有几微米，端面间必须有洁净的气体，以保证在两个端面之间形成一个稳定的气膜使密封端面完全分离。气膜厚度一般为几微米，这个稳定的气膜可以使密封端面间保持一定的密封间隙，间隙太大，密封效果差，而间隙太小会使密封面发生接触，产生的摩擦热能使密封面烧坏而失效。气体介质通过密封间隙时靠节流和阻塞的作用而被减压，从而实现气体介质的密封。几微米的密封间隙会使气体的泄漏率保持最小，动环密封面分为外区域和内区域，气体进入密封间隙的外区域有空气动压槽，这些槽压缩进来的气体，密封间隙内的压力增加将形成一个不被破坏的稳定气膜，稳定的气膜是由密封墙的节流效应和所开动压槽的泵效应得到的，密封面的内区域是平面，靠它的节流效应限制了泄漏量。

气动增压橇/电动增压橇控制，当压缩机干气密封供气阀 XV-769 处于全开位置时，一旦压缩机进出口汇管差压低于 100kPa，则联锁启动增压橇建立差压保护干气密封，直到压缩机进出口汇管差压高于 200kPa 后，增压橇停止运行。当增压橇在运行状态时，燃气发生器停止状态、动力涡轮停止状态和压缩机保压状态条件均满足时，一旦检测到增压橇进出口差压低于 7kPa，判定为增压橇无法正常工作，压缩机组触发泄压停机命令，并在 HMI 上产生报警。

干气密封一级放空压力，驱动端和非驱动端两侧一级放空压力 PIT-755A/B、PIT-757A/B，任意一个压力变送器检测到放空压力超过 200kPa 时输出一个高报预报警。PIT-755A/B 或 PIT-757A/B 两个压力变送器均检测到压力超过 500kPa，持续超过 1.5s，判定为干气密封一级密封失效，压缩机组触发泄压停机命令，并在 HMI 上产生报警。双表同时故障时，压缩机组也触发泄压停机命令。

干气密封一级放空流量，驱动端和非驱动端两侧一级放空流量 FIT-750 和 FIT-753，任意一个流量计检测到放空流量低于 10%，在 HMI 上输出流量低报警，任意一个流量计检测到放空流量高于 90%，在 HMI 上输出流量高报警。

干气密封三级隔离密封气压力 PIT-750A/B，两个压力变送器任意一个检测到仪表风压力低于 250kPa 时输出低报警，两个压力变送器均检测压力低于 150kPa 时联锁触发泄压停机命令，并在 HMI 上产生报警。其中单表故障等同于低低报，执行相同的联锁逻辑。

干气密封双联过滤器压差 PDIT-768，检测到过滤器差压超过 150kPa 时，在 HMI 上输出差压高报警。变送器故障时，也会在 HMI 上产生报警。

干气密封加热器出口温度 TIT-207，加热器工作温度控制设定为 66.7℃，检测到出口温度低于 50℃时，在 HMI 上输出温度低报警，检测到出口温度高于 85℃时，在 HMI 上输出温度高报警。变送器故障时，也会在 HMI 上产生报警。

当压缩机组不在离线水洗/校验盘车模式下，辅助系统启动命令激活、机组启动进程结束后超过 60s 三个条件同时满足时，或压缩机保压状态激活、机组启动进程结束后超过 60s 两个条件同时满足时，干气密封供气阀 XV-769 打开，在 30s 内若该阀未动作，则输出阀位丢失报警。

干气密封平衡管压差 PDIT-765，检测平衡管差压低于 50kPa 时，在 HMI 上输出低报警，检测平衡管差压高于 150kPa 时，在 HMI 上输出高报警。干气密封压差调节阀 PDCV-765 设定控制，使平衡管差压始终保持在 100kPa 附近。干气密封压差调节阀 PDCV-765 控制干气密封气压力，控制阀安装于密封气体线路和平衡气气体管线之间，调节阀开度受平衡管压差 PDIT-765 控制。通过设定好的 PID 参数，压差调节阀出口压力始终被控制在高于平衡管压差 100kPa。这样，从压缩机外向内通过内迷宫型密封产生一个止动流体，从而防止工艺气体从内沿着轴向位置向压缩机外漏出。调节阀带有旁通管，旁通管安装有孔板，压差信号通过转换器 PDY-765 计算后，控制压差调节阀开度。

4.4.3.2 RB211机组干气密封系统

1) 干气密封系统组成及功能

干气密封系统包括过滤器、仪表、流量计、压力开关、安全阀和隔离阀。安全阀和压力开关在高的密封泄漏情况下保护系统。如果封严件表面气体干燥又清洁，封严件会更有效并且使用时间会更长。因此，压气机出口封严气体管线上装有两个简单的过滤器以过滤气体。这些过滤器用管子和隔离阀连成并行结构，允许一个过滤器工作时其他的过滤器处于待命/离线状态。气体泄漏由压力变送器和压力开关自动监测，并能由流量计确认。封严泄漏严重时，压力开关能引起自动停车。即使在流量计泄漏严重的情况下，气体通过旁路泄流阀流走。这就使得密封腔出口很快达到一个安全大气压，防止气体进入压气机内部（图4.4.61）。

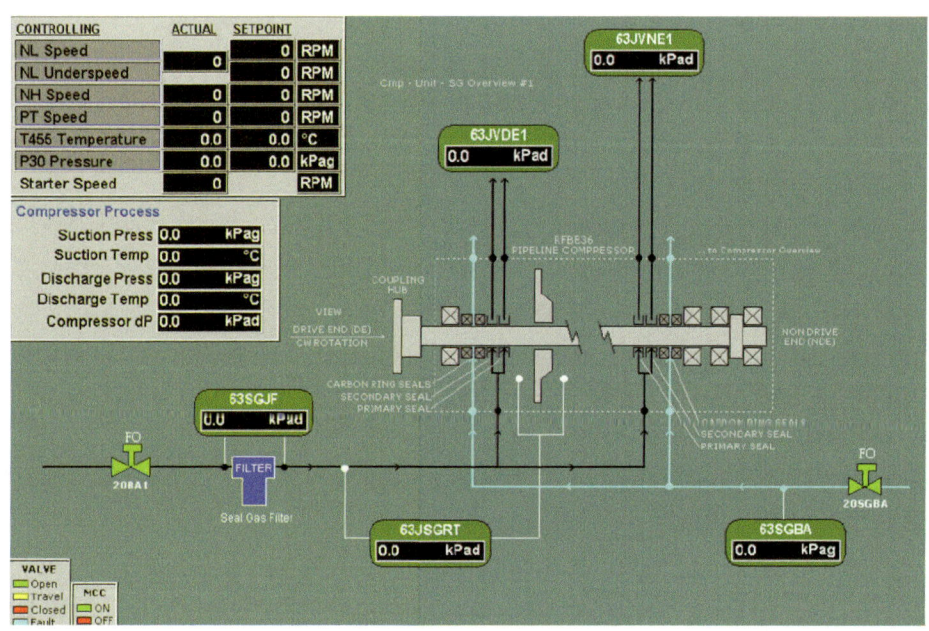

图4.4.61 RR机组干气密封系统

2) 干气密封系统工作原理

干气体封严的气源来自压气机的一个球阀排放口。这称作过滤后的气体。接着气体通过单一过滤器，单一过滤器有一个压差变送器监测过滤器的清洁状况。在通过选择的过滤器(一次只有一个在线工作)后，过滤后的气体通过气体流量计(每一密封件有单独的过滤后气体流量计)，接着通过位于每一压气机封严盒的过滤后气体供给线上的针阀(对于悬挂式压气机有一个封严盒，对于悬臂式压气机有两个封严盒)。过滤后的气体接着进入封严面和内侧迷宫封严之间的首级封严盒。

一部分(大多数)过滤的气体在穿过内侧迷宫封严进入工质气体时损耗掉，这样压气机内的工质气体(没有过滤)就不会进入封严盒。当压气机转子开始旋转，一部分过滤气体由向心槽连接到配合环(转动)表面的螺旋槽并吸进封严件。在螺旋槽停止的地方，压力增高，类似于水坝那样。这道压力坝仅允许部分过滤气体通过封严件，用来冷却封严件的表面。

用来冷却封严件的气体通过安装在线上的主密封泄漏通风流量计排放到大气中。泄漏通风流量计带有安全活门以旁路流量计、压力开关和压力监测的变送器。没有用来冷却封严件的气体也通过内侧迷宫封严导回气机。在主封严件失效的情况下，由第二道封严防止工质气体进入压气机内部。在正常工作情况下，第二道封严排气流量很微小。

典型的针阀调整是使过滤气体流量计流量比排放气体流量计流量大 10~15ft³/min。参考压气机密封气体图表可为设备设置精确的流量计流量、高压报警压力、关车和安全阀压力。

3) 干气密封系统控制

RR 机组干气密封系统控制程序中设置了干气密封压力 PID 调节器，目的是通过调节阀的开度(V75JSGRT)使干气密封气的压力保持在 269kPa，当有机组加载命令，要在 120s 内干气密封差压不报警和停车。干气密封差压小于 100kPa 时，干气密封压力低报警和停车延时 1s 倒计时，计时完成后产生干气密封差压低 CS。当干气密封驱动端放空压力大于 240kPa 时，如压缩机放空阀关闭，则干气密封驱动端放空压差高紧急停车。当干气密封非驱动端放空压力大于 240kPa 时，如压缩机放空阀关闭，则干气密封非驱动端放空差压高紧急停车。

当没有干气密封差压高、干气密封驱动端放空差压高、干气密封非驱动放空差压高、站控 ESD 按钮、箱体 ESD 按钮、可燃气体系统报警和火灾系统报警，则无共用放空停车信号 L33SSSDV。只要满足下列条件之一时干气密封差压信号产生失败报警：干气密封差压 A63JSGRT 或干气密封 A63JSGRT_1≤−5，或干气密封差压百分比计算值 V63JSGRTDIFF>3%。只要满足下列条件之一时干气密封非驱动端差压信号产生失败报警：干气密封非驱动端差压 A63SGJVNE 或干气密封 A63SGJVNE_1≤−5，或干气密封非驱动端差压百分比计算值 V63SGJVNEDIFF>1%。当动力涡轮转速大于 500r/min 时，则干气密封驱动端放空差压高车值为 120kPa，干气密封非驱动端放空差压高停车值为 120kPa；当 T≤500r/min 时，则干气密封驱动端放空差压高车值为 240kPa，干气密封非驱动端放空差压高停车值为 240kPa。

第 5 章
燃驱离心压缩机组控制系统优化改造典型案例

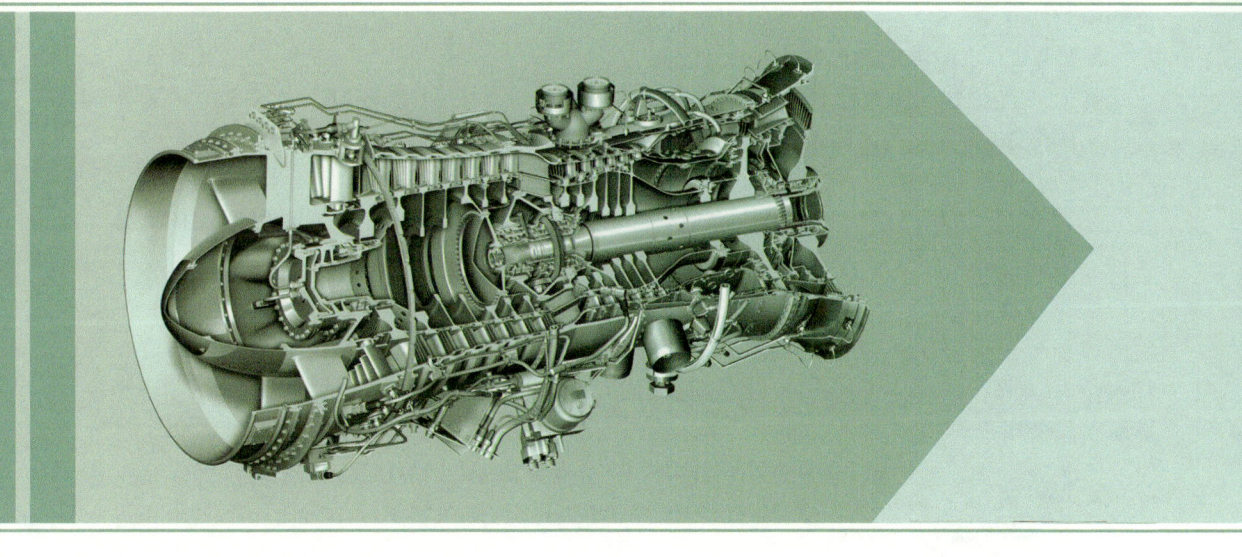

5.1 燃料控制程序优化案例

5.1.1 GE 燃驱机组 GS16 燃调阀替换 3103 燃调阀改造案例

5.1.1.1 现状概述

国家管网集团西部管道公司投产运行 GE 公司 PGT25+燃驱机组 56 台，其中西气东输一线 18 台，西气东输二线、西线东输三线及轮吐线共 38 台，前者使用 WOODWARD 公司的生产的 3103 燃料气调节阀(流通面积为 $1in^2$，简称燃调阀)，后者使用 WOODWARD 公司生产的 GS16 燃调阀(流通面积为 $1.5in^2$)，其作用均为控制燃气发生器的燃料供应。

西气东输一线使用的 3103 燃调阀门属于早期产品，电机带减速机构，燃调阀上下带两套旋转变压器，上部旋变控制电机多圈旋转，下部旋变测试反馈燃调阀阀芯绝对旋转角度，因其分离式结构导致维护不便，且增加了备件储备类型；另外，燃调阀控制开度的基准参数共 400 个，而 GS16 燃调阀大控制开度的基准参数达 3700 个，控制更加精准，有必要进行同类替换改造[7]。

5.1.1.2 改造理由及思路

降低采购成本。3103 燃调阀阀体与控制单元分离，采购费用在 40 万元左右(控制器 10 万元、阀体 30 万元)，GS16 型燃调阀为阀体及控制单元集成式结构，采购费用在 30 万元左右，两者采购周期相当。故通过同类替换，可降低采购成本。

统一 GE 燃驱机组燃调阀备件库存型号。实现同类替换，可使用 GS16 燃调阀作为统一备件，降低备件类型及库存，统一备件型号。

优化检修维护环节，提升可靠性。GS16 燃调阀机械驱动单元与控制系统集成在一起，阀门体积小，安装方便，外接电缆少；3103 燃调阀驱动器与阀门机械部件分离，拆卸、检修不便，GG 箱体外置控制器，连接线缆多。实现同类替换可优化维护维修环节，提升 GE 燃驱机组的可靠性。

助力国产化推广应用。GS16 燃调阀国产化研制工作已取得实质性进展，目前在鉴定评估阶段，下一步将进入工业测试及推广应用。实施燃调阀替换攻关，势必再次降低备件采购成本，助力国产化 GS16 燃调阀推广。

5.1.1.3 技术论证及可行性分析

通过对两个型号阀门几何尺寸、供电及接线、控制程序、计算公式四个方面进行对比分析，论证替换可行性。

1) 阀门几何外形尺寸对比

3103 燃调阀及 GS16 燃调阀的外观及几何尺寸如图 5.1.1 至图 5.1.4 所示。

图 5.1.1　GS16 燃调阀外貌图

第 5 章 燃驱离心压缩机组控制系统优化改造典型案例

图 5.1.2　3103 燃调阀外貌图

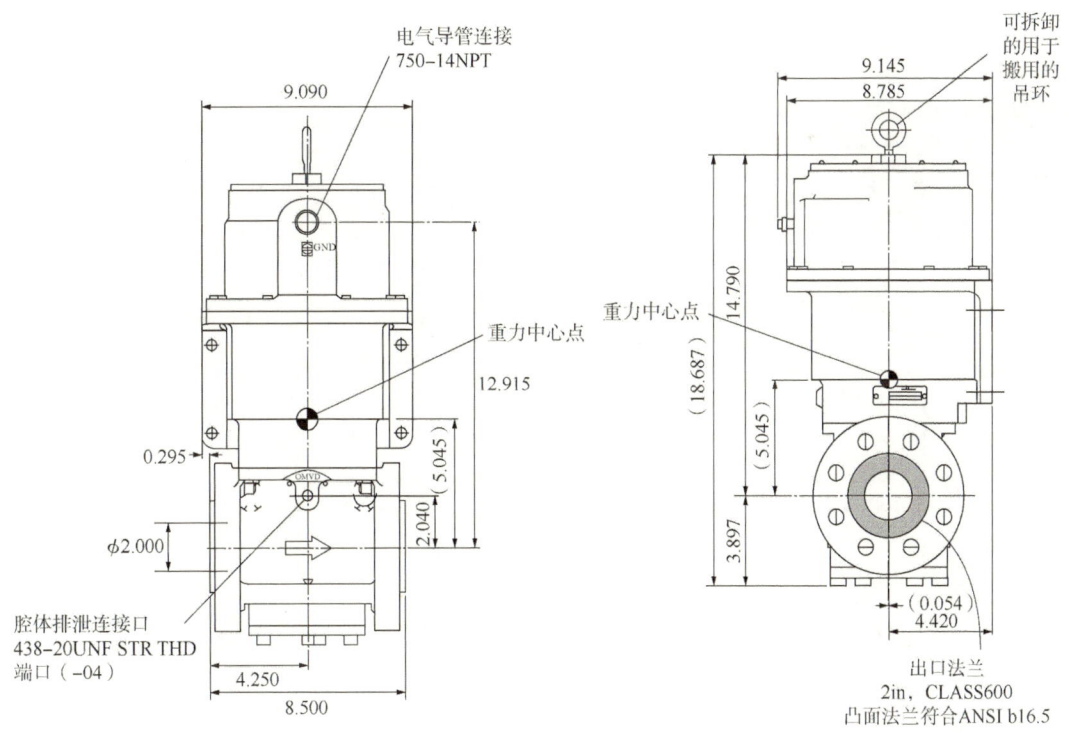

图 5.1.3　GS16 燃调阀外形尺寸、出入口法兰及排污接口尺寸(单位：in)

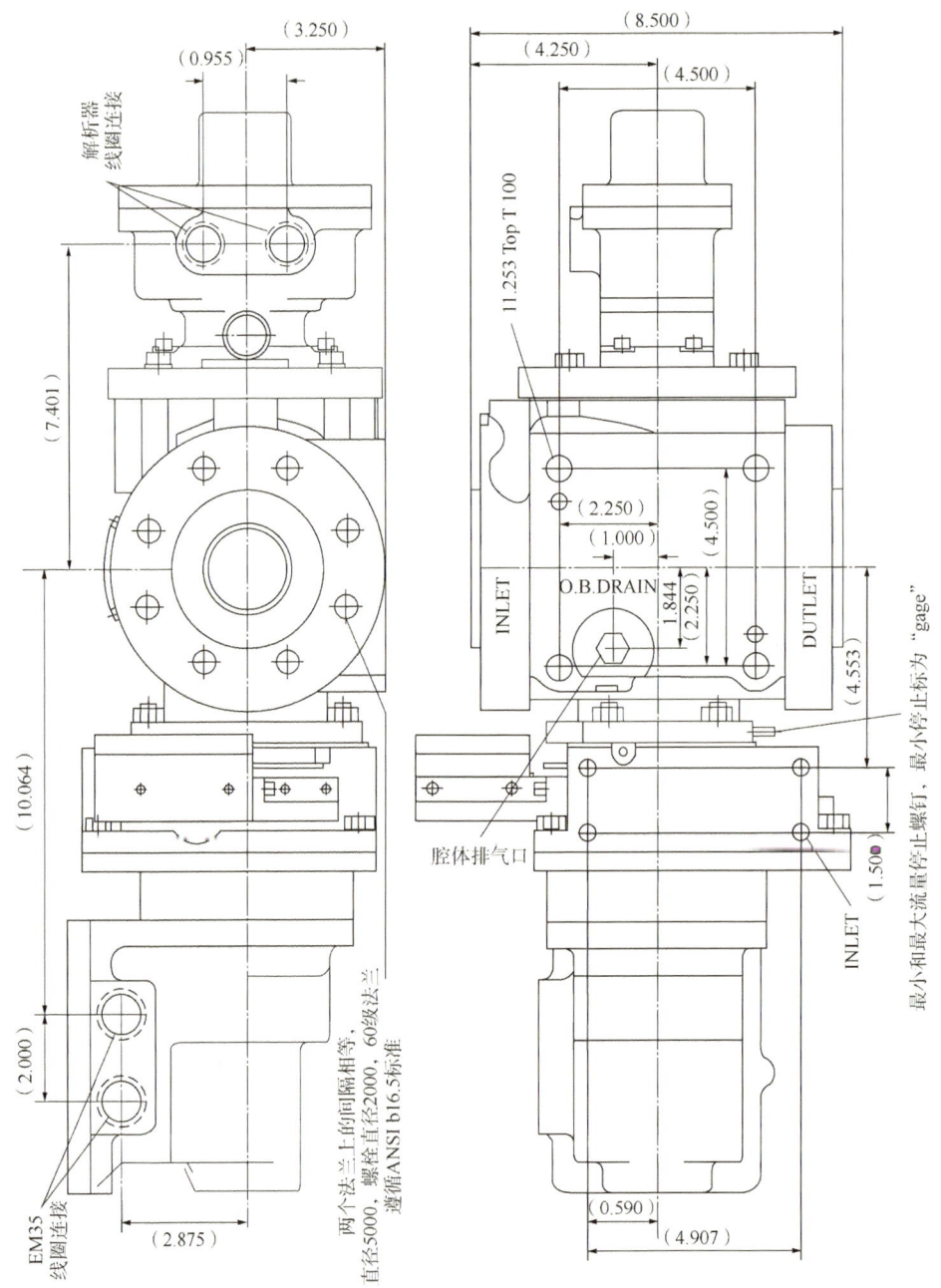

图 5.1.4　3103 燃调阀外形尺寸、出入口法兰及排污接口尺寸(单位：in)

对比 GS16 燃调阀和 3103 燃调阀的外形尺寸、出入口法兰尺寸、排污管线接头尺寸以及仪表线缆格兰头尺寸，两者的差别见表 5.1.1。

通过表 5.1.1 可以看出，GS16 燃调阀较 3103 燃调阀外形尺寸小，安装空间满足要求，燃料气进出法兰间距一致，不需要附加的燃料气管线。法兰连接螺栓孔及规格相同，能够使用原螺栓；电缆格兰头相同，能够重复利用；仅排污管线接头螺纹尺寸和大小不一致，前者接 1/4in 放空管线，后者接 1/2in 放空管线，可通过安装转换接头、增加 1/2in 管线实现连接,如图 5.1.5 和图 5.1.6 所示。通过以上分析,两者替换几何尺寸不存在问题。

表 5.1.1　GS16 燃调阀与 3103 燃调阀外形尺寸与接口尺寸对比

阀门型号	外形尺寸(长×宽×高)	进出口法兰尺寸	进出口法兰间距/in	法兰螺栓孔规格	排污管线接头规格	电缆格兰接头尺寸	备注
GS16	233.17mm×215.9mm×483.74mm	2in class600 RF,ANSI16.5	8.495	8×0.625-11UNC-2B	0.438-20UNF(-04)STRAIGHT THREAD	0.750-14NPT	密封泄漏放空接头,通过 0.526-18 转 0.438-20 转接头和直头实现
3103	247.47mm×215.9mm×626.62mm	2in class600 RF,ANSI16.5	8.5	8×0.625-11UNC-2B	0.562-18UNF(-06)STRAIGHT THREAD	0.750-14NPT	

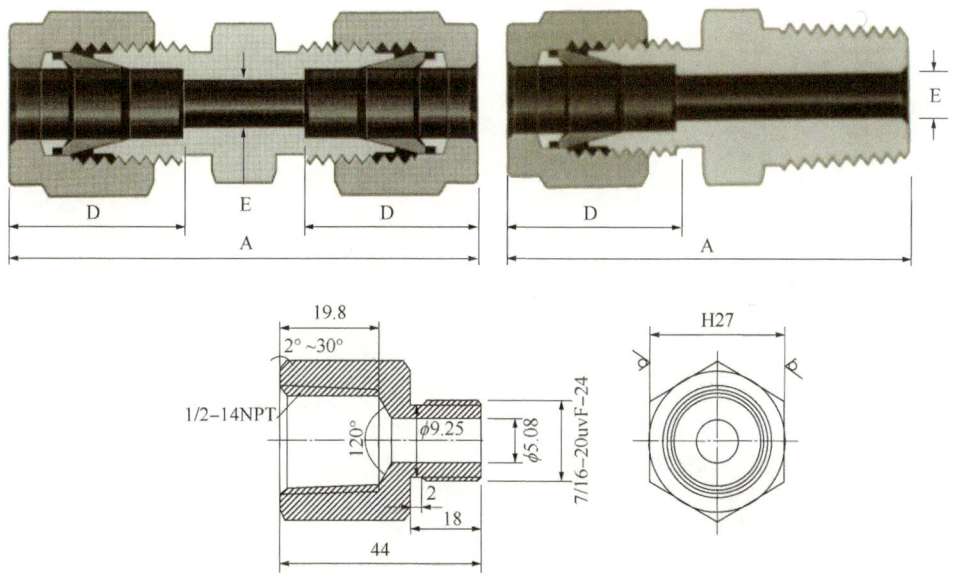

图 5.1.5　GS16 燃调阀转接头与现场 3103 燃调阀放空管线连接转接头

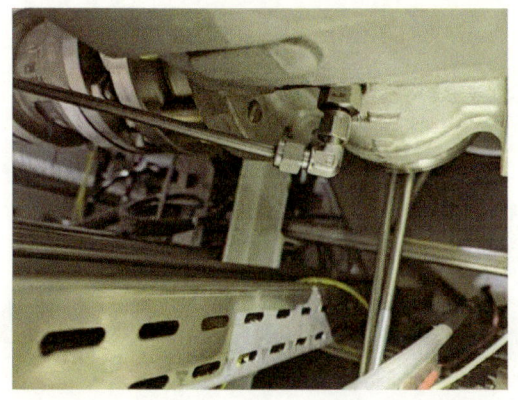

图 5.1.6　GS16 燃调阀与 3103 燃调阀放空管线尺寸及接头

2)供电及仪表电缆接线对比

GS16燃调阀及3103燃调阀供电方式及接线示意如图5.1.7和图5.1.8所示。

通过对比两燃调阀的接线图可以看出,西气东输一线现场能够提供18~32VDC电源,有4~20mA位置命令、反馈,有关闭重置输入,关闭状态输出,与GS16燃调阀的接线端子一致。GS16燃调阀控制通信功能CAN communication在机组运行过程中未使用,所以现场供电、接线、功能满足要求。

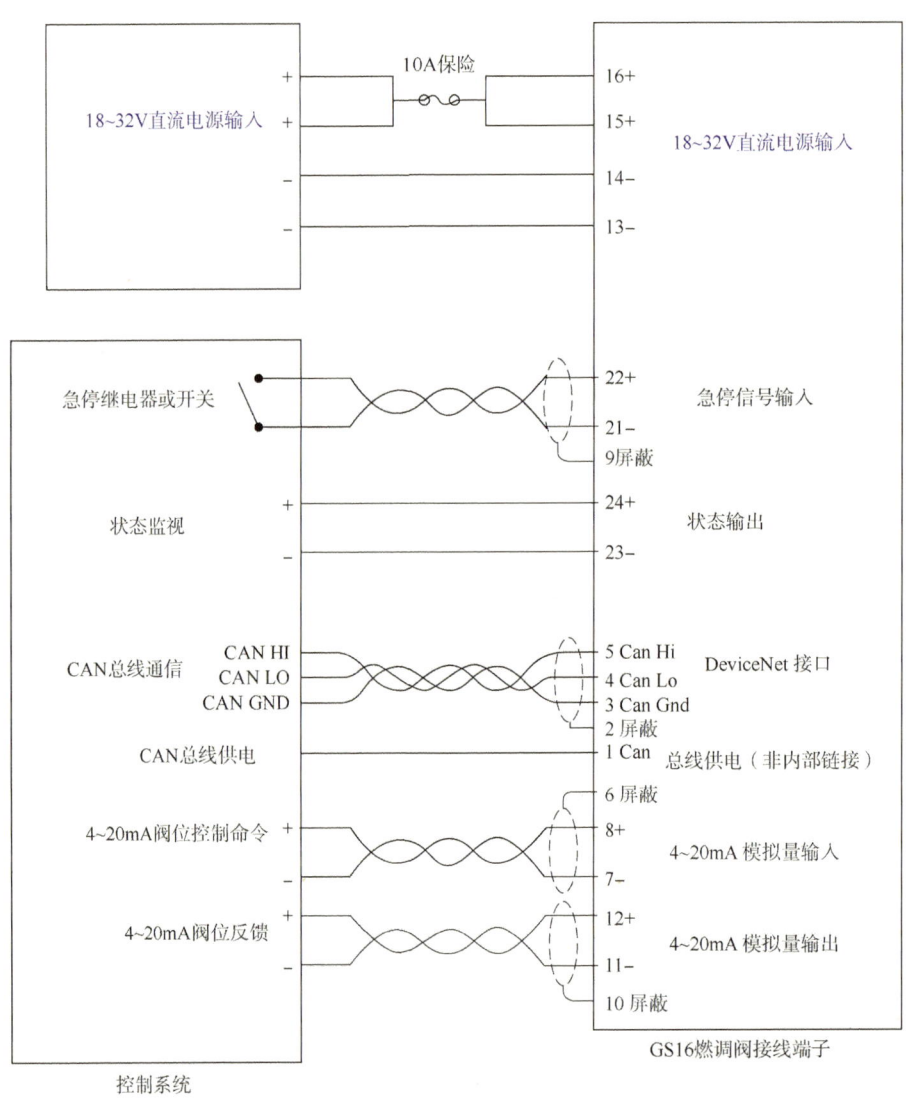

图 5.1.7 GS16 燃调阀接线图

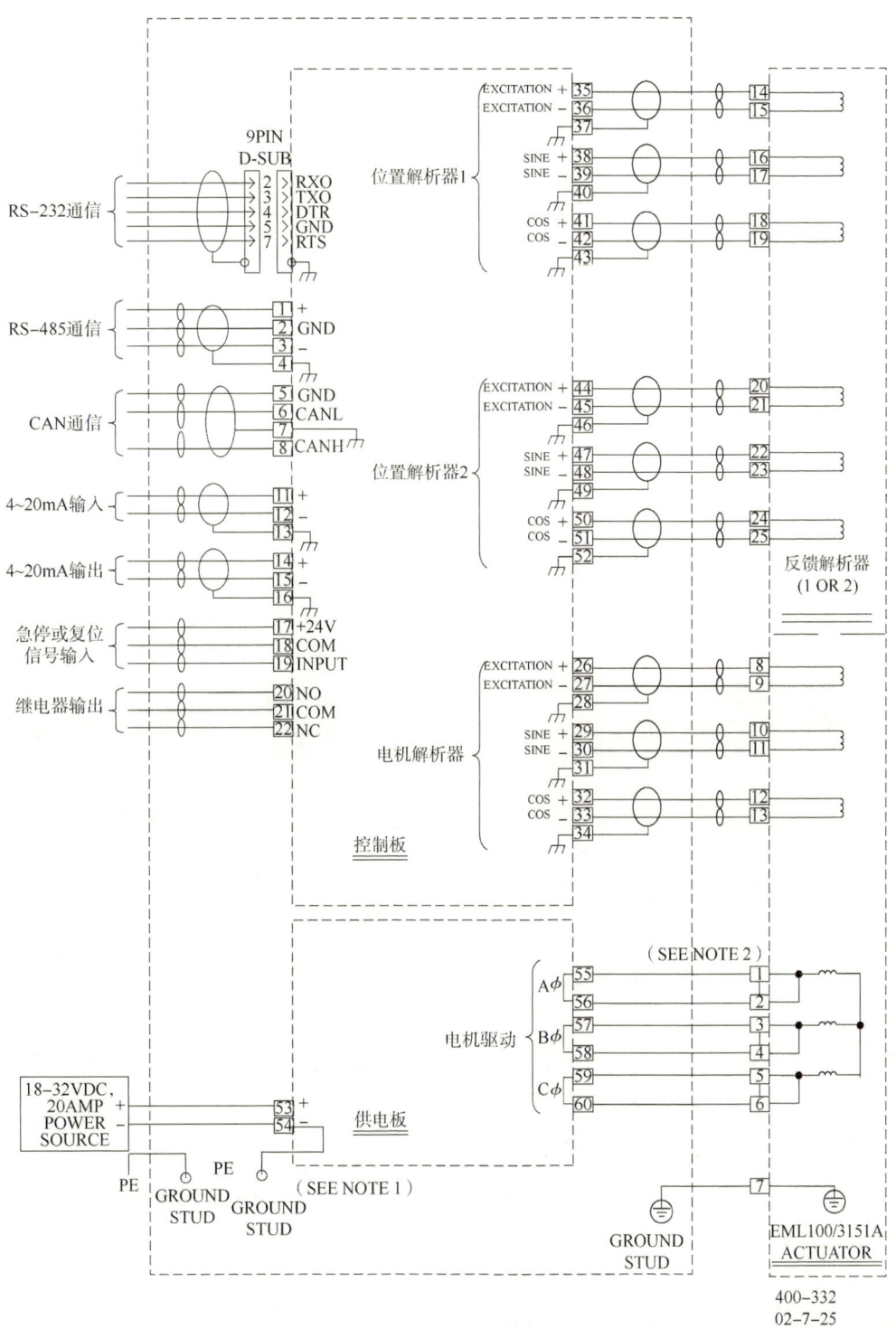

图 5.1.8 3103 燃调阀接线图

3) 阀门替换布线

西气东输一线 FCV331 接线：命令 ZC-331、反馈 ZT-331、故障信号 UA-1999、使能 XS-2000(干接点)、24VDC 电源一组，如图 5.1.9 所示。

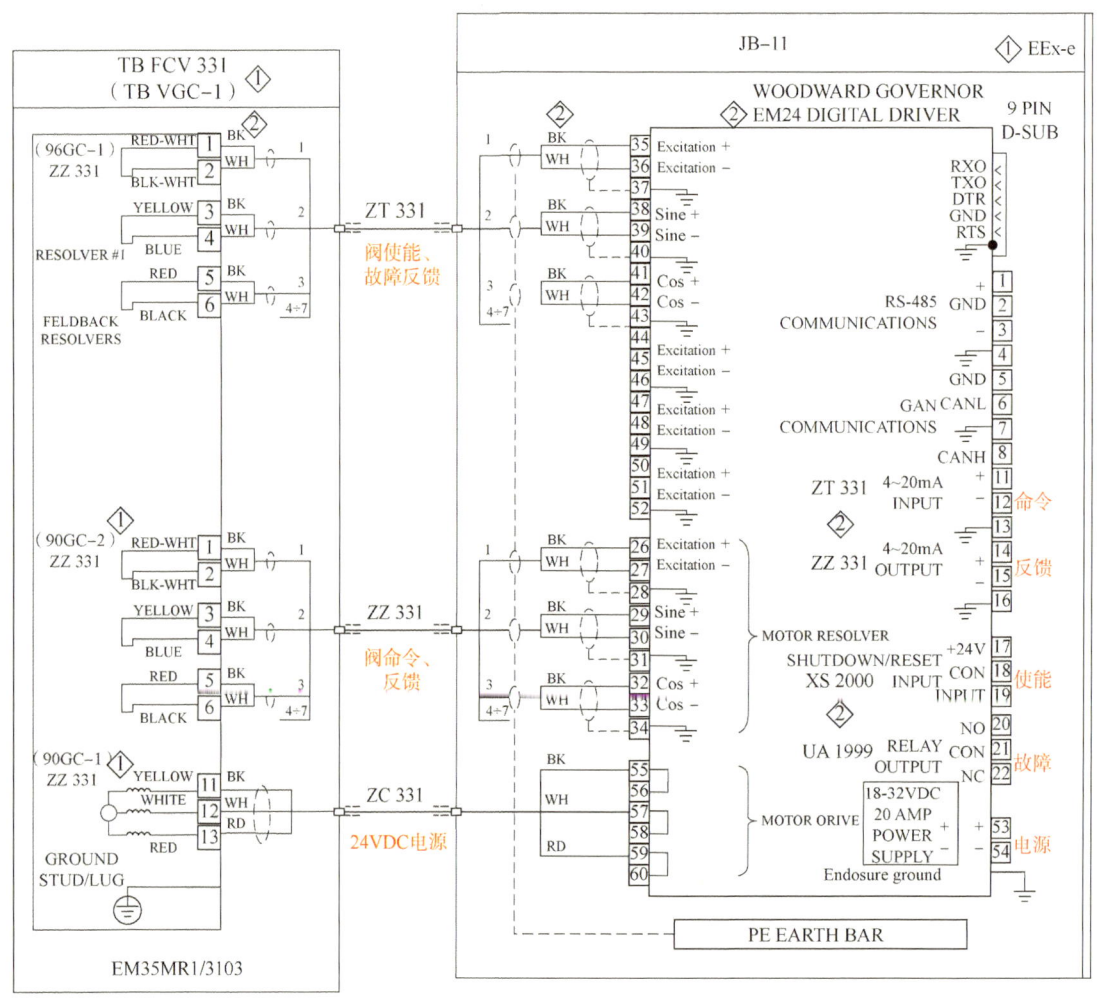

图 5.1.9　3103 燃调阀接线详图

西气东输二线 GS16 燃调阀接线：命令 ZC-331、反馈 ZT-331、故障信号 86GC-1、使能 30GC-1(干接点)、24VDC 电源二组，如图 5.1.10 所示。

FCV331 控制板 EM35R1 到阀本体仪表信号共 6 组，采用两根多芯屏蔽电缆，EM35R1 控制板给电机供电为 3 芯电缆。因此 GS16 燃调阀替换 3103 燃调阀的走线方案为：

（1）控制柜到现场：GS16 燃调阀命令 ZC-331、反馈 ZT-331、故障信号 86GC-1、使能 30GC-1(干接点)回路均对等接入 FCV331 命令 ZC-331、反馈 ZT-331、故障信号 UA-1999、使能 XS-2000(干接点)控制回路。

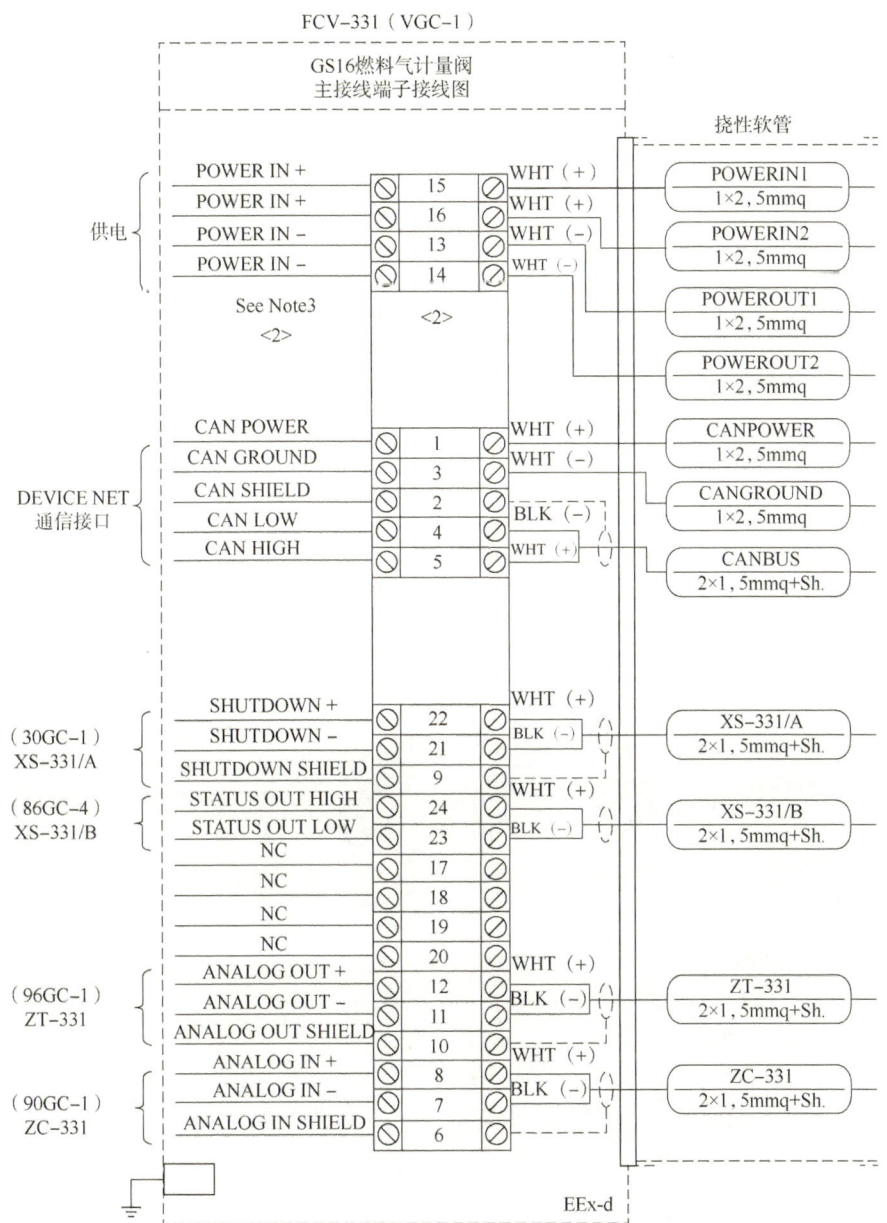

图 5.1.10 GS16 燃调阀接线详图

(2) 现场控制板到 GS16 燃调阀：使用原 EM35R1 到阀本体仪表信号共 6 组中的 4 组，分别用于 GS16 燃调阀命令 ZC-331、反馈 ZT-331、故障信号 86GC-1、使能 30GC-1。GS16 燃调阀供电电源采用 EM35R1 控制板电源（20AMP），满足 GS16 燃调阀供电要求（10AMP），使用原控制板给阀电机供电电缆接入 GS16 燃调阀控制板接线端子 15、13，由于 GS16 燃调阀为双回路供电，因此在 GS16 燃调阀控制板接线排上将 24VDC 正供电端子15、16 短接，将 24VDC 负供电端子 13、14 短接。

· 355 ·

4）计算公式

通过对 3103 燃调阀及 GS16 燃调阀厂家技术手册进行对比分析，发现其使用的计算公式及常量参数均相同，说明两种燃调阀的计算基准是一致的，这为两者替换提供了理论基础和依据。计算公式如下。

$$R_7 = \left(\frac{2}{1+K}\right)^{\frac{K}{K-1}} \tag{5.1.1}$$

如果 $\dfrac{p_2}{p_1} \geqslant R_7$，面积计算如下：

$$ACd = \frac{W_f}{3955.289 \cdot \pi \cdot \sqrt{\left[\dfrac{K \cdot S_G}{(K-1) \cdot T \cdot Z}\right]\left[\left(\dfrac{p_2}{p_1}\right)^{\frac{2}{K}} - \left(\dfrac{p_2}{p_1}\right)^{\frac{1+K}{K}}\right]}} \tag{5.1.2}$$

如果 $\dfrac{p_2}{p_1} < R_7$，面积计算如下：

$$ACd = \frac{W_f}{3955.289 \cdot \pi \cdot \sqrt{\left[\dfrac{K \cdot S_G}{(K-1) \cdot T \cdot Z}\right]\left[R_7^{\frac{2}{K}} - R_7^{\frac{1+K}{K}}\right]}} \tag{5.1.3}$$

式中　ACd——有效面积，in^2；

W_f——质量流量速率，lb/h；

p_1——阀入口压力，psi；

p_2——阀出口压力，psi；

K——比热（60℉下的标准天然气，通常为 1.300）；

S_G——绝对气体的相对密度（标准天然气，通常为 0.60）；

T——绝对气体温度（兰氏度）（兰氏度＝华氏度+459.7）；

Z——气体压缩系数。

5）控制程序对比

两种燃调阀控制程序和功能块逻辑如图 5.1.11 至图 5.1.14 所示。

对比两燃调阀在 TOOLBOX 程序中的功能块逻辑，发现逻辑完全一致，计算公式、逻辑原理相同，具有替换的可能性。

对比图 5.1.15、图 5.1.16 中两燃调阀的有效面积、阀前阀后压比与阀开度的参数不尽相同，因此需要将 GS16 燃调阀有效面积、阀前阀后压比与阀开度的数据表以功能块的方式整体移植到西气东输一线燃机的程序中，达到控制 GS16 燃调阀的功能。

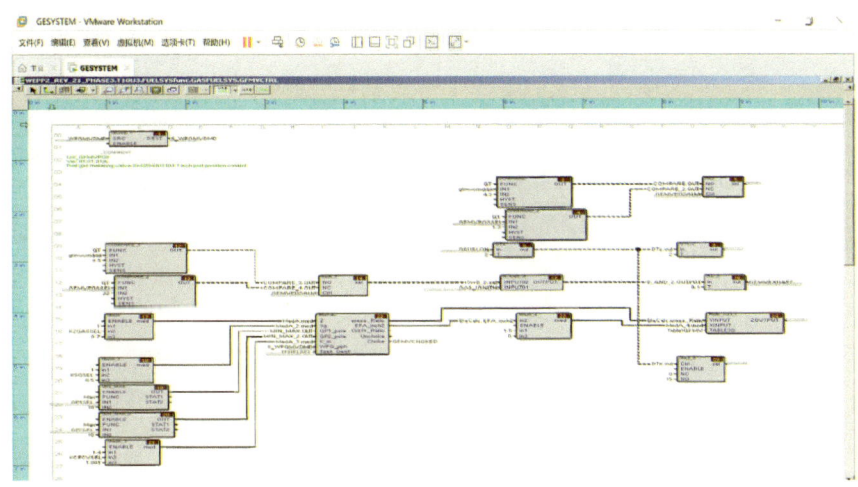

图 5.1.11　GS16 燃调阀程序中编译的计算公式

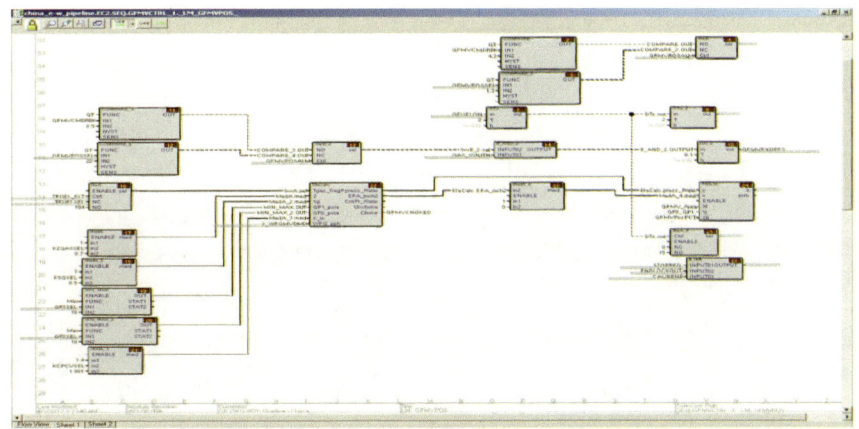

图 5.1.12　3103 燃调阀程序中编译的计算公式

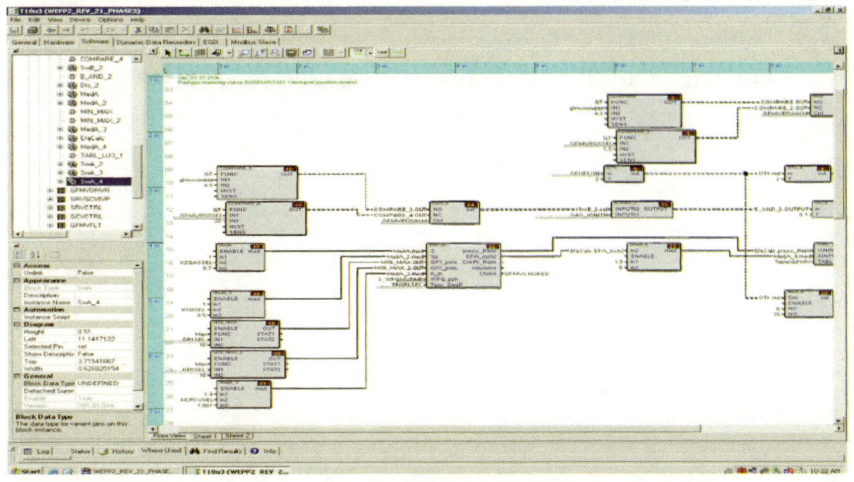

图 5.1.13　GS16 燃调阀功能块逻辑图

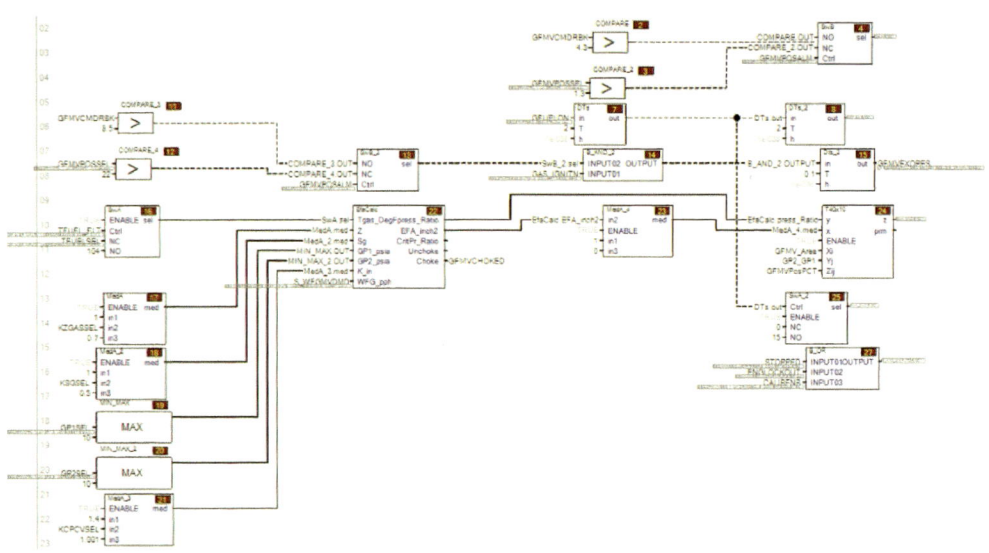

图 5.1.14　3103 燃调阀功能块逻辑图

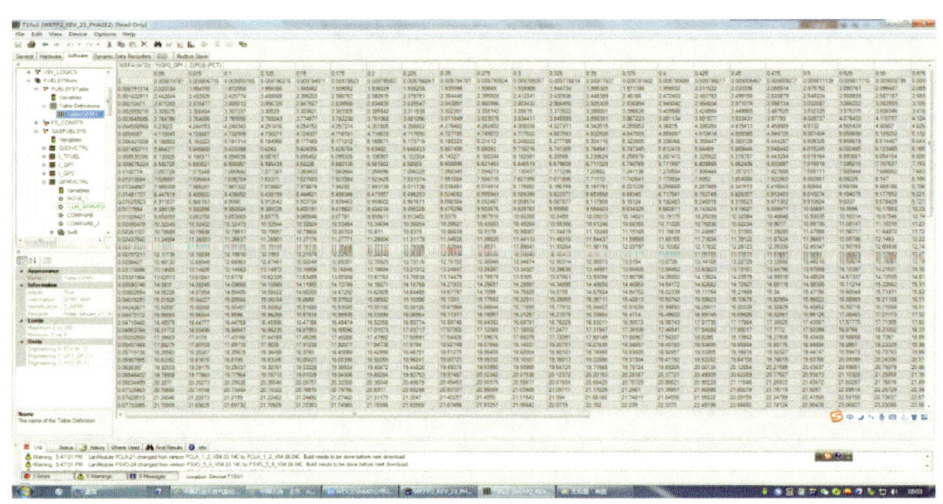

图 5.1.15　GS16 燃调阀有效面积、阀前阀后压比与阀开度的数据表

Name	Description	Units	External Access	Type	Initial Value	Array
GFMVPOSMN	Fuel gas metering valve minimum position		Read Only	BOOL	0	0
GP2GTGP1ES	GFMV GP2SEL greater than GP1SEL - ES		Read Only	BOOL	0	0
_BlockCPUTicks	The number of CPU ticks it took to execute the user block		Read Only	UDINT	0	0
GFMVDRVES	Fuel gas metering valve driver shutdown ES		Read Only	BOOL	0	0
GSOVLKG_ES	Fuel gas shut-off valve leakage - ES		Read Only	BOOL	0	0
_Heartbeat	Task Heartbeat		Read Only	UINT	0	0
GFMVPosPCT			Read Only	REAL	......3.734259,3.808347,4.328317,5.677379,8.718227,11.11616,12.93275,0,0,0,10.04577,10.07311,10.278	400
GP2_GP1			Read Only	REAL	0.05,0.15,0.25,0.35,0.45,0.55,0.65,0.75,0.85,0.95	10
GP1HIALM	High fuel gas metering valve upstream pressure		Read Only	BOOL	0	0
GFMVDRVRST	Fuel gas metering valve driver reset command		Read Only	BOOL	0	0
GP2FLT_ES	GP2 Gas FMV downstream pressure sensors fault - ES		Read Only	BOOL	0	0
GP1SEL	Fuel gas metering valve upstream selected pressure		Read Only	REAL	0	0
GFMVEXOPES	Excessive FGMV position demand upon ignition - ES		Read Only	BOOL	0	0
GFMVPOSCMD	Fuel gas metering valve position demand		Read Only	REAL	0	0
GP1LOALM	Low fuel gas metering valve upstream pressure		Read Only	BOOL	0	0
GP1FLT_ES	GP1 Gas FMV upstream pressure sensors fault - ES		Read Only	BOOL	0	0
GP2FLT_ALM	GP2 Gas FMV pressure sensors fault alarm		Read Only	BOOL	0	0
GFMVPOSSEL	Fuel gas metering valve driver selected position		Read Only	REAL	0	0
GFMVNMPALM	Fuel gas metering valve not at minimum position		Read Only	BOOL	0	0
GFMVCHOKED	Fuel gas metering choked flow		Read Only	BOOL	0	0
GP1FLT_ALM	GP1 Gas FMV pressure sensors fault alarm		Read Only	BOOL	0	0
GFMV_Area			Read Only	REAL	0,0.008,0.016,0.025,0.05,0.075,0.1,0.125,0.15,0.175,0.2,0.225,0.25,0.275,0.3,0.325,0.35,0.375,0.4,0.425,0.4	40
GFMVPOSALM	Fuel gas metering valve driver position feedback fault		Read Only	BOOL	0	0
_Enable	Task Enable		Read Only	BOOL	True	0
GP2SEL	Fuel gas metering valve downstream selected pressure		Read Only	REAL	0	0
KGFMVCALREF	Fuel gas metering valve calibration position reference		Read Only	REAL	0	0

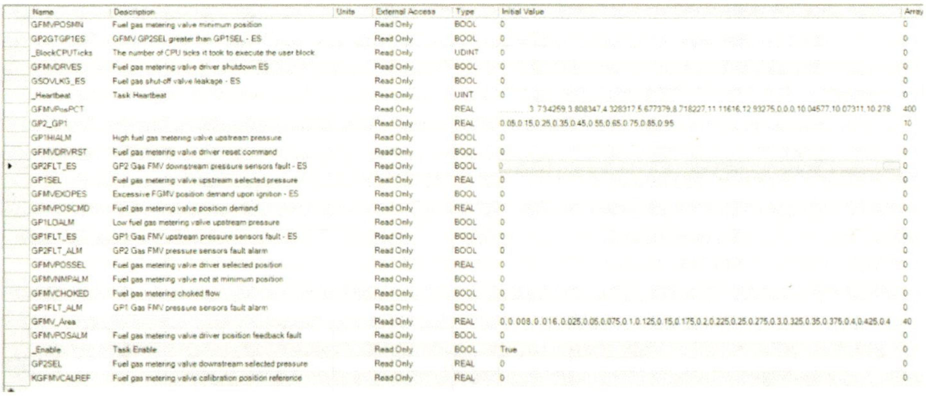

图 5.1.16　3103 燃调阀有效面积、阀前阀后压比与阀开度的参数矩阵

6）西气东输一线 ToolboxST 控制程序修改

在西气东输一线 ToolboxST 控制程序中增加 GS16 燃调阀控制程序，逻辑框图及阀位开度调用数据表如图 5.1.17 和图 5.1.18 所示。

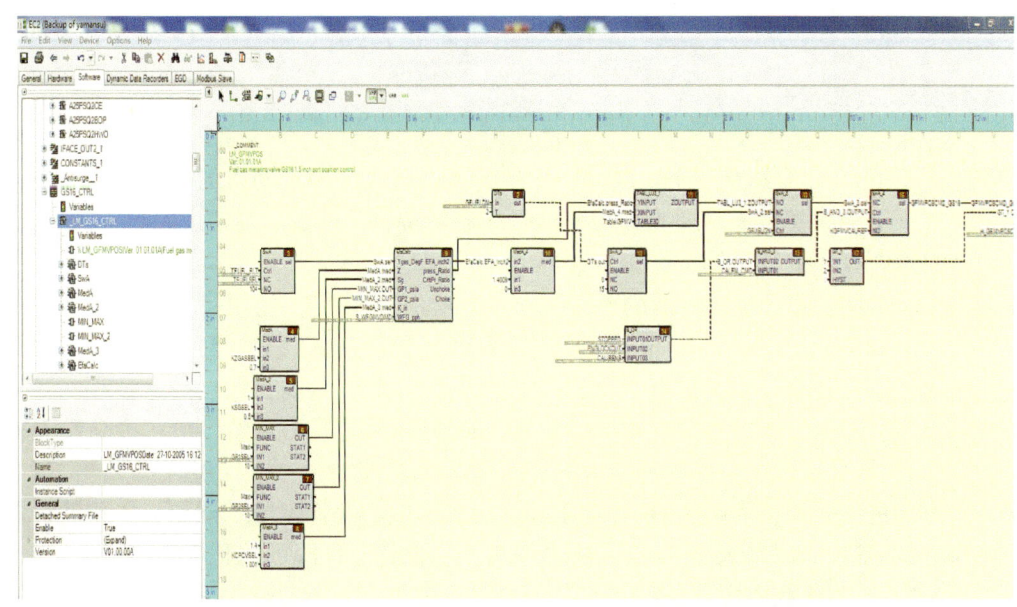

图 5.1.17　西气东输一线 ToolboxST 控制程序增加逻辑控制

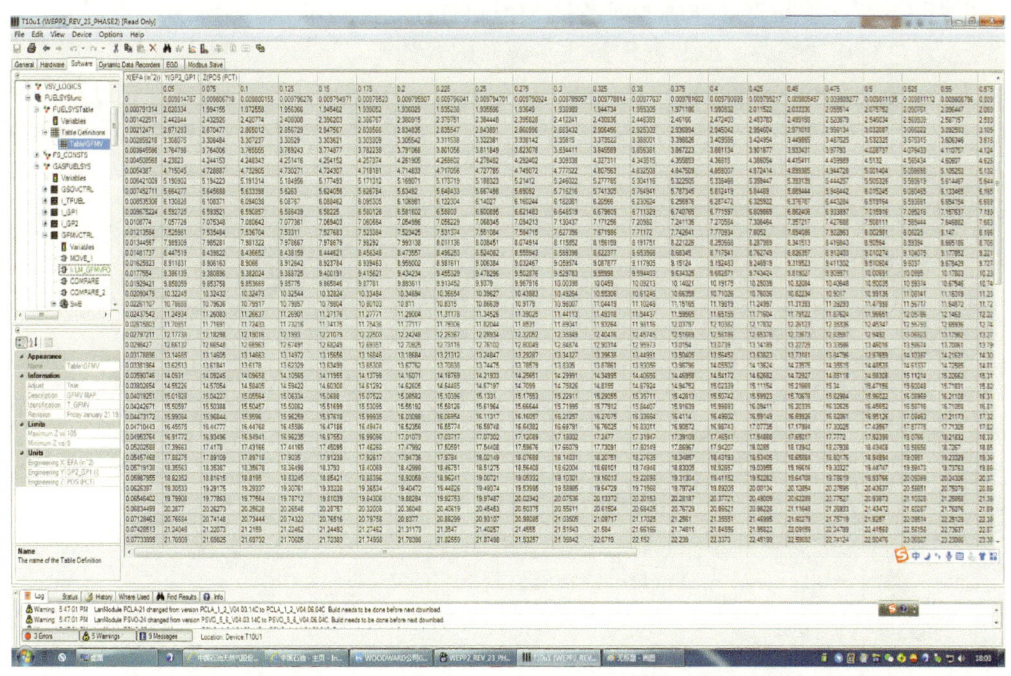

图 5.1.18　西气东输一线 ToolboxST 控制程序中增加 GS16 燃调阀引用数据表

通过以上分析，控制逻辑上能够实现 GS16 燃调阀替换 3103 燃调阀。

5.1.1.4 预期效果

改造实施后，可实现 GE 燃驱机组燃调阀备件统一管控，降低备件采购成本及现场维护内容，提升机组可靠性。

5.1.2 西气东输一线 RR 机组燃调阀替换改造案例

5.1.2.1 改造背景

西气东输一线 RR 燃驱机组燃料气计量阀由 Parker 控制器、Kollmorgen 执行器及 Whittaker 阀构成。Whittaker 阀是一个线性可变柱塞阀，在燃气透平发动机的燃料气系统里可精确控制燃料气流量。其用 4~20mA 模拟量信号控制，位置反馈是由高精度的解析器来完成。解析器直接耦合到阀的计量轴上，被安装在一个防爆的壳体内。该解析器由 Parker 控制器来励磁，Parker 控制器通过解析器的两个二级绕组电压的输出，使用一个解析器进行数字转换，以此来确定阀的位置。其温度保护装置输出一个开关量信号，温度正常时，开关信号闭合，超温时开关信号断开。由于 Parker 控制器已停产，目前西门子厂家使用 ASCV 控制器进行替换，而 ASCV 控制器在使用过程出现两次故障造成山丹站停机，可靠性有待进一步验证，且 OEM 对 ASCV 控制器和 Whittaker 阀的备件报价过高，在换阀后的阀门特性参数更新等方面进行封锁，为解决 OEM 厂家技术封锁和核心部件卡脖子问题，本作业计划使用成熟可靠的 GS16 燃调阀替换 Whittaker 燃调阀，确保作业风险可控和顺利进行。

5.1.2.2 改造作业内容

1）ECS 程序修改

在线 ECS 程序，检查并确认 ECS 程序为最新程序，上传最新数据值并保存备份。复制一份新程序进行离线修改。ECS 程序修改步骤及内容如下：

（1）在 ECS 程序 TASK1 的 T1flow 例程中，新增 GS16 燃调阀阀门有效面积计算程序段，如图 5.1.19 所示。程序中，阀前和阀后压力 p_1、p_2 需要由 PKA（绝压）转化为 psi，燃料设

```
(*GS16 VALVE FLOW CALCULATION*)
(*----------------------------------------------------------------*)
p1:=pgi*0.145;                              (*KPA TO PSI*)
p2:=pge*0.145;                              (*KPA TO PSI*)
Wf:=wgset*2.204226*3600;                    (*kw TO pph*)
k:=lkks;
Z_gas:=gz;
SG:=gdens/1.293;                            (*gas density/Air density *)
T:=tgactk*1.8;                              (*°K to °R*)
R7 := (2/(1+k))**(k/(k-1));
TEMP1 :=p2/p1;
TEMP2 :=k*SG/(T*Z_gas*(k-1));
TEMP3 :=(p2/p1)**(2/k)-(p2/p1)**((1+k)/k);
TEMP4 := R7**(2/k)-R7**((1+k)/k);
IF TEMP1>= R7 THEN
 ACD:= Wf/(3955.289*p1*SQRT(TEMP2*TEMP3));
END_IF;
IF TEMP1<= R7 THEN
 ACD:= Wf/(3955.289*p1*SQRT(TEMP2*TEMP4));
END_IF;
```

图 5.1.19 T1flow 中新增程序段

定值 Wf 由原程序中燃料设定功率值计算后得出，天然气比热值 K 和压缩系数使用原程序中由 LEE KESELER 气体方程计算出的值，天然气比重使用程序中计算出的天然气密度值和空气的密度值计算得出。燃料气温度需要由程序中 K 氏度转化为兰氏度。

（2）在 ECS 控制器变量中新建 GS16 燃调阀三维插值表，分别新建 GS16_X[37，100]，GS16_Y[37，100]两个二位数组和 GS16_Z[37]一个一维数组(建点时从已建好的插值表程序中进行复制粘贴即可)，如图 5.1.20 所示。

Scope: ECSunit1179 Show: All Tags

Name	Value	Force Mask	Style	Data Type	Description
zvverr	0.7930794		Float	REAL	VIGV Error
zvverr1	0.81892014		Float	REAL	VIGV Previous
zvvexp	1.6393442		Float	REAL	LVDT Expected % Feedback for zvset
zvvgain	0.4575		Float	REAL	VIGV min/max input gain
zvvhigh	100.0		Float	REAL	VIGV Output High Limit
zvvint	0.325		Float	REAL	VIGV Integral
zvvintx	0.0		Float	REAL	VIGV Integral Term
zvvlafs	2.11		Float	REAL	LVDT - VIGV A Actuator Gain
zvvlbfs	2.16		Float	REAL	LVDT - VIGV B Actuator Gain
zvvlcfs	2.19		Float	REAL	LVDT - VIGV C Actuator Gain
zvvlmt	15.0		Float	REAL	LVDT - VIGV Fail Detect
zvvlow	0.0		Float	REAL	VIGV Output Low Limit
zvvmax	-7.5		Float	REAL	vigv maximum indicator position
zvvmin	38.25		Float	REAL	VIGV Minimum Indicator Position
zvvpro	2.2		Float	REAL	VIGV Proportional Term
zvvset	37.5		Float	REAL	VIGV Running Setpoint
zvvtest	0.0		Float	REAL	vigv Stroke Test Setpoint
zvvtestd	38.25		Float	REAL	VIGV Stroke Test Setpoint
zvvtol	15.0		Float	REAL	LVDT Voting Tolerance
+ GS16_X	{...}	{...}	Float	REAL[37,100]	
+ GS16_Y	{...}	{...}	Float	REAL[37,100]	
+ GS16_Z	{...}	{...}	Float	REAL[37]	

图 5.1.20　GS16 燃调阀特性曲线三维插值组

（3）在 TASK1 的 GCalibVurve 例程中，新增计算 GS16 开度的三位插值程序。为实现程序可在 GS16 和 Whittaker 阀门中切换的功能，添加 SW_GS16_Whittaker 软点切换开关，当该开关为 0，程序执行 Whittaker 阀门开度计算逻辑，当该开关为 1 时，使用新增的 GS16 程序计算开度并输出，程序如图 5.1.21 所示。

```
//jsr(XYZCurve,8,agmml,gpacrl,gczx,gczy,gcz,4.0,18.0,cmaxa,zgset);

IF NOT SW_GS16_Whittaker THEN
 jsr(XYZCurve,8,agmml,gpacrl,gczx,gczy,gcz,4.0,18.0,cmaxa,zgset);
END_IF;
IF SW_GS16_Whittaker THEN
 jsr(XYZCurve,8,ACD,TEMP1,GS16_X,GS16_Y,GS16_Z,37.0,100.0,1.409,zgset);
END_IF;
```

图 5.1.21　阀门开度换算函数调用程序 1

(4) 修改 XYZCurve 子例程。将其中的 $X[20, 20]$、$Y[20, 20]$、$Z[20]$ 三个参数传递数组进行扩容,扩容为 $X[37, 100]$、$Y[37, 100]$、$Z[37]$,将中间数据存储数组 Xscratch[20]、Yscratch[20] 扩容为 Xscratch[100]、Yscratch[100],程序如图 5.1.22 所示。

```
// Find which curves this point is between by comparing the Y values
SBR(xi,zi,X,Y,Z,n_1,m_1,Xmax);
numcurves := n_1;
limitMax := Z[numcurves-1];
limitMin := Z[0];
jsr(Limit,3,zi,limitMin,limitMax,zi);
For n:=0 To numcurves-1 Do
    If (Z[n]<=zi)AND(zi<=Z[n+1]) Then
        Exit;
    End_If;
End_For;

// Find the Z values on those curves
numpoints := m_1;
jsr(Limit,3,xi,X[0,0],Xmax,xi);

FGenCurves.XY1Size:=numpoints;
Cop (X[n,0], Xscratch[0], numpoints);
Cop (Y[n,0], Yscratch[0], numpoints);
FGenCurves.In := xi;
FGEN(FGenCurves,Xscratch,Yscratch);
Point1:=FGenCurves.Out;
Cop (X[n+1,0], Xscratch[0], numpoints);
Cop (Y[n+1,0], Yscratch[0], numpoints);
FGEN(FGenCurves,Xscratch,Yscratch);
Point2:=FGenCurves.Out;

// Interpolate the Y value between those two points
// Based on proportioning the Z value

yo:=(zi-Z[n])*(Point2-Point1)/(Z[n+1]-Z[n])+Point1;

RET(yo);
```

图 5.1.22 阀门开度换算函数调用程序 2

(5) 编译程序,无错误后下载至 ECS 程序。

2) 阀门供电回路接线改造

原系统 Whittaker 燃调阀使用 144V 直流供电,由两路冗余 24V 直流供电经 72V 直流电源模块转化并串联升压后输出 144V 直流供现场阀门控制器。GS16 燃调阀阀门使用 24V 直流供电线,本次改造中可对原系统供电回路进行改造,利用原机柜到现场 FG-2/EMV 接线箱的供电线缆进行 24V 直流供电。

作业前,先将机柜中原系统两路 24V 直流供电断开,将现场 FG-2/EMV 接线箱内与原燃调阀控制器的接线断开,确保回路不带电后,再进行供电回路改造接线。

供电回路改造接线如图 5.1.23 所示(绿色标注处为需要断开的接线,红色部分为需要连接的接线),将两路 DC 电源滤波器 PF3 和 PF4 的输出端 LOAD+和 LOAD-与电源转化器 U12 和 U13 的连接导线断开,将两路电压串联器 TBDM1 和 TBDM2 与供电端子 XD3P 和 XD3R 的接线断开,将原来系统 24V 转 144V 的整个设备断开。将两路 DC 电源滤波器 PF3 和 PF4 的输出端 LOAD+和 LOAD-直接使用导线连接到 XD3P:1/XD3R:1 和 XD3P:2/XD3R:2,将 24V 直流直接供到现场接线箱。

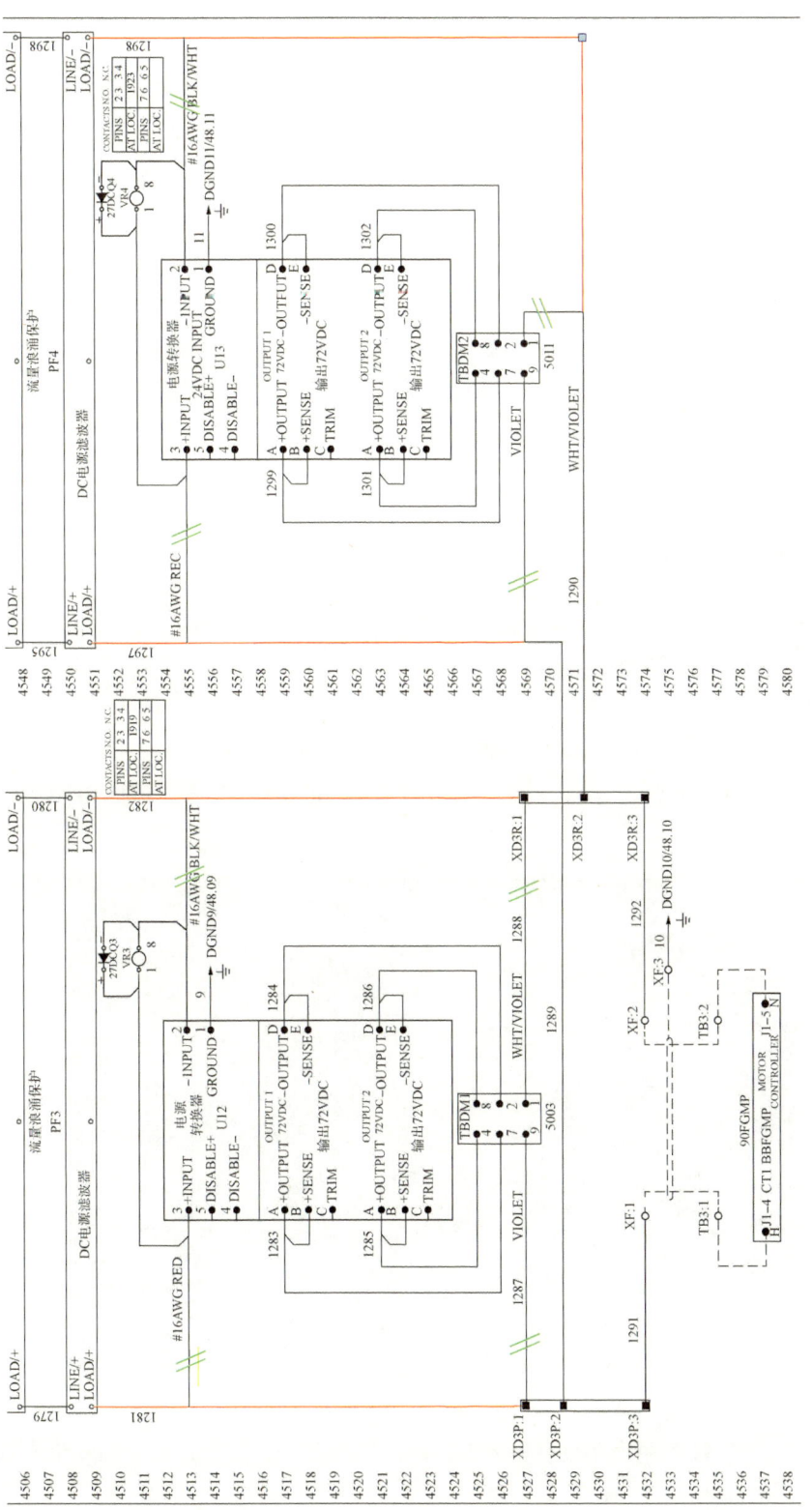

图5.1.23 阀门供电回路改造示意图

3) FG-2/EMV 接线箱接线改造

FG-2/EMV 接线箱接线改造内容主要有：

（1）FG-2/EMV 接线箱内 TB1/TB2/TB3 接线端子排上与原 EMV 控制连接的 144V 直流供电线缆、阀门使能命令、阀门故障反馈、开阀命令信号、阀位反馈信号 5 组接线断开，做好标记并使用绝缘胶带包扎好，放置在接线内留作备用。原阀门控制器到阀门的接线及电缆保持不动。

（2）利用接线箱左侧备用接线孔，将新安装到 GS16 燃调阀的电缆及防爆挠性连接管连接，连接效果如图 5.1.24 所示。

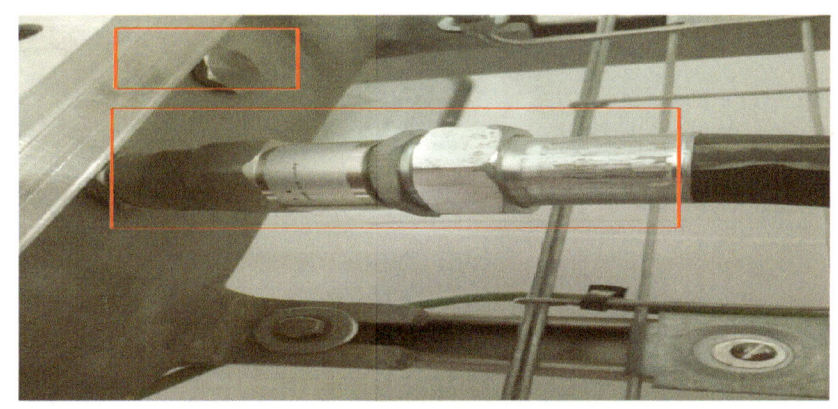

图 5.1.24　GS16 燃调阀电缆和防爆挠性连接管效果图

（3）利用机组箱体下方备用穿孔，将新增电缆接到 GG 箱体内部，箱体备用穿线孔如图 5.1.25 所示。

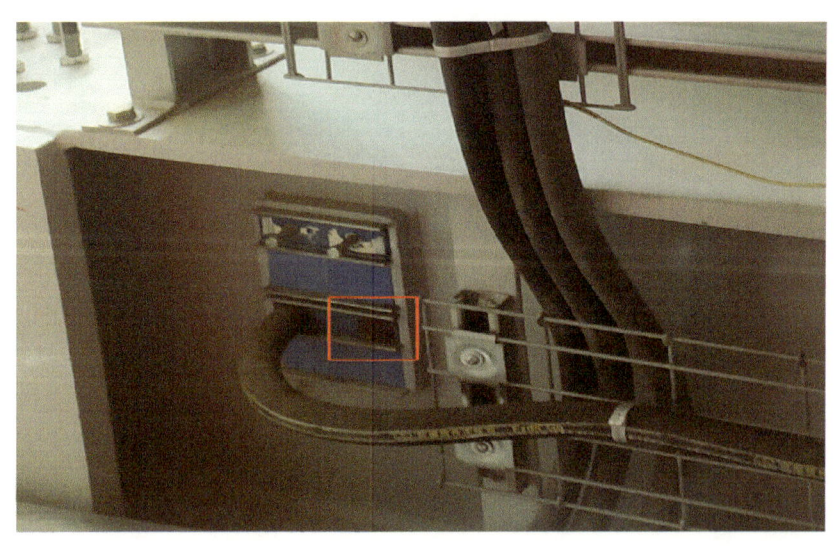

图 5.1.25　燃机箱体备用穿线孔

（4）在 FG-2/EMV 接线箱内 TB1/TB2/TB3 接线端子排上，将新布置电缆安供电线和信号线进行接线，完成接线后效果如图 5.1.26 所示。

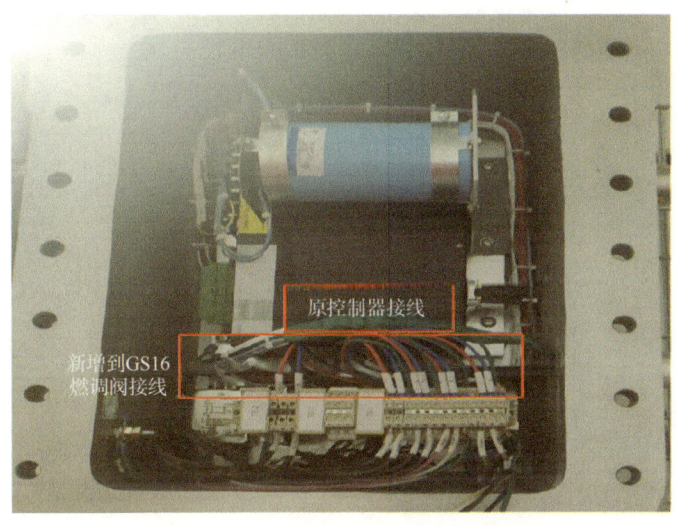

图 5.1.26　EMV 接线箱接线改造示意图

4）阀门更换

阀门更换作业步骤如下：

（1）作业前确保燃料气回路完成能量隔离及放空。

（2）断开原阀门执行器上供电及控制接线电缆，做好标记及绝缘处理，放置在箱体内部安全处，留作备用。

（3）将原 Whittaker 燃调阀与燃料管线法兰连接螺栓拆除，并将阀门拆卸并移至箱体外，将拆卸下的阀门包装好后留作备用。

（4）安装新更换的 GS16 燃调阀阀门，阀门下游法兰直接与原供气管线法兰连接，上游通过自制的连接件与原管线法兰连接。安装效果如图 5.1.27 所示。

图 5.1.27　GS16 燃调阀阀门安装效果图

(5) 连接阀腔放空管(放空管需要现场根据具体尺寸进行制作)。

(6) 按照 GS16 燃调阀接线原理图，完成阀头供电及控制线缆的接线，接线原理图如图 5.1.28 所示。

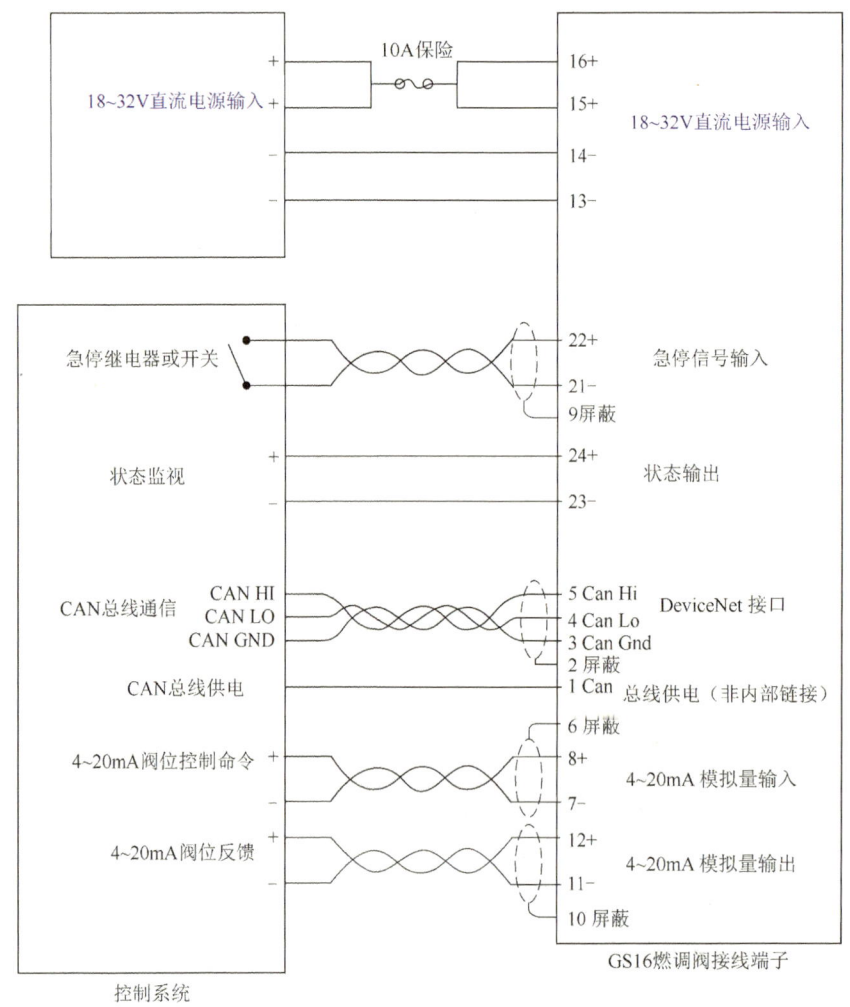

图 5.1.28　GS16 燃调阀接线原理图

5) 阀门上电及行程测试

阀门上电及行程测试作业步骤如下：

(1) 进行上电前接线回路检查，对供电回路、控制信号回路接线进行检查，确保无短路、虚接和接地等问题。

(2) 闭合 GS16 燃调阀 24V 供电回路开关，对阀门上电。

(3) 在线程序检查 GS16 燃调阀的反馈信号、故障信号是否正常。

(4) 程序强制阀门选择信号为 1(GS16 燃调阀)，强制 GS16 燃调阀阀门使能信号，强制阀位开度设定信号，对阀门进行行程测试，阀门的稳态偏差小于 1%(开度大于 20% 时)，阀门调节时间小于 1s。在程序中添加快速趋势，检查阀门动作参数，并将测试结果记录下来。

5.1.2.3 点火及启停机测试

(1) 点火测试及启机测试进行4次分别如下。

① 第一次机组假点火测试。断开点火继电器K2线圈，断开点火变压器供电回路XD5P1的10A保险。选择就地手动模式，启动机组，机组盘车结束后燃料气截断阀打开，燃调阀给定初始燃料值并沿固定速率增加燃料，15s后燃烧室未检测到火焰触发机组LSS65UC007点火失败SD，假点火测试时将燃调阀输出开度限制为0~15%范围。

② 第二次点火及启机测试，执行自动启机流程，点火完成至怠速后，稳定10min，手动停机。第二次点火期间将燃调阀输出开度限制为0~35%范围。

③ 第三次点火及启机测试，待第一次点火测试完成并停机4h以后进行，执行自动启机流程，点火完成至最小负载转速后，对机组进行加载和减载测试(压缩机提速和降速按照当时工艺需求决定)，测试完成后手动停机。第三次点火期间将燃调阀输出开度限制为0~50%范围。

④ 第四次点火及启机测试，点火完成且完成机组加载后，进入72h连续运行测试，72h连续测试完成后根据工艺情况决定是否停机还是仍然运行。第四次点火期间将燃调阀输出开度限制为0~100%范围。

(2) 停机测试：在第二次点火启机测试和第三次点火启机测试完成后，采用手动停机，记录停机过程中燃料相关参数。机组首先降速到最先负载转速PT为3120r/min，继续降至怠速NL为3250r/min，暖机时间结束，燃调阀切断，机组熄火。

(3) 点火及启停机测试做好关键燃料控制参数快速趋势，做好参数分析及记录。

5.2 燃驱离心压缩机组现场防喘测试及优化案例

5.2.1 RR燃驱离心压缩机组现场喘振测试优化案例

5.2.1.1 背景介绍

西气东输一线四道班压气站1#RR RF3BB36压缩机多次发生振动高高报警跳机事件，根据故障发生时机组相关参数异常波动情况，判断该机组存在喘振线不准确问题，为确保现场机组安全平稳运行，验证压缩机喘振线的准确性，开展了现场喘振测试，根据测试结果对机组原喘振线进行修订及优化。现以四道班压气站1#RR RF3BB36压缩机喘振测试及优化过程为例，介绍该类型压缩机喘振线测试和优化的方法。

5.2.1.2 喘振点测试方法

1) 喘振点测试前准备

喘振点测试前应完成以下准备工作：

(1) 测试基于站场压力越站流程进行，测试前站内所有压缩机组均已停机，测试启机前应进行机组本体设备检查，确保机组本体设备工作正常。

(2) 对压缩机回流管路空冷器进行启停测试，并且在整个测试期间全部处于运行状态，以保证工艺气体温度的稳定。

(3) 测试前对压缩机进口压力、出口压力和入口眼压差等关键变送器进行排污，使用FLUCKE744检测变送器和通道准确性。

(4) 在压缩机防喘阀快开回路中串入防喘阀快开手动测试开关，并对防喘阀手动开关进行测试，验证手动开关断开时防喘阀能够迅速打开。

(5) 完成对防喘阀进行手动开关测试，确保手动关阀速率满足测试要求，保证定位器和执行机构动作的灵敏程度(不会发生卡涩)满足测试要求。

(6) 测试前，在压缩机组振动SYSTEM 1系统上组态测试中需要监测的振动和轴位移数据趋势图，检查确认趋势刷新和显示正常。在工程本上在线机组控制程序，在LOGIX5000编程软件中组态快速趋势，趋势参数选取V99PTN(PT转速)、V63PGS(压缩机入口压力)、V63PGD(压缩机出口压力)、V80PG(压缩机入口眼压差)、V80SGF(计算后压差)、V63CR(压缩机压比)、V75PGAS(防喘阀开度命令)等。

(7) 在压缩机启机后修改机组防喘程序，屏蔽防喘控制程序中以下自动控制功能：

① 将防喘阀控制模式强制为手动模式，防喘阀控制模式强制为手动模式后，当工作点越过PI控制线后，则程序不会将防喘阀手动模式自动切回自动控制模式。通过在线修改程序将手动模式标签LS_MAN1强制为1。

② 屏蔽防喘控制程序中工作点左移越过安全设定线时的防喘阀速开功能。通过在线修改程序，将防喘控制程序中自动全开防喘阀控制命令LO20PGAS强制为1。

③ 屏蔽防喘控制程序中工作点左移越过失败设定线时的防喘控制失败停车功能。通过在线修改程序将防喘控制失败停车命令LASC1CS强制为1。

2) 喘振点判断方法

离心压缩机在运行过程中，当负荷低于某一定值时，气体的正常输送遭到破坏，气体的排除量时多时少，忽进忽出，发生强烈振荡，并发出如同咆哮病人"喘气"的噪声。此时可看到气体出口压力表、流量表的指示大幅波动。随之，机身本体带动周围管网一起振动，压缩机会发出周期性间断的吼声[8]。根据压缩机喘振发生原理和现象，工作点接近喘振区时如果出现以下任意一条则认为即将发生喘振：

① 压缩机入口和出口管线内出现异常低频脉动声音；

② 压缩机振动参数明显上升，当振动参数超过幅值超过35μm时认为机组发生喘振；

③ 压缩机入口压力值出现明显波动；

④ 压缩机的出口压力最初先升高，继而急剧下降，并呈周期性大幅波动[9]；

⑤ 压缩机转速(即燃机动力涡轮转速)周期性大幅波动。

3) 喘振点测试过程

启动机组到怠速，手动全开压缩机循环空冷器，强制全开防喘阀，屏蔽阀门状态检测跳机信号，强制关闭压缩机进口阀，屏蔽机组防喘自动控制切换功能、防喘安全保护快开信号和防喘安全保护停车信号，依次提升压缩机转速至3120r/min、3600r/min、4200r/min、4800r/min(为机组安全起见5040r/min转速下喘振点不做测试)，在各转速下手动缓慢关闭防喘阀，通过监控压缩机组转速、进口压力、出口压力、轴承振动以及管线气流声等，确定压缩机在各转速下的喘振流量、压比等参数。压缩机喘振点测试详细步骤如下：

(1) 确认机组启动前的所有预检查已经完成，启动要测试的压缩机机组。

(2) 正常启动机组至怠速，检查机组运行参数，确认机组各项参数在正常范围内。

(3) 将机组循环空冷器 KL401 打到手动模式，并启动所有空冷器。

(4) 使用手动快开开关强制全开防喘阀 4110。

(5) 强制关机组进口阀 4101。

(6) 将机组转速手动调整到 3120r/min 测试转速。

(7) 将防喘阀在 HMI 上打成手动控制模式，并将输出关度设置为 0，防喘阀输出关度反馈值为 0 后，取消手动快开开关强制开防喘阀。

(8) 检查机组各项参数均正常。

(9) 在线修改机组 UCP 程序，屏蔽机组的防喘自动控制相关功能。

(10) 待机组运行稳定后，逐渐关小防喘阀开度，进行喘振点测试。在机组 HMI 上手动输入喘振阀关度数值，每次关 1%~2%，关阀的速度一定要慢，以防止流量突变导致压缩机进入喘振区域。关阀过程中实时监视 SYSTEM 1 系统及 LOGIX5000 的趋势数据，现场安排人员听机组管线内的气流声是否出现异常，当任何一项喘振迹象出现时，通过手动快开开关快速打开防喘振阀，此点测试结束。

(11) 测出喘振点后，将相应 LOGIX5000 中的趋势暂停，查看并对比 LOGIX5000 和 SYSTEM1 中的数据趋势，选出喘振点的数值并记录，对喘振点趋势进行截图保存，将历史数据导出保存。

(12) 当前转速下的喘振点测试完成后，全开防喘阀，调整机组转速至下一测试转速，待机组运行稳定后，再重复第(10)和(11)测试步骤，进行下一喘振点测试。

4) 喘振点分析及选取

完成对压缩机 3120r/min、3600r/min、4200r/min、4800r/min 四个不同转速下的喘振点测试后，通过对测试过程中接近喘振点时的数据趋势进行分析，选取参数即将出现波动时的压比和流量作为该转速下的喘振点。3120r/min 转速下接近喘振点时，LOGIX5000 中组态的压缩机转速、流量、进出口压力等压缩机工艺参数趋势如图 5.2.1 所示，可见压缩机转速(红线)、压缩机入口流量(绿色)明显出现波动。靠近喘振线 SYSTEM1 中组态的机组振动参数趋势如图 5.2.2 所示，可见接近喘振点时机组振动参数幅值明显升高。3120r/min 转速下选取压缩机转速即将发生波动时(图 5.2.1 中白色竖线处)的压比(1.189)和流量(0.014)作为喘振点。同理，依次选出其他几个转速下的测出喘振点数据，见表 5.2.1。

表 5.2.1 4 个不同测试转速下选取的喘振点的参数

转速/(r/min)	时间	进口压力/kPa	出口压力/kPa	进口温度/℃	出口温度/℃	防喘阀关度/%	流量	压比
3120	15:52:33	7032	8379	23.7	31	43	0.014	1.189
3600	16:03:04	6655	8360	36	55	40.5	0.019	1.252
4200	17:02:23	6243	8389	44.8	69.4	37	0.028	1.338
4800	12:50:27	5943	8428	51	82.2	35.6	0.037	1.435

天然气管道离心压缩机组控制技术与实践

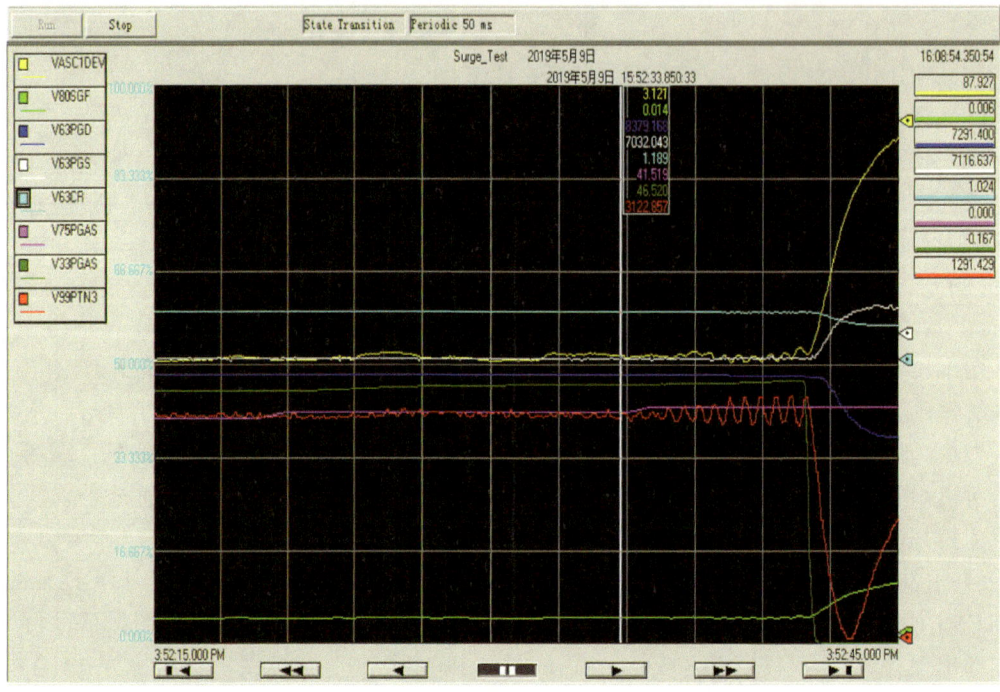

图 5.2.1　3120r/min 转速下的喘振点附近参数趋势图

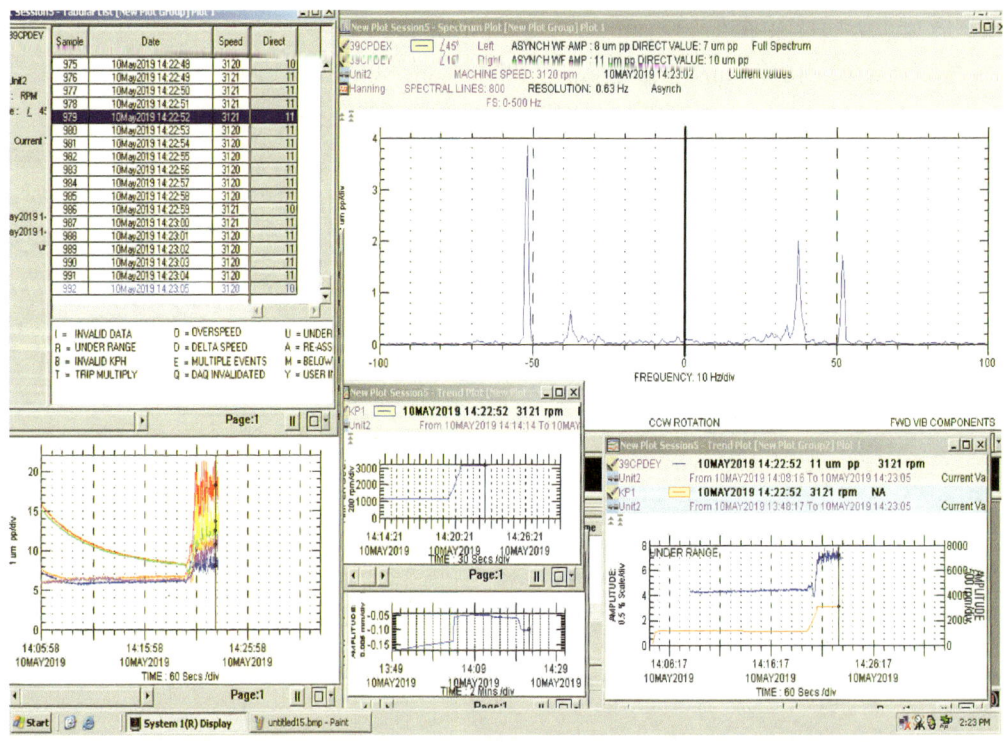

图 5.2.2　3120r/min 转速下 SYSTEM1 中机组振动相关参数趋势图

5）新测喘振点与原喘振线对比分析

四道班压气站1#RR RF3BB36压缩机原喘振线和新测喘振点坐标参数见表5.2.2，将测试得出的喘振流量、压比数据与机组原喘振线和新测喘振点坐标参数行对比，曲线如图5.2.3所示。

表 5.2.2　原喘振线和新测喘振点坐标参数

序号	原喘振线 X 坐标	原喘振线 Y 坐标	新测喘振点 X 坐标	新测喘振点 Y 坐标
第 1 点	0	1	0	1
第 2 点	0.0143	1.2043	0.014	1.189
第 3 点	0.0241	1.3201	0.019	1.252
第 4 点	0.0371	1.4418	0.028	1.338
第 5 点	0.0478	1.5606	0.037	1.435
第 6 点	0.065	1.68	未测	未测

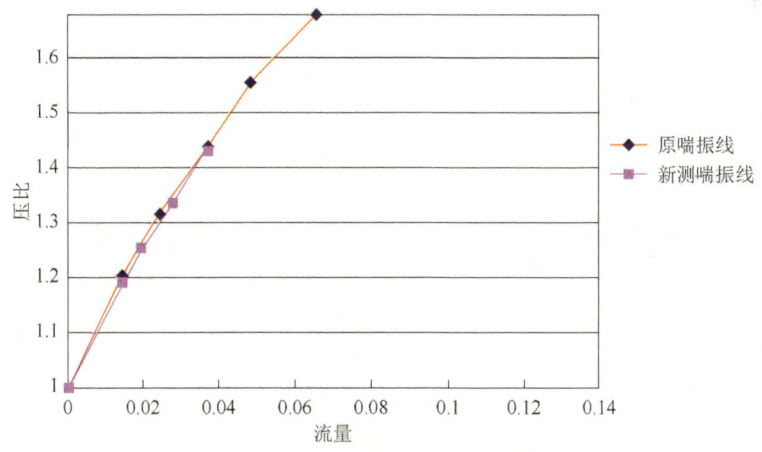

图 5.2.3　新测喘振线与原喘振线对比图

通过计算可知，原喘振线与新测喘振点在压比分别为 1.189、1.252、1.338 和 1.435 时，对应的流量、流量差和流量差百分比见表 5.2.3。

表 5.2.3　同压比下新测喘振点流量与原喘振线上对应流量

序号	同压比	原喘振线流量	新测喘振线流量	流量差值	流量差百分比
1	1.189	0.013200	0.014	0.0007700	5.80%
2	1.252	0.018336	0.019	0.0006600	3.60%
3	1.338	0.026012	0.028	0.0019800	7.60%
4	1.435	0.036370	0.037	0.0059673	1.73%

通过对比，发现测试出的四个实际新测喘振点合成曲线后相较原喘振线向右有一定的偏移，偏移量从 1.73% 到 7.60% 不等，平均偏移量为 4.68%，该平均偏移量比设定原喘振保护停车线的偏移量大。

6）喘振线修正

根据测试数据及分析结果可知，四道班压气站 1#RR RF3BB36 压缩机在 3120r/min、3600r/min、4200r/min 和 4800r/min 转速下的所测试喘振点流量相比原喘振线上对应的流量均向右偏移，从机组安全运行角度出发，根据新测喘振线对 1#RR RF3BB36 压缩机原喘振线进行修正，新测喘振线由原喘振线右移得到，右移百分比按照 7.6%+2.0% 的原则计算，其中 7.6% 为实际所得新测喘振点流量中与对应原喘振线流量的最大的流量差百分比，2.0% 为预留的安全裕度，即新测喘振线向右平移 9.6% 个单位。通过计算，原喘振线坐标和修正后喘振线坐标数值见表 5.2.4。

表 5.2.4 原喘振线坐标和修正后喘振线坐标数值

序号	喘振线 Y 坐标（共用）	原喘振线 X 坐标	原喘振控制线 X 坐标	修正后喘振线 X 坐标	修正后喘振控制线 X 坐标
第 1 点	1	0	0	0	0
第 2 点	1.2043	0.0143	0.020592	0.01567	0.022569
第 3 点	1.3201	0.0241	0.034704	0.02641	0.038036
第 4 点	1.4418	0.0371	0.053424	0.04066	0.058553
第 5 点	1.5606	0.0478	0.068832	0.05239	0.075440
第 6 点	1.6800	0.0650	0.093599	0.07124	0.102586

根据表 5.2.4 中的参数，将原喘振线、原喘振控制线、新测喘振线、修正后喘振线和修正后喘振控制线进行绘制后，各曲线如图 5.2.4 所示。将修正后喘振点 X 轴和 Y 轴坐标参数写入压缩机组 UCP 控制程序中，完成喘振线的修正。

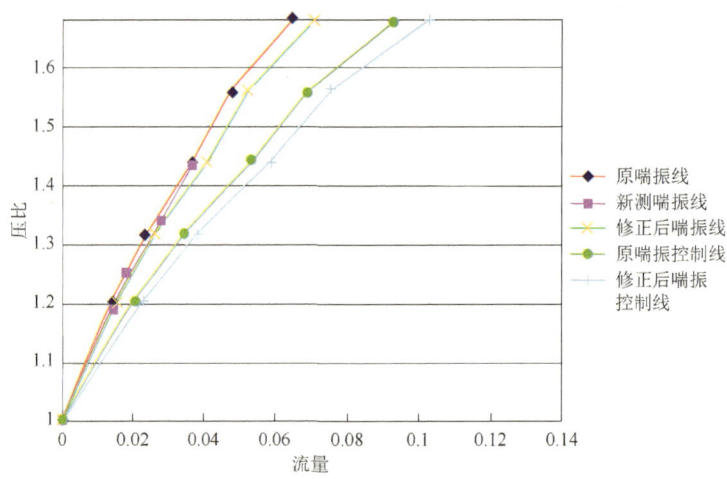

图 5.2.4 修正前后喘振线和喘振控制线

5.2.1.3 案例总结

西气东输一线四道班压气站 1#RR RF3BB36 机组通过喘振测试，测出机组实际喘振点，验证了原喘振线存在偏差而多次造成机组因喘振跳机的问题。修正和优化该机组喘振线后，经小流量工况下连续 72h 运行测试，压缩机工作点能保持在新测喘振控制线附件平稳运行，压缩机振动、转速、入口流量、进出口压力等均平稳正常,压缩机组运行小流量工况运行下的安全性得到提升。

5.2.2 RF3BB36 压缩机防喘阀频繁波动故障分析及解决案例

5.2.2.1 背景介绍

喘振现象是离心压缩机工作在小流量时的不稳定流动状态,它的出现轻则使压缩机停机,中断生产过程造成经济损失;重则造成压缩机叶片损坏,引起压缩机设备报废甚至造成人员伤害。因此,喘振现象在生产中应杜绝[10]。防喘控制系统作为防止离心式天然气压缩机发生喘振的关键设备,在压缩机防喘保护中具有重要作用。当压缩机工作点接近喘振点时,防喘控制系统自动打开防喘振控制阀,使部分天然气从压缩机出口回流至入口,增加入口天然气流量以防止发生喘振。防喘振控制阀是一个流通截面可调的回流阀,开度随工作点转入喘振区而增大[11]。西气东输一线某压气站两台 RR RF3BB36 压缩机在管线流量低运行工况下频繁出现开关阀波动问题,该站机组防喘控制程序虽进行过 PID 参数优化,但并未解决该问题。当压缩机组工作在低工况并靠近防喘控制线时,防喘阀在防喘控制线左右频繁开关波动,从而引起压缩机转速、进出口流量等工艺参数的波动,低流量下防喘阀动作及相关工艺参数的趋势如图 5.2.5 所示。

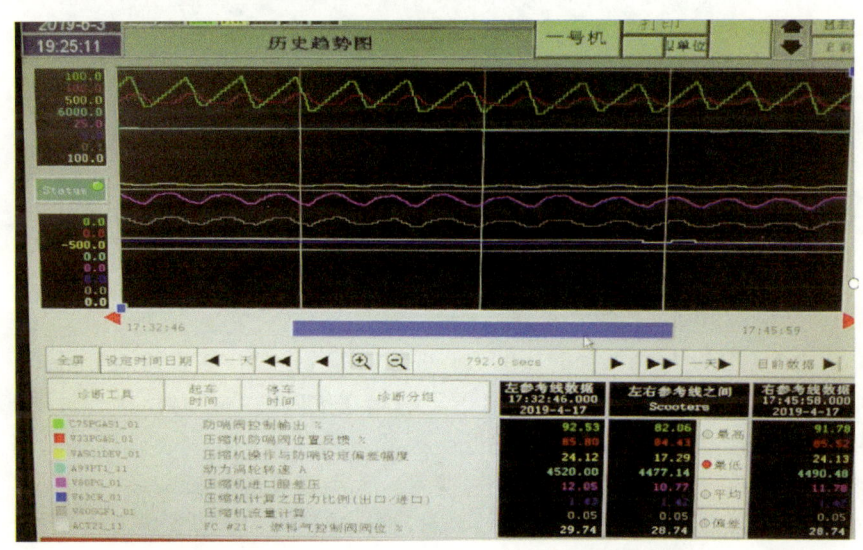

图 5.2.5 低流量下防喘阀及相关工艺参数波动趋势

5.2.2.2 防喘阀波动原因分析

RR RF3BB36 压缩机组自动防喘 PID 控制由比例控制器、积分控制器和微分控制器三部分组成,对根据防喘控制线计算出的流量设定值与实时值的偏差分别进行比例计算、积分计算和微分计算,将三部分计算出的值相加得出输出控制量,该输出控制量最终控制压缩机工艺管线上的防喘阀。通过在四道班压气站 2# 机组 PCS 程序中组态防喘阀命令输出、阀位反馈、进口流量和压缩机转速等参数趋势(图 5.2.6),对运行中的 2# 防喘阀波动情况与压缩机工作点情况进行检查分析,发现工作点在喘振控制线左右来回波动,防喘阀从 83~89 关度之间波动,且防喘阀 PID 自动控制输出开命令后,开阀时防喘阀延迟近 7s,且防喘阀及时开阀非线性开阀,存在5%开度阶跃。防喘阀PID自动控制输出关命令后,有4~5s的延迟防喘阀才能动作,关阀时动作较为线性,按照0.3%每秒的程序设定速率关阀,但PID控制器停止关阀命令输出后,防喘阀延时4~5s后才能停止关阀。防喘阀快速打开后,压缩机进口眼压差能迅速增长,说明防喘回路流量无滞,对PID控制无影响。通过现场观察防喘阀动作情况,发现防喘阀实际开阀时确实存在阶跃。所以,可以判定由于防喘阀动作不灵敏,造成PID控制超调,从而造成防喘阀频繁波动,工作点在控制线左右振荡。

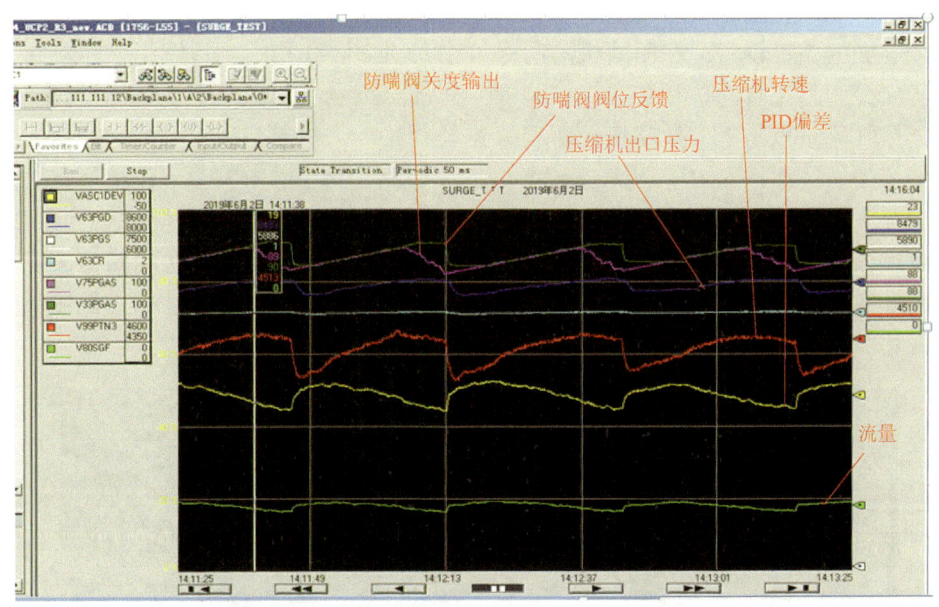

图5.2.6　PLC中组态2#机组参数趋势

5.2.2.3　防喘阀波动问题解决方法

通过在线不断对防喘控制系统的比例P、积分I和微分D参数进行调整测试,发现PID参数对缓解阀门波动影响效果非常小。由于防喘阀在关阀时,延时停阀导致关阀时超调,流量下降越过控制线,从而防喘阀快速打开,因此,通过延长自动关喘阀的时间,可以让PID能更加精确地检测到流量的变化,从而可减少关阀过程的超调现象。通过修改PID自动关阀的速度(原控制程序中工作点向右移动越过控制线时,自动关阀的速率为0.3%/s),减小关阀速率,则防喘阀波动的周期会相应的增长,通过多次的测试,最终形成设定自动关阀速率为阶梯形值,不同流量偏差下使用不同的关阀速率,在流量偏差大于-0.25时(靠近控制线右侧)使防喘阀关阀速率设定为0(即设置死区),不让防喘阀继续关阀,则在防喘阀因流量波动而自动打开后,经过缓慢的调节最终能稳定在紧临控制线右侧,使防喘阀实现快开慢关。优化PID自动关阀速率后,在不同的偏差时,关阀速率值见表5.2.5。优化前和优化后的关阀速率设定程序如图5.2.7和图5.2.8所示。

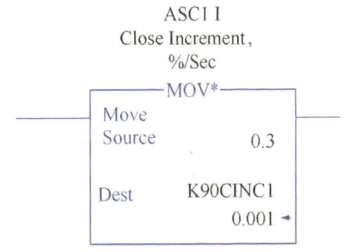

图5.2.7　优化前关阀速率设定程序

第 5 章 | 燃驱离心压缩机组控制系统优化改造典型案例

表 5.2.5 防喘控制程序优化后阶梯形关阀速率设定值

实际流量与控制线流量的偏差值	关阀速率/(%/s)
>-3	0.3
-3≤偏差值<-2.5	0.2
-2.5≤偏差值<-1.8	0.1
-1.8≤偏差值<-1.3	0.05
-1.3≤偏差值<-0.7	0.01
-0.7≤偏差值<-0.25	0.001
偏差值>-0.25	0

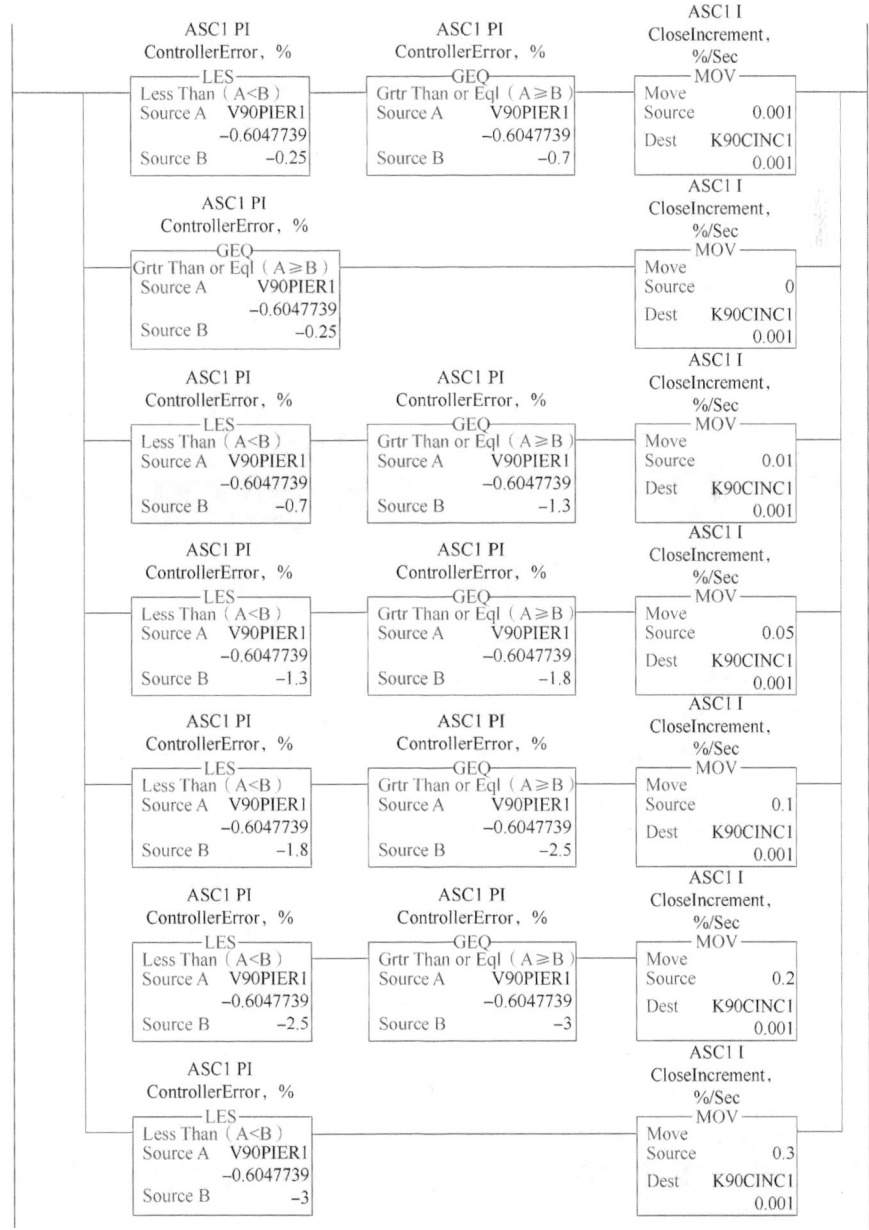

图 5.2.8 优化后关阀速率阶梯设定程序

5.2.2.4 优化结果验证

通过对该站 2# 机组优化防喘控制程序后经过连续 10h 运行测试，机组防喘阀运行稳定，期间因工况变化出现过两次小幅度波动，但防喘阀能迅速回到稳定状态。对 2# 机组进行降速至怠速，降速过程中防喘阀能正常打开。2# 机组优化前后防喘阀输出命令、反馈信号、压缩机进口流量、出口压力等参数的波动趋势如图 5.2.9 所示。

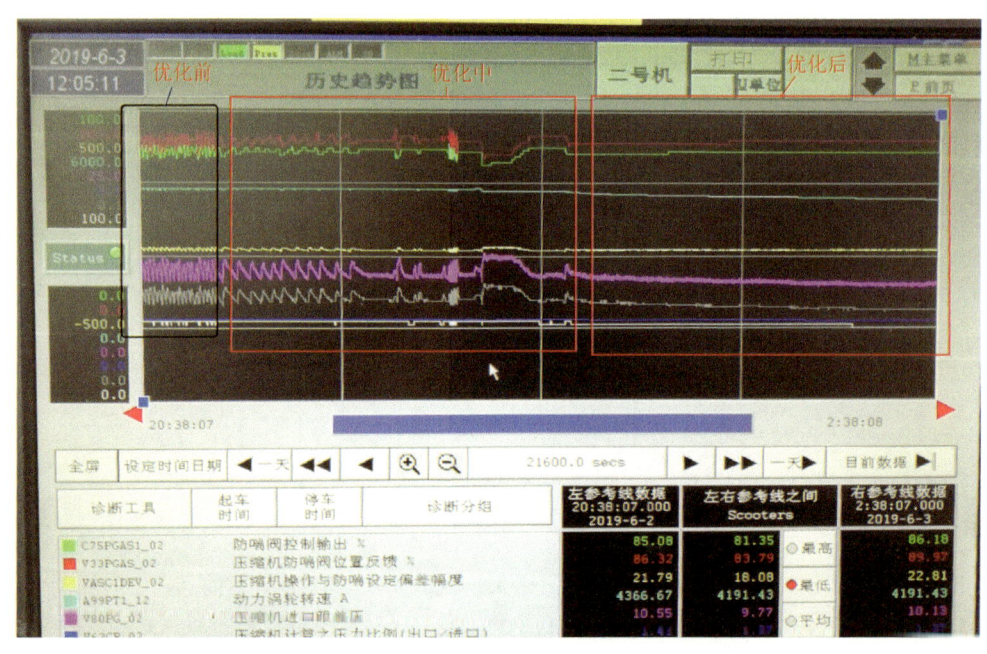

图 5.2.9　优化前后 2# 机组相关参数趋势

参照 2# 机组优化方案，对 1# 机组防喘控制程序进行相同的优化，并进行启机测试。启机后进行加载提速到 3120r/min 后，防喘阀投入自动控制后防喘阀逐渐关阀，经过 7 次提速，转速由 3120r/min 提升至 4000r/min，期间防喘阀运行平稳，且在 4000r/min 时防喘阀全关，此时工作点离喘振线偏差约为 33%。对 1# 机组投入远程负荷分配控制，转速下降至 3879r/min，出站压力保持平稳，防喘阀运行平稳。远程提高出站压力设定值，压缩机转速上升至 4000r/min，期间防喘阀运行平稳。远程降低出站压力设定值，压缩机转速下降，下降过程中防喘阀运行平稳。通过对 1# 机组进行启机、加载、升速、手动调速、远程调整负荷等压缩机各种工作模式下的测试，优化后的防喘控制程序能保证防喘阀在低流量工况下的运行平稳。

5.2.2.5 优化总结

经对该压气站 2 台压缩机组防喘控制程序优化后，机组运行在小流量工况时，在启机过程、停机过程、转速手动控制、转速调整过程和远程负荷控制等各种控制模式和变工况运行下防喘阀均能稳定工作，在喘振控制线左右频繁开关波动现象不再出现，并通过一定时间的调整后能将压缩机工作点稳定在防喘控制线右侧 0.1%~0.3% 内的安全区域，确保压缩机组安全性的前提下使压缩机运行效率实现最大。

5.3　GE燃驱离心压缩机组负荷分配控制系统优化案例

5.3.1　背景介绍

霍尔果斯压气站作为西气东输二线和西气东输三线首站，压缩机组的运行以控制中亚来气流量为主，由于首站8台机组的负荷分配控制系统只有进出站压力调节功能，无法实现精准、平稳的自动调节进站流量的功能，造成首站机组负荷控制系统无法满足国家管网油气调控中心远控的需求。自主开展技术攻关，完成霍尔果斯首站负荷分配控制程序优化，实现首站压缩机组远程进站流量控制功能对国家管网压缩机组远程集中控制具有重要意义[12]。

5.3.2　霍尔果斯首站压缩机组负荷分配控制现状及原理

霍尔果斯压气首站西气东输二线和西气东输三线分别有4台GE燃驱机组，在西气东输二线和西气东输三线联合运行工况下，西气东输二线机组和西气东输三线任意机组之间可实现联合运行，由西气东输三线MSC负荷分配系统进行机组间负荷分配控制，目前负荷分配控制系统已具备压缩机进口压力调节和出站压力调节模式，可实现北调远程、站控远程和机组本地进出站压力调节值设定，但尚未实现进站流量调节功能。压缩机组负荷分配控制功能的投用后，调控中心通过SCADA系统下发管网压力设定值给首站压缩机组MCS系统。负荷分配控制器分别计算出管网进站和出站压力与其设定点的偏差，通过比例—积分响应，解耦出流量负荷控制值。各台机组根据压缩机入口流量差压信号、防喘阀阀位控制信号，耦合出当前运行的流量负荷值。将流量负荷值与实际运行流量负荷做差法运算，输出升、降转速指令。在调整压缩机转速时，当运行工作点远离喘振控制线时，降速指令执行压缩机组降速，升速指令执行压缩机组升速和防喘阀关阀命令；当运行工作点靠近喘振控制线时，升速指令执行压缩机组升速，减速指令执行压缩机组降速和防喘阀开阀命令。负荷分配过程中，交叉了压缩机防喘振控制计算，通过对压缩机组转速、防喘阀的调整，多台机组达到负荷量的平衡，最终实现管网进出站压力达到设定目标值[13]。

5.3.3　进站流量负荷分配控制原理

实现首站进站流量负荷分配控制功能，需要原负荷分配系统中新增流量调节PID功能块，流量PID的PV值需在西气东输二线、西气东输三线SCADA系统程序中计算出的总进站流量，同时SCADA系统能远程将进站流量调节设定命令下发到MCS系统中，在MCS系统中，新增和流量调节PID和原压力调节PID之前需进行人工选择，且能实现流量和压力调节模式切换过程中的无扰切换功能，实现流量调节模式下出站超压后的自动保护切换调节模式的功能。新增进站流量调节功能后，负荷分配控制原理如图5.3.1所示。

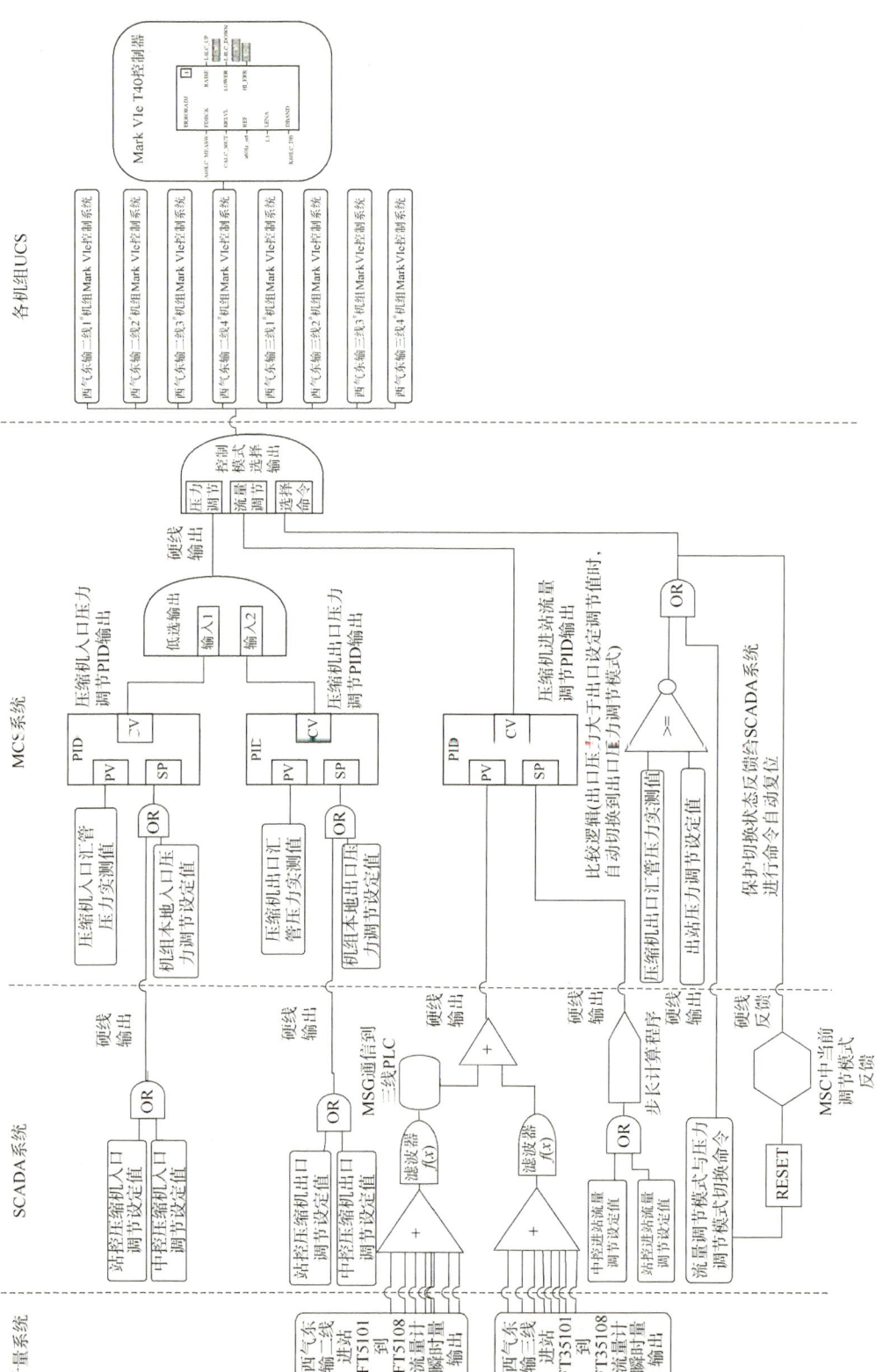

图5.3.1 霍尔果斯站负荷分配程序优化后控制原理示意图

5.3.4 SCADA 系统优化改造

5.3.4.1 站控系统 SCADA 系统改造

站控系统作为连接站控、中控调度监控的核心控制系统，具有接收压缩机组远控负荷调节命令、进站流量信号接入、与 MCS 系统连接等重要功能，实现机组进站流量控制功能，需在霍尔果斯站站控系统程序进行以下改造：

(1) 在西气东输二线工艺 PLC 中新增运算程序，计算 8 台进站超声波流量计中在用路流量计的瞬时流量总和，并对总和值进行滤波处理后通过 MSG 传输给西气东输三线工艺 PLC。对每一路流量计进行在用判断，如果流量计下游电动阀为全关到位状态，则判断该流量计瞬时量为 0，如果流量计下游电动阀为非全关到位状态，则将判断该流量计为在用状态。对 8 路流量计瞬时量进行求和，对瞬时流量总量进行滤波处理，以当前瞬时量的 70% 和上一扫描周期（100ms 前）瞬时量的 30% 的和作为滤波后的瞬时流量。新增 MSG 通信指令，通过 MSG 将滤波后的西气东输二线瞬时量总和传送给西气东输三线工艺 PLC。

(2) 在西气东输三线工艺 PLC 中新增运算程序，计算西气东输三线 8 台进站超声波流量计中在用路流量计的瞬时流量总和，并对总和值进行滤波处理，并与西气东输二线传给西气东输三线的流量进行求和计算后作为总进站流量值，组态模拟输出模块通道配置，将总进站流量硬线输给机组 MCS 系统，同时需将小时瞬时量转化为天瞬时量，方便调度进行操作和调节（图 5.3.2）。

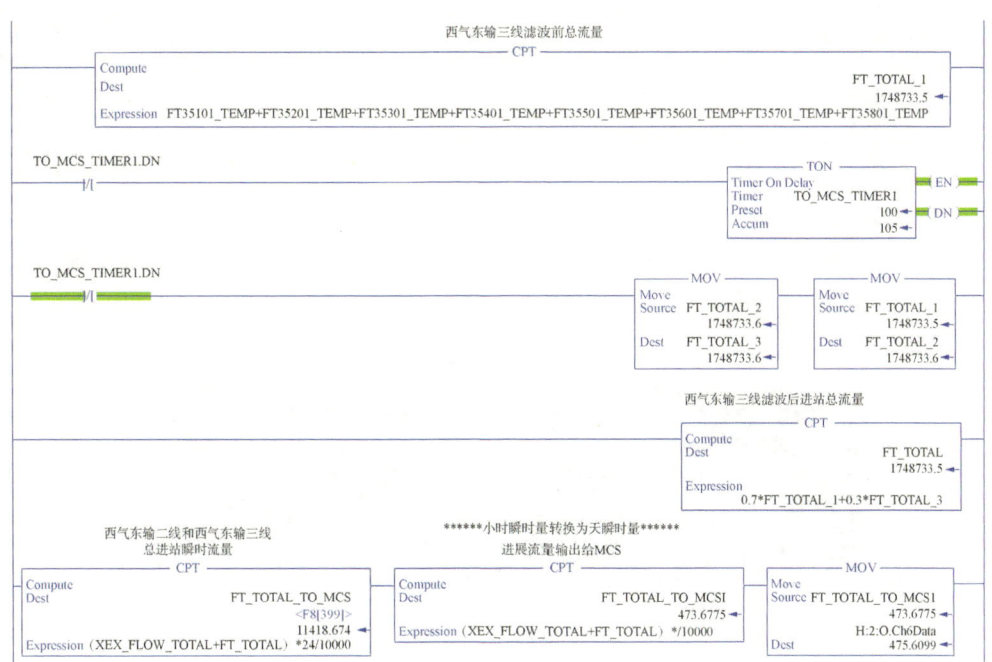

图 5.3.2 站控系统总进站流量计量及滤波程序

(3) 在西气东输三线工艺 PLC 中新增中控、站控下发的进站流量调节设定命令、压力调节和流量调节模式切换命令程序，实现站控和中控控制权限切换时命令的无扰切换和自动跟随。同时，为防止中控或站控远程设定值变化幅度过大而造成转速波动过大，程序中实现设定值的步长运算逻辑，限制设定值输出的变化幅度。

（4）组态站控系统主备 RCI，将负荷分配新增的总进站流量、流量设定输出实际值、站控流量调节设定值、中控流量调节设定值、站控流量压力调节模式切换命令、中控流量压力调节模式切换命令、MCS 出站超压自动切换到出站压力调节模式反馈报警等通信点进行添加，并实现 CIP、MODBUS、IEC 等通信地址的相互转化。

（5）在站控系统 VIEWSTAR 系统数据库中添加负荷分配相关的模拟量点和开关量点，并在原 HMI 站操作压缩机进出站压力调节设定值界面新增画面，新增画面实现站控进站流量设定功能、站控流量调节和压力调节模式切换功能、当前调节模式显示功能、当前进站总流量、站控设定进站流量，以及实际输出进站流行设定值等功能，并与原压力设定 HMI 相关画面进行整合和优化(图 5.3.3)。

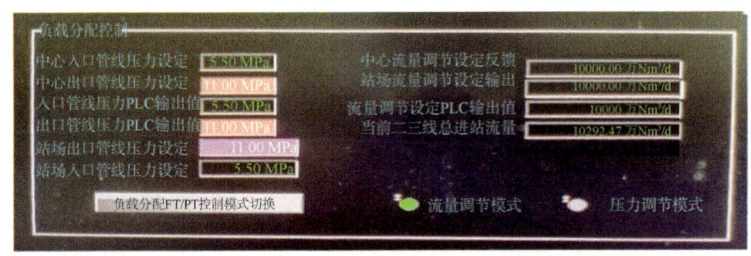

图 5.3.3　负荷分配控制站控 HMI 画面

（6）组态西气东输三线工艺 PLC 的 IO 模块通道，完成与 MCS 系统之间通信的远程流量调节设定值和进站总流量 2 个 AO 信号回路接线，完成调节模式切换命令 DO 信号回路接线，完成调节模式保护切换报警反馈 DI 回路接线。

5.3.4.2　中控系统 SCADA 系统改造

中控系统需在数据库中添加负荷分配相关的模拟量点和开关量点，并在原 HMI 操作员站的操作画面上新增进站流量负荷分配控制画面，新增画面实现站控进站流量设定功能、站控流量调节和压力调节模式切换功能、当前调节模式显示功能、当前进站总流量、站控设定进站流量以及实际输出进站流行设定值等功能，并与原压力设定 HMI 相关画面进行整合和优化(图 5.3.4)。

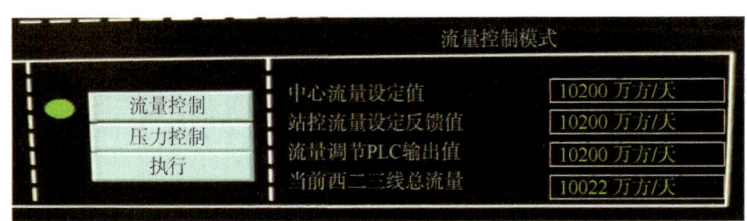

图 5.3.4　负荷分配控制中控 HMI 画面

5.3.4.3　机组 MCS 系统优化改造

机组 MCS 系统需要对原负荷分配控制程序进行改造优化，实现进站流量调节功能，主要需要改造的内容有以下几方面：

（1）在 MCS 系统空闲的 IO 通信上完成与 SCADA 系统之间通信的远程流量调节设定值

和进站总流量 2 个 AI 信号回路接线，完成调节模式切换命令 DI 信号回路接线，完成调节模式保护切换报警反馈 DO 回路接线。

(2) 修改 MCS 系统程序。在 ANALOG_SCALE 子程序中组态与 SCADA 系统硬线通信点的信号输入与输出变量。修改 LOADSHARING 子程序，增加机组就地状态和远控状态下远程流量调节设定值和机组 HMI 就地流量调节设定值的切换逻辑，增加实际流量设定值、流量实时值量程转换和数据类型转换。新增出站超压保护自动切换至压力调节模式程序，当机组出站压力大于设定压力时，负荷分配控制模式自动切换到出站压力调节模式。新增流量调节 PID 程序，连接流量 PID 上的 SP 值和 PV 值，组态流量 PID 的内部参数设置，流量调节 PID 程序如图 5.3.5 所示。修改原入口压力调节 PID、出站压力调节 PID 和流量调节 PID 程序，在压力调节模式下流量调节 PID 置为手动输出值跟随压力调节 PID 计算值，在流量调节模式下压力调节 PID 置为手动输出值跟随流量调节 PID 计算值，实现流量调节和压力调节模式无扰动切换功能。增加负荷分配最终输出值选择程序，即当在流量调节模式时将流量 PID 计算值输出给各台机组 UCS 系统，当在压力调节模式时将入口压力 PID 和出站压力 PID 二者比较的小值输出给各台机组 UCS 系统。

(3) 在 MCS 系统以太网全局变量中，加入需和压缩机组 HMI 通信的数据点，为本地 HMI 操作和监视进站流量调节负荷分配功能预留通信点。

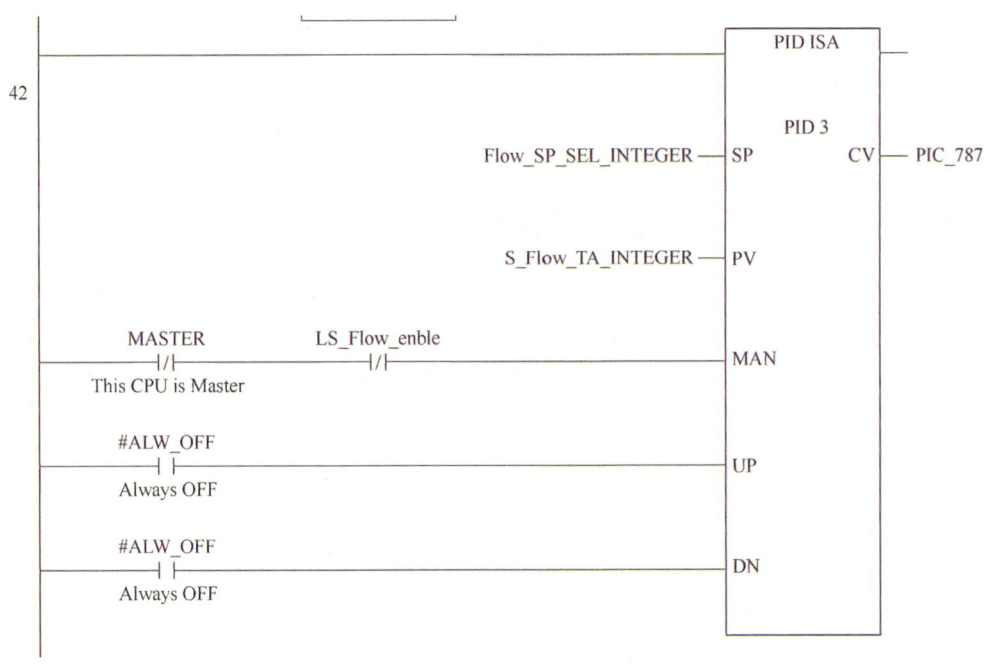

图 5.3.5　新增流量调节 PID 程序

5.3.4.4　单机组负荷分配控制程序优化改造

优化首站各机组 Mark VIe T40 控制程序，将 PC_LoadCtrl 程序中负荷分配控制机组升、降转速功能块的死区设定参数 K60LC_DB 进行优化，由原程序中 1.5 修改为 5.0，解决机组投入负荷控制后转速波动较大的问题，Mark VIe T40 中死区参数优化程序如图 5.3.6 所示。

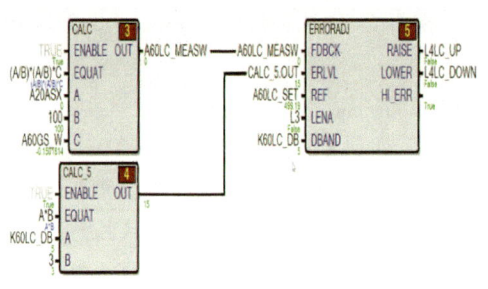

图 5.3.6　Mark VIe T40 程序死区参数优化

5.3.4.5　负荷分配功能测试

负荷分配控制系统程序优化完成后，进行机组负荷分配新增进站流量调节功能测试，主要测试内容及结果如下：

（1）新增进站流量调节负荷分配功能测试。在首站西气东输二线 2# 机组、西气东输三线 2# 机组和西气东输三线 3# 机组投入进站流量控制负荷分配后，进站流量控制平稳，机组转速控制平稳。调整进站流量设定值后，提升或降低 $1000\times 10^4 m^3$ 进站流量值，负荷分配控制程序能在 7min 内可调节到量。且由于 Mark VIe T40 控制程序死区参数的优化，机组投入负荷分配后燃机及压缩机转速波动大幅减小。测试过程中西气东输二线和西气东输三线进站总瞬时流量趋势如图 5.3.7 所示，2# 和 3# 压缩机转速趋势如图 5.3.8 所示。

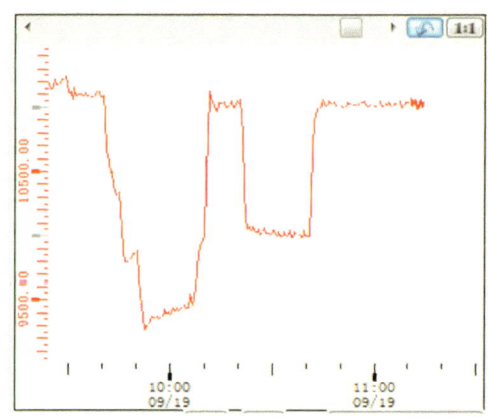

图 5.3.7　测试过程中进站总流量趋势

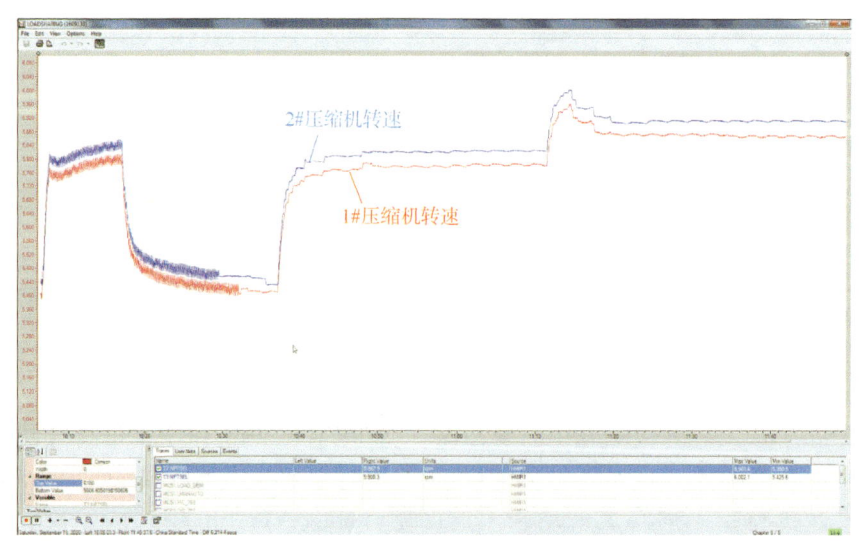

图 5.3.8　测试过程中压缩机组转速趋势

(2) 测试切机过程中负荷分配调节功能。在启动西气东输二线 4# 机，停西气东输三线 2# 机，切机过程西气东输二线 2# 组和西气东输三线 3# 机组投用负荷分配，切换完成后西气东输二线 4# 机组投入负荷分配，切换过程中流量有小幅波动，完成切机后能立即调整到设定值。

(3) 测试压力调节模式和流量调节模式手动切换功能。在 SCADA 系统下调节模式切换命令，MCS 系统能正常在压力调节模式和流量调节模式之间切换，且在切换过程中，PID 输出值能平滑过渡，压缩机组转速无扰动。

(4) 出站超压保护切换功能测试。在流量调节模式下，如果出站压力设定值小于实际出站压力，则 MCS 程序自动切换到压力调节模式，将出站压力控制在设定值。当出站压力小于设定出站压力后，可手动切回进站流量调节模式。

5.3.5 案例总结

霍尔果斯首站压缩机组进站流量调节负荷分配程序优化通过对中控系统、站控系统、MCS 系统和机组 UCS 系统的改造和优化，实现了国家管网油气调控中心远程精确控制西气东输二线、西气东输三线霍尔果斯首站日进站流量功能，解决了原负荷分配调节时压缩机组转速波动大的问题。霍尔果斯首站负荷分配进站流量调节功能的投入运行，改进了调控中心对霍尔果斯首站压缩机负荷和运行状态控制模式，有利于实现西气东输二线和西气东输三线中亚管道来气输量的精准自动调节，对整个管网的平稳运行具有积极作用。

5.4 VIGV 控制故障处理案例

5.4.1 西气东输一线鄯善压气站 GE2# 机组 VSV 故障处理案例

5.4.1.1 VSV 系统故障停机概述

2019 年 10 月 27 日 18 时 54 分 02 秒，西气东输一线鄯善压气站 2# 压缩机组故障停机，机组 HMI 报警为 "VSV position step to idle flag" "VSV servo suicided" "Additional control for VSV error detect-NS"，机组执行正常停机命令，停机报警如图 5.4.1 和图 5.4.2 所示。

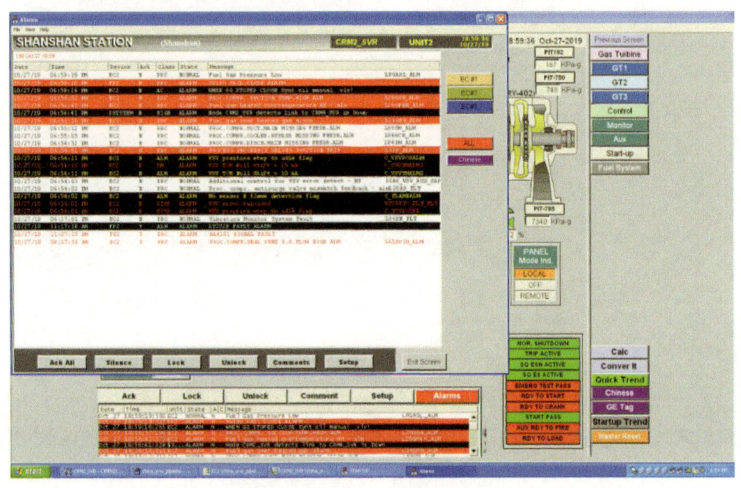

图 5.4.1　HMI 报警截图

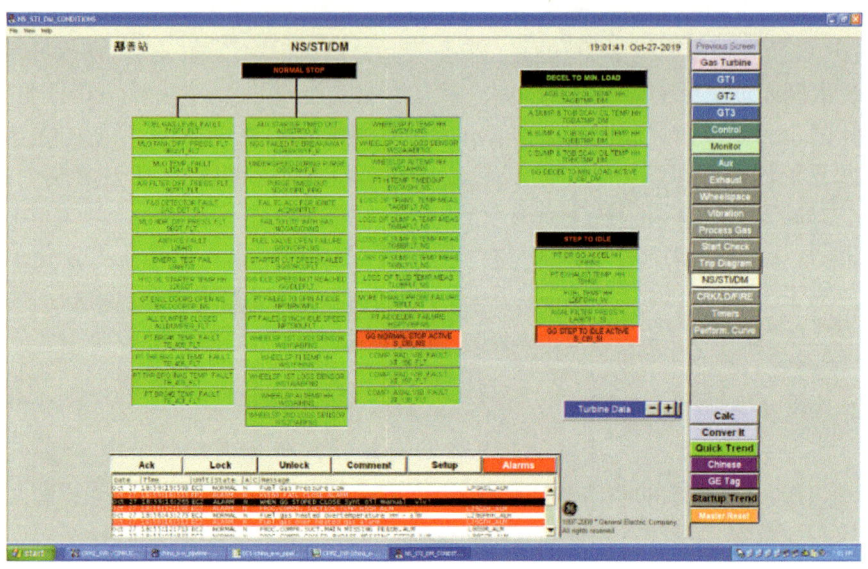

图 5.4.2 HMI Trip 总览截图

5.4.1.2 原因分析及处理过程

1）故障排查

（1）在线查看伺服阀线圈组织：停机后立即对 2# 压缩机停机原因进行排查，停机报警中有"VSV position step to idle flag"和"VSV servo suicided"报警，立即进入 toolboxST 查看 VSV 系统伺服阀电阻，HWN VSVCLILOHM R 为 55.8Ω，HWN VSVCLILOHM S 为 55.9Ω，阻值正常，如图 5.4.3 所示。

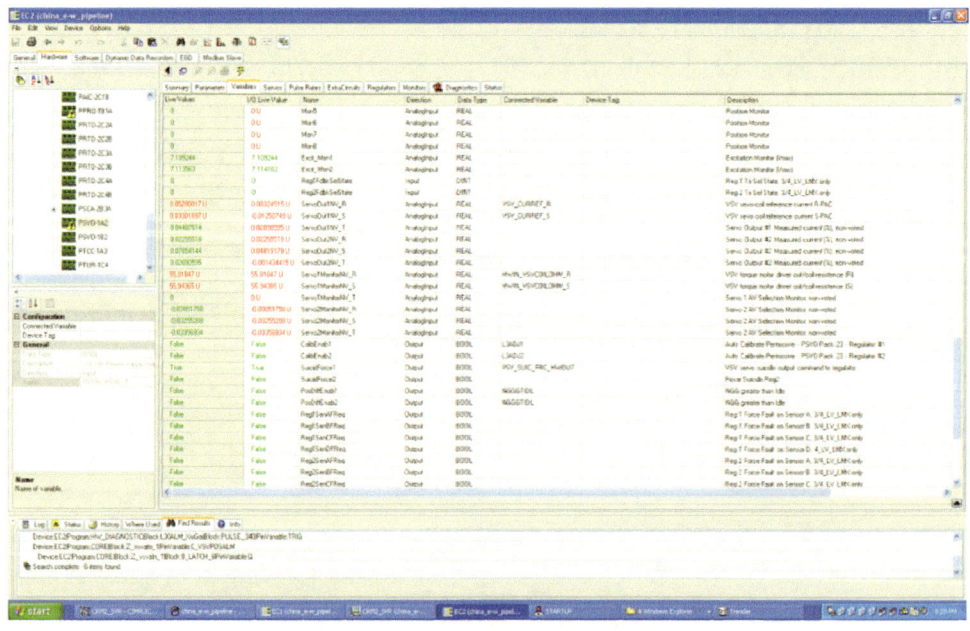

图 5.4.3 停机后 VSV 系统参数截图

(2) 查看历史趋势：发现 VSV 系统动作命令 VSV_POS_DMD 和反馈 VSV_SEL 在 18 时 54 分 01 秒有偏差，命令此时为 26，反馈为 44，偏差值为 18 超过程序设定的停机值 10，触发机组 SI(跳到怠速)及 NS(正常停机)，如图 5.4.4 和图 5.4.5 所示。

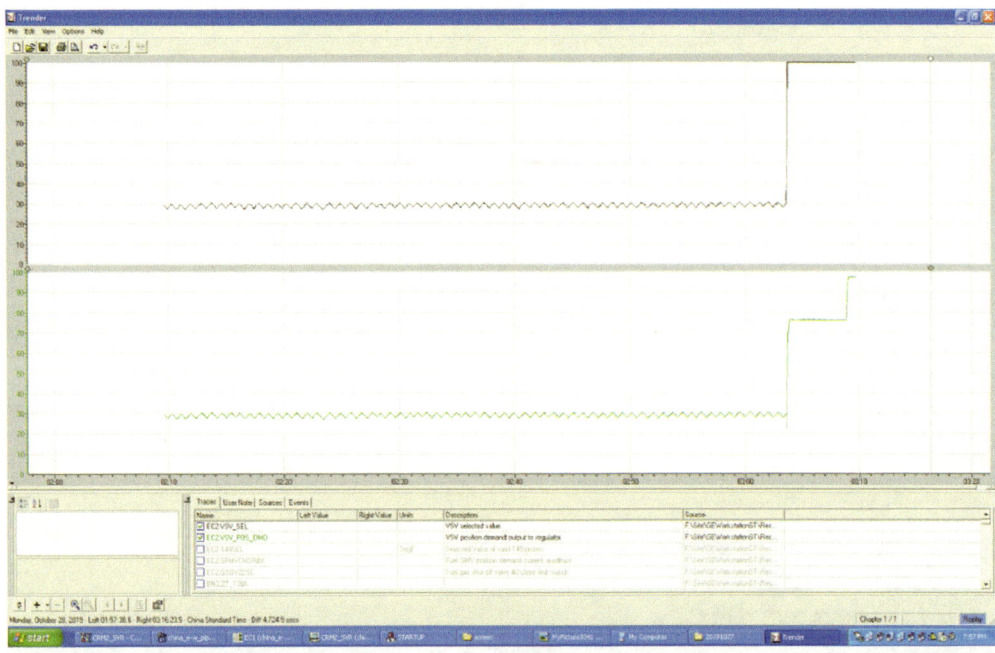

图 5.4.4　VSV 系统动作命令和反馈趋势图

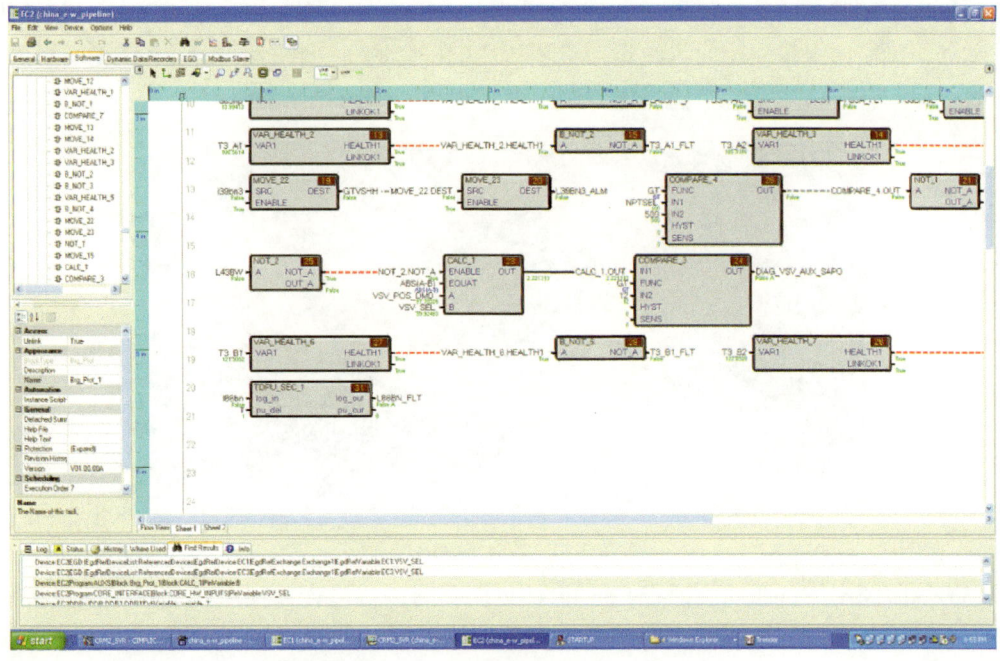

图 5.4.5　VSV 系统动作命令和反馈程序图

(3) 检查机组 PSVO IO 包：toolboxST 中可以看到 1A2 板卡上有两个诊断报警，如图 5.4.6 所示，为 1A2 板卡上 JS1 模块和 JR1 模块上显示 Servo#1 Suicided 诊断报警，机柜间查看发现 1A2 板卡上有两个模块故障报警灯亮，对 2# 机组进行主复位操作，报警消失。

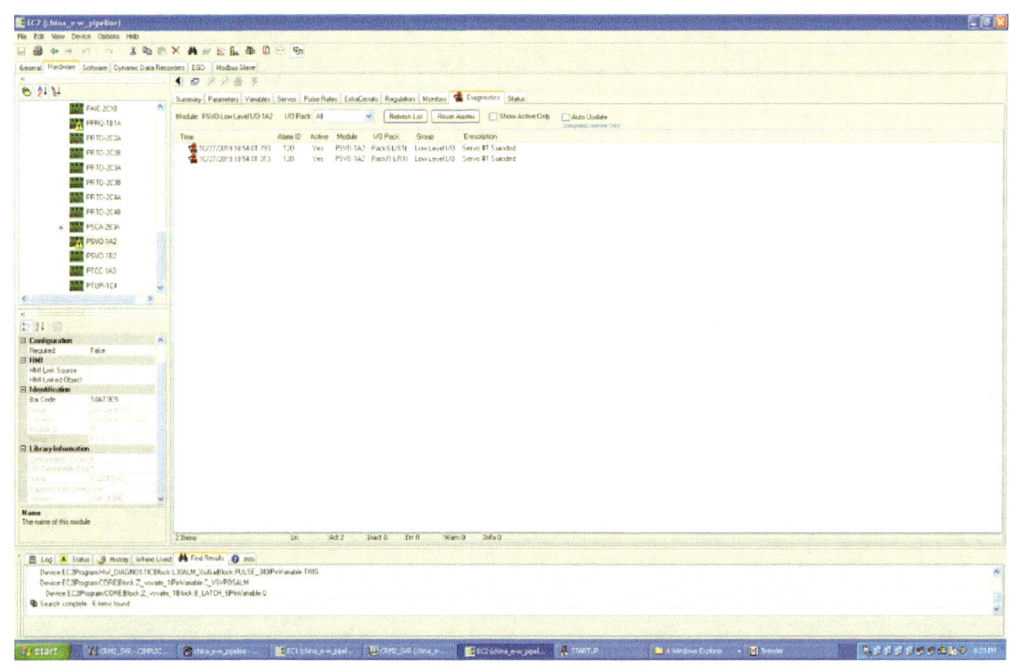

图 5.4.6　1A2 板卡上 JS1 模块和 JR1 模块上显示 Servo#1 Suicided 诊断报警

(4) 排查伺服阀回路：检查 VSV 控制回路，XV141-A/B 航插插头连接紧固，航插线缆固定牢靠、无拖拽现象，中间接线箱、机柜接线端子紧固、无松动，航插电缆无明显磨损，拆卸航空插头进行检查，航空插头定位销无磨损现象，如图 5.4.7 所示。

图 5.4.7　航插定位销检查

(5) 伺服阀本体航插插头检查：拆卸 VSV 伺服阀进行检查，伺服阀和航空插头接线没有松动和断线的现场，拆卸伺服阀外壳，内部接线正常，无松动脱落现场，通过两个航空插头对伺服阀线圈电阻进行测量，两个航空插头测量的伺服阀线圈电阻分别为 38.6Ω 和 38.7Ω，且对地绝缘无异常，如图 5.4.8 和图 5.4.9 所示。

第 5 章 │ 燃驱离心压缩机组控制系统优化改造典型案例

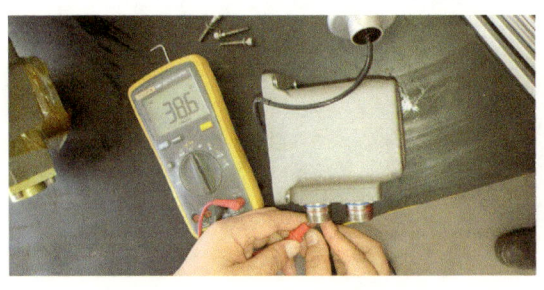

图 5.4.8 伺服阀电阻检查

图 5.4.9 伺服阀内线缆检查

（6）VSV 系统校验：对 2#机组进行校验盘车，盘车过程中进行 VSV 系统手动校验，10%递减校验，校验过程中给定开度和反馈开度保持一致，2#机组 VSV 系统能通过校验，如图 5.4.10 所示。

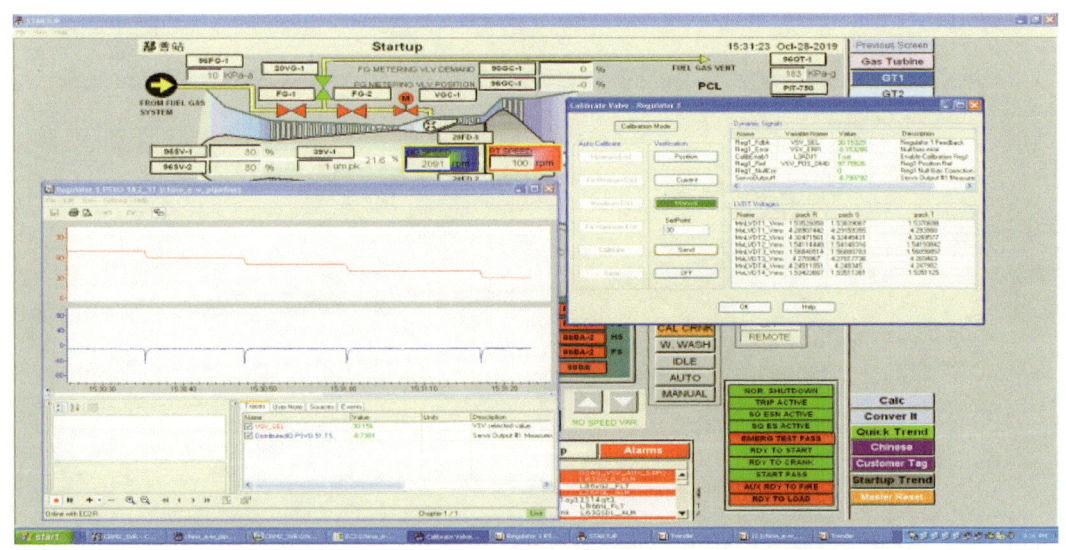

图 5.4.10 2#机组 VSV 伺服阀校验

（7）排查 triplog 趋势：2019 年 10 月 29 日生产科同技服到站排查 2#机组故障停机原因，首先查看 triplog，发现在停机前 VSV 伺服阀线圈电流存在高频波动，伺服阀线圈 S 自灭（Suicid）故障后又消失，伺服阀线圈 S 电流值从正常负值突变到最大值+67（正常值为-8，断线时为 0），R 线圈电流正常，两个线圈电流相加合力作用驱动伺服阀动作，导致 VSV 开度减小，程序计算的 VSV 命令要求 VSV 角度继续增大开度，因此导致 VSV 命令与反馈角度偏差大于增大超过 10°，触发机组 NS（正常停机），如图 5.4.11 和图 5.4.12 所示。

分析原因，VSV 线圈自灭可能的原因是控制电路出现开路或短路现象，但是停机后查看 VSV 伺服阀阻值为 55Ω 为正常。通过咨询 GE 工程师伺服阀线圈 S 电流值从正常负值突变到最大值+67 的原因，并结合前面故障排查情况，现场判断造成此故障的原因是 PSVO 伺服控制板异常输出导致伺服阀线圈 S 电流异常。

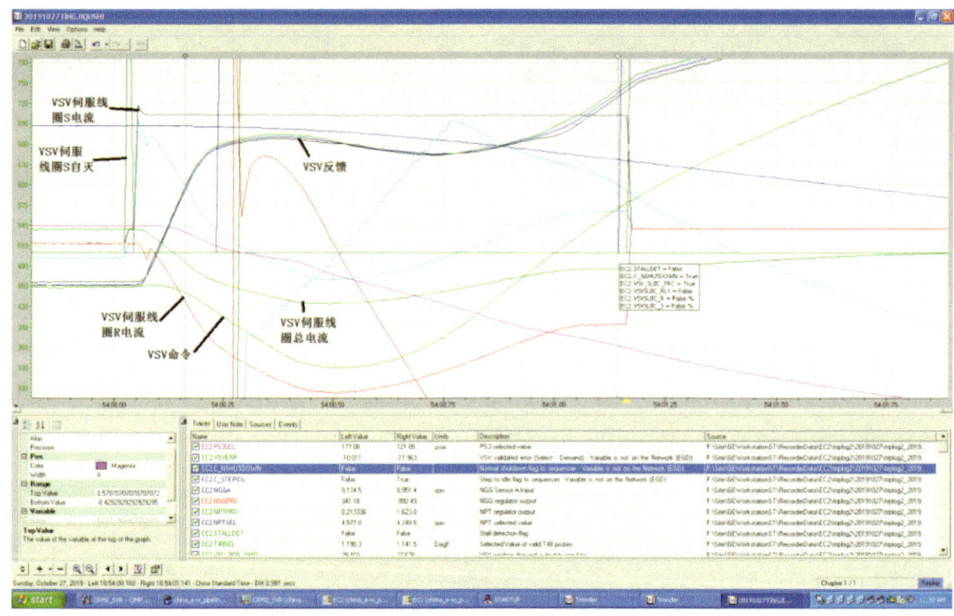

图 5.4.11　停机趋势图

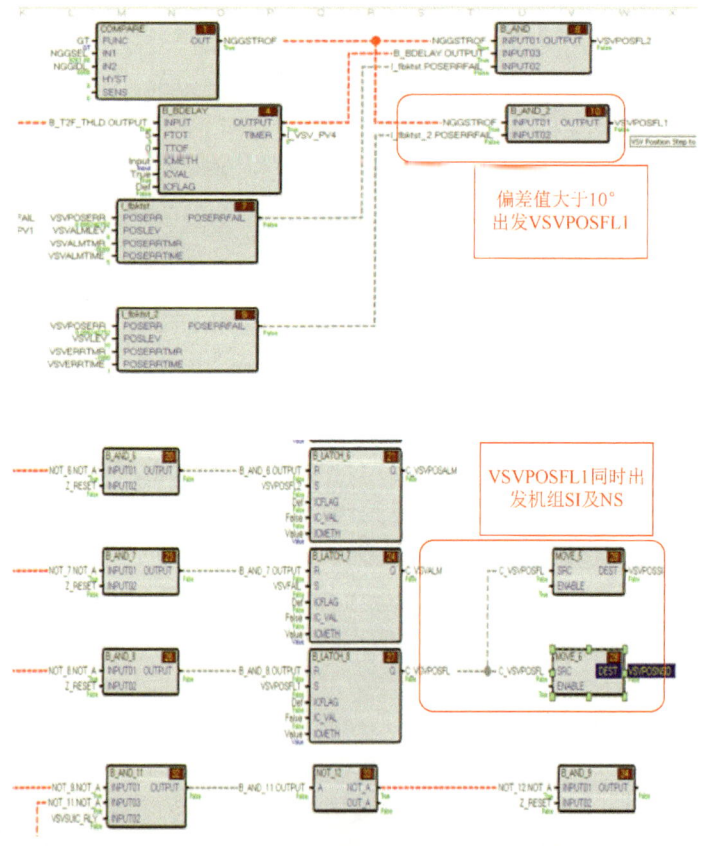

图 5.4.12　VSV 偏差大于 10°停机程序

5.4.1.3 处理结果

(1) 考虑到此故障无法锁定、再现，现场结合 GE 工程师意见，对 PSVO 板卡、XV141 伺服阀航插电缆、伺服阀进行了更换。

(2) 2019 年 10 月 31 日对机组进行校验盘车，盘车过程对 VSV 系统进行了校验。

(3) 2019 年 10 月 31 日 16：12 启动 2#机组，机组运行时对 VSV 线圈阻值、线圈电流值、控制命令和反馈等实时趋势进行查看，并与 1#机组 VSV 实时趋势比对，运行正常（图 5.4.13）。

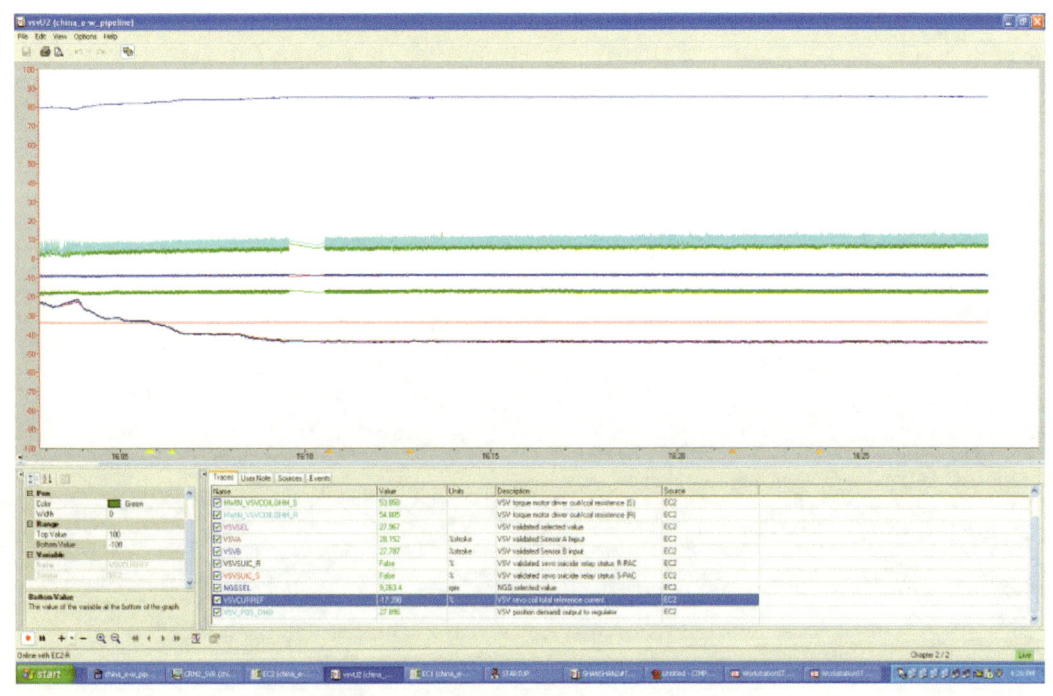

图 5.4.13 机组运行时 VSV 线圈阻值、线圈电流值、控制命令和反馈等实时趋势

5.4.2 西气东输一线红柳 RR 3#燃驱机组 RVDT 控制器故障停机处理案例

5.4.2.1 故障简述

红柳一站 RR 3#机组正常运行期间，由于 RVDT 命令和反馈偏差大，致使机组跳机。跳机时报警：可变导叶控制器错误停车 LSS65UC091_13；燃料气控制系统停车 LAH65FCSD_03。其中引起机组跳机的直接原因为"可调导叶控制器错误停车"，"燃料气控制系统停车报警"为前者触发的衍生报警。

5.4.2.2 故障详细描述

在动力涡轮加速顺序进程中，当 $NL/\sqrt{T_{10}}$ 大于 335 时，需要将可调进口导游叶片逐渐打开，给燃烧室供给更多的空气，而在机组降速过程中，随着 NL 转速的降低，VIGV 会逐步关闭，降低空气供气量。当 VIGV 的设定角度值 ACT35 和 VIGV 的实际反馈角度值 ACT34

两者在瞬态时的差值超过2°并延时0.5s后，会直接导致可调导叶控制器错误停车。通过查找机组前几次跳机历史数据，VIGV的设定值与反馈值均超过了2°。

检查现场接线情况。检查伺服阀、RVDT励磁及反馈回路现场接线箱内部接线情况，接线排的接线未发现有松动现象，对所有接线进行紧固，检查探头至接线箱内及UCP至接线箱内信号电缆绝缘情况，均为20MΩ以上，符合绝缘要求。给定伺服阀输出电流，发现在命令输出端安全栅电流衰减较严重，达到5mA。

5.4.2.3 故障原因分析

图5.4.14为1#机组正常停机时与VIGV相关的一些参数的趋势图，从图中可以看出，正常停机的过程中，当NLQRTT20的值小于335以后，VIGV的设定值就到了全关的位置37.5°。在3#机组的起机过程中，当NLQRTT20的值大于335以后，当VIGV的设定值为36.48°的时候，其反馈值却停留在37.5°，即3#机组在开机阶段，其VIGV的手机动作滞后于控制系统的设定值，初步断定机组RVDT反馈不准确，需要在现场重新进行校准。同时，伺服阀命令输出端安全栅损坏。

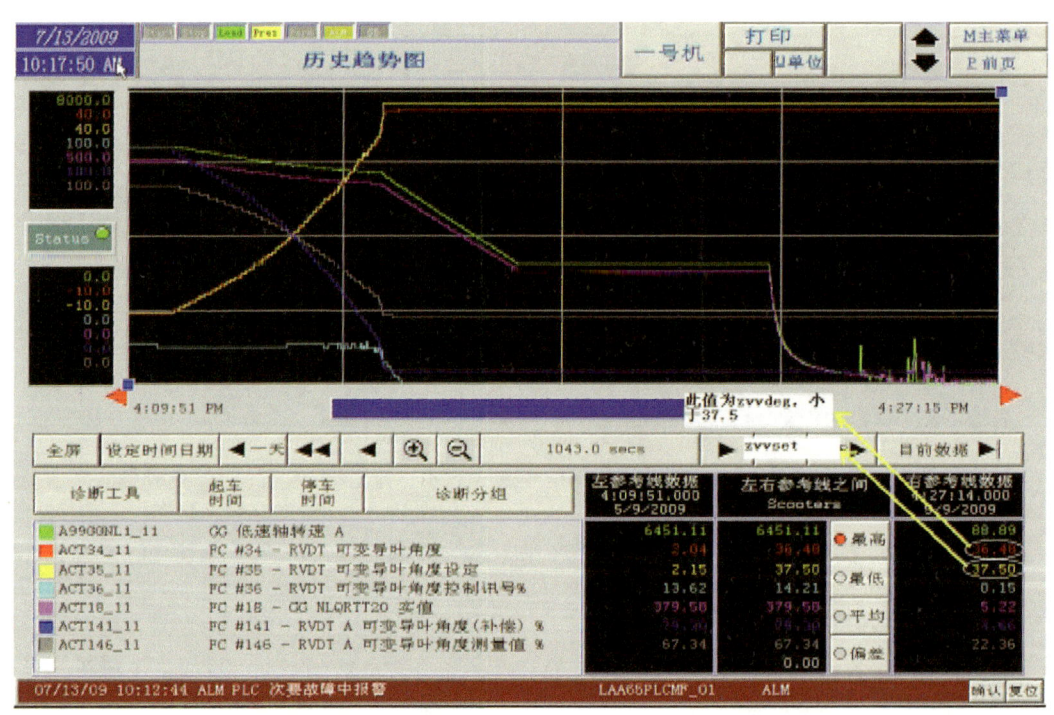

图5.4.14　RR机组正常停机时RVDT趋势图

5.4.2.4 故障处理经过

1) 检查机组RVDT测量回路

测量RVDT A传感器励磁和反馈线圈阻值分别为：54.7Ω和32.1Ω；RVDT B传感器励磁和反馈线圈阻值分别为：32.3Ω和30.1Ω，均满足要求。RR运行手册规定RVDT传感器，励磁线圈和反馈线圈阻值见表5.4.1、图5.4.15和图5.4.16。

表 5.4.1 RVDT 传感器阻值

参数	不带齐纳安全栅	带齐纳安全栅
Servo	500~600Ω	650~750Ω
激励线圈(主回路)	25~35Ω	—
反馈线圈(副回路)	35~45Ω	—

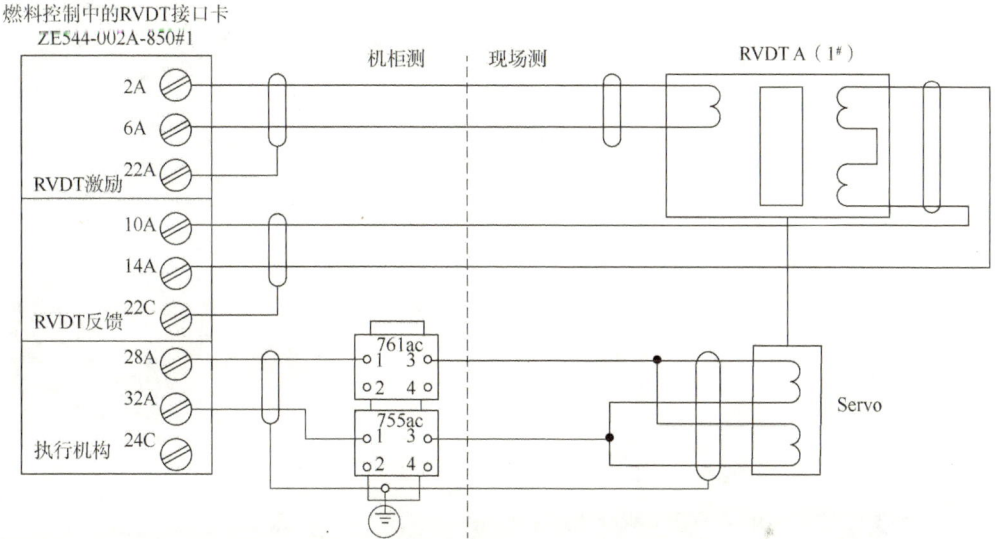

图 5.4.15 RVDT 传感器 A 及 MOOG 阀控制线路

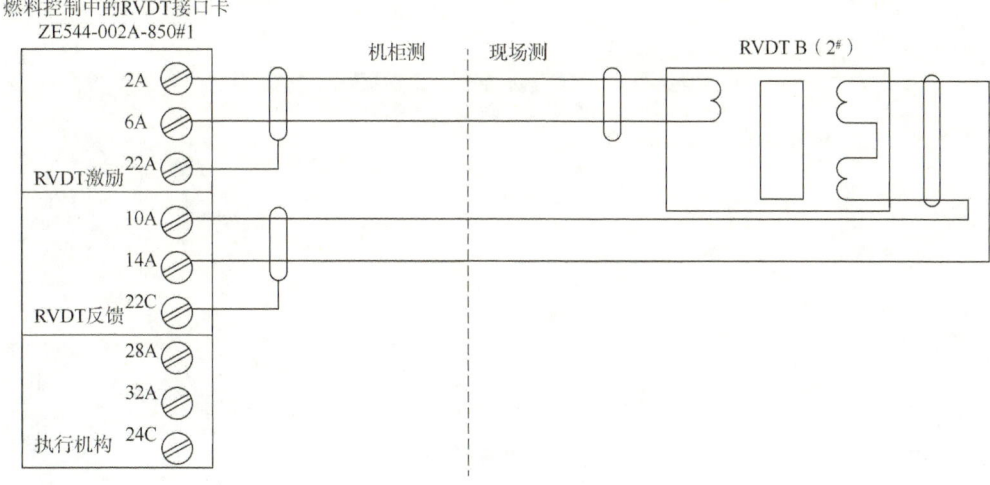

图 5.4.16 RVDT 传感器 B 及 MOOG 阀控制线路

2) 对 RVDT 进行重新校准

准备 26.66mm 和 53.33mm 标准块一个。首先，手动推动 VIGV 作动环在最小停止位，调节 RVDT 输入值，在 HMI 观看 RVDT 传感器输入值为 17.5%~22.5%。再手动推动 VIGV

至53.33mm位置处，调节RVDT输入值，HMI观看RVDT传感器输入值为77.5%~82.5%左右。反复多次调试，直到RVDT最大和最小位反馈值均在标准值范围内。超出输入值界限，机组启机加载时会跳机（图5.4.17和图5.4.18）。

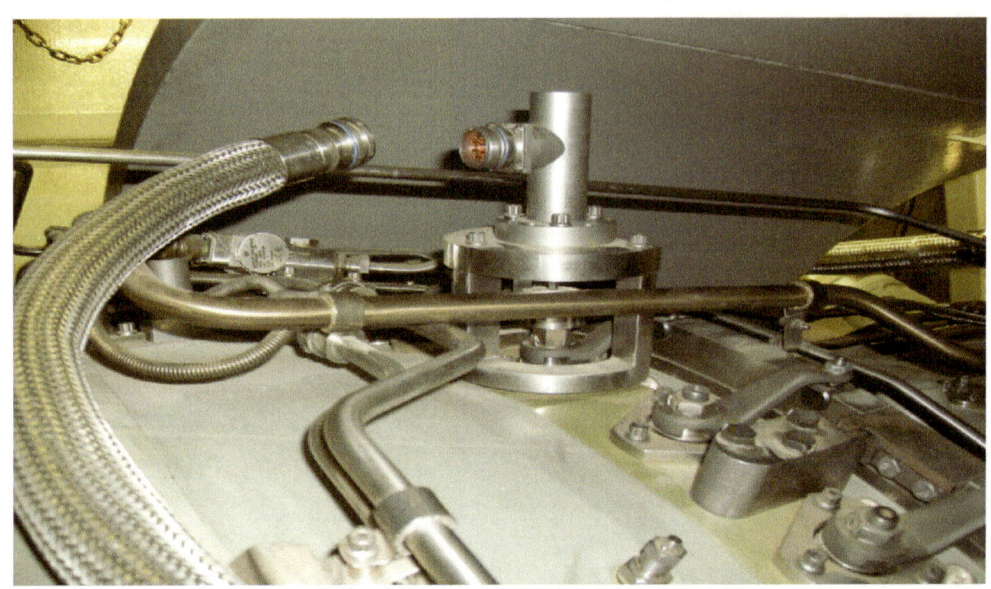

图5.4.17 RVDT现场安装照片

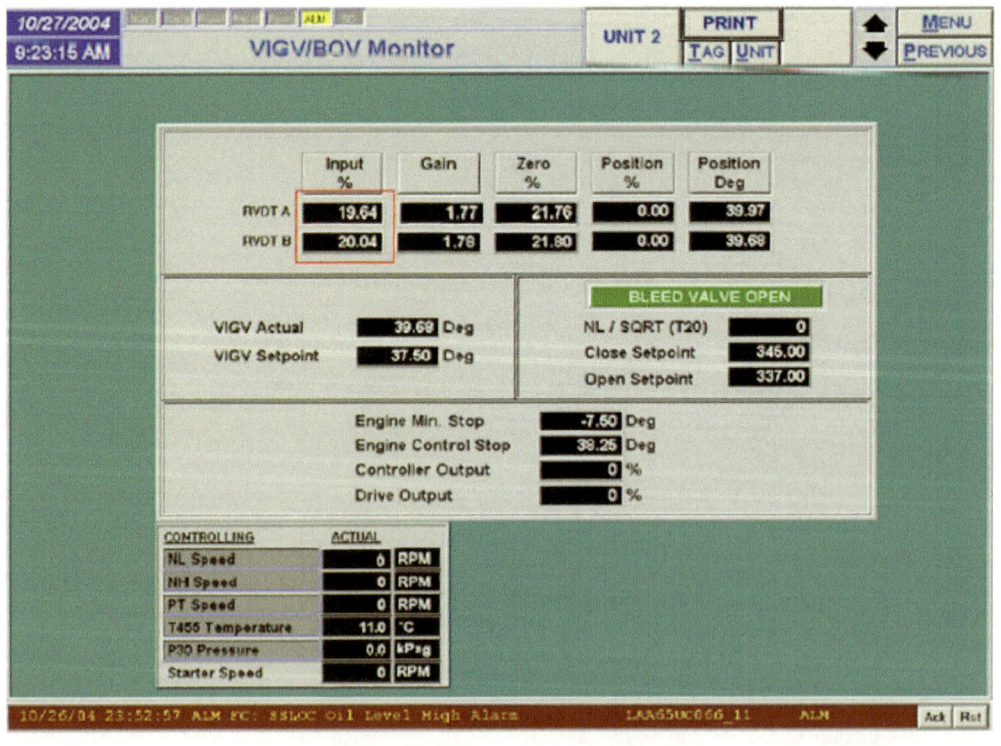

图5.4.18 HMI RVDT输入信号

打开 ECS 程序，找到需要设置的参数组 Tuning，在 Tuning 参数组中找到所需的变量，在联机状态下，输入 VIGV 在零点和量程时的输入值后（图 5.4.19），保存程序。

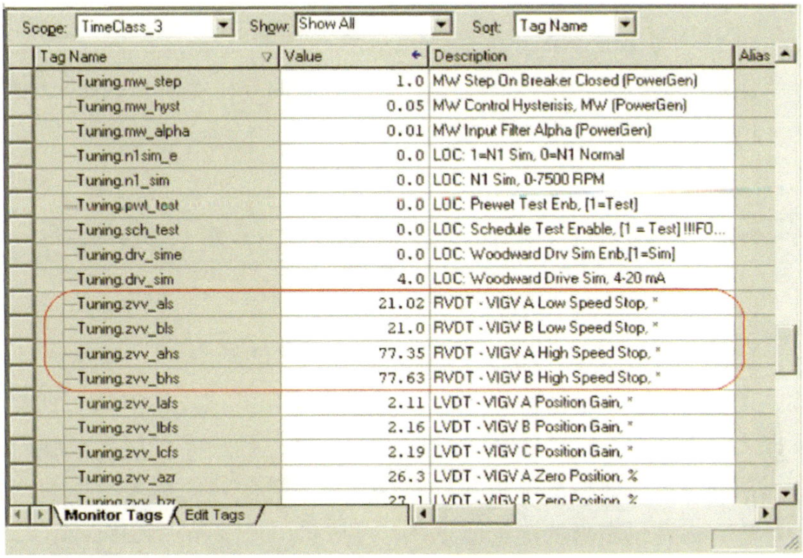

图 5.4.19 RVDT 参数值录入

3) VIGV 行程检查

手动起动 GG 滑油泵，在 ECS 中输入 Tuning.ft.tune = 100.01，Tuning.zvv_test 输入 0，25，50，75，100，检查 VIGV 行程，行程测试完成后恢复参数值（图 5.4.20）。

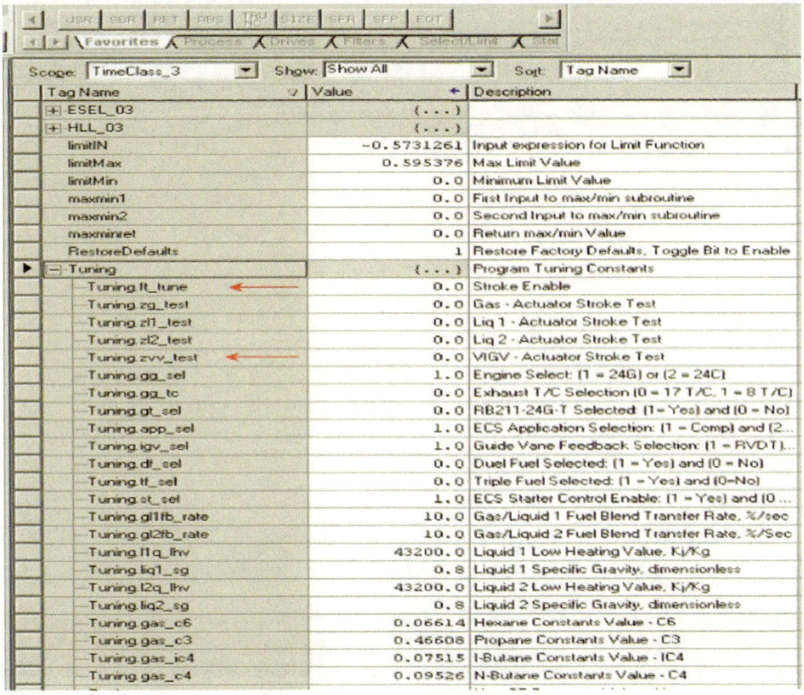

图 5.4.20 手动测试 VSV

4）更换伺服阀命令输出端故障安全栅

使用备用通道安全栅对原故障安全栅进行更换，重新给定输出，测试安全栅输出端电流值正常。

5）放大 VIGV 瞬态偏差跳机裕度值。

为了降低机组跳机的概率，修改 RVDT 命令和反馈偏差裕度值，将原来偏差设定值由 2 度跳机更改为 4 度跳机。

5.5 RR 燃驱离心压缩机组火气系统优化改造案例

5.5.1 背景介绍

西气东输一线 RR 压缩机箱体内安装有两个温升探头，在发动机燃机两侧各一个，当任意一个温升探头温度超过 163℃ 后直接导致火灾报警，触发停机信号及喷射二氧化碳气体。而温升探头故障或接线回路故障极易导致误触发。为防止误触发导致机组停机及二氧化碳气体意外释放，提升机组火气系统稳定性，开展机组火气系统优化改造。

5.5.2 程序修改

用 S3 软件打开机组 EQP 控制程序在 LA_041_DCIO 模块下添加两个新温升探头单变量标签 I23FPEV1_1、I23FPEV2_1（图 5.5.1）。

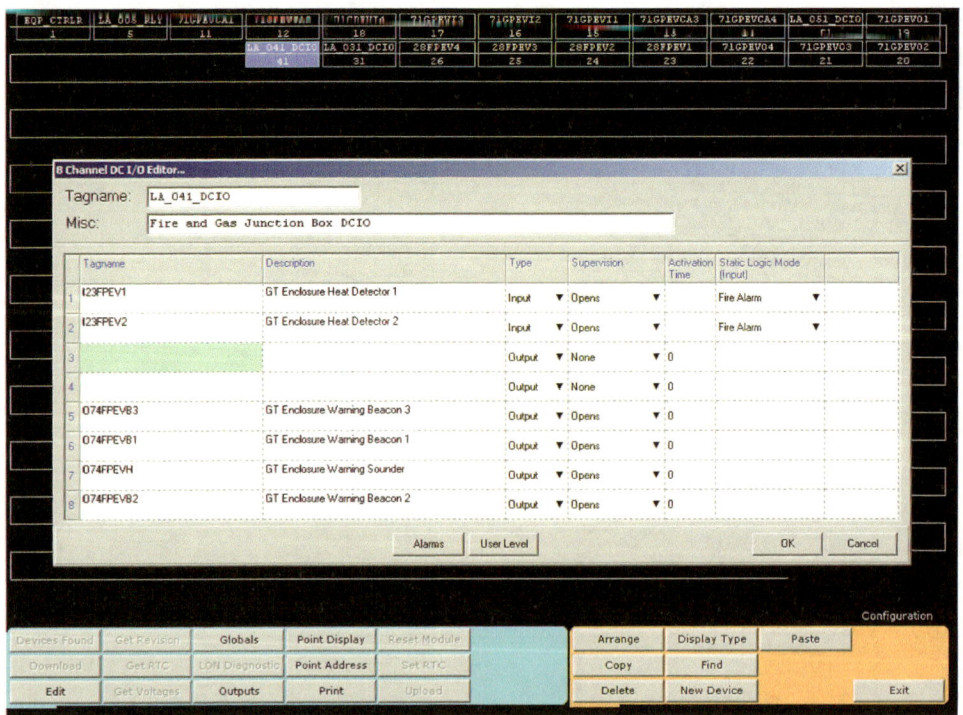

图 5.5.1 打开 LA_041_DCIO 模块

在 Tagname 下的第 3、4 行添加标签名 I23FPEV1_1、I23FPEV2_1；Description 中添加标签描述 GT Enclosure Heat Detector1_1、GT Enclosure Heat Detector2_1；Type 中选择数据类型为 Input；Supervision 中选则通道端口为常开型 Opens；Static Logic Mode 中输入静态逻辑模式为火灾报警 Fire Alarm（图 5.5.2）。

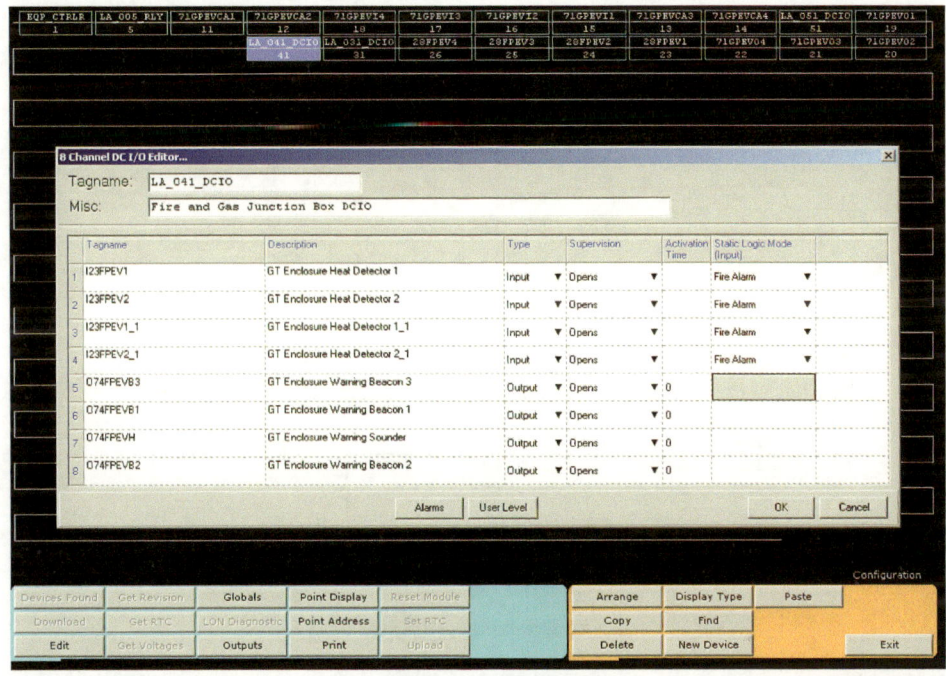

图 5.5.2　标签设置

打开 EQP 控制器程序中 Fire Detect & Discharge 程序段，原程序段中任意一个温升探头 I23FPEV1、I23FPEV2 触发后都会直接导致机组火警停机，具体逻辑截图如图 5.5.3 所示。

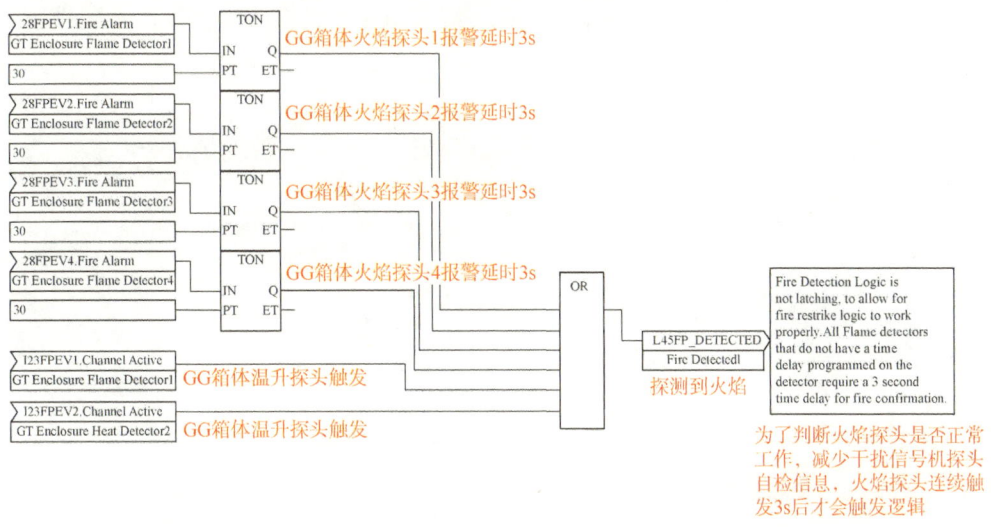

图 5.5.3　火灾触发逻辑截图

修改原程序段，引入新加入的 I23FPEV1_1、I23FPEV2_1 两个温升探头单与原有 I23FPEV1、I23FPEV2 探头分别组成二选二逻辑，只有当压缩机箱体内一侧的两个温升探头单同时触发，才会触发机组火灾停机（图 5.5.4）。

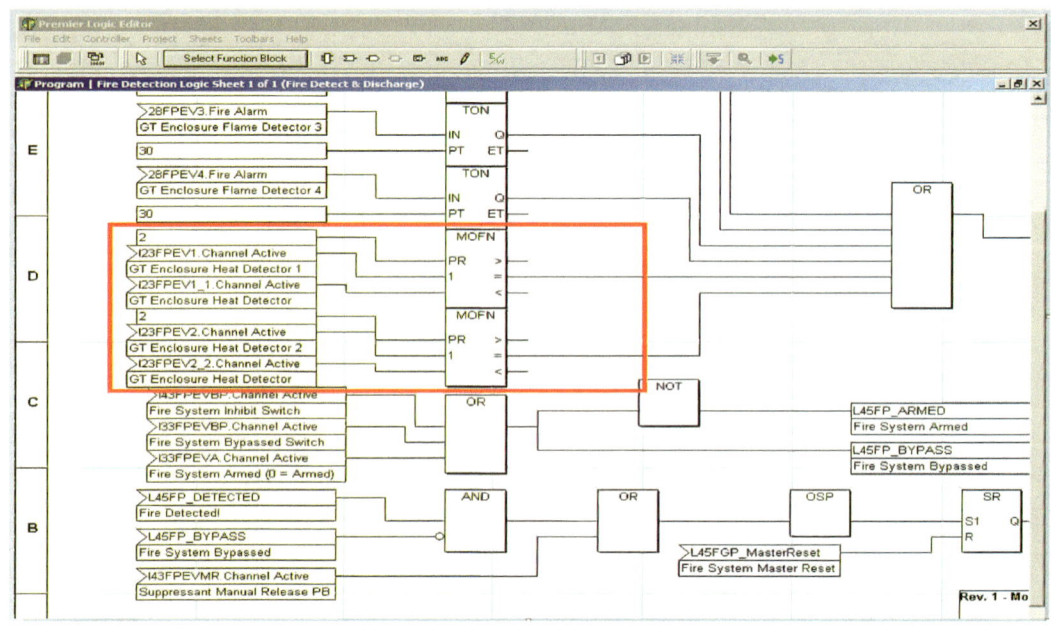

图 5.5.4　修改后逻辑

修改完成后点击编译按钮，编译后确保无任何错误及告警信息。确保无误后程序下装至 EQP 控制器。

现场设备安装及接线，在压缩机箱体内原 I23FPEV1、I23FPEV2 温升探头上方安装新探头 I23FPEV1_1、I23FPEV2_1（图 5.5.5）。

利用压缩机箱体内备用接口将两个探头的接线引出压缩机箱体外，并接入接线箱 FP-1 中的 LA_041_DCIO 模块的 CHANNEL3、CHANNEL4 通道（图 5.5.6 至图 5.5.8）。

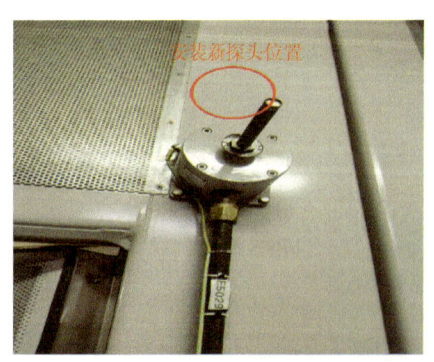

图 5.5.5　安装新探头

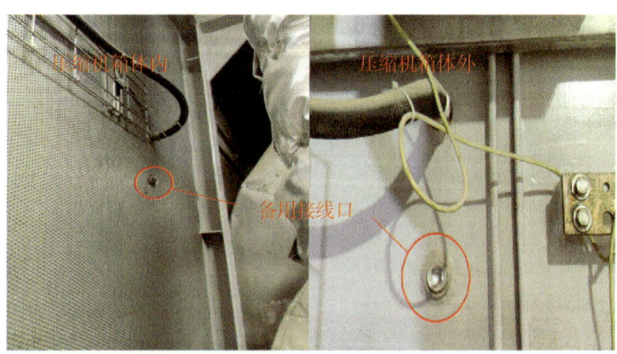

图 5.5.6　接线穿出口

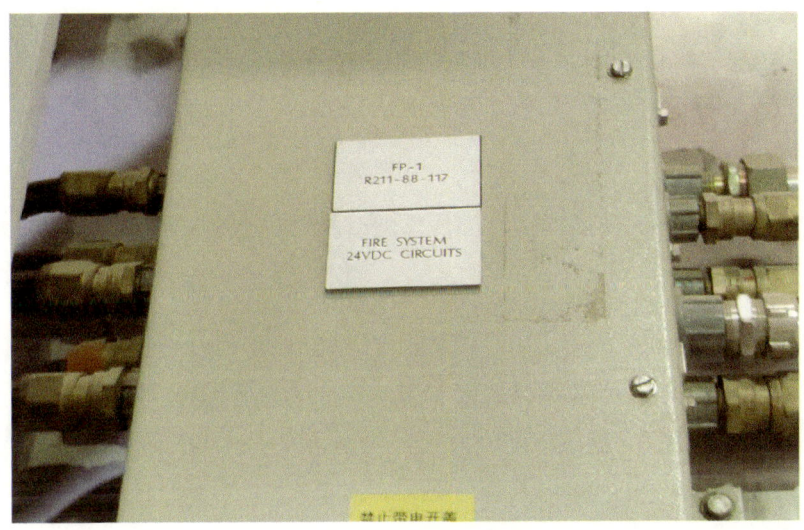

图 5.5.7　现场接线箱

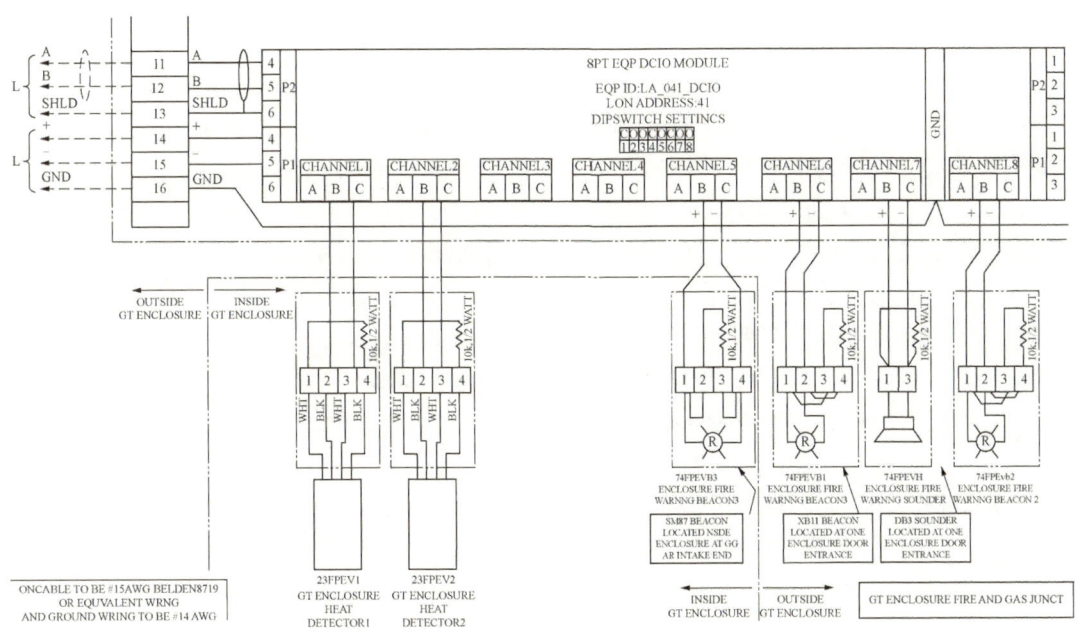

图 5.5.8　模块接线图

5.5.3　测试验证

现场及程序修改完成后,将二氧化碳气瓶橇内的 4 个电磁阀拆下,在确保现场气体检测合格后用热风枪模拟 200℃,查看单个温升探头是否出发火灾停机信号,若无停机信号则同时测试两个温升探头看 EQP 程序中是否触发火灾报警。

5.6 燃驱离心压缩机组振动监视系统优化改造案例

5.6.1 问题现象

压缩机组运行过程中,振动探头测量信号因电磁干扰出现跳变可能导致机组执行保护逻辑,误跳机。

5.6.2 问题分析

机组运行过程中,振动探头如果受到干扰,测量信号跳变超过高高保护限值时,会触发振动保护逻辑,振动保护系统发出跳机命令,导致机组误跳机。

5.6.3 优化改造建议及内容

为避免因振动探头跳变造成机组误停机,建议各站检查探头回路是否屏蔽、接线端子是否牢固、探头安装位置是否正确、振动系统状态是否良好,在以上设备均正常的前提下,根据实际情况进行逻辑优化,优化原则:

(1) 只有 1 个测点的探头,保留原逻辑不修改,如 GG 壳振。

(2) 轴位移在同一截面有 2 个测点,如西门子机组压缩机轴位移 39CPA1、39CPA2 在同一截面测量,建议逻辑优化方式:(AHH*BHH+(AHH*BNO)+(ANO*BHH)),即同一测点 2 个探头同时高高报警 TRIP,一个探头故障时另一个探头高高 TRIP。

备注:ANO 为 A 通道 notok,BNO 为 B 通道 notok。

轴振动有 X、Y 两个测点,优化建议:X 方向高高报警同时 Y 方向高报,执行 TRIP;反之 Y 方向高高报警同时 X 方向高报,执行 TRIP;一个探头故障,另一个探头高高执行 TRIP;报警保留原逻辑:只要有一个达到高报警,HMI 产生报警。

本特利 3500 系统配置中,探头故障会被旁路不参与联锁,因此运行过程中出现探头故障应该及时处理,避免 2 个探头同时失效机组运行的情况。修改示例如下:

solar 机组(AB PLC Dynamix Monitoring System 动态监测系统)以 Solar 燃气轮机径向轴承振动为例。径向轴承振动高报警值、高高停车值均由振动检测模块传至机组 PLC,达到振动高报值输出 HMI 报警(XH+YH:=ALARM)、达到振动高高报警值输出 TRIP 报警停机(XHH+YHH:=TRIP),如图 5.6.1 所示。

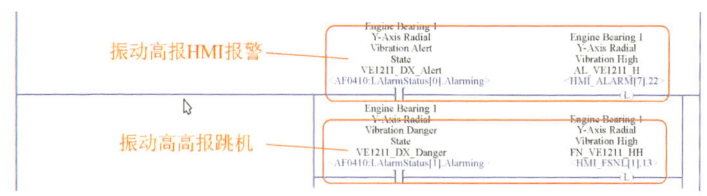

图 5.6.1 振动保护原逻辑

备注:X、Y 指探头安装方向;H 测量信号达到高报警;HH 测量信号达到高高报警;"+"逻辑"或";"*"逻辑"与";":="执行结果。

逻辑优化为：X方向或者Y方向高报（XH+YH：=ALARM），HMI报警；X方向高报与Y方向高高报同时存在或者Y方向高报与X方向高高报同时存在（XH*YHH+XHH*YH：=TRIP），执行跳机逻辑。如图5.6.2所示。

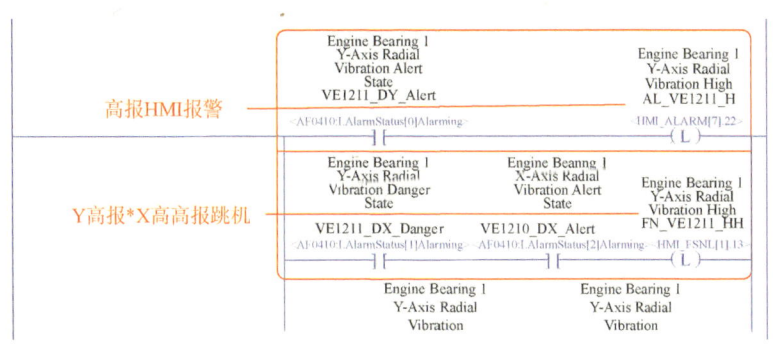

图 5.6.2　修改后逻辑

1）本特利3500建议

以西气东输二线西门子机组本特利3500振动保护系统为例：XH+YH：=ALARM，即任意探头高报，HMI报警，如图5.6.3所示。

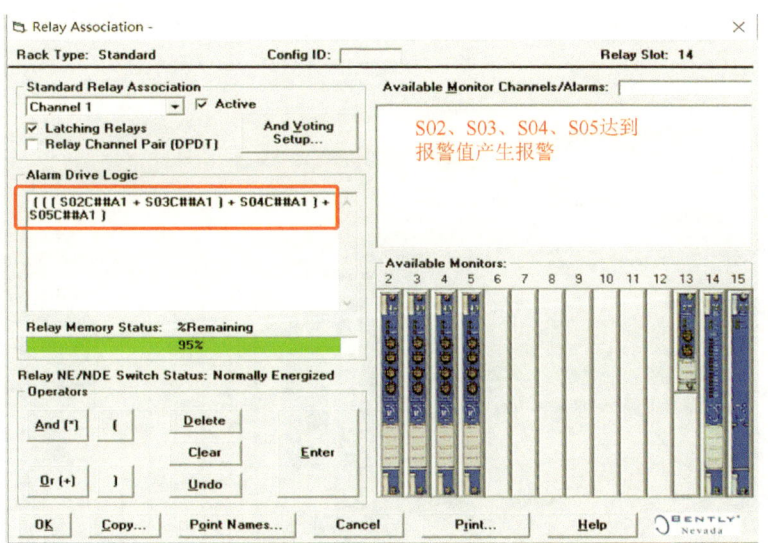

图 5.6.3　本特利3500报警原逻辑

XHH+YHH：=TRIP，任意探头高高报，执行跳机逻辑，如图5.6.4和表5.6.1所示。

表 5.6.1　西门子机组3500通道接入传感器

槽位	通道	探头	
S02	CH01	39GGI	GG壳振
	CH02	39GGC	GG壳振
	CH03	39GGT	GG壳振
	CH04	SPARE	

续表

槽位	通道	探头	
S03	CH01	39PTNEX	动力涡轮非驱动端 X 方向振动
	CH02	39PTNEY	动力涡轮非驱动端 Y 方向振动
	CH03	39PTDEX	动力涡轮驱动端 X 方向振动
	CH04	39PTDEY	动力涡轮驱动端 Y 方向振动
S04	CH01	39CPNEX	压缩机非驱动端 X 方向振动
	CH02	39CPNEY	压缩机非驱动端 Y 方向振动
	CH03	39CPDEX	压缩机驱动端 X 方向振动
	CH04	39CPDEY	压缩机驱动端 Y 方向振动
S05	CH01	39PTA	动力涡轮轴位移
	CH02	39CPA1	压缩机轴位移 1
	CH03	39CPA2	压缩机轴位移 2
	CH04	Spare	

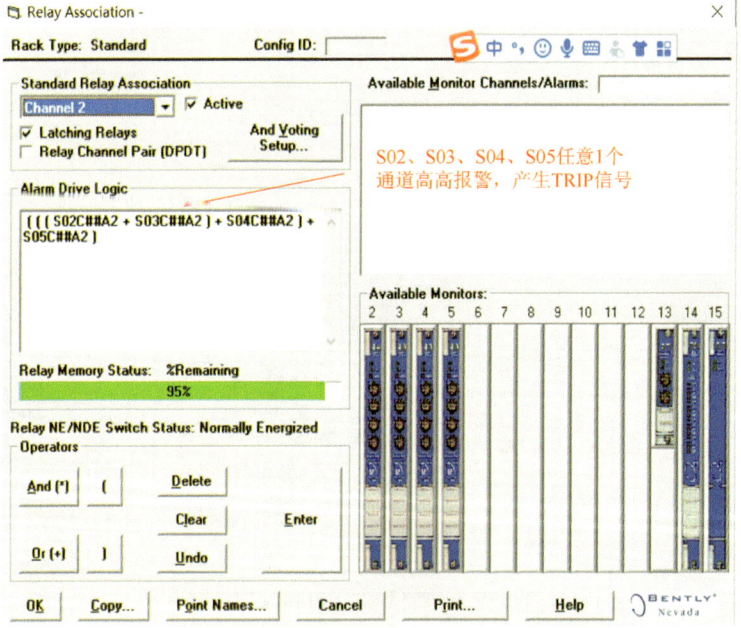

图 5.6.4 跳机原逻辑

注：A1：alert(高报)；A2：Danger(高高报警)。

优化建议：

(1) S02 为 GG 壳振，各位置只有 1 个测点，保留原逻辑；

(2) S03、S04(PT、压缩机轴振动)报警保留原逻辑，TRIP 逻辑修如下：

Benly3500 中探头故障后旁路(例如 X 探头故障旁路，只有 Y 探头有效)。当 1 个探头故障时(如 X 故障旁路)，XH * YHH+XHH * YH：=TRIP 逻辑变为 YHH+YH=TRIP，Y 探头高报警就会停车，反而增加误跳车风险。建议修改逻辑为：(XH * YH) * (XHH+YHH)。探头都正常的情况下，执行一个高高报与另一个方向探头高报同时存在，TRIP；当一个探头故障时，另一个方向达到高高报时跳机，修改逻辑如图 5.6.5 所示。

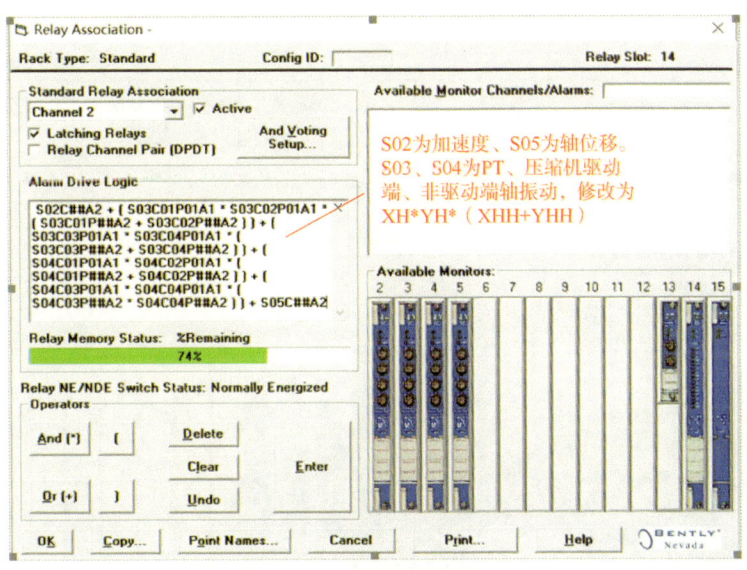

图 5.6.5 5TRIP 建议修改逻辑

(3) S05 轴位移：动力涡轮轴位移、压缩机轴位移 1（39CPA1）、压缩机轴位移 2（39CPA2）只要有 1 个高高报警，产生 TRIP 信号。检查 PID 流程图，如图 5.6.6 所示。

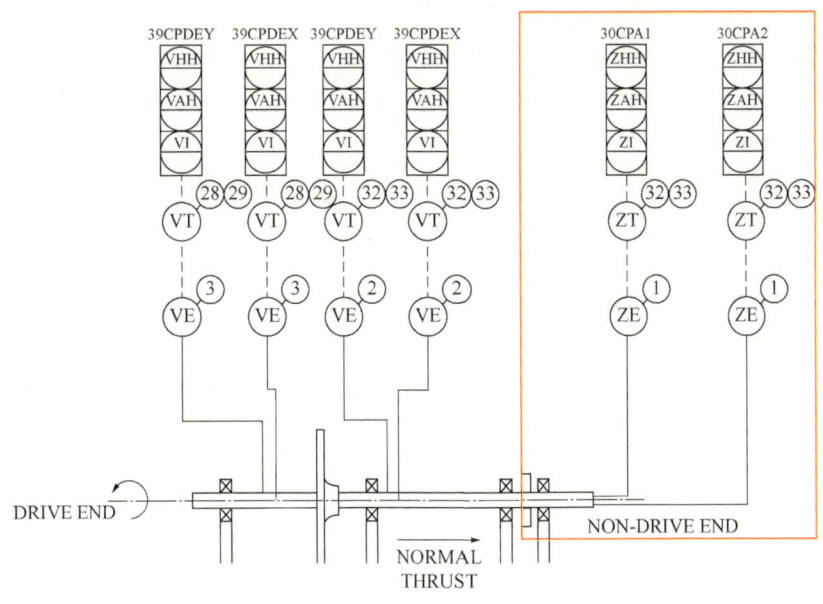

图 5.6.6 639CPA1、39CPA2 位置

修改建议：
S05 轴位移中，动力涡轮轴位移只有 1 个测点，原逻辑保留。压缩机轴位移 39CPA1、

39CPA2 在同一截面测量，建议逻辑优化方式为 AHH*BHH+(AHH*BNO)+(ANO*BHH) 逻辑，即同一测点 2 个探头同时高高报警 TRIP，一个探头故障时另一个探头高高 TRIP*(XHH+YHH)：=TRIP），修改逻辑如图 5.6.7 所示。

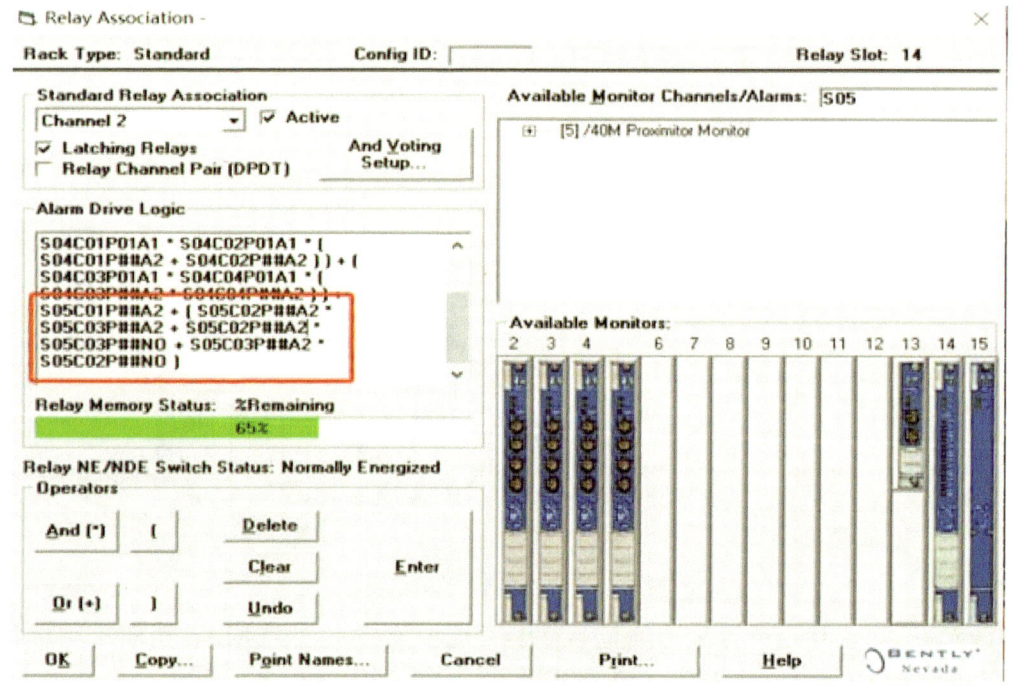

图 5.6.7 TRIP 逻辑修改

2) GE 机组建议修改逻辑与西门子机组类似

(1) 压缩机轴振动 XT-196X、XT-196Y、XT-197X、XT-197Y 修改建议：逻辑采用 (XH*YH)*(XHH+YHH)。

(2) 压缩机轴位移 ZT-138A、ZT-138B 采用 AHH*BHH+(AHH*BNO)+(ANO*BHH) 逻辑，即同一测点 2 个探头同时高高报警 TRIP，一个探头故障时另一个探头高高 TRIP，保留原逻辑。备注：NO 为通道 notok。

(3) GG 壳振(18VGG)、动力涡轮(18VPT)保留原逻辑。

第 6 章
燃驱离心压缩机组控制系统集成设计

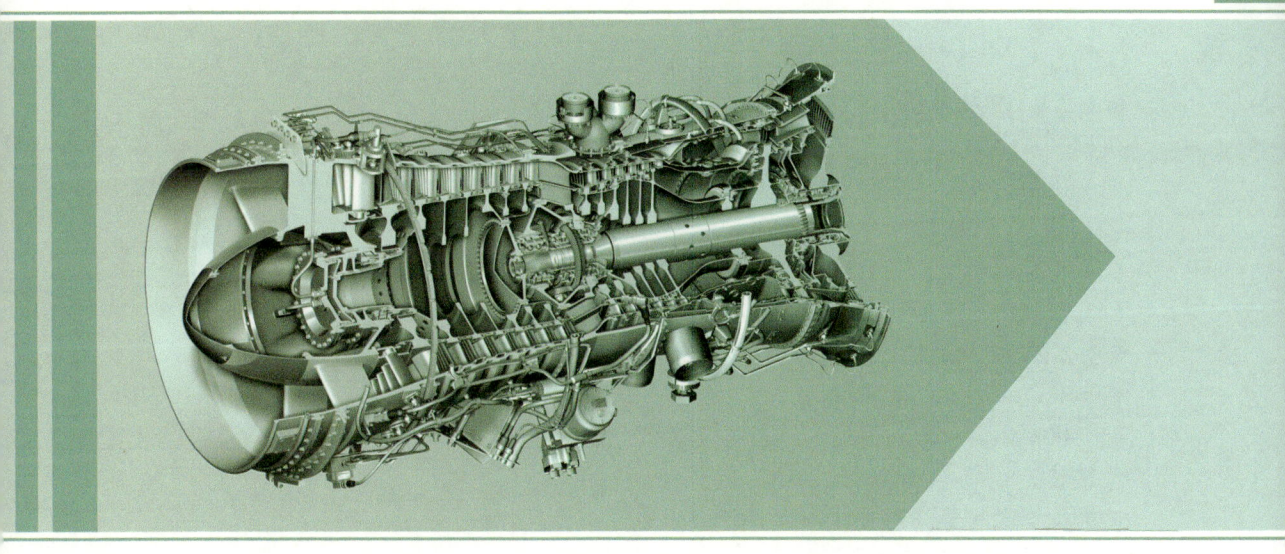

6.1 硬件集成设计

6.1.1 机组控制系统机柜集成设计准备

机柜集成设计前应确保准备资料的全面及完整性，准备资料应至少包含以下内容：
(1) 机组监控数据表；
(2) 现场仪表的供电方式；
(3) 机柜安装方式及尺寸要求；
(4) 机柜内设备清单；
(5) 机柜内功耗、设备电源需求及通风散热需求；
(6) 机柜内设备接线原理图；
(7) 机柜内设备及元器件的安装尺寸；
(8) 机柜内 I/O 通道分配及浪涌保护器分配；
(9) 机柜内浪涌保护要求。

6.1.2 机柜设计要求

6.1.2.1 机柜材质
机柜材质应满足如下要求：
(1) 机柜的外壳、支撑、机架、隔板和导轨等均应采用钢制材料；
(2) 外壳、隔板的厚度不小于 2mm；
(3) 支撑、机架、隔板和导轨等外表面应进行镀锌或镀镍处理；
(4) 玻璃门应采用安全玻璃。

6.1.2.2 机柜颜色
机柜颜色应满足如下要求：
(1) 机柜柜体、金属柜门内外表面应涂漆，油漆颜色要求为 RAL7035（浅灰色），外表面涂漆带皱；
(2) 机柜底座颜色为 RAL9005（黑色）。

6.1.2.3 机柜开门形式
机柜开门形式应满足如下要求：
(1) 机柜要求前后开门，每扇门均可以 180°打开，门应带锁；
(2) 宽度为 600mm 的机柜，前后门均为单开门；
(3) 宽度为 800mm 的机柜，前开门为单开门，后开门为双开门；
(4) 宽度为 1000mm 的机柜，前后门均为双开门。

6.1.2.4 机柜结构要求
机柜结构应满足如下要求：
(1) 采用面板安装显示设备的机柜，前面板为固定安装，机柜采用后开门形式，机柜内不应设置垂直固定隔板，柜内配线导轨及汇线槽在机柜内后部二侧安装；

（2）采用柜内活动机架安装显示设备的机柜，机柜采用前、后开门形式，前门为玻璃门，机柜内可设置垂直隔板，柜内配线导轨及汇线槽可在机柜内隔板上安装；

（3）采用柜内固定机架安装显示设备的机柜，机柜采用前、后开门形式，前门为玻璃门，机柜内可设置垂直隔板，柜内配线导轨及汇线槽可在机柜内隔板上安装；

（4）采用柜内固定隔板安装设备的机柜，机柜采用前、后开门形式，机柜内应设置垂直隔板，柜内配线导轨及汇线槽在机柜内隔板上安装；

（5）安装有较大功率设备的机柜（服务器、光中继站、UPS电源等），机柜前后门可选用网状金属门；

（6）金属机柜门内侧面应设有资料盒；

（7）机柜门应设计有加强支撑；

（8）站场机柜根据电缆敷设情况选择进线方式，RTU阀室、橇装控制室及站场电缆使用桥架铺设的可采用上进线或侧进线方式；

（9）机柜前面板左上方应设有机柜名称标牌。

6.1.2.5 机柜通风、照明要求

机柜的通风和照明应满足如下要求：

（1）机柜内应配备散热通风、照明设施，采用非UPS供电；

（2）进风口设在机柜前、后门下方，过滤网应便于拆卸、更换；

（3）机柜顶部设有排风扇，风扇的噪声不应大于40dB；

（4）机柜内设有温度开关，用于联锁机柜排风扇动作，温度开关的设定点应能连续可调，温度超高启动排风扇，温度低于设定值，排风扇停止运行；

（5）机柜内顶部设有照明灯，灯与机柜门联动，任意柜门打开、灯亮，所有柜门关闭、灯灭；

（6）机柜通风、照明应设有独立的电源开关。

6.1.2.6 机柜规格要求

燃驱离心压缩机组控制系统机柜的规格应满足如下要求：

（1）燃驱离心压缩机控制系统机柜安装的高度应为2100mm，其中柜体高2000m，底座高100mm；

（2）燃驱离心压缩机组控制系统机柜宽度根据系统规模大小、背板的宽度、系统冗余要求，宽度设计范围为800~1000mm；

（3）燃驱离心压缩机组通信柜、网络柜等机柜宽度宜设计为600mm；

（4）各类机柜厚度要求为800mm；

（5）机柜底座上应有固定用螺栓孔，顶部应有用于运输吊装的吊耳。

6.1.3 机柜集成基本要求

6.1.3.1 柜内设备布置

机柜内的设备布置应满足如下要求：

（1）在机柜设计时，应充分考虑机柜内部和外部电线/电缆的布线空间；

（2）每面机柜内安装的PLC控制器、I/O机架及I/O板卡等模块数量应充分考虑机柜

内部控制，应预留充分的维护、检修、散热空间；

（3）机柜内机架与端子排的布置应考虑留有扩展余地且方便维护、检修；

（4）控制器、I/O 机架安装在机柜正面上半部分，整流电源、断路器、继电器、电源型 SPD、信号分配器、信号转换器及放大器等安装在机柜正面下半部分，最低安装设备或接线端子排距机柜底部不小于 400mm；

（5）端子、信号浪涌保护器、保险等安装在机柜后部或机柜侧面（按机柜类型布局）；

（6）下进线机柜，在机柜内部距底部 100mm 高处应设有电缆固定支架；上进线机柜，在机柜外部距柜顶 100mm 高处应设有电缆固定支架；

（7）信号接线端子排宜纵向排列，进线处应设有横向汇线槽；

（8）阴保设备宜独立安装，必要时可安装在电气配电柜内，禁止安装在自控、通信机柜内；

（9）设备布置应避免干扰设备接线；

（10）网络机柜设备之间宜预留 1U 空间，以利于散热（1U=1.75in）。

6.1.3.2　柜内设备供电

机柜内的设备供电应满足如下要求：

（1）采用不间断电源系统为压缩机组控制系统供电，系统电源设计应为冗余双回路供电。

（2）UPS 为系统的供电电压宜为 220VAC，50Hz，供电波动范围为±5%。

（3）直流稳压电源应按冗余配置。PLC 系统向现场二线制仪表回路、无源触点，以及继电器提供符合要求的 24VDC 电源（冗余）。

（4）对于机柜内每一台单体设备供电应设有独立的电源回路，对于 24VDC 和 220VAC 的电源回路均应设独立的断路器，断路器的设置要求为：对于 220VAC 的电源回路，应选择双刀单掷断路器。对于 24VDC 的电源回路，应选择单刀单掷断路器。220VAC 回路与 24VDC 回路之间应隔离并有明显的警示标记。

（5）对于所有仪表回路供电应设有保险保护，宜采用保险端子。保险端子应安装在回路电源正极输出端与浪涌保护器之间。保险管的选择应能满足模板所有通道所需供电的最大电流参数。

（6）不同功能机柜 24VDC 整流电源应独立设置，均应采用 24VDC 冗余开关电源，单块电源功率应有不少于所供电设备负载 30% 的余量。

（7）安全仪表系统的电源系统诊断和故障报警等参数应具备上传控制系统的功能。

（8）针对冗余系统供电，应采用双回路供电。

（9）机柜内的供电应采用端子接线的方式进行连接，不应采用电源插座进行连接。

（10）电源相对于输入和输出回路是悬空的。硬件如果有接地现象，系统将自动发出报警信号。报警信号归入到机柜的常规报警信号中。

（11）电源在 10ms 内中断恢复后不应影响系统的运行操作。

（12）在不影响系统运行操作的情况下能方便地将故障电源隔离、拆除和更换。

（13）机柜内供电宜留有至少 10% 的备用回路。对外部供电设备，应设置单独的熔断器端子或者断路器。

（14）交流电源端子排和直流电源端子排分开设置。

6.1.3.3 柜内配线

机柜内的配线应满足如下要求：

(1) 柜内配线应通过汇线槽，柜内设备接线应加装理线器；

(2) 柜内配线要求采用铜芯软导线或专用电缆，且每根导线均应有永久性标记；

(3) 线缆的绝缘耐压等级应为额定电压的 2 倍且不小于 450V，其绝缘电阻不应小于 20MΩ；

(4) 信号电缆的线芯截面积不应小于 $0.75mm^2$，电源电缆的线芯截面积不应小于 $2.5mm^2$，设备接地线芯截面积不应小于 $6mm^2$；

(5) 信号线与电源线应分开敷设；

(6) 电涌保护器入口和出口的配线应分开敷设；

(7) 由外部进入机柜的信号、电源电缆应经过接线端子，其他电涌保护器、继电器和安全栅等均不宜作为进出接线端子使用；

(8) 端子排距离地面不应小于 300mm；在顶部或侧面时，与盘（箱、架）边缘的距离宜为 100mm；端子排并列安装时，间隔不应小于 200mm；

(9) 柜内采用相对呼应接线法进行标记。进/出机柜端子的电缆的单芯端头和柜内由端子到每个设备的每根导线两端均应有标记。进出电缆应标现场仪表的位号、端子号；柜内导线两端应标注相互对应一端的设备位号、端子号或者端子排位号+端子号；

(10) 信号线、接地线及电源线端子间应采用标记端子隔开；

(11) 本安及其相关联电路与非本安电路的接线端子应分开，其间距应不小于 50mm；

(12) 宜采用笼式弹簧夹持型接线端子连接电缆/电线。接线端子抗拉力值应优于 IEC60999 的要求；

(13) 相邻接线端子之间如需要连接，应采用短路片；

(14) 多股线缆在盘内接线时，线芯应加接线鼻并用焊锡加固；

(15) 本安回路接线端子应采用蓝色端子，接地端子应采用黄绿色端子；

(16) 柜内端子排、开关、设备均应设有标记。

6.1.3.4 柜内电线、电缆颜色

电线、电缆的颜色推荐要求见表 6.1.1。

表 6.1.1 电线、电缆颜色宜采用颜色

电缆类型		+ve/相		−ve/中	
电源	AC	褐色	(BR)	蓝色	(BL)
	DC	红色	(RE)	黑色	(BK)
模拟信号	IS	蓝色	(BL)	蓝色	(BL)
	Non-IS	白色	(WH)	黑色	(BK)
数字信号	IS	蓝色	(BL)	蓝色	(BL)
	Non-IS	白色	(WH)	黑色	(BK)
保护地		绿/黄	(GN/YL)		
工作地		绿色	(GN)		
本安地		蓝色	(BL)		

注：AC 表示交流，DC 表示直流，IS 表示本安仪表信号，Non-IS 表示非本安仪表信号。

注：AC 表示交流，DC 表示直流，IS 表示本安仪表信号，Non-IS 表示非本安仪表信号

6.1.4 机柜元器件选型要求

6.1.4.1 断路器选型原则

(1) 断路器的系列、机械寿命、环境温度及湿度、符合标准及认证等。应满足设备供电需求，质量性能稳定和经济紧凑的原则选取。

(2) 断路器应根据交流、直流供电方式选取(单刀双掷或单刀单掷)。

(3) 断路器的额定电压不应小于线路的工作电压，并与线路工作电压相匹配。

(4) 断路器的额定电流不应小于线路负载的最大运行电流计算之和。

(5) 断路器的瞬间脱扣动作整定电流值应大于等于线路负载瞬间启动尖峰电流的1.2倍。断路器的额定短路通断能力值应大于或等于线路中可能出现的最大短路电流。

(6) 熔断器应带漏电保护功能，容量不大于上级断路器容量。

6.1.4.2 端子选型原则

(1) 端子选型应满足技术规格书或设计要求，如果无具体要求，应本着接线牢靠、稳定、抗震性能好、不易损坏、用途广泛、经济适用等原则选取。

(2) 所选端子范围主要包括：标记端子、开关型端子、直通型端子、熔断器端子和接地端子。

(3) 所选端子应满足机柜内仪表信号回路的电气特性要求，端子的额定电压、额定电流等电气特性应满足线路工作电压、电流要求。

(4) 所选端子应满足现场进线线缆的直径尺寸要求。

(5) 选取端子时应根据机柜空间大小，合理选取。

6.1.4.3 继电器选型原则

(1) 继电器应选取满足相关标准、安全认证、绝缘性能、使用寿命、环境条件的系列继电器，如果无具体要求，应选择可靠性高，动作稳定，应用较为广泛，经济适用的继电器。

(2) 继电器线圈的额定电压、额定电流应满足控制回路的工作电压、工作电流。

(3) 继电器应配有"NO""NC"触点，触点容量应满足控制回路电气特性要求。

6.1.4.4 防电涌设备

站场控制系统在有可能将由于雷击(直击雷、感应雷等)产生的高压导入计算机系统的接口位置设置完善的防雷击和电涌保护措施。与通信系统的连接处、供电系统的连接处、与第三方的通信接口、所有模拟量、数字量信号的输入/输出接口、阀室所有信号的输入/输出接口和安全仪表系统所有信号的输入/输出接口应进行防雷击和电涌保护。

电源电涌保护器选型应满足以下要求：

(1) 电子信息系统设备配电线路浪涌保护器安装分三级，站场控制系统电源电涌保护器作为第三级，应安装在机柜内电源进线端。作为第三级电涌保护器，应选择限压型电涌保护器；

(2) 电涌保护器的电压保护水平 U_p 值应小于被保护设备的冲击耐受电压 U_w；

(3) 最大放电电流 I_{max} 应不小于标称放电电流 I_n 的2倍；

(4) 电源电涌保护器的标称放电电流 I_n 的参数推荐值宜符合以下规定。

① 交流电源 SPD：试验波形为 8/20μs Ⅱ级试验。标称放电电流 $I_n \geq 20kA$。
② 直流电源 SPD：试验波形为 8/20μs Ⅱ级试验。标称放电电流 $I_n \geq 10kA$。

信号电涌保护器性能参数应符合表 6.1.2 的要求。

表 6.1.2 信号电涌保护器性能参数要求

名称	12V 脉冲	RS485 信号	24V 模拟信号（AI/AO）	24V 数字信号（DI/DO）	热电阻和热电偶信号
标称放电电流 (I_n)	≥10kA					
测试波形	8/20μs 或混合波				
电压保护水平 (U_p)	≤60V （线—线/线—地）		≤110V/650V （线—线/线—地）		

电涌保护器选型时应遵循如下原则：
(1) 电涌保护器宜采用单通道类型；
(2) 各类电涌保护器余量按 5%考虑，不足 1 个按 1 个配置；
(3) 对于过程控制系统中的数字量输出为继电器输出的情况时，因电流较大，故浪涌保护器的负载电流能力应高于回路工作电流；
(4) 用于安全仪表系统的电涌保护器，应具有相关机构提供的用于安全完整性等级 SIL 认证的检测报告；
(5) 电源电涌保护器基本要求如下：
内置过流、过热熔断保护；
劣化时有热脱扣保护装置；
符合 UL 1449 安全认证，或具有由国家授权的防雷产品测试中心或检验机构出具的检测报告的合格证书。

6.1.5 机柜集成标识设计原则

6.1.5.1 设备标识

机组控制系统设备标识应标示清晰、语言简洁明了，基材应具备足够黏度和持久性。标识内容应与设计图纸标识相符，设计图纸未作标识的，命名应遵循设备名+设备编号形式。设备标识字体在一个项目中应统一，字号根据设备大小可做相应调整。

6.1.5.2 元器件标识

浪涌保护器端子排应添加标识，浪涌保护器应添加端子号。端子上面应标注浪涌保护器的保护侧与非保护侧。接入现场信号应添加端子排标识。接入模块侧的端子排应添加标识。断路器应标识出所安装的机柜，断路器的额定电流大小，断路器控制的设备名称，断路器标号。熔断器端子排应标识出端子排安装于哪个机柜，端子排号，端子排类型，机架槽位号信息。继电器应标识出继电器端子排类型，继电器号。保护地端子排应标识出端子排类型。保护地的端子排标识可使用 PE，表示保护接地。引线上应标识出保护接地的设备名称。工作地端子排应标识出端子排类型。工作地的端子排标识可使用 WE，表示工作接地。机柜内所有接地汇流铜排，接地柱等处均应贴有明显的接地标志。其他元器件标识，如信号分配器、转换器、光隔器、中继器、温控开关、门禁开关、各类 PLC 的 I/O 网络通信部件、串口通信部件等应根据实际情况标识名称。

6.1.5.3 线缆标识

机柜内线缆应添加标识，标识方式为线缆两端相互呼应法，标识内容为对端信息。

6.2 接地系统设计

本节主要结合国际标准、电气相关国家标准和主流设备厂家指导，对仪表及控制系统接地种类、仪表接地分类、接地方法、接地系统、接地连接方法、接地系统接线和接地电阻等内容进行阐述。

6.2.1 接地基础知识

6.2.1.1 常用接地名词

接地系统 Earthing system[14]：在规定区域内由所有互相连接的接地连接和接地体组成的系统。

接地汇流排 Main earthing conductor(Bonding bar)：接地汇流排也叫接地铜排。安装在机房至地网的地线前端，按照接地分类可分为工作接地汇流排和保护接地汇流排。

工作接地汇总板 Work grounding summary board：接地汇总板也叫接地铜板。工作接地汇总板安装在接地总板前端，工作接地汇流条排后端，用于各机柜工作接地的汇集。

保护接地汇总板 Protect grounding summary board：接地汇总板也叫接地铜板。保护接地汇总板安装在接地总板前端，保护接地汇流条(排后端)，用于各机柜保护接地的汇集。

接地总板 Grounding main board：安装于接地极前端，保护接地汇总板、工作接地汇总板后端，用于仪表机柜接地系统的总汇集。

接地分干线 Grounding sub-trunk：接地汇流条与接地汇总板之间的连接线。

接地干线 Grounding trunks：接地汇总板与接地总板之间的连接线。

接地总干线 Grounding main trunk：接地总板与接地极之间的连接线。

单点接地 Single-point earth：指接地网中只有一点被定义为接地参考点，其他需要接地的点都连接在该点上。

等电位连接 Equipotential bonding：将设备、装置或系统的外露导电部分或外部可导电部分作电位基本相等的电气连接，使各物体之间具有近似相等的电位。

接地电阻 Earthing resistance：接地体与电位为零的远方接地体之间的欧姆电阻值。

工作接地 Working earthing：在控制系统中作为信号或系统基准电压的接地。它包括电路中各信号的电位参考点。

屏蔽接地 Shield earthing：实现电场屏蔽、电磁场屏蔽功能对屏蔽层、屏蔽体所做的接地。

保护接地 Protective earthing：故障情况下可能出现对地危险电压的导电部分同大地紧密地连接起来的接地。

保护线(PE 线)Protective conductor：为防电击用来与下列任一部分作电气连接的导线，

如外露可导电部分、装置外可导电部分、总接地线或总等电位连接端子、接地体、电源接地点或人工接地点。引自中性点接地的电源，作保护接地用的一根母线。

联合接地 Common earthing system：将包括防雷系统及低压配电系统接地等的各类接地设施、接地连接、接地设备、等电位连接系统及接地装置连接成一个合用的接地装置。

隔离式安全栅 Isolated Safety Barrier：信号输入、输出端具有电气隔离特性的安全栅，通过串接在信号回路中可限制不符合相应等级本安防护标准的高能量进入危险区域，一般需要外接供电电源(供电电源端一般与信号输入、输出端两两电气隔离)。

齐纳式安全栅 Zener Barrier：以齐纳式二极管作为主要限压器件的安全栅，通过串接在信号回路中可限制不符合相应等级本安防护标准的高能量进入危险区域。信号输入、输出端非电气隔离，不需要额外的供电电源。

接闪器 Air-Termination System：用于直接接受或承受雷击的金属物体和金属结构，如接闪杆(俗称避雷针)、接闪带(线)、接闪网等。

电涌防护器 Surge Protective Device(SPD)：用于限制瞬态过电压和分流电涌电流，保护电气或电子设备的器件。也称雷电浪涌防护器、浪涌防护器。

6.2.1.2 接地标识

我国国家标准规定接地、接地机壳和等电位图形符号见表 6.2.1。

表 6.2.1 接地、接地机壳和等电位图形符号

序号	图形符号	文字符号	说明	备注
05—05—01		E	接地一般符号	如表示接地的状况或作用不够明显，可以补充说明
05—05—02		TE	无噪声接地(抗干扰接地)	
05—05—03		PE	保护接地	本符号可用于代替符号05—05—01，表示具有保护作用，例如在故障情况下防止触电的接地
05—05—04	形式1	MM	接机壳或接底板	
05—05—05	形式2			表示机壳或底版的线条应加粗
05—05—06		CC	等电位	

6.2.1.3 接地电阻知识

接地电阻定义：接地极对地的电阻与接地连接线电阻之和。

接地连接电阻定义：从仪表或设备的接地端子到接地极之间的导线与连接点的电阻总和。

仪表及控制系统的接地电阻为工频接地电阻，不应大于4Ω。

仪表及控制系统的接地连接电阻不应大于1Ω。

6.2.2 仪表控制系统接地分类

为保护人身安全和电气设备的安全运行，提高仪表信号传输的可靠性和抗干扰性，对仪表的接地进行分类，主要有保护接地、工作接地、屏蔽接地、本安系统接地、防静电接地和防雷接地。

6.2.2.1 保护接地

保护接地(也称为安全接地)是为人身安全和电气设备安全而设置的接地。仪表及控制系统的外露导电部分。正常时不带电，在故障、损坏或非正常情况时可能带危险电压，对这样的设备，均应实施保护接地。

当安装在金属仪表盘、箱、柜、框架上的仪表，与已接地的金属仪表盘、箱、柜、框架电气接触良好时，可不做保护接地。

6.2.2.2 工作接地

广义的仪表及控制系统工作接地包括仪表信号回路接地和屏蔽接地。本书中的工作接地，均指仪表及控制系统信号回路接地。

仪表工作接地的原则为单点接地，信号回路中应避免产生接地回路，如果一条线路上的信号源和接收仪表都不可避免接地，则应采用隔离器将两点接地隔离开。

6.2.2.3 屏蔽接地

把现场信号传输时所受到的干扰屏蔽掉，以提高信号精度。

仪表控制系统中信号电缆的屏蔽层应做屏蔽接地。铠装电缆的金属铠不应作为屏蔽接地，必须是铜丝网或镀铝屏蔽层接地。接入公共接地极。

6.2.2.4 本安系统接地

采用隔离式安全栅的本质安全系统，不需要专门接地。

采用齐纳式安全栅的本质安全系统则应设置接地连接系统。

齐纳式安全栅的本安系统接地归为工作接地。

齐纳式安全栅的接地汇流排(或接地导轨)应与直流电源的负端相连接。

6.2.2.5 防静电接地

安装 DCS，PLC，SIS 等设备的控制室、机柜室、过程控制计算机的机房，应考虑防静电接地。室内的导静电地面、活动地板、工作台等应进行防静电接地。

室内的导静电地面、活动地板、工作台等已经做了保护接地和工作接地的仪表和设备，不必再另做防静电接地。

6.2.2.6 防雷接地

当仪表及控制系统的信号线路从室外进入室内后，需要设置防雷接地连接的场合，应实施防雷接地连接。

仪表及控制系统防雷接地应与电气专业防雷接地系统共用，但不得与独立避雷装置共用接地装置。

6.2.3 控制系统接地系统组成

控制系统的接地系统由接地连接和接地装置两部分组成。

6.2.3.1 接地连接

凡接地系统于地面上的部分统称为接地连接,包括:接地连线、接地汇流排、接地分干线、分类接地汇总板、接地干线等。

6.2.3.2 接地装置

凡接地系统于地下部分统称为接地装置,包括:总接地板、接地总干线、接地体。控制系统接地应根据现场条件优先采用与电气接地装置共用。

6.2.3.3 S形(星形)结构

规模不大的控制系统的所有机柜、操作盘、操作站内的汇流排(条),宜按分类汇总的原则进行连接。同类的汇流条应采用并行连接进行汇总(图6.2.1)。

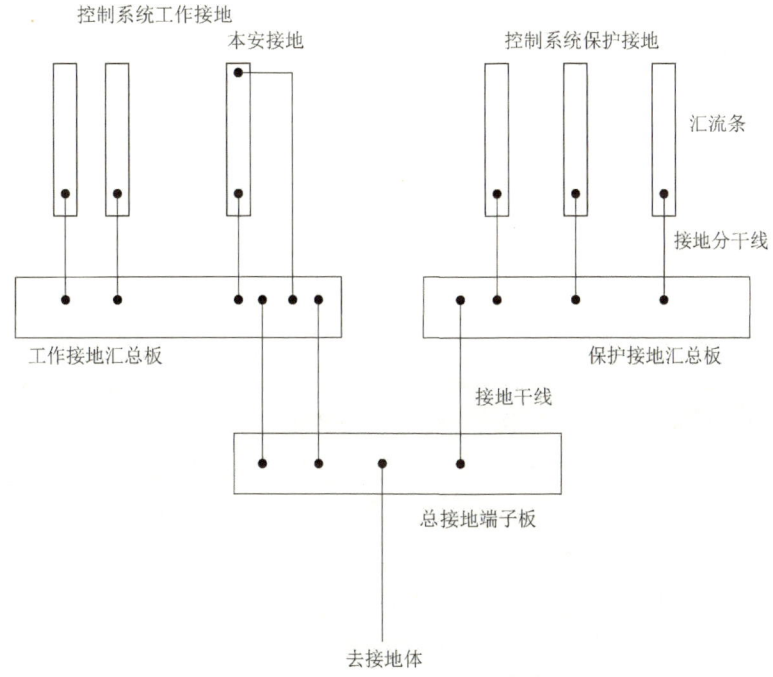

图 6.2.1 S形结构的接地连接示意图

6.2.3.4 M型(网状)结构

可在室内沿墙或适当路径延长型接地排。延长型接地排应采用截面积4mm×40mm(厚×宽)的铜材或热镀锌扁钢,并应安装在绝缘支架上。延长型接地排应采用焊接连接,焊接处的有效截面积应大于接地排的截面积。不宜采用多段式接地排。对M型连接,所有电气相互隔离的设备、机柜、操作盘、操作站内的各汇流条可就近接入接地干线中;非电气隔离的设备的工作接地宜先进行汇总再接入接地装置(图6.2.2)。

6.2.4 控制系统接地方法

6.2.4.1 保护接地(PE)

仪表及控制系统的保护接地应按电气专业的有关标准规范和方法进行,并应接入电气专业的低压配电系统接地网。天然气管线压缩机系统对生产较为关键,设计独立接地系统。

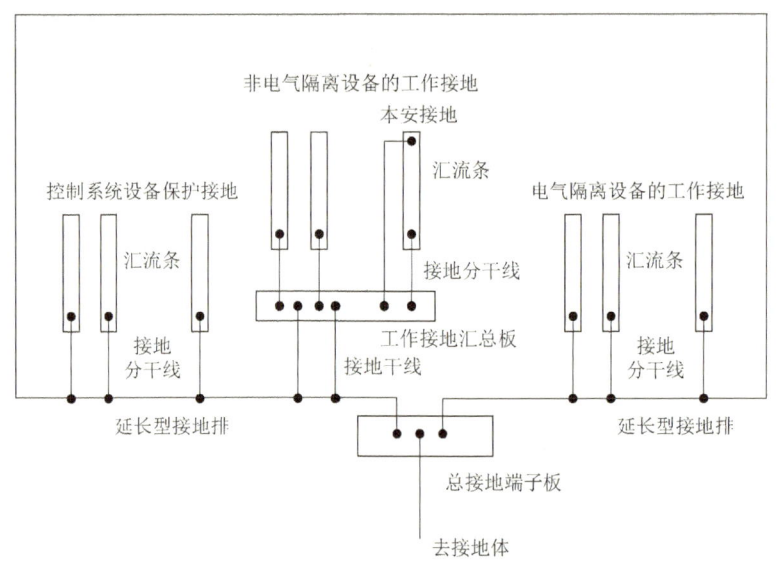

图 6.2.2　M 形结构的接地连接示意图

仪表电缆槽、电缆保护金属管应做保护接地，可直接焊接或用接地线连接在附近已接地的金属构件或金属管道上，并应保证接地的连续和可靠，但不得接至输送可燃物质的金属管道。仪表电缆槽、电缆保护金属管的连接处，应进行可靠的导电连接。当电缆桥架较长时，应多点重复接地，接地点间距不应大于 30m。

仪表及控制系统的保护接地系统应实施等电位连接。

仪表信号用的铠装电缆应使用铠装屏蔽电缆，其铠装保护金属层，应至少在两端接至保护接地。

控制室操作台采用保护接地汇流排直接相连，在两端至少有 2 根接地干线连接总接地排，禁止多个操作台串联后只使用一根接地线接地。

控制系统的低压交流配电应采用 TN-S 的接地制式。

6.2.4.2　保护接地(PE)线缆要求

PE 应由下列一种或多种导体组成：(1)多芯电缆中的芯线，与带电线共用的外护物(绝缘的或裸露的线)；(2)固定安装的裸露的或绝缘的导体；(3)金属电缆护套、电缆屏蔽层、电缆铠装、金属编织物、同心线、金属导管。

带金属外护物的设备，其金属外护物或框架同时满足下列要求时，可用作保护导体。能利用结构或适当的连接，对机械、化学或电化学损伤的防护性能得到保护，并保持电气连续性；在每个预留的分接点上，允许与其他保护导体连接。

下列金属部分不应作为 PE 或保护连接导体：(1)金属水管；(2)含有可燃性气体或液体的金属管道；(3)正常使用中承受机械应力的结构部分；(4)柔性或可弯曲金属导管(用于保护接地或保护联结目的而特别设计的除外)；(5)柔性金属部件；(6)支撑线。

6.2.4.3　工作接地(FE)

仪表控制系统需要进行接地的仪表信号回路，应实施工作接地连接。

工作接地在工作接地汇总板之前不应与保护接地混接，接地连接应按分类汇总实施。

工作接地的连线,包括各接地线、接地干线、接地汇流排等,在接至总接地板之前,除正常的连接点外,都应当是绝缘的。工作接地最终与接地体或接地网的连接应从总接地板单独接线(图6.2.3)。

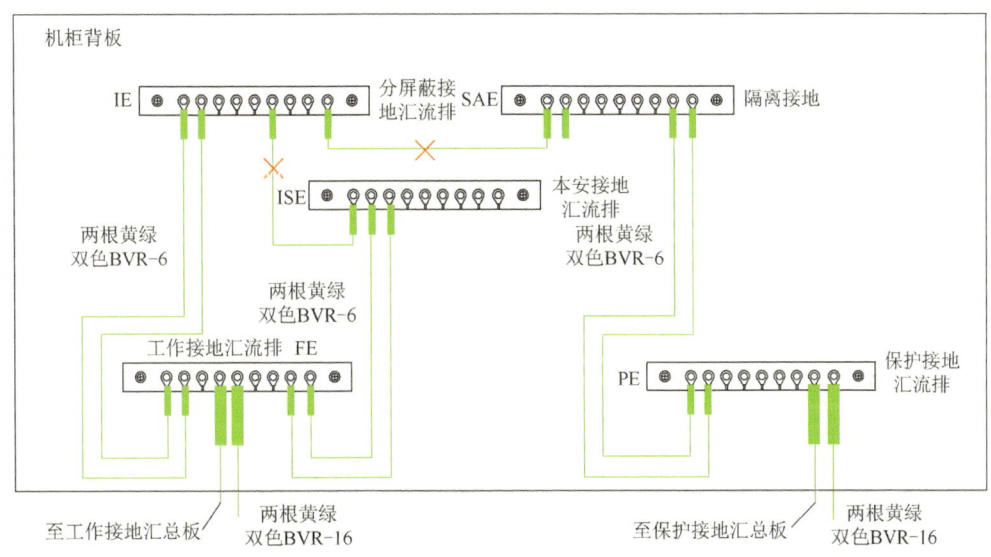

图 6.2.3　工作接地示意图

信号回路的接地采用单点接地方式。信号回路采用浮地时,应保证所有负极在同一汇总板,信号回路接地时应在电源侧进行负极单点接地。

信号回路接地要求较高时,需要设置防地电位返回击箱,确保地电位不会干扰仪表信号回路。

6.2.4.4　屏蔽接地(IE)

信号屏蔽电缆的屏蔽层接地应为单点接地,应根据信号源和接收仪表的不同情况采用不同接法。当信号源接地时,信号屏蔽电缆的屏蔽层应在信号源端接地,否则,信号屏蔽电缆的屏蔽层应在信号接收仪表一侧接地(表6.2.2)。

表 6.2.2　接地形式

电缆形式	接地形式		
	内屏蔽层	外屏蔽层	铠装层或金属保护管
单层屏蔽电缆	单端接地	—	两端接地
单层屏蔽铠装电缆	单端接地	—	两端接地
分屏总屏电缆	单端接地	两端接地	两端接地
分屏总屏铠装电缆	单端接地	两端接地	两端接地

现场仪表接线箱两侧的电缆屏蔽层应在箱内用端子连接在一起。

备用电缆的屏蔽层、不带屏蔽层的电缆备用芯宜在控制室一侧接到工作接地;对屏蔽层已接地的屏蔽电缆或穿钢管敷设或在金属电缆槽中敷设的电缆,备用芯可不接地。空间允许时备用芯接地宜经接线端子统一接到工作地(图6.2.4)。

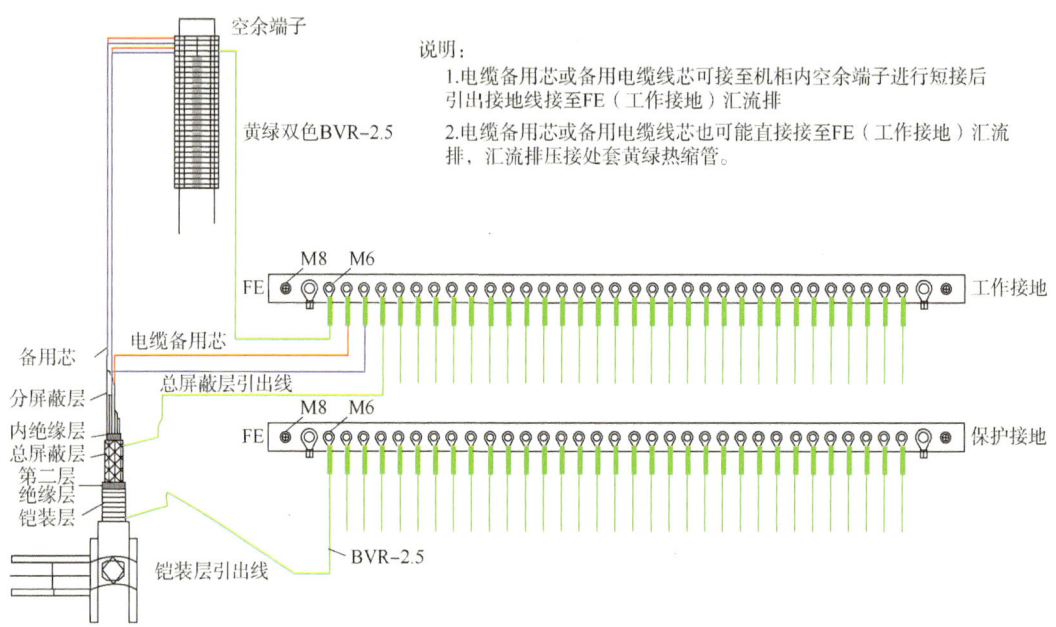

图 6.2.4 铠装电缆接线示意图

总屏分屏多芯主电缆等分屏蔽层应保持现场仪表至控制端的连续性，有中间接线箱的在接线箱内进行跨接或仪表侧分屏线在箱内接就近接地，无中间接线箱的应在控制室内总屏与分屏分别接工作接地。总屏应在控制室及现场双端接地，分屏在控制室内单端接地。分屏电缆应最大限度地延长至接线端子处，在端子前端做屏蔽接地专用汇流条，或采用专用接地端子进行汇总至工作接地汇流排(表 6.2.3)。

表 6.2.3 屏蔽连接方式

屏蔽连接方式	接线箱					机柜		
	现场仪表到接线箱的分支电缆			铠装总屏分屏多芯主电缆				
图册 TSKZJD-18 TSKZJD-12	屏蔽层通过端子与主电缆分屏蔽层连接，不接地	铠装层或金属保护管通过接地汇流排接保护地	分屏蔽层通过端子与分支电缆屏蔽层连接，不接地	总屏蔽层通过接地汇流排接保护地	铠装层或金属保护管通过接地汇流排接保护地	分屏蔽层通过接地汇流排接分屏蔽地	总屏蔽层通过接地汇流排接工作地	铠装层通过接地汇流排接保护地
图册 TSKZJD-19 TSKZJD-12	屏蔽层通过接地汇流排接保护地	铠装层或金属保护管通过接地汇流排接保护地	分屏蔽层空置	总屏蔽层通过接地汇流排接保护地	铠装层或金属保护管通过接地汇流排接保护地	分屏蔽层通过接地汇流排接分屏蔽地	总屏蔽层通过接地汇流排接工作地	铠装层通过接地汇流排接保护地
图册 TSKZJD-20 TSKZJD-13	屏蔽层通过端子与主电缆分屏蔽层连接，不接地	铠装层或金属保护管通过接地汇流排接保护地	无分屏蔽层	总屏蔽层通过接地汇流排接保护地	铠装层或金属保护管通过接地汇流排接保护地	无分屏蔽层	总屏蔽层通过接地汇流排接工作地	铠装层通过接地汇流排接保护地
图册 TSKZJD-21 TSKZJD-13	屏蔽层通过接地汇流排接保护地	铠装层或金属保护管通过接地汇流排接保护地	无分屏蔽层	总屏蔽层通过接地汇流排接保护地	铠装层或金属保护管通过接地汇流排接保护地	无分屏蔽层	总屏蔽层通过接地汇流排接工作地	铠装层通过接地汇流排接保护地

在机柜处提倡采用电缆卡子的方式在机柜底部将电缆卡接在为铠装或屏蔽层接地设置的金属条上，固定电缆的同时完成铠装及屏蔽层接地。在接线箱处，铠装电缆进接线箱采用带接地连线的电缆接头，便于接地连接（图6.2.5）。

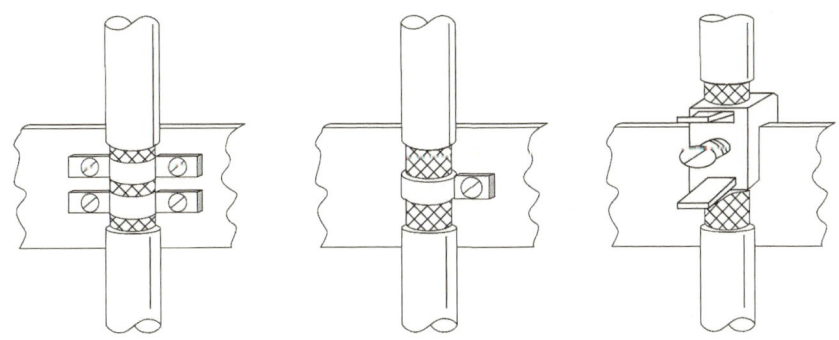

图6.2.5 屏蔽层接地推荐方法

6.2.4.5 本安系统接地（ISE）

本安系统接地指齐纳式安全栅的接地汇流排或接地导轨（简称接地汇流排）必须与直流电源的负极相连接。齐纳式安全栅的接地汇流排通过接地导线及总接地板最终应与交流电源的中线起始端相连接。齐纳式安全栅的接地连接导线宜为两根（图6.2.6）。

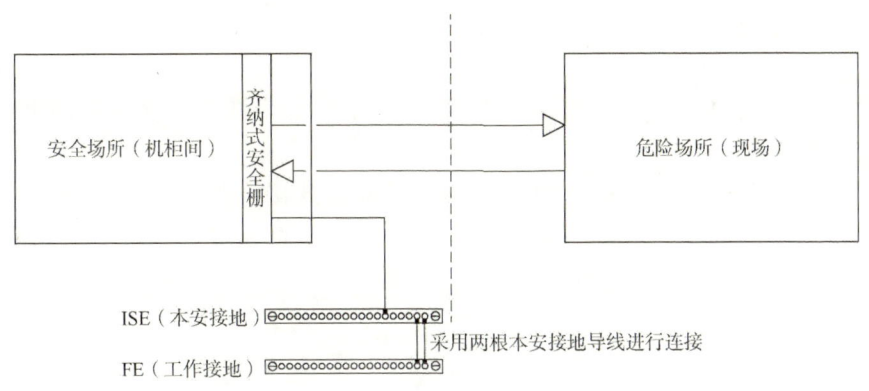

图6.2.6 本安系统接地示意图

6.2.4.6 防静电接地

控制系统防静电接地应与保护接地共用接地系统。

电气保护接地线可用作静电接地线。

不得使用电气供电系统的中线作防静电接地。

6.2.4.7 防雷接地

仪表电缆槽、仪表电缆保护管应在进入控制室处，与电气专业的防雷电感应的接地排相连。

控制室内的仪表信号雷电浪涌保护器的接地线应接到工作接地汇总板，雷电浪涌保护器的接地汇流排应接到工作接地汇总板或总接地板（图6.2.7）。

控制室内仪表供电的雷电浪涌保护器应与配电柜的保护接地汇总板或电气专业的防雷

电感应的接地排相连。

仪表电缆保护管、仪表电缆铠装金属层应在需要进行防雷接地处，与电气专业的防雷电感应的接地排相连。

现场仪表的雷电浪涌保护器应与电气专业的现场防雷电感应的接地排相连。

在雷击区室外架空敷设的不带屏蔽层的多芯电缆，备用芯应接入屏蔽接地；对屏蔽层已接地的屏蔽电缆或穿钢管敷设或在金属电缆槽中敷设的电缆，备用芯可不接地。

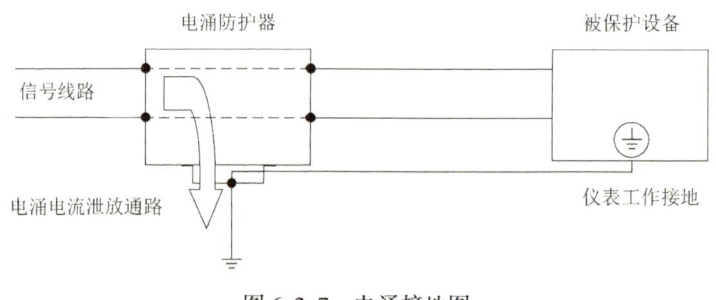

图 6.2.7 电涌接地图

6.2.4.8 对公共接地极(网)的要求

当厂区电气接地网对地分布电阻不大于 4Ω 时，可将厂区电气接地网当着控制系统的公共接地极(网)。

当厂区电气接地网接地电阻较大或杂乱时，应独立设置接地系统，即为控制系统的公共接地极(网)。

没有本安地接入的公共接地极(网)的对地分布电阻小于 4Ω；有本安地的小于 1Ω。接地总干线的线路阻抗小于 0.1Ω。

公共接地极周围 15m 内无避雷地的接入点，无电焊地接入点，5m 内无 30kW 以上的高低压用电设备外壳的接入点。当现场无法满足该条件时，防雷保护地通过避雷器、冲击波抑制器与公共接地极的主干线相连。

6.2.5 接地系统连接

为避免发生触电事故或其他严重事故，正确的连接接地线可以有效的将设备中的电流导入大地中，保障设备及人员安全。

接地装置由接地极(接地体)、接地总干线(接地总线)、总接地板(总接地端子、接地母排)组成。系统简单的情况下，保护接地汇总板可与总接地板合用。

接地系统由接地装置、工作接地汇总板、保护接地汇总板、接地干线、各类接地汇流排等组成。

机柜内的保护接地汇流排应与机柜进行可靠的电气连接。

工作接地汇流排、工作接地汇总板应采用绝缘支架固定。

接地系统的各种连接应牢固、可靠，并应保证良好的导电性。接地线、接地干线、接地总干线与接地汇流排、接地汇总板的连接应采用铜接线片和镀锌质螺栓，并应有防松件，或采用焊接。

各类接地连线中，严禁接入开关或熔断器。

接地装置的设计应按电气的有关标准规范和方法进行。

雷电浪涌保护器接地线应尽可能短,并且避免弯曲敷设。

接地系统的标识颜色为绿、黄两色,接地连接导线应采用绝缘多股铜芯电缆或电线。保护接地导体的通流能力不应小于其所连接设备的供电线缆的通流能力。

禁止采用包括链式、环式及其他变形的任何形式的机柜串联接地的连接方式,是为了避免在接地线路上产生不同的电压降,同时避免接地线路断路影响到多台机柜的接地。

为防止地电位反窜至压缩机控制系统内部,在工作接地汇总板及保护接地汇总板至总汇总板之间增设防地电位返击汇流箱,能够有效抑制因地网的浪涌脉冲反击高压从接地线入侵至系统设备而造成的危害。主要特点:(1)从地网进入接地箱的雷电脉冲反击电压被地电位反击隔离网络隔离,进入工作保护接地线的反击电压被衰减 20dB 以上;(2)防地电位反击汇流箱内设 EMC 通道,保证电磁兼容 EMC 接地畅通,满足系统 EMC 要求。

设置独立工作接地检查井:工作接地系统采用 6 根 2.5m 长的锌包钢接地极埋深至地下 1m 处,并设置独立接地井。所有地下的或插入的接地连接应以铝热焊连接,铜扁钢制作断接卡子。

安装接地电阻在线检测仪,工作地汇总及保护地汇总实现在线实时监测。将接地电阻检测信号上传至站控,并设置 0.8Ω 高报警值、1Ω 高高报警值(正常范围为 0~1Ω),当出现报警时进行接地极维护,降低阻值。

6.2.6 接地材料的选择

为保障压缩机组运行的可靠性,降低电磁干扰,接地材料的选择显得尤为关键,下面将对接地材料选取的原则及接地体安装等方面做简要阐述。

6.2.6.1 接地线的选取原则

接地系统的标识颜色宜为绿、黄两色相间或绿色。接地导线的线径应在以下范围内选取:

(1)接地连线为(1.5~2.5)mm²[安装有电涌防护器的机柜应采用(4~6)mm² 的导线]。
(2)接地分干线为(4~16)mm²[安装有电涌防护器的机柜应采用(6~16)mm² 的导线]。
(3)接地干线为(10~25)mm²。
(4)接地总干线为(16~50)mm²。

6.2.6.2 接地汇流排及汇总板选取原则

接地汇流排及汇总板应在以下范围内选取:

(1)汇流排为 25mm×6mm 的铜条(接地系统的各接地)。
(2)屏蔽接地专用汇流为 10mm×3mm 的铜条。
(3)接地系统的各接地汇总板铜板制作,厚度不小于 6mm,长、宽尺寸按需要确定。

6.2.6.3 接地体安装原则

1)接地总干线

控制系统通过公用连接板将各接地分干线汇总,并由公共连接板引出接地总干线,连接至接地体。公用连接板应采用铜板制作,并应设置在接地连接箱内,与箱体绝缘。

2)接地体

为钉入地下的良导体,由接地总干线传来的电流通过接地体导入大地。接地体与接地总干线之间采用铜焊，焊接后应做防腐处理（图6.2.8）。

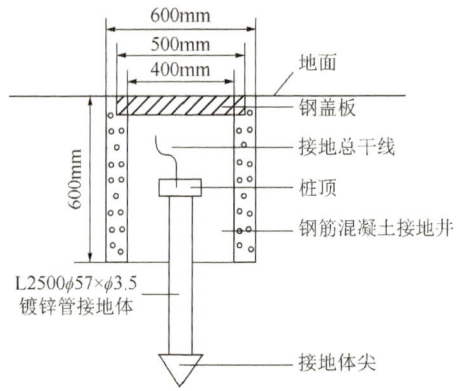

图6.2.8 典型的单接地体安装

可用接地网干线把多个接地体连接成网，接地网应满足控制系统接地电阻的要求。当接地网干线与接地体采用搭接焊时，其搭接长度必须为扁钢宽度的2倍或圆钢直径的6倍。图6.2.9为典型的多接地体安装图。

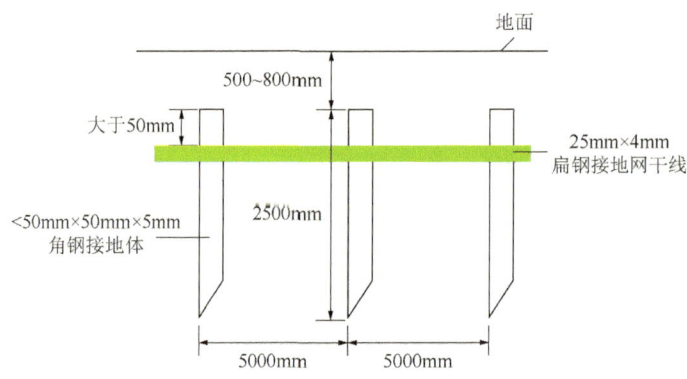

图6.2.9 典型的多接地体安装

3）降低土壤电阻率的方法

（1）改变接地体周围的土壤结构。在接地体周围的土壤2~3m范围内，掺入不溶于水的、有良好吸水性的物质，如木炭、焦炭煤渣或矿渣等，该法可使土壤电阻率降低到原来的1/5~1/10。

（2）用食盐、木炭降低土壤电阻率：将食盐、木炭分层夯实，即木炭和细掺匀为一层，约10~15cm厚，再铺2~3cm的食盐，共5~8层。铺好后打入接地体。此法可使电阻率降至原来的1/3~1/5。但食盐日久会随流水流失，一般超过两年就要补充一次。

（3）用长效化学降阻剂。用长效化学降阻剂方法可使土壤电阻率降至原来的40%。

4）接地体与接地网干线的材料要求

接地体和接地网干线所用钢材规格可按表6.2.4选用，若接地电阻满足不了要求时，也可选用铜材。如果接地体和接地网干线安装在腐蚀性较强的场所，应根据腐蚀的性质采取热镀锌、热镀锡等防腐措施或加大截面。

表 6.2.4 接地体和接地网干线用钢材规格

名称	扁钢	圆钢	等边角钢	钢管
规格/mm	25×4	φ14~φ20	40×40×4 50×50×5	φ45×φ3.5 φ57×φ3.5

6.2.6.4 接地线连接要求

接地汇流排必须使用绝缘材料固定于地面,不得触及其他导电介质。

接地装置的室外部分须电焊连接,并涂上保护漆。

单个机柜接地线的截面积要求大于 $4mm^2$,总接地线的截面积应大 $10mm^2$。

6.2.6.5 接地电缆长度和截面积计算依据

控制系统接地电缆选择必须满足其对各类接地的要求以保证系统正常工作或在事故发生时减少设备损失,保障人身安全(图 6.2.10)。其中机柜保护地对接地电缆要求最为严格,其他类接地可以照此选择电缆。

保护地接地要保证机柜外壳与机柜所处地理环境之间的电位差在任何情况下都不会超过安全电压,以保证触及机柜外壳时的人身安全(图 6.2.11 和图 6.2.12)。因此,单个机柜的保护地接地电缆的电阻率应能满足这样的要求:在机柜电源引入电缆发生于机柜外壳直接发生短路时,保护地接地电缆应能完全释放机柜外壳的能量,并保证机柜外壳与其所处地理环境之间的电压在安全电压(交流电压为 36V)范围之内;这符合国家强制性安全接地规范。

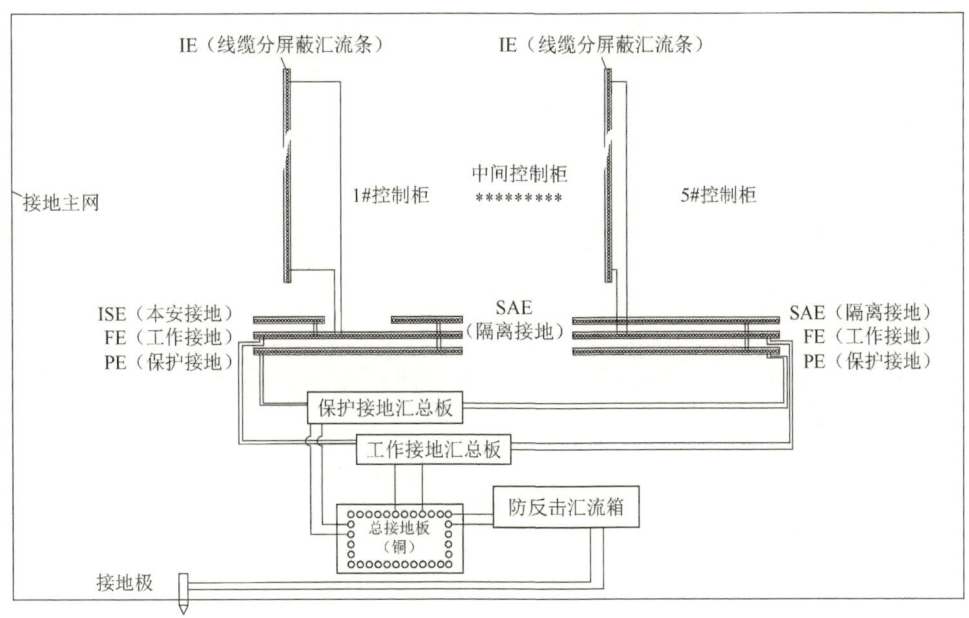

图 6.2.10 接地系统结构设计参考图

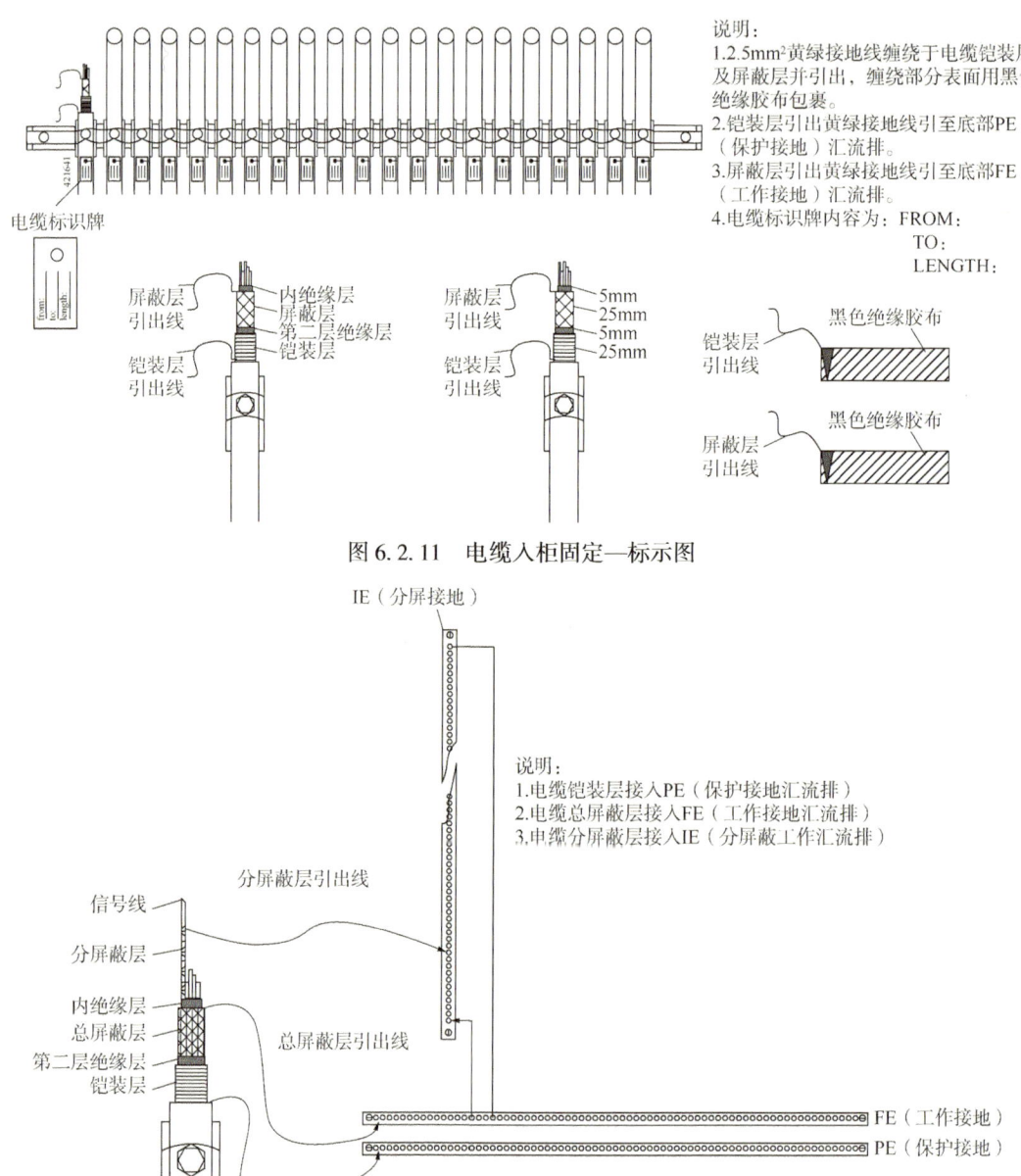

图 6.2.11　电缆入柜固定—标示图

图 6.2.12　电缆铠装层、屏蔽层、分屏蔽层接地图

机柜电源进线一般是 2.5mm² 的芯线，其上级开关断路器最大可能分断的电流高达千安培，根据其距离，可算出它的电阻；机柜到接地点的电阻同样可根据公式 $R=\rho L/S(\Omega)$ 计算出来，这需要保证机柜到地的电缆电阻是电源进线 21(火线)电缆电阻的 1/6 或更小，这样，即使电源火线接到机柜上(220VAC)，因有接地电缆，在它上面的分压(220VAC/6)不到 40VAC，是安全电压，就能满足接地电缆的(电阻)要求。这符合国家强制性接地要求标准。

电缆的电阻和它的长度(L 表示，单位：米)、截面积(用 S 表示，单位：平方毫米)、温度等有关系。理论上，均匀金属物质的电阻(R 表示，单位：欧姆)为：$R=\rho L/S(\Omega)$，式中，ρ 是物质的电阻率，单位为 $\Omega \cdot m$；铜的电阻率在20℃时约为 $0.0175\Omega \cdot mm^2/m$。这样，机柜接地点到接地极的长度可以测算出来，长度知道了，就可以推算出电缆的最小截面积。反之，知道截面积，可推算出电缆的最大长度。

6.3 供电系统设计

6.3.1 压缩机组控制系统负荷等级与电源类型

机组控制系统电源负荷分级的划分应符合现行国家标准《供配电系统设计规范》(GB 50052—2009)的有关规定，系统表电源负荷可分为两个等级，即一级负荷中特别重要的负荷和三级负荷。控制系统工作电源按仪表电源负荷分级的需要可分为UPS和普通电源。控制系统电源负荷属于一级负荷中特别重要的负荷时，应采用UPS；控制系统电源负荷属于三级负荷时，可采用普通电源。

6.3.2 压缩机组控制系统电源质量与容量

6.3.2.1 普通电源质量

1) 交流电源应符合的规定
(1) 电压：220V±22V。
(2) 频率：50Hz±1Hz。
(3) 波形失真率：小于10%。
2) 直流电源参数及指标
(1) 电压：24V±1V。
(2) 纹波电压：小于5%。
(3) 交流分量(有效值)：小于100mV。
(4) 电源瞬断时间应小于用电设备的允许电源瞬断时间。
(5) 电压瞬间跌落应小于20%。

6.3.2.2 不间断电源质量

1) 交流电源参数及指标
(1) 电压：220V±11V。
(2) 频率：50Hz±0.5Hz。
(3) 波形失真率小于5%。
2) 直流电源参数及指标
(1) 电压：24V±0.3V。
(2) 纹波电压：小于0.2%。
(3) 交流分量(有效值)：小于40mV。
(4) 电源瞬断时间应小于用电设备的允许电源瞬断时间。

6.3.3 控制系统电源的配置要求

6.3.3.1 控制系统电源配置原则

控制系统电源质量应高于测量和控制仪表对电源质量的要求,即电源的电压、交流电源的频率与波形失真、直流电源的纹波电压、电源瞬断时间、电源瞬间跌落等指标应优于用电控制设备的要求。对电源有特殊要求的控制系统设备,应配备专用电源设备,其供电质量指标应满足用电设备的要求。

6.3.3.2 普通电源

控制系统电源采用普通电源时,电气专业提供的电源可采用单回路或双回路供电。在下列情况下,仪表电源可采用普通电源:

(1) 无高温高压、无爆炸危险的小型生产装置及公用工程系统;
(2) 在线分析监视系统的辅助设施;
(3) 仪表盘(机柜)内照明、插座。

6.3.3.3 不间断电源

控制系统电源采用 UPS 时,UPS 应选择抗干扰能力强,输入、输出端均有隔离装置的 UPS。UPS 的主电源和旁路电源宜由不同母线供电,以保证可靠供电。电源系统的切换装置应能实现无扰动切换。对于具有双重化电源的测量和控制仪表,当由 UPS 和另一独立普通电源供电时,普通电源供电宜设置隔离变压器。重要的装置、测量和控制仪表的供电宜采用双路的 UPS 供电。对于具有双重化电源要求的系统或设备其双重化的交流电源的配电柜(箱)宜分别独立设置,空气开关、端子排等应分开布置。

6.3.4 供电系统的设计原则

6.3.4.1 供电系统设计要求

(1) 二线制变送器宜由控制系统的 I/O 卡件供电。
(2) 仪表电源系统应有电气保护和接地措施。

6.3.4.2 安全联锁系统的供电要求

(1) 安全联锁系统的电源单元,应有冗余措施。
(2) 电磁阀电源电压宜采用 24V 直流电源。安全联锁系统的电磁阀的直流电源应由冗余配置的直流稳压电源供电或由 UPS 的直流电源供电,电源容量应按额定工作电流的 1.5~2.0 倍选用。
(3) 当安全联锁系统的电磁阀采用 220V 交流电源时,应由交流 UPS 的电源供电,电源容量可按额定功耗的 1.5~2.0 倍选用。

6.3.5 供电系统的配电

供电系统的配电设计应符合国家标准《低压配电设计规范》(GB 50054—2011)的规定。供电系统的配电应采用配电柜或配电箱。不同种类和等级的电源,应分别配电,不能混用配电柜(箱)。每个配电柜(箱)应预留备用配电网路;每个配电器(板)应预留配电回路。属于三级负荷的现场仪表的供电,当单独供电有困难时,可由现场邻近低压动力配柜(箱)供电。按用电仪表的电源类型、电压等级设计供电系统配电,供电系统配电可按需要采取三级或二级配电方式。在三级供电系统中宜设置一级总配电柜(箱)、二级分用电柜(箱)、三级配电器(板);在二级供电系统中宜设置一级总配电柜(箱)、二级分配电柜(箱)。

断路器的设置,应符合下列要求:

(1) 配电系统应使用非熔断式自动断路器(自动空气断路器);
(2) 交流总配电柜(箱)应设置输入总自动断路器和输出自动断路器;
(3) 交流分配电柜(箱)输入端应设置总开关,不设保护器,输出端应设置自动断路器;
(4) 交流配电器(板)不设输入总开关、保护器,仅对输出端相线设置自动断路器;
(5) 直流配电柜(箱)和直流配电器(板)不设输入总开关、保护电器;
(6) 直流配电柜(箱)仅对输出端正极设置自动断路器,但当负极浮空时,输出端的正、负极都应设置自动断路器;
(7) 一级配电柜(箱)的门上可设置相应的电压表、指示灯等。

当 UPS 的输出电源为三相交流电源时,配电柜(箱)应将负荷均匀分配到三相线路上。

6.3.6 供电系统的设计条件

(1) 按现行化工行业标准。

仪表的总电源(包括普通电源总电源和 UPS)应由电气专业负责设计,自控专业提条件;当 UPS 随仪表系统成套供货时,电气专业只负责提供输入电源。

(2) 自控专业向电气专业提交的仪表电源设计条件应包括如下内容。

① 仪表用电总量($kV \cdot A$):普通电能($kV \cdot A$)、UPS($kV \cdot A$);
② 电压等级及允许波动范围;
③ 电源频率及允许波动范围;
④ 普通电源是否采用双回路供电;
⑤ UPS 的供电回路数;
⑥ UPS 蓄电池备用时间(min);
⑦ 电源瞬断时间要求;
⑧ 现场仪表单独供电电源;
⑨ 现场仪表及管线的伴热电源;
⑩ $10kV \cdot A$ 以上的大容量 UPS,宜单独设电源间;$10kV \cdot A$ 及 $10kV \cdot A$ 以下的小容量 UPS,可安装在控制室机柜间内。

6.3.7 电源、装置的选择

6.3.7.1 交流不间断电源

(1) UPS 的技术指标应符合的规定。

① 输入参数:

输入电压:三相时为 $380V \pm 57V$ 或单相时为 $220V \pm 33V$。

输入频率为 $50Hz \pm 2.5Hz$。

② 过载能力不小于150%(5s之内)。

(2) UPS采用三相输出时，UPS应具有在各相负载不平衡的情况下能正常工作的能力。

(3) 后备电池的供电时间：不小于30min。

(4) UPS应具有故障报警及过载保护功能。

(5) UPS应具有变压稳压环节。

(6) UPS应具有下列维护旁路功能：

维护旁路应自变压稳压环节后引导，或维护旁路单独设稳压变压器；

维护旁路应具有与内部主电路同步的功能；

维护旁路与内部主电路的切换时间应小于或等于允许电源瞬断时间。

6.3.7.2 直流稳压电源及直流不间断电源

(1) 直流稳压电源及直流不间断电源装置的技术指标，应符合下列规定：

① 输入参数：

输入电压：三相时为380V±57V或单相时为220V±33V。

输入频率：50Hz±2.5Hz。

② 外界因素的影响应符合下列规定：

环境温度变化对输出的影响：小于1.0%/10℃。

机械振动对输出的影响：小于1.0%。

输入电源瞬断时间(100ms)对输出的影响：小于1.0%。

输入电源瞬时过压对输出的影响：小于0.5%。

接地对输出的影响：小于0.5%。

负载变化对输出的影响小于1.0%。

③ 长期漂移：小于1.0%。

(2) 直流稳压电源及直流不间断电源装置应具有输出电压上下限报警及输出电流过电流报警功能。

(3) 直流稳压电源及直流不间断电源装置应具有输出过电流或负载短路时的自动保护功能，当负载恢复正常后，应能自动恢复。

(4) 并联运行的直流稳压电源的容量配置及冗余，应符合下列要求：

采用并联叠加方式配置容量，其总容量应大于或等于仪表系统直流电源的计算容量；

采用$n=1$的冗余方式。

(5) 直流UPS的技术指标，应符合下列要求：

后备电池的供电时间不小于30min；

直流UPS应能满足直流稳压电源的全部性能指标；

具有状态监测和自诊断功能；

具有状态报警及过流保护功能。

6.3.8 供电器材的选择

6.3.8.1 供电器材选择的一般原则

(1) 选用的供电器材应满足下列正常工作条件的要求：

电器的额定电压和额定频率，应符合所在网络的额定电压和额定频率；

电器的额定电流应大于所在四路的最大连续负荷计算电流；

保护电器应满足电路保护特性要求。

（2）外壳防护等级 JI 挂满足环境条件的要求。

6.3.8.2 供电器材的选择

供电线路中各类开关容量可按正常工作电流的 2.0~2.5 倍选用。

断路器的选择，应符合下列要求：

（1）断路器中过电流脱扣器的容量应按线路工作（计算）电流确定；正常工作情况下脱扣器的额定电压应大于或等于线路的额定电压；脱扣器整定电流，应接近但不小于负荷的额定工作（计算）的电流总和，且应小于线路的允许载流量。

（2）断路器的额定电流应小于该回路上电源开关的额定电流。

（3）断路器的额定电流及断路器过电流脱扣器的整定电流应同时满足正常工作电流和启动尖峰电流两个条件的要求。

（4）多级配电系统中，干线上断路器的额定电流应大于支线断路器的额定电流至少两级。

（5）多级配电系统中支线上采用断路器时，干线上的断路器动作延时时间应大于支线上断路器的动作延时时间。

6.3.8.3 供电器材的安装

配电柜（箱）应安装在环境条件良好的室内，当需要安装在室外时，应尽量避开环境恶劣的场所，并采用适合该场所环境条件的配电柜（箱）。

供电线路中的电器设备、安装附件，应满足现场的防爆、防护、防腐、环境温度及抗干扰的要求。

6.3.9 供电系统的配线

6.3.9.1 线路敷设

电源线的长期允许载流量不应小于线路上游断路器的额定电流或低压断路器内延时脱扣器整定电流的 1.25 倍。电源线不应在易受机械损伤、有腐蚀介质排放、潮湿或热物体绝热层处敷设；当无法避免时应采取保护措施。交流电源线应与其他信号导线分开敷设，当无法分开时应采取金属隔离或屏蔽措施。配电线路上的电压降不应影响用电设备所需的供电电压。

6.3.9.2 电源线截面积

电源线截面积的选择应符合现行国家标准《低压配电设计规范》（GB 50054—2011）及《电力工程电缆设计标准》（GB 50217—2018）的规定。爆炸危险场所电源线截面积的选择应符合现行国家标准《爆炸危险环境电力装置设计规范》（GB 50058—2014）的规定。接地导线截面积的选择应符合现行行业标准《仪表系统接地设计规范》（HG/T 20513—2014）的有关规定。

6.4 上位机系统设计

6.4.1 燃驱离心压缩机组上位机系统基本要求

燃驱离心压缩机组上位机系统需开发功能强大的人机界面即 HMI 界面，在接受下位机的信息后，以适当的形式如声音、图形、图像、各种参数的状态（报警、正常或报警恢复）、报表等方式提供给系统运行管理人员，以实现对燃气轮机驱动压缩机组的监控。同时数据经过处理后保存到数据库中，以备事后的经验总结或事故追忆，也可以通过网络系统传输到不同的监控平台上，如与压气站 SCADA 系统、远程振动系统等，形成功能更加强大的系统。上位机 HMI 系统可以接受操作人员的指示，将控制信号发送到下位机中，以达到控制的目的。

系统总体架构要求采用基于系统平台的整体解决方案来架构系统，支持面向对象的开发技术和 .NET、C#、Java 等高级编程语言，采用面向对象的设计，以设备为中心，具备设备对象及代码重用性。为了确保系统维护管理的高效性，该重用性应通过面向对象设计方式实现，包括对所有对象的派生和继承等，能够对系统进行集中开发、集中诊断和集中管理，支持以部署的方式来远程部署和管理整个应用工程。

上位机 HMI 具有良好的开放性，支持 OPC、DDE 和 Suitelink 等通信协议，并且能够提供支持主流 PLC、智能仪表等设备通信的驱动程序。

平台应有较强的通用性，以便于在引入设备和新流程时，能有效地处理业务管理的改变，并可以快速在异地快速复制现有系统。软件平台选择的技术要求及规范是为了保证本系统与其他各个相关系统之间（包括现有的自动控制系统，第三方监控系统，以及企业级相关信息系统）实现无缝集成与融合应用，系统设计遵循 ISA-95 所规定的集成模型和标准，以满足系统未来与相关模块进行对接和扩展。系统完全支持面向对象的开发方式，能够建立工厂设备对象模型或应用模型，设备对象模型能够将设备的 I/O 变量点、报警、历史配置、脚本运算、自定义属性、动画效果，以及安全设置等属性全部封装到对象中。确保用户能够将标准化的系统管理及各项标准化的功能和规范封装到设备或应用对象模型中，确保标准化和一致性。

6.4.2 开发上位机 HMI 界面一般可采用两种方法

（1）采用面向对象语言，如 Visual C++、Delphi、Visual Basic 等。优点是：功能强大，编程灵活方便，可以很方便地与数据库管理系统（DBMS）交互数据。缺点是：对编程人员的要求高，如要求掌握面向对象及数据库知识，且需具有一定的编程经验；工业被控对象一旦有变动，就必须修改其控制系统的源程序，开发成本高；受人员变动影响大；维护困难。

（2）采用专用工控组态软件，如 InTouch、Cimplicity 等，其特点是为工控定制，因而专业性强，上手容易，可大大缩短开发周期，开发成本低，受人员变动影响小，维护相对容易，因而获得了市场的青睐，但拓展功能相对困难，如果要深入定制用户自己的功能，仍要用到高级语言编程知识及数据库知识。

6.4.3 燃驱压缩机组上位机系统组成

（1）工程师工作站：负责系统机组 HMI 组态、画面制作和系统的各种维护。通过工程师站可以完成对数据采集、数据处理、模型构建、组态配置、应用功能开发、远程分布式部署和工程管理等功能模块的创建和管理维护。工程师站可以在线对整个系统操作员站的数据采集、数据处理等功能进行动态的在线开发、调式、配置和管理维护，而不影响正在运行的系统功能，修改和维护完成后，能够进行不停机的系统功能更新和部署。

（2）操作员工作站：是监控系统的主要用户，负责显示画面、画面浏览、处理各种报警信号等。

（3）就地监控工作站：主要安装在机组控制系统盘柜，根据需要设立各种监控工作站，每台机组都应设置一台就地监控工作站。

（4）机组振动监视服务器：主要用于机组轴系振动数据实时数据和历史数据的计算、分析、图形曲线显示等工作。

6.4.4 上位机系统通信网络系统

燃驱离心压缩机机组上位机系统的通信网络主要负责解析上下位机各种不同的协议，完成通信数据发送、接收及转发处理。随着计算机、网络通信及控制技术发展迅猛，基于各种网络的通信方式发展很快，网络化、集成化、分布化成为压缩机组上位机通信系统的趋势。压缩机组上位机系统网络应采用工业以太网，且应设计为冗余网络。

6.4.5 上位机系统开发基本要求

开发燃驱离心压缩机组上位机系统主要需解决以下三个问题。

6.4.5.1 数据采集及控制信号发送

现场设备各种参数及状态数据的采集以及控制信号的发送。这里主要涉及两个问题：一是怎样采集设备参数及状态数据，它通常由智能设备生产厂家解决，作为下位机在市场中出售，并提供可编程的通信协议；二是设备生产状态数据如何传递到上位机系统进行处理。目前上位机通常通过标准串口、I/O 卡或各种协议专用的网卡，运行专用的上层采集模块，从下位机中实时地采集设备各种参数和发送控制信息。监控效率的高低表现在采样周期的长短上，这是衡量一个系统是否适合于某个行业的一个重要指标。上位机应达到毫秒级的采样周期。

6.4.5.2 参数的表达和实时报警

监控参数的图形动画表达和实时报警处理。监控参数的图形、图像、动画和声音等方式用于表达设备的各种运行参数和状态，是燃驱压缩机组上位机系统的基本要求，融于 HMI 界面中，能仿真显示现场工况，实现对机组的无人值守和远程监控。报警作为监控的一项重要内容，是所有上位机系统必须解决的问题。如果上位机系统不能有效处理设备的报警状态，所有的图形动画等表现形式将是多余的。评价上位机系统可靠性和高效性的一个重要指标是能否不遗漏地实时处理多点同时报警。

6.4.5.3 趋势分析和事故追忆

监控的一个重要目的是评价压缩机组的运转情况和预测系统可能发生的事故。在发生事故时能快速地找到和分析事故的原因,找到恢复生产的最佳方法。调用实时数据和系统操作记录保存的数据库,并调用实时趋势图、历史趋势图和报表等 HMI 画面,是常用的方法。评价一个上位机系统功能强弱的重要指标之一就是对实时和历史数据记录、查询的准确和高效。

6.4.6 上位机软件要求

上位机状态监测系统应采用高级应用软件,用于分析所有与机组(和设备)相关的监测和过程数据。状态监测系统应自机组控制 PLC 设备上采集数据,并做统计分析,机组性能监测和预防性维护。系统应进行完整组态并有菜单式驱动软件。状态监测系统接口单元应同与之相连的监测器机架置于相同的机柜内。

6.4.7 HMI 界面风格设计

燃驱离心压缩机组人机界面应实现用户个性化的要求,但由于大多数用户对于标准 Windows 系统较熟悉,界面里使用的对话框、编辑框、组合框等都宜选用 Windows 标准控件,对话框中的按钮也使用标准按钮。界面的默认窗体的颜色是亮灰色。应为灰色调在不同的光照条件下容易被识别,且避免了色盲用户在使用窗体时带来的不便。为了区分输入和输出,供用户输入的区域使用白色作为底色,能使用户容易看到这是窗体的活动区域;显示区域设为灰色(或窗体颜色),目的是告诉用户那是不可编辑区域。窗体中所有控件依据 Windows 界面设计标准采用左对齐的排列方式。

6.4.7.1 页面布局

人机界面的布局设计根据人体工程学的要求,应该实现简洁、平衡和风格一致。典型的工控界面分为三部分:标题菜单部的大小、凹凸效果和标注字体、字号都保持一致,按钮的颜色和界面底色保持一致。

6.4.7.2 结构体系

用户一次处理的信息量是有限的,选择简单而永久的结构以便操作员能够快速了解如何打开界面。为了在提供足够的信息量的同时保证界面的简明,在设计上采用了控件分级和分层的布置方式。分级指把控件按功能划分成多个组,每一组按照其逻辑关系细化成多个级别。用一级按钮控制二级按钮的弹出和隐藏保证界面的简洁。分层是把不同级别的按钮纵向展开在不同的区域,区域之间有明显的分界线。在使用某个按钮弹出下级按钮的同时对其他同级的按钮实现隐藏,使逻辑关系更清晰。

通常 HMI 界面应有三个层面组成。层面 1 是总览界面:该层面要包含不同系统部分在系统所显示的信息,以及如何使用系统部门协同工作。层面 2 是过程界面:该层面包含指定过程部门的详细信息,并显示哪个设备对象属于该过程部分。该层面还显示了报警对应的各对象。层面 3 是详细界面:该层面提供各个设备对象的信息,例如控制器、控制阀、控制电机等,并显示消息、状态和过程值。

6.4.7.3 文字应用

HMI 软件界面上的文字的大小根据控件的尺寸选用合适的字号,使显示清晰并保证风格统一。界面的文本用语应简洁明了。HMI 界面上的文本有两类:标注文本和交互文本。

标注文本是写在按钮等控件上，表示控件功能的文字，所以尽量使用描述操作的动词。交互文本是人与计算机以及计算机与机组控制系统等交互信息所需的文本，包括输入文本和输出文本。交互文本使用的语句为了在简洁的同时表达清晰。对于信息量大的情况，采用上下滚动而不用左右滚屏，因为这样更符合人员的操作习惯。

6.4.7.4 色彩选择

HMI 界面设计中色彩的选择也是非常重要的。人眼对颜色反应比对文件的反应要快，所以不同的信息用颜色来区别比用文字区别的效果要好。不同色彩给人的生理和心理感觉是不同的，所以色彩选择是否合理也会对操作者的工作效率产生影响。在特定区域，不同的颜色的使用效果是不同的。例如：前景颜色要鲜明一些，使用户容易识别，而背景颜色要暗淡一些以避免对眼睛的刺激。所以，红色、黄色、草绿色等色彩不能用于背景色。蓝色和灰色是人眼不敏感的色彩，无论处在视觉的中间还是边缘位置，眼睛对它的敏感程度是相同的，作为人机界面的底色调是非常合适的。但是在小区域内的蓝色就不容易感知，而红色和黄色则很醒目。因此提示和警告等信息的标志宜采用红色、黄色。使用颜色时限制同时显示颜色数一般不宜超过 4 种或 5 种，界面中活动对象颜色应鲜明，而非活动对象应暗淡。中性颜色(浅灰色)往往是最好的背景颜色。应避免不兼容的颜色放在一起(黄与蓝、红与绿等)。

6.4.7.5 图形应用

图形和图标能形象地传达信息，这是文本信息达不到的效果。控制台人机界面通过可视化技术将各种数据转换成图形、图像信息显示在图形区域。选择图标时力求简单化、标准化，并优先选用已经创建并普遍被大众认可的标准化图形和图标。

6.4.8 上位机服务器

上位机服务器的操作系统应使用 Windows 操作系统，服务器从现场机组 PLC 等控制器中或第三方系统的数据源实时采集数据，并对数据进行处理和运算(包括实时数据采集、报警处理、数据加工等)。用户通过监控计算机获取系统的各种实时数据，以图形、动画、趋势等各种方式展示并进行监视和控制；对于需要即时归档存储的数据，服务器直接将这些数据推入实时历史数据进行存储，且用户能够在监控计算的监视画面中方便地直接调用历史数据的趋势、数据查询、数据统计表报等。如：实时的机组监控画面；实时/历史报警，实时/历史的趋势，各种报表，数据挖掘，系统内各种数据的任意查询等。

6.4.9 上位机系统数据库要求

上位机服务器的 HMI 监控软件的数据库应使用成熟的、可靠的工业数据库。实时历史数据库存储系统中需要存储的全部数据，能够根据不同的数据类型，自动采用相应存储策略，实现存储的最优化。应满足以下技术要求：

(1) 需选用专业的工业实时历史数据库，实现机组运行信息数据的集中存储(历史归档)，能够按照遇变则存、周期性存储或旋转门等先进算法，实现对不同的数据优先级设定不同的存储策略。

(2) 实时历史数据库应当内嵌商用关系数据库从而提供开放的接口，用户能够像操作普通关系数据库(SQL Server)一样对历史数据库进行操作。

(3) 考虑到历史数据的长期、连续高速存储,历史数据库存储子系统性能应达到每秒不低于100000次更新的连续数据存储性能,存储子系统还应支持不低于150000次更新/秒突发存储能力,存储子系统应把实时数据作为最高优先级任务并以不间断的方式进行存储。

(4) 支持标准的SQL语句,并通过SQL扩展方式,支持事件检测及概要计算功能。同时能够提供OLEDB等开放的数据访问方式向外界提供数据接口,并提供了各种开放的智能的检索方法,用户客户端不需编写复杂代码即可得到想要的各种统计、分析及概要数据。

(5) 鉴于生产数据需要长期存储,实时历史数据库应当能够提供不低于50:1的无损数据压缩比率。

(6) 实时历史数据库与系统平台能够无缝的集成,简化历史数据存储管理配置。对于需要历史存储的设备属性及变量,能够在开发环境中勾选历史存储配置即可。服务器在必要情况下,能够在本地缓存需要归档的历史数据并转发到历史数据库。

(7) 实时历史数据库应该能够支持事件检测和响应功能,如数据改变、时间周期、SQL语句触发等,能够根据这些检测到的事件进行响应,如:数据快照、调整数值、执行SQL语句或存储过程。如:按照一定的周期或根据某预设的条件,一旦满足该条件,自动将相应的数据转存到SQL Server、Oracle等关系数据库中。开放实时数据接口考虑到第三方系统的应用,需要生产监控系统开放实时的数据接口。因此,实时数据通信/处理服务器除了将数据提供给监控站、实时历史数据库等之外,还需要具备高度的对外数据开放能力,这就要求生产监控管理系统的软件平台需要提供一个开放式的接口组件,为了便于开发,该接口需要支持以.NET、C++或C#的开发方式,让用户通过该接口能够提取系统内任意的实时数据,这些实时数据用于第三方系统,并且和监控计算机中数据保持完全一致。另外,监控系统的全部数据,还能够以OPC的方式对外公开,由其他系统调用。

第 7 章
燃驱离心压缩机组控制系统维护

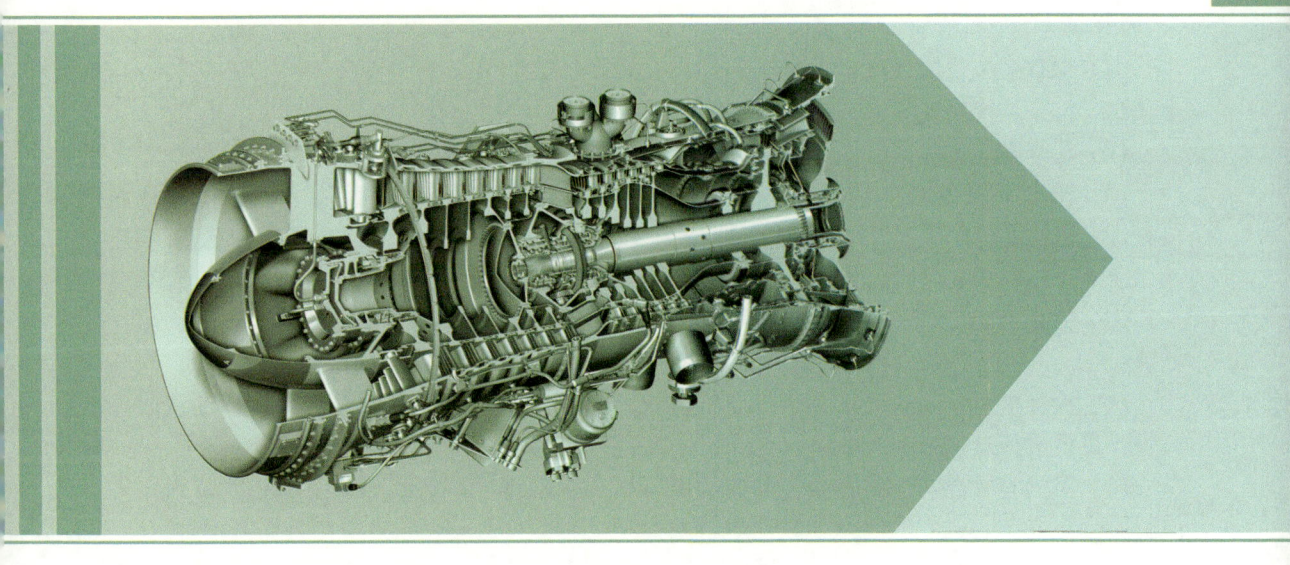

7.1 压缩机组控制系统维护检修

7.1.1 机组维护检修级别

小修(包括 2k、4k、8k 维护检修)作业[15]。

2k 小修作业：新安装机组首次运行 2000h 进行的维护检修作业。

4k 小修作业：机组每累计运行 4000h 进行的维护检修作业。

8k 小修作业：机组每累计运行 8000h 进行的维护检修作业。

中修作业：机组每累计运行 25000h 进行的维护检修作业。

大修作业：机组每累计运行 50000h 进行的维护检修作业。

故障检修、2k、4k、8k 小修作业完成后应进行 24h 验收测试；中修及以上检修作业完成后应进行 72h 验收测试。

7.1.2 RR 燃驱机组控制系统维护检修

7.1.2.1 日常维护

(1) 检查系统供油温度；

(2) 检查系统供油压力；

(3) 检查燃气发生器(GG)滑油(燃驱)、矿物油液位是否正常；

(4) 使用专用存储工具按日历日每三个月或程序修改后按要求备份燃机控制程序(ECS)、辅助系统控制程序(UCP)、保护系统程序(UPP)、EQP 控制器、本特利 3500 程序及 FT210 上位机 HMI 组态文件；

(5) 检查 HMI 各系统运行参数是否正常，对运行中异常的参数，及时记录并分析、处理；

(6) 检查机组控制系统各 CPU、通信模块、I/O 卡件诊断 LED 灯是否存在诊断或故障报警，机组运行过程中不能排除的故障，停机后及时排除；

(7) 停机时检查磁性检屑器、燃料气供应压力、燃料气截断阀和放空阀功能是否正常(燃驱)；

(8) 系统程序的下载、上载、模块更换、固件刷新及硬件故障诊断按照相应操作规程执行；

(9) 检查控制系统以太网通信是否正常；

(10) 检查控制柜门锁、风扇、加热器、照明及其控制功能是否完好；检查机柜内各浪涌保护器、安全栅，确保其接线紧固规范，工作状况完好；按日历日每三个月定期对控制柜内清灰除尘，使柜内无积尘，排气风扇运转正常；

(11) 检查所有备用机组接线箱及接线端子无虚接、松动现象，所有接地线完好、无腐蚀；

(12) 按照《压缩机运行管理程序》要求对机组的运行历史数据进行备份，系统及运行数据的备份保存在作业区或站场；

(13) 按国家、行业有关规定对机组的压力变送器、温度变送器、安全阀、压力表、温度表、流量计、可燃气体探头等进行定期检定；CO_2 气瓶每三年进行检定；

(14) 对燃料气计量阀每 6 个月进行一次行程校验(燃驱)；

(15) 检查、记录机组出现的故障报警和停机信号；

(16) 机组运行过程中可在线排除的故障，在保证机组和人身安全的前提下应及时排除；

(17) 机组运行过程中不能在线排除的故障，停机后及时排除；

(18) 按周设备维护计划，对重点设备进行定期检查；

(19) 检查并保持机组可燃气体监测探头标气注入口防护罩在密封状态。

7.1.2.2　2k 小修

(1) 执行日常维护检修内容；

(2) 检查所有接线箱及穿线管无进水及腐蚀；

(3) 检查系统所有接地完好无腐蚀。

7.1.2.3　4k 小修

(1) 检查控制柜及接线箱接线情况；

(2) 检查燃气发生器(GG)箱体消防百叶窗(燃驱)；

(3) 检查所有指示灯及喇叭系统；

(4) 机组燃料系统检查(燃驱)；

(5) 检查所有调节阀功能是否正常；

(6) 转速测量回路检查是否完好；

(7) 超速保护系统模拟测试功能是否正常(燃驱)；

(8) 本特利 3500 振动保护系统检查；

(9) CO_2 消防系统检查(燃驱)；

(10) 检查并校验合成油温控阀(燃驱)；

(11) 检查并校验矿物油温控阀；

(12) 对 SYSTEM1 服务器进行清灰，确保服务器正常运行。

7.1.2.4　8k 小修

(1) 执行 4k 小修内容；

(2) 温度测量回路及测量通道功能检查；

(3) 压力测量回路及测量通道功能检查；

(4) 电磁阀功能检查；

(5) 校验所有压力开关、温度开关设定值；

(6) 对系统仪表进行校验/校准；

(7) 检查仪表风是否有积液，必要时通过操作阀组完成排污。

(8) 控制柜和接线箱检查：

① 检查 UCP、UPP、燃气发生器(GG)箱体内部照明系统，更换存在问题的灯组；

② 检查控制柜 UPP、UCP，以及检查现场接线盒端子排接线有无松动、积液和腐蚀现象；

③ 线号标签齐全，接地线屏蔽线可靠；
④ 对控制柜进行灰尘清理。
(9) 电磁阀检查：
① 静态检查电磁阀外观有无损伤及断线；
② 从电插头处检查阀线圈内阻，短路或开路均有故障，绝缘电阻应大于 $2M\Omega$；
③ 按标牌电压要求，通电检查，加+24VDC 应正常动作常开变关闭，反之，有动作迟缓，异常声音，或不完全开关时，应进行更换。
(10) 调节阀校验检查：
① 检查机组停机前的运行记录，确认有无异常；
② 检查测试调节阀命令响应速度及位置反馈准确性；
③ 确认测试作业完成，复位所有拆卸部件。
(11) 本特利 3500 系统状态检查：
① 检查机组停机前的运行记录，确认有无异常；
② 检查机组接线箱内振动传感器接线情况；
③ 用万用表测量记录本特利 3500 各模块通道上间隙电压表；
④ 根据启停机振动分析以及振动历史趋势来判断、检查振动系统；
⑤ 如有问题，检查探头、前置器并通过本特利 3500 软件进行检查。
(12) 热电偶及通道的工作状况检查：
① 检查机组停机前的运行记录，确认有无异常；
② 检查温度热电偶接线情况；
③ 测试热电偶测量回路准确度；
④ 检查温度热电偶绝缘。
(13) 热电阻及通道的工作状况检查：
① 检查机组停机前的运行记录，确认有无异常；
② 检查热电阻传感器接线情况；
③ 检查热电阻传感器电阻值；
④ 检查热电阻传感器绝缘；
⑤ 测试热电阻测量回路准确度。
(14) 压力测量通道工作状况检查：
① 检查机组停机前的运行记录，确认有无异常；
② 检查压差压力变送器接线情况；
③ 就地显示与 HMI 显示对比；
④ 对显示异常的压力变送器进行校验或更换；
⑤ 压力测量回路准确度测试。
(15) 现场变送器、就地仪表检查：
① 点火系统的功能检查(燃驱)；
② 确保燃料系统相关阀门电源处于断开状态；
③ 检查机组停机前的运行记录，确认无异常；

④ 在 UCP 中强制 O96GGIG，检查 GG 两侧火花塞是否以每分钟 45~100 个火花的速率放电，放电噪声可清楚听见。

(16) CO_2 消防系统检查（燃驱）：
① 查看 EQP 屏幕报警条，确认有无异常；
② 检查消防柜内软管连接固定牢靠，无变形、裂纹或老化；
③ 检查电磁阀执行机构指示均在 SET 位，金属丝保险固定牢靠，无脱落；
④ 检查消防柜内二氧化碳释放总管指示器在正常位；
⑤ 检查 GG 箱体内二氧化碳喷嘴口没有堵塞变形；
⑥ 检查 GG 箱体内紫外线火焰探测器、温升探头仪表接线无松动；
⑦ 检查所有可燃气体探头和接线箱接线无松动；
⑧ 检查 GG 箱体两侧二氧化碳手动紧急释放按钮完好，系统指示灯完好；
⑨ 拆卸二氧化碳泄放电磁阀，打开释放手阀，将消防系统打在自动位，手动释放箱体门两侧二氧化碳释放按钮，检查消防系统报警喇叭、报警灯、二氧化碳释放电磁阀动作正常；
⑩ 确认所有作业完成，消防系统复位，回装所有拆卸部件到位；
⑪ 通过仪表风测试箱体通风挡板气动阀及限位开关动作情况；
⑫ 对可燃气体探头进行校验测试，对零点发生漂移的探头进行校准，对形成不准的探头进行更换；
⑬ 对 GG 消防系统进行功能测试。

(17) VIGV 校验检查（燃驱）。
① 检查 GG 滑油系统，确认机组已具备合成油泵启动条件；
② 在机组控制逻辑中强制 GG 滑油泵 1 或 2 启动，现场检查有无滑油泄漏；
③ ECS 将 Tuning. ft_tune 强制为 100.1，将 Tuning 使能；
④ ECS 强制 VSV 输出信号 tuning. zvv_test 0% 25% 50% 75% 100%，查看 RVDT 反馈信号 rvdta/b。如果位置反馈信号与命令值偏差较大，重新调整 RVDT 传感器；
⑤ 取消强制，停 GG 滑油泵，恢复系统。

(18) 超速保护功能测试（燃驱）：
① 检查机组停机前的运行记录，确认有无异常；
② 检查转速传感器接线情况；
③ 测量转速传感器及备用探头电阻值；
④ 检查转速传感器绝缘；
⑤ 使用 FLUKE744 生成 3V 方波信号模拟 GG 和 PT 转速，模拟超速信号触发超速保护模块动作。

(19) 温控阀校验检查：
① 检查机组停机前 GG 滑油及矿物油供油温度的运行记录，确认有无异常；
② 机组每运行 8000h，GG 滑油温控阀送具备资质的检验机构进行校验；
③ 机组每运行 8000h，对矿物油温控阀进行强制测试，检查其调节响应特性是否正常。

(20) GCU 干气密封预处理橇（西气东输一线）：
① 检查控制盘状态灯显示无异常；

② 检查系统同工作电源正常；
③ 检查控制器运行状态，备份控制程序。
（21）增压橇功能测试（西气东输二线）：
① 增压橇系统变送器校验测试；
② 检查机组停机前干气密封加热器运行记录，确认有无异常；
③ 程序强制增压橇起动，检查增压橇工作情况，增压泵打压正常，运行无异响。
（22）RSLogix5000 系统维护执行《Q/SY XG 0008 AB Controllogix5000 系统维护规程》。
（23）控制系统其他维护要求执行《Q/SY XG 0061 RR 机组控制系统维护检修规程》。

7.1.2.5 中修及以上检修
（1）完成 8k 小修全部维护检修作业内容。
（2）强制更换所有火花塞（燃驱）。
（3）强制更换控制柜内保险。
（4）强制更换所有电磁阀（50k）。

7.1.3 GE 燃驱机组控制系统维护检修

7.1.3.1 日常维护
（1）检查润滑油系统供油、供油压力。
（2）检查矿物油、合成油液位是否正常。
（3）检查燃料气截断阀和放空阀功能是否正常。
（4）检查机组控制系统各 CPU、通信模块、IO 卡件诊断 LED 灯是否存在诊断或故障报警，机组运行过程中不能排除的故障，停机后及时排除。
（5）SYSTEM 1 系统日常按时巡检，检查系统工作情况，显示应无异常，包括电源、通信状况、数据完整性、程序运行情况等。每月对服务器检查，应不存在明显积灰、工作不正常等情况。使用专用存储工具备份系统工程组态文件。程序升级或变更后，应对系统原数据和程序申请进行备份和存储。
（6）检查燃料气供应压力是否正常。
（7）检查 GG 磁性检屑器是否正常。
（8）按照《压缩机运行管理程序》要求对压缩机 HMI 监测终端和工程本的操作系统、控制系统软件、程序、授权、机组运行数据进行备份保存在作业区或站场。
（9）检查 HMI 各系统运行参数是否正常，对运行中异常的参数，及时记录并分析、处理。
（10）检查控制系统以太网通信是否正常。
（11）检查机组 Mark VIe 控制系统各卡件是否工作正常，机组运行过程中不能排除的故障，应在停机后及时排除；检查 HIMA 安全保护系统硬件诊断 LED 是否存在故障报警。
（12）检查控制柜门锁、风扇、加热器、照明及其控制功能是否完好；检查机柜内各浪涌保护器、安全栅，确保其接线紧固规范，工作状况完好；按日历日每三个月定期对控制柜内清灰除尘，使柜内无积尘，排气风扇运转正常。
（13）检查所有备用机组接线箱及接线端子是否有虚接、松动现象，所有接地线完好、无腐蚀。

(14) 按照《压缩机运行管理程序》要求对机组的运行历史数据进行备份，系统及运行数据的备份保存在作业区或站场。

(15) 检查、记录机组出现的故障报警和停机信号。

(16) 机组运行过程中可在线排除的故障，在保证机组和人身安全的前提下应及时排除。

(17) 机组运行过程中不能在线排除的故障，停机后及时排除。

(18) 按周设备维护计划，对重点设备进行定期检查。

(19) 按国家、行业有关规定对机组的压力变送器、温度变送器、安全阀、压力表、温度表、流量计、可燃气体探头等进行定期检定；CO_2 气瓶每三年进行检定。

(20) 对燃料气计量阀每 6 个月进行一次行程校验。

(21) 检查并保持机组可燃气体监测探头取样口处橡胶封盖在密封状态。

7.1.3.2　2k 小修

(1) 执行日常维护检修内容；

(2) 检查所有接线箱及穿线管无进水及腐蚀现象；

(3) 检查系统所有接地完好无腐蚀；

(4) 检查所有备用机组接线箱及接线端子是否有虚接、松动现象，所有接地线完好、无腐蚀；

(5) 检查、记录机组出现的故障报警和停机信号；

(6) 机组运行过程中可在线排除的故障，在保证机组和人身安全的前提下应及时排除；

(7) 机组运行过程中不能在线排除的故障，停机后及时排除。

7.1.3.3　4k 小修

(1) 控制系统接地检查：

① 检查控制柜接地状态；

② 检查接线箱保护接地状态；

③ 检查工作接地状态；

④ 检查防雷接地状态；

⑤ 控制柜及接线箱检查。

(2) 通风系统限位开关及挡板检查。

(3) 火灾消防系统检查：

① 检查 GG 箱体两侧二氧化碳手动紧急释放按钮完好，系统指示灯完好。

② 检查 GG 通风道可燃气体探头、箱体内火焰探测器、温升探头等变送器和接线箱内接线无松动，检查探头工作情况，对故障探头记录，视情处理。

③ 消防系统检查。

(4) 点火系统的功能检查：

① 确保燃料气系统相关阀门电源处于断开状态。

② 根据接线图，关闭点火系统的电源，清吹燃烧室，GG 停止转动后，向点火系统供电，火花塞处于通电状态，可以听到放电声，说明火花塞功能正常。

③ 确认测试作业完成，复位所有拆卸部件。

④ 点火系统及火花塞检查。

（5）调节阀校验检查：

① 检查机组停机前的运行记录，确认有无异常。

② 检查测试调节阀命令响应速度及位置反馈准确性。

③ 强制校验防喘阀，开关行程命令和反馈偏差应小于5%。

④ 防喘阀、热旁通阀开关行程测试，确认阀门全开时间3s以内，全关时间5s以内，否则对阀门执行机构进行检查，必要时进行阀门解体检查。

⑤ 确认测试作业完成，复位所有拆卸部件。

⑥ 调节阀检查。

（6）本特利3500系统状态检查：

① 检查机组停机前的运行记录，确认有无异常。

② 检查机组接线箱内振动传感器接线情况。

③ 用万用表测量记录本特利3500各模块通道上间隙电压表，检查间隙电压在线性范围的中心电压（通常为-11.5~-7.5VDC）。

④ 根据启停机振动分析记以及振动历史趋势来判断、检查振动系统。

⑤ 如有问题，检查探头、前置器并通过本特利3500软件进行检查，视情对现场探头及轴承进行检查。

⑥ 本特利3500振动系统检查。

（7）速度探头及通道的工作状况检查：

① 检查机组停机前的运行记录，确认有无异常。

② 检查速度探头接线情况。

③ 测量速度探头接线间电阻值，检查阻值是否在170~250Ω范围内。

④ 检查速度探头绝缘电阻。

⑤ 测试速度探头测量回路准确度，分别对液压启动离合器、燃气发生器、动力涡轮转速探头模拟输出超速对应频率信号，测试是否触发超速联锁报警。

⑥ 转速传感器检查。

7.1.3.4　8k小修

（1）完成4k小修全部维护检修作业内容。

（2）电磁阀检查：

① 静态检查电磁阀外观，应无损伤及断线情况。

② 从电插头处检查阀线圈内阻，短路或开路均有故障，绝缘电阻应大于2MΩ。

③ 按标牌电压要求，通电检查，加+24VDC应动作正常，反之，有动作迟缓，异常声音，或不完全开关时，应进行检查处理，视情更换。

④ 电磁阀检查。

（3）热电偶及通道的工作状况检查：

① 检查机组停机前的运行记录，确认有无异常。

② 检查温度热电偶接线情况。

③ 测试热电偶测量回路准确度。
④ 检查温度热电偶绝缘。
⑤ 热电偶检查。
（4）热电阻及通道的工作状况检查。
① 检查机组停机前的运行记录，确认有无异常。
② 检查热电阻传感器接线情况。
③ 检查热电阻传感器电阻值。
④ 检查热电阻传感器绝缘，绝缘电阻应大于 $2M\Omega$。
⑤ 测试热电阻测量回路准确度。
⑥ 热电阻检查。
（5）压力测量通道工作状况检查：
① 检查机组停机前的运行记录，确认有无异常。
② 检查压差压力变送器接线情况。
③ 现场变送器、就地显示压力仪表检查。
④ 压力测量回路准确度测试。
⑤ 对显示异常的压力变送器进行校验或更换。
⑥ 压力变送器检查。
（6）温度变送器检查：
① 检查机组停机前的运行记录，确认有无异常。
② 检查温度变送器接线情况。
③ 现场变送器检查。
④ 温度测量回路准确度测试。
⑤ 对显示异常的压力变送器进行校验或更换。
⑥ 温度变送器检查。
（7）防冰系统检查：
① 检查控制盘状态灯显示无异常。
② 检查系统同工作电源正常。
③ 检查控制器运行状态，备份控制程序。
（8）CEHM 系统检查：
① 检查控制器状态灯显示无异常。
② 检查服务器工作正常。
（9）VSV 校验检查：
① 检查 GG 滑油系统，确认机组已具备校验盘车启动条件。
② 选择校验盘车模式启机，现场检查有无滑油泄漏。
③ VSV 校验。
（10）控制系统维护：
① Mark VIe 控制器维护。
② HIMA 程序备份、存储及诊断。

（11）机组状态监测本特利 3500 系统维护：本特利 3500 监测模块故障及故障排除。

（12）机组上位机系统 Cimplicity 维护：

① 检查系统 CPU 负荷、硬盘空间、内存使用率。

② 上位机系统 Cimplicity 维护。

（13）Fanuc 控制系统维护：

① 检查控制柜内 Fanuc 系统电源、控制器、模块、交换机、通道状态显示情况。

② 配置 IP 地址，首次下载组态信息，采用串口设置 IP；

③ Fanuc 控制器在线/离线；

④ 上载/下载控制器程序；

⑤ GE 机组控制系统上下电。

7.1.3.5　中修及以上检修

（1）完成 8k 小修全部维护检修作业内容。

（2）强制更换火花塞。

（3）VSV 伺服阀随 GG 返厂维修。

（4）强制更换控制柜内保险。

（5）强制更换电磁阀(50k)。

7.2　Mark VIe 系统维护

7.2.1　系统检查

Mark VIe 控制系统投用前必须确保各组成元件/项目安装完成并能正常使用。系统检查步骤为：

（1）检查硬件架构、电源及标签。

（2）用 Ethernet 通信电缆将<HMI>终端与 Mark VIe Ethernet 交换机连接。

（3）打开 Mark VIe 控制维护软件。

（4）从<HMI>终端中下载应用程序到 Mark VIe 控制器，并确定下载成功。

（5）连接后确保 HMI 和图形界面工作显示正常。

（6）注意每条显示的错误报警提示。

（7）重点研究燃气轮机诊断报警，任何不匹配的报警都应该在相应的图纸文件中找到并记录下来。

（8）Mark VIe 控制系统硬件诊断 LED 状态说明见表 7.2.1。

表 7.2.1　Mark VIe 控制系统硬件诊断 LED 状态

序号	Mark VIe 控制系统 LED 状态说明
1	PWR 标志的 LED 灯显示绿色表示控制设备电源存在
2	ATTN 标志的 LED 灯显示了如下五种不同的状态(序号 2~7)
3	LED 灯熄灭，表示包内没有可检测的问题

续表

序号	Mark VIe 控制系统 LED 状态说明
4	LED 灯一直点亮，表示存在重大故障，导致包无法操作。重大故障包括在处理器或者采集板上检测到的硬件故障，或者没有载入应用程序代码
5	LED 灯快速闪动（周期为 1/4s），表示包内出现警报状态，比如把错误的包放在终端板上，或者载入应用程序代码的操作有误
6	LED 灯以中速闪动（周期为 3/4s），表示包尚未联机
7	LED 灯以低速闪动（周期为 2s），表示包接收到相关信息，要求 LED 灯闪动以便引起注意。这个功能用于设备检测过程，或者根据 ToolboxST 的设置帮助操作者确认物理位置

7.2.2 警报综述

MarkVIe 控制系统产生三种警报：

（1）进程警报因为与机械和进程相关的问题而产生。它们通过人机接口页面上的消息提醒操作者。这些警报在控制器中使用 I/O 板生成的警报位而创建，或者在排序中创建。用户通过 ToolboxST 应用程序在排序中设置所需的模拟警报。控制器中的警报位既可以生成操作者警报，也可以用作应用程序中的互锁。

（2）保持清单警报与进程警报类似。除此之外扫描器还会当任何保持清单信号处于警报状态（保持当前状态）时把指定的信号设定为"真"。这个信号用来关闭排序中各个阶段的自动涡轮启动逻辑。操作者可以覆盖一个保持清单信号，这样一来即便保持条件存在，仍然可以继续进行排序操作。

（3）诊断警报因为与 Mark VIe 控制设备相关的问题而产生，可以通过终端板进行设置。诊断警报能够识别出现故障的模块，从而帮助维修工程师对系统进行快速检修，如图 7.2.1 所示。

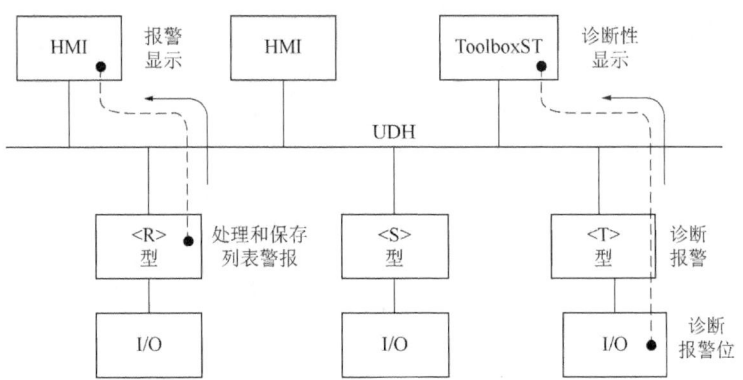

图 7.2.1　Mark VIe 控制设备产生的三种警报

7.2.3 以太网交换机诊断

UDH、PDH 和 IO Net 在应用中使用预先设置的专用快速以太网交换机。在更换交换机之前，必须在应用中对交换机进行合适的配置。借助冗余交换机，可以实现和控制器以及人机接口系统的多重连接。在对系统进行诊断和维修的过程中，会使用到下文所给出的一些基本的故障检修技术：如果网络连接出现故障，请检查连接通道两端的状态发光二极管。如果某个二极管不亮，就说明该通道存在问题。在检修交换机、电缆、人机接口或控制器的过程中，逐一替换已知的以太网操作部件，直到状态发光二极管亮起为止。在较大的系统中，可能存在很多交换机。操作者在检修网络系统的过程中有必要采取一种半间隔（二进制搜索）技术。这种半间隔方法需要将网络中的不同区域分隔开，把不同区域之间的电缆断开，然后用上文给出的方法逐一检查各个区域。在所有区域都能正常工作以后，再把它们连接起来，使整个网络得以恢复，如图7.2.2所示。

图 7.2.2　以太网交换机

7.2.4　控制器发光二极管快速参考

Mark VIe 控制器 LED 指示灯含义如图 7.2.3 所示。

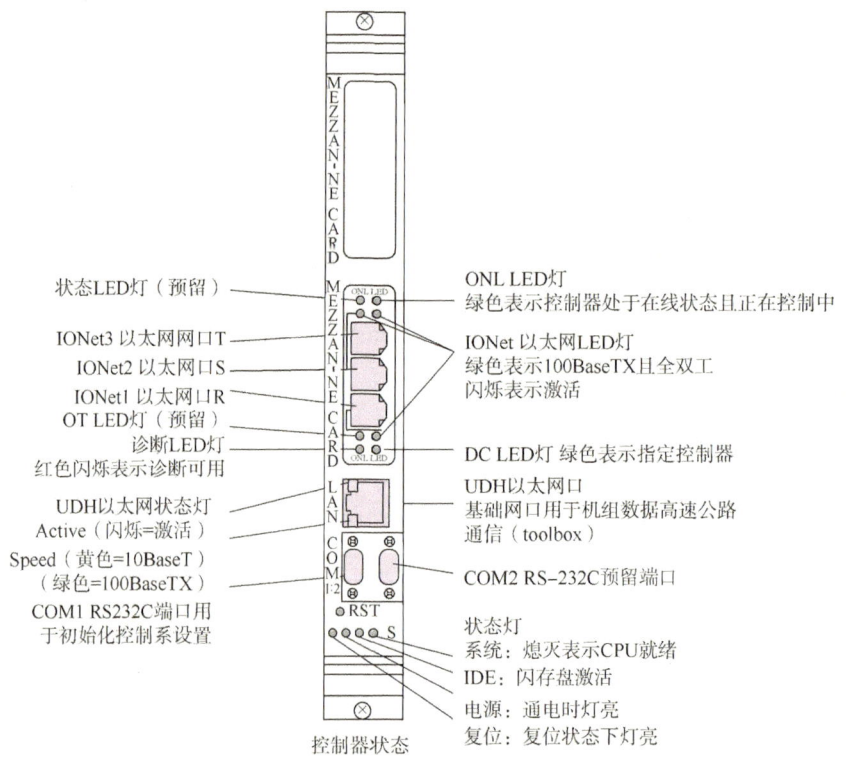

图 7.2.3　控制器的状态

I/O 包的状态，如图 7.2.4 所示。

带有 PWR 标志的绿色发光二极管显示控制设备电源是否存在。带有 ATTN 标志的红色发光二极管显示包的状态。这个发光二极管显示了如下五种不同的状态：

(1) 发光二极管熄灭，表示包内没有可检测的问题。

(2) 发光二极管一直点亮，表示存在重大故障，导致包无法操作。重大故障包括在处理器或者采集板上检测到的硬件故障，或者没有载入应用程序代码。

(3) 发光二极管快速闪动(周期为1/4s)，表示包内出现警报状态，比如把错误的包放在终端板上，或者载入应用程序代码的操作有误。

(4) 发光二极管以中速闪动(周期为3/4s)，表示包尚未联机。

(5) 发光二极管以低速闪动(周期为2s)，表示包接收到相关信息，要求发光二极管闪动以便引起注意。这个功能用于设备检测过程，或者根据ToolboxST的设置帮助操作者确认物理位置。

每个以太网端口都有一个绿色LINK发光二极管，表示以太网连接有效。每个以太网端口都有一个黄色TxRx发光二极管，表示包正在通过端口发送或者接收数据。

IONet的状态，即每个以太网端口都带有如下几种属于自己的发光二极管：

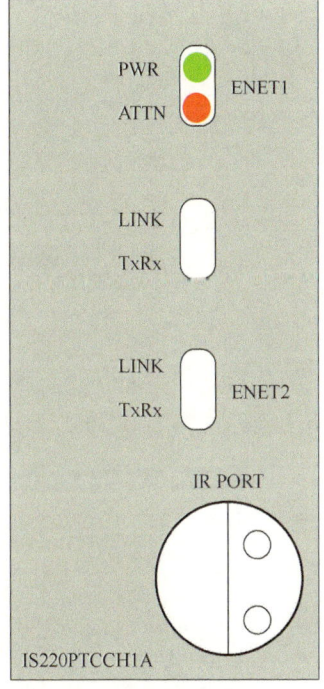

图7.2.4 控制器的状态

(1) Link/Speed发光二极管。如果连接速率是100Mb，那么该二极管为绿色；如果连接速率是10Mb，那么该二极管为黄色。

(2) Act/Duplex发光二极管。如果连接是全双工模式的，那么该二极管为绿色；如果连接是半双工模式的，那么该二极管为黄色。如果有通信信息，那么该二极管会闪烁。

(3) Power发光二极管。如果模块加电，那么该二极管为绿色。

7.2.5 VSV行程校验方法

(1) 使用ToolBOX软件打开MarkVIe对应机组工程文件。在Hardware栏中找到对应的PSVO模块(图7.2.5)。

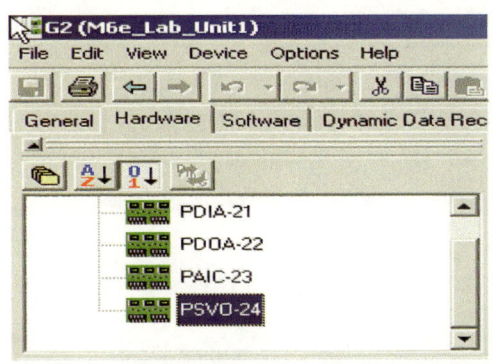

图7.2.5 程序硬件组态中PSVO模块位置

（2）在 Regulators 子菜单栏里下拉选取合适的校验模式，点击 CalibrateValve 按钮（图 7.2.6）。

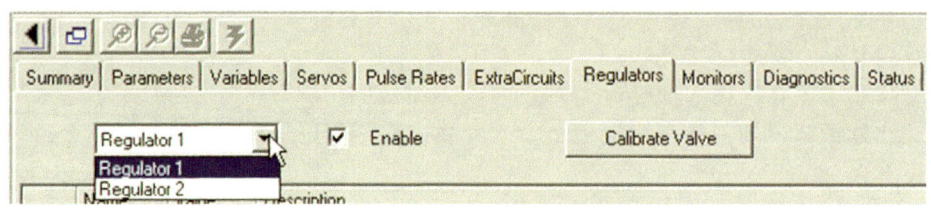

图 7.2.6　PSVO 模块阀门检验界面

（3）点击 Calibration Mode 按钮，趋势图窗口自动弹出，记录 LVDT 伺服阀电流值及阀位反馈值(图 7.2.7)。

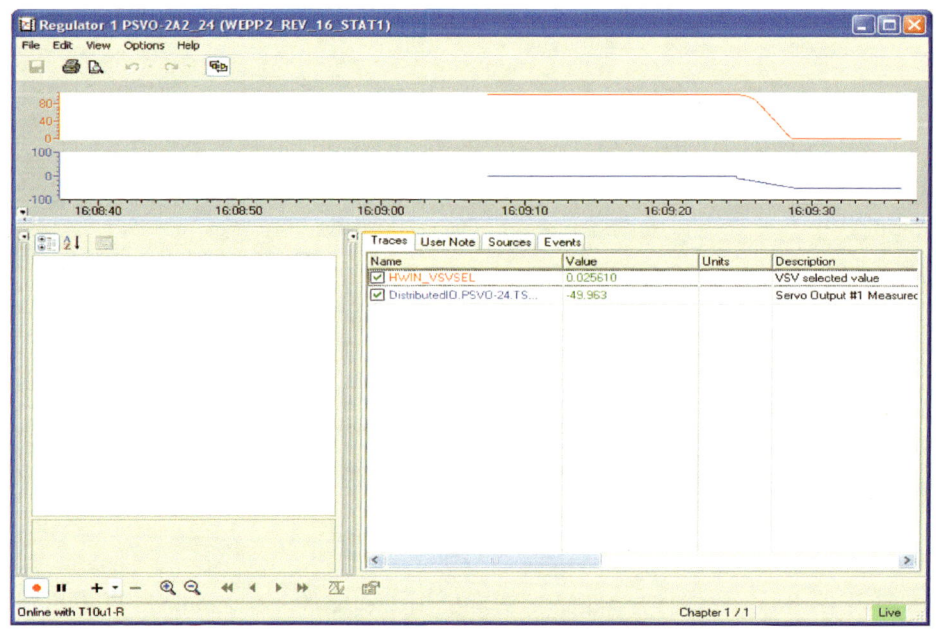

图 7.2.7　VSV 伺服阀检验趋势图

（4）点击 Minimum End 按钮，观察趋势图中电流及阀位变化是否平稳、一致，并现场验证伺服阀是否处于关闭状态，点击 Fix Minimum End 按钮，用于记录 LVDT 全关状态；然后再依次选择点击 Maximum End、Fix Maximum End 按钮，记录 LVDT 全开状态（图 7.2.8）。

（5）点击 Calibrate 按钮，校验程序将根据直线方程 $y = mx + b$ 计算 LVDT 线性（图 7.2.9）。

（6）点击 Save 按钮，弹出提示中选择 Yes，自动检验结果将保存并上传至控制器（图 7.2.10）。

（7）选择 Manual 模式，手动输入伺服阀命令设定值，查看可调导叶反馈信号。如果位置反馈信号与命令值偏差较大，检查可调导叶位置传感器。

第 7 章 | 燃驱离心压缩机组控制系统维护

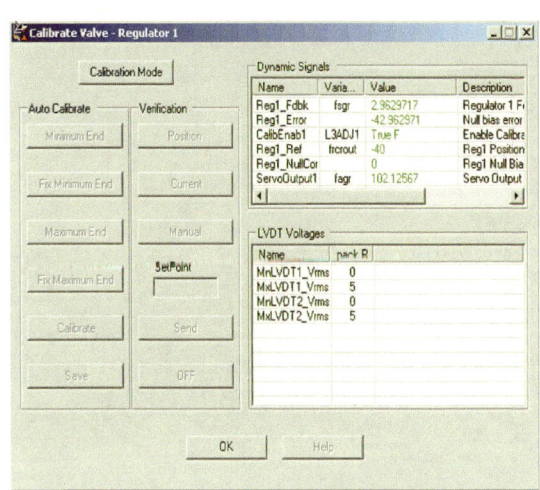

图 7.2.8 VSV 伺服阀校验界面　　　图 7.2.9 VSV 伺服阀检验模式状态显示界面

图 7.2.10 VSV 伺服阀检验结果确认保存界面

7.2.6 GE 机组控制系统上下电风险及正确程序

7.2.6.1 控制系统电源供电方式

西气东输二线 GE 机组控制系统供电方式为：DCP 整流逆变后电源送入机组控制柜，经菲尼克斯电源、反向保护二极管、保险后送入 Mark VIe 电源分配板 JPDS，最后供给各控制模块，系统供电如图 7.2.11 所示。

7.2.6.2 系统下电步骤

(1) 断开系统保险 QU，将 2A 保险正确拉出；
(2) 断开系统保护空开 QF，将 4A 空开正确拉出；
(3) DCP 系统下电。

7.2.6.3 系统上电步骤

(1) DCP 系统上电；
(2) 合上系统保护空开 QF，将 4A 空开推到正确；
(3) 合上系统保险 QU，将 2A 保险推到正确位置；
(4) 与系统上电前对比，确认机组控制系统模块状态，HMI 无异常报警。

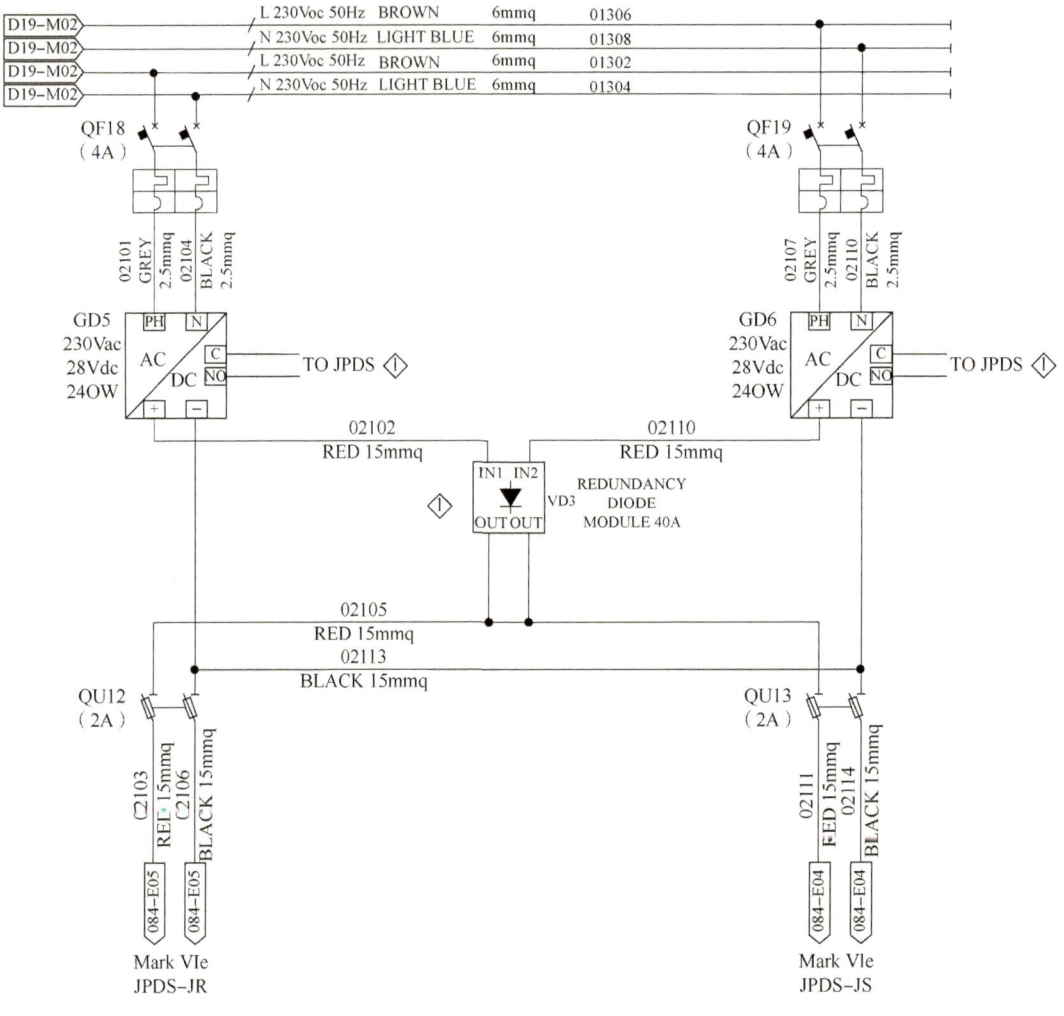

图 7.2.11　系统供电图

7.3　AB ControlLogix5000 系统运行维护

7.3.1　维护周期

系统维护分为日常维护和周期性维护两类。

日常维护为每日一次，主要检查 PLC 系统的运行状态。

周期性维护包括 3 个月和 12 个月，其中 3 个月进行 1 次主备 CPU 切换和程序备份，12 个月进行 1 次系统功能性测试。

7.3.2 系统常见操作

7.3.2.1 启动前检查
系统内部各模板经测试工作正常。
系统内部接线正确，无虚接、无断线。
系统同外部设备接线正确，无虚接、无断线。
系统内部所装程序经测试正确，若为双机热备系统，主、副 PLC 程序应完全一致。
检查机柜中的端子排供电的电源正常，且电源开关处于"接通"状态。
检查电源模板在"OFF"状态。
处理器钥匙开关在"PROG"状态。

7.3.2.2 系统启动
将处理器所在框架以外的 I/O 框架的电源模板开关切换至 ON(开)位置，若 I/O 框架中有两块电源模板，宜同时将这两块电源模板切换至 ON(开)位置。

将处理器所在 I/O 框架的电源模板开关切换至 ON(开)位置，若为双机热备系统先将主处理器所在 I/O 框架的电源模板开关切换至 ON(开)位置，再将副处理器所在 I/O 框架的电源模板开关切换至 ON(开)位置。

将处理器前面板钥匙开关切换至 RUN(运行)位置，若为双机热备系统宜先将主处理器前面板钥匙开关切换至 RUN(运行)位置，再将副处理器前面板钥匙开关切换至 RUN(运行)位置。

7.3.2.3 启动后检查
检查电源模板前面板指示灯状态，正常情况下，P/S ACTIVE(使能)灯常绿。
检查处理器前面板指示灯状态，正常情况下，RUN、OK、I/O 灯常绿，BAT、FORCE 灯不亮。
若为双机热备系统，检查主处理器所在框架的冗余同步模板前面板指示灯状态，正常情况下，主备 OK 灯常绿，主模块 PRI 灯常绿且 LED 显示 PRIM，备 PRI 不亮且 LED 显示 SYNC。
检查以太网模板前面板指示灯状态，正常通信状态下，NET、OK 灯常绿，Link 灯绿色闪烁。
检查 I/O 框架其他模板前面板指示灯状态，正常情况下，OK 灯常绿。
通过维护终端查看各处理器及各通道工作正常。

7.3.2.4 系统停运操作
将处理器前面板钥匙开关切换至 PROG(编程)位置，若为双机热备系统宜先将副处理器前面板钥匙开关切换至 PROG(编程)位置，再将主处理器前面板钥匙开关切换至 PROG(编程)位置。

将处理器所在 I/O 框架的电源模板开关切换至 OFF(关)位置，若为双机热备系统宜先将副处理器所在 I/O 框架的电源模板开关切换至 OFF(关)位置。

将处理器所在框架以外的 I/O 框架的电源模板开关切换至 OFF(关)位置，若 I/O 框架中有两块电源模板，宜同时将这两块电源模板开关切换至 OFF(关)位置。

关断端子排电源。

双机热备系统主副 PLC 的手动切换操作

检查主副处理器前面板钥匙开关都在 RUN(运行)位置。

将主处理器前面板钥匙开关先切换至 PROG(编程)位置再切换至 RUN(运行)位置。

7.3.3 VIGV 校验

7.3.3.1 RR 燃驱机组 VIGV 校验步骤

(1) 关闭 VIGV 供油，手动移动作动筒，使 VIGV 停留在最小停止位，将 RVDT 百分比反馈值记录在 ECS tuning constants 中对应的 RVDT Minimum Positions。

(2) 手动移动作动筒，使用专用工具 part no. LOT 26526 确定 VIGV 从最小停止位线性位移 53.33mm。将 RVDT 百分比反馈值记录在 ECS tuning constants 中对应的 RVDT Maximum Positions，如图 7.3.1 所示。

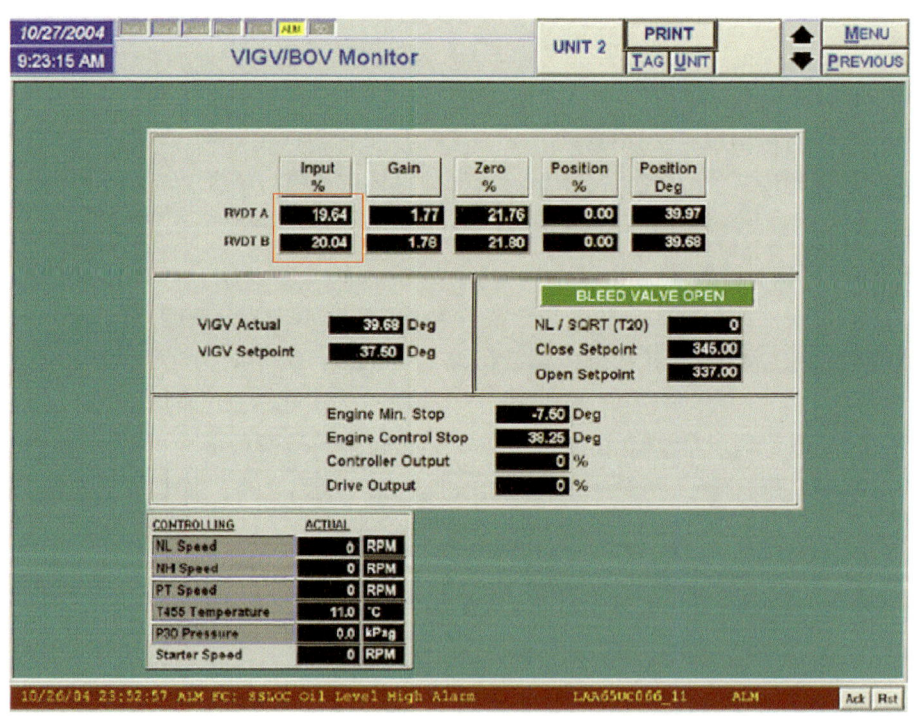

图 7.3.1 VIGV 校验界面

(3) 记录后 ECS 将自动计算 RVDT gain 增益常数。重复以上步骤，确保 VIGV 动作准确性满足 ±0.5% 满量程要求。

7.3.3.2 ECS 控制参数设置

(1) 打开 ECS 程序，找到需要设置的参数组 Tuning，如图 7.3.2 所示。

(2) 在 Tuning 参数组中找到对应变量，将 VIGV 校验过程中 VIGV 在零位和最大量程时的输入值输入对应的控制常量值中。保存程序，如图 7.3.3 所示。

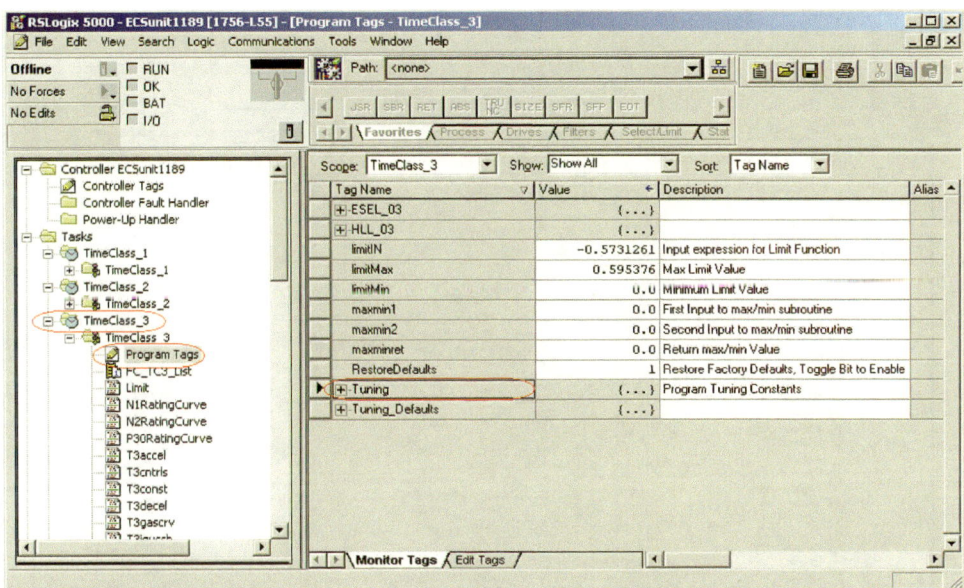

图 7.3.2　ECS 程序 Tuning 参数配置

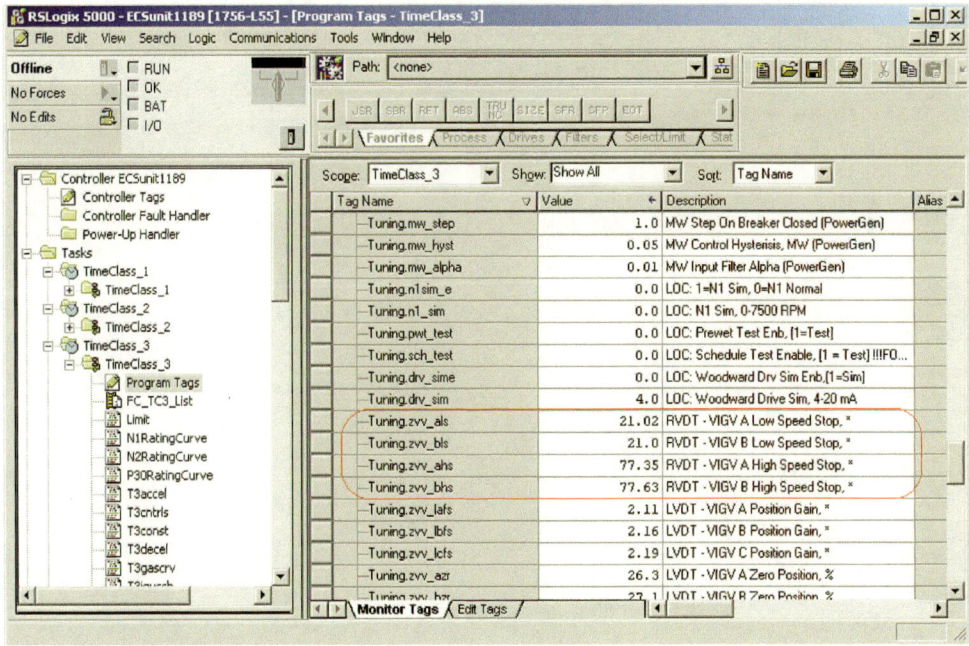

图 7.3.3　RVDT 控制常量

7.3.3.3　VIGV 行程检查

(1) 启动 GG 滑油泵，ECS 程序中强制动作伺服阀，在 ECS Program Tag 中输入 Tuning.ft.tune=100.01，强制使能(图 7.3.4)。

(2) 在 Tuning.zvv_test 控制变量中分别依次输入 0、25、50、75、100，检查伺服阀输出命令与 RVDT 反馈是否一致且反馈响应迅速，行程测试完成后恢复参数值。

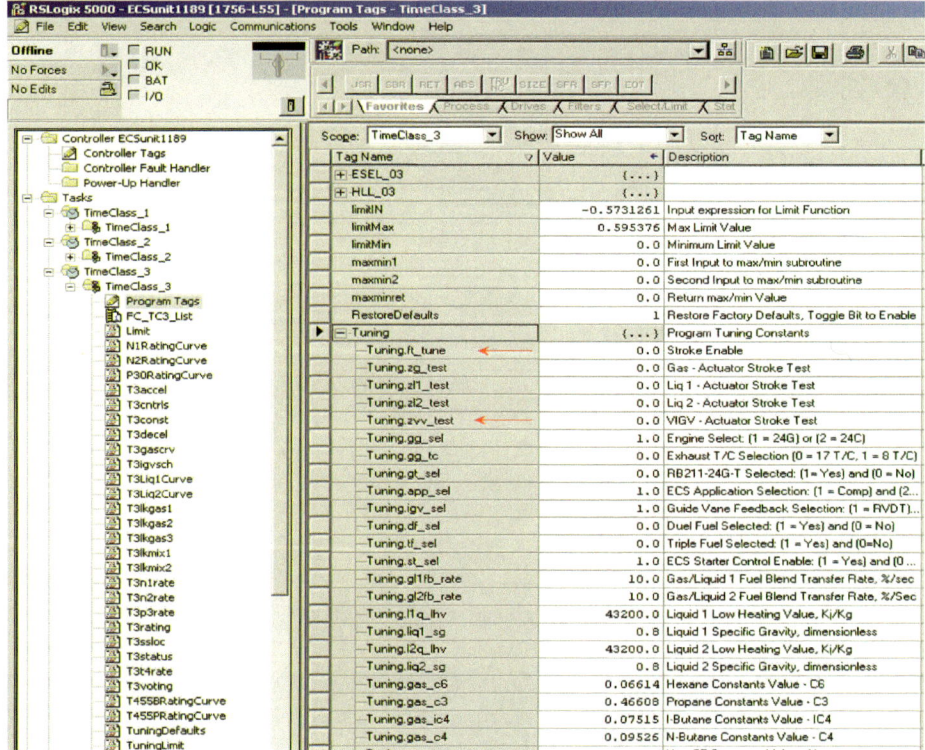

图 7.3.4　ECS 程序控制变量

参 考 文 献

[1] 邓李. ControlLogix 系统实用手册[M]. 北京：机械工业出版社，2008.
[2] 杜凯. 燃气轮机燃烧控制原理[J]. 南方农机，2019，50(24)：280-281.
[3] 沈登海. LM2500+燃气发生器可变静叶伺服系统运行维护技术[J]. 燃气轮机技术，2020，33(4)：44-50.
[4] 李勇辉. GE 燃气轮机 Mark VI 控制系统研究及调试[D]. 杭州：浙江大学，2007.
[5] 李平，刘功银. 西门子燃驱压缩机组超速保护系统升级改造实践[J]. 内燃机与配件，2021(17)：135-137.
[6] 博伊斯. 燃气轮机工程手册[M]. 北京：石油工业出版社，2012.
[7] 王冠霖. 天然气长输管道燃气轮机燃料气调节阀替换技术研究[J]. 自动化博览，2016，33(4)：86-89.
[8] 高宇. 离心式压缩机防喘振研究及实现[D]. 沈阳：东北大学，2012.
[9] 张石超，项卫东. RF2/3BB36 型压缩机喘振线的测试方法[J]. 油气储运，2008，27(7)：49-51.
[10] 宋智明. 离心压缩机喘振预测和控制研究[D]. 大庆：大庆石油学院，2006.
[11] 韩辉，张忠明，康亮，等. 输气管道压缩机防喘振系统的运行管理[J]. 油气储运，2012，31(10)：795-797，813.
[12] 魏国富，黄忠胜，马彦宝，等. GE 压缩机组负荷分配系统进站流量调节功能的实现与应用[J]. 仪器仪表用户，2021，28(8)：14-17.
[13] 李星星，陈翠翠. 天然气管道压缩机远程控制技术[J]. 压缩机技术，2015，(6)：51-53.
[14] 刘刚，邓春林. 防雷与接地技术概论[M]. 广州：华南理工大学出版社，2011.
[15] XG-JCGL-GC-YS-104-2020-B/0. 压缩机组控制系统维护检修规程[S]. 乌鲁木齐：国家管网西部管道公司，2020.